GUIDE DES FLEURS SAUVAGES DE MÉDITERRANÉE OCCIDENTALE

Édition originale
Field Guide to the *Wild Flowers of the Western Mediterranean*

Édition française
Traduction : Emmanuelle Champion (pages 1-153), Jean Terrisse (pages 154-632)
Suivi éditorial : Nord Compo, Villeneuve-d'Ascq
Mise en pages : Nord Compo, Villeneuve-d'Ascq
Couverture : Léa Larrieu

ISBN : 978-2-603-02651-1

Dépôt légal : mars 2018

Achevé d'imprimer en 2018 sur les presses de Graphycems (Espagne)

FSC
www.fsc.org
MIX
Paper from responsible sources
FSC® C007507

CHRIS
THOROGOOD

GUIDE DES FLEURS SAUVAGES DE MÉDITERRANÉE OCCIDENTALE

delachaux
et niestlé

Pouilles, Italie

Cabo de Gata, Espagne

Cap de Formentor, Majorque

Remerciements

Ce guide n'aurait pas pu être écrit sans la contribution significative de nombreux amis et collègues envers lesquels je suis très reconnaissant. En particulier, je remercie Simon Hiscock pour avoir été mon inspirateur et pour les heureuses et nombreuses années de cours de terrain qu'il a données à des étudiants de premier cycle au Portugal. Merci aussi à Alexandra Allen et Andy Bailey. Je suis également très reconnaissant pour l'expertise, les utiles suggestions et les contributions significatives apportées par Finn Rasmussen, Antonio Pujadas, Gianniantonio Domina, Tim Rich et Serge D. Muller au cours de la préparation de ce manuscrit. Merci à Salvatore Cozzolino, Paolo Grunanger, Richard Bateman et Pete Hollingsworth pour leurs connaissances concernant certains groupes floristiques spécifiques. Autres estimables contributions, de nombreuses photographies de Sicile ont été fournies par Gianniantonio Domina, les clichés des plus rares espèces nord africaines par Serge D. Muller, et ceux des orchidées par Niels Faurholdt. Les espèces décrites dans ce guide furent principalement authentifiées en utilisant *Flora Europaea*. *Flora Iberica*, bien qu'incomplet durant la rédaction de cet ouvrage, fut également une importante ressource pour l'identification.

SOMMAIRE

REMERCIEMENTS v

INTRODUCTION 1
Comment utiliser ce livre 2
Clés 3
Description des espèces 3
Illustrations et photographies 4

CLASSIFICATION ET IDENTIFICATION DES PLANTES SAUVAGES 5
Comment sont classées les plantes dans ce livre 5
Taxonomie 5
Les espèces sélectionnées 7
Identifier les plantes sur le terrain 7
Anatomie simplifiée des fleurs 10
Comment identifier les familles de plantes 11

OÙ VOIR DES PLANTES SAUVAGES EN MÉDITERRANÉE OCCIDENTALE 13

Péninsule Ibérique 13
Portugal 13
Algarve 13
Espagne 15
Andalousie 15
Doñana, Andalousie 16
Sierra Nevada, Andalousie 16
Tabernas, Andalousie 16
Cap de Creus, Catalogne 17
Îles Baléares 17
Majorque, îles Baléares 18
Minorque, îles Baléares 18
France 19
Massif du Lubéron 19
Massif des Maures 20
Corbières 20
Corse 20
Italie 21
Maremme 21
Vésuve 22
Pouilles 22
Sicile 23
Sardaigne 23

Afrique du Nord 24
Maroc 25
Maâmora 25
Parc national d'Al Hoceima 26
Zones humides marocaines 26
Algérie 27
Parc national de Gouraya 27
Îles du littoral algérien 28
Tunisie 28
Archipel de La Galite 29
Mont de Matmata 29
Oued Ziatine 29

Archipel Maltais 30

HABITATS DES PLANTES SAUVAGES 31

Garrigues et maquis 31
Terres agricoles 33
Habitats littoraux 34
Pinèdes 36
Chênaies 36
Milieux perturbés 37
Habitats aquatiques d'eau douce 38
Habitats désertiques et arides 39

DESCRIPTIONS D'ESPÈCES 40

Gymnospermes 42
Angiospermes primitives 50
Monocotylédones 55
Eudicotylédones 154

ANNEXES 583
GLOSSAIRE 583
INDEX DES NOMS VERNACULAIRES 590
INDEX DES NOMS SCIENTIFIQUES 600

Cabo de Gata, Almeria

Introduction

Ce livre est un guide des plantes de la région floristique de Méditerranée occidentale, qui couvre le sud de l'Europe, depuis l'Algarve, au Portugal, à l'ouest, jusqu'à l'Italie, à l'est, les îles (y compris les Baléares, la Corse et la Sardaigne), et l'Afrique du Nord, du Maroc, à l'ouest, à la Tunisie, à l'est. Le bassin méditerranéen occidental se caractérise par un climat aux étés chauds et secs et aux hivers doux et humides. Sa flore diffère de celle de la Méditerranée orientale et de l'Asie mineure, qui mérite un guide spécifique. Les zones méditerranéennes du Maroc, de l'Algérie et de la Tunisie sont traitées, contrairement aux autres régions phytogéographiques d'Afrique du Nord, comme les milieux montagneux et désertiques. De la même façon, beaucoup de plantes alpines et macaronésiennes ont été exclues ; elles sont couvertes par d'autres guides.

La flore méditerranéenne est l'une des plus riches au monde, et le nombre d'espèces de la seule Méditerranée occidentale dépasse 10 000. Cet ouvrage se focalise sur les plus communes et les plus perceptibles (tel le Pistachier lentisque ou l'Arbre au mastic *Pistacia lentiscus*), mais décrit également quelques végétaux endémiques ou raretés locales présentant un intérêt régional particulier (par exemple *Linaria algarviana*, cantonnée au sud du Portugal). Les plantes exotiques naturalisées sont aussi traitées dans la mesure où elles représentent un pourcentage significatif de la flore locale et parce qu'il n'est pas toujours évident de savoir

Le Pistachier lentisque *(Pistacia lentiscus)* est très commun en Méditerranée occidentale, du Portugal et de l'Afrique du Nord à l'ouest, jusqu'à l'Italie à l'est.

Linaria algarviana est une endémique rare, restreinte à quelques falaises littorales schisteuses de l'Algarve.

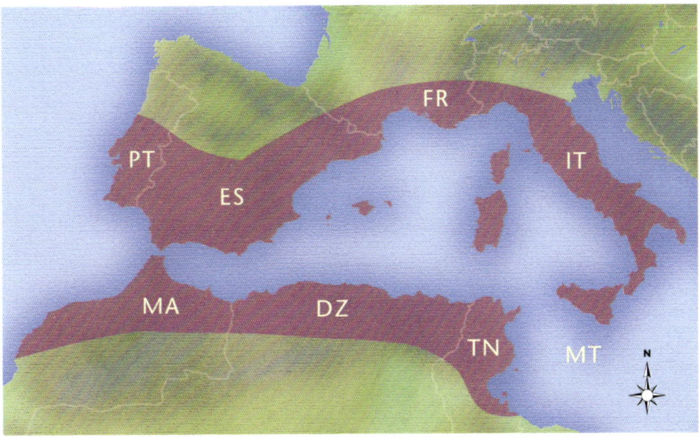

Couverture géographique de cet ouvrage, figurée en violet.

ES : Espagne
DZ : Algérie
FR : France
IT : Italie
PT : Portugal
MA : Maroc
MT : Malte
TN : Tunisie

si une espèce est indigène ou non. Certaines familles, d'un intérêt particulier ou simplement mieux perceptibles, sont plus détaillées que d'autres. Il sera ainsi décrit davantage d'orchidées *(Orchidaceae)* que de graminées *(Poaceae)*.

COMMENT UTILISER CE GUIDE

Cet ouvrage est un guide de terrain visuel comportant des photos en couleur classées par ordre de parenté des plantes. Cette méthode facilite grandement l'identification. L'utilisateur est invité à procéder comme suit :

1. Feuilleter les photos à la recherche d'une plante d'allure très similaire à l'espèce recherchée. Pour trouver rapidement la bonne section, le lecteur pourra avoir besoin d'identifier la famille à laquelle appartient le végétal (voir *Comment identifier les familles de plantes*, p. 11).
2. Utiliser les descriptions associées aux photos pour confirmer l'identification.
3. Vérifier l'existence d'espèces proches qui paraîtraient semblables au premier regard. Celles-ci sont décrites dans la même section, avec une clé mettant en exergue les caractères distinctifs.

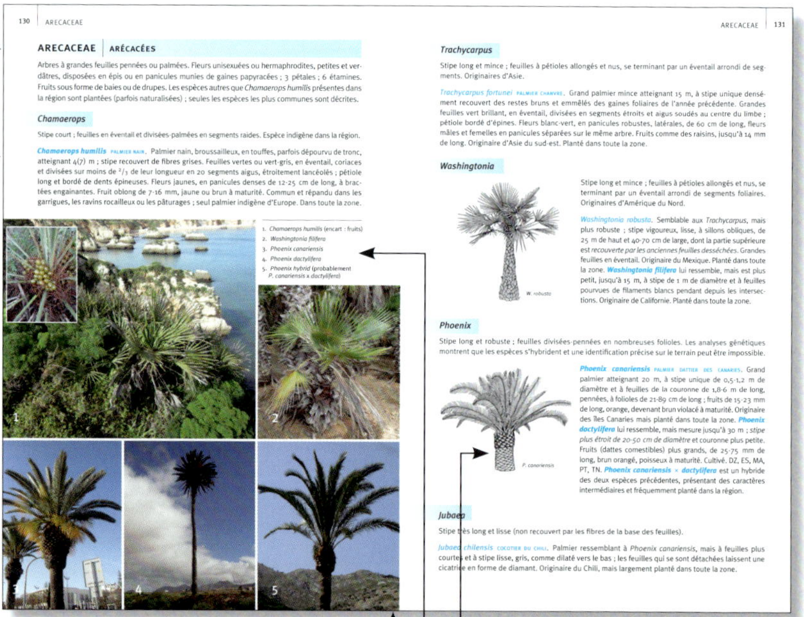

130 ARECACEAE

ARECACEAE | ARÉCACÉES

Arbres à grandes feuilles pennées ou palmées. Fleurs unisexuées ou hermaphrodites, petites et verdâtres, disposées en épis ou en panicules munies de gaines papyracées ; 3 pétales ; 6 étamines. Fruits sous forme de baies ou de drupes. Les espèces autres que *Chamaerops humilis* présentes dans la région sont plantées (parfois naturalisées) ; seules les espèces les plus communes sont décrites.

Chamaerops

Stipe court ; feuilles en éventail et divisées-palmées en segments raides. Espèce indigène dans la région.

Chamaerops humilis PALMIER NAIN. Palmier nain, broussailleux, en touffes, parfois dépourvu de tronc, atteignant 4(7) m ; stipe recouvert de fibres grises. Feuilles vertes ou vert-gris, en éventail, coriaces et divisées sur moins de 2/3 de leur longueur en 20 segments aigus, étroitement lancéolés ; pétiole long et bordé de dents épineuses. Fleurs jaunes, en panicules denses de 12-25 cm de long, à bractées engainantes. Fruit oblong de 7-16 mm, jaune ou brun à maturité. Commun et répandu dans les garrigues, les ravins rocailleux ou les pâturages ; seul palmier indigène d'Europe. Dans toute la zone.

1. *Chamaerops humilis* (encart : fruits)
2. *Washingtonia filifera*
3. *Phoenix canariensis*
4. *Phoenix dactylifera*
5. *Phoenix hybrid* (probablement *P. canariensis x dactylifera*)

ARECACEAE 131

Trachycarpus

Stipe long et mince ; feuilles à pétioles allongés et nus, se terminant par un éventail arrondi de segments. Originaires d'Asie.

Trachycarpus fortunei PALMIER CHANVRE. Grand palmier mince atteignant 15 m, à stipe unique densément recouvert des restes bruns et emmêlés des gaines foliaires de l'année précédente. Grandes feuilles vert brillant, en éventail, divisées en segments étroits et aigus soudés au centre du limbe ; pétiole bordé d'épines. Fleurs blanc-vert, en panicules robustes, latérales, de 60 cm de long, fleurs mâles et femelles en panicules séparées sur le même arbre. Fruits comme des raisins, jusqu'à 14 mm de long. Originaire d'Asie du sud-est. Planté dans toute la zone.

Washingtonia

Stipe long et mince ; feuilles à pétioles allongés et nus, se terminant par un éventail arrondi de segments foliaires. Originaires d'Amérique du Nord.

W. robusta

Washingtonia robusta. Semblable aux *Trachycarpus*, mais plus robuste ; stipe vigoureux, lisse, à sillons obliques, de 25 m de haut et 40-70 cm de large, dont la partie supérieure est *recouverte par les anciennes feuilles desséchées*. Grandes feuilles en éventail. Originaire du Mexique. Planté dans toute la zone. ***Washingtonia filifera*** lui ressemble, mais est plus petit, jusqu'à 15 m, à stipe de 1 m de diamètre et à feuilles pourvues de filaments blancs pendant depuis les intersections. Originaire de Californie. Planté dans toute la zone.

Phoenix

Stipe long et robuste ; feuilles divisées-pennées en nombreuses folioles. Les analyses génétiques montrent que les espèces s'hybrident et une identification précise sur le terrain peut être impossible.

P. canariensis

Phoenix canariensis PALMIER DATTIER DES CANARIES. Grand palmier atteignant 20 m, à stipe unique de 0,5-1,2 m de diamètre et à feuilles de la couronne de 1,8-6 m de long, pennées, à folioles de 21-89 cm de long ; fruits de 15-23 mm de long, orange, devenant brun violacé à maturité. Originaire des îles Canaries mais planté dans toute la zone. ***Phoenix dactylifera*** lui ressemble, mais mesure jusqu'à 30 m ; *stipe plus étroit de 20-50 cm de diamètre* et couronne plus petite. Fruits (dattes comestibles) plus grands, de 25-75 mm de long, brun orangé, poisseux à maturité. Cultivé. DZ, ES, MA, PT, TN. ***Phoenix canariensis × dactylifera*** est un hybride des deux espèces précédentes, présentant des caractères intermédiaires et fréquemment planté dans la région.

Jubaea

Stipe très long et lisse (non recouvert par les fibres de la base des feuilles).

Jubaea chilensis COCOTIER DU CHILI. Palmier ressemblant à *Phoenix canariensis*, mais à feuilles plus courtes et à stipe lisse, gris, comme dilaté vers le bas ; les feuilles qui se sont détachées laissent une cicatrice en forme de diamant. Originaire du Chili, mais largement planté dans toute la zone.

Photographies en couleur montrant les organes les plus frappants, en général la fleur. Comme pour les descriptions, les images sont organisées selon la parenté des espèces, pour souligner les différences entre plantes très proches.

Dessins représentant les caractères importants pour l'identification ou ceux qui sont difficilement visibles sur les photographies.

Nom de la plante suivi d'une description. Les caractères d'identification les plus importants ou ceux qui permettent de la différencier d'espèces proches, apparaissent en italique.

Légende des photographies. Il peut y avoir plus d'une image par espèce, par exemple pour illustrer différents stades de développement, tels que les fruits et les fleurs.

Nom de la famille, suivi d'une brève description donnant les caractéristiques des plantes y appartenant.

Il a été choisi de classer les espèces en fonction de leur parenté, car si elles appartiennent à la même famille, elles ont tendance à partager des caractères (voir *Comment sont classées les plantes dans ce livre*, p. 5). Présenter les végétaux dans un ordre différent, selon la couleur des pétales par exemple, peut être trompeur. En effet, les fleurs d'espèces fortement apparentées arborent parfois des teintes très différentes, y compris au sein d'une même population. C'est le cas de la floraison de *Bartsia trixago*, qui varie du jaune vif au rose pâle.

CLÉS

Les clés d'identification exhaustives, utilisées dans les flores traditionnelles, ont été évitées car elles demandent un niveau de détail supérieur à ce que souhaitent la plupart des lecteurs. Elles peuvent par ailleurs conduire à une détermination erronée si toutes les plantes d'une famille donnée n'ont pas été incluses. Des groupes plus larges d'espèces similaires ont été privilégiés et subdivisés en sous-groupes (nommés A, B, C etc.) possédant des caractères communs. Les différences entre taxons fortement apparentés sont soulignées dans les descriptions.

DESCRIPTION DES ESPÈCES

Les descriptions des espèces ont été rédigées selon une présentation standard par souci de cohérence et pour faciliter leur comparaison. Chacune inclut des détails sur les dimensions, l'habitat et la répartition (voir ci-dessous). Toutefois, il n'est pas utile de décrire toutes les espèces exactement de la même manière. Certains caractères (tels que la pilosité des filets des étamines) ne seront mis en exergue que s'ils sont importants pour l'identification. L'usage excessif de termes techniques a été évité autant que possible. La description de végétaux nécessite néanmoins d'utiliser un vocabulaire précis. Nous invitons le lecteur à se reporter au glossaire (voir p. 583).

Nom

Chaque plante est identifiée selon son nom scientifique, conventionnellement composé de deux parties : la première indique le genre, la seconde l'espèce dont il s'agit au sein de celui-ci. Certaines descriptions incluent aussi des sous-espèces. Normalement, ces dernières présentent des différences subtiles par rapport à la forme typique, sans en être suffisamment distinctes pour justifier leur élévation au rang d'espèce. Une partie explique comment les descriptions de végétaux sont organisées (voir *Comment sont classées les plantes dans ce livre*, p. 5).

Dimensions

Les mesures données varient selon les conditions environnementales et l'âge de la plante. Elles constituent néanmoins des éléments comparatifs entre espèces.

Habitat

L'habitat est décrit car il est souvent utile pour l'identification. Par exemple, les lavandes de mer (*Limonium* ssp.) se développent généralement dans des environnements salins. Il est donc improbable de les rencontrer dans une chênaie.

Période de floraison

La période de floraison n'est en général pas donnée dans les descriptions car elle varie énormément selon les conditions climatiques, la localisation et l'altitude. En Méditerranée occidentale, la majorité des espèces fleurissent au printemps ou en début d'été. Lorsque la floraison a lieu en automne ou en hiver, cela est indiqué.

Répartition

La répartition précise de nombreuses plantes est tout simplement inconnue. Il faut souligner que celle donnée dans ce livre est fondée sur les données floristiques, bibliographiques, ainsi que sur l'expérience de l'auteur, et constitue uniquement un guide approximatif. Il est donc possible de rencontrer un spécimen en dehors de l'aire de répartition donnée par cet ouvrage. La plupart des végétaux décrits sont répandus, mais des espèces rares ou endémiques sont aussi détaillées lorsqu'elles présentent un intérêt particulier ou qu'il est possible de les observer. Les pays dans lesquels on peut les croiser sont donnés en abrégé, en respectant la convention internationale : DZ (Algérie), ES (Espagne), FR (France), IT (Italie), PT (Portugal), MA (Maroc), MT (Malte) et TN (Tunisie). Pour les plantes moins répandues ou pour les endémiques insulaires, des indications sur la répartition intègrent les plus grandes îles (c'est-à-dire : îles Baléares, Corse, Sardaigne et Sicile).

ILLUSTRATIONS ET PHOTOGRAPHIES

Du fait de la couverture géographique importante, il n'a pas été possible de représenter toutes les espèces. C'est pourquoi les images ont été sélectionnées pour illustrer les plantes les plus communes et répandues des principaux genres et familles, ainsi que quelques végétaux exotiques, rares ou endémiques présentant un intérêt particulier. Les noms des espèces photographiées apparaissent en bleu et en gras dans le texte. La majeure partie des images montrent le stade de floraison, généralement le plus utile à l'identification. Des dessins complètent les descriptions et illustrent des caractères déterminants, en particulier pour les groupes de plantes apparentées.

Cistanche phelypaea

Classification et identification des plantes sauvages

COMMENT SONT CLASSÉES LES PLANTES DANS CE LIVRE

Classer les plantes revient à leur affecter une place au sein d'un système de groupes hiérarchiques en fonction de leur niveau de parenté. Toutes les espèces de cet ouvrage s'intègrent à un système composé de 4 groupes : les Gymnospermes (plantes à graines ne fleurissant pas), les Angiospermes primitives (une ancienne lignée de végétaux incluant les nénuphars, les magnolias et les lauriers), les Monocotylédones (vivaces herbacées, à feuilles présentant des nervures parallèles, telles que les orchidées, les graminées et les lys), et les Eudicotylédones (constituant la majeure partie des plantes, arbres et arbustes, typiquement caractérisés par des feuilles à nervation réticulée). Ces grands groupes sont eux-mêmes divisés en ordres (terminaison en « -ales »), composés des familles apparentées, elles-mêmes sous-divisées en genres. Par exemple, l'Olivier *(Olea europaea)* appartient au genre *Olea* au sein de la famille des Oléacées, elle-même faisant partie de l'ordre des Lamiales du clade des Eudicotylédones. Une brève description des familles et des genres est donnée, car leurs membres ont en commun un certain nombre de caractères utiles à l'identification.

Le système de hiérarchisation décrit ci-dessus était traditionnellement fondé sur la morphologie. Or, on sait désormais que l'analyse génétique est un moyen plus fiable pour classer les plantes. Cette nouvelle technique est à l'origine d'un système d'organisation des plantes à fleurs mondialement reconnu, la « classification phylogénétique des Angiospermes » (APG). Afin de montrer la parenté au sein d'un même groupe (voir *Comment utiliser ce guide*, p. 2), cet ouvrage utilise la hiérarchisation APG, c'est pourquoi l'affectation des espèces à une famille diffère parfois de celle à laquelle elles sont habituellement rattachées dans des flores traditionnelles, qui classent en fonction de la morphologie des plantes plutôt que selon leur parenté génétique. Ainsi, on sait maintenant que de nombreux végétaux, jusqu'alors rattachés à la famille des Scrofulariacées *(Scrophulariaceae)*, tels que les mufliers *(Antirrhinum)*, appartiennent en réalité à la famille des Plantaginacées *(Plantaginaceae)*.

TAXONOMIE

Ainsi, les classifications traditionnelles des familles ont été considérablement révisées avec l'avènement des analyses génétiques. Cela est également vrai pour le nom des espèces. Au fur et à mesure de la mise à disposition des informations de parenté, les appellations sont actualisées. Tout cela peut induire de la confusion, soit parce que les dénominations traditionnelles continuent d'être largement usitées, soit parce que les botanistes sont en désaccord avec le statut d'une espèce, sous-espèce ou variété. De ce fait, les noms des plantes peuvent varier d'un guide à l'autre ou au fil du temps. La nomenclature utilisée ici suit principalement celle de *Flora Iberica*, qui est la flore la plus actualisée pour beaucoup d'espèces de la région. Toutefois, cet ouvrage s'en éloigne chaque fois qu'une information plus récente est disponible, qu'il ne semble pas exister de consensus régional pour une espèce ou sous-espèce donnée ou s'il s'agit d'espèces extérieures à la couverture géographique de cette flore. Pour éviter toute confusion,

Arborescence de la classification d'une plante

FAMILLE

Regroupe les genres apparentés (terminaison généralement en « -eae »). Chaque famille présente un nombre de caractères définis, utiles à l'identification (voir *Comment identifier les familles de plantes*, p. 11).

ORCHIDACEAE

GENRE

Regroupe les espèces apparentées. Celles-ci posséderont alors le même nom générique (le premier des deux mots composant le nom latin de la plante). Au sein d'un même genre, les espèces ont de nombreux caractères communs et il est parfois difficile de les distinguer.

Ophrys

Anacamptis

ESPÈCE

Unité au sein d'un genre. Chaque espèce est dotée d'une épithète spécifique et unique (le second des deux mots composant le nom latin de la plante). Elle possède des caractères uniques, indispensables à son identification.

Ophrys speculum

Anacamptis pyramidalis

SOUS-ESPÈCE

Certaines espèces sont divisées en sous-espèces. Ces dernières diffèrent en général subtilement de la forme typique, mais ne s'en distinguent pas suffisamment pour mériter d'être traitées indépendamment.

Ophrys speculum subsp. *lusitanica*

Ophrys speculum subsp. *speculum*

les synonymes alternatifs ou obsolètes sont donnés lorsqu'ils sont encore largement utilisés, et indiqués dans le texte par la mention « (Syn.) ». Pour les groupes très complexes, il ne serait pas possible de lister tous les taxons décrits. Par exemple, le Pissenlit *(Taraxacum officinale)* regroupe une myriade de micro-espèces mais, étant donné son objectif, cet ouvrage ne peut en donner qu'une seule description. Les sous-espèces sont données lorsqu'elles sont largement présentes géographiquement ou particulièrement distinctes. Bien qu'il soit conventionnel d'inclure toutes les sous-espèces de la zone de couverture géographique d'un guide, respecter cette règle dépasserait le champ de cet ouvrage, en particulier dans le cas des plantes très variables pour lesquelles de nombreuses sous-espèces ont été décrites.

LES ESPÈCES SÉLECTIONNÉES

Il serait impossible d'inclure toutes les espèces de Méditerranée occidentale dans un seul guide de terrain. De ce fait, les quelque 2 400 végétaux de ce guide ont été sélectionnés selon le prisme suivant :

Géographie : sont incluses les espèces qu'il sera le plus probable de rencontrer dans l'ensemble des pays de la couverture géographique du guide, ainsi que des raretés locales présentant un intérêt particulier pour une zone spécifique ou une île. Les plantes des zones moins fréquentées ou connues, telles que les côtes méditerranéennes isolées de l'Algérie et de la Tunisie, sont moins représentées que celles de l'Algarve ou des îles Baléares.

Habitat : les espèces sélectionnées appartiennent à des habitats très variés (voir *Habitats des plantes sauvages*, p. 31). La plupart d'entre elles colonisent le maquis et la garrigue, milieux prédominants dans la région considérée. Celles des autres habitats sont généralement caractéristiques d'autres écorégions. Par exemple, de nombreuses espèces de boisements de feuillus sont également communes dans les forêts tempérées du nord de l'Europe. De la même façon, les plantes rencontrées sur la côte atlantique marocaine sont communes à celles de la Macaronésie, du Sahara et du littoral algéro-tunisien. Quelques végétaux décrits ne sont pas strictement méditerranéens, mais ont été inclus en raison de leur intérêt, par exemple la rare orchidée *Dactylorrhiza durandii* du Rif marocain.

Taxonomie : les principales familles de plantes sont incluses. Certaines sont toutefois mieux représentées que d'autres, soit parce qu'elles sont disproportionnellement vastes ou abondantes (voir *Comment identifier les familles de plantes,* p. 11), soit parce qu'elles présentent un plus grand intérêt ou sont plus visibles, par exemple celle des orchidées *(Orchidaceae)*.

IDENTIFIER LES PLANTES SUR LE TERRAIN

Bien que la classification des espèces soit maintenant fondée sur les analyses génétiques, l'identification sur le terrain se fait toujours à partir de descriptions morphologiques. Maîtriser l'anatomie des plantes, notamment les types de feuilles et la structure des fleurs (voir ci-après), est donc essentiel pour la détermination. Le port, la forme et l'apparence d'une plante révèlent souvent la famille à laquelle elle appartient (voir *Comment identifier les familles de plantes,* p. 11). Le mode d'agencement des fleurs est important. Une ombelle (inflorescence en forme de parapluie, comme celle des carottes) caractérise l'appartenance à la famille des Apiacées *(Apiaceae)*, tandis qu'un capitule (inflorescence composée de minuscules fleurs ou fleurons, comme chez les tournesols) est typique de la famille des Astéracées *(Asteraceae)*. Utiliser une loupe est recommandé pour examiner les détails. Pour le groupe taxonomique des Orobanches *(Orobanche),* difficile à reconnaître, le niveau de pilosité des filets staminaux est un critère important, tandis que dans le cas des luzernes *(Medicago)*, c'est la forme et l'allure des fruits qui importe pour distinguer les espèces très proches.

Quelques types communs de fleurs de la flore de Méditerranée occidentale : (A) Fleur à périanthe actinomorphe composé de pétales et de sépales *(Cistus)* ; (B) Inflorescence en capitule, typique des Astéracées *(Centaurea)* ; (C) Inflorescence en ombelle *(Cachrys)* ; (D) Inflorescence composée d'épillets, typique des Poacées *(Aegilops)* ; (E) Fleurs à périanthe zygomorphe composé de tépales *(Gladiolus)* ; (F) Inflorescence en grappe lâche *(Leopoldia)* ; (G) Inflorescence en corymbe *(Iberis)* ; (H) Inflorescence en grappe dense, ressemblant à un épi *(Bartsia)*.

Quelques types communs de feuilles de la flore de Méditerranée occidentale : (A) Ovale-elliptique *(Cistus)* ; (B) Arrondie et faiblement palmatilobée *(Ficus)* ; (C) Embrassante (perfoliée) *(Lonicera)* ; (D) Arrondie et cordée à la base (en forme de cœur) *(Cyclamen)* ; (E) Densément groupée en rangs opposés *(Corema)* ; (F) Trifoliolée *(Bituminaria)* ; (G) Divisée-pennée (divisée en folioles) *(Erophaca)* ; (H) Verticillée *(Rubia)* ; (I) Lancéolée *(Plantago)* ; (J) Hastée *(Arum)* ; (K) Linéaire *(Asphodelus)* ; (L) Profondément pennatilobée et dentée *(Sonchus)*.

ANATOMIE SIMPLIFIÉE DES FLEURS

L'anatomie des fleurs est un outil d'identification très important. Elles sont classées selon qu'elles sont soit régulières, ou actinomorphes (à symétrie radiaire), soit irrégulières, ou zygomorphes (à symétrie bilatérale). Ce trait de caractère est généralement constant au sein d'une même famille. D'autres éléments importants incluent les proportions relatives, la couleur et la pilosité de certains organes floraux tels que les filets et les anthères (la somme des deux formant l'étamine), l'ovaire, le style et les stigmates (formant ensemble le carpelle), les sépales (formant le calice) et les pétales (formant la corolle). Tous ces éléments constituent ce que l'on appelle le périanthe. Les principales structures florales sont illustrées ci-dessous.

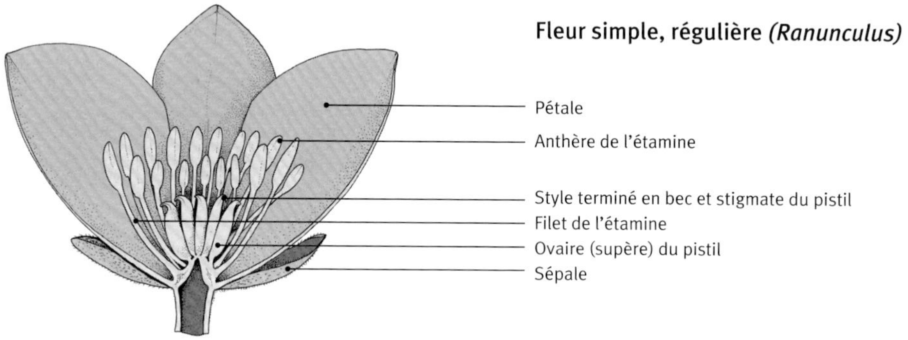

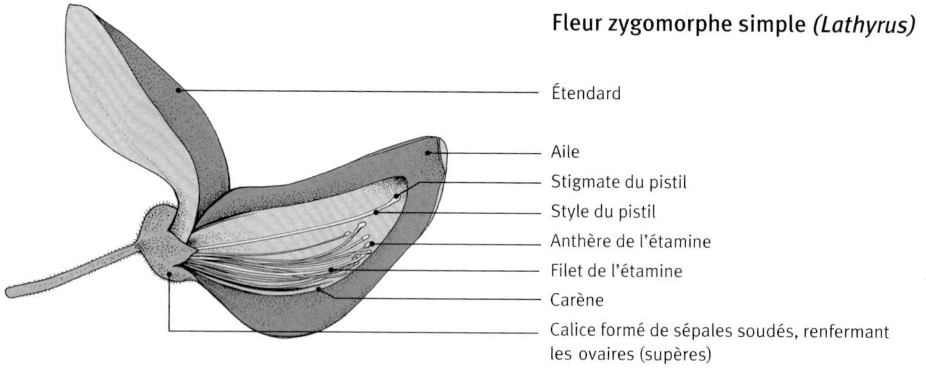

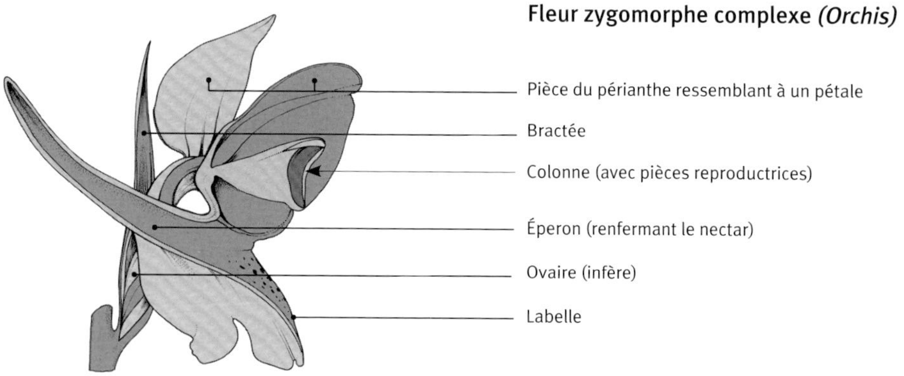

COMMENT IDENTIFIER LES FAMILLES DE PLANTES

Connaître les caractères des familles de plantes permettra au lecteur d'aiguiller son identification malgré la diversité apparemment déconcertante des végétaux. Les familles apparentées ont des traits communs ; aussi, même si une espèce n'appartient pas à l'une de celles décrites ci-après, cette liste devrait guider le lecteur vers la section appropriée du guide. Huit familles sont particulièrement abondantes, puisqu'elles représentent à elles seules presque la moitié de la flore de la région. Elles sont listées ci-dessous par ordre d'importance décroissante. S'y ajoutent 5 autres familles, comprenant moins d'espèces mais fréquentes dans nombre de communautés végétales.

1. ***Asteraceae*, Astéracées.** Fleurs individuelles minuscules, soit tubuleuses et à 5 lobes, soit planes et semblables à une languette, agrégées en têtes (capitules) comme celles des pâquerettes, des pissenlits ou des chardons. Fruits à une seule graine, souvent munie d'un « parachute » (pappus).

2. ***Fabaceae*, Fabacées.** Feuilles alternes, souvent pennées, avec des stipules. Calice à 5 dents, parfois à 2 lèvres. Fleurs zygomorphes à 5 pétales, le supérieur nommé « étendard », les latéraux « ailes » et les inférieurs soudés « carène » ; 10 étamines. Fruits semblables à une gousse, s'ouvrant à maturité, parfois enroulée.

3. ***Poaceae*, Poacées.** Feuilles alternes, linéaires, souvent sur 2 rangs et engainant la tige. Fleurs complexes, hermaphrodites, à 1, 3 ou 6 étamines et un pistil, inclus entre 2 bractées, la lemme et la paléole, l'ensemble formant une fleur. Cette dernière organisée en épillets avec des bractées libres (glumes) à la base ; normalement 2 styles. Fruits en forme de grain (akène).

4. ***Caryophyllaceae*, Caryophyllacées.** Fleurs : 5 sépales, libres ou soudés en tube et 5 pétales, libres, parfois divisés. Fruits en forme de capsule à 6, 8 ou 10 dents.

5. ***Lamiaceae*, Lamiacées.** Plantes souvent glanduleuses et odorantes, à tiges carrées et à feuilles opposées. Fleurs souvent en verticilles fournis insérés vers le sommet de la tige. Calice à 5 dents, souvent à 2 lèvres ; corolle normalement à 2 lèvres ; 2 ou 4 étamines. Fruits : petits akènes cachés à la base du calice.

6. ***Brassicaceae*, Brassicacées.** Feuilles généralement opposées. Fleurs souvent blanches ou jaunes, à 4 sépales libres ; 4 pétales, libres et disposés en croix. Fruits en forme de gousse, à 2 valves.

7. ***Apiaceae*, Apiacées.** Feuilles alternes, simples ou divisées 2 à 4 fois (« plumeuses »). Petites fleurs à 5 pétales, souvent inégales, regroupées en « parapluie » (ombelles). Normalement 5 étamines. Fruits scindés en 2 parties, souvent aplatis.

8. ***Liliaceae*, Liliacées.** Traditionnellement une famille unique, aujourd'hui divisée. Caractérisée par des feuilles à nervures parallèles, souvent en lanières. Tépales (pièces du périanthe) ressemblant à des pétales, libres ou soudés ; 6 étamines ; ovaire supère. Fruits en forme de capsule à 3 loges ou de baie.

9. ***Orchidaceae*, Orchidacées.** Feuilles en rosette ou alternes, étroites et non dentées. Fleurs en épis dressés ou en grappes ; 3 sépales, 3 pétales, les latéraux étalés ou réunis avec un ou tous les sépales, l'inférieur formant un labelle variable ; pollen agrégé en 2 masses collantes (pollinies) ; ovaire infère. Fruits en capsules.

10. ***Plantaginaceae*, Plantaginacées.** Famille incluant beaucoup d'espèces anciennement classées parmi les *Scrophulariaceae*. Feuilles alternes ou opposées. Fleurs en cymes ou en grappes ; 4-5 sépales, 4-5 pétales, souvent soudés en corolle tubuleuse, parfois à 2 lèvres ; 2, 4 ou 5 étamines. Fruits en forme de capsule. Les *Orobanchaceae*, apparentées, sont dépourvues de chlorophylle.

11. ***Amaranthaceae*, Amaranthacées.** Famille incluant des espèces anciennement classées parmi les *Chenopodiaceae*. Feuilles alternes ou opposées. Fleurs régulières, en cymes ou en panicules, généralement à 5(1-8) tépales, souvent soudés ; 1-5 étamines ; ovaire supère. Fleurs se dilatant souvent en fruit à une graine.

12. ***Boraginaceae*, Boraginacées.** Feuilles normalement alternes et hérissées de soies. Fleurs en cymes spiralées ; calice à 5 dents ; 5 pétales, soudés en tube de longueur variable, souvent roses, blancs ou bleus ; 5 étamines. Fruit formé de 5 akènes.

13. ***Cistaceae*, Cistacées.** Famille bien représentée dans la région. Feuilles normalement opposées, souvent munies de stipules. Fleurs hermaphrodites et régulières, souvent voyantes ; 3 ou 5 sépales, 5 pétales ; nombreuses étamines. Fruits en forme de capsule à 1-10 loges.

Où voir des plantes sauvages en Méditerranée occidentale

Plusieurs sites, répartis dans toute la Méditerranée occidentale, sont décrits ici en détaillant leur flore spécifique, ainsi que les plantes rares ou d'intérêt particulier que l'on peut y trouver. Nombre d'entre eux ont été reconnus en tant que « zones d'importance floristique », ou font partie de réserves naturelles ou de parc nationaux. Le meilleur moment pour y observer les fleurs sauvages est aussi indiqué, quoique celui-ci varie en fonction des conditions météorologiques locales.

PÉNINSULE IBÉRIQUE

PORTUGAL

Algarve

Carte de la péninsule Ibérique continentale. Les zones d'intérêt particulier pour la flore sauvage apparaissent en violet.

La région de l'Algarve, située au sud du Portugal, ressemble à la zone atlantique et ne fait pas géographiquement partie du bassin méditerranéen, même si son climat et sa flore sont similaires. Elle couvre environ 5 500 km^2, qui s'étend sur 135 km depuis la côte atlantique à l'ouest jusqu'à la frontière espagnole plus abritée à l'est. Cette frange littorale s'étend sur 40 km de large et s'élève progressivement vers le nord, depuis le niveau de la mer jusqu'à une région de basses collines, puis une chaîne de montagnes discontinue formant une barrière naturelle avec la province de l'Alentejo. Sa diversité géologique explique

Le système dunaire littoral de l'Algarve héberge des raretés dont *Ionopsidium acaule* (à gauche) et *Linaria ficalhoana* (à droite).

la richesse de sa flore. On y trouve des communautés dunaires avec des raretés telles que les minuscules espèces endémiques *Linaria ficalhoana* et *Ionopsidium acaule*, protégées, ainsi que *Cistanche phelypaea*, une plante parasite qui forme des peuplements impressionnants dans les marais salants de Faro et dans l'ouest. Les communautés de garrigue et de maquis (appelées « Matos ») sont dominées par le Ciste à gomme *Cistus ladanifer*, le Ciste cotonneux *(C. albidus)*, le Genévrier de Phénicie *(Juniperus phoenicea)*, la Lavande à toupet *(Lavandula stoechas)* et le Pistachier lentisque *(Pistacia lentiscus)*, ainsi qu'un certain nombre de géophytes, dont diverses orchidées du groupe des ophrys (*Ophrys lutea, O. speculum, O. bombyliflora* et *O. fusca*). Les oliviers *(Olea europaea)*, caroubiers *(Ceratonia siliqua)* et orangers (*Citrus* x *sinensis*) sont fréquemment cultivés et les boisements de Chêne-liège *(Quercus suber)* sont courants dans le Nord.

La plante insectivore *Drosophyllum lusitanicum* a subi un terrible déclin dans l'Algarve. Il ne subsiste plus qu'une poignée de peuplements.

La zone protégée du parc national du sud-ouest de l'Alentejo et du cap Saint-Vincent (parque nacional de sudoeste Alentejano e costa Vicentina) est particulièrement intéressante : elle héberge l'une des flores les plus riches d'Europe. On y trouve de nombreuses espèces endémiques comme les Brassicacées à fleurs jaunes (*Biscutella sempervirens* subsp. *vicentina* et *Diplotaxis siifolia* subsp. *Vicentina*) ou la petite annuelle pourpre *Linaria algarviana*. D'autres

Le parc national du cap Saint-Vincent d'Algarve, au bord de l'Atlantique, héberge de nombreuses plantes endémiques, dont la rare *Silene rothmaleri* (en haut), que l'on croyait éteinte jusqu'à récemment, et qui ne pousse que sur quelques pentes schisteuses instables. À la fin des pluies hivernales, les falaises littorales se parent de multiples couleurs (en bas).

raretés de l'Algarve sont peu connues, comme *Cynomorium coccineum*, végétal parasite dont il ne reste qu'une ou deux stations, et *Drosophyllum lusitanicum*, plante insectivore à répartition sporadique et au statut précaire. Bien que la majeure partie de cette région soit protégée, la flore est particulièrement menacée par le développement. Le meilleur moment pour la découvrir va de mi-mars à fin avril ; la plupart des milieux sont secs et nus dès le milieu de l'été.

ESPAGNE

Andalousie

La flore d'Andalousie est à la fois connue et extrêmement riche, avec environ 4 000 plantes vasculaires dont 10 % d'endémiques. Cette région est caractérisée par une géologie, un climat et une flore similaires à ceux de l'Afrique du Nord : l'Andalousie n'est en effet séparée du Maroc que par 12 km au point le plus étroit du détroit de Gibraltar. Les montagnes espagnoles de l'Aljibe hébergent une flore similaire à celle des hautes altitudes de la région de Tanger. De la même façon, les flores de la Serrania de Ronda et de l'Axarquia ressemblent à celles du Rif occidental marocain et de Targuist. Celles des ceintures littorales des deux pays sont tout aussi proches. Décrire la totalité de la richesse floristique de cette région dépasserait l'objet de ce guide. Ainsi,

Les fleurs roses du Ciste cotonneux *(C. albidus)* sont un spectacle printanier fréquent dans les zones rocheuses et les maquis littoraux du sud de l'Andalousie.

Le paysage andalou est globalement sec et nu, dominé par des buissons de sclérophylles tolérant la sécheresse, comme *Genista umbellata*.

sauf exception, l'accent est mis sur les plantes spécifiquement méditerranéennes qui se développent à basse altitude. Une grande partie du littoral andalou est urbanisée, mais les zones protégées abritent une flore riche. Les pentes rocheuses sont dominées par *Genista umbellata*, le Ciste cotonneux *(C. albidus)*, le Genévrier de Phénicie *(Juniperus phoenicea)*, le Pistachier lentisque *(Pistacia lentiscus)* et des graminées telles que *Macrochloa tenacissima*. Les grands épis pourpres de l'orobanche parasite *Orobanche latisquama*, mêlés à son hôte le romarin *(Rosmarinus officinalis)*, ainsi que des touffes de la rare espèce endémique *Limonium insigne*, émergent des rochers. Le secteur héberge aussi une très grande diversité de plantes géophytes au début du printemps. Il existe deux parcs nationaux en Andalousie : Doñana et la Sierra Nevada.

Doñana, Andalousie

Le parc national de Doñana, qui s'étend au sein des provinces de Huelva et Séville, est considéré comme l'une des zones humides refuge les plus importantes d'Europe pour la faune sauvage. Il couvre 540 km^2, dont 135 km^2 protégés. Le parc comprend des milieux tels que maquis, fruticées et boisements, ainsi que près de 3 000 zones d'eau libre les années pluvieuses, parmi lesquelles des lagunes, des marais et des ruisseaux. On trouve des communautés végétales de systèmes dunaires et de marais salés à Las Marismas et dans la zone du delta du Guadalquivir. Les maquis plus élevés en altitude sont dominés par la Lavande à toupet *(Lavandula stoechas)*, *Helichrysum italicum* et *Cistus libanotis*. Les dépressions les plus humides sont colonisées par la Bruyère ciliée *(Erica ciliaris)*, la Callune *(Calluna vulgaris)* ainsi que l'Ajonc nain *(Ulex minor)*, et souvent ceinturées de peuplements d'*Halimium halimifolium* et de *Stauracanthus genistoides*. Mares et prairies inondées sont colonisées par la graminée *Cynodon dactylon*, l'exotique *Cotula coronopifolia* et le délicat Flûteau fausse renoncule *(Baldellia ranunculoides)*, ainsi que, dans les eaux les plus profondes, par l'Illécèbre verticillé *(Illecebrum verticillatum)* et la Grenouillette *(Ranunculus peltatus)*.

Sierra Nevada, Andalousie

La Sierra Nevada est une chaîne de montagnes située au sein des provinces de Grenade et d'Almería. Une part importante de la flore de cette zone est typiquement montagnarde (hors du champ de ce guide), incluant nombre de raretés et d'espèces endémiques comme *Narcissus nevadensis*, ainsi que d'autres plantes géophytes telles que *Crocus nudiflorus*. La végétation montagnarde est composée de peuplements de Chêne vert *(Quercus ilex)*, de Châtaigner *(Castanea sativa)* et de Chêne tauzin *(Q. pyrenaica)*. En dessous de 2 000 m, la flore devient plus typiquement méditerranéenne, dominée par les genévriers (*Juniperus communis* et *J. oxycedrus*), les pins et les chênes (*Pinus sylvestris* et *Q. faginea*), ainsi que par *Crataegus monogyna*. Sur les pentes inférieures, l'Olivier *(Olea europaea)*, le Fragon *(Ruscus aculeatus)* et le Pistachier lentisque *(Pistacia lentiscus)* sont fréquents.

Tabernas, Andalousie

Le désert de Tabernas, au sud-est de la province d'Almería, est l'un des seuls semi-déserts d'Europe. Il ressemble aux milieux d'Arabie, d'Afrique du Nord et d'Amérique du Nord. La zone est isolée des fronts méditerranéens et la pluviométrie annuelle peut y être inférieure à 200 mm par an, donnant ainsi un paysage très aride avec peu de végétation, qui abrite néanmoins un certain nombre d'espèces xérophytes rares. Elles incluent la lavande de mer *Limonium insigne* et *Cynomorium coccineum*, une plante parasite spectaculaire qui, ailleurs sur le pourtour méditerranéen, ne se rencontre normalement que sur les falaises littorales sèches et instables. L'Oponce *(Opuntia maxima)* et le Laurier-rose *(Nerium oleander)* sont des éléments fréquents et importants du paysage.

Cap de Creus, Catalogne

Le cap de Creus est une péninsule rocheuse qui s'avance dans la Méditerranée depuis la zone continentale du nord-est de la Catalogne espagnole, à environ 25 km de la frontière française. Le secteur est un parc naturel comprenant 190 km^2 de morne garrigue rocheuse soumise à de forts vents marins et à des projections d'embruns salés, largement dépourvue d'arbres, qui rappelle assez le cap Saint-Vincent déchiqueté et balayé par les vents méridionaux du Portugal. Les espèces communes du parc incluent le Pistachier lentisque *(Pistacia lentiscus)*, le Genévrier oxycèdre *(Juniperus oxycedrus)*, la Bruyère arborescente *(Erica arborea)*, des Fabacées épineuses telles que le Calicotome *(Calicotome spinosa)*, des cistes (*Cistus salviifolius*, *C. monspeliensis* et *C. albidus*) ainsi qu'une myriade de plantes halophytes se développant sur les falaises littorales. Les épis mauves d'*Orobanche amethystea*, parasite des racines d'*Eryngium campestre*, ne sont pas rares le long des routes du parc et l'Orobanche du lierre *(O. hederae)* pousse à la base des murs du monastère. La meilleure période de visite du parc va d'avril à mai.

Le cap de Creus, sur la côte orientale de l'Espagne, héberge une communauté végétale adaptée aux garrigues littorales balayées par les vents. L'Orobanche du lierre *(Orobanche hederae)*, parasite (à droite), pousse dans les zones abritées telles que la base des murs.

Îles Baléares

Les îles Baléares (dont les plus grandes sont Majorque, Minorque et Ibiza), en plus d'être une destination de vacances populaire, sont une zone intéressante pour observer la flore sauvage. Elles hébergent diverses espèces typiques du maquis méditerranéen, des chênaies, des milieux aquatiques, littoraux et montagnards, ainsi qu'un grand nombre d'endémiques insulaires sur les flancs des montagnes et les côtes rocheuses.

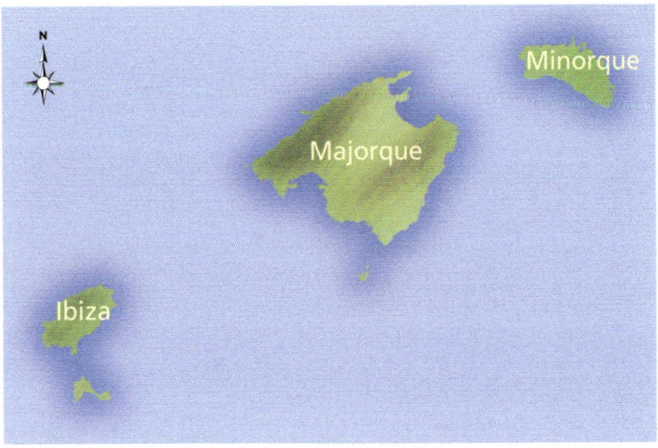

Le désert de Tabernas héberge des plantes qui tolèrent une sécheresse extrême. Les raretés incluent une lavande de mer *(Limonium insigne)* (en haut) et l'étrange parasite *Cynomorium coccineum* (en bas).

Majorque, îles Baléares

Le cap de Formentor de Majorque est une péninsule rocheuse culminant à 384 m au-dessus du niveau de la mer. La zone offre des vues époustouflantes et c'est un paradis botanique hébergeant de nombreuses espèces endémiques et rares sur ses pentes exposées. On y trouve des sous-arbrisseaux épineux (tels *Astragalus balearicus*, *Launaea cervicornis* et *Teucrium balearicum*), le spectaculaire Petit Dragon mange-mouches *(Helicodiceros muscivorus)*, le délicat *Lotus tetraphyllus* dans les crevasses des rochers, ainsi que l'étonnant *Arum pictum* qui fleurit à l'automne dans les zones boisées. Le parc national de S'Albufera, au nord de l'île, entre Alcúdia et Can Picafort, est essentiellement une zone humide. Il est notamment composé de lagunes, de ceintures dunaires et de plaines alluviales. La Massette à larges feuilles *(Typha latifolia)*, le Tamaris *(Tamarix africana)* et l'Orme *(Ulmus minor)* sont fréquents dans les milieux marécageux et les zones humides d'eau douce, tandis que les lieux saumâtres hébergent des espèces halophiles telles que *Salicornia* ssp. et *Arthrocnemum* ssp. Les plantes géophytes telles que le Muscari à toupet *(Leopoldia comosa)* et les orchidées, dont le Sérapias à petites fleurs *(Serapias parviflora)*, *Orchis robusta* et *O. fragrans*, ainsi que l'Ophrys abeille *(Ophrys apifera)*, sont également fréquentes dans le parc et aux alentours. Le meilleur moment de visite se situe de la fin du printemps au début de l'été.

Le cap de Formentor de Majorque est un paradis botanique hébergeant de nombreuses raretés dont *Arum pictum* à floraison automnale (encart), qui pousse entre les pins dans les zones abritées.

Minorque, îles Baléares

La nécropole de Cala Morell à Minorque est un site côtier protégé en raison de son intérêt historique. Les pentes rocheuses ainsi que les sols caillouteux du site et de la zone littorale alentour sont dominés par la Criste marine *(Crithmum maritimum)*, la Frankénie hirsute *(Frankenia hirsuta)*, *Lotus cytisoides*, *Anthemis maritima* et *Helichrysum stoechas*. À l'intérieur des terres, les espèces prédominantes sont des laîches telles que *Schoenus nigricans*, des annuelles comme *Reichardia picroides* et

La nécropole de Cala Morell à Minorque héberge une intéressante mosaïque de communautés végétales de garrigue littorale.

des arbustes tels le Genévrier de Phénicie *(Juniperus phoenicea)*, le romarin *(Rosmarinus officinalis)* et la Santoline petit-cyprès *(Santolina chamaecyparissus)*. C'est aussi l'un des très rares endroits où il est possible de voir l'exceptionnelle et endémique *Orobanche iammonensis*, qui pousse dans les affleurements rocheux. Le meilleur moment pour une visite est de mars à mai.

FRANCE

Le sud de la France est intéressant pour un botaniste, même si sa frange littorale méditerranéenne est relativement courte. La liste ci-dessous énumère une poignée de riches localités botaniques.

Massif du Lubéron

Le Lubéron, dans le sud de la France, comprend trois chaînes de montagnes et couvre 600 km². Sa grande richesse floristique est estimée à 1 500 espèces. Son climat est doux, influencé à la fois par les Alpes et la Méditerranée. Sa géologie est variée et les milieux qui le composent incluent garrigues calcaires, chênaies, pentes montagnardes et pinèdes, ainsi qu'une diversité

La côte méditerranéenne française est relativement courte, mais riche floristiquement, notamment en orchidées comme l'Orchis bouc *(Himantoglossum hircinum)* (à droite).

d'habitats perturbés comme les terres agricoles, les vignes, les oliveraies et les champs de Lavandin. Les orchidées y sont communes, en particulier l'Orchis bouc *(Himantoglossum hircinum)*, l'Orchis pyramidal *(Anacamptis pyramidalis)* et les Helléborines *(Epipactis muelleri)*, ainsi que l'Ophrys aurélien *(Ophrys bertolonii)*. Maquis et garrigues calcaires sont dominés par les cistes *(Cistus albidus, C. laurifolius)* et par *Helichrysum stoechas*. On y trouve encore d'autres plantes intéressantes comme le Limodore à feuilles avortées *(Limodorum abortivum)*, d'un étonnant violet, et *Gladiolus italicus*.

Massif des Maures

Le massif des Maures, au nord de Saint-Tropez, est flanqué, au nord, par les vallées du Gapeau et de l'Argens et, au sud, par la Méditerranée. Il est composé d'une série d'affleurements rocheux acides et de boisements collinéens. Il se caractérise par des fruticées, des boisements, des prairies, des landes et du maquis. Le massif héberge de vastes peuplements de pins *(Pinus halepensis, P. pinaster)*, de Chêne-liège *(Quercus suber)* et d'autres espèces typiquement méditerranéennes, notamment le Pistachier lentisque *(Pistacia lentiscus)*, le Myrte commun *(Myrtus communis)*, *Phillyrea angustifolia*, *Smilax aspera* et le Romarin *(Rosmarinus officinalis)*.

Corbières

Les Corbières sont un chaînon montagneux calcaire du sud de la France, bordé à l'est par la Méditerranée. Sa flore inclut à la fois des éléments méditerranéens et pyrénéens.

Corse

La Corse est l'une des plus grandes îles de Méditerranée, avec 1 000 km de côtes et une vaste chaîne de montagnes. Elle est composée d'une diversité de milieux tels que falaises et gorges granitiques déchiquetées, boisements de pins et de chênes, ainsi que des maquis littoraux. Sa flore est riche et diversifiée, avec environ 3 000 espèces et de nombreuses raretés et plantes endémiques de Corse ou de Sardaigne. La région est particulièrement riche en géophytes rares

À gauche : le Lavandin (*Lavandula* x *intermedia*) est couramment cultivé en Provence.

À droite : *Serapias neglecta*, locale en Corse, est l'une des nombreuses espèces de sérapias de Méditerranée occidentale.

PHOTOGRAPHIE : NIELS FAURHOLDT

et endémiques, parmi lesquels les sérapias (*Serapias nurrica* et *S. neglecta*), ainsi que les délicats *Romulea corsica*, *Leucojum longifolium* et *Crocus minimus*. Les gorges de la Restonica hébergent un crocus à floraison lilas hivernale : *C. corsicus*, tandis que les chênaies des gorges de la Spelunca, sur la côte ouest, abritent l'incroyable *Pancratium illyricum*, blanc immaculé, ainsi que *Limodorum abortivum*, d'un violet insolite. Comme sur la plupart des îles méditerranéennes, la flore de Corse est menacée par le développement et l'introduction d'espèces exotiques envahissantes, en particulier à basse altitude.

ITALIE

Maremme

Le territoire de la Maremme s'étend du sud-ouest de la Toscane (Maremme livournaise et Maremme du Grosseto), jusqu'au nord du Latium sur la côte ouest. Ses habitats caractéristiques incluent notamment des zones volcaniques, plaines agricoles littorales abandonnées, garrigues, pinèdes, marais, marais salants et dunes littorales. Cette diversité à la fois géologique, climatique et écologique contribue à la richesse floristique du secteur, qui abrite environ 25 % de toute la flore italienne. Les systèmes dunaires sont dominés par *Juniperus oxycedrus* et par de petites vivaces, dont *Teucrium polium*. Les peuplements de Pins parasols *(Pinus pinea)* créent un impressionnant arrière-plan au littoral. Parmi les espèces particulièrement intéressantes, on compte la plante carnivore aquatique *Utricularia australis* et

Carte de l'Italie englobant l'Italie continentale, la Sardaigne et la Sicile. Les zones floristiques d'intérêt particulier apparaissent en violet.

Les vastes peuplements de Pins parasols *(Pinus pinea)* sont fréquents en Maremme ; leurs clairières hébergent une myriade d'espèces vivaces, dont *Ajuga iva* (encart), aux fleurs roses.

diverses orchidées (*Orchis palustris*, *Himantoglossum robertianum*, *Cephalanthera longifolia*, *Epipactis muelleri*, *Limodorum abortivum*, *Ophrys fuciflora* et *O. insectifera* pour n'en citer que quelques-unes). De vastes et impressionnants peuplements de Grande Férule *(Ferula communis)* sont légion au bord de la route d'accès nord du parc. Parmi les raretés, on peut citer le crocus endémique *Crocus etruscus*, localement commun au sein des boisements caducifoliés de Massa Marittima. La meilleure saison de visite va de fin avril à juin.

Vésuve

Le parc national du mont Vésuve, situé à environ 9 km à l'est de Naples, dans la plaine littorale de Campanie, comprend deux formations géologiques : le cône du Vésuve et la caldeira Somma. Les pentes volcaniques arides du Vésuve, caractérisées par un maquis et des pinèdes typiquement méditerranéens dominés par des sous-arbrisseaux tels que *Genista tinctoria*, abritent de nombreuses plantes géophytes, dont une grande diversité d'orchidées. Par contraste, les pentes de la caldeira Somma sont beaucoup plus humides et densément végétalisées, recouvertes de boisements caducifoliés largement dominés par le Châtaignier *(Castanea sativa)* et les chênes (*Quercus* ssp.).

Pouilles

La région des Pouilles est située à l'extrême sud-est de l'Italie, bordant la mer Adriatique à l'est et Ionienne au sud-est. Le sud de la zone est dominé par les oliveraies et des plantes résistantes à la sécheresse, nombre d'entre elles typiques de la Méditerranée orientale. Les raretés incluent l'espèce endémique *Arum apulum*, en danger critique d'extinction, ainsi que la Lavande de mer de l'Adriatique *Limonium cancellatum*. Dans ce secteur se trouve le mont Gargano, ainsi qu'un archipel et une grande diversité de boisements collinéens anciens. Les habitats, riches et variés, incluent hêtraies, chênaies, pinèdes, littoraux rocheux, zones humides et pointements calcaires. Le parc national du Gargano est célèbre pour son extraordinaire diversité en orchidées : avec presque 70 espèces, le secteur a été décrit comme la « capitale européenne des orchidées ». La liste inclut l'Orchis géant *(Himantoglossum robertianum)*, l'Orchis pourpre *(Orchis purpurea)* et l'Orchis homme-pendu *(Orchis*

L'essentiel du paysage et des plantes de la région des Pouilles est plutôt caractéristique de la Méditerranée orientale, avec des espèces comme *Limonium cancellatum* (en haut). *Arum apulum* (en bas), en danger critique d'extinction, ne s'observe nulle part ailleurs.

anthropophorum). On y trouve aussi une multitude d'ophrys (dont *Ophrys lutea*, l'espèce endémique *O. fuciflora* subsp. *apulica*, *O. fusca* et *O. bertolonii*) et des sérapias comme *Serapias lingua*, *S. cordigera*, *S. vomeracea* et *S. parviflora*. La meilleure saison de visite est d'avril à mai.

Sicile

La Sicile est la plus grande île méditerranéenne. Sa taille et son extrême diversité géologique ont engendré une flore particulièrement riche et variée. Les habitats y sont très différents : terres calcaires dans les montagnes autour de Palerme et Trapani à l'ouest, hêtraies caducifoliées sur les pentes argileuses des Nébrodes, sols carbonatés sur la chaîne montagneuse nord et l'Etna, volcan dont le cône s'élève à 3 300 m au-dessus du niveau de la mer. Chacun de ces secteurs présente une flore unique, avec des éléments typiques de la Méditerranée occidentale, ainsi que des espèces issues des flores de Méditerranée orientale et nord-africaine. Un panel de raretés et plus de 20 espèces endémiques se développent dans l'archipel des îles Éoliennes. Parmi les plantes rares, citons *Limonium lopadusanum* et *Brassica macrocarpa*, un chou sauvage relativement commun, toutes deux restreintes à quelques côtes de l'archipel sicilien, ainsi que *Calendula maritima*, végétal en danger qui ne pousse que sur l'île principale entre Marsala et Monte Cofano et sur les îlots voisins.

Antirrhinum siculum (à gauche), endémique de Sicile et de Malte, et *Sarcopoterium spinosum* (à droite), un arbrisseau plutôt typique de la flore méditerranéenne orientale, sont tous deux fréquents en Sicile.

Sardaigne

La Sardaigne est la deuxième plus grande île méditerranéenne après la Sicile et, comme la Corse, héberge l'une des flores les plus riches de Méditerranée avec environ 2 300 espèces, dont 350 sont endémiques. Parmi les habitats importants de l'île, citons les côtes rocheuses, qui s'étirent sur environ 1 800 km², les massifs montagneux granitiques, les sols calcaires dolomitiques et en grès, ainsi que de nombreuses zones humides et plaines alluviales comme Campidano au sud-ouest et La Nura au nord-ouest.

6 000 km² de l'île sont protégés (soit environ 25 % de sa surface totale). La Sardaigne possède 3 parcs nationaux : celui d'Asinara, de l'archipel de La Maddalena et du Gennargentu. Le premier est dominé par un maquis où prévalent le Pistachier lentisque *(Pistacia lentiscus)* et l'Olivier *(Olea europaea)*. Les autres espèces communes du parc incluent *Convolvulus althaeoides*, la Vipérine commune *(Echium vulgare)* et *Galactites tomentosa*. La rare, endémique et épineuse *Centaurea horrida* se développe sur les affleurements rocheux. Le parc national de l'archipel de La Maddalena est situé au nord-ouest de l'île et comprend une multitude d'îles, îlots et formations rocheuses. Sa flore, typiquement méditerranéenne, est dominée par le Genévrier de Phénicie

(Juniperus phoenicea), l'Arbousier *(Arbutus unedo)* et le Pistachier lentisque *(Pistacia lentiscus)*. Le parc national du Gennargentu, situé sur la côte est de la Sardaigne, est constitué de garrigues et d'habitats littoraux et montagneux. Les espèces rares sont notamment *Crocus minimus*, la Pivoine coralline *(Paeonia mascula)*, *Romulea requienii* et *Ornithogalum collinum*.

AFRIQUE DU NORD

La flore nord-africaine est très riche et diversifiée en raison de la géographie particulièrement variée de la région. Elle est composée en effet d'une mosaïque d'habitats typiquement méditerranéens, comme de nombreuses îles et îlots, des forêts caducifoliées et sempervirentes, du maquis, de la garrigue, des pâturages, des zones humides, des falaises et dunes littorales, ainsi que du semi-désert. Ce guide décrit surtout les éléments floristiques des régions méditerranéennes du Maroc, de l'Algérie et de la Tunisie, essentiellement similaires à ceux de la Méditerranée occidentale européenne, mais dont plusieurs espèces sont endémiques. Décrire les autres écorégions significatives de l'Afrique du Nord dépasserait l'objet de ce guide, qu'il s'agisse du littoral atlantique, de la région saharienne ou des zones montagneuses, dont la composition floristique n'est pas typiquement méditerranéenne (quelques exceptions sont cependant incluses dans cet ouvrage lorsqu'elles se superposent aux communautés floristiques de Méditerranée ou par intérêt particulier).

La flore méditerranéenne nord-africaine n'est pas aussi connue que celle du territoire européen. Répartition et quantité d'espèces sont imparfaitement connues, en particulier dans les zones reculées et nécessitent des compléments de recherche pour déterminer les priorités de conservation, en particulier au regard des menaces que font peser sur la flore l'intensification agricole, le surpâturage et la déforestation. Beaucoup de plantes endémiques n'ont été découvertes que récemment, illustrant notre réel besoin de connaissance.

Bien souvent, les zones les plus diversifiées et les plus accessibles pour découvrir la flore nord-africaine sont les parcs nationaux : il en existe 10 au Maroc, 10 en Algérie (la plupart littoraux) et 8 en Tunisie. Quelques-uns ont été reconnus comme sites d'intérêt particulier pour leur flore et sont décrits ci-après. La meilleure saison de visite est mars-avril, mais varie fortement selon la région.

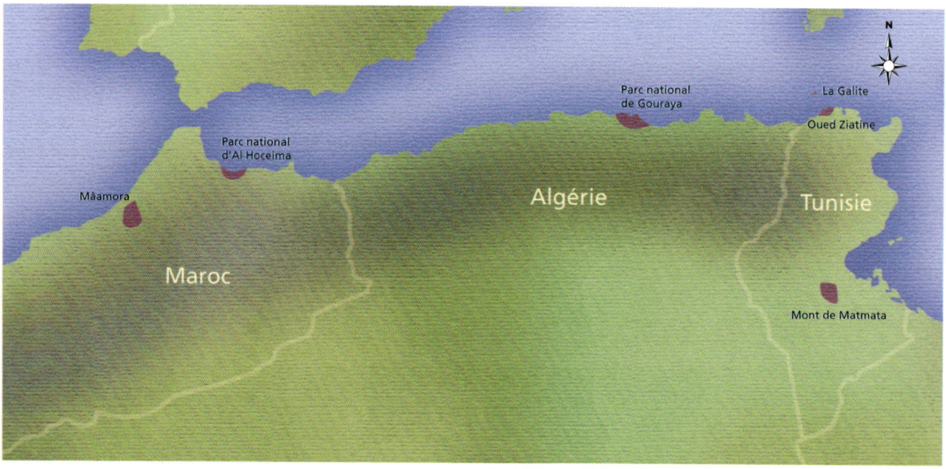

Ce guide décrit spécifiquement les éléments floristiques des zones méditerranéennes du Maroc, de l'Algérie et de la Tunisie, mais ne couvre globalement pas la région saharienne ou les chaînes de montagnes, qui forment l'essentiel de la masse continentale nord-africaine (et dont la flore n'est pas strictement méditerranéenne). L'Afrique du Nord est vaste et seul un petit nombre des zones d'intérêt floristique (Important Plant Area) sont décrites ici.

PHOTOGRAPHIE : GUY ANDERSON

Les *Cistanche*, comme *C. violacea* (à gauche) et *C. phelypaea* (à droite), sont des plantes parasites spectaculaires répandues dans les déserts et dunes d'Afrique du Nord. En tant que plantes parasites, elles sont dépourvues de pigment vert et de véritables feuilles.

MAROC

Le Maroc couvre environ 710 000 km² et possède plus de 160 sites d'intérêt biologique et écologique. La flore marocaine est de fait l'une des plus diversifiées de la région méditerranéenne, avec environ 4 000 plantes vasculaires, dont 20 % d'espèces endémiques. Cette grande diversité résulte du climat et de la géologie, placés sous la double influence du Sahara et de l'Atlantique. Ce guide se focalise sur la zone floristique méditerranéenne et couvre les basses altitudes au nord d'une ligne joignant Sale-Rabat à l'aride Oujda, jusqu'à la frontière algérienne. Cette région est caractérisée par un climat, une flore et une géologie similaires à ceux de la Méditerranée occidentale européenne, en particulier de l'Andalousie, dont elle n'est séparée que par le détroit de Gibraltar, large de seulement 12 km au point le plus étroit. La flore marocaine comporte plus de 100 familles, les Astéracées, les Fabacées et les Poacées comptant le plus d'espèces. Les communautés floristiques méditerranéennes sont dominées par le Cyprès de l'Atlas *(Tetraclinis articulata)* et les chênes à feuilles caduques (*Quercus canariensis* et *Q. pyrenaica*). Les autres espèces communes incluent le Genévrier à encens *(Juniperus thurifera)*, le Genévrier de Phénicie *(J. phoenicea)*, le Genévrier oxycèdre *(J. oxycedrus)*, le Caroubier *(Ceratonia siliqua)*, l'Olivier *(Olea europaea)* et le Pistachier lentisque *(Pistacia lentiscus)*. Le parasite spectaculaire *Cistanche violacea* ne se rencontre pas en Europe, mais est fréquent dans certaines parties d'Afrique du Nord, où il pousse à la fois dans le désert et les communautés méditerranéennes de dunes sableuses. Parmi les raretés marocaines, citons l'endémique *Eryngium atlanticum* et la succulente *Kleinia anteuphorbium*.

Maâmora

La Maâmora, l'un des plus vastes peuplements de Chênes-lièges *(Quercus suber)* du pays, est située au nord-ouest du Maroc, entre Rabat et Kenitra, à l'ouest, et la rivière Beth, à l'est. Elle couvre environ 700 km² à une altitude variant de 30 à 230 m. Parmi les espèces communes, citons le Palmier nain *(Chamaerops humilis)*, le Ciste à feuilles de sauge *(Cistus salviifolius)*, la Grande Férule *(Ferula communis)*, *Hyparrhenia hirta* et la Lavande à toupet *(Lavandula stoechas)*. Les arbres communs du parc incluent la sous-espèce endémique nord-africaine du Pin maritime (*Pinus pinaster* ssp *hamiltonii*) et *Eucalyptus camaldulensis*, espèce introduite.

Parc national d'Al Hoceima

Le parc national d'Al Hoceima se situe à proximité de la ville du même nom au nord du Maroc. Avec ses 470 km², c'est la plus grande zone littorale marocaine protégée. Le lieu héberge des communautés halophiles sur falaises calcaires et des espèces comme le Chêne kermès *(Quercus coccifera)*, le Caroubier *(Ceratonia siliqua)*, le Pistachier lentisque *(Pistacia lentiscus)*, l'Olivier *(Olea europaea)*, le Ciste cotonneux *(Cistus albidus)*, le Grenadier *(Punica granatum)*, *Consolida regalis*, diverses bruyères (*Erica* ssp.), ainsi qu'un panel de plantes géophytes méditerranéennes.

Zones humides marocaines

Les zones humides marocaines présentent un intérêt particulier. Elles incluent un ensemble de lacs, lagunes, marais et tourbières, tels que l'embouchure de la rivière Moulouya, la lagune de Nador (Sebkha Bou Areg), la zone de Tahadarte, la côte du pays Ghomara et la lagune et le barrage de Smir. Ces complexes de zones humides sont extrêmement riches, très largement méconnus et sérieusement menacés par les activités humaines. Un certain nombre d'espèces qui les colonisent sont intéressantes, y compris le délicat Illécèbre verticillé *(Illecebrum verticillatum)*, qui rampe sur les sols sablonneux des pâturages inondés, *Limoniastrum monopetalum*, qui se développe sur les sables alluviaux salins, le Tamaris d'Afrique *(Tamarix africana)*, commun dans les habitats humides doux et saumâtres, l'insolite Grande Utriculaire *(Utricularia australis)*, plante carnivore à fleurs jaunes, ainsi qu'une gamme de raretés régionales, dont la Bruyère ciliée *(Erica ciliaris)*. Ces milieux humides sont extrêmement menacés par l'assèchement dû au développement des plantations d'*Eucalyptus*.

PHOTOGRAPHIE : SERGE D. MULLER

PHOTOGRAPHIE : SERGE D. MULLER

Les espèces de la garrigue marocaine incluent la Lavande à toupet *(Lavandula stoechas)*, la rare plante endémique *Eryngium atlanticum* (en haut) et la succulente *Kleinia anteuphorbium* (en bas).

Les espèces associées aux communautés de zones humides marocaines incluent le Tamaris d'Afrique *(Tamarix africana)* et l'Illécèbre verticillé *(Illecebrum verticillatum)* (à droite).

ALGÉRIE

Avec plus de 2 000 000 km², l'Algérie est le plus vaste pays du littoral méditerranéen. Comme le Maroc, elle abrite une grande diversité de régions floristiques, caractérisées par des communautés méditerranéennes, montagneuses et désertiques. Le pays présente un intérêt botanique considérable et comprend 21 zones d'intérêt floristique (IPA) au nord, ainsi que 3 parcs nationaux côtiers – El Kala, Gouraya et Taza – qui présentent tous une haute diversité floristique et hébergent un certain nombre de raretés. L'Algérie partage beaucoup d'espèces avec le Maroc et la Tunisie, mais abrite aussi plus de 200 plantes endémiques. Parmi les communautés végétales prédominantes, citons : les dunes et falaises littorales ; les forêts sclérophylles dominées par le Chêne kermès *(Quercus coccifera)*, le Chêne vert *(Q. ilex)* et le Chêne-liège *(Q. suber)* ; les bois caducifoliés colonisés par *Q. canariensis* ; les forêts sempervirentes composées de pins (*Pinus halepensis* et *P. pinaster*) ; le maquis dominé par le Pistachier lentisque *(Pistacia lentiscus)*, le Romarin *(Rosmarinus officinalis)* et le Calicotome *(Calicotome spinosa)* ; les milieux humides dont des marais, prairies inondables, lacs et tourbières où se développe la rare espèce endémique nord-africaine *Bellis prostrata*.

Parc national de Gouraya

Le parc national de Gouraya, reconnu par l'Unesco, s'étend dans la province de Béjaïa, au nord-est de l'Algérie. Il comprend un massif montagneux calcaire, dominant le nord-ouest de la ville de Béjaïa, un petit massif calcaire dans son secteur ouest et une zone humide : le lac Mézaïa. Parmi les habitats particulièrement intéressants, citons les falaises littorales calcaires et les champs rocailleux, hébergeant tous deux de nombreuses plantes rares et endémiques. L'Euphorbe arborescente *(Euphorbia dendroides)* est une espèce prédominante du parc sur les pentes et rebords rocheux. Les falaises calcaires sont l'habitat d'halophytes comme l'Astérolide maritime *(Pallenis maritima)*, *Lotus cytisoides* et l'Alysson maritime *(Lobularia maritima)*. Le maquis est colonisé par le Chêne kermès *(Quercus coccifera)*, *Phillyrea latifolia, Rhamnus lycioides*, *Prasium majus*, *Asparagus albus*, le Palmier nain

PHOTOGRAPHIE : SERGE D. MULLER

La rare *Bellis prostrata* (à gauche) se rencontre dans les zones humides algériennes, tandis que le Myrte commun *(Myrtus communis)* (à droite) est fréquent dans les garrigues littorales, comme ailleurs en Méditerranée occidentale.

(Chamaerops humilis) et *Sedum sediforme*. Les forêts sont caractérisées par le Pin d'Alep *(Pinus halepensis)*, l'Olivier *(Olea europaea)*, le Caroubier *(Ceratonia siliqua)*, le Myrte commun *(Myrtus communis)* et *Pistacia terebinthus*. Les orchidées du groupe *Ophrys* sont représentées dans le parc (*Ophrys apifera*, *O. speculum* et *O. tenthredinifera*), de même que d'autres plantes géophytes telles que *Gladiolus communis*, présentes sur les affleurements calcaires. Les espèces fréquentes dans les habitats plus humides, comme les zones inondées et les berges des rivières, sont le Géranium herbe-à-Robert *(Geranium robertianum)*, l'Herbe aux femmes battues *(Dioscorea communis)*, l'Arum d'Italie *(Arum italicum)* et le Frêne à feuilles étroites *(Fraxinus angustifolia)*.

Îles du littoral algérien

Le littoral algérien est riche en îles et îlots isolés et inhabités, dont l'intérêt réside dans leurs similitudes floristiques à la fois avec l'Afrique continentale et les grandes îles de Méditerranée occidentale, notamment la Sicile, la Sardaigne et la Corse. Ils n'hébergent pas un nombre particulièrement important d'espèces, en raison de leur taille réduite, mais du fait de leur isolement géographique et de leur caractère inhabité, ils sont le refuge de plantes rares. Rachgoun et l'archipel des Habibas, au nord-ouest de l'Algérie, forment un complexe insulaire d'origine volcanique qui partage son niveau d'endémisme floristique à la fois avec l'Afrique proche et le continent européen. Les petites îles kabylo-numidiennes au nord de la côte algérienne abritent des populations de *Pancratium foetidum* et d'*Allium commutatum* (ce dernier étant présent habituellement dans le nord et le centre du bassin méditerranéen). Il est préférable de visiter ces îles en mars-avril, mais, d'une manière générale, elles sont difficiles d'accès et ne sont décrites ici que du fait de leur intérêt.

TUNISIE

La Tunisie est le plus petit pays d'Afrique du Nord, avec une surface d'environ 165 000 km^2. Elle fait partie du Maghreb et est bordée par l'Algérie à l'ouest, la Libye au sud-est et la Méditerranée au nord. Son climat varie du saharien aride au sud, au méditerranéen humide dans les zones montagneuses septentrionales. La région méditerranéenne tunisienne est plus humide que celles du Maroc et de l'Algérie et sa flore, moins diversifiée, présente un moindre degré d'endémisme. Les communautés floristiques naturelles prédominantes sont typiques de celles du maquis et bois méditerranéens. On y trouve des forêts sclérophylles à Chêne kermès *(Quercus coccifera)* et Chêne-liège *(Q. suber)*, des bois caducifoliés à *Q. canariensis*, des forêts sempervirentes dominées par les pins (*Pinus halepensis* et *P. pinaster*), des maquis colonisés par l'Olivier *(Olea europaea)* et le Pistachier lentisque *(Pistacia lentiscus)*, et des formations steppiques abritant le Genévrier de Phénicie *(Juniperus phoenicea)*, *Artemisia* ssp. et des graminées telles que *Macrochloa tenacissima*. Les espèces de milieux humides incluent la très rare Patience de Tunisie *(Rumex tunetanus)*, endémique du nord du pays, proche de l'extinction et que l'on ne rencontre qu'en une seule localité de la chaîne des Mogods.

Archipel de La Galite

L'archipel de La Galite est un complexe insulaire principalement granitique situé à 40 km du continent. Il abrite de nombreuses espèces rares, plus caractéristiques de la Corse, de la Sardaigne et de l'Europe continentale que de l'Afrique du Nord, parmi lesquelles *Allium commutatum*, *Ononis minutissima* et, curieusement, *Serapias nurrica*, orchidée jusqu'à présent supposée restreinte à la Sardaigne, la Corse, Minorque, la Sicile et l'Italie continentale.

Mont de Matmata

Le mont de Matmata, proche de la côte est de la Tunisie, comprend le village de Toujane, un secteur reconnu en tant que zone d'intérêt floristique. Ce dernier se caractérise par son climat méditerranéen aride et ses communautés de fruticées typiques, dominées par le Genévrier de Phénicie *(Juniperus phoenicea)*, des graminées telles que *Macrochloa tenacissima* ou *Teucrium polium*, ainsi que le rare *Rosmarinus eriocalyx*.

Oued Ziatine

L'oued Ziatine est un bassin-versant reconnu zone d'intérêt floristique, qui se déverse dans la Méditerranée au cap Serrat, au nord de la Tunisie. Il est caractérisé par un climat méditerranéen humide et largement couvert par des forêts d'Aulne glutineux *(Alnus glutinosa)*. Il abrite des raretés, comme l'annuelle *Solenopsis bicolor* et la petite *Bellis prostrata*, une pâquerette restreinte aux zones humides littorales et aux plaines côtières du nord-est de l'Algérie et de la Tunisie (récemment découverte aussi au Maroc).

PHOTOGRAPHIE : SERGE D. MULLER

La Patience de Tunisie *(Rumex tunetanus)* (à gauche) est une plante endémique rare de Tunisie septentrionale, au bord de l'extinction. *Macrochloa tenacissima* (ci-dessus) est une graminée méditerranéenne typique, fréquente en Tunisie et en Méditerranée occidentale.

ARCHIPEL MALTAIS

L'archipel maltais s'étend au centre de la Méditerranée, à environ 80 km au sud de la Sicile et 280 km à l'est de la Tunisie. Il comprend Malte, Gozo et Comino, ainsi que de nombreux îlots mineurs inhabités. Malte, avec sa surface de 316 km^2, est l'une des îles les plus densément peuplées du monde. Du fait de sa petite taille, de la densité de la population et du petit nombre d'habitats d'eau douce et montagneux, sa flore est moins riche que celle d'autres pays méditerranéens. Toutefois, son isolement géographique favorise le développement d'un grand nombre d'espèces endémiques. Les principaux milieux sur l'archipel sont les boisements dominés par le Chêne vert *(Quercus ilex)* et le Pin d'Alep *(Pinus halepensis)*, les maquis et garrigues sclérophylles à Olivier *(Olea europaea)*, Pistachier lentisque *(Pistacia lentiscus)*, Germandrée jaune *(Teucrium flavum)* et Caroubier *(Ceratonia siliqua)*, ainsi que des communautés végétales dégradées colonisées par des graminées dont *Hyparrhenia hirta* et par de nombreuses Apiacées et Astéracées annuelles (*Apiaceae* et *Asteraceae*). Parmi les raretés, citons une plante endémique, l'immortelle *Helichrysum melitense*, qui pousse uniquement sur les falaises occidentales de Gozo, et quelques espèces géophytes spontanées comme *Ophrys sphegodes*, le Lys de mer *(Pancratium maritimum)*, *Crocus longiflorus*, *Ornithogalum arabicum* et *Iris pseudopumila*.

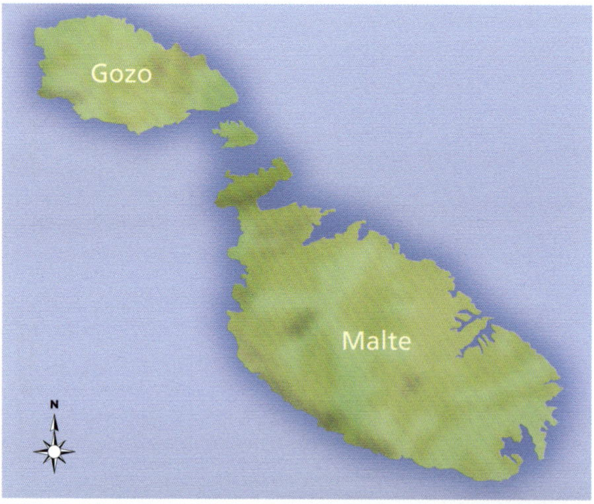

L'archipel maltais présente une flore typiquement méditerranéenne, avec des communautés de boisements dominées par le Pin d'Alep *(Pinus halepensis)* (ci-dessous), comme dans une grande partie de la région.

Habitats des plantes sauvages

GARRIGUES ET MAQUIS

Le climat du bassin méditerranéen occidental permet le développement d'une riche végétation dominée, aux basses altitudes, par des arbustes. Ceux-ci sont typiquement coriaces et épineux, munis de feuilles cireuses ou velues. Cette forme est appelée sclérophyllie (« à feuilles dures »), en référence à la présence de cellules scléreuses (à parois épaissies), adaptées pour retenir l'humidité. Le caractère a évolué de manière indépendante au sein de plusieurs groupes de plantes non apparentés en réponse aux conditions arides. Les paysages floristiques de chacune des cinq régions au climat méditerranéen, à savoir le bassin méditerranéen, l'Afrique du Sud, la Californie, l'Australie et le Chili, présentent de ce fait des similitudes superficielles. Dans le bassin de la Méditerranée occidentale, la végétation arbustive sempervirente sur sols profonds et acides porte le nom de « maquis » (en France), « matorral » (en Espagne) ou « macchia » (en Italie). La garrigue fait référence aux formes moins hautes, sur des sols moins épais, typiquement sur les terres calcaires littorales. Les conditions climatiques y engendrent des formations au port plus rabougri, même si les espèces dominantes restent les mêmes.

Genévrier oxycèdre *(Juniperus oxycedrus)* au sud de l'Espagne : une plante dominante dans nombre de garrigues et maquis.

Les plantes typiques du maquis et de la garrigue sont résineuses et aromatiques. Ces habitats sont dominés par le Chêne kermès *(Quercus coccifera)*, les genévriers (*Juniperus* ssp.), les lavandes (*Lavandula* ssp.), le Romarin *(Rosmarinus officinalis)*, les thyms (*Thymus* ssp.) et les cistes (*Cistus* ssp.), ainsi que par divers arbustes et arbrisseaux de la famille des Fabacées *(Fabaceae)*. Le maquis sur substrat acide et plus profond est colonisé par les bruyères (*Erica* ssp., *Calluna* ssp.), le Genêt à balais *(Cytisus scoparius)*, l'Arbousier *(Arbutus unedo)*, et piqueté de quelques espèces plus tolérantes au calcaire mentionnées ci-avant. Les strates basses sont riches en plantes géophytes telles que les narcisses (*Narcissus* ssp.), les ails (*Allium* ssp.), les iris *(Iridaceae)* comme l'Iris sisyrhinque *(Moraea sisyrinchium)* ainsi qu'une myriade d'orchidées *(Orchidaceae)*, toutes survivant aux étés chauds et secs sous la forme de cormes souterrains, de bulbes ou de tubercules. Toute une gamme de graminées *(Poaceae)* et d'annuelles de la famille des Caryophyllacées, des Fabacées et des Boraginacées (*Caryophyllaceae*, *Fabaceae* et *Boraginaceae*) sont fréquentes dans les milieux perturbés et passent l'été en dormance sous forme de graines.

Formations calcaires du sud du Portugal : roche-mère de la garrigue à travers toute la Méditerranée occidentale et habitat important pour les espèces géophytes comme l'Iris sisyrhinque *(Moraea sisyrinchium)* (encart).

Au sein du bassin méditerranéen occidental, cette formation végétale arbustive, épineuse et sempervirente, sur sols acides et profonds des basses altitudes, est connue sous le nom de maquis. Les plantes caractéristiques sont notamment le Chêne vert *(Quercus ilex)* (en haut) et le Romarin *(Rosmarinus officinalis)* (en bas).

Les formations végétales basses, battues par les vents et associées aux sols calcaires littoraux peu épais, sont appelées garrigues. Les plantes qui la colonisent sont similaires à celles du maquis, mais arborent souvent un port plus rabougri. Parmi elles, citons le Palmier nain *(Chamaerops humilis)* (en haut) et le Ciste à gomme *(Cistus ladanifer)* (en bas).

TERRES AGRICOLES

Le paysage du bassin méditerranéen occidental fut un temps dominé par les chênaies sempervirentes, dont la majeure partie a été défrichée et convertie en terres agricoles au néolithique. Les cultures prédominantes de la région sont le blé, le riz, les pois, les légumes, les citrons et la vigne. S'y ajoutent des plantes cultivées, introduites depuis l'Antiquité et ne nécessitant pas de soins agricoles intensifs, qui se sont naturalisées et constituent désormais une composante importante de la flore. C'est le cas du Caroubier, de l'Olivier, du Figuier et de l'Amandier.

Le Caroubier *(Ceratonia siliqua)* est un arbre sempervirent de la famille des Fabacées *(Fabaceae)* qui a longtemps été cultivé comme fourrage pour le bétail et en tant que substitut au cacao. Ses grappes de fleurs poussent directement sur le tronc, un phénomène nommé cauliflorie. L'Olivier *(Olea europaea)* est d'une importance agricole majeure dans le bassin méditerranéen. Les ancêtres de cet arbre demeurent inconnus, les formes sauvages ayant été perdues au fil des millénaires de culture. On distingue cependant, en plus des nombreux cultivars agricoles, plusieurs sous-espèces distinctes géographiquement. Les oliveraies peu intensives et de petite taille, ainsi que celles en friche, constituent des habitats importants pour des centaines d'espèces annuelles, de petites pérennes et de plantes géophytes, y compris des orchidées. Hélas, une forte proportion d'oliveraies est désormais soumise à une culture intensive, ce qui a entraîné le déclin de cette diversité. Les cultures de Figuier *(Ficus carica)* et d'Amandier *(Prunus dulcis)*, ainsi que les vignes extensives à faibles niveaux d'intrants, sont aussi des réservoirs importants pour la flore sauvage si leur gestion demeure traditionnelle, car elles hébergent une myriade d'espèces similaires à celles des oliveraies. Une large part du bassin méditerranéen est menacée par l'intensification agricole. Les forêts de Chênes-lièges *(Quercus suber)*, écosystèmes forestiers caducifoliés uniques, sont de plus en plus souvent remplacées par des monocultures d'*Eucalyptus* et de pins *(Pinus)* à croissance rapide, cultivés pour produire de la pâte à papier, car leur vente génère plus de profits sur les marchés actuels.

Les plantes cultivées introduites depuis l'Antiquité et ne nécessitant pas de soins agricoles intensifs se sont naturalisées jusqu'à faire partie de la flore locale : Caroubier (à gauche), Figuier (au milieu, en haut), Olivier (au milieu, en bas), et Amandier (à droite).

HABITATS LITTORAUX

Le littoral de la Méditerranée occidentale abrite une flore extraordinairement riche. Les criques abritées aux pentes couvertes de garrigue, les falaises de calcaire ou de schiste, ainsi que les systèmes de dunes non dégradées sont le support de riches communautés végétales maritimes, particulièrement dans les espaces protégés. Tous les habitats côtiers sont exposés à de forts taux de salinité et les plantes qui s'y développent (dites halophytes) se sont spécifiquement adaptées à ce type d'environnement. Beaucoup possèdent une couche cireuse bleutée (glauque) à la surface de leurs feuilles qui les protège des embruns salés et des rayons du soleil, ainsi que des glandes excrétant le sel. Parmi les plantes halophytes les plus communes, citons l'Astérolide maritime *(Pallenis maritima)* et la Criste marine *(Crithmum maritimum)*, poussant sur les affleurements rocheux, les rochers et les falaises de la région.

Parmi les plantes halophytes fréquentes, on compte l'Astérolide maritime *(Pallenis maritima)* (à gauche) et la Criste marine *(Crithmum maritimum)* (à droite).

Dans tout le bassin méditerranéen occidental, les communautés dunaires sont dominées par les peuplements de l'Oyat *(Ammophila arenaria)*, bien connu.

Les communautés dunaires sont dominées par les peuplements d'Oyat *(Ammophila arenaria)*, une plante familière qui contribue à stabiliser le sable. Parmi les autres espèces communes de cet habitat, citons le Lys de mer *(Pancratium maritimum)*, l'Euphorbe des dunes *(Euphorbia paralias)*, le Liseron des sables *(Calystegia soldanella)* et le Cakilier maritime *(Cakile maritima)*. En arrière de la dune embryonnaire ou mobile, on trouve des dépressions dunaires sur sable fixé et humide, plus riches en nutriments, colonisées par des Cypéracées *(Cyperaceae)* et diverses espèces pérennes – souvent des raretés locales – qui assurent la transition avec la garrigue et le maquis.

Salicornia ramosissima est une espèce fréquente, voire dominante, des communautés de prés-salés de la région.

Prés-salés et estuaires abritent les espèces les plus tolérantes au sel, submergées quotidiennement par la mer. Ceux de Méditerranée occidentale sont principalement dominés par des espèces de la famille des *Amaranthaceae*, comme *Sarcocornia perennis*, *Atriplex halimus* et *Salicornia ramosissima*. Elles sont succulentes, glauques ou rougeâtres et sécrètent du sel, une caractéristique typique des espèces halophytes. Certains systèmes de prés-salés occidentaux, tels que ceux de l'Algarve, abritent l'incroyable parasite jaune *Cistanche phelypaea*, qui se dresse fièrement au sein des peuplements de sa plante hôte (souvent des *Amaranthaceae* ligneuses).

Une large part du littoral de Méditerranée occidentale est sévèrement menacée par le développement du tourisme et les destructions d'habitats qu'il entraîne. Certaines espèces spontanées sont aussi remplacées par des plantes exotiques comme la Griffe de sorcière *(Carpobrotus edulis)*, hautement invasive, qui étouffe et remplace les communautés indigènes dans toute la région.

Dans toute la région, les fragiles communautés végétales dunaires sont menacées par la Griffe de sorcière *(Carpobrotus edulis)*, hautement invasive.

PINÈDES

La pinède est un milieu fréquent en Méditerranée occidentale. Le Pin parasol *(Pinus pinea)* est cultivé depuis l'Antiquité pour ses pignons comestibles et sa cime est une icône régionale. Il est fréquent sur les pentes autant que dans les villes et jardins. Il peut parfois former de vastes peuplements, comme dans le parc de la Maremme en Toscane occidentale. Le Pin d'Alep *(P. halepensis)* est un autre résineux très commun de la région, qui devient plus fréquent en altitude à l'intérieur des terres. Il est largement cultivé comme bois d'œuvre ou de trituration. Enfin, le Pin maritime *(P. pinaster)* est très courant le long du littoral dans toute la région. Il se rencontre typiquement sur les pentes rocailleuses bordant les criques abritées de la Méditerranée, ou en plantations comme source de bois d'œuvre ou de térébenthine. La richesse floristique des pinèdes est typiquement moins grande que celle des fruticées, mais leurs sous-bois hébergent une flore spécifique, souvent composée d'espèces pérennes acidophiles et d'orchidées telles que le Limodore à feuilles avortées *(Limodorum abortivum)*, les sérapias (*Serapias* ssp.), les ophrys (*Ophrys* ssp.) et les épipactis (*Epipactis* ssp.).

Les plantations de Pin parasol *(Pinus pinea)* (à gauche) sont courantes à basse altitude dans toute la Méditerranée occidentale, tandis que les boisements de Chêne-liège *(Quercus suber)* (à droite) sont communs aux altitudes plus élevées dans le sud-ouest et constituent un refuge important pour les plantes sauvages.

CHÊNAIES

En altitude, la température annuelle moyenne décroît tandis que les précipitations augmentent. Ce climat plus frais et humide favorise le développement de chênaies submontagnardes *(Quercus)* dominées par des communautés végétales nettement différentes de celles du maquis et de la garrigue des basses altitudes. Ces milieux constituent des refuges pour les plantes adaptées à des conditions plus fraîches que celles du climat méditerranéen, chaud et sec. On y retrouve beaucoup d'espèces communes aux forêts caducifoliées tempérées du nord de l'Europe. Le feuillu le plus répandu aux altitudes basses à moyennes est le Chêne vert *(Quercus ilex)*, essence sempervirente formant des peuplements purs ou mixtes dans toute la Méditerranée occidentale. Les forêts spontanées de Chêne-liège *(Q. suber)* sont fréquentes au sud du Portugal, en Espagne et en Afrique du Nord. Cette essence est cultivée dans toute la Méditerranée occidentale en tant que ressource durable de liège, en particulier pour la fabrication de bouchons. Son écorce épaisse et isolante est particulièrement résistante au feu, et peut être récoltée de manière répétée sans endommager l'arbre. En plus de leur valeur économique significative, les subéraies sont le support d'une riche biodiversité, relativement protégée par les modes de culture peu intensifs. Les espèces communes des sous-bois de Chêne vert et de Chêne-liège comprennent des ligneux comme l'Arbousier *(Arbutus unedo)*, les bruyères (*Erica* ssp.), le Genêt à balais *(Cytisus scoparius)* et le Fragon *(Ruscus aculeatus)*, ainsi que des herbacées vivaces d'ombre, parmi lesquelles la Digitale pourpre *(Digitalis purpurea)*, les pivoines (*Paeonia* ssp.), l'Arum d'Italie *(Arum italicum)* et une myriade d'orchidées comme les épipactis (*Epipactis* ssp.). De vastes chênaies qui couvraient autrefois une bonne part de la Méditerranée occidentale ont été défrichées et remplacées par des plantations d'*Eucalyptus* ou de divers pins et sapins (*Pinus* et *Abies* ssp.), dont la croissance rapide est plus rentable.

MILIEUX PERTURBÉS

Les milieux perturbés et dégradés, tels que le bord des routes, les parkings, les friches, les sites de démolition et les jardins, sont très riches en plantes indigènes, annuelles ou vivaces à courte durée de vie, adaptées aux milieux transitionnels. Ces végétaux ont une croissance rapide et tolèrent la sécheresse. En Méditerranée occidentale, ils fleurissent au début du printemps, puis produisent leurs graines et meurent avant l'été en réponse au stress hydrique marqué. Les annuelles de la famille des Astéracées *(Asteraceae)* sont particulièrement fréquentes, en particulier la Vergerette du Canada *(Conyza canadensis)*, divers chardons et cirses (*Carduus*, *Cirsium* et *Onopordum* ssp.), les laiterons (*Sonchus* ssp.) et, dans les zones plus humides, *Dittrichia viscosa*. Parmi les autres espèces intéressantes des milieux perturbés, citons le Concombre d'âne *(Ecballium elaterium)*, dont les graines sont violemment propulsées en l'air dans un jet de liquide, ainsi que les orobanches parasites (*Orobanche* ssp.) qui, dépourvues de chlorophylle, extraient leurs nutriments des racines d'autres plantes.

La forte densité de population, les liens commerciaux internationaux et le défrichement des terres pour l'agriculture et le tourisme ont contribué conjointement au développement des milieux perturbés en Méditerranée occidentale et à l'invasion de plantes non indigènes. Beaucoup d'espèces exotiques envahissantes proviennent d'autres régions du globe dont le climat est aussi de type méditerranéen.

Glebionis coronaria, membre de la famille des Astéracées *(Asteraceae)*, se rencontre très fréquemment dans les milieux perturbés de toute la Méditerranée occidentale.

Elles se développent en Méditerranée occidentale, au point qu'il devient difficile de les distinguer de la flore spontanée qu'elles remplacent. Parmi les espèces exotiques prédominantes, citons l'Agave d'Amérique *(Agave americana)*, originaire du Mexique et échappé des villes et jardins, qui produit une énorme rosette de feuilles succulentes, suivie d'une inflorescence en arbre qui persiste longtemps après la fin de la floraison. Le bord des routes de Méditerranée occidentale est souvent bordé d'acacias à fleurs jaunes (*Acacia* ssp.) originaires d'Australie et tapissés d'Oxalide des Bermudes *(Oxalis pes-caprae)*, deux pestes végétales qui étouffent les espèces annuelles indigènes, comme c'est le cas dans la région de l'Algarve au Portugal. La Griffe de sorcière *(Carpobrotus edulis)* se développe dans les habitats côtiers perturbés de la région et, bien qu'attractive, constitue une grande menace pour tous les écosystèmes fragiles dans lesquels elle s'implante.

HABITATS AQUATIQUES D'EAU DOUCE

Les habitats aquatiques tels que les mares, rivières, fossés et prairies régulièrement inondées, sont dominés par les macrophytes : des plantes adaptées à la submersion ou aux sols engorgés d'eau. De tels habitats sont rares sous le climat sec et aride de Méditerranée occidentale et possèdent une flore nettement différente de celle du maquis ou de la garrigue des zones plus sèches. Comme les chênaies, les habitats aquatiques forment des refuges pour les plantes adaptées à des conditions moins arides. Ils sont donc colonisés par de nombreuses espèces communes aux zones humides tempérées du nord de l'Europe. Parmi les végétaux fréquents, citons l'Iris faux-acore *(Iris pseudacorus)*, la Salicaire commune *(Lythrum salicaria)*, le Butome en ombelle *(Butomus umbellatus)*, la Sagittaire à larges feuilles *(Sagittaria latifolia)*, les Cypéracées (famille des *Cyperaceae*) et les massettes (*Typha* ssp.), ainsi que des plantes submergées comme le Faux Nénuphar *(Nymphoides peltata)* et les utriculaires (*Utricularia* ssp.) carnivores et dépourvues de système racinaire, qui piègent des organismes microscopiques dans leurs minuscules vésicules submergées. Les plaines temporairement inondées sont l'habitat du Tamaris d'Afrique *(Tamarix africana)*, de plantes géophytes

Les habitats gorgés d'eau tels que ce lac saisonnier sont un refuge important pour les espèces aquatiques spécialisées comme l'insectivore Utriculaire commune *(Utricularia vulgaris)* (encart).

comme la jolie *Scilla peruviana* à fleurs mauves et d'annuelles telles que le délicat Illécèbre verticillé *(Illecebrum verticillatum)* qui rampe sur les berges humides et sablonneuses. Du fait de leur isolement, les milieux aquatiques d'eau douce de Méditerranée abritent souvent, notamment dans les zones humides les plus vastes, diverses plantes rares ou endémiques.

HABITATS DÉSERTIQUES ET ARIDES

Certaines régions d'Afrique du Nord bordent des zones arides et semi-désertiques. Ces secteurs sont soumis à des stress hydriques extrêmes et sont secs et nus. Les plantes qui poussent dans de tels environnements sont physiologiquement adaptées à la sécheresse (xérophytes) ou sont des annuelles éphémères, à courte durée de vie, qui bouclent rapidement leur cycle de développement au cours des périodes humides transitoires (de la même manière que les plantes décrites au chapitre «Milieux perturbés», p. 37). Parmi les espèces tolérantes à la sécheresse, citons l'arbuste succulent *Traqanum moquinii*, un élément commun de la flore des brousses succulentes des zones littorales arides du nord-ouest du Maroc, ainsi que l'arbuste épineux, quasiment dépourvu de feuilles, *Launaea arborescens*, qui se développe sur les sols nus et rocheux. D'autres plantes répondent rapidement aux pluies printanières, comme l'Astérolide pygmée *Pallenis hierochuntica* et les annuelles à cycle court telles *Kickxia sagittata* et *Lotus glinoides*. Ces espèces xérophytes sont plus typiques des communautés végétales du littoral atlantique saharien et africain que de la flore méditerranéenne.

Les plantes des régions arides et des déserts sont adaptées aux sécheresses extrêmes. C'est le cas des annuelles éphémères telles que *Kickxia sagittata* (à gauche) et des arbrisseaux épineux et rigides comme *Launaea arborescens* (en haut). D'autres plantes répondent rapidement aux pluies saisonnières comme *Pallenis hierochuntica* (en bas).

Descriptions d’espèces

GYMNOSPERMES

Plantes à graines dépourvues de véritables fleurs, chez lesquelles les ovules sont « nus » plutôt qu'enfermés dans un ovaire.

PINACEAE | PINACÉES

Arbres sempervirents ou caducifoliés, à feuilles en aiguilles disposées en spirale et à bourgeons végétatifs munis d'écailles brunes. Sur le même arbre, présence de cônes mâles à pollen abondant, les femelles plus gros, à écailles ligneuses, mettant plusieurs années à parvenir à maturité.

Cedrus CÈDRE

Arbres sempervirents à feuilles en aiguilles, à section à 3-5 angles, soit solitaires sur les longs rameaux, soit en faisceaux denses sur les courts rameaux latéraux.

Cedrus atlantica CÈDRE DE L'ATLAS. Grand arbre sempervirent atteignant 39 m, à branches horizontales (à l'âge adulte) ; écorce grise et lisse ou à fissures peu profondes. Feuilles glauques, sombres, en spirale ou en faisceaux denses, sous forme d'aiguilles de 15-20 mm de long. Cônes femelles dressés, en forme de tonnelet, de 50-80 mm de long, devenant brun violacé pâle à maturité, formés de nombreuses écailles se chevauchant. Pentes des montagnes. DZ, MA (planté ailleurs).

1. *Abies pinsapo* var. *marocana*
   PHOTOGRAPHIE : SERGE D. MULLER
2. *Pinus pinea*
3. *Pinus halepensis* (encart : aiguilles)
4. *Pinus halepensis* cônes femelles

Abies SAPIN

Arbres sempervirents à feuilles en aiguilles, sessiles, solitaires (non fasciculées) sur de longs rameaux.

Abies alba SAPIN BLANC. Grand arbre de 48 m, à écorce argentée en plaques et à rameaux munis de poils courts. Aiguilles de 15-30 mm de long, souples, vert sombre dessus, jaunâtres dessous, échancrées au sommet, *disposées sur 2 rangs parallèles* ; *bourgeons non résineux*. Cônes femelles dressés, de 10-15(20) cm, ovoïdes à cylindriques, à bractées saillantes et visibles entre les écailles. Boisements de montagne. ES, FR, IT. *Abies pinsapo* lui ressemble, à aiguilles argentées, piquantes au bout, glauques, de 15 mm, disposées en brosse autour des rameaux (et non sur 2 rangs parallèles), à *bourgeons résineux* et à cônes sans bractées saillantes. Cônes femelles cylindriques, de 9-18 cm de long. Localisé en montagne. ES. ***Abies pinsapo* var. *marocana*** (Syn. *A. marocana*) est parfois traité comme une sous-espèce d'*A. pinsapo*, dont il diffère par ses aiguilles *moins bleues*, et par des *cônes femelles plus longs, de 11-20 cm*. Montagnes du Rif. MA.

Larix MÉLÈZE

Arbres caducifoliés à aiguilles planes, souples, vertes, solitaires sur les longs rameaux et en faisceaux denses sur les courts rameaux latéraux.

Larix × eurolepis MÉLÈZE HYBRIDE. Arbre à feuillage caduc, hybride *(L. decidua × L. kaempferi)*, atteignant 46 m et à écorce brun grisâtre en plaques. Jusqu'à 40 aiguilles, en faisceaux, vertes dessus et à deux bandes plus pâles dessous, jusqu'à 13 mm de long. Cônes femelles ligneux, dressés, *petits*, de 20-35(45) mm de long, à écailles triangulaires saillantes ; cônes mâles petits et jaunes. Planté, en altitude. ES, FR, IT.

Pinus PIN

Arbres sempervirents, à feuilles en aiguilles raides, souvent longues, disposées par 2, 3 ou 5 sur des rameaux très courts.

A. Grands cônes, > (60)70 mm de long

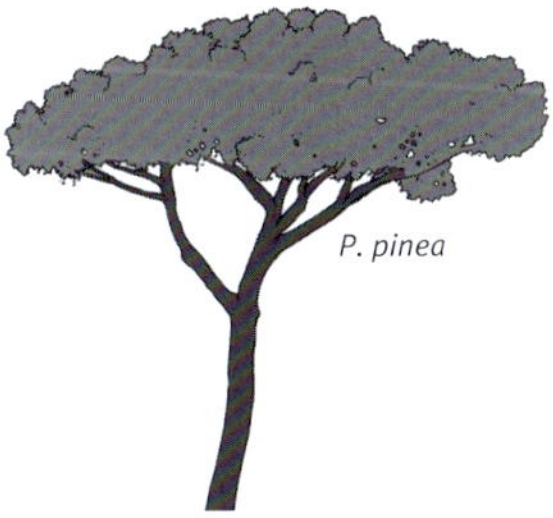
P. pinea

P. halepensis

P. halepensis (cône femelle)

Pinus pinea PIN PARASOL. Grand arbre au port caractéristique atteignant 30(40) m, en forme de parasol à maturité. Écorce brun-gris, s'écaillant en plaques brun rougeâtre. Feuilles en aiguilles, vertes, de 7-15(20) cm de long, 1,2-1,7 mm de large, bordées de minuscules dents orientées vers le sommet. Cônes femelles de 7-14 cm de long, ovoïdes-obtus, luisants, brun-rouge ; graines *à peine ailées* ou non ailées ; écailles plus ou moins égales. Fréquent dans les collines et zones littorales, souvent en vastes peuplements, planté pour ses graines comestibles. Dans toute la zone (peut-être originaire d'Afrique du Nord). *Pinus radiata* lui ressemble, à aiguilles par 2(3) et à écailles basales des cônes femelles nettement plus saillantes que celles de l'apex. Originaire d'Amérique du Nord, introduit en Espagne et sans doute ailleurs. ES.

Pinus halepensis PIN D'ALEP. Arbre atteignant 20 m, *à couronne irrégulière, arrondie* et à branches vrillées et grisâtres, écorce rougeâtre et fissurée ; bourgeons non poisseux. Feuilles en aiguilles, par paires, de 6-12(15) cm de long et 0,7-1 mm de large, droites ou vrillées. Cônes femelles ovoïdes, de 6-12 cm de long, sur des pédoncules *réfléchis* ; graines *ailées*. Commun sur les pentes sèches et les falaises dans le centre de la zone ; populations isolées au Portugal et en Tunisie (cultivé dans ces pays). Dans toute la zone.

P. pinaster (cône femelle)

P. pinaster

Pinus pinaster **PIN MARITIME**. Arbre élevé et pyramidal, atteignant 35 m, souvent rabougri et à sommet aplati dans les milieux littoraux. Écorce noirâtre, se fissurant, rougeâtre en haut. Feuilles en aiguilles, vert sombre, *par paires, allongées, 15-20(25) cm de long*. Cônes femelles ovoïdes, groupés par 2-8, brun clair luisant, écailles à écusson saillant-épineux, de 8-22 cm de long. Commun sur sables maritimes et largement cultivé comme bois d'œuvre, pour la préservation des sols et la production de térébenthine. DZ, ES, FR, IT, MA, PT. *Hamiltonii* subsp. forme de vastes peuplements dans les forêts de sapins du Rif et du Moyen Atlas. MA (planté ailleurs).

B. Petits cônes, < 70(90) mm de long

P. sylvestris (cône femelle)

P. sylvestris

Pinus sylvestris **PIN SYLVESTRE**. Arbre élevé atteignant 36 m. Écorce gris-brun sombre en bas, *rouge orange pâle et se desquamant* en haut ; *couronne aplatie et de guingois à l'âge adulte*. Feuilles en aiguilles *petites et vrillées*, de 2-8 cm de long, 3 mm de large, nettement pédonculées, disposées par paires, munies à la base d'une gaine grise persistante, *glauques*. Cônes femelles plus ou moins globuleux, aigus, penchés et brun jaunâtre, de 25-75 mm de long. Pentes des montagnes dans toute la zone et largement planté ailleurs comme bois d'œuvre ; absent de Corse. *Pinus uncinata* lui ressemble, à aiguilles groupées par 2-3 et à tronc *non* rougeâtre en haut (gris-brun), à rameaux épais et feuilles en aiguilles *vert sombre* (non bleuâtres). Espèce montagnarde (non strictement méditerranéenne) qui s'étend jusqu'aux Pyrénées. ES.

P. nigra (cône femelle)

Pinus nigra **PIN NOIR D'AUTRICHE**. Arbre variable (avec des sous-espèces décrites), élevé, robuste, atteignant 42 m, à *tronc droit et à couronne ouverte, pyramidale* ; écorce gris sombre en haut et profondément fissurée ; rameaux brun sombre à bourgeons légèrement poisseux. Feuilles en aiguilles, par paires, vert sombre, de 8-18 cm de long et 2 mm de large, à peine vrillées, non bleuâtres. Cônes femelles solitaires ou non, ovoïdes-allongés, jusqu'à 30-90 mm, brun jaunâtre, luisants et plus ou moins *sessiles*. Pentes montagnardes rocailleuses ; largement planté ailleurs. FR (dont Corse), IT (dont Sicile).

---

1. *Pinus pinaster* (encart : haut, cône femelle ; bas, cône mâle)
2. *Pinus sylvestris* (encart : écorce)
3. *Pinus nigra* (encart : cône femelle)

1

2

3

CUPRESSACEAE | CUPRESSACÉES

Arbres ou arbustes sempervirents, résineux, à feuilles opposées ou verticillées, en écailles ou en aiguilles, généralement par 3 ; bourgeons végétatifs dépourvus d'écailles. Cônes femelles à écailles ligneuses ou charnues.

Juniperus GENÉVRIER

Arbustes sempervirents à rameaux s'étalant dans toutes les directions ; feuilles en aiguilles ou opposées, semblables à des écailles à maturité. Dioïques ; cônes femelles ressemblant à une baie, *à écailles fusionnées, charnues*. Graines non ailées.

Juniperus communis GENÉVRIER COMMUN. Arbuste dense, grisâtre, atteignant 26 m. Feuilles en aiguilles, de 4-20 mm, *disposées par 3*, à *1 seul* sillon blanc dessus. Cônes femelles ovoïdes à arrondis, de 5-10 mm, verts devenant noir rosé à maturité (les cônes mettent plusieurs années à mûrir) ; cônes mâles solitaires. Dans toute la zone (existence de sous-espèces régionales).

Juniperus oxycedrus GENÉVRIER CADE. Ressemble à *J. communis* : arbuste grisâtre dioïque atteignant 15 m, à feuilles en aiguilles s'amenuisant vers le sommet en pointe de 8-25 mm de long et 1 mm de large, surmonté de *2 sillons pâles*, verticillées par 3. Cônes femelles de 8-15 mm de diamètre, brun-rouge à maturité. Dunes et maquis. Dans toute la zone. *Juniperus navicularis* lui ressemble, mais à aiguilles de 4-12 mm de long et *brusquement* terminées en pointe. Cônes femelles de 7-10 mm de diamètre. Boisements collinéens. ES, PT.

Juniperus phoenicea GENÉVRIER DE PHÉNICIE. Grand *arbuste atteignant 8 m*, à écorce brun-gris se desquamant en fines bandelettes. Feuilles de 5-14 mm de long, (à peine 0,7-1 mm sur les vieilles branches) *ressemblant à des écailles et à marge membraneuse*, appliquées contre les rameaux. Cônes femelles de 8-14 mm, sphériques, brun-rouge à maturité. Dans toute la zone. *Juniperus thurifera* est un *arbre* dioïque qui atteint 20 m, mais dont les feuilles en écailles *ne sont pas membraneuses à la marge*. Localisé sur les pentes des montagnes. DZ, ES, FR (dont Corse), MA. *Juniperus sabina* possède aussi des feuilles en écailles dépourvues de marge membraneuse, mais c'est un *arbuste prostré de 0,3-1 m*. Rare, en montagne. ES.

Cupressus CYPRÈS

Arbres sempervirents à rameaux s'étalant dans toutes les directions et à feuilles opposées, en écailles à maturité. Cônes femelles ligneux, se séparant en écailles ; graines ailées.

Cupressus sempervirens CYPRÈS. Arbre à port étroitement columnaire de 30 m de haut. *Feuilles vert sombre*, en écailles, d'à peine 0,5-1 mm de long, se recouvrant. *Cônes femelles sphériques*, de *25-40 mm de diamètre* et jaunâtres. Issu du bassin de la mer Égée ; dans les villes et jardins de toute la zone. *Cupressus macrocarpa* CYPRÈS DE MONTEREY a des feuilles vert sombre de 1-2 mm de long ; cônes femelles de 20-35 mm de long. Originaire de Californie, cultivé. *Cupressus arizonica* a des feuilles en écailles *gris-bleu pâle*. Issu d'Arizona, planté. ***Cupressus dupreziana* var. *atlantica*** (Syn. *C. atlantica*) CYPRÈS DU TASSILI ressemble à *C. sempervirens*, mais à *feuillage beaucoup plus bleu*, portant un point de résine sur chaque feuille et à *petits cônes sphériques jusqu'à 25 mm de long*. Endémique des montagnes du Haut-Atlas au sud de Marrakech. MA.

Tetraclinis

Arbres sempervirents à feuilles en écailles. Cône ligneux se séparant en écailles ; graines ailées.

Tetraclinis articulata THUYA DE BARBARIE. Petit arbre ressemblant à un genévrier, à croissance lente, atteignant 15 m, à tronc unique ou non. Feuilles en écailles, de 1-8 mm de long et 1,5 mm de large, disposées par paires opposées, à partie sommitale libre et triangulaire. Cônes femelles bruns, de 10-15 mm de long, à 4 écailles épaisses opposées par 2, déhiscents ; graines nettement ailées. Montagnes d'Afrique du Nord (plus rare au niveau de la mer) ; localisé ailleurs (Malte et sud-est de l'Espagne). DZ, ES, MA, MT, TN.

1. *Juniperus oxycedrus*
2. *Juniperus oxycedrus*
   Cônes femelles
3. *Juniperus phoenicea*
4. *Juniperus phoenicea*
   Cônes femelles
5. *Cupressus sempervirens*
   (encart : cônes femelles)
6. *Cupressus dupreziana*
   var. *atlantica*

PHOTOGRAPHIE : SERGE D. MULLER

ARAUCARIACEAE | ARAUCARIACÉES

Très grands arbres sempervirents à troncs columnaires et à feuilles en aiguilles ou en grandes écailles disposées en spirale autour des rameaux ; bourgeons végétatifs dépourvus d'écailles. Très gros cônes mâles, en forme de chatons, pendants. Graines non ailées.

Araucaria

Arbres sempervirents originaires d'Australie et d'Amérique du Sud ; feuilles soit élargies et à nervures nombreuses, soit subulées et courbées.

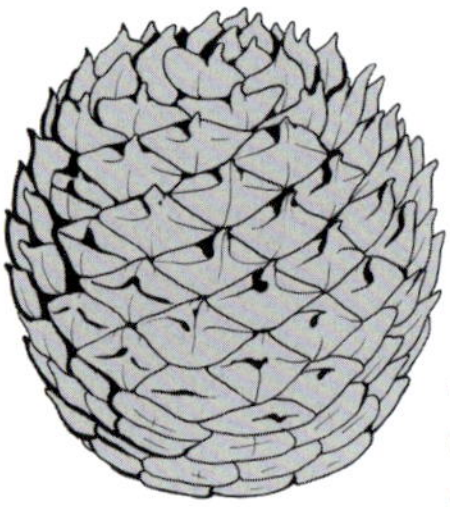

A. heterophylla (cône femelle)

A. heterophylla (port)

Araucaria heterophylla PIN DE NORFOLK. Arbre élevé, dressé, atteignant 60 m, à branches horizontales disposées en spirales quelque peu symétriques autour du tronc ; feuilles subulées et courbées. Cônes femelles trapus et globuleux, à écailles ligneuses disposées en spirale, graines non ailées. Originaire des îles Norfolk dans le Pacifique ; largement planté.

1

2

3

EPHEDRACEAE | EPHÉDRACÉES

Petits arbustes à tiges ressemblant à des joncs ou au Genêt à balais, à petites feuilles opposées ou verticillées, souvent réduites à des écailles. Dioïque ; « cônes » mâles en petits groupes axillaires ; « cônes » femelles formés de plusieurs paires de bractées. « Fruit » (pseudo-fruit) semblable à une baie, à 1-2 graines.

Ephedra

Plantes ligneuses ressemblant au Genêt à balais, à tiges ramifiées et à feuilles peu visibles, ressemblant à des écailles. Cônes mâles à étamines portant 2-3 sacs polliniques.

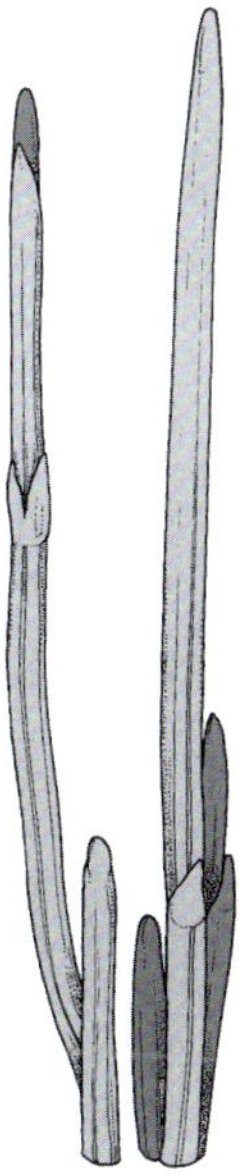

E. distachya

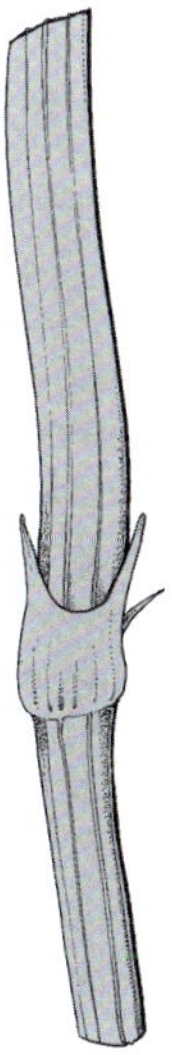

E. fragilis

Ephedra distachya ÉPHÉDRA À CHATONS OPPOSÉS. *Sous-arbrisseau bas, couché, atteignant 1 m* (selon l'exposition), à rameaux dressés-ascendants naissant de rhizomes rampants, formant des fourrés. Rameaux raides semblables au Genêt à balais, dépourvus de feuilles à l'exception de feuilles en écailles de 2 mm, cendrées et situées aux nœuds, *fins, 0,7-1 mm de diamètre, jaune verdâtre* et *ne se cassant pas facilement aux nœuds.* Cônes mâles et femelles séparés, jaune verdâtre et petits, les mâles agglomérés par 4-8 paires, les femelles par paires solitaires. Fruits de 5-7 mm, sous forme de baies rougeâtres, la graine dépassant entre les écailles charnues. Localisé sur les pentes rocailleuses, les falaises maritimes et les berges des rivières. ES, FR, IT. *Ephedra major* (Syn. *E. nebrodensis*) lui ressemble, mais souvent moins haut (< 1 m), à rameaux *très fins,* 0,4-0,7 mm en section et à feuilles brun sombre (et non blanchâtres). Fruits jaunâtres à rougeâtres. Répandu mais absent des plus petites îles. DZ, ES, FR (dont Corse), IT (dont Sardaigne et Sicile), MA, TN.

Ephedra fragilis. Semblable à *E. distachya* mais souvent *bien plus grand* (selon l'exposition), grimpant ou prostré, 3-4(5) m, à *rameaux vert sombre terne, de 1,5-2,2 mm de section, souples et fragiles, se cassant facilement aux nœuds.* Feuilles en écailles de 2 mm de long. Cônes mâles et femelles séparés ; les premiers agglomérés par 4-8 paires, les seconds par paires solitaires. Fruits de 7-9 mm sous forme de baies rouges, la graine *complètement incluse.* Localisé dans les milieux secs, sablonneux et rocailleux. Dans toute la zone ; commun dans le centre occidental de la zone, les îles Baléares et la Sicile.

---

1. *Araucaria heterophylla*
2. *Ephedra distachya*
3. *Ephedra fragilis*

LAURACEAE LAURACÉES

Arbres et arbustes aromatiques, sempervirents, à feuilles simples, alternes. Petites fleurs hermaphrodites, régulières, à 8-12 étamines ; 1 style. Fruits sous forme de baies à 1 graine.

Laurus LAURIER

Arbres et arbustes aromatiques, surtout tropicaux, à feuilles munies de glandes huileuses luisantes.

Laurus nobilis **LAURIER SAUCE**. Arbuste ou petit arbre monoïque atteignant 10(18) m, à écorce noirâtre et rameaux glabres. Feuilles de 5-10 cm de long, alternes, oblongues-lancéolées, entières, à marge ondulée, ponctuées de glandes. Fleurs jusqu'à 10 mm de diamètre et assez insignifiantes : jaune verdâtre, groupées à l'aisselle des feuilles, à 4 pétales. Fruits sous forme de baies noires, ovoïdes. Milieux rocheux et ravins, souvent planté. Dans toute la zone.

Persea AVOCATIER

Arbres et arbustes à gros fruits charnus, à 1 graine.

Persea americana **AVOCATIER**. Arbre atteignant 15 m, à grandes feuilles ovales-elliptiques, coriaces et aiguës. Petites fleurs blanches à 5 pétales. Le fruit est l'avocat. Originaire du Mexique et d'Amérique centrale ; fréquemment planté dans les jardins. Dans toute la zone.

1. *Laurus nobilis*
2. *Persea americana*
3. *Persea americana* fleurs
4. *Arum italicum* fruits
5. *Arum italicum* (encart : fleurs)
6. *Arum maculatum* (encart : fleurs)

MONOCOTYLÉDONES

Espèces dont la plantule typique ne présente qu'un seul cotylédon, à feuilles à nervation parallèle (non réticulée), et à pièces florales par multiples de 3. La plupart sont herbacées et munies d'organes souterrains tels que bulbes et cormes.

ARACEAE | ARACÉES

Herbacées vivaces, généralement glabres, tubéreuses, à feuilles basilaires et pétiolées. Fleurs individuelles minuscules, disposées en épi compact (spadice), entourées d'une grande bractée souvent foliacée (spathe). Fruits sous forme de baies.

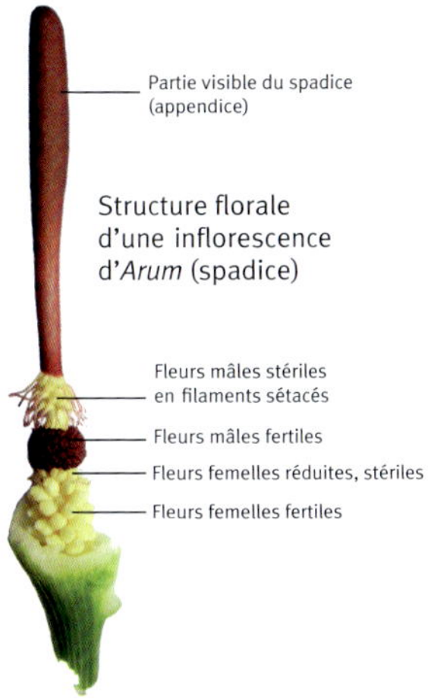

Structure florale d'une inflorescence d'*Arum* (spadice)

Arum

Plantes vivaces tubéreuses à feuilles hastées, entières. Fleurs unisexuées, groupées à la base du spadice enveloppé par la spathe. Fruits sous forme de baies rouges, se développant généralement après la fanaison des feuilles.

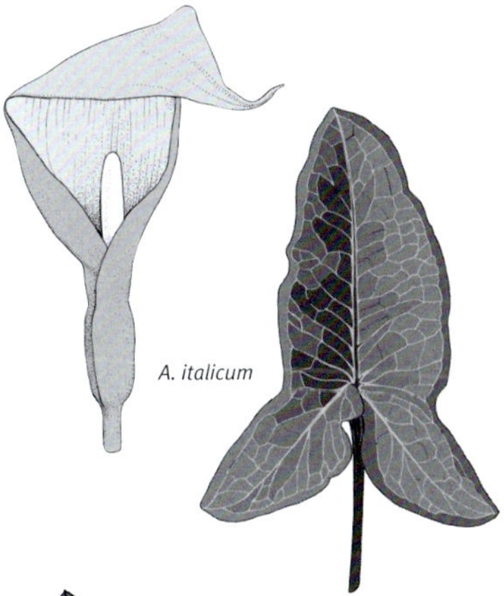

A. italicum

A. maculatum

A. Floraison printanière ; spadice jaune, spathe (généralement) dépourvue de marques violacées

Arum italicum **ARUM D'ITALIE**. Plante vivace à floraison printanière, à grand tubercule et feuilles longuement pétiolées apparaissant en automne ; grandes feuilles de 15-35 cm de long, hastées et à oreillettes aiguës, semi-dressées au bout de longs pétioles, vert moyen à sombre, à nervation et marbrures variables et plus pâles. Portion visible du *spadice jaune pâle* ; grande spathe atteignant 40 cm, se recourbant ensuite vers l'avant, vert-jaune pâle. Baies rouges à maturité, disposées en épis denses. Haies humides et fossés ; le plus commun des *Arum* de la région. Dans toute la zone.

B. Floraison printanière ; spadice violacé à noir (parfois pâle), spathe marquée d'au moins un peu de violacé

Arum maculatum **ARUM TACHETÉ**. Plante vivace à floraison printanière, à gros tubercule et à feuilles longuement pétiolées apparaissant au printemps ; feuilles comme celles d'*A. italicum* mais atteignant 7-20 cm de long, moins dressées, plus ridées et à oreillettes moins divergentes, parfois tachetées. Inflorescence à odeur fétide, à portion visible du *spadice brun chocolat* (parfois gris ou jaune) et inférieur à la moitié de la longueur de la spathe, parfois lavée de violacé, plus sombre vers les bords (pas au centre). Baies rouges à maturité, disposées en épis denses. Boisements frais et humides. Absente de la majeure partie de l'Extrême-Sud et Ouest. DZ, ES, FR, IT, MA, TN.

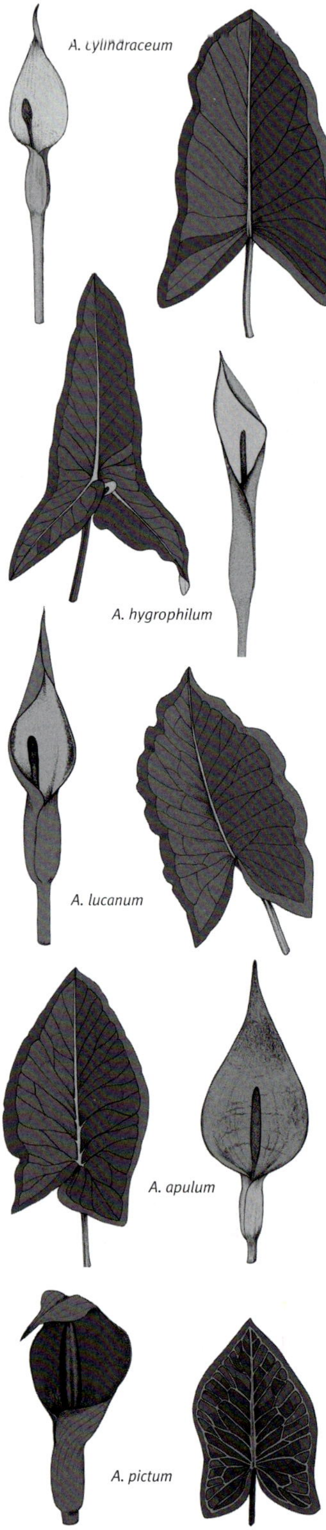

Arum cylindraceum (Syn. *A. alpinum*) ressemble à l'espèce précédente mais à *tubercule discoïde* et inflorescence longuement pédonculée à *spadice très court et finissant abruptement* en massue, *à stipe long et mince* ; inflorescence à odeur non fétide. Pentes et boisements rocailleux. Répartition mal connue en raison de confusions avec l'espèce précédente ; absente des îles. ES, FR, IT, PT. *Arum hygrophilum* ressemble à *A. maculatum* mais à tubercule discoïde, feuilles à oreillettes représentant $^{1}/_{3}$ de la longueur du limbe. Inflorescence à odeur non fétide, longuement pédonculée avec une spathe vert-blanc bordée de pourpre et *à tube pourpre à l'intérieur* ; tube de la spathe *long et atténué*. Rare ; bord des ruisseaux et fossés. MA. *Arum lucanum* lui ressemble, mais à spadice long, mince, pourpre sombre, représentant environ $^{3}/_{4}$ de la longueur du limbe (longueur totale : 50 mm). Rare ; maquis et pentes des montagnes. IT (sud).

Arum orientale. Plante vivace à floraison printanière, à tubercule discoïde d'où naissent les feuilles en automne ; feuilles hastées et vert profond, à pétiole souvent lavé de violet (mais sans taches sombres). Inflorescence à odeur de crottin de cheval, à spathe vert-blanc *uniformément parsemée de violet*, en particulier le long de la marge, mais blanche à l'intérieur du tube ; portion visible du spadice noir-violet *sombre* (des variantes similaires existent au sein du groupe d'*A. maculatum*), *longue et étroite* (pas en massue) représentant plus de la moitié de la longueur du limbe de la spathe ; fleurs mâles disposées en deux verticilles. Espèce orientale. IT (mais les plantes de ce pays peuvent être rapportées à *A. apulum*). ***Arum apulum*** lui ressemble, à tubercule également discoïde et à feuilles largement triangulaires mais à spathe vert pâle à l'apex et au bord, et variablement *parsemé de violet au centre* ; fleurs mâles en 3-4 verticilles. Broussailles basses ; rare. IT (sud-est).

C. Floraison automnale ; spathe entièrement brun-violet

Arum pictum. Plante vivace à floraison *automnale* à tubercule vertical, globuleux, à partir duquel les feuilles naissent à l'automne, *juste avant la floraison* ; feuilles épaisses et coriaces, hastées à cordées, vert sombre à veines plus claires. Inflorescence à spathe *violet noirâtre sombre* atteignant 25 cm de long et à spadice légèrement plus court, violet. Fourrés sur rocailles et pinèdes. Îles centrales les plus grandes. Subsp. *sagittifolium*, peut-être une espèce distincte, possède des feuilles hastées. ES (îles Baléares). Subsp. *pictum* possède des feuilles cordées. FR (Corse), IT (Sardaigne et Sicile).

Arisarum

Petites vivaces tubéreuses à feuilles cordées. Inflorescences comme celles des *Arum* mais plus petites et à spathe soudée en tube sur la majeure partie de sa longueur. Fruit vert, à plusieurs graines.

A. vulgare

Arisarum vulgare **ARISARUM**. Plante vivace basse à floraison automnale, à feuilles basilaires de 2-17 cm de long, largement cordées, à lobes de la base arrondis. Pédoncules floraux égalant plus ou moins les pétioles (5-35 cm), parfois ponctués. Spadice verdâtre ou brun, dépassant légèrement de la *spathe en capuchon* ; cette dernière blanche rayée de vert à brun chocolat, cylindrique-tubuleuse en bas, se recourbant vers l'avant en haut. Baies verdâtres à noirâtres. Répandue et commune dans des milieux variés. Dans toute la zone. *Arisarum simorrhinum* lui ressemble beaucoup mais possède une spathe enflée (ventrue), *rayée de pourpre* et un spadice épaissi au sommet ne la dépassant pas. Localisée au sud-ouest de la zone uniquement. DZ, ES, MA.

1. *Arum apulum* (encart : fleurs)
2. *Arum pictum*
3. *Arum pictum* fleurs
4. *Arisarum vulgare* (encart : fruits)

Arisarum proboscideum PLANTE SOURIS. Plante vivace basse à floraison printanière, à feuilles toutes basilaires, cordées, de (2,6)6-16 cm de long. Pédoncules courts, les inflorescences étant ainsi situées près du sol. Spathe brun sombre et en capuchon, de 20-40 mm de long, *longuement prolongée en appendice de 5-15 cm de long* ; spadice enclos dans la spathe et blanchâtre. Localisée dans les milieux ombragés et boisés, souvent parmi les rochers et les blocs de pierre. ES, IT.

Ambrosina

Minuscule aracée tubéreuse à feuilles ovales et spadice enclos.

Ambrosina bassii AMBROSINE DE BASSI. Très petite plante vivace tubéreuse, à floraison automnale à hivernale, assez semblable aux *Arisarum*. Feuilles d'à peine 70 mm de long, vertes et dépourvues de marques. *Petite spathe* jaune verdâtre ponctuée de rouge, d'à peine 20 mm de long, horizontale, dilatée en sabot en bas et terminée en longue trompe cylindrique ; spadice dépourvu de prolongement et totalement enclos dans le sabot de la spathe. Fruits sous forme de baies à nombreuses graines. Broussailles et garrigues. FR (Corse), IT (dont Sardaigne et Sicile).

Biarum

Petites plantes vivaces tubéreuses à feuilles étroites non lobées (non hastées) et à inflorescences subsessiles situées au ras du sol. Fruits verdâtres, blanchâtres ou violacés. Espèces très similaires et difficiles à identifier sur le terrain : la disposition des minuscules fleurs est un critère de distinction.

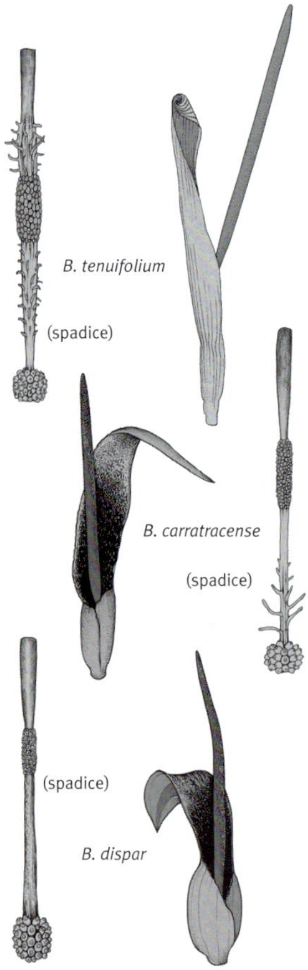

A. Spadice avec un anneau de fleurs mâles stériles au-dessus de l'anneau des fleurs mâles fertiles

Biarum tenuifolium. Petite plante vivace à floraison automnale atteignant 20 cm, à feuilles apparaissant après la floraison. Feuilles de 11-29 cm (depuis la base), oblongues-lancéolées (devenant linéaires-lancéolées). Inflorescence naissant du sol et sessile ; long et mince spadice brun, souvent *projeté bien au-delà de la spathe*, muni d'un anneau de *fleurs stériles, filiformes, au-dessus et en dessous* des fleurs mâles ; spathe brunâtre ou violacée. Fruits sous forme de baies *blanchâtres*. Garrigues, pentes rocailleuses et pâturages pierreux. Subsp. *tenuifolium* possède des fleurs mâles stériles non ramifiées. Espèce orientale. IT (du Sud et Sicile). Subsp. *arundanum* (Syn. *B. arundanum*), parfois considéré comme une espèce distincte, possède des fleurs mâles stériles à *2 ramifications*, disposées en 8 verticilles réguliers. Extrême sud-ouest de la région, sur sols calcaires ou argileux. ES (sud-ouest), MA, PT.

B. Spadice sans (ou comprenant peu de) fleurs stériles au-dessus de l'anneau des fleurs mâles fertiles

Biarum carratracense. Petite plante vivace tubéreuse ressemblant par sa forme à *B. arundanum*, mais en différant par la portion tubuleuse inférieure de sa spathe légèrement renflée, avec les bords du tube libres sur la moitié de leur longueur ; fleurs femelles stériles *étalées* (plutôt que dressées) et *disséminées* en bas du spadice, mais *peu ou pas de fleurs mâles stériles* au-dessus des mâles fertiles. *Fruits violacés*. ES (sud-ouest). *Biarum dispar* (Syn. *B. bovei*) lui

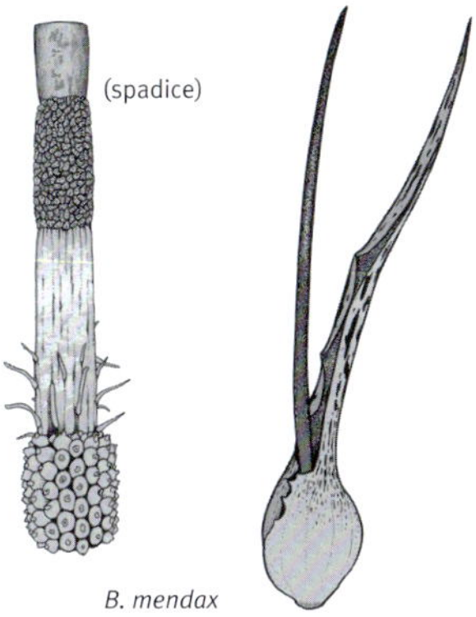

B. mendax

ressemble mais à tube de la spathe arrondi plutôt qu'étroitement cylindrique et à fleurs femelles stériles groupées à la base du spadice (au-dessus des fertiles) ; les mâles stériles très rares ou absentes. Surtout dans le Sud. DZ, ES, IT (Sardaigne), MA, TN.

Biarum mendax. Plante vivace tubéreuse ressemblant aux espèces précédentes, mais à feuilles *ovales* plutôt que linéaires-lancéolées, et à *grande spathe refermée à la base (marges soudées tout du long)* et *très renflée et distendue*, de 8,5-23 cm de long, verdâtre dehors, violacée dedans, *restant dressée* à la floraison ; spadice dressé (non retombant) à fleurs mâles stériles absentes ; fleurs femelles stériles disposées au-dessus des femelles fertiles et décurrentes le long du spadice à leur base. Sud-ouest de la péninsule Ibérique. ES (sud-ouest) ; peut-être PT.

Zantedeschia ARUM

Herbacées vivaces rhizomateuses à feuilles longuement pétiolées, largement ovales et cordées à la base. Spadice dépourvu d'appendice. Fruits sous forme de baies jaunes à plusieurs graines. Originaire d'Afrique du Sud.

Zantedeschia aethiopica ARUM D'ÉTHIOPIE, CALLA. Plante vivace glabre à feuilles hastées plutôt charnues, de 10-45 × 10-25 cm, sur de longs pétioles atteignant 75 cm. Pédoncules dépassant un peu les feuilles ; *spadice jaune*, jusqu'à 15 cm de long, soit la moitié de la longueur de la spathe ; fleurs individuelles indistinctes ; *spathe blanc pur*. Baies jaunes, ne se développant souvent pas. Plantée et naturalisée dans les fossés. Dans toute la zone.

Dracunculus ARUM PETIT-DRAGON

Plantes vivaces tubéreuses grandes et robustes à feuilles profondément palmatilobées. Inflorescences munies d'un long spadice proéminent (atteignant 40 cm). Fruits sous forme de baies à plusieurs graines.

Dracunculus vulgaris ARUM PETIT-DRAGON. Plante vivace singulière, robuste, dressée, atteignant 1 m, à hampe ressemblant à un tronc formé par la base embrassante des feuilles jaune grisâtre, tachées de violet mat. Feuilles vertes marquées de traits blancs, *profondément divisées en segments lancéolés plus ou moins égaux de 20 cm de long*. Grande spathe violet livide et glabre dedans, de 20-40 cm de long, s'amenuisant au sommet, fanant rapidement ; spadice noirâtre et luisant, dressé ; inflorescence fétide. Nombreuses baies rouges disposées en tête compacte oblongue. Bords des routes rocailleux, ravins et garrigues aux basses altitudes. Localisée au sud-est ; parfois plantée. DZ, FR (Corse), IT (dont Sardaigne).

Zantedeschia aethiopica

Helicodiceros

Plantes vivaces tubéreuses ressemblant aux *Dracunculus* (précédemment inclus dans ce genre) mais à inflorescence nettement velue.

Helicodiceros muscivorus **PETIT DRAGON MANGE-MOUCHES**. Plante vivace robuste atteignant 34(50) cm, assez touffue en bas. Feuilles vert-gris et profondément *divisées en lobes inégaux*. Inflorescence brièvement pédonculée (2-16 cm) ; spathe de 11-40 cm de long, bordeaux jaunâtre à l'intérieur et *très velue* (pilosité pourpre), prostrée et s'appuyant souvent sur la végétation environnante à maturité ; spadice saillant et reposant contre la spathe (non dressé), *couvert de longues soies* ; inflorescence à odeur fétide. Pentes rocheuses et falaises littorales. ES (îles Baléares), FR (Corse), IT (Sardaigne).

ALISMATACEAE

Plantes herbacées annuelles ou vivaces, glabres, aquatiques, enracinées dans la vase, à feuilles dressées ou flottantes ; feuilles pétiolées, à limbe linéaire à arrondi. Fleurs hermaphrodites et régulières, disposées en panicules ou en grappes ; 3 sépales et pétales ; 6 à nombreuses étamines ; style absent, ovaire supère. Fruits sous forme d'une tête d'akènes ou de follicules avec peu de graines.

Baldellia ALISMA

Plantes herbacées aquatiques à feuilles en rosette basale. Fleurs mauve pâle ou blanches, longuement pédicellées, disposées en ombelles ; 6 étamines ; akènes spiralés.

1. *Helicodiceros muscivorus* port
2. *Helicodiceros muscivorus* fleurs
3. *Helicodiceros muscivorus*
4. *Baldellia ranunculoides*
5. *Sagittaria sagittifolia*

B. ranunculoides

Baldellia ranunculoides ALISMA FAUSSE RENONCULE. Vivace dressée ou étalée de 20 cm à feuilles basilaires, linéaires-lancéolées, *atténuées aux deux extrémités* et longuement pétiolées. Fleurs blanc violacé pâle, de 10-16 mm de large, solitaires ou en ombelles à peu de fleurs (jusqu'à 50, souvent moins ; parfois à tiges rampantes et fleurs solitaires). Fruits en têtes de 35-55 akènes *en fuseau* (fusiformes). Fossés humides et lieux inondables. ES, MA, PT. *Baldellia repens*, très proche, a des feuilles s'atténuant en pétiole ; fruits *ovoïdes* en têtes *moins fournies* (< 28 akènes). Ouest de la zone. ES, MA, PT. *Baldellia alpestris* est semblable, mais possède quelques feuilles *se terminant brusquement* en pétiole et des inflorescences à moins de fleurs (1-7). Nord-ouest de la péninsule Ibérique, peut-être en Méditerranée occidentale. ES, PT.

Damasonium

Plantes herbacées aquatiques à feuilles basilaires, généralement submergées ou flottantes. Fleurs à pétales blancs, chacun avec une tache jaune à la base ; 6 étamines ; 6-10 carpelles en 1 verticille. Fruits à carpelles *terminés en long bec et étalés en étoile.*

Damasonium alisma ÉTOILE D'EAU. Plante aquatique annuelle flottante ou submergée, à tiges dressées de 30(60) cm. Feuilles toutes basilaires et longuement pétiolées, ovales et cordées à la base, flottantes, de 30-60(80) mm de long ; tiges florifères dépourvues de feuilles, s'élevant jusqu'à 50 cm au-dessus de l'eau, avec 1-3 verticilles de fleurs blanches, pédicellées, jusqu'à 6 mm de diamètre. Fruit (étoilé) composé de 6 follicules étalés de 5-14 mm de long, *chacun contenant seulement 2 graines de 2,5 mm de long.* Eaux stagnantes. Rare dans la région. ES, FR, IT. *Damasonium bourgaei* lui ressemble beaucoup, mais à graines < 1,5 mm. Sud de la péninsule Ibérique, toutes les îles principales, sud-est de la France et Afrique du Nord. DZ, ES, FR, IT, MA, TN. *Damasonium polyspermum* ressemble aux espèces précédentes, mais possède des *follicules contenant 5-16 graines.* DZ, ES, FR, IT (Sicile), MA, TN.

Luronium FLÛTEAU

Plantes aquatiques vivaces à tiges submergées ou flottantes s'enracinant aux nœuds. Fleurs solitaires ou par 2-5, pédicellées, à l'aisselle des feuilles ; 6 étamines ; carpelles en tête plane ou en verticille irrégulier.

Luronium natans FLÛTEAU NAGEANT. Plante aquatique vivace gracile, à tiges submergées de 50 cm, s'enracinant aux nœuds, avec des feuilles linéaires submergées ainsi que des feuilles flottantes à pétiole grêle. Une à deux fleurs par inflorescence, blanches à centre jaune, 12-18 mm de diamètre, sur des pédicelles grêles de 30-70 mm de long. Eaux stagnantes ou faiblement courantes. Rare dans la région. ES, FR.

Sagittaria SAGITTAIRE

Plantes aquatiques monoïques à feuilles basilaires. Fleurs unisexuées, verticillées sur des tiges non feuillées ; les mâles au-dessus, les femelles en bas ; 7 à nombreuses étamines ; carpelles disposés en spirale et formant une tête arrondie. Feuilles de forme variable, parfois trompeuse.

Sagittaria sagittifolia FLÈCHE D'EAU. Vivace monoïque, à feuilles basilaires de 3 types : submergées et linéaires ; flottantes et elliptiques ; aériennes et sagittées. Fleurs de 20-30 mm de diamètre, *blanches et violet sombre au centre, à anthères violettes* ; *bractées libres à la base.* Eaux dormantes ou faiblement courantes. Espèce nord-européenne s'étendant de manière localisée en région méditerranéenne. ES, FR, IT. *Sagittaria latifolia* SAGITTAIRE À LARGES FEUILLES lui ressemble, mais à fleurs dépourvues de taches violet sombre et à anthères jaunes. ES, FR, IT. *Sagittaria montevidensis* (Syn. *S. calycina*) ressemble aux précédentes, mais à bractées soudées à la base. Originaire d'Amérique centrale ; naturalisée. ES (peut-être ailleurs).

Alisma

Plantes vivaces aquatiques à feuilles basilaires, linéaires ou étroitement elliptiques à ovales. Fleurs nombreuses, chacune à 3 pétales, blanches ou mauve pâle avec une tache jaune à la base ; 6 étamines ; nombreux carpelles, sur 1 verticille, à 1 graine, recourbés vers l'intérieur.

Alisma plantago-aquatica ALISMA PLANTAIN D'EAU. Plante aquatique vivace, dressée, glabre, à feuilles et tiges s'élevant hors de l'eau, de 0,2-1,2 m de haut. Feuilles basilaires, pétiolées et *ovales-elliptiques avec des lobes arrondis à la base*, limbe de 3,6-29 cm de long. Nombreux verticilles de fleurs pâles pédicellées de 7-12 mm de diamètre, formant une inflorescence rameuse, pyramidale ; anthères 2 fois plus longues que larges. Graines dépourvues de protubérances. Milieux humides et boueux ou eaux peu profondes. Répandue, y compris sur les grandes îles. Dans toute la zone. *Alisma lanceolatum* lui ressemble, mais feuilles à limbe atténué (s'amenuisant en pétiole), long de 5-30 cm. Fruits plus larges en leur milieu, à styles droits, dressés. Répartition identique, quoique plus méridionale. *Alisma gramineum* se distingue par ses *feuilles linéaires à linéaires-lancéolées* et son limbe de 3,5-5,5 cm de long. Fruits plus larges dans leur moitié supérieure, à styles recourbés. Disséminée et répandue, quoique rare. Dans toute la zone.

BUTOMACEAE | BUTOMACÉES

Plantes vivaces, aquatiques, herbacées, glabres, à feuilles basilaires et linéaires. Fleurs en ombelles comme chez *Allium*, à 3 divisions ; 9 étamines ; 1 style ; 6 carpelles. Fruits sous forme de groupes de 6 follicules se séparant à maturité.

Butomus

Plantes vivaces, aquatiques, glabres, à feuilles basilaires. Se distinguent par leurs sépales et leurs pétales semblables, au nombre de 6 ; follicules quasiment libres.

Butomus umbellatus JONC FLEURI. Plante vivace aquatique caractéristique, dressée, jusqu'à 1,5 m. Feuilles basilaires, linéaires, aiguës et triquètres, presque aussi longues que les tiges fleuries. Fleurs blanc rosé pâle, à pétales et sépales semblables, de 10-15 mm de long, disposées en ombelles munies de bractées à la base, sur de longues tiges à section arrondie. Localisée dans les eaux calmes ou dormantes. Dans toute la zone.

CYMODOCEACEAE

Famille principalement tropicale de petites plantes marines vivaces, à feuilles étroites, planes, à 3 à nombreuses nervures, denticulées au bord. Fleurs insignifiantes, unisexuées, dépourvues de pétales, solitaires, par 2 ou en cyme ; fleurs mâles à 2 anthères ; 1-3 styles. Fruits secs et comprimés.

Cymodocea

Plantes marines vivaces, ressemblant à des graminées ; fleurs solitaires et *unisexuées*.

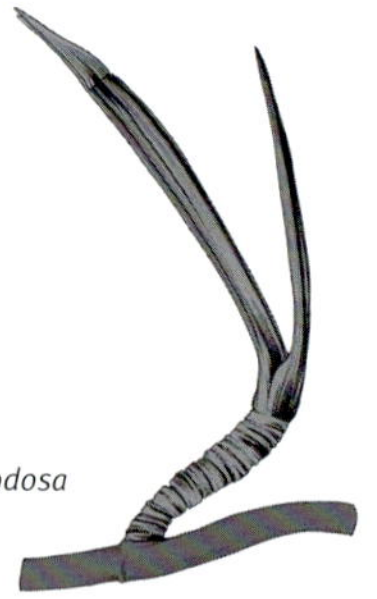
C. nodosa

Cymodocea nodosa. Plante vivace à allure de graminée, avec des feuilles rassemblées par 2-7 sur de courtes pousses ; nœuds des tiges montrant les cicatrices des feuilles de l'année précédente. Feuilles vert sombre étroites, jusqu'à 40 cm de long, larges de 4 mm au plus, à 7-9 nervures et à dents aiguës au sommet. Fleurs solitaires, dépourvues de périanthe ; fleurs mâles à pédicelle filiforme, *2 étamines* ; fleurs femelles sessiles, *à 2 styles* et à *stigmates filiformes*. Fruits comprimés latéralement. Localisée dans les eaux marines sur fond sableux. Dans toute la zone.

JUNCAGINACEAE | JUNCAGINACÉES

Plantes aquatiques herbacées, glabres, à feuilles basilaires linéaires, engainantes. Petites fleurs vertes, disposées en épis dressés ou en grappes ; 6 tépales ; 6 étamines ; 3 ou 6 carpelles soudés à l'ovaire supère. Fruits à 3 ou 6 carpelles contenant chacun 1 graine, se séparant à maturité.

Triglochin

Herbacées aquatiques glabres, ressemblant à *Juncus* ou *Plantago* ; fruits à 3 ou 6 carpelles monospermes.

Triglochin barrelieri (Syn. *T. bulbosa* subsp. *barrelieri*). Vivace naine à basse de 35 cm, à souche bulbeuse entourée de tuniques fibreuses de 0,8 mm de large. De 4 à 7(18) feuilles développées, linéaires, atténuées en pointe, de 7-35 cm de long. *Fleurs apparaissant au printemps*, plus ou moins sessiles, minuscules et verdâtres, jusqu'à 2,5 mm, en *épis grêles* de 2,5-25 cm de long. Fruits elliptiques et écartés de l'axe, de 6-10 mm de long. Marais salants ou berges des rivières. Probablement dans toute la zone. *Triglochin laxiflora* (Syn. *T. bulbosa* subsp. *laxiflora*) lui ressemble, mais possède seulement 1-3(5) feuilles développées et des fibres de 0,3 mm de large. *Floraison à l'automne*. Mêmes milieux. Disséminée dans toute la zone.

Triglochin palustris TROSCART DES MARAIS. Plante vivace glabre, ressemblant à un jonc, atteignant 50(75) cm, avec à la base une touffe de fines feuilles charnues profondément sillonnées dessus près de la base. Petites fleurs, jusqu'à 3 mm, brièvement pédicellées, à tépales arrondis et rougeâtres. Fruits de 6-8 mm, en massue, se désarticulant par la base en 3 carpelles et prenant alors une forme en pointe de flèche caractéristique. ES, FR, IT, MA, PT.

POSIDONIACEAE

Plantes marines vivaces submergées à fleurs disposées en épis pauciflores ramifiés naissant à l'aisselle de longues bractées ; fleurs actinomorphes ; fleurs mâles dans les épis supérieurs, hermaphrodites en dessous ; 3 étamines ; stigmate en disque. Fruits charnus, de la taille d'une olive.

Posidonia

Plantes marines ressemblant à des graminées, se distinguant grâce à leurs inflorescences de fleurs mâles et *hermaphrodites* disposées en *cymes*.

Posidonia oceanica POSIDONIE. Plante vivace à allure de graminée, avec un rhizome robuste *densément couvert de nombreuses fibres roussâtres correspondant aux débris de la base des anciennes feuilles*. Feuilles rubanées, de 40-70 cm de long, vert sombre, à sommet obtus et arrondi, à 13-17 nervures longitudinales. Fleurs verdâtres (rarement produites), par 2-3 en cymes, les hermaphrodites en bas, les mâles en haut. Fruits charnus et ovoïdes, de 20-32 mm. Espèce marine, souvent subdominante. Répandue et commune ; une gigantesque colonie clonale existe au sud d'Ibiza. Dans toute la zone.

1

2

1. *Alisma plantago-aquatica*
2. *Butomus umbellatus*
3. *Posidonia oceanica*

3

ZOSTERACEAE | ZOSTÉRACÉES

Petite famille de plantes marines ressemblant à des graminées. Fleurs unisexuées ou hermaphrodites, disposées sur 2 rangs en un épi contracté enfermé entre des bractées engainantes ; pas de périanthe ; 1 étamine ; 1 style à 2 stigmates. Fruits sous forme de drupes sessiles.

Zostera

Plantes marines herbacées à allure de graminées, caractérisées par leur inflorescence complexe, *contractée*, formée de fleurs *unisexuées* enfermées dans une gaine foliacée.

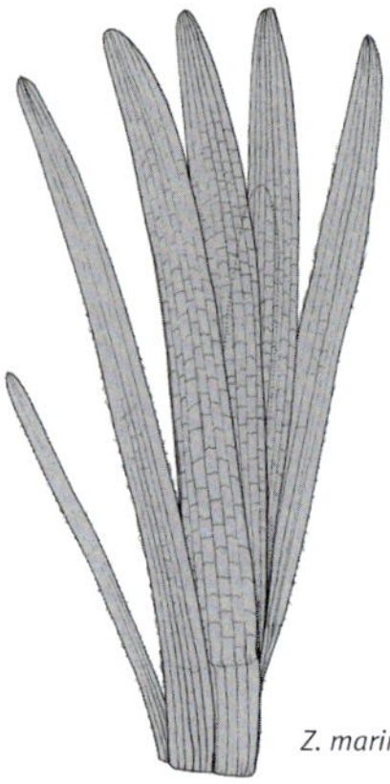

Z. marina

Zostera marina ZOSTÈRE MARINE. Plante vivace marine submergée à rhizomes de 2 mm de diamètre avec 1-2 groupes de radicelles à chaque nœud ; feuilles de 50-120 cm de long, *de (2)4-20 mm de large*, à 5-11 nervures et à sommet large, arrondi, *avec une petite pointe aiguë* ; *gaines basales entières, soudées en tube*. Fleurs verdâtres disposées en inflorescences terminales, très rameuses, enfermées dans la partie basale de la gaine ; stigmates 2 fois plus longs que le style ; fleurs femelles *à 1 style* ; fleurs mâles *à 1 étamine*. Localement abondante dans les habitats favorables ; substrat de sable fin ou limoneux submergé, jusqu'à 10 m. Probablement dans toute la zone. ***Zostera noltii*** lui ressemble, mais *rhizome plus petit*, de moins de 1,5 mm de section, *avec jusqu'à 4 groupes de radicelles* à chaque nœud et *feuilles plus étroites*, larges de 0,5-1 mm au plus, à 3 nervures, atteignant 22 cm de long ; *gaines foliaires non soudées en tube*. Répandue dans les estuaires de toute la zone.

1

2

3

4

5

DIOSCOREACEAE

Famille tropicale dont fait partie la patate douce. Feuilles simples et alternes. Plantes dioïques ; petites fleurs verdâtres disposées en épis ou en grappes à l'aisselle des feuilles ; 6 étamines (vestigiales chez les fleurs femelles) ; 1 style ; 3 stigmates. Fruits sous forme de baies à plusieurs graines.

Dioscorea

Plantes herbacées volubiles originales par leurs fleurs dioïques discrètes et leurs baies rouges (les *Bryonia* présentent aussi ces caractéristiques mais ont des feuilles velues, palmatilobées et des vrilles).

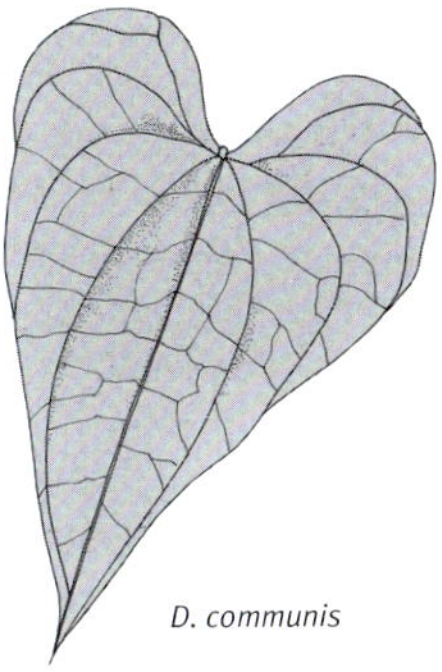

D. communis

Dioscorea communis (Syn. *Tamus communis*) **HERBE AUX FEMMES BATTUES.** Grande grimpante vivace et volubile atteignant 5 m, disparaissant complètement chaque année hormis la souche ; ressemble superficiellement au *Smilax* mais *non épineuse*. Feuilles vert sombre luisant, cordiformes et longuement pétiolées, de 5-15 cm × 4-11 cm. Fleurs jaune verdâtre, de 3-6 mm de diamètre, disposées en grappes lâches ; fleurs mâles à 6 étamines, les femelles avec 6 lobes minuscules et 1 ovaire très visible. Fruits sous forme de baies rouges arrondies, de 10-13 mm de diamètre. Localement commune en boisements humides et dans les fourrés. Dans toute la zone.

SMILACACEAE

Lianes grimpantes à feuilles cordées, munies d'épines en crochet et d'une paire de vrilles à l'aisselle des feuilles. Fleurs unisexuées ; 6 tépales et étamines ; pas de style, 3 stigmates. Fruits sous forme de baies avec 1 à plusieurs graines.

Smilax

Lianes ligneuses munies d'épines et de vrilles. Fleurs verdâtres à 6 tépales. Baies noires à maturité, à 1-3 graines.

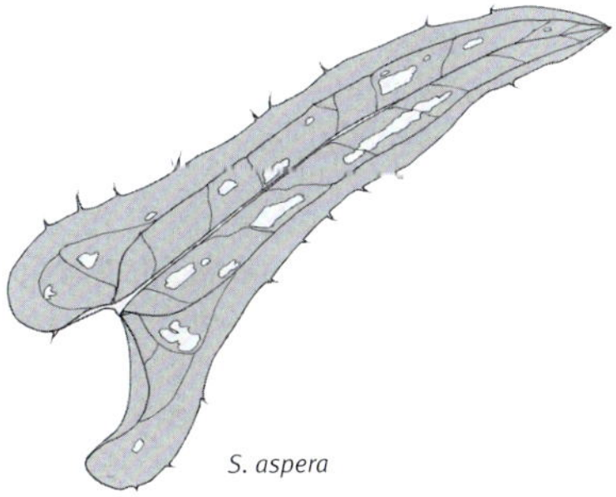

S. aspera

Smilax aspera **SALSEPAREILLE.** Sous-arbrisseau variable, rampant, couvrant ou grimpant, de 6-10 m, à tiges anguleuses, lisses ou épineuses. Feuilles vert sombre luisant et coriaces, triangulaires à cordées, souvent munies d'épines au bord, avec deux vrilles à la base du pétiole ; limbe de 4,2-6,8(10,3) cm. Fleurs unisexuées, blanc-vert, jaunâtres ou rosâtres, odorantes, jusqu'à 5 mm, disposées en grappes rameuses. Baies rouges, devenant noires en vieillissant. Commun dans les garrigues et broussailles littorales, y compris sur les plus grandes îles. Dans toute la zone. *S. aspera* subsp. *balearica* est traité par certains auteurs comme une espèce distincte. Il diffère principalement par son port compact et buissonnant. Pentes rocailleuses et falaises littorales. ES (îles Baléares).

1. *Dioscorea communis*
2. *Smilax aspera* port
3. *Smilax aspera* fleurs
4. *Smilax aspera* fruits
5. *Smilax aspera* subsp. *balearica*

à bandes d'un rose plus soutenu à l'extérieur et à anthères violet sombre. Originaire d'Asie centrale, depuis l'Irak vers l'est, localement naturalisée en région méditerranéenne. ES, FR, PT, TN.

Fritillaria FRITILLAIRE

Petites vivaces bulbeuses à hampe solitaire non ramifiée. Feuilles alternes, la plupart caulinaires. Fleurs en tube ou en cloche, penchées ; 6 tépales, tous semblables à des pétales ; 6 étamines ; style à 3 lobes. Fruits sous forme de capsules dressées, à 3 loges, contenant de nombreuses graines aplaties.

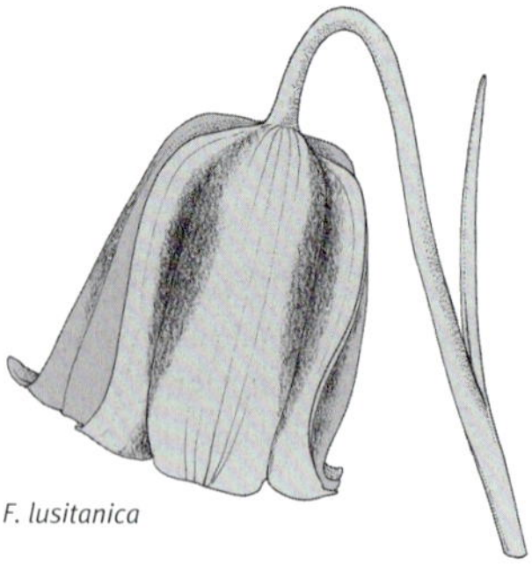

F. lusitanica

Fritillaria lusitanica. Petite vivace de 30 cm, à hampes dressées ; 5-9 feuilles linéaires alternes de 3-26 cm de long ; 1-3 fleurs en cloche, grandes par rapport au reste de la plante, tépales de 15-52 mm de long, verts et violacé brunâtre, souvent panachés en damier. Fruits sous forme de capsules de 18-25 mm de long, non ailées. Garrigues, maquis et dunes ; commune au sud-ouest de la péninsule Ibérique. ES, PT.

1. *Fritillaria lusitanica*
2. *Colchicum autumnale*
3. *Colchicum cupanii* PHOTOGRAPHIE : GIANNIANTONIO DOMINA
4. *Colchicum cupanii*

COLCHICACEAE | COLCHICACÉES

Famille comprenant environ 200 espèces de plantes herbacées vivaces, à rhizomes ou à cormes, précédemment incluse dans les *Liliaceae*. Feuilles peu nombreuses, alternes et engainantes à la base. Une à plusieurs fleurs visibles ; 6 tépales et étamines ; 3 styles. Fruits en forme de capsules.

Colchicum COLCHIQUE

Plantes vivaces à cormes, à feuilles basilaires paraissant pendant ou après la floraison. Fleurs semblables à celles des *Crocus*, à 6 tépales étalés ; 6 étamines ; 3 styles. Fruits en forme de capsules, situées au centre de la touffe de feuilles. Genre plus diversifié en Méditerranée orientale.

A. Floraison automnale ; tépales soudés

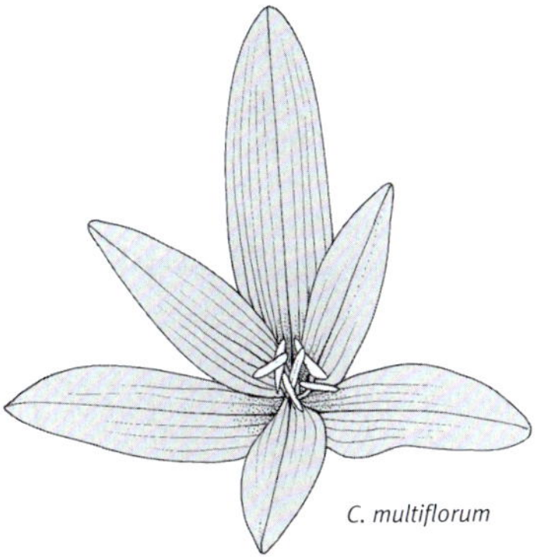
C. multiflorum

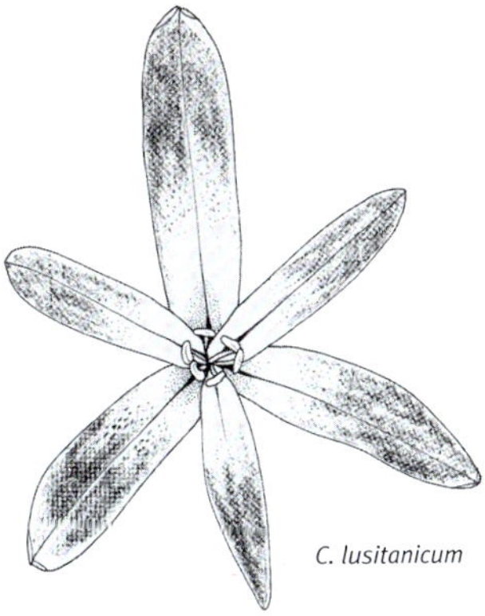
C. lusitanicum

Colchicum autumnale **COLCHIQUE D'AUTOMNE**. Petite vivace à corme brun sombre, ovoïde et longuement atténuée au sommet. Feuilles apparaissant au printemps en touffes de 3-4(5), *largement lancéolées*, de 30-48 mm de large ; 1-3 fleurs par bulbe, apparaissant à l'automne, *sans les feuilles* ; 1 ou plusieurs fleurs de 10-26 cm de haut, portées sur des hampes minces assez longues ; fleurs roses à stigmates orange et en crochet, à étamines insérées sur 2 niveaux ; pollen jaune ; tépales de 30-50 mm de long. Prairies humides et autres milieux herbeux. Localisée dans les prairies et boisements. ES, FR, IT. *Colchicum multiflorum* (Syn. *C. neapolitanum*) lui ressemble, mais *feuilles extérieures de 20-40(45) mm de large* et 15-35 cm de long. Surtout dans les montagnes du nord de la péninsule Ibérique. ES, PT.

Colchicum lusitanicum. Petite vivace fleurissant à l'automne avant l'apparition des feuilles ; ces dernières par 3-6, *linéaires-lancéolées,* vert sombre luisant, de 25-58 mm de large et 14-40 cm de long ; *nombreuses fleurs, 1-6(13) par bulbe*, roses et légèrement panachées en damier, de 10-20(30) cm de long, à *anthères violacé noirâtre à roses* (rarement jaunes), styles blanchâtres et courbés au sommet ; tépales de 40-75(85) mm de long. Pentes sèches des collines ; peu détectable en dehors de la floraison. ES (dont îles Baléares), IT (centrale), PT. *Colchicum longifolium* (Syn. *C. neapolitanum*) lui ressemble, mais à *2-4 feuilles étroites, linéaires-lancéolées, larges de 12-20(25) mm seulement.* Dans toute la zone, y compris la plupart des îles ; absente de certaines régions de l'Italie et du nord-est de l'Afrique.

Colchicum bivonae. Petite plante vivace fleurissant en automne, avant l'apparition des feuilles. Ces dernières par 5-9, linéaires-lancéolées ou lancéolées, glabres et subdressées, de 15-25 cm de long. Fleurs comme les précédentes espèces de *Colchicum*, mais plus nettement en coupe, à tépales de 50-60 mm de long, disposées en touffes ; fleurs roses à lilas, fortement panachées en damier, tépales non tordus ; anthères violacé brunâtre. Pentes rocailleuses et maquis. IT (dont Sardaigne).

Colchicum cupanii **COLCHIQUE DE BERTOLONI**. Petite plante vivace fleurissant en automne, généralement à 2 feuilles linéaires à linéaires-lancéolées, parfois ciliées au bord à la base ; *ces dernières présentes au moment de la floraison*, d'abord courtes, puis jusqu'à 15 cm de long. Fleurs rose pâle à lilas, à tépales *étroitement elliptiques* de 10-25 mm de long ; anthères noir violacé et styles jaunes. Milieux rocailleux et maquis, depuis le sud-est de la France vers l'est. FR, IT.

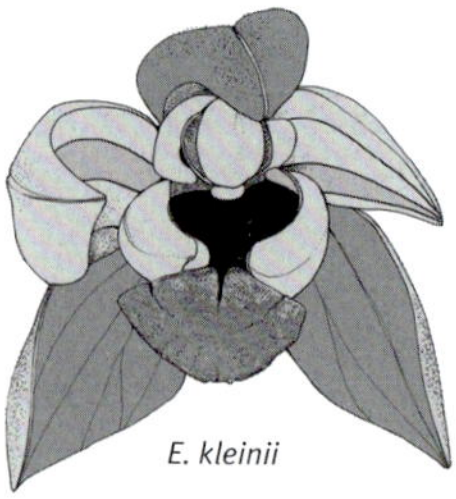

E. kleinii

2 rangs. Fleurs *très petites* (labelle de 4,5-5 mm de long) et *à peine odorantes*, à sépales verdâtres (comme les pétales) et *longs de 3,6-6,5 mm seulement* (pas jusqu'à 11 mm comme chez l'espèce précédente) ; épichile rose au centre. Très rare, Pyrénées. ES, FR.

D. Hypochile en coupe, vert clair à brun

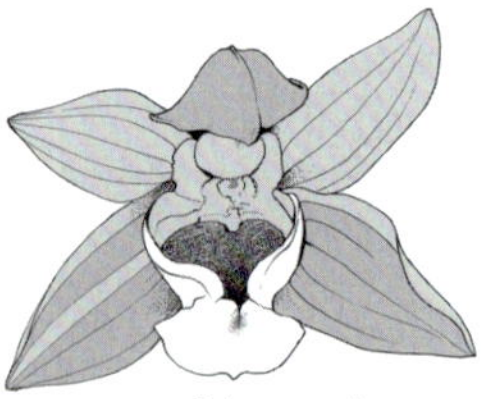

E. bugacensis
subsp. *rhodanensis*

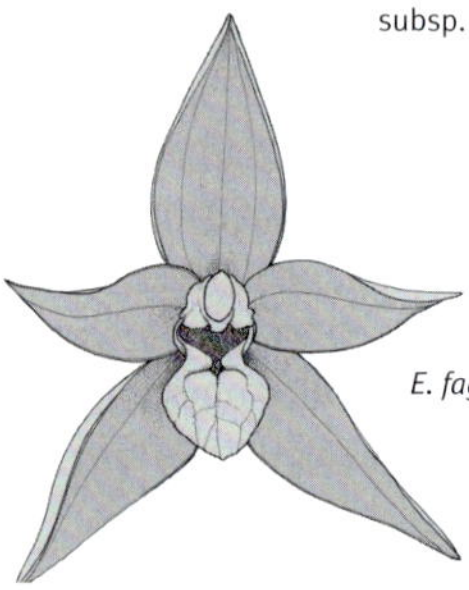

E. fageticola

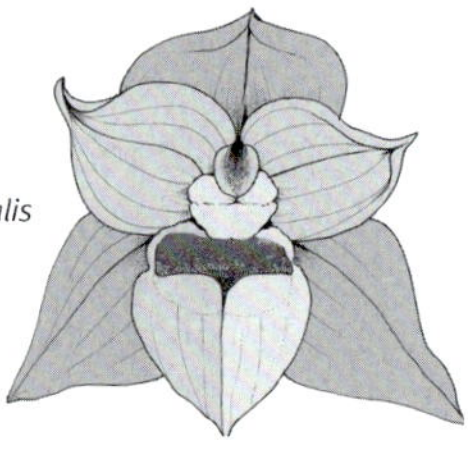

E. leptochila
subsp. *provincialis*

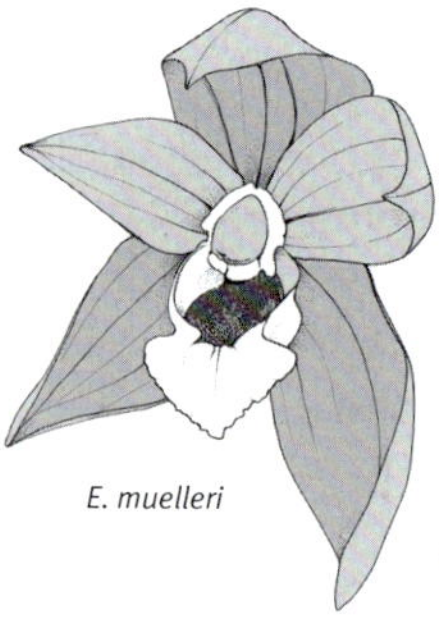

E. muelleri

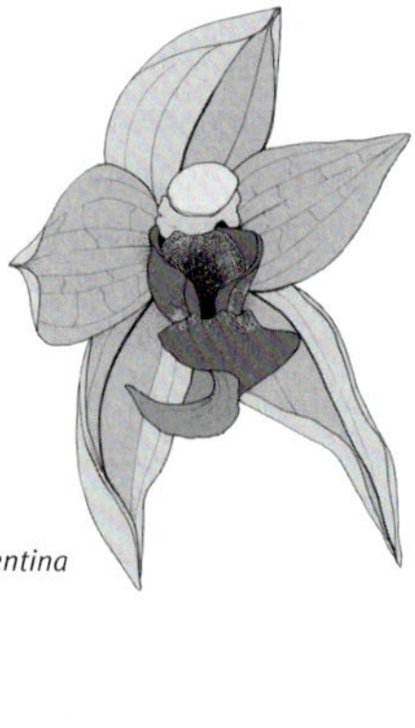

E. placentina

Epipactis bugacensis* subsp. *rhodanensis (Syn. ***E. rhodanensis***). Plante vivace verdâtre à 1-4 tiges florifères *densément vertes, pubescentes* vers le sommet. Feuilles sur 2 rangs opposés-alternes, petites (3-11 cm de long), souvent plus courtes que les entre-nœuds. Fleurs verdâtres ; hypochile blanc verdâtre ou rosé ; épichile cordiforme, blanchâtre ou rose et à peine crépu au bord ; pédicelles *teintés de pourpre*. Rare, berges boisées des rivières. ES, FR, IT (nord-ouest). ***Epipactis fageticola*** lui ressemble, mais à fleurs et pédicelles dépourvus de pigmentation rose ou pourpre *(entièrement vert-blanc et vert)*. Rare. ES, FR, IT (Val d'Aoste), PT. ***Epipactis leptochila* subsp. *provincialis*** (Syn. ***E. provincialis***) est une espèce essentiellement verdâtre, remarquable par ses bractées *jaunâtres* à la base. Floraison précoce. FR (Provence).

Epipactis muelleri. Plante vivace grêle, vert jaunâtre, de 20-50(70) cm de haut, à 1-2 tiges à feuilles sur 2 rangs plus ou moins opposés, canaliculées et arquées, ondulées au bord, les supérieures ressemblant à des bractées. Inflorescence dense à 10-40 fleurs en cloche ne s'ouvrant pas complètement ; hypochile en coupe ; épichile blanchâtre et *largement cordée* (plus large que long, 4-5 × 3-4 mm), à pointe parfois rabattue, à 2 bourrelets faibles à la base ; anthères jaunâtres. *Floraison précoce*, pelouses ou broussailles ensoleillées d'altitude. Rare. ES, FR, IT, PT. ***Epipactis placentina*** lui ressemble, mais toujours à tige florifère unique portant des fleurs teintées d'un *magenta intense*, notamment l'hypochile et l'épichile. Rare et localisée. FR (Isère), IT (nord, centre, Calabre et Sicile).

---

1. *Epipactis lusitanica*
2. *Epipactis tremolsii*

E. Hypochile en coupe, vert olive, brun ou noirâtre ; épichile à marge non ou à peine crépue

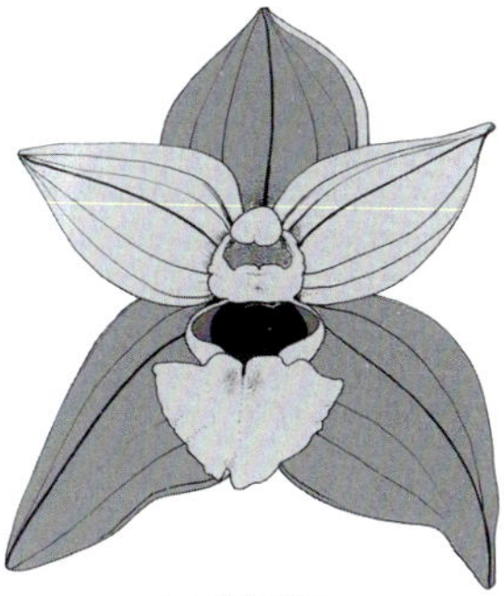

E. helleborine

Epipactis helleborine ÉPIPACTIS HELLEBORINE. Vivace variable (nombreuses sous-espèces), dressée, formant des touffes de 1-3 tiges. Feuilles caulinaires plus grandes que les basilaires, *ovales-elliptiques*, à nervation très marquée et disposées en spirale, *plus longues que les entre-nœuds*. Grappes fournies (jusqu'à 100 fleurs) et unilatérales. Localement répandue dans une large gamme de milieux, surtout en lisières forestières et dans les boisements collinaires. ES, FR, IT, PT, TN. Subsp. *helleborine* atteint 20-70(90) cm de haut, à feuilles de 4-17 cm de long. Dans toute la zone de répartition de l'espèce. Subsp. *schubertiorum* (Syn. *E. schubertiorum*) est *plus haute, jusqu'à 1 m,* et à *feuilles beaucoup plus grandes*, arquées et étalées, jusqu'à 12 cm × 40 mm. IT (Serra San Bruno en Calabre). *Epipactis meridionalis* lui ressemble, mais à petites tiges (souvent 12 cm seulement) et à *feuilles courtes* jusqu'à 6 cm ; fleurs peu nombreuses disposées en inflorescence unilatérale ; bourrelets à la base de l'épichile *rouge cramoisi éclatant*. Boisements de feuillus. IT (dont Sicile).

Epipactis lusitanica (Syn. *E. tremolsii* subsp. *lusitanica*) ressemble à *E. helleborine*, mais souvent plus grêle, 20-60 cm, à *petites feuilles*, les plus grandes d'à peine 3 cm de long, à marges ondulées ; peu de fleurs complètement ouvertes, 5-25(30) ; *bractées étroites, égalant ou dépassant à peine les fleurs inférieures* ; *hypochile rose*. Rare, uniquement dans l'Algarve et le sud-ouest de l'Andalousie. ES, PT. ***Epipactis tremolsii*** (Syn. *E. helleborine* subsp. *tremolsii*) est souvent considérée comme une forme d'*E. helleborine*, mais génétiquement plus proche d'*E. lusitanica*. Possède des tiges dressées-étalées, souvent en touffes et des feuilles robustes et largement ovales à arrondies de 6-11 cm ; 15-40(60) fleurs ; *bractées larges, dépassant les fleurs inférieures* ; *hypochile verdâtre*. DZ, ES, FR, IT (nord), MA, PT, TN.

1

2

Cephalanthera CÉPHALANTHÈRE

Diffèrent des *Epipactis* par un étranglement moins marqué entre l'hypochile et l'épichile et un périanthe recourbé vers l'avant, les tépales formant un casque.

A. Fleurs portant des marques jaunes ou orange

C. longifolia

Cephalanthera longifolia CÉPHALANTHÈRE À LONGUES FEUILLES. Plante vivace dressée, glabre, jusqu'à 60 cm, à gaines blanchâtres en bas des tiges et à *feuilles allongées, étroitement linéaires*, distiques, un peu courbées au sommet. Fleurs *blanc pur*, tachées d'orange à la base du labelle, disposées par 2-15(20) en épis denses ; tépales aigus ; bractées plus courtes que l'ovaire. Localisée dans les boisements rocheux humides. Espèce de zone tempérée à subméditerranéenne. Dans toute la zone.

Cephalanthera damasonium CÉPHALANTHÈRE DE DAMAS. Plante vivace dressée, glabre, à tiges anguleuses, jusqu'à 60 cm. Feuilles oblongues-lancéolées au sommet, jusqu'à 10 cm ; 3-11(16) fleurs, chacune munie à la base d'une bractée foliacée ; périanthe *blanc crème*, jusqu'à 20 mm de long, *partiellement ouvert* et dressé, à divisions obtuses ; hypochile taché d'orange ; épichile à crêtes orange ; bractées plus longues que l'ovaire. Répandue dans toute l'Europe méridionale dans les boisements de montagne, mais rarement abondante. ES, FR, IT.

B. Fleurs rose violacé

Cephalanthera rubra CÉPHALANTHÈRE ROUGE. Plante vivace dressée, jusqu'à 60 cm, à feuilles courtes, droites, lancéolées ; tiges sinueuses, velues-glanduleuses en haut. Inflorescence lâche à 3-8(15) *fleurs rose vif* largement ouvertes ; épichile intensément coloré. Boisements et broussailles ombragés, généralement sur sols calcaires. Répandue, assez commune dans le sud de la France. DZ, ES, FR, IT, MA, TN.

1. *Cephalanthera rubra*
2. *Neottia ovata*
3. *Limodorum abortivums*

1

2

3

Limodorum LIMODORE

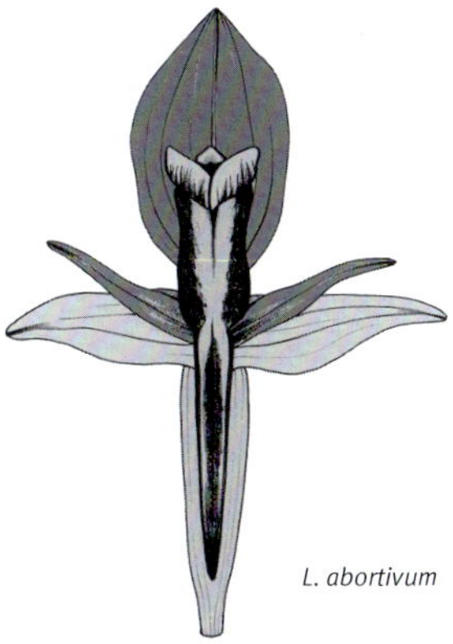

L. abortivum

Plantes vivaces se distinguant par leur absence de pigmentation verte et de feuilles véritables, croissant dans les pinèdes.

Limodorum abortivum LIMODORE À FEUILLES AVORTÉES. Plante mycohétérotrophe (dépourvue de chlorophylle et parasite d'un champignon) originale, *violet livide*, de 10-47 cm (1,1 m) de haut, *totalement dépourvue de feuilles vertes*. Fleurs en épi lâche de 10-45(65) fleurs ; segments latéraux allongés, de 20-37 mm, violets ou blanchâtres ; labelle jaunâtre ou blanc veiné de violet ; bractée dépassant l'ovaire ; *éperon de 10-20 mm de long*. Localisée, parfois commune, dans les pinèdes ou près des pins dans les forêts sempervirentes ou caducifoliées. Dans toute la zone. *Limodorum trabutianum* lui ressemble, mais *éperon court, de 0,5-3(4) mm seulement*. Surtout à l'ouest. ES (dont îles Baléares), FR, PT.

Neottia

Plantes vivaces, pourvues soit de feuilles fonctionnelles vertes, soit de feuilles écailleuses, brunes et dépourvues de chlorophylle. Fleurs à labelle dépassant largement les 5 autres tépales et à sommet divisé en 2 lobes profonds ; pollinies sessiles.

A. Plantes vivaces brunâtres, sans chlorophylle (mycohétérotrophes) et à feuilles extrêmement réduites, telles des écailles

Neottia nidus-avis NÉOTTIE NID D'OISEAU. Plante brunâtre dépourvue de chlorophylle ressemblant superficiellement à une *Orobanche*. Hampes de 10-52 cm à écailles engainantes ; inflorescence à fleurs majoritairement ou intégralement disposées dans la moitié supérieure ; dense et à fleurs nombreuses (15-70). *Fleurs beige pâle*, brièvement pédicellées ; sépales et pétales similaires, de 5-7 mm ; labelle de 9-11 mm de long, profondément divisé en 2 lobes divergents. Assez commune en forêts de montagne caducifoliées ou mixtes. Probablement partout dans les zones les plus fraîches.

B. Généralement 2 feuilles opposées sur la tige ; fleurs beige pâle ou rougeâtre terne ; labelle à sommet divisé en 2 lobes profonds

Neottia ovata (Syn. *Listera ovata*) LISTÈRE OVALE. Plante vivace à tige velue, de 20-60(75) cm, munie normalement de 2 feuilles ovales situées en bas. Inflorescence lâche, mais à fleurs nombreuses (jusqu'à ± 100), *vert jaunâtre*, à tépales égaux courbés vers l'avant, les sépales 2 fois plus larges que les pétales ; labelle jusqu'à 10 mm de long, à 2 lobes divergents, obtus. Absente des secteurs chauds et secs et peut-être de l'Afrique du Nord. FR, ES, IT.

Orchis

Plantes vivaces à 2 tubercules ovoïdes et à plusieurs feuilles en rosette basilaire, les caulinaires souvent engainantes. Fleurs en épis denses et courts ; les 5 tépales supérieurs recourbés, les 2 sépales latéraux recourbés ou dressés à étalés ; labelle à 2 lobes latéraux et 1 lobe médian, ce dernier souvent plus grand et bi- ou trilobé. Éperon absent ou court à long.

A. Fleurs verdâtres à tépales supérieurs recourbés en « casque » ; labelle trilobé, à lobe médian bilobé ; éperon absent. Encore souvent décrite sous le genre *Aceras*

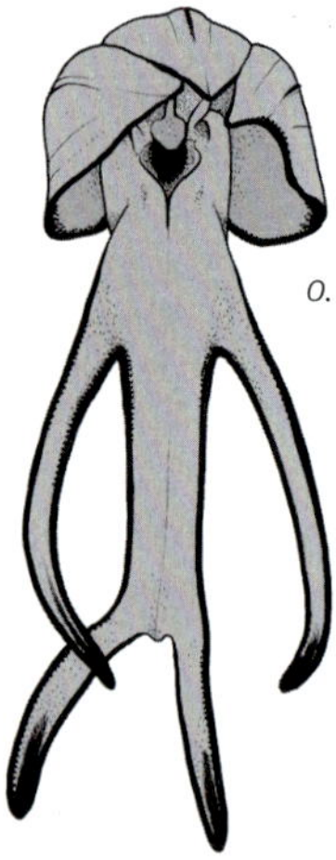

O. anthropophora

Orchis anthropophora (Syn. *Aceras anthropophorum*) HOMME PENDU. Petite orchidée grêle, de 12-38(50) cm de haut, à 4-9 feuilles ovales, obtuses, vert terne, en rosette basilaire, les caulinaires engainantes. Inflorescence à nombreuses fleurs, cylindrique et grêle ; fleurs jaune-vert rayées de rouge terne ; sépales et pétales forment un capuchon large au-dessus du labelle ; labelle pendant de 11-12(15) mm de long, à 2 « bras » grêles et 2 « jambes » étalées plus courtes et muni de 2 replis pâles à la base ; pas d'éperon. Localement fréquente en maquis et broussailles claires ou en pelouses. Dans toute la zone.

B. Fleurs blanches, roses ou pourpres, à tépales en casque ; labelle à forme humaine caractéristique (anthropomorphe) muni de lobes latéraux étroits et d'un lobe médian bilobé, souvent denté

Orchis simia ORCHIS SINGE. Plante vivace petite à moyenne, jusqu'à 30(45) cm, à 2-5 feuilles basilaires non maculées et 1 ou 2 feuilles caulinaires. Inflorescence dense à nombreuses fleurs, commençant à s'épanouir par le haut ; tépales recourbés en casque, à pointes retroussées ; blanc à lilas dehors ; labelle profondément trilobé, à zone centrale étroitement rectangulaire tachée de rouge, tous les lobes longuement acuminés à linéaires (d'à peine 1 mm de large), enroulés, magenta vif, les *lobes secondaires du lobe médian aussi étroits que les latéraux*. Répandue et assez fréquente en Europe méditerranéenne ; répartition moins bien connue en Afrique du Nord. DZ, ES, FR, IT.

Orchis militaris ORCHIS MILITAIRE. Plante vivace, de 45(60) cm, à 3-5 feuilles basilaires non maculées et 1-2 feuilles caulinaires engainantes. Inflorescence dense en haut, plus lâche en bas, jusqu'à 40 fleurs ; tépales recourbés en casque rouge lilas (parfois pâle) dehors, fortement veinés à l'intérieur. Labelle à centre clair muni de papilles de poils sombres ; profondément trilobé, les lobes latéraux courbés vers l'intérieur et le médian divisé en 2 « jambes » ; *divisions secondaires du lobe médian bien plus larges que les lobes latéraux*. Répandue mais absente de nombreuses îles. DZ, ES, FR, IT.

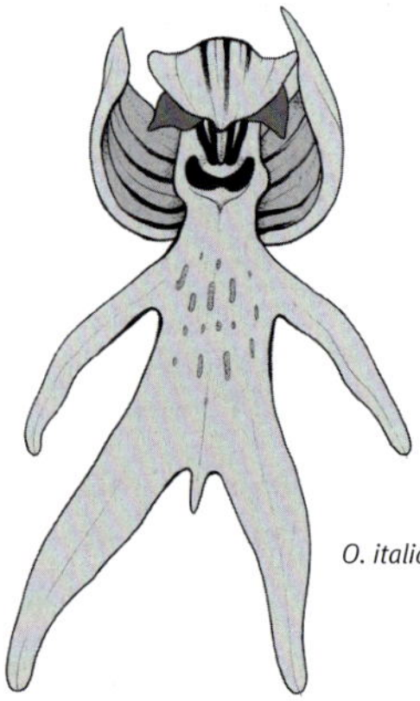

O. italica

Orchis italica ORCHIS D'ITALIE. Plante vivace dressée, robuste, de 18-43(50) cm, à 5-10 feuilles en rosette basilaire, et 2-4 feuilles caulinaires engainantes, mais n'atteignant par les fleurs, oblongues-lancéolées, à marges ondulées, souvent tachées de brun. Fleurs rosées à veines sombres, disposées en inflorescences denses, à nombreuses fleurs ; tépales formant un large casque ; labelle de 12-21(25) mm de long, projeté vers l'avant et ponctué de pourpre, à « bras et jambes » *allongés, grêles*, avec une courte « queue » au milieu ; éperon recourbé vers le bas, égalant l'ovaire. Localement fréquente à abondante sur sols basiques, dans les garrigues, broussailles et pelouses. Dans toute la zone (sauf France, Corse et Sardaigne).

Orchis purpurea ORCHIS POURPRE. Plante vivace dressée, robuste, jusqu'à 50 cm (1 m), avec jusqu'à 6 feuilles basilaires luisantes, non maculées et 1-2 caulinaires engainantes. Inflorescence assez haute, à nombreuses fleurs densément resserrées dans la partie supérieure seulement. Bractées jusqu'à 3 mm de long. Tépales recourbés pour former un *casque pourpre sombre intense ponctué de vert* ; labelle plus pâle, à nombreuses papilles de poils brunâtres ; labelle trilobé, à lobe central subentier échancré au sommet, en « jupe ». Bois clairs et fourrés. DZ, ES, FR, IT.

1. *Orchis anthropophora*
2. *Orchis militaris*

PHOTOGRAPHIE : NIELS FAURHOLDT

3. *Orchis italica*
4. *Orchis purpurea*

PHOTOGRAPHIE : NIELS FAURHOLDT

E. Labelle muni de 2 crêtes à la base

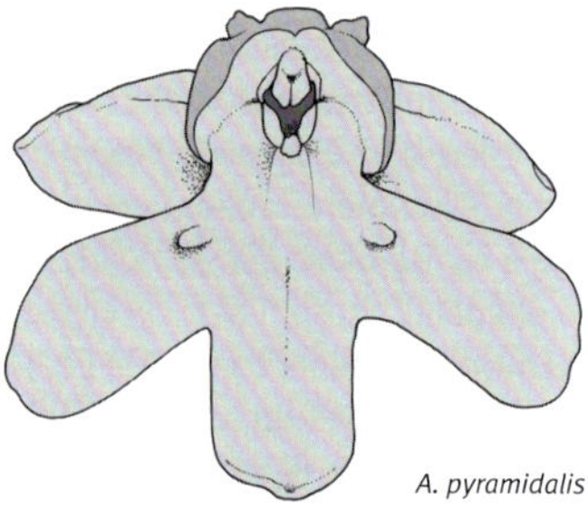

A. pyramidalis

Anacamptis pyramidalis ORCHIS PYRAMIDAL. Plante vivace dressée, robuste, jusqu'à 60 cm. Feuilles lancéolées, vert-gris, non maculées. Fleurs pourpre-rose (rarement blanches), disposées en *épi dense, nettement conique ou en dôme* ; tépales entièrement roses, labelle large et profondément trilobé, éperon long et grêle (12-14 × 1 mm). Aisément reconnaissable à la forme de son inflorescence. Répandue et commune dans les milieux herbacés ensoleillés. Dans toute la zone.

Himantoglossum

Plantes vivaces hautes et robustes (généralement les plus grandes dans la région considérée), à 2 tubercules ovoïdes. Fleurs munies d'un labelle très long et étroit à 2 lobes latéraux ; éperon court.

Himantoglossum robertianum (Syn. *Barlia robertiana*) ORCHIS GÉANT. Plante vivace très robuste à tige épaisse, jusqu'à 80 cm de haut ; 5-10 feuilles vert brillant, charnues, jusqu'à 30 cm de long, parfois faiblement tachées. Inflorescence dense et florifère, à bractées inférieures proéminentes et dépassant les fleurs ; sépales latéraux formant un casque avec les pétales ; labelle nettement trilobé, les lobes latéraux à marges ondulées, le médian à 2 rebords parallèles ; fleurs verdâtres à brun violacé ; éperon conique, jusqu'à 6 mm de long. Fréquente dans les fourrés et en boisements ouverts, sur substrats basiques. DZ, ES, FR, IT, MA, TN.

Himantoglossum hircinum ORCHIS BOUC. *Grande* plante vivace très robuste, atteignant 70(90) cm de haut, à nombreuses feuilles de taille décroissante vers le haut de la tige. Inflorescence dense, à odeur de bouc, avec jusqu'à plus ou moins 100 fleurs à très long labelle, lui donnant un aspect désordonné ; tépales en casque ; labelle trilobé, à centre blanchâtre ponctué, à lobes latéraux linéaires-aigus et à lobe médian *remarquablement long et torsadé, jusqu'à 60 mm de long* ; éperon conique. Rare dans l'extrême ouest de la région et en Afrique du Nord, commune dans le centre de la région. Probablement dans toute la zone. *Himantoglossum adriaticum* lui ressemble, mais à inflorescence plus lâche, à fleurs moins nombreuses et faiblement odorantes ; sépales latéraux jusqu'à 1 mm de long (9 mm chez l'espèce précédente), lobe médian *profondément incisé au sommet* (jusqu'à 18 mm, mais seulement jusqu'à 7 mm de profondeur chez la précédente) ; éperon plus court, jusqu'à 3 mm. Pelouses de haute altitude. IT.

Gennaria

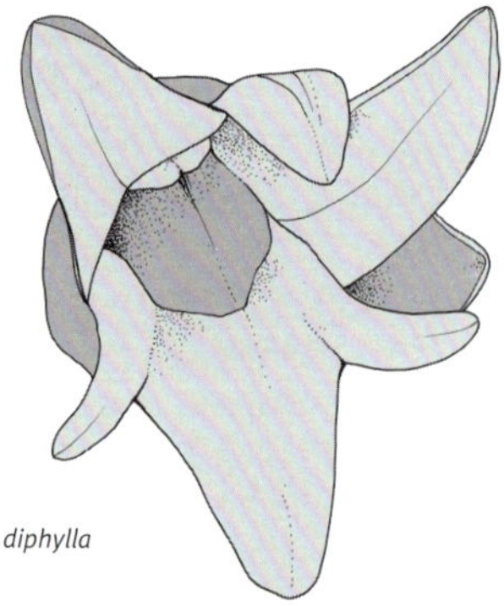

G. diphylla

Plantes vivaces rhizomateuses, tige à 2 feuilles alternes. Fleurs verdâtres.

Gennaria diphylla GENNARIE À DEUX FEUILLES. Petite plante vivace, parfois en touffes, de 16-36 cm de haut, avec 2 feuilles caulinaires ovales à cordées à la base, de 4,5-12 cm de long. Inflorescence dense, unilatérale, à 10-47(85) fleurs ; tépales tous égaux, de 3 mm de long, récurvés à leur extrémité, jaune verdâtre ; labelle trilobé, à lobe médian plus grand ; éperon sillonné. Garrigues, pinèdes et laurisylves, à diverses altitudes, souvent à l'ombre. Absente de nombreux secteurs, dont les îles Baléares, le centre et l'est de la région. DZ, ES, FR (Corse, rare), IT (Sardaigne, rare), MA, PT, TN.

1. *Anacamptis morio*
2. *Anacamptis coriophora*
PHOTOGRAPHIE : NIELS FAURHOLDT
3. *Anacamptis pyramidalis*
4. *Himantoglossum hircinum*
5. *Himantoglossum robertianum*
PHOTOGRAPHIE : NIELS FAURHOLDT
6. *Himantoglossum robertianum*
PHOTOGRAPHIE : NIELS FAURHOLDT
7. *Gennaria diphylla*

Ophrys OPHRYS

Vivaces originales, à 2 tubercules ovoïdes et à fleurs dupant les insectes mâles qui, dans leurs tentatives de s'accoupler avec elles (pseudo-copulation), favorisent la pollinisation. Grands sépales verdâtres ou roses ; 2 pétales plus petits et velus ; grand labelle à ornementation variable, souvent recouvert de poils. Nombreuses espèces décrites, mais les données génétiques suggèrent que le genre a été trop scindé.

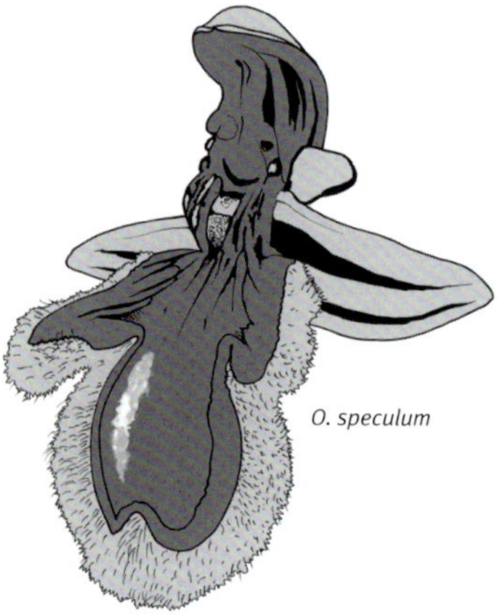

O. speculum

A. Colonne à sommet arrondi ; cavité stigmatique à peu près aussi large que l'anthère

Ophrys speculum OPHRYS MIROIR. Plante vivace basse, de 5-50(65) cm. Feuilles basilaires oblongues, à sommet obtus, les caulinaires aiguës ; 1-15(18) fleurs en épi ; sépales verts ou jaunâtres, généralement nervurés de brun ; pétales pourpre sombre, velus, de près de 1/3 de la longueur des sépales ; labelle jusqu'à 10-16 mm de long, *large* de 7-14 mm, trilobé, à lobe médian orné au centre d'un *«miroir» bleu luisant* entouré de jaune et frangé de poils bruns ou noirâtres. Répandue et localement abondante, y compris sur la plupart des îles (rare en France). Dans toute la zone. Subsp. *speculum* possède un labelle *large*, à *marges non distinctement recourbées* et à poils noir rougeâtre. Dans toute la zone de répartition de l'espèce. Subsp. *lusitanica* possède un labelle à marges recourbées (et donc étroit), un miroir largement bordé de jaune profond et frangé de *poils brun jaunâtre (pas noirâtres)*. Garrigues et maquis ; localisée dans l'Algarve. PT.

O. insectifera

B. Colonne à sommet arrondi ; cavité stigmatique environ 2 fois plus large que l'anthère

Ophrys insectifera OPHRYS MOUCHE. Plante vivace grêle, de 10-60 cm, à peu de fleurs (2-15), espacées. Sépales vert pâle, pétales brun sombre ou vert jaunâtre ; labelle brun (parfois bordé de jaune), à marges recourbées, trilobé, à *lobe médian beaucoup plus long que les latéraux* et avec une indentation profonde ; macule nette, gris-bleu terne ; colonne arrondie. Pelouses et boisements ouverts. Absente de la majeure partie de la zone, présente uniquement en altitude. ES, FR, IT. Subsp. *insectifera*, forme la plus commune (mais variable), se reconnaît à son labelle brun plus long que large et à ses pétales bruns. Dans toute la zone de l'espèce. ES, FR, IT. Subsp. *aymonii* est une espèce endémique française à labelle aussi long que large et à *large marge jaune* (ressemble superficiellement à *O. lutea*). FR.

O. bombyliflora

Ophrys bombyliflora OPHRYS BOMBYX. Vivace basse, formant des groupes lâches, de 5-35 cm. Feuilles basilaires ovales-lancéolées, en rosette plaquée au sol, les caulinaires dressées, entourant la tige. Fleurs peu nombreuses, 1-6 en épi court ; sépales verts ; pétales triangulaires verts, violacés à la base, de près de 1/3 de la longueur des sépales ; *petit labelle* de 6-10 mm de long, trilobé à lobes latéraux réfléchis, brun avec une macule centrale bleutée en forme de bouclier. Localement commune à l'ouest, plus rare vers l'est ; présente sur les plus grandes îles. Dans toute la zone.

1. *Ophrys speculum* subsp. *speculum*
2. *Ophrys speculum* subsp. *lusitanica*
3. *Ophrys bombyliflora*
4. *Ophrys speculum* subsp. *speculum*
5. *Ophrys lutea* subsp. *lutea*
6. *Ophrys lutea* subsp. *lutea*

O. lutea

Ophrys lutea OPHRYS JAUNE. Plante vivace basse, de 7-50 cm. Feuilles basilaires oblongues et aiguës, les caulinaires plus petites et plus étroites. Fleurs par 3-12 en épi ; sépales verts, pétales verdâtres ou jaunâtres, de la moitié de la longueur des sépales ; labelle de 9-18 × 10-15 mm, trilobé, à *marge jaune* large et plane, entourant une zone brun-rouge à macule gris-bleu. Commune dans toute la zone. Subsp. *lutea* a un labelle jusqu'à 19 mm de large avec une bordure jaune de 3-6 mm de large. C'est la forme commune, présente dans toute la zone de l'espèce. Subsp. *galilaea* a un *labelle plus petit*, jusqu'à 12 mm de large avec une étroite bordure jaune jusqu'à 2 mm de large. Très localisée. ES (dont îles Baléares), IT (dont Sicile), PT.

O. tenthredinifera

Ophrys tenthredinifera OPHRYS GUÊPE. Plante vivace basse à moyenne, de 10-60 cm. Feuilles basilaires ovales-lancéolées, obtuses ou aiguës, les caulinaires similaires. Fleurs par 3-8(11) en épi court ; sépales *rose violacé* (rarement verts ou blancs), le dorsal dressé ; pétales de couleur semblable, de près de $^1/_3$ de la longueur des sépales ; *labelle large et carré, à peine ou non lobé*, de 9-18 mm de long, pourpre brunâtre largement bordé de jaunâtre, avec une petite macule ponctuée de brun, en 2 parties. Localement commune mais fortement méridionale. Dans toute la zone.

1

2

3

4

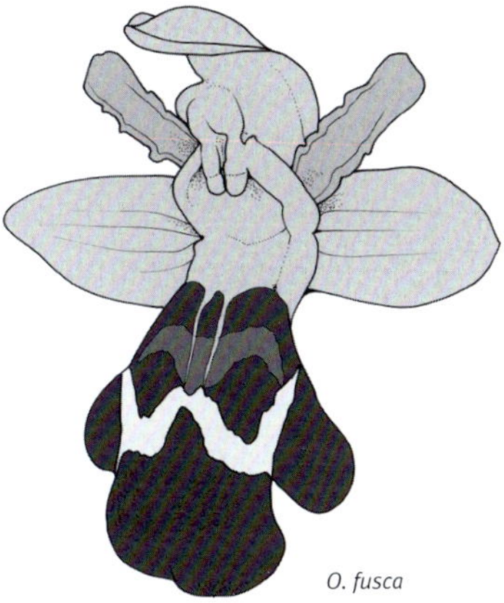

O. fusca

Ophrys fusca OPHRYS SOMBRE. Plante vivace basse à moyenne, de 8-44 cm. Feuilles basilaires oblongues-lancéolées, obtuses, les caulinaires plus petites et plus étroites. Fleurs par 3-6(9) en épi ; sépales verts ou rosâtres ; pétales verts, de près de la moitié de la longueur des sépales ; labelle de 8-20 mm de long, horizontal à courbé vers le bas, trilobé et pourpre à brun jaunâtre, souvent bordé de jaune, à macule bleuâtre ou grisâtre, en forme de W. Commune dans toute la zone. Subsp. *iricolor* se distingue par son labelle lie-de-vin en dessous et sa macule bleuâtre, luisante. Localisée et à distribution orientale. ES (îles Baléares), IT (Sardaigne), PT. Subsp. *fusca* a un labelle vert pâle en dessous. Dans toute la zone de répartition de l'espèce. Subsp. *pallida* se reconnaît aisément à ses *sépales blancs*. Rare. IT (Sicile, peut-être Sardaigne), TN.

Ophrys omegaifera. Plante vivace variable, grêle à robuste, jusqu'à 50 cm. Fleurs à sépales jaune-vert pâle et ovales-elliptiques ; pétales jaunâtres, verdâtres ou brunâtres et à bordure presque plane ; labelle brun-gris ou noirâtre, droit à abruptement genouillé, trilobé, velouté à velu ; *macule en forme de queue de poisson*, violette à grise (parfois marbrée), entourée d'une bande nette en forme d'*omega bleu* à blanc ; colonne à sommet arrondi. Répandue dans le Sud, y compris dans les grandes îles. DZ, ES, MA, PT, TN. Subsp. *hayekii* possède un labelle droit, des sépales plus larges en leur milieu et une macule non marbrée. Très rare. IT (Sicile), TN. Subsp. *dyris* a un labelle incliné-étalé et une macule brun rougeâtre. Rare. ES (dont îles Baléares), PT.

Ophrys atlantica. Plante vivace grêle, de 15-30 cm, à 3-6(9) fleurs en épi lâche. Sépales verts ou jaunâtres, étroitement ovales ; pétales vert brunâtre, linéaires, ondulés au bord et récurvés ; labelle noir violacé, étroit à la base, *largement cambré en forme de selle* à l'avant et trilobé, à marges incurvées ; colonne à sommet arrondi. Espèce surtout nord-africaine, atteignant l'Andalousie. DZ, ES (sud), MA, (peut-être TN).

O. apifera

C. Colonne terminée par un bec en S ; pollinies pendantes au bout des caudicules

Ophrys apifera OPHRYS ABEILLE. Plante vivace très variable, petite à moyenne, de 15-50 cm. Feuilles basilaires ovales-lancéolées et obtuses ou aiguës, les caulinaires semblables mais plus petites. Fleurs par 5-10(15) en épi court ; sépales rose vif à nervure centrale verte (rarement verts ou blancs) ; pétales verts ou violacés, de près de $^1/_3$ de la longueur des sépales ; labelle trilobé, à *lobe médian à bords très rabattus par-dessous*, à macule en forme de bouclier, brune ou violette, bordée de jaunâtre ; étamines allongées en un appendice en forme de museau. Commune et répandue dans toute la zone.

1. *Ophrys tenthredinifera*
2. *Ophrys fusca*
3. *Ophrys atlantica*
PHOTOGRAPHIE : NIELS FAURHOLDT
4. *Ophrys apifera*

D. Colonne terminée en bec allongé ; pollinies à caudicules rigides (non pendantes)

O. scolopax

Ophrys scolopax OPHRYS BÉCASSE. Plante vivace basse à moyenne, de 10-50 cm. Feuilles basilaires lancéolées et aiguës, les caulinaires plus étroites et plus aiguës. Fleurs par 3-15 en épi assez long ; *sépales roses* (rarement verts ou blancs), le dorsal dressé ; pétales semblables, de près de la moitié de la longueur des sépales ; labelle de 8-14 mm, ovale, trilobé, brun pourpre et velouté, avec une grande macule bleu brunâtre, en H ou ponctuée et entourée d'une mince bordure jaune. Assez commune à l'extrême ouest de la zone, rare en Italie. Dans toute la région. Subsp. *scolopax* a des sépales triangulaires et le lobe médian du labelle *non nettement rétréci* au-dessus de la base. Localement commune mais absente de beaucoup de secteurs, dont l'Italie continentale et les plus grandes îles. DZ, ES, FR, IT, PT, TN. Subsp. *apiformis* (Syn. *O. sphegifera*) a des sépales *plus ou moins linéaires* et un *labelle étréci* (fortement récurvé) au-dessus de la base. Surtout occidentale. ES (dont îles Baléares), IT (Sardaigne et Sicile), TN. Subsp. *conradiae* a des *pétales allongés* (plus longs que large) et une macule couvrant la moitié de la base du labelle. FR (Corse), IT (Sardaigne).

Ophrys fuciflora OPHRYS BOURDON. Plante vivace variable, grande et riche en fleurs, jusqu'à 60 cm. Sépales rouge violacé, blancs ou verts, le dorsal en forme de barque ou plan ; pétales rose vif (plus rarement rouge violacé ou verts), triangulaires et à bords récurvés ; *labelle large et carré*, brun jaunâtre et entier à faiblement trilobé, avec une macule nette en H, quoique souvent de forme compliquée, bleu mat ou brun rougeâtre avec une *bordure crème bien visible* ; colonne en bec pointu. Absente de l'essentiel de l'ouest de la région, du sud et de beaucoup d'îles. FR (dont Corse), IT (dont Sardaigne et Sicile). Subsp. *fuciflora* est une forme répandue et variable, à sépales atteignant 16 mm de long et à feuilles encore fraîches à la floraison. Subsp. *elatior* lui ressemble, mais à floraison plus tardive, les feuilles étant alors flétries. Rare, surtout dans le Nord. FR, IT. Subsp. *apulica* a un labelle à bords fortement récurvés en S. IT (Mont Gargano et Sicile, rare). Subsp. *chestermanii* a des sépales blancs à violets, trapézoïdaux, un labelle noirâtre à marques non complexes. IT (Sardaigne). Subsp. *lacaitae* est une forme très particulière à sépales verts et à *labelle presque entièrement jaune*. IT (dont Sicile), MT. Subsp. *oxyrhynchus* a un labelle presque droit et rougeâtre, avec une macule couvrant plus d'un tiers de sa surface. IT (dont Sicile). Subsp. *biancae* possède un labelle trapézoïdal largement bordé de jaune et rougeâtre au centre et des sépales vert-blanc. IT (Sicile : Etna et alentours de Palerme).

Ophrys argolica. Vivace variable, compacte à grêle, jusqu'à 50 cm, à grandes fleurs. Sépales verts, roses, blancs ou violets plans ; pétales verts ou roses, elliptiques et à marges planes ; labelle rougeâtre ou brun jaunâtre, *droit et plat*, entier à faiblement trilobé et à macule formée de *2 taches séparées ou contiguës en fer-à-cheval*, d'un bleu-gris non spécialement luisant, bordées ou non de blanchâtre ; colonne aiguë à obtuse. Espèce surtout orientale. IT. Subsp. *crabronifera* a une cavité stigmatique jusqu'à 6 mm de large à la base. Littorale. IT. Subsp. *biscutella* a une cavité stigmatique étroite, < 4 mm à la base et des pétales réfléchis. IT (sud). Subsp. *bertonolii* ressemble à *O. argolica*, mais plante plus basse, jusqu'à 35 cm, à sépales normalement rose intense, à pétales roses et à labelle large, brun noirâtre, *cambré* ; macule presque carrée, gris-bleu luisant. Colonne aiguë. Des plaines inondables du Pô vers le sud. IT (dont Sicile).

Ophrys sphegodes OPHRYS ARAIGNÉE. Vivace répandue et très variable (nombreuses formes décrites), grêle, haute de 10-70 cm, à 3-10 fleurs en épi lâche. Sépales verts ou jaunâtres, parfois lavés de violet mais *non roses* ; pétales également verdâtres ou jaunâtres ; labelle brunâtre ou noirâtre, souvent bordé de jaunâtre ou de rougeâtre, assez *arrondi*, *droit et plan*, entier ou faiblement trilobé ; macule généralement en H et de complexité variable, marginée. Colonne normalement aiguë. Très répandue et commune en Europe méditerranéenne ; rare au Portugal ; présente sur les grandes îles. ES, FR, IT, PT. **Subsp. *sphegodes*** est la forme commune, mais très variable : labelle *jusqu'à 20 mm de long* (grand) et sépales latéraux de couleur identique (qui varie). Surtout occidentale. ES, FR, IT. **Subsp. *litigiosa*** a un labelle plus petit (jusqu'à 10 mm), plus court que le sépale dorsal et parfois bordé de jaune. Depuis le nord de l'Espagne vers l'est. ES, FR, IT. **Subsp. *atrata*** possède un labelle bordé de poils nettement plus longs. Commune sur les plus grandes îles et au sud de l'Italie. ES, FR, IT. **Subsp. *passionis*** a un labelle à macule en H prolongé de 2 extensions vers le bas. ES (nord-ouest), FR (sud-ouest), IT (dont Sardaigne, rare, et Sicile).

1. *Ophrys scolopax*
2. *Ophrys fuciflora* PHOTOGRAPHIE : NIELS FAURHOLDT
3. *Ophrys fuciflora* PHOTOGRAPHIE : NIELS FAURHOLDT
4. *Ophrys argolica* PHOTOGRAPHIE : NIELS FAURHOLDT
5. *Ophrys argolica* PHOTOGRAPHIE : NIELS FAURHOLDT
6. *Ophrys sphegodes* PHOTOGRAPHIE : NIELS FAURHOLDT

Ophrys lunulata. Plante vivace grêle à grandes fleurs. Sépales rose pâle à blancs, pétales similaires ; labelle brun rougeâtre, profondément trilobé au milieu ; macule centrale nettement en croissant, gris-bleu luisant ou rougeâtre. Colonne aiguë. Fréquente au sud-est de la Sicile, improbable ailleurs (bien qu'il existe des données erronées). IT (Sicile).

Serapias SÉRAPIAS

Plantes vivaces tubéreuses à 2(5) tubercules ovoïdes et labelle allongé, orienté vers le bas et en forme de langue avec 2 lobes latéraux redressés. Potentielles hybridations intergenres, y compris avec les *Ophrys*, sans que soit connue l'étendue de ce phénomène.

A. Présence, à la base du labelle, d'une callosité entière ou profondément canaliculée

Serapias lingua SÉRAPIAS EN LANGUE. Plante vivace basse, jusqu'à 25 cm, tubéreuse, formant des colonies, à tige parfois ponctuée. Feuilles étroitement lancéolées et glauques. Jusqu'à 9 fleurs en épi lâche ; sépales et pétales pourpres ; labelle jusqu'à 32 mm de long, *bordeaux, avec à la base une protubérance unique, noirâtre, en forme de grain de café* ; *épichile ovale-lancéolé et jusqu'à 12 mm de large* ; bractées plus courtes que le casque formé par les sépales. Commune dans toute la zone dans des habitats variés tels que garrigues, boisements et prairies humides. Subsp. *duriaei* (Syn. *S. strictiflora*) a un labelle bordeaux *beaucoup plus étroit*, à marges droites ; pétales acuminés, ovales à la base qui atteint 2-4 mm de large ; *épichile triangulaire, jusqu'à 4,5 mm de large*. Mêmes milieux que l'espèce précédente. Localement abondante dans la partie la plus occidentale de la zone ; absente des îles. DZ, ES (sud), MA, PT. Les formes grêles à fleurs pâles et *épichile jaunâtre pâle à rouge orangé* de la péninsule Ibérique sont parfois référées à *S. elsae*. Les populations du sud de la France, à pétales en forme de goutte *s'atténuant progressivement* (et non brusquement), ont été décrites comme *S. gregaria* mais il est maintenant largement accepté qu'il s'agit de *S. lingua* subsp. *duriaei*.

S. olbia

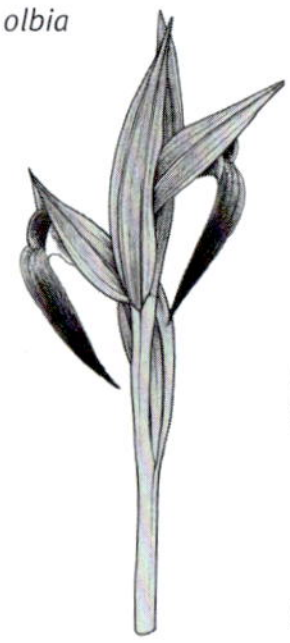

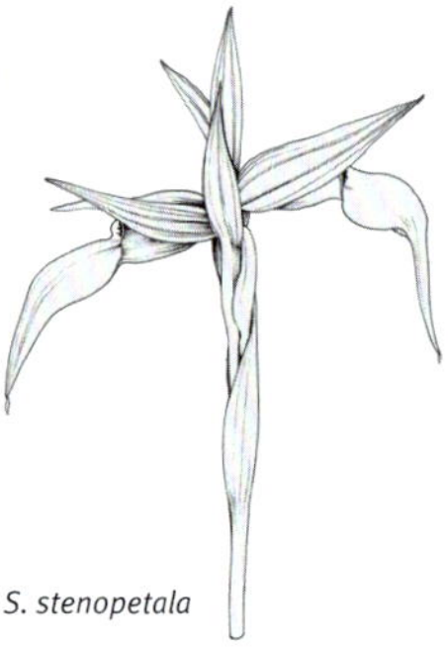

S. stenopetala

Serapias olbia ressemble beaucoup à *S. lingua* par de nombreux caractères ; plante vivace tubéreuse, souvent en groupes, jusqu'à 30 cm. Fleurs à labelle atteignant 31 mm de long, aigu et *fortement rabattu* par-dessous, *rouge noirâtre à pourpre sombre*, à pilosité pourpre et dense dessus et à callosité basale profondément canaliculée. Origine probablement hybride. Très rare. FR.

Serapias stenopetala est une espèce endémique algérienne des forêts de chênes-lièges, à fleurs jaune très pâle ou rosées, à callosité unique, *jaune citron*. DZ.

B. Présence, à la base du labelle, de 2 callosités distantes ; pétales en forme de goutte acuminée

Serapias parviflora. Plante vivace ressemblant à *S. lingua*, mais à fleurs bordeaux verdâtre *plus pâle* ; pétales en forme de goutte, labelle étroit avec 2 (et non 1) callosités en lamelles rouge brunâtre (non noirâtres), *plus petit*, à peine aussi long que le casque (15-22 mm de long) et *non distinctement plus long* que lui. Lieux calcaires, prairies humides et marais. Répartition dans toute la zone comme *S. lingua*, mais assez rare. *Serapias nurrica* ressemble à *S. parviflora*, mais à labelle très aigu *bordé d'une nette marge pâle récurvée vers le haut*. Rare. ES (Minorque, îles Baléares), FR (Corse), IT (dont Sardaigne et Sicile), TN (seulement les îles).

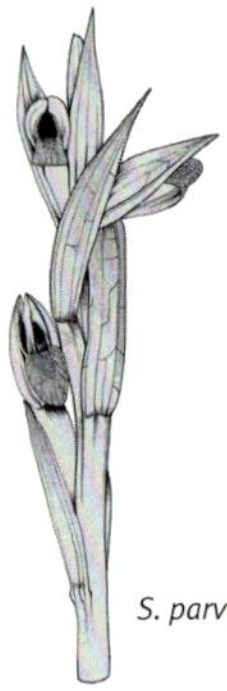

S. parviflora

S. nurrica

1. *Serapias lingua*
2. *Serapias lingua* subsp. *duriaei*

PHOTOGRAPHIE : SERGE D. MULLER

3. *Serapias cordigera*
4. *Serapias negleta*

PHOTOGRAPHIE : NIELS FAURHOLDT

1

2

3

4

I. xiphium

B. Iris non barbus, à bulbes lisses

Iris xiphium (Syn. *Xiphion vulgare*) IRIS À FEUILLES EN GLAIVE. Vivace bulbeuse moyenne, de 30-200 cm de haut, à feuilles étroites, canaliculées, de 20-70 cm de long et 1-12 mm de large. Grandes fleurs solitaires *bleu-violet* avec un anneau jaune au centre des tépales externes (rares variantes à fleurs jaunes : *I. lusitanica* et *I. juncea*) ; tépales internes dressés et plus petits que les externes. Fréquente en milieux rocheux, herbeux et dans les broussailles. Dans toute la zone sauf sur les îles Baléares et la Sicile. *Iris tingitana* (Syn. *I. tingitana*) a des feuilles *vert argenté* longues et arquées. Fleurs bleu pâle à sombre, avec une bande jaune sur les tépales externes, les internes *très aigus*. Uniquement en Afrique du Nord. DZ, MA. *Iris filifolia* (Syn. *Xiphion filifolium*) possède des feuilles très étroites de seulement 1-2(5) mm de large et des *fleurs pourpre rougeâtre sombre (non bleuâtres)* avec une gorge orange vif sur chaque tépale externe. Milieux rocheux et secs du sud de l'Espagne et de l'Afrique du Nord. DZ, ES, MA.

1. *Iris foetidissima* (encart : fruits)
2. *Iris xiphium*
3. *Iris pseudacorus*
4. *Iris albicans*
5. *Moraea sisyrinchium*

Iris serotina (Syn. *Xiphion serotinum*). Plante vivace *à floraison automnale*, de 40-80 cm de haut, à feuilles de 20-60 cm de long et 1-7(13) mm de large. Fleurs pourpres, à tépales internes de seulement 6-10 mm (jusqu'à 25 mm pour les autres espèces du groupe), oblongs-linéaires (plutôt qu'oblongs-lancéolés). Rare. ES (sud), MA (nord).

Iris planifolia (Syn. *Juno planifolia*). Vivace naine à basse, bulbeuse, à tiges atteignant à peine 30 mm et à feuilles les plus grandes jusqu'à 35 mm de long et 30 mm de large ; feuilles toutes basilaires, vert brillant, disposées en éventail. Fleurs violet bleuâtre veinées de sombre et *petits tépales internes, horizontaux*, jusqu'à 12-30 mm de long, dentés. Localisée sur rochers calcaires et pentes des montagnes exposées. De la péninsule Ibérique vers l'est (sauf la France et la plupart des îles). DZ, ES, IT (Sardaigne), MA, PT, TN.

C. Iris non barbus, à cormes ou à tubercules étalés (dont *Iris* et *Moraea*)

Iris tuberosa (Syn. *Hermodactylis tuberosa*) IRIS DES SERPENTS. Plante vivace à floraison printanière, de 20-40 cm de haut, émettant des tubercules fibreux, comme des doigts, étalés (contrairement aux autres espèces décrites ici). Feuilles de 1,3-4 mm de large, comme celles d'une cypéracée, tétragones (à section carrée) et *allongées*, dépassant les tiges fleuries qui atteignent 40 cm de haut. Fleurs solitaires pourvues d'une large bractée foliacée jusqu'à 20 cm de long, à odeur agréable, vert-jaune et généralement à tépales externes de 40-50 cm de long, pourpre-brun velouté, les internes environ 2 fois plus courts et étroits. Milieux herbeux et rocheux, garrigues et bord des routes. Du sud-ouest de la France vers l'est. FR, IT.

M. sisyrinchium

Moraea sisyrinchium (Syn. *Gynandriris sisyrinchium*) IRIS FAUX SISYRHINQUE. Plante vivace basse, à corme enveloppé d'une tunique fibreuse, atteignant 10-30(40) cm de haut, à tiges grêles ; 1 ou 2 feuilles engainantes à la base, leur partie libre dépassant la tige florifère, linéaires et canaliculées, jusqu'à 40 cm de long ; fleurs groupées par 1-4, bleu-violet, à tépales externes marqués de blanc et de jaune, les internes un peu plus courts. Commune le long des sentiers, au bord des routes et dans d'autres milieux secs et ouverts près du littoral ; forme souvent des peuplements. Les fleurs s'ouvrent au soleil de l'après-midi. Dans toute la zone.

D. Iris barbus, rhizomateux

Iris × germanica IRIS BLEU D'ALLEMAGNE. Plante vivace robuste, jusqu'à 90 cm, à tiges ramifiées et à rhizome épais s'étalant et visible à la surface du sol. Feuilles larges et en glaive, gris-vert, de (20)30-60 mm de large, plus courtes que les tiges florifères. Bractées situées sous les fleurs vertes à la base mais papyracées au sommet, souvent teintées de pourpre. *Grandes fleurs* jusqu'à 10 cm de diamètre, en groupes, bleu-violet (les tépales internes souvent plus pâles) et odorantes, les externes pourvus *d'une nette barbe jaune* au centre. Divers milieux rocheux et herbacés. Cultivée et largement naturalisée. DZ, ES, FR, IT, MA, TN. Les cultivars à fleurs blanches de France et d'Italie sont souvent rapportés à *Iris florentina*.

Iris pallida. Vivace robuste jusqu'à 1 m de haut, ressemblant à *I. germanica*, à rhizome épais et à feuilles gris-bleu, coriaces et finement côtelées. Bractées situées sous les fleurs argentées et *entièrement papyracées*. Fleurs bleu lilas. Jardins et maquis au nord de l'Italie, peut-être naturalisée ailleurs. IT. Subsp. *cengialtii* est plus petite, à feuilles vertes côtelées, à bractées brunes et papyracées et à fleurs *violet foncé*. IT (nord-est).

Iris albicans. Petite plante vivace rhizomateuse dressée de 40-75 cm de haut, à rhizomes épais et s'étalant pour partie sur le sol, ressemblant beaucoup à *I. germanica*. Larges feuilles en glaive de 13-50 mm de large. Fleurs disposées par groupes le long des tiges, chacune avec une bractée verte à la floraison, papyracée au sommet ; *grandes fleurs blanc pur*, les tépales externes pourvus d'une barbe jaune. Originaire du Moyen-Orient ; naturalisée et localement commune jusqu'à former des peuplements le long des routes ; probablement dans toute la zone.

Romulea

Plantes vivaces basses, à cormes, à feuilles basilaires, linéaires, souvent à 4 sillons. Boutons floraux normalement inclus entre 2 bractées ; fleurs comme celles des *Crocus* mais portées par un pédoncule (scape) vert ; 6 tépales s'amenuisant en entonnoir à tube très court ; 3 étamines, style solitaire et à 3 branches.

A. Fleurs blanches, roses ou violettes et à gorge (en général) nettement jaune orange

Romulea bulbocodium. Plante vivace basse, à corme, à floraison printanière ; 3-7 feuilles vert sombre et courbées ou dressées-étalées ; souvent plusieurs fleurs comme celles d'un *Crocus*, portées par des scapes de 30 mm de long, blanches à lilas, *toujours à gorge jaune*, striées de pourpre ; tépales elliptiques et aigus, jusqu'à 30 mm de long ; étamines de près de la moitié de la longueur des tépales, stigmates variables mais *dépassant généralement les anthères* ; *bractées presque entièrement papyracées et faiblement veinées de vert*. Espèce la plus commune, présente dans toute la zone dans divers milieux depuis les rochers montagnards jusqu'aux sables littoraux. *Romulea clusiana* a des fleurs à tépales plus grands, jusqu'à 46 mm de long, et des anthères jusqu'à 11 mm de long (pas < 8 mm) ; fleurs à coloration orange jaune dans leur moitié inférieure et plus ou moins blanches dans leur moitié supérieure, lavées de violet au sommet (celles de l'espèce précédente sont plus uniformes). ES.

R. ramiflora

Romulea ramiflora. Plante vivace basse, à corme, à floraison printanière, à 4-6 feuilles récurvées à dressées. Fleurs pâles à bleu-violet profond, souvent veinées de plus sombre, verdâtres au revers ; gorge normalement jaunâtre ; tépales oblongs et obtus, de 14-21 mm de long. *Bractées presque entièrement vertes, à marge papyracée étroite*. Milieux sableux littoraux ; commune dans toute la zone. *Romulea melitensis* est une plante vivace basse, à corme, qui lui ressemble, *à floraison printanière tardive* (avril), à feuilles dressées à étalées, allongées et étroites. Bractées vertes, *sans marge papyracée ou étroite*. Milieux humides. IT (Sicile), MT (dont Gozo).

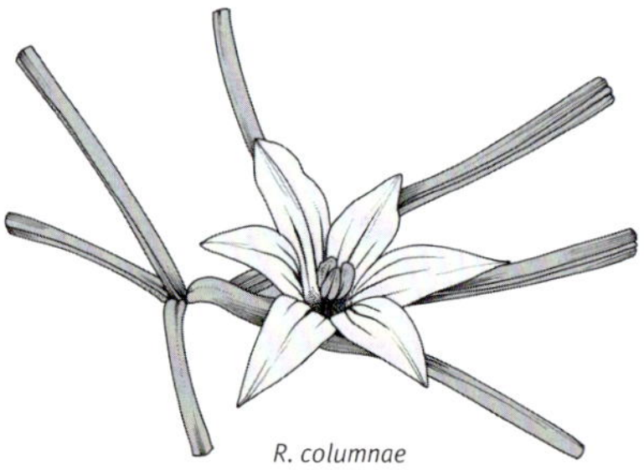

R. columnae

Romulea columnae ROMULÉE À PETITES FLEURS. Vivace basse, à corme, à 3-8 feuilles dressées à étalées, récurvées, de 0,6-1 mm de large. *Petites fleurs* solitaires ou par 2-3, jusqu'à 12 mm de diamètre, tube de la corolle jusqu'à 5 mm de long et tépales de 10-19 mm de long ; tépales étroitement lancéolés et longuement aigus ; fleurs blanches à lilas, à gorge jaune blanchâtre à jaune, parfois verdâtres à l'extérieur ; anthères de 2,5 mm à peine. Sables et pelouses littoraux humides ; répandue dans toute la zone. Subsp. *rollii* (Syn. *R. rollii*) a des tépales violets veinés de sombre en dedans et *blanc-vert veinés et striés de pourpre noirâtre dans leur moitié inférieure* au revers ; tépales externes pourvus d'une bande centrale verdâtre ; gorge blanc-jaune ; pollen jaune. Bractée externe verte *à large marge papyracée*, bractéole papyracée. Rochers littoraux, falaises et milieux sablonneux. DZ, FR, IT (dont Sardaigne et Sicile), MA, MT (dont Gozo), TN.

B. Fleurs blanches, roses ou violettes, sans ou avec peu de jaune orange vif sur la gorge

Romulea bocchierii. Plante vivace basse à moyenne, à corme, jusqu'à 40 cm (y compris les feuilles). Pédoncules floraux toujours *uniflores* et feuilles caulinaires comme celles d'un jonc, *dressées à subdressées*. Bractées florales papyracées, à 2 nervures vertes. Fleurs *blanches dedans, à gorge jaune verdâtre terne (non jaune orange vif)* (de même couleur que les anthères). IT (Sardaigne).

Romulea requienii. Plante vivace basse, à corme, à feuilles *appliquées contre le sol*, jusqu'à 1,25 mm de large. Bractées papyracées à une seule nervure verte, parfois tachetées de violet ou de brun. Fleurs violettes veinées de plus sombre, à *gorge violet-blanc (non jaune)* ; tépales jusqu'à 21 mm de long, arrondis au sommet ; pollen jaune. Sables littoraux et milieux côtiers à inondation saisonnière. FR (Corse), IT (sud et Sardaigne). *Romulea ligustica* lui ressemble, à feuilles dressées à étalées et fleurs violettes à *gorge blanche*, à tube du périanthe court, de 5-7 mm de long et stigmates ne dépassant pas les anthères à pollen *blanc (non jaune)*. Milieux littoraux herbacés et rocheux. FR (Corse), IT (dont Sardaigne). *Romulea × limbarae* est une endémique insulaire d'origine probablement hybride entre *R. ligustica × R. requienii*, à morphologie intermédiaire. IT (Sardaigne : mont Limbara). *Romulea corsica* est une espèce endémique insulaire d'origine probablement hybride entre *R. revelieri × R. requienii*, à morphologie intermédiaire. Fleurs pourpre-violet. FR (Corse : côte est).

C. Fleurs pourpre rougeâtre ou violacé profond, sans jaune à la gorge

Romulea revelieri. Plante vivace basse, à corme, à floraison printanière ; 3-6 feuilles étalées à récurvées. Fleurs à lobes en pointe obtuse à arrondis, *pourpre sombre* sans jaune sur la gorge (gorge blanchâtre ou pourpre pâle) ; tube de la corolle jusqu'à 5 mm de long et tépales jusqu'à 11 mm de long ; *stigmates égalant ou dépassant les anthères* ; bractées vertes jusqu'à 14 mm de long, à marge papyracée ; bractéole papyracée et ponctuée de brun, verte au centre. Milieux humides et soumis aux crues, près de la côte. FR (Corse), IT (dont Sardaigne).

1. *Romulea bulbocodium*
2. *Gladiolus illyricus* (encart : étamines)
3. *Gladiolus italicus* (encart : étamines)
4. *Watsonia meriana*

Romulea linaresii. Vivace basse, à corme, à floraison printanière ; 3-6 feuilles étalées à récurvées ; fleurs pourpre-violet profond dépourvues de jaune sur la gorge ; tépales elliptiques et à largeur la plus grande supérieure à la moitié, à sommet brièvement aigu ou arrondi, jusqu'à 19 mm de long ; *anthères dépassant les stigmates* ; bractées vertes à la base, papyracées vers le sommet. Milieux littoraux sableux. IT (Sicile).

D. Fleurs rose vif à gorge jaunâtre veinée de pourpre sombre

Romulea rosea. Plante vivace basse à moyenne, à corme, à feuilles comme celles d'un jonc, dressées, et à *fleurs nombreuses* (souvent > 3) ; fleurs *rose vif* à tépales lancéolés, aigus ; gorge jaune veinée de pourpre sombre ; anthères jaunes dépassant le stigmate blanc. Exotique, originaire d'Afrique du Sud, naturalisée dans les milieux sablonneux. IT (Sardaigne).

Gladiolus

Plantes vivaces à cormes, pourvues d'un éventail de feuilles planes, en glaive et côtelées. Fleurs disposées sur de longues tiges dressées et raides, chacune munie d'une bractée verte ; 6 tépales inégaux, soudés en tube court à la base ; 3 étamines ; style grêle à 3 branches courtes. Genre confus, avec des clés d'identification régionales contradictoires, probablement en raison d'un fort taux d'hybridation (en particulier dans la péninsule Ibérique) ; une identification certaine sur le terrain est parfois impossible.

A. Anthères plus longues que les filets ou avortées

Gladiolus italicus. Grande vivace à corme, atteignant 80 cm, à *feuilles larges, en glaive* de 40-80 cm de long et 17 mm de large, naissant d'un corme arrondi à fibres réticulées ; 6-15 fleurs disposées en inflorescence bilatérale, chaque fleur munie d'une bractée de même longueur ; fleurs de 40-50 mm de long, rouge-rose, à tépales très inégaux ; anthères *plus longues* que les filets. Graines ailées. Commune dans toute la zone dans les garrigues, maquis, bord des routes et terres cultivées.

B. Anthères de même taille ou plus courtes que les filets

Gladiolus communis. Plante vivace de 0,5-1 m, ressemblant à *G. italicus* par la forme, à feuilles de 30-70 cm de long et 5-22 mm de large. Fleurs rose vif, disposées par 10-20 en inflorescences lâches à peine bilatérales. Anthères piriformes, *aussi longues ou plus courtes que leurs filets*. Graines ailées. Champs pierreux, bois, maquis et terres cultivées. ES, FR, IT, PT. ***Gladiolus illyricus*** se différencie de *G. communis* par sa taille plus petite (25-50 cm de haut) et ses feuilles de 10-40 cm de long et 4-10 mm de large ; fleurs moins nombreuses (3-10). Mentionnée dans toute la zone, mais sa distinction par rapport à l'espèce précédente demeure incertaine.

Watsonia

Plantes herbacées vivaces, à corme et à feuilles comme celles des *Iris*. Fleurs en épis dressés, faiblement zygomorphes ; style grêle, à 3 branches divisées. Originaires d'Afrique du Sud.

Watsonia meriana. Vivace à corme, en touffes, de 0,5-2 m haut, à feuilles larges, aiguës,ronciformes, vert pâle, de 0,25-1 m de long et 15-50 mm de large. Fleurs rouge orange à gorge tubulaire allongée, disposées en grappes dressées. Fossés et prairies humides. Naturalisée dans la péninsule Ibérique. ES, PT.

XANTHORRHOEACEAE

Famille composée de nombreux genres autrefois inclus dans les *Liliaceae* au sens de leur description traditionnelle plus large, se caractérisant par la présence de denses rosettes de feuilles étroites et allongées et d'épis floraux raides et ligneux ; périanthe à 6 tépales, souvent spectaculaire ; 6 étamines ; 1 style avec 1 stigmate très petit ou trilobé. Fruits sous forme de capsules.

Aloe

Arbustes succulents, à feuilles robustes, à marges épineuses, en rosette. Fleurs en grappes ; corolle tubulaire souvent rouge ou orange. Fruits sous forme de capsules. Originaires d'Afrique et de Madagascar, mais largement cultivés dans la région.

A. perfoliata

Aloe arborescens ALOÈS ARBORESCENT. *Grand arbuste très ramifié* atteignant 2-3 m. Feuilles succulentes et étroitement triangulaires-lancéolées, de 50-60 cm de long, serrées en grandes rosettes, étalées-réfléchies, grisâtres et sans marques pâles, dentées au bord. Inflorescence simple et dense ; fleurs écarlates de 35-45 mm de long. Originaire d'Afrique du Sud, fréquemment cultivé, naturalisé mais rarement loin des habitations. ES, FR, PT. ***Aloe perfoliata*** (Syn. *A. mitriformis*) lui ressemble, mais plaqué contre le sol, à feuilles faiblement spiralées et à grappes de fleurs tubulaires rouge orange. Planté dans la région ; naturalisé sur les côtes du sud de la péninsule Ibérique, peut-être ailleurs. ES, PT.

Aloe vera. Plante vivace succulente, stolonifère, à nombreuses rosettes de feuilles basilaires gris bleuâtre ou teintées de rougeâtre atteignant 40-50 cm de long. Inflorescences atteignant 1 m, à *fleurs jaunes* de 25-30 mm de long, à étamines saillantes. Plantée et localement naturalisée. Dans toute la zone (principalement au sud). *Aloe brevifolia* ressemble à *A. vera*, mais à feuilles ovales-lancéolées pourvues de protubérances fortes à la face inférieure et à inflorescence non ramifiée de fleurs rouge orange. FR (sud).

1

2

3

1. *Aloe vera*
2. *Aloe perfoliata*
3. *Aloe arborescens*

Aloe aristata. Plante vivace non stolonifère à feuilles assez petites jusqu'à 10 cm de long ; feuilles dressées ou incurvées, vert-pourpre sombre, *couvertes de fortes protubérances blanches*, et terminées par une épine blanche et molle. Fleurs rouge orange, de 30-40 mm de long. Naturalisée. FR (sud).

Aloe succotrina. Grand arbuste succulent atteignant 2 m, ramifié ou non, à feuilles triangulaires-lancéolées jusqu'à 50 cm de long, vert-gris (parfois avec quelques ponctuations blanches), pourvues au bord de dents pourpre sombre. Fleurs rouge-rose, jusqu'à 40 mm de long, en grandes grappes non ramifiées. Naturalisé le long du littoral. ES, FR.

Simethis PHALANGÈRE

Plantes vivaces rhizomateuses à feuilles basilaires. Fleurs en panicules ; étamines à *filets laineux* insérés dans une dépression de l'anthère.

Simethis mattiazzii (Syn. *S. planifolia*) SIMÉTHIS À FEUILLES APLATIES. Vivace glabre, rhizomateuse, jusqu'à 40 cm, à feuilles faibles et retombantes, en gouttière, linéaires, bleuâtres, jusqu'à 50 cm × 7,5 mm. Fleurs blanches, violacées dehors, en panicules lâches et pauciflores ; *étamines laineuses*. Graines noires et luisantes. Garrigues et maquis, souvent sur sols acides ; localisée mais répandue dans toute la zone.

Asphodelus ASPHODÈLE

Plantes vivaces (rarement annuelles) robustes, glabres, herbacées, tubéreuses à tiges nues et à feuilles linéaires en grande rosette basilaire. Tépales libres, tous semblables ; fleurs sur des tiges simples ou ramifiées ; filets glabres. Nombreuses espèces très proches, identifiables notamment par la forme des fruits.

A. Feuilles planes. Pédicelles *épaissis à la fructification* (1-1,3 mm de large)

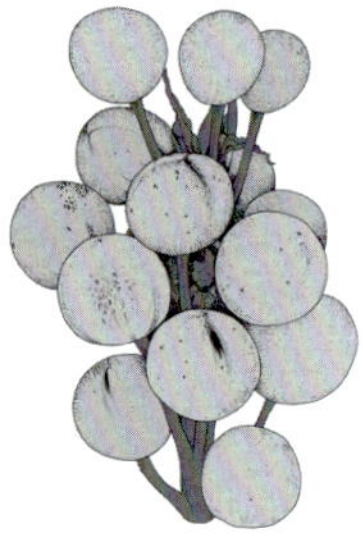

A. ramosus

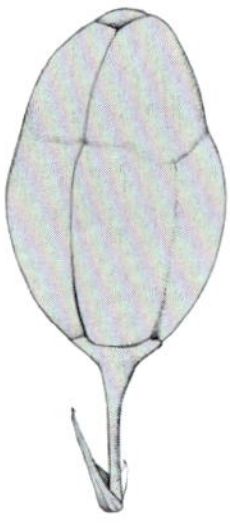

A. ramosus (capsule fructifère)

Asphodelus ramosus. Grande plante herbacée vivace, robuste, de 0,5-1,6(2) m de haut, à nombreux tubercules charnus. Feuilles planes, rubanées, vert-gris. Fleurs blanches, en étoile, à tépales de 11-20 mm de long, avec une nervure centrale brunâtre, disposées en grandes inflorescences dressées, très ramifiées, dont les *ramifications latérales sont à peu près égales à la terminale. Grandes capsules ovoïdes*, de 6-12 × 4-9 mm. Commune dans la zone la plus occidentale de la région, dans les pâturages rocailleux et les maquis broutés par les chèvres ; plus localisée ailleurs. ES, FR, IT, MA, PT.

B. Feuilles planes et carénées. Pédicelles *non épaissis* à la fructification (< 1 mm de large)

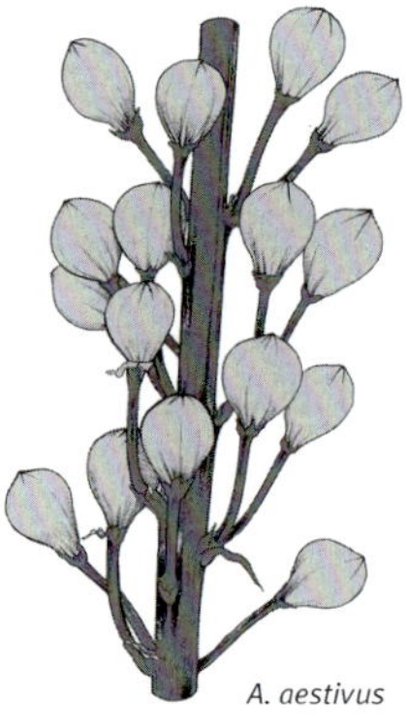

A. aestivus

Asphodelus aestivus. Grande plante herbacée vivace, robuste, de 0,7-1,8(2) m de haut, à floraison printanière, à nombreux tubercules charnus. Feuilles planes vert-gris, rubanées et carénées en dessous. Fleurs blanches, en étoile, à tépales de 14-19 mm de long, disposées en grandes inflorescences dressées, très ramifiées ; ramifications latérales presque aussi longues que la centrale ; *filets des étamines dépassant beaucoup les tépales* ; bractées blanchâtres. *Petites capsules ovoïdes-arrondies, à peine étrécies à la base*, de 5-6 × 6-7 mm. Commune et répandue dans divers habitats, y compris maquis, pentes rocailleuses et terrains vagues. Dans toute la zone. *Asphodelus serotinus* lui ressemble, mais à fruits arrondis *entourés à la base par le sommet des pédoncules fructifères*. ES, PT.

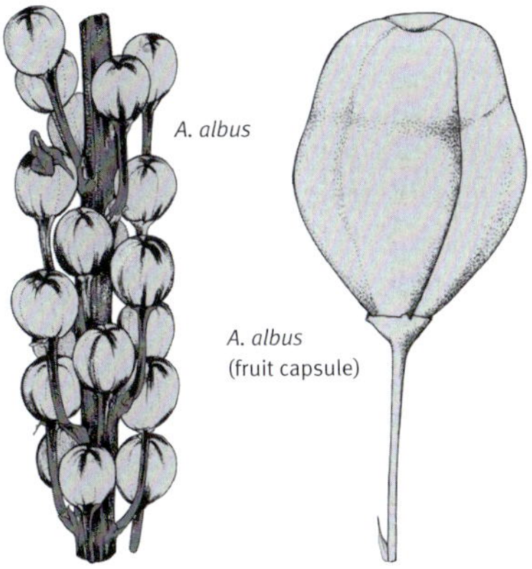

Asphodelus albus ASPHODÈLE BLANC. Plante vivace moyenne à grande, de 0,6-1,5 m de haut, ressemblant aux espèces précédentes. Feuilles linéaires, vert-gris, carénées au milieu, de 0,6-1,1 m × 25 mm. Inflorescence *en grappe étroite, ressemblant à un épi*, rarement ramifiée à la base et *non ramifiée en haut* ou à peu de ramifications courtes ; fleurs blanches, jusqu'à 30 mm de diamètre, à tépales marqués d'une nervure médiane verdâtre. Capsules de 7-13 × 6-11 mm, denses le long de l'épi. Localement commune sur sols rocheux et en maquis pâturés. Depuis l'Espagne vers l'est, mais absente de la plupart des îles. ES (dont îles Baléares), FR, IT (dont Sardaigne). **Asphodelus macrocarpus** lui ressemble, mais à *grandes capsules sphériques, orange à brunes, de 10-18 × 12-18 mm*, portées sur des pédicelles dressés, étroits, à bractées brunes. ES, FR, IT, MA, PT.

Asphodelus cerasiferus. Grande vivace glabre à tiges lisses de 0,8-2 m de haut. Feuilles planes et carénées, jusqu'à 90 cm de long et 8-25 mm de large. Fleurs blanches, en grappes simples ou ramifiées. *Très grands fruits de 10-20 × 10-20 mm*, arrondis et sillonnés, jaune-brun ou orange à maturité. DZ, ES, FR, IT, MA.

1. *Simethis mattiazzii*
2. *Asphodelus aestivus*
3. *Asphodelus ramosus* (encart : fleurs)
4. *Asphodelus ramosus* (fruits)

A. fistulosus

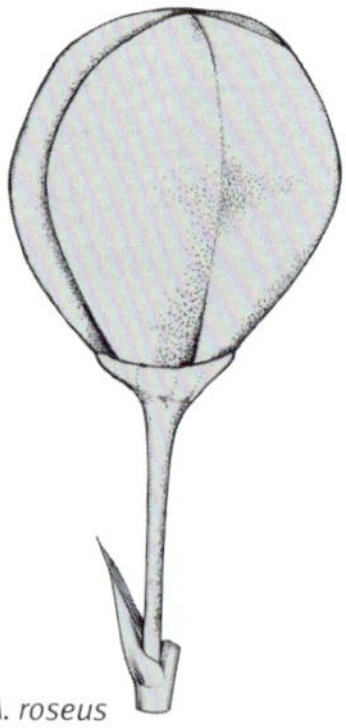

A. roseus
(fruit capsule)

C. Feuilles creuses

Asphodelus fistulosus ASPHODÈLE FISTULEUX. Petite vivace *annuelle* ou à vie brève, en touffes, de 30-60 cm (1,5 m), à nombreux tubercules charnus. *Feuilles linéaires et grêles, de 1-35 mm de large, cylindriques et creuses*. Fleurs blanches, en grappes lâches, sur des pédicelles lisses et allongés, à bractées membraneuses et blanchâtres ; tépales de 8,5-12,5 mm, à nervure médiane brunâtre. Capsule de 5-6 × 4-6 mm. Commune dans toute la zone dans les pâturages, pierreux et les friches. **Asphodelus roseus** est semblable, mais à *fleurs rose pâle*. ES (sud), MA. **Asphodelus tenuifolius** lui ressemble, mais à racines fibreuses, à feuilles jusqu'à 2,5 mm de large et à fleurs plus petites à tépales de 5,5-7,5(8) mm. Capsule de 3-4 mm de long. Milieux arides, parfois abondante ; commune en Afrique du Nord (rare en Europe). DZ, IT (sud et Sicile), MA, TN.

Asphodeline

Comme les *Asphodelus*, mais rhizomateuses (non tubéreuses) et à fleurs portées par des *tiges feuillées*.

Asphodeline lutea BÂTON DE JACOB. Plante vivace herbacée moyenne à grande, jusqu'à 1 m, à rhizomes charnus. Feuilles linéaires et glauques, de 2-3 mm de large, non dentées et *réparties tout le long de la tige florifère* (pas toutes basilaires). *Fleurs jaunes*, jusqu'à 40 mm de diamètre, en grappe dense ; tépales à nervure médiane verte ; 6 étamines de 2 longueurs différentes, les plus longues à filets courbés. Capsule jusqu'à 12 mm de diamètre. Pentes rocailleuses, garrigues et pentes des montagnes. IT (dont Sicile).

AMARYLLIDACEAE

Plantes vivaces bulbeuses ou rhizomateuses (ou à cormes), à tiges nues, ressemblant aux *Liliaceae*. Fleurs solitaires ou en ombelles, renfermées avant la floraison dans une bractée papyracée ; 6 tépales, généralement tous semblables à des pétales ; 6 étamines ; 1 style, ovaire à 3 loges. Fruits sous forme de capsules à 3 loges, souvent succulents.

Sternbergia

Plantes vivaces bulbeuses, sans odeur d'ail. Fleurs à périanthe en entonnoir comme les *Crocus*, à 6 tépales jaunes, tous semblables.

Sternbergia lutea **VENDANGEUSE JAUNE**. Plante vivace bulbeuse à floraison automnale, à feuilles rubanées de 7-10 cm × 4-15 mm apparaissant avant ou pendant la floraison. *Fleurs comme des Crocus, jaune vif* et dressées au sommet de pédoncules de 2,5-10(20) cm ; fleurs à tube court, à 6 tépales ovales et aigus ; 6 étamines, à filets beaucoup plus longs que les anthères. Maquis rocailleux. Localement commune, mais à répartition disséminée ; absente de France, des zones les plus occidentales et d'Afrique du Nord. DZ, ES, IT, TN. ***Sternbergia colchiciflora*** lui ressemble, mais à *feuilles beaucoup plus étroites* (2-5 mm) apparaissant *après les fleurs*. Pédoncules floraux d'à peine 10-20 mm de long, en grande partie cachés par la tunique de leur bulbe ; fleurs jaune vif, en entonnoir, à tépales linéaires, plus larges au-dessus de leur milieu. Pâturages pierreux et rocailleux de haute altitude. Depuis l'Espagne vers l'est, absente de la plupart des îles. ES, FR, IT, MA, TN.

Acis

Plantes vivaces bulbeuses, à *hampes florales pleines et feuilles étroites*. Fleurs par 1-5 en ombelle ; corolle en cloche à 6 tépales, roses ou blancs ; anthères beaucoup plus longues que leur filet. Récemment séparées des *Leucojum*.

A. autumnalis

A. Floraison depuis la fin d'été jusqu'à l'automne

Acis autumnalis (Syn. ***Leucojum autumnale***). Plante vivace bulbeuse, gracile, naine à basse, de 11-30 cm de haut, *fleurissant en fin d'été*, à feuilles filiformes *apparaissant après la floraison* ; 1-2(4) fleurs par hampe florale, blanches, rosées à la base (rarement entièrement roses), en cloche, de 8-12 mm de long, à tépales externes tridentés au sommet ; bractées en 2 parties. Pentes rocheuses et versant des collines ; répandue dans toute la région, absente de nombreuses îles. ES, IT (dont Sardaigne et Sicile), MA, PT. ***Acis rosea*** (Syn. ***Leucojum roseum***) lui ressemble, mais généralement à fleurs solitaires (rarement 2 ou 3), *roses*, à tépales aigus et bractées en 1 seule partie. FR (Corse), IT (Sardaigne).

---

1. *Asphodelus fistulosus*
2. *Asphodelus macrocarpus*
3. *Asphodelus tenuifolius*
4. *Asphodeline lutea*

B. Floraison du printemps au début de l'été

A. trichophylla

Acis trichophylla (Syn. *Leucojum trichophylla*). Petite plante vivace bulbeuse, grêle, à floraison hivernale ou printanière, de 14-38 cm de haut ; généralement 3 feuilles, linéaires, allongées et étroites, jusqu'à 18 cm de long et 1 mm de large, présentes à la floraison. Fleurs blanches, légèrement rosées, de 13-19(20) mm de long, en cloche, par 2-4 sur des hampes grêles de 23-46 mm de long ; tépales externes aigus ; style filiforme, un peu plus long que les étamines ; bractée florale en 2 parties. Répandue dans les milieux sablonneux, particulièrement dans les dunes. ES, MA, PT. *Acis longifolium* (Syn. *Leucojum longifolium*) NIVÉOLE À LONGUES FEUILLES lui ressemble, mais à *petites fleurs*, entièrement blanches, de 11 mm de long, à tépales obtus (pas aigus), et à style légèrement *plus court* que les étamines. Pentes rocailleuses. FR (Corse).

Acis nicaeensis (Syn. *Leucojum nicaeensis*) NIVÉOLE DE NICE. Petite plante vivace bulbeuse, grêle, à floraison hivernale ou printanière. Feuilles linéaires, bien développées à la floraison. Fleurs blanches, en cloche largement ouverte, à tépales externes aigus, jusqu'à 1 cm de long, généralement solitaires (rarement 2-3), à styles un peu plus longs que les étamines ; bractée florale en 2 parties ; ovaire en disque, à 6 loges. Alpes-Maritimes. FR (sud-est). *Acis valentina* (Syn. *Leucojum valentina*) lui ressemble, mais à feuilles très étroites, *filiformes*, de 1,5-2 mm de large, *apparaissant après la floraison* à l'automne ; fleurs apparaissant au printemps, date à laquelle les feuilles se sont desséchées ; fleurs pourvues à la base du périanthe d'un disque proéminent à 6 loges. Pâturages rocailleux de la région de Valence. ES (est).

Leucojum

Plantes vivaces bulbeuses à *hampes florales creuses et feuilles larges*. Fleurs par 1-5 en ombelle ; corolle en cloche, à 6 tépales roses ou blancs ; anthères beaucoup plus longues que leur filet.

Leucojum aestivum NIVÉOLE D'ÉTÉ. Plante vivace *robuste, formant des touffes*, fleurissant au printemps-été, de 31-61 cm de haut, à feuilles rubanées de 50 cm × 5-15 mm. Hampes florales *comprimées, vrillées et à 2 ailes*, portant jusqu'à 8 fleurs de 11-13(15) mm de long ; corolle en cloche, blanche, chaque tépale orné d'un point vert au sommet. Berges des rivières, fossés et autres milieux humides ou détrempés. FR, IT.

1. *Acis trichophylla*
2. *Acis trichophylla*

Narcissus NARCISSE

Vivaces bulbeuses, à floraison précoce, à feuilles basilaires et creuses, à scapes nus. Fleurs à 6 tépales ; 6 étamines, entourées d'une paracorolle en coupe ou en trompette. Capsule à 3 loges. Genre difficile, à grande variabilité et haut niveau d'hybridation, au sein duquel les limites interspécifiques sont discutées.

A. Fleurs à tépales blancs ou verts, à floraison automnale

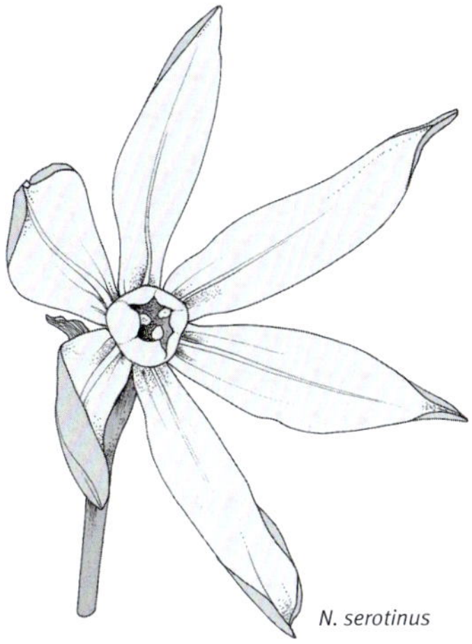

N. serotinus

Narcissus serotinus. Plante vivace gracile, bulbeuse, glauque, à scapes de 11-29 cm à 1 fleur et à feuilles *très étroites*, cylindriques, comme celles d'un jonc, de 0,7-1,3 mm de large apparaissant au printemps, *absentes au moment de la floraison* en automne ; fleurs odorantes, jusqu'à 30 mm de diamètre, à tépales blancs, étalés, et paracorolle *très petite*, orange, d'à peine 2 mm de long ; bractées membraneuses. Garrigues, pâturages, pentes des collines. Répandue mais absente de France. DZ, ES, IT, MA, PT, TN.

Narcissus elegans. Vivace gracile, bulbeuse, ressemblant à *N. serotinus* mais à feuilles *plus larges, en gouttière, de 1,4-5,2 mm de large*, apparaissant avant *ou en même temps que les fleurs* ; fleurs par 2-9 ; odorantes, jusqu'à 38 mm de diamètre, à tépales blancs, étalés, et paracorolle petite, orange, de 0,6-2 mm de long ; bractées membraneuses. Milieux secs et rocheux. ES (îles Baléares), IT (dont Sicile).

Narcissus viridiflorus. Plante vivace basse, gracile, bulbeuse, de 17-47 cm de haut, à feuilles creuses comme celles d'un jonc, de 1,4-5 mm de large, souvent solitaires, apparaissant après les fleurs. Ces dernières singulières par leur couleur *vert olive* terne, jusqu'à 30 mm de diamètre, légèrement fétides, par 2-5 ; tépales étroits-oblongs, aigus et réfléchis ; paracorolle peu profonde et à 6 lobes. Milieux humides et sablonneux, souvent littoraux. ES (sud-ouest), MA.

N. papyraceus

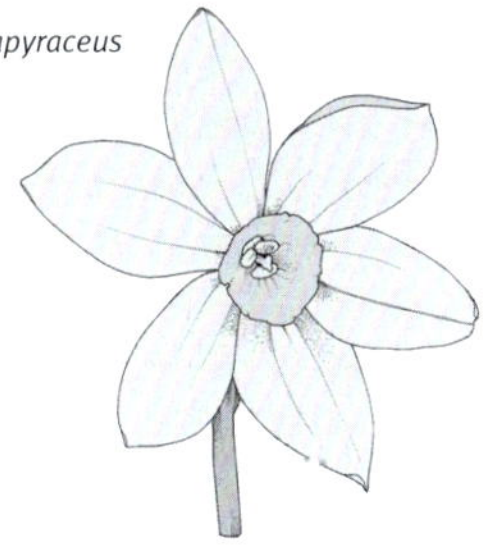

Narcissus papyraceus NARCISSE PAPYRACÉ. Plante vivace bulbeuse glabre, à feuilles larges et rubanées, glauques, un peu en gouttière, de 6,9-9(13) mm de large. *Fleurs blanc pur*, groupées par 4-11(20) en ombelles, jusqu'à 40 mm et fortement odorantes. Lieux rocheux et secs, jachères. Dans toute la zone sauf îles Baléares, Corse et Sardaigne.

B. Fleurs à tépales crème, blancs ou verts, à floraison printanière

N. tazetta

Narcissus tazetta NARCISSE À BOUQUET. Plante vivace bulbeuse moyenne, glabre, à scapes de 23-60 cm et à feuilles glauques, planes, larges, rubanées, de 6,2-12 mm de large, égalant les scapes, présentes à la floraison. De 3 à nombreuses (15) fleurs en ombelle, odorantes, blanches (parfois crème à jaunes), à paracorolle jaune proéminente de 3-6 mm de long et 2 fois plus large que haute, portées sur des scapes comprimés-aplatis à 2 angles. Bractées de la base de l'inflorescence membraneuses. Prairies et pâturages. Dans toute la zone, sauf Italie continentale et Sicile.

Narcissus poeticus NARCISSE DES POÈTES. Vivace bulbeuse, moyenne, glabre, à scapes jusqu'à 60 cm, à feuilles glauques, planes, linéaires, de 5-9(13) mm de large, égalant les scapes, présentes à la floraison. Grandes fleurs voyantes, *solitaires*, penchées et odorantes ; corolle blanche à tube verdâtre, ce dernier jusqu'à 30 mm de long, tépales largement étalés, jusqu'à 22-38 mm de long ; paracorolle jusqu'à 2,3-5,2 mm de long, jaune, *bordée d'une ligne écarlate crénelée-crispée*, 3 étamines saillantes. Espèce de haute altitude, localement abondante en forêts caducifoliées et pâturages montagnards. Absente des îles. ES, FR, IT.

Narcissus cantabricus. Espèce semblable à la plus commune *N. bulbocodium* à fleurs jaunes : plante vivace bulbeuse, gracile, naine à basse, souvent en touffes. Feuilles linéaires de 0,8-1(1,2) mm de large, souvent 1 seule par bulbe. Fleurs blanches, solitaires et horizontales au bout des scapes, à tépales linéaires-lancéolés, réfléchis et à *grande paracorolle proéminente* en cône de 8-17 mm de long, à marge dentée et évasée. Garrigues et pelouses. ES (dont îles Baléares), MA.

Narcissus triandrus NARCISSE TRIANDRE. Plante vivace bulbeuse, naine à basse, jusqu'à 30 cm, à floraison printanière ; feuilles vert sombre, assez planes à semi-cylindriques, jusqu'à 3 mm de large, carénées en dessous ; fleurs *nettement penchées vers le bas*, par groupes de 2-8(15), blanches à crème pâle ; paracorolle jaune, en coupe ; tépales *fortement réfléchis* et parallèles à l'ovaire. Broussailles, éboulis et pentes des collines du sud de la péninsule Ibérique et des Pyrénées. ES, PT.

1. *Narcissus bulbocodium*
2. *Narcissus bulbocodium*
3. *Narcissus gaditanus*

C. Fleurs à tépales jaunes, à paracorolle beaucoup plus grande que les tépales

Narcissus bulbocodium TROMPETTE DE MÉDUSE. Plante vivace basse, en touffes, de 8-35 cm de haut ; 2-4 feuilles plus ou moins dressées, semi-cylindriques, de 1,6-2,3 mm de large, vert sombre ; fleurs horizontales, à *grande paracorolle largement conique*, de 8,4-24 mm de long et jaune vif ; tépales dressés-étalés, aigus ; étamines incluses (ne dépassant pas la paracorolle) ; fleurs sur des scapes légèrement plus longs que les feuilles. Commune dans les milieux rocheux, broussailles littorales et autres milieux secs et ouverts (également pâturages des montagnes). ES, PT.

D. Fleurs à tépales jaunes, à paracorolle de longueur similaire à celle des tépales

Narcissus pseudonarcissus NARCISSE JAUNE. Plante vivace moyenne, de 14-76(95) cm de haut, en touffes, à nombreuses feuilles rubanées, vert clair, de 6-9(17) mm de large ; fleurs à tépales étalés, jaune pâle et à paracorolle jaune orange à marge crénelée-crispée, de 22-30 mm de long, aussi longue que les tépales. Prairies fleuries, pentes des collines et milieux cultivés. ES, FR, IT.

E. Fleurs à tépales jaunes, à paracorolle plus courte que les tépales

N. assoanus

Narcissus gaditanus. Petite vivace bulbeuse, de 9-32 cm, à nombreuses feuilles dépassant largement les scapes. Fleurs jaune vif, généralement par paires (4-10) et *très petites*, jusqu'à 20 mm de diamètre, paracorolle à tube courbé et en coupe de 3-4 mm de long et seulement 6-10 mm de large, *grands tépales réfléchis vers l'arrière* de 5-6 mm de long ; pédoncule *plus court* que la bractée florale à maturité. Pentes ouvertes, éboulis et falaises littorales. ES, PT. *Narcissus assoanus* (Syn. *N. willkommii*) lui ressemble beaucoup, mais à fleurs plus grandes : jusqu'à 24 mm de diamètre, à tépales rétrécis à la base et à *pédoncule plus long* que la bractée florale à maturité. Localisée en prairies humides. ES, FR, PT. *Narcissus cuatrecasasii* ressemble à *N. gaditanus*, mais à *feuilles plus ou moins planes* (non semi-cylindriques), jusqu'à 2,6-3,7 mm de large, à *2 carènes* dans le sens de la longueur. Fleurs jaunes à tépales étalés, chacun finissant en pointe aiguë. Milieux rocheux. ES (centre et sud).

Narcissus jonquilla JONQUILLE. Plante vivace bulbeuse, gracile, souvent en touffes, à feuilles linéaires de 2-4 mm de large, vert sombre, semi-cylindriques, un peu en gouttière. Fleurs par 2-5, jaune d'or, à forte odeur agréable, tube de la corolle jusqu'à 30 mm de long, paracorolle jusqu'à 4 mm de long. Prairies humides. Originaire de l'Extrême-Ouest, naturalisée en France et en Italie. ES, FR, MA, PT.

F. Fleurs à tépales jaunes, paracorolle réduite à des écailles

Narcissus cavanillesii (Syn. *N. humilis*). Plante vivace bulbeuse basse, grêle, de 8-18 cm à feuilles comme celles d'un jonc, de 0,7-1,1 mm de large, souvent solitaires ; fleurs jaunes, jusqu'à 22 mm de diamètre, solitaires ou par paires, à tépales étroits et aigus ; paracorolle très peu profonde, formée de *6 appendices semblables à des écailles* ; étamines longuement saillantes. Boisements ouverts et pelouses. ES.

Pancratium LYS DE MER

Plantes vivaces bulbeuses à fleurs disposées en ombelles terminales au sommet de longs scapes ; corolle en entonnoir à 6 tépales étroits et paracorolle à 12 dents.

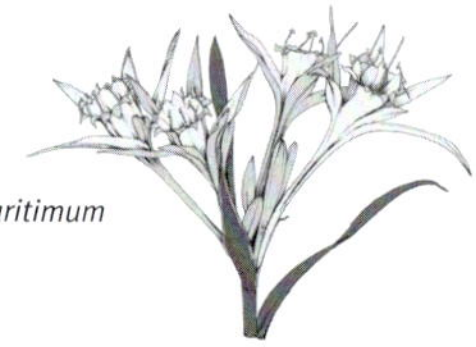

P. maritimum

P. foetidum

P. illyricum

Pancratium maritimum LYS DE MER. Plante vivace bulbeuse originale, à floraison estivale, basse à moyenne, formant des touffes. Feuilles charnues, vert-gris, glabres et allongées, de 16-37(75) cm. Grandes fleurs blanches, jusqu'à 15 cm de long, tube du périanthe < *2 fois la longueur des tépales* ; odorantes, par 4-9(19) en ombelles ; tépales tous semblables ; 6 étamines insérées au sommet de la paracorolle. Fruits sous forme de capsules à 3 loges. Caractéristique de la flore dunaire de Méditerranée. Dans toute la zone. *Pancratium trianthum* lui ressemble, mais périanthe *plus grand* : 16-22 mm de long, *à tube 2-3 fois plus long que les tépales*. Côtes de l'Afrique du Nord. DZ, MA, TN. *Pancratium foetidum* ressemble à *P. maritimum*, *à fleurs très fortement odorantes*, peu nombreuses, solitaires sur les scapes ou en petits groupes, avant l'émergence des feuilles. Rochers littoraux, boisements et broussailles. DZ, MA, MT, TN.

Pancratium illyricum PANCRACE D'ILLYRIE. Vivace bulbeuse, moyenne, en touffes, à floraison estivale, à scapes jusqu'à 45 cm de long et à nombreuses feuilles basilaires, rubanées, glauques, de 15-30 mm de large. Fleurs blanches, odorantes, de 60-80 mm de long, tube de la corolle verdâtre, droit, d'environ $^{1}/_{4}$ de la longueur des fleurs ; paracorolle courte, profondément divisée en 6 lobes bidentés (donnant l'apparence de 12 dents), s'évasant au sommet. Milieux rocheux, souvent littoraux. FR (Corse), IT (Capri et Sardaigne).

Allium

Plantes vivaces singulières, à odeur d'oignon ou d'ail au froissement. Fleurs disposées en ombelles terminales souvent sphériques ; 6 tépales, tous similaires ; 6 étamines. Fruits sous forme de capsules à 6 loges. Certaines espèces produisent des bulbilles dans l'inflorescence.

A. Étamines les plus internes à *filets trifides* (dentés au sommet)

A. ampeloprasum

Allium ampeloprasum CARAMBOLE. Plante vivace bulbeuse, *grande et vigoureuse, ressemblant à un poireau*, à bulbe membraneux, à scape robuste, jusqu'à 1(2) m de haut ; 4 à 10 feuilles glauque pâle, à section en V (au moins à la base), rudes au bord, à carène médiane à la face inférieure, souvent desséchées à la floraison ; grandes têtes florales sphériques formées de nombreuses fleurs lilas à anthères jaunes, portées par de longs pédicelles ; étamines internes à filets trifides, dont les *pointes latérales dépassent largement l'anthère centrale (fertile)* ; spathe rapidement caduque. Commun dans toute la zone, surtout près des côtes. *Allium baeticum* lui ressemble, mais bulbe à tunique fibreuse (non membraneuse) s'étendant le long de la base de la tige, à étamines internes à filets trifides, dont les pointes latérales dépassent à peine l'anthère centrale (fertile). DZ, ES, MA, PT, TN. *Allium atroviolaceum* ressemble à *A. ampeloprasum*, mais moins robuste et à *fleurs pourpre sombre* disposées en ombelles plus petites de 30-60 mm de diamètre. Champs secs. Espèce surtout est-méditerranéenne. IT.

Allium commutatum. Plante vivace bulbeuse semblable à un poireau, de 0,4-1,2 m de haut, ressemblant aux espèces du groupe précédent ; *nombreuses feuilles* (6-12), *non rugueuses* au bord ; fleurs jusqu'à 3,3-4,2 mm de long, rose blanchâtre ou violet terne, tépales à carène verdâtre ou violacée ; *tépales internes finement denticulés au bord*. Sables et falaises littoraux. DZ (îles uniquement), ES (îles Baléares), FR (Corse), IT (dont Sardaigne), TN (îles uniquement).

Allium sphaerocephalon AIL À TÊTE RONDE. Plante vivace bulbeuse, moyenne à grande, de 20-70(90) cm de haut, scapes à section arrondie ; 2-4(5) feuilles semi-cylindriques pourvues d'un sillon à la face supérieure, engainant la tige en bas, de 1-2(3) mm de large ; spathe à 2 valves, plus courte que les ombelles ; fleurs rouge-pourpre sombre (rarement pâle), chaque tépale à carène verdâtre, disposées en *têtes florales denses, sphériques*, jusqu'à 40 mm de diamètre ; étamines très saillantes ; filets staminaux trifides, à pointes latérales *égalant juste* l'anthère centrale (fertile). Commun dans divers milieux secs, dans plus ou moins toute la zone (rare dans l'Extrême-Ouest). ES, FR, IT, MA, PT, TN. *Allium guttatum* lui ressemble, mais à têtes florales souvent moins denses, à fleurs plus pâles *verdâtres ou blanchâtres*, à filets staminaux trifides dont les pointes latérales *dépassent beaucoup* l'anthère centrale (fertile). Dans toute la zone, sauf les îles Baléares, la France et la Corse.

B. Étamines les plus internes entières (non dentées) et feuilles planes

Allium chamaemoly. *Très petite* plante vivace bulbeuse, d'à peine 10-85 mm de haut ; 4-8 feuilles *s'étalant à plat* sur le sol, engainant à peine la base du scape, linéaires et velues au bord ; spathe à 1 bractée bi-, tri- ou quadrilobée ; fleurs blanches, en étoile, de 10-16 mm de diamètre, en ombelle de 7-18 fleurs ; tépales à nervure médiane verdâtre ; pédicelles floraux *se recourbant à la fructification*. Milieux secs et littoraux. ES (dont îles Baléares), IT (dont Sicile), MA, PT.

1. *Pancratium maritimum*
2. *Allium ampeloprasum*
3. *Allium commutatum*
4. *Allium sphaerocephalon*
5. *Allium chamaemoly*

PHOTOGRAPHIE : GIANNIANTONIO DOMINA

A. trifoliatum

Allium subvillosum. Petite vivace bulbeuse, de 11-45(65) cm de haut ; 2-5 feuilles de 11-60 cm de long, planes, étroitement linéaires, *velues au bord*, presque toutes basilaires ; scapes cylindriques ; fleurs blanches et en coupe, en ombelles denses et hémisphériques ; *périanthe blanc* à *anthères légèrement saillantes* ; spathe persistante à 1 valve ; pédicelles floraux *dressés à la fructification*. Commune sur sable maritime dans l'extrême-ouest de la zone. ES, MA, PT. **Allium subhirsutum** est similaire, à bulbe à tunique lisse (non alvéolée) et étamines *non saillantes*. Sable maritime. L'une des espèces les plus communes d'*Allium* à fleurs blanches de la région (rare dans l'Extrême-Ouest). Dans toute la zone. **Allium trifoliatum** ressemble aux 2 espèces précédentes, mais ombelles de 25-40 mm de diamètre, pédicelles floraux jusqu'à 20 mm de long ; *fleurs roses ou à nervure médiane rose*, à étamines étroites, aiguës, de près de la moitié de la longueur des tépales ; spathe égalant les pédicelles floraux. Champs et pentes des collines, depuis la France vers l'est. FR, IT, MT.

C. Étamines les plus internes entières (non dentées), feuilles planes ou pliées ; *fleurs jaunes*

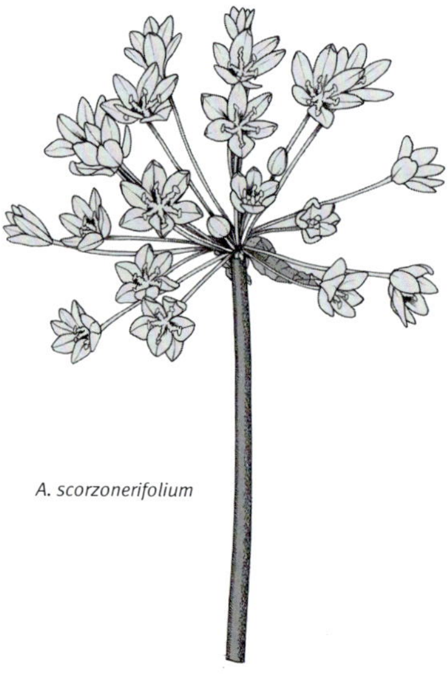

A. scorzonerifolium

Allium scorzonerifolium. Plante vivace bulbeuse de taille moyenne, de 14-36(58) cm ; feuilles linéaires et presque appliquées contre la tige, de 3-4(14) mm de large ; tige anguleuse ; spathe papyracée ; fleurs *jaune vif*, assez longuement pédicellées, en ombelles lâches ; *ovaire crêté*. Rare. ES (sud). **Allium moly** lui ressemble, mais à feuilles *largement* elliptiques (non-linéaires), de 0,8-1,8(41) mm de large, non appliquées contre les scapes, ces derniers cylindriques, non anguleux. *Ovaire non crêté*. ES, FR.

D. Étamines les plus internes entières (non dentées), feuilles planes ou pliées ; *fleurs blanches à roses*

Allium triquetrum AIL À TIGE TRIQUÈTRE. Plante vivace bulbeuse, basse à moyenne, de 17-59 cm ; scapes à section triangulaire ; 2-3(5) feuilles linéaires et atténuées, nettement carénées, de 6-9(16) mm de large ; fleurs *blanches*, à tépales à veine médiane verdâtre, en cloche, de 10-18 mm de long, penchées, en *ombelles unilatérales* de seulement 5-15 fleurs. Boisements humides, fourrés et berges des rivières, également cultivée dans les jardins, dans plus ou moins toute l'Europe méditerranéenne. ES, FR, IT, PT. **Allium pendulinum** lui ressemble, à scapes trigones plus courts, jusqu'à 25 cm, à feuilles de 3-8 mm de large et *2-9 fleurs plus petites* (3-5 mm de long), *d'abord dressées*, ensuite penchées ; tépales pourvus chacun de 3 nervures vertes ; ombelles non unilatérales. FR (Corse), IT (dont Sardaigne et Sicile).

1. *Allium subvillosum*
2. *Allium roseum*
3. *Allium massaessylum*
4. *Allium schoenoprasum*
5. *Allium vineale*
6. *Allium vineale*

A. neapolitanum

Allium neapolitanum **AIL DE NAPLES**. Plante vivace bulbeuse, basse à moyenne, jusqu'à 50 cm de haut ; feuilles peu nombreuses (2-3), linéaires, de 11-24(36) mm de large, engainant la tige à la base et carénées à la face inférieure ; scapes à section triangulaire, lisses, portant des fleurs blanches en tête lâche jusqu'à 70 mm de diamètre ; *spathe à 1 valve*, plus courte que les pédicelles floraux. Localement commune dans les milieux herbeux et les pâturages. Répandue dans toute la zone. ***Allium massaessylum*** se distingue par ses feuilles planes plus étroites de 3,7-5(6) mm de large, ses tiges plus ou moins cylindriques, sa *spathe à 2 valves* dépassant les pédicelles et ses fleurs blanches à *tépales blancs à carène médiane pourpre*. ES, MA, PT. ***Allium trifoliatum*** ressemble à *A. neapolitanum*, mais feuilles et gaines foliaires *velues*, au moins au bord ; scapes cylindriques ; fleurs blanches à veine médiane rose sur les tépales ou entièrement lavées de rose. Milieux rocheux. IT (dont Sardaigne et Sicile).

1

2

3

4

5

6

Allium nigrum. Vivace bulbeuse, moyenne à grande, proche de *A. neapolitanum* ; 2-4 feuilles basilaires, *largement linéaires*, jusqu'à 24-33(70) mm de large, en pointe, largement dépassées par les scapes à section arrondie ; *spathes à 2-3(4) valves*, aiguës au sommet, libres à la base ; 30-90 fleurs blanches ou lilas très pâle à veines médianes vertes, à *ovaires noirâtres*, en ombelles denses, sphériques ; anthères jaunes. Milieux secs et herbacés. Dans toute la zone, rare ou absente de certains secteurs de l'Extrême-Ouest. *Allium cyrillii* lui ressemble, mais à tépales étroits (1-1,5 et non 1,5-3 mm de large), à sommet incurvé. IT (sud).

A. roseum

Allium roseum AIL ROSE. Plante vivace bulbeuse moyenne, de 40-65(85) cm, glabre, à feuilles linéaires, carénées, de 4-12 mm de large, ressemblant beaucoup à *A. neapolitanum*, mais scapes *cylindriques* (non anguleux) et fleurs *rose* pâle, en cloche, jusqu'à 12 mm de long, disposées en ombelles lâches parfois mêlées de bulbilles ; étamines non saillantes ; *spathe à 2-4 valves soudées à la base*. Divers milieux secs ; commune dans toute la zone. *Allium lineare* (Syn. *A. confertum*) ressemble à *A. roseum* et a aussi des fleurs rose pâle, en ombelles atteignant 30 mm de diamètre, sur des scapes courts (< 15 cm) et des *petites fleurs* de 5-7 mm de long. FR, IT (dont Sardaigne et Sicile).

E. Étamines internes entières (non dentées), feuilles *cylindriques ou presque, voire filiformes*

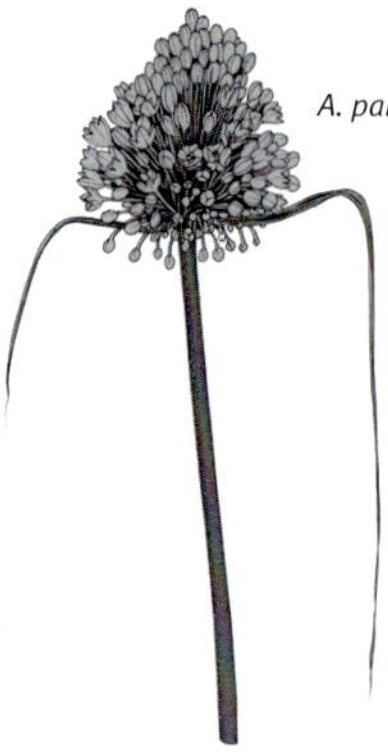
A. paniculatum

A. vineale

Allium paniculatum (Syn. *A. pallens*). Petite vivace bulbeuse, de 26-73 cm ; 2-4 feuilles de 4-20 cm de long, hémicylindriques et *très étroites, de 0,9-1,8 mm de large*, engainant le scape à la base ; fleurs en ombelles compactes, hémisphériques, de 35 mm de diamètre ; périanthe *en cloche à cylindrique, s'ouvrant à la floraison* ; jusqu'à 6 mm, blanc ou rose pâle, porté par des pédicelles penchés ; étamines incluses dans le périanthe ou à anthères jaunes à peine saillantes ; spathe persistante, *à 2 valves*, dépassant les pédicelles floraux. Milieux secs et ouverts. ES, FR, MA, PT.

Allium vineale AIL DES VIGNES. Vivace bulbeuse moyenne de 22-100 cm ; scapes à section arrondie (non anguleuse) ; 2-4(6) feuilles cylindriques, canaliculées et engainant la base du scape ; spathe à 1 valve, en bec, papyracée, *pas plus longue que les fleurs* et rapidement caduque ; fleurs rougeâtres ou verdâtres, en cloche, de 3-4 mm de long, souvent peu nombreuses : *la plupart des fleurs sont remplacées par des bulbilles, donnant souvent naissance à des pousses vertes avant de tomber* ; étamines *saillantes*. Assez commune dans toute la zone dans les milieux herbacés secs.

Allium amethystinum. Vivace bulbeuse robuste, atteignant 1,2 m ; 3-7 feuilles étroitement cylindriques et engainant la base du scape, *flétries* à la floraison ; scape rougeâtre en haut, cylindrique, à fleurs pourpres, tubulaires ou en cloche, jusqu'à 4,5 mm de long, disposées en *grandes* ombelles *régulières*, sphériques à ovoïdes, jusqu'à 50 mm de diamètre ; étamines saillantes. Milieux rocheux et perturbés. IT (dont Sicile).

Allium schoenoprasum CIBOULETTE. Vivace bulbeuse *en touffes*, de 12-46 cm de haut, à feuilles et scapes nombreux ; *feuilles cylindriques et creuses*, vert-gris, de 10-29 cm de long et 1,5-2,6(4) mm de large ; scapes cylindriques portant de petites ombelles denses atteignant 40 mm de diamètre, composées de 7-50 *fleurs rose-pourpre*, dépourvues de bulbilles ; anthères *jaunes et non saillantes* ; *spathe à 2 valves*, plus courte que l'ombelle. Milieux montagnards rocheux ou cultivée comme condiment dans toute la zone.

ASPARAGACEAE

Vaste famille variable comprenant de nombreux genres autrefois inclus dans la famille encore plus large des *Liliaceae*. Arbustes ou grandes vivaces. Fleurs hermaphrodites (rarement dioïques comme *Asparagus* et *Ruscus*) ; périanthe à 6 tépales ; 6 étamines ; 1-3 styles. Fruits sous forme de capsules ou de baies à 1 ou de nombreuses graines.

Asparagus ASPERGE

Vivaces buissonnantes, glabres, rhizomateuses, à tiges coriaces (puis ligneuses) et pourvues de *cladodes* (non de vraies feuilles). Fleurs insignifiantes, en cloche, à 6 tépales. Fruits sous forme de petites baies.

Asparagus officinalis ASPERGE. Grande vivace, glabre, *herbacée*, à tiges dressées à étalées, lisses (non épineuses), jusqu'à 1,5(2) m, avec ou sans faisceaux de petits cladodes axillaires, lui donnant *une allure plumeuse* ; très petites fleurs, jusqu'à 6 mm de long, axillaires, unisexuées, jaune verdâtre, en cloche ; baies rouges, globuleuses, de 10 mm de diamètre. Divers milieux ; commune dans toute la zone.

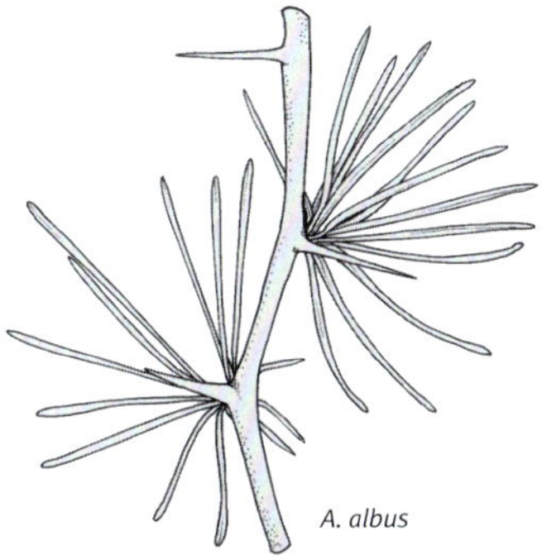

A. albus

Asparagus albus. Grande vivace de 0,9-1 m de haut, à floraison automnale, à tiges aériennes ligneuses, blanchâtres, flexibles, lisses ou sillonnées ; épines 3-12(16) mm ; *cladodes non semblables à des feuilles, allongés, de 5-25 mm*, rapidement caducs et laissant les tiges nues et épineuses, fasciculés par 8-30 ; petites fleurs apparaissant en fin d'été, de 3 mm, à odeur douce, par 5-15 sur des pédicelles de 3-7(10) mm de long ; *périanthe blanc* à 6 tépales étalés ; baies rouges à noires. Méridionale. DZ, ES (sud et îles Baléares), FR (Corse), IT (sud, Sardaigne et Sicile), PT, TN. **Asparagus pastorianus** a des épines plus grandes, de 5-15(20) mm de long et des cladodes de 12-40(70) mm fasciculés par 8-30. Maquis d'Afrique du Nord. MA.

1. *Asparagus officinalis*
2. *Asparagus officinalis*
3. *Asparagus albus* (fleurs)
4. *Asparagus albus*
5. *Asparagus pastorianus*

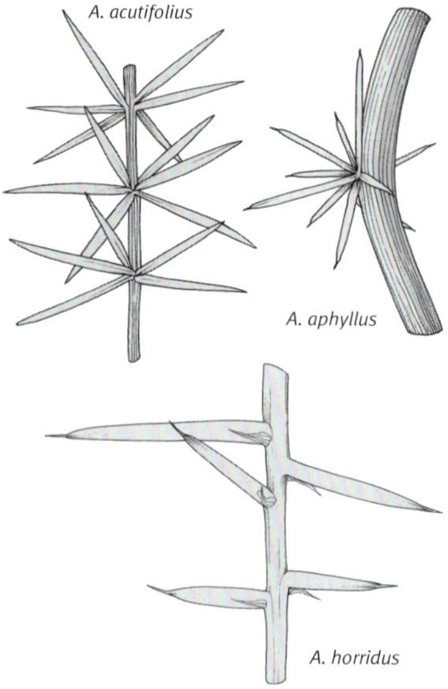

Asparagus acutifolius. Sous-arbrisseau *grimpant* à tiges ligneuses très ramifiées, atteignant 1,5(3) m. *Cladodes plus ou moins égaux*, en *10-35(70) petits fascicules de 2-8 mm de long, piquants*, jusqu'à 0,5 mm d'épaisseur ; fleurs par 2-4, de 4 mm de long, *vert jaunâtre pâle*, odorantes, mêlées aux cladodes ; pédicelles floraux entourés à la base par des bractées. Baie noire à maturité. Dans toute la zone.

Asparagus aphyllus ressemble à *A. acutifolius*, mais *plus petite et non grimpante*, jusqu'à 60 cm (1 m), à tiges vertes et glabres. *Cladodes nettement inégaux*, fasciculés par 3-10(15), jusqu'à 20 mm de long et 0,6 mm d'épaisseur. Fleurs groupées par 3-8(10). Baies noires à maturité ; pédicelles floraux entourés à la base par des bractées. Broussailles rocailleuses et garrigues. Dans toute la zone.
Asparagus horridus (Syn. *A. stipularis*) ressemble à *A. acutifolius*, mais base des pédicelles floraux munie de seulement 1-2 bractées (non entourée par elles) ou sans bractées ; tiges à *cladodes solitaires (ou 2-3)*. ES, MA, PT.

1. *Asparagus acutifolius* (fleurs)
2. *Asparagus acutifolius* (fruits)
3. *Asparagus horridus* (fruits)
4. *Cordyline australis*
5. *Asparagus horridus* (fleurs)

Cordyline

Arbres et arbustes à feuillage dense, feuilles rubanées ou en glaive ; nombreuses fleurs blanches ou crème.

Cordyline australis. Petit arbre atteignant 10 m (souvent moins), tronc gris et robuste, simple ou ramifié. Feuilles en glaive, dressées jusqu'à 1 m de long. Fleurs blanches, odorantes, en panicules denses de 1 m de long. Originaire de Nouvelle-Zélande, largement planté dans les villes et jardins. Dans toute la zone.

Ornithogalum ORNITHOGALE

Plantes vivaces bulbeuses, à floraison printanière, à feuilles disposées en rosette basilaire. Fleurs normalement blanches, étoilées, en grappes ; chaque fleur munie d'une bractée ; tépales libres et ressemblant à des pétales ; 6 étamines. Fruits sous forme de capsules à 3 valves et à nombreuses graines.

O. narbonense

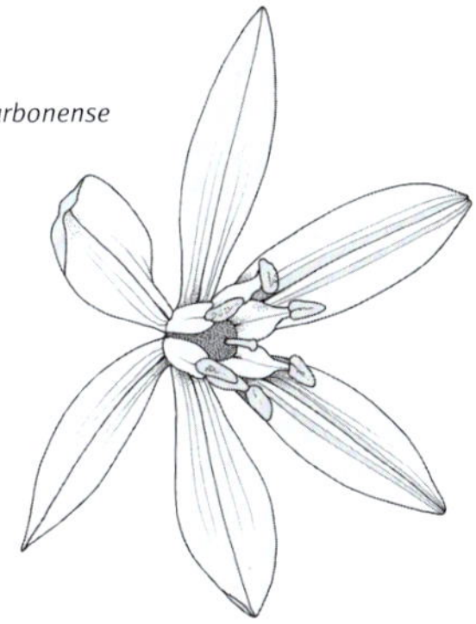

A. Inflorescence en grappe ; feuilles dépourvues de nervure médiane blanche

Ornithogalum narbonense. Vivace de taille moyenne, de 25-57 cm de haut, à floraison printanière ; 4-6 feuilles linéaires, engainantes à la base, jusqu'à 16 mm de large, persistant jusqu'après la floraison ; fleurs de 20-30 mm de large, blanches, inodores, dressées sur des pédicelles d'égale longueur, en *grande grappe grêle, à nombreuses fleurs*, à tépales larges et étalés pourvus au revers d'une large bande verte ; anthères jaunes ; ovaire jusqu'à 5 mm à sommet aplati, *nettement dépassé par le style*. Commune dans les pâturages rocailleux ; l'une des espèces les plus répandues dans la région. Dans toute la zone.

Ornithogalum pyrenaicum ORNITHOGALE DES PYRÉNÉES. Plante vivace de taille moyenne à floraison printanière, jusqu'à 80 cm (1 m) de haut, à tiges vertes et grêles un peu semblables à celles des *Asparagus* en phase de bouton ; 5-8 feuilles linéaires et un peu canaliculées, sans nervure médiane blanche, souvent flétries à la floraison. Nombreuses fleurs (> 20), *vert-jaune*, de 18-23 mm de diamètre, en étoile, en *longues grappes grêles ressemblant à des épis*, faiblement odorantes ; anthères jaunes. Divers milieux, y compris boisements et broussailles ; répandue en Europe méditerranéenne. ES, FR, IT, MA, PT.

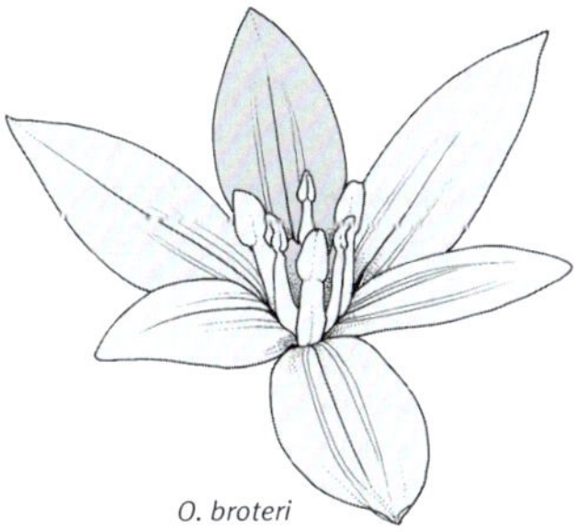

O. broteri

Ornithogalum broteri se reconnaît aisément à *sa feuille unique, étroite*, de 4-9(12) mm de large et à son faible nombre de fleurs (3-7), blanches et sans bande verte au revers des tépales, à ovaire jaunâtre (non noirâtre). Localisée dans les lieux secs et rocheux. ES, MA, PT. *Ornithogalum reverchonii*. Plante vivace bulbeuse de taille moyenne, à bulbes de 50-60 mm de diamètre, similaire à *O. broteri*, mais munie de *4-6 feuilles* de 50-80 mm de long et 15-25 mm de large ; fleurs de 35-40 mm de diamètre, en grappes de 6-20 cm de long ; bractées solitaires, de 3-5 fois la longueur des pédicelles floraux : tépales jusqu'à 20 mm de long, elliptiques-lancéolés. ES, MA, PT.

B. Inflorescence en grappe ; feuilles à nervure médiane blanche

Ornithogalum nutans ORNITHOGALE À FLEURS PENCHÉES. Vivace de 60 cm, à 4-6 feuilles rubanées de 15 mm de large. Fleurs blanches, en cloche large, jusqu'à 45 mm, penchées, *en grappes unilatérales* ; tépales récurvés, à bande externe vert-gris ; bractées plus longues que les pédicelles floraux. Boisements ouverts, broussailles et pâturages. Originaire de Méditerranée orientale, mais cultivée et naturalisée. ES, FR, IT, PT.

C. Inflorescence en *faux corymbe* ; feuilles à nervure médiane blanche

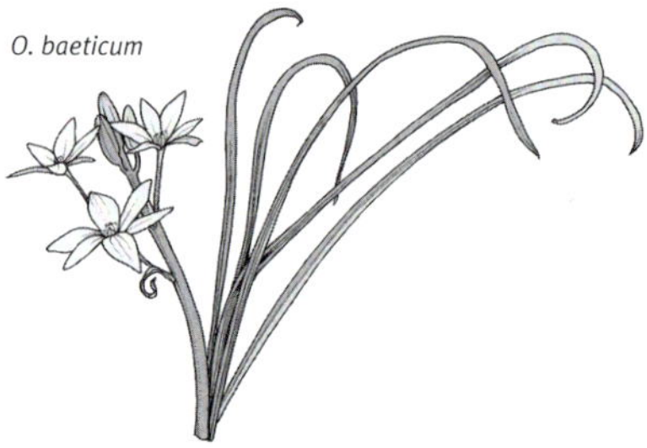

O. baeticum

Ornithogalum baeticum (Syn. *O. umbellatum, O. orthophyllum*). Petite plante vivace bulbeuse, de 3-11(19) cm. Feuilles de 4-10 mm de large, *à nervure médiane blanche atteignant 1-3 mm de large* ; *jeunes feuilles glauques*. Inflorescence en faux corymbe de 4-18 fleurs de 30-40 mm de large, blanches, tépales avec une bande verte au revers. Capsule oblongue, *à côtes saillantes* et à section *hexagonale* ; *pédicelles dressés à la fructification, un peu courbés au sommet* ; graines non lisses. DZ, ES, MA, PT (les mentions de *O. exscapum* et *O. collinum* de la péninsule Ibérique se rapportent probablement à *O. baeticum*). **Ornithogalum exscapum** a des tépales de juste 15 mm de long, des fleurs en grappe courte et des *pédicelles nettement réfléchis à la fructification*. Espèce très orientale. IT.

Ornithogalum collinum. Plante vivace, très petite à basse, jusqu'à 20 cm, à floraison printanière ; 4-15 feuilles linéaires, *canaliculées*, à bande centrale blanche ; fleurs blanches, de 20-32 mm, à corymbes larges *situés au niveau du sol* sur des scapes très courts (< 40 mm) ; tépales à bande vert vif au revers ; anthères jaunes ou rougeâtres. Garrigues et pentes rocailleuses. FR, IT.

D. Inflorescence en faux corymbe et fleurs en étoile ; feuilles sans nervure médiane blanche ; *pédicelles fructifères ascendants*

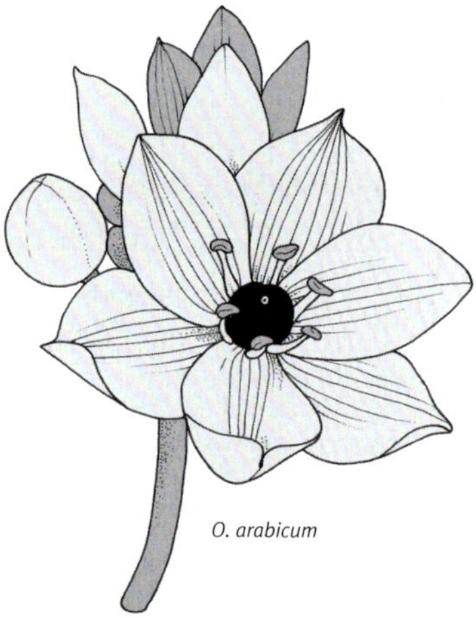

O. arabicum

Ornithogalum arabicum. Plante vivace bulbeuse robuste, de 40-60 cm, à bulbe principal entouré de nombreux caïeux ; 5-8 feuilles planes ou canaliculées, vert franc, engainantes à la base, de 20-45 mm de large ; fleurs blanches ou crème, de 40-50 mm de large, *ovaire noir-violet très visible* au centre, disposées en grappe lâche comprenant jusqu'à 25 fleurs ; tépales larges *dépourvus de bande médiane verte* ; capsule cylindrique. Localisée dans les lieux secs et rocheux de toute la zone. **Ornithogalum concinnum** lui ressemble, mais à *2-3 feuilles* de 10 mm de large ; *fleurs densément disposées au sommet de longs scapes grêles*. Uniquement au Portugal et en Espagne ouest-centrale. ES, PT.

1. *Ornithogalum narbonense*
2. *Ornithogalum broteri*
3. *Drimia maritima*
4. *Scilla peruviana*

Drimia

Semblables aux *Ornithogalum* mais à très gros bulbes et à nombreuses fleurs disposées en long épi terminal, fleurissant en fin d'été ou automne.

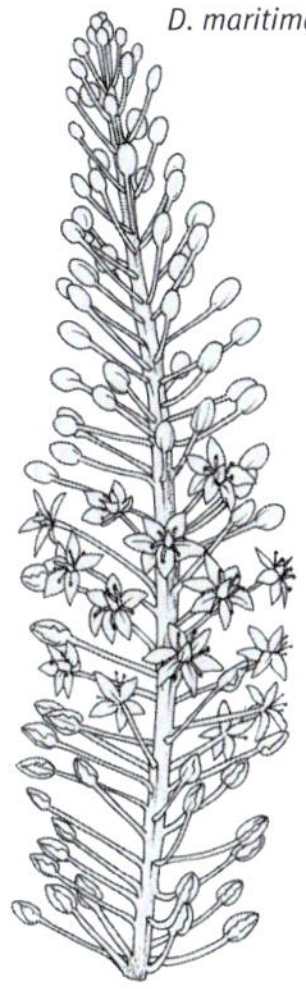

D. maritima

D. undulata

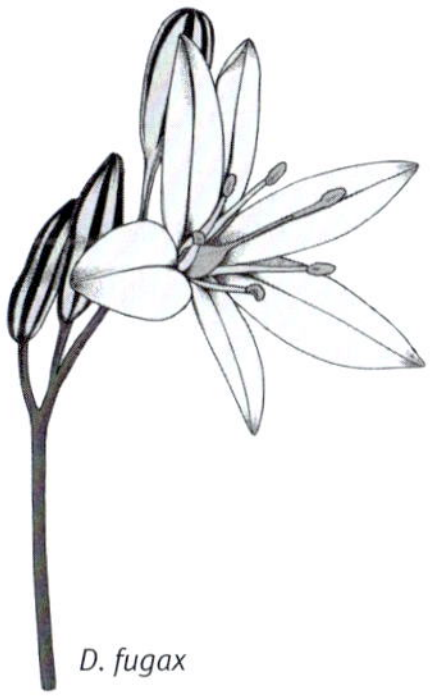

D. fugax

A. Feuilles > 3 mm de large, plus ou moins planes (non hémicylindriques)

Drimia maritima (Syn. *Urginea maritima*). Plante vivace robuste, de 0,6-1,2(1,5) m de haut, à très gros bulbe de 6-15(18) cm de diamètre, situé près de la surface du sol. Grandes feuilles basilaires largement lancéolées, un peu ondulées au bord, vert luisant, bien visibles au printemps mais disparaissant avant l'apparition des fleurs en fin d'été ; *feuilles d'au moins 20 mm de large.* Fleurs blanches, en étoile, jusqu'à 16 mm de diamètre, disposées en une longue et robuste inflorescence semblable à un épi et naissant directement du sol. Commune dans divers milieux secs, y compris les broussailles littorales et garrigues ; plante de fin d'été remarquable et caractéristique en région méditerranéenne. Dans toute la zone.

Drimia undulata (Syn. *Urginea undulata*). Vivace, petite à moyenne, de 25-40(55) cm de haut, à bulbe de 17-35(45) mm de diamètre. Feuilles linéaires-lancéolées, en touffes basilaires, de 15 mm de large, ondulées au bord, se flétrissant avant la floraison. Fleurs rose terne, pourpre grisâtre ou pourpre verdâtre, jusqu'à 26 mm de diamètre, en grappes lâches comprenant jusqu'à 30 fleurs ; tépales à veine médiane rougeâtre ; styles dépassant les étamines. Milieux rocheux. ES, FR (dont Corse), IT (dont Sardaigne), MA.

B. Feuilles < 3 mm de large, hémicylindriques

Drimia fugax (Syn. *Urginea undulata*). Plante vivace semblable à *D. undulata*, à bulbe de 18-35(50) mm de diamètre, mais à tiges plus courtes de 12-32(42) cm de haut et feuilles filiformes, hémicylindriques, d'*à peine 1-2 mm de large.* Fleurs rose pâle ; tépales à veine médiane rougeâtre. Pentes sèches des collines, répartition comme l'espèce précédente. ES, FR, IT, MA.

Scilla SCILLE

Plantes vivaces bulbeuses, à feuilles basilaires et à tiges nues. Fleurs en étoile généralement bleues, en grappes ou solitaires, avec *0-1 bractée à la base de chaque pédicelle* ; 6 tépales, séparés et étalés. Fruits sous forme de capsules à 3 loges.

A. Bractées basilaires > 4 mm, linéaires et persistantes ; feuilles apparaissant avant la floraison

Scilla peruviana. Plante vivace robuste, de taille moyenne, de 6-35(40) cm de haut, à floraison printanière. Nombreuses feuilles longues et planes, de 10-30(46) mm de large et 15-45(60) cm de long. Grande inflorescence voyante, hémisphérique, à 30-100 fleurs bleues, en étoile, à anthères jaunes (il existe des populations à fleurs brun jaunâtre en Afrique du Nord) ; bractées papyracées et allongées. Localement commune, souvent en grand nombre dans les milieux herbacés humides de basse altitude. Dans toute la zone sauf sur la plupart des îles.

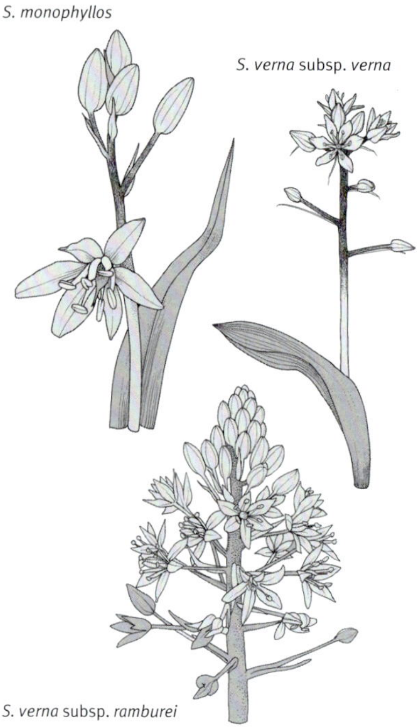

Scilla monophyllos. Petite vivace bulbeuse à tiges de 6-25(30) cm et à *1 feuille* de 9-15(30) mm de large, linéaire-lancéolée, engainant la tige. Inflorescence à 4-8(12) fleurs en grappe lâche en haut ; bractées jusqu'à 7 mm de long, plus courtes que les pédicelles, au moins en bas ; fleurs bleues, en étoile. Localisée sur sols sableux et au sommet des falaises. ES, MA, PT. *Scilla verna* est proche, mais possède quelques feuilles linéaires de 2-18 mm de large et des *bractées inférieures plus longues que les pédicelles*. Zones humides temporaires et berges des lacs de la péninsule Ibérique et du Maroc. ES, MA, PT. Subsp. *verna* (Syn. *S. odorata*) a des inflorescences atteignant à peine 55 mm et des feuilles plus courtes que la tige, de 50 mm de large. ES, PT. Subsp. *ramburei* (Syn. *S. ramburei*) a des inflorescences plus grandes, jusqu'à 4-20(33) cm et des feuilles de 18 mm de large. ES, MA, PT.

Scilla lilio-hyacinthus SCILLE LIS-JACINTHE. Vivace bulbeuse de 15-40 cm de haut, à bulbes formés d'écailles jaunâtres imbriquées (comme ceux des *Lilium*). Feuilles de 6-18(22) mm, luisantes, planes et assez larges, jusqu'à 20-30(40) mm de large, brusquement terminées en pointe. Fleurs bleues de 5-15(22) mm, en étoile. Bractées papyracées de 10-19(21) mm de long, blanches, s'amenuisant. Boisements et prairies de haute altitude dans les Pyrénées. ES, FR.

B. Bractées basilaires de 3 mm, triangulaires à ovales ; feuilles poussant avant ou pendant la floraison

Scilla hyacinthoides. *Grande* vivace bulbeuse à *floraison printanière*, de 30-55(60) cm, à feuilles de 30-50(60) cm de long et 8-30(70) mm de large, bordées de poils courts. *Longues grappes de 100 fleurs ou plus, bleu violacé*. D'origine orientale, naturalisée. ES, MA, PT. *Scilla numidica* est similaire, mais à *floraison automnale*, tiges de 14-30(45) cm et *fleurs lilas pourpre*. ES (Baléares), FR (Corse), IT (Sardaigne), MA.

Prospero

Plantes vivaces bulbeuses autrefois rattachées aux *Scilla*, mais qui en diffèrent par leurs feuilles rubanées à filiformes et par leurs scapes apparaissant sans, ou avec, les feuilles en automne.

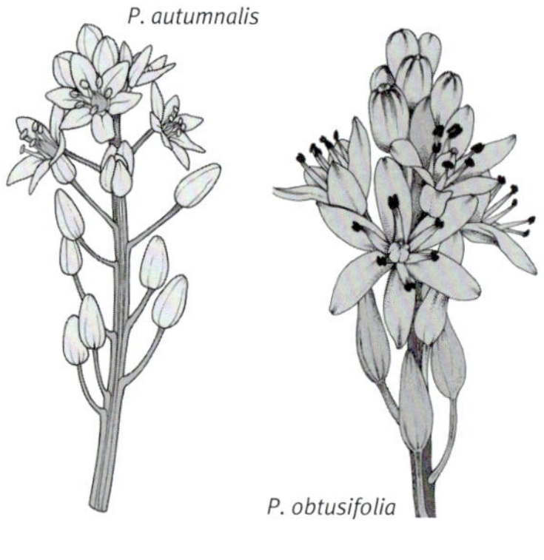

Prospero autumnalis (Syn. *Scilla autumnalis*) SCILLE D'AUTOMNE. Plante vivace, naine à basse, à *floraison automnale*, à scapes jusqu'à 14-30(45) cm et à 5-10(14) feuilles glabres, étroitement linéaires, *canaliculées*, d'à peine 1-2(4) mm de large, absentes à la floraison ; 10-25(66) fleurs, généralement *rose-pourpre* (parfois lilas ou bleues), en étoile, en grappe ressemblant à un épi ; pas de bractées. Localement commune dans divers milieux secs, rocheux et herbacés ; répandue dans toute la zone. Les formes suivantes sont traitées comme des espèces distinctes par certains auteurs : *Prospero corsicum* possède seulement 2-6 fleurs bleu-violet. FR (Corse), IT (Sardaigne). *Prospero hierae* possède 4-12 fleurs blanchâtres. IT (îlots siciliens).

Prospero obtusifolia (Syn. *Scilla obtusifolia*). Plante vivace similaire à *P. autumnalis*, à seulement 2-4(5) feuilles de *5-15(25) mm de large*, récurvées, *non canaliculées* et *à marges papilleuses*. Mêmes milieux, mais localisée. ES (dont îles Baléares), FR (Corse), IT (Sardaigne et Sicile).

Hyacinthoides JACINTHE

Vivaces bulbeuses semblables aux *Scilla*, mais avec *2 bractées papyracées à la base de chaque fleur*.

A. Floraison printanière ; répartition méditerranéo-atlantique (sauf *H. flahaultiana*)

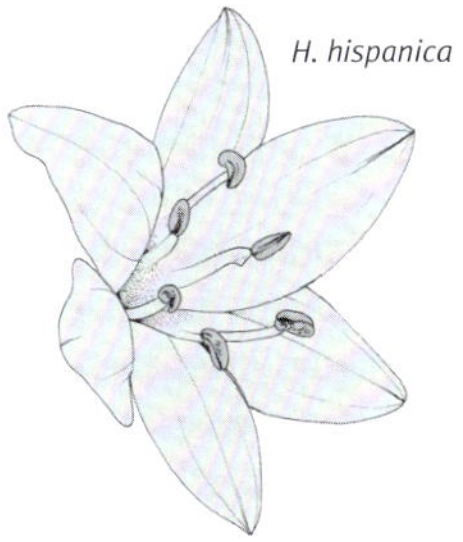

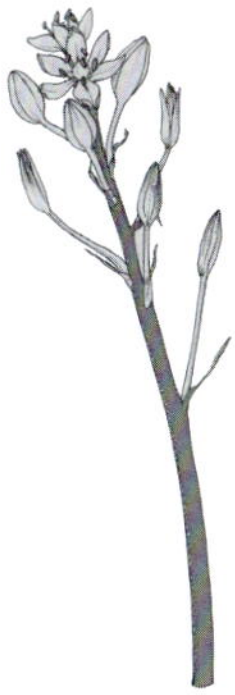

Hyacinthoides hispanica JACINTHE D'ESPAGNE. Vivace bulbeuse de 35(40) cm, à 2-4(8) feuilles linéaires-lancéolées, de longueur égale ou plus courte que les scapes, de 12-36(50) cm de long ; périanthe en cloche, bleu pâle, à lobes étalés ; fleurs espacées, en *grappes allongées*, non odorantes ; anthères bleu vif ; étamines insérées *au milieu* du périanthe. Boisements humides et ombragés du Portugal jusqu'à l'ouest et au sud de l'Espagne. ES, PT.

Hyacinthoides mauritanica. Petite plante vivace bulbeuse de 8-30(36) cm, à bulbes sphériques, à 3-5 feuilles étalées à récurvées, *longuement atténuées*, de 11-30(41) cm. Inflorescence à fleurs *groupées au sommet* (pas en grappe étroite et allongée), *nettement orientées vers le haut*, sur des pédicelles s'allongeant à la fructification. Les plantes plus petites à feuilles ondulées de la zone du cap Saint-Vincent, au sud-ouest du Portugal, ont été décrites comme *H. vincentina*, mais les recherches montrent qu'elles ne diffèrent pas significativement de *H. mauritanica*. MA, PT. *Hyacinthoides flahaultiana* lui ressemble et possède aussi des feuilles longuement aiguës, mais à fleurs en *grappe étroitement pyramidale* et à pédicelles moins dressés. Broussailles épineuses des montagnes de l'Anti-Atlas. MA.

1. *Scilla monophyllos*
2. *Hyacinthoides hispanica*
3. *Hyacinthoides mauritanica*
4. *Dipcadi serotinum*

Yucca YUCCA

Plantes vivaces succulentes à feuilles en glaive, disposées en rosettes basilaires. Inflorescence sous forme de panicule dressée de fleurs blanc crème ; périanthe en cloche à lobes plus longs que le tube. Fruits sous forme de capsules indéhiscentes. Échappées des jardins, originaires d'Amérique du Nord. Les plantes naturalisées de la région sont généralement stériles.

Yucca gloriosa YUCCA. Arbuste dressé, robuste, succulent, de 1-2(3) m de haut, avec un tronc épais, ligneux, se ramifiant avec l'âge et muni d'une rosette de feuilles terminale. Feuilles *glauques* bordées de rougeâtre, rigides et coriaces, s'atténuant lentement en épine sommitale, *entières* ou à dents peu visibles. Fleurs blanc crème, en cloche, pendantes, de 45-60 mm de long, disposées en panicules terminales robustes ; 6 tépales semblables ; fruits secs, non charnus. Largement planté dans les villes, parcs et jardins. Naturalisé, en particulier dans les dunes. ES, IT. *Yucca aloifolia* lui ressemble, mais possède des feuilles vert sombre (pas glauques), dentées au bord ; fruits charnus. Naturalisé en Espagne, peut-être ailleurs. ES. *Yucca filamentosa* ressemble aux espèces précédentes, mais feuilles à *marge blanchâtre se détachant en filaments fibreux*. FR, IT.

Anthericum

Genre comprenant environ 300 espèces de plantes vivaces rhizomateuses à feuilles allongées, étroites et à tiges simples ou ramifiées portant des fleurs étoilées à 6 tépales. Surtout dans les zones tropicales et méridionales de l'Afrique et de Madagascar.

Anthericum liliago PHALANGÈRE À FLEURS DE LYS. Vivace semi-dressée atteignant 60 cm, à souche formée de rhizomes courts et charnus. Feuilles égalant plus ou moins les scapes, linéaires et étroites, de 5-7(8) mm de large. Fleurs blanches, à tépales de 16-23 mm de long (plus grands que chez les autres espèces) qui *dépassent nettement les étamines*, disposées par 10(30) en *grappes lâches et dressées* ; tépales trinervés, style courbé ; capsules ovoïdes, de 7-9 mm de large. Lieux pierreux et broussailleux, boisements, pentes des montagnes. Dans toute la zone, excepté sur de nombreuses îles. *Anthericum baeticum* lui ressemble, mais plus petite et à feuilles très grêles, de 1-2(4) mm de large, plus courtes que les scapes et à inflorescence non ramifiée de 1-10 fleurs à tépales de 10-15 mm de long, égalant plus ou moins les étamines (ne les dépassant pas de plus de 3 mm). Capsules étroitement ovoïdes, de 5-6 mm de large. ES (sud-centrale), MA.

Anthericum ramosum. Plante vivace semi-dressée ressemblant à *A. liliago*, à touffe basilaire de feuilles linéaires, jusqu'à 5 mm de large, qui sont dépassées par les scapes. Fleurs en *panicules ramifiées* (rarement en grappes simples) et à *tépales plus petits, de 9-13(14) mm de long,* réfléchis en pleine floraison ; *style droit*. Broussailles sèches et pentes ensoleillées. ES, FR.

Aphyllanthes

Petit genre comprenant 1 seule espèce dans la région. Plantes vivaces à fleurs terminales bleues et à feuilles comme celles des joncs. Plantes très particulières, aucune espèce proche dans la région.

Aphyllanthes monspeliensis. Plante vivace en touffes, singulière, à floraison printanière à estivale, de 10-50 cm de haut, pourvue de nombreuses tiges glauques, linéaires, côtelées comme un jonc, de juste 0,7-1 mm d'épaisseur (les vraies feuilles étant réduites à des gaines basilaires membraneuses brun rougeâtre). *Fleurs terminales bleues par 1-3* (rarement blanches), à veines médianes plus sombres, entourées de bractées terminées par une soie, de 10-15 mm de long ; fruits sous forme de capsules à 3 graines. Boisements ouverts et maquis. Absente de l'Extrême-Ouest et de certaines îles. ES (dont îles Baléares), FR, IT (dont Sardaigne).

---

1. *Yucca gloriosa*
2. *Ruscus aculeatus*
3. *Ruscus aculeatus* (en fruits)

Ruscus FRAGON

Sous-arbrisseaux ligneux sempervirents à tiges s'aplatissant en limbes ressemblant à des feuilles (cladodes) sur lesquels naissent directement les fleurs dioïques ; tépales libres. Fruits sous forme de baies.

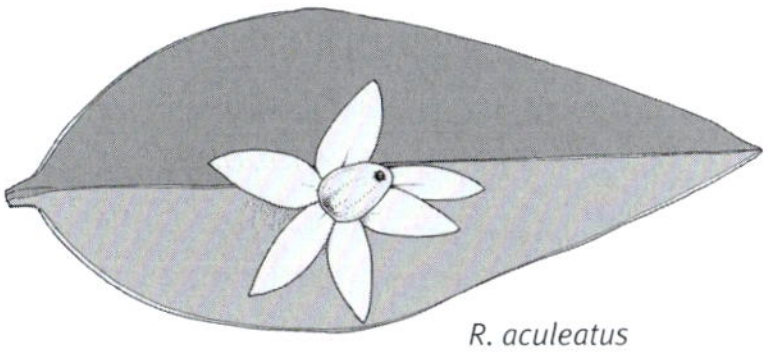

R. aculeatus

Ruscus aculeatus PETIT HOUX. Sous-arbrisseau vivace, sclérophylle, de 20-80 cm (1 m) à tiges vert sombre, côtelées, à *ramifications nombreuses et s'emmêlant* (surtout en haut), épineux et d'allure broussailleuse, à cladodes de 40-65 mm de long disposés sur 2 rangs et *terminés en pointe épineuse*. Fleurs mâles ou femelles sur des pieds séparés, insignifiantes, blanc verdâtre, situées au milieu de la face supérieure des cladodes. Grosses baies rouges, de 10-15 mm de diamètre. Commun et répandu dans les boisements de haute altitude. Dans toute la zone. *Ruscus hypophyllum* lui ressemble, mais plus petit, de 10-80 cm, moins sclérophylle, à tiges simples (ou peu rameuses), à grands cladodes souples de 5-10 cm de long, *non terminés en pointe épineuse* ; fleurs situées sur la face inférieure ou supérieure des cladodes ; bractées *papyracées*. Localisé. ES, FR, IT (dont Sicile), MA. *Ruscus hypoglossum*. Vivace basse à moyenne, jusqu'à 40 cm, ressemblant aux espèces précédentes, mais à tiges non rameuses et à cladodes non terminés en pointe épineuse, les fleurs situées à leur face supérieure ; bractées *vertes et coriaces* (non papyracées). Souvent cultivé, rarement naturalisé. IT.

1

2

3

ARECACEAE | ARÉCACÉES

Arbres à grandes feuilles pennées ou palmées. Fleurs unisexuées ou hermaphrodites, petites et verdâtres, disposées en épis ou en panicules munies de gaines papyracées ; 3 pétales ; 6 étamines. Fruits sous forme de baies ou de drupes. Les espèces autres que *Chamaerops humilis* présentes dans la région sont plantées (parfois naturalisées) ; seules les espèces les plus communes sont décrites.

Chamaerops

Stipe court ; feuilles en éventail et divisées-palmées en segments raides. Espèce indigène dans la région.

Chamaerops humilis PALMIER NAIN. Palmier nain, broussailleux, en touffes, parfois dépourvu de tronc, atteignant 4(7) m ; stipe recouvert de fibres grises. Feuilles vertes ou vert-gris, en éventail, coriaces et divisées sur moins de $^2/_3$ de leur longueur en 20 segments aigus, étroitement lancéolés ; pétiole long et bordé de dents épineuses. Fleurs jaunes, en panicules denses de 12-25 cm de long, à bractées engainantes. Fruit oblong de 7-16 mm, jaune ou brun à maturité. Commun et répandu dans les garrigues, les ravins rocailleux ou les pâturages ; seul palmier indigène d'Europe. Dans toute la zone.

1. *Chamaerops humilis* (encart : fruits)
2. *Washingtonia filifera*
3. *Phoenix canariensis*
4. *Phoenix dactylifera*
5. *Phoenix hybrid* (probablement *P. canariensis* x *dactylifera*)

Trachycarpus

Stipe long et mince ; feuilles à pétioles allongés et nus, se terminant par un éventail arrondi de segments. Originaires d'Asie.

Trachycarpus fortunei PALMIER CHANVRE. Grand palmier mince atteignant 15 m, à stipe unique densément recouvert des restes bruns et emmêlés des gaines foliaires de l'année précédente. Grandes feuilles vert brillant, en éventail, divisées en segments étroits et aigus soudés au centre du limbe ; pétiole bordé d'épines. Fleurs blanc-vert, en panicules robustes, latérales, de 60 cm de long, fleurs mâles et femelles en panicules séparées sur le même arbre. Fruits comme des raisins, jusqu'à 14 mm de long. Originaire d'Asie du Sud-Est. Planté dans toute la zone.

Washingtonia

W. robusta

Stipe long et mince ; feuilles à pétioles allongés et nus, se terminant par un éventail arrondi de segments foliaires. Originaires d'Amérique du Nord.

Washingtonia robusta. Semblable aux *Trachycarpus*, mais plus robuste ; stipe vigoureux, lisse, à sillons obliques, de 25 m de haut et 40-70 cm de large, dont la partie supérieure est *recouverte par les anciennes feuilles desséchées*. Grandes feuilles en éventail. Originaire du Mexique. Planté dans toute la zone. ***Washingtonia filifera*** lui ressemble, mais est plus petit, jusqu'à 15 m, à stipe de 1 m de diamètre et à feuilles pourvues de filaments blancs pendant depuis les intersections. Originaire de Californie. Planté dans toute la zone.

Phoenix

Stipe long et robuste ; feuilles divisées-pennées en nombreuses folioles. Les analyses génétiques montrent que les espèces s'hybrident et une identification précise sur le terrain peut être impossible.

P. canariensis

Phoenix canariensis PALMIER DATTIER DES CANARIES. Grand palmier atteignant 20 m, à stipe unique de 0,5-1,2 m de diamètre et à feuilles de la couronne de 1,8-6 m de long, pennées, à folioles de 21-89 cm de long ; fruits de 15-23 mm de long, orange, devenant brun violacé à maturité. Originaire des îles Canaries mais planté dans toute la zone. ***Phoenix dactylifera*** lui ressemble, mais mesure jusqu'à 30 m ; *stipe plus étroit de 20-50 cm de diamètre* et couronne plus petite. Fruits (dattes comestibles) plus grands, de 25-75 mm de long, brun orangé, poisseux à maturité. Cultivé. DZ, ES, MA, PT, TN. ***Phoenix canariensis × dactylifera*** est un hybride des deux espèces précédentes, présentant des caractères intermédiaires et fréquemment planté dans la région.

Jubaea

Stipe très long et lisse (non recouvert par les fibres de la base des feuilles).

Jubaea chilensis COCOTIER DU CHILI. Palmier ressemblant à *Phoenix canariensis*, mais à feuilles plus courtes et à stipe lisse, gris, comme dilaté vers le bas ; les feuilles qui se sont détachées laissent une cicatrice en forme de diamant. Originaire du Chili, mais largement planté dans toute la zone.

JUNCACEAE

Plantes herbacées, dressées, vivaces ou annuelles, à tiges contenant une moelle blanche. Diffèrent des graminées et des cypéracées par leurs fleurs régulières à 6 tépales semblables et à (3)6 étamines ; 0 ou 1 style ; 3 stigmates. Fruits sous forme de capsules contenant 3 à de nombreuses graines. La longueur des anthères par rapport aux filets est importante et doit être mesurée en fin de floraison ou en fruits. Seules les espèces les plus répandues et communes de la zone sont décrites.

Juncus JONC

Plantes annuelles à vivaces, à feuilles cylindriques ou comprimées, glabres ; fleurs à 6 tépales (contrairement aux autres familles de plantes à allure de graminée) ; 6 étamines. Capsule à nombreuses graines.

A. Feuilles (normalement) toutes basilaires ; fleurs en panicules *latérales*

J. effusus

Juncus effusus JONC DIFFUS. Plante vivace à tiges presque lisses (30-50 sillons faibles) et aiguës mais à feuilles *à sommet souple* et à inflorescences composées de fleurs brun pâle munies d'une bractée basale *allongée et à gaine étroite* ; anthères de 0,4-0,7 mm, *de même taille ou à peine plus longues* que les 3 filets ; tépales plus ou moins égaux. Milieux humides temporaires et bord des mares. Dans toute la zone. *Juncus inflexus* est une plante vivace semblable, en touffes denses, à *tiges glauques, nues, fortement sillonnées* (12-18 sillons prononcés), à moelle interrompue par des lacunes, et à inflorescences unilatérales, brunâtres, à gaines basilaires noir violacé ; inflorescence à nombreuses ramifications, ascendantes, inégales et lâches ; anthères de 0,8-0,9 mm, de 1,5 fois la longueur du filet. Pâturages et milieux humides. Dans toute la zone. *Juncus conglomeratus* ressemble à l'espèce précédente, dont il diffère par ses tiges vert mat (non glauques), à 10-30(35) sillons et à moelle interne continue ; bractée de l'inflorescence à marges planes et écartées à la base (comme « ouvertes »). ES, FR, IT, MA, PT.

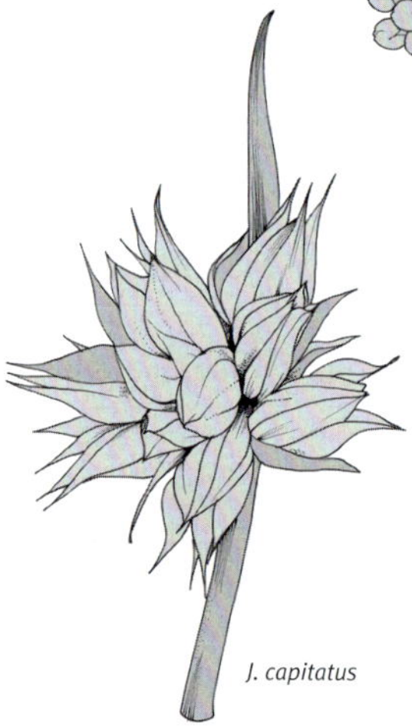

J. capitatus

B. Feuilles (normalement) toutes basilaires ; fleurs en inflorescences *terminales*

Juncus capitatus JONC À INFLORESCENCES GLOBULEUSES. Plante naine, en touffes, annuelle, rhizomateuse et fermement enracinée, d'à peine 1,7-5(18) cm de haut, à feuilles basilaires semblables à des soies de 0,2-0,6 mm de large et à plusieurs tiges rigides, non rameuses, nues (hormis les bractées foliacées au sommet), à inflorescences compactes dépassées par 1 ou 2 bractées. Tépales externes verdâtres, devenant ensuite rougeâtres et arqués, dépassant les internes. Milieux humides, sableux. Dans toute la zone.

1. *Juncus acutus*
2. *Juncus acutus*

C. Feuilles toutes basilaires ou tiges munies de 1 feuille ou plus ; *milieux maritimes*

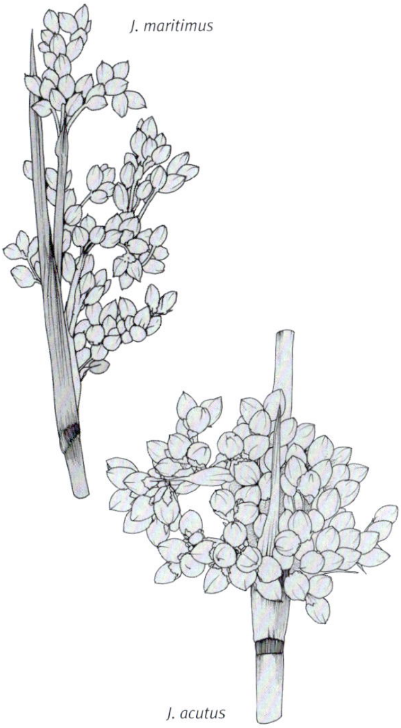

Juncus maritimus JONC MARITIME. Plante vivace, dressée et raide, à tiges de 30-150 cm de haut et 2 mm de large et à rhizome court, traçant. Feuilles aiguës, presque toutes basilaires, généralement plus courtes que les tiges, *piquantes au sommet*. Inflorescence en panicule interrompue, décomposée en 2-3 groupes de fleurs. Fleurs jaune paille, à 6 tépales inégaux ; anthères 2 fois plus longues que les filets. Bractées piquantes au sommet, la plus grande dépassant la longueur de l'inflorescence. *Capsules ovoïdes-trigones et aiguës, de 2,5-3,5 mm de long, ne dépassant pas ou à peine plus longues que les tépales*. Prés salés, dunes et pelouses littorales. Dans toute la zone. *Juncus rigidus* lui ressemble, mais à capsule de 3,5-5 mm et *dépassant nettement* les tépales. Sables et marais littoraux. Rare et localisée. DZ, IT (dont Sardaigne et Sicile), MA, TN.

Juncus acutus JONC PIQUANT. Comme *J. maritimus*, mais plus grande, de 70-180 cm ; *touffes de tiges plus denses*, les stériles très acérées et plus longues que celles portant des fleurs ; fleurs brun rougeâtre en inflorescences fournies, denses, arrondies, dépassées par leurs bractées ; anthères jusqu'à 5 fois plus longues que les filets ; tépales plus ou moins égaux. *Capsule de 3,2-6 mm de long, bien plus longue que les tépales* ; *tépales internes à marges membraneuses formant des lobes*. Sables littoraux et prés salés.

1

2

C. longus

Cyperus longus. Plante vivace assez robuste, de 37-78 cm (1 m), à rhizomes épais, longuement traçants. Feuilles jusqu'à 2-5 mm de large, plus courtes ou égalant les tiges. Inflorescence diffuse : ombelle simple ou composée, à 6-10(12) rayons d'*épillets brunâtres ou rougeâtres* de 12-30 cm de long ; 3 étamines ; 2-6 bractées, les externes dépassant l'inflorescence. Plante des lieux humides et des berges des étangs. Dans toute la zone.

Cyperus esculentus SOUCHET COMESTIBLE. Vivace atteignant 60 cm (1 m), à tubercules souterrains et à feuilles jusqu'à 2-10 mm de large. Inflorescence : ombelle à 3-8 rayons de 10-12 cm de long, à épillets de couleur paille en grappes lâches ; écailles densément imbriquées ; 3 étamines et stigmates ; bractées 2-3 fois plus longues que l'inflorescence. Cultivée en Europe méditerranéenne. ES, FR, IT, PT.

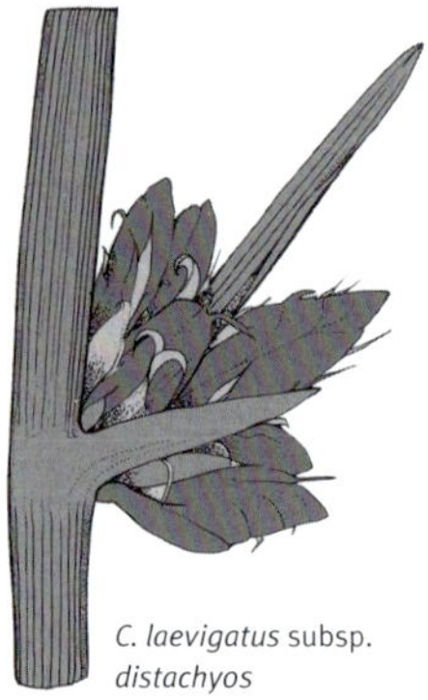
C. laevigatus subsp. *distachyos*

Cyperus laevigatus subsp. *distachyos* (Syn. *C. distachyos*). Vivace basse à moyenne, en touffes, jusqu'à 50 cm, à rhizomes rampants ; tiges dressées, en touffes ou solitaires, à section arrondie ou triangulaire. Peu de feuilles, d'à peine 30-60 mm de long. Inflorescence en fascicule de 2-4(9) épillets sessiles à fleurs brun verdâtre ; 3 étamines ; *2 bractées, dressées, prolongeant la tige* et dépassant l'inflorescence. Localisée dans les marais, au bord des ruisseaux et dans d'autres habitats humides. Dans toute la zone.

1

Eleocharis

Vivaces à tiges arrondies à sillonnées, sans limbes foliaires. Inflorescence en épi terminal, à bractée inférieure écailleuse ; fleurs hermaphrodites ; périanthe composé de 0 à 6 soies ; 3 étamines ; 2 ou 3 stigmates.

E. palustris

Eleocharis palustris HÉLÉOCHARIS DES MARAIS. Plante aquatique vivace, glabre, à rhizomes rampants et tiges nues d'abord solitaires (1re année), puis nombreuses, *en touffes*, jusqu'à 60(75) cm, portant des épis cylindriques de 5-30 mm de long ; *2 stigmates*. Tiges rougeâtres à la base, munies de gaines foliaires brun pâle *non prolongées en limbe* ; tige montrant, en section, des canaux aérifères à peu près égaux. Marais et milieux temporairement inondés. Dans toute la zone. ***Eleocharis multicaulis*** lui ressemble beaucoup, mais a *3 stigmates* ; akène trigone. Dans toute la zone.

Schoenus

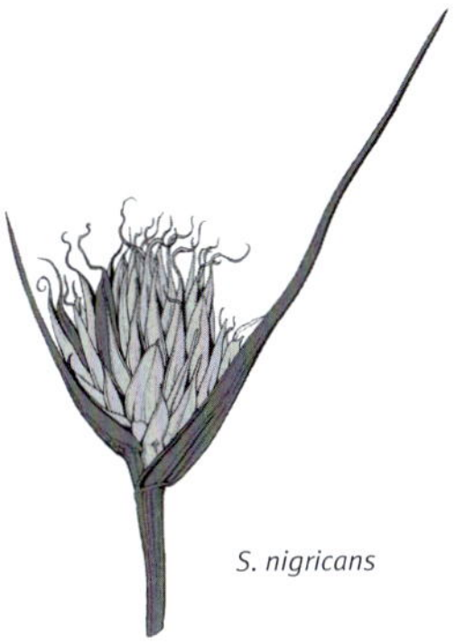

S. nigricans

Plantes vivaces en touffes, avec des feuilles à section en croissant. Inflorescence formée de plusieurs épillets comprimés, groupés en tête terminale dense, à 1-4 fleurs ; bractée inférieure foliacée ou en écaille ; fleurs hermaphrodites, à périanthe à 0-6 soies ; 3 étamines et stigmates.

Schoenus nigricans CHOIN NOIRÂTRE. Plante vivace en touffes denses de 75 cm de haut, à feuilles basilaires et à inflorescences terminales. Feuilles plus courtes ou égalant plus ou moins les tiges, vert-gris sombre, raides et filiformes. Inflorescence à 5-10 épillets assez comprimés, en général clairement dépassée par la bractée inférieure ; 3 étamines et stigmates ; akènes trigones, blanc crème. Localement commune sur sables littoraux et tourbe. Dans toute la zone.

Isolepis SCIRPE

Plantes annuelles typiquement grêles. Inflorescence en tête composée de 1 à plusieurs épillets à nombreuses fleurs ; bractées, si présentes, dépassant l'inflorescence, foliacées et rapidement caduques ; écailles en spirale ; 1-3 étamines, style bi- ou tripartite.

I. setacea

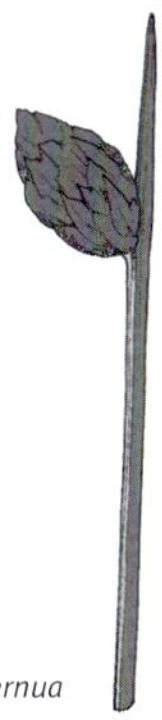

I. cernua

Isolepis setacea SCIRPE SÉTACÉ. Petite plante grêle, en touffes, à tiges filiformes < 0,5 mm de large et 10-15(30) cm de long. Feuilles peu nombreuses et plus courtes que les tiges. Inflorescence *longuement dépassée par la bractée* qui atteint 5-20(35) mm de long, avec 1 à 4 épillets de 2-4 mm de long ; écailles brun violacé à nervures médianes vertes et à marges translucides. Milieux humides, marécageux. Dans toute la zone. ***Isolepis cernua*** lui ressemble, mais à *bractées plus courtes ou dépassant à peine* les inflorescences qui sont portées sur de longues tiges souvent penchées ; écailles verdâtres avec un point brun-rouge de chaque côté de la nervure médiane. Sables humides littoraux. Originaire d'Afrique de l'Est ; naturalisée. ES, PT.

---

1. *Schoenus nigricans*

POACEAE | POACÉES

Plantes annuelles ou vivaces, en touffes, souvent rhizomateuses ou rampantes. Feuilles alternes, linéaires et engainant la tige, généralement munies d'une ligule membraneuse à la base du limbe. Inflorescences très variables, souvent un épi ou une panicule ; fleurs sans coloration vive, pollinisées par le vent ; 1-3(6) étamines ; 1 pistil normalement à 2 styles, enclos entre 2 bractées ; l'ensemble portant le nom de fleuron ; fleurons disposés en épillets munis à la base de 2 bractées stériles (glumes). Grande et importante famille ; décrire toutes les espèces de la région dépasserait largement l'objet de cet ouvrage ; seule une très petite sélection est incluse ici.

A. Fleurons unisexués et dissemblables (les mâles différant des femelles)

Zea MAÏS

Feuilles de 5-12 cm de large. Fleurs mâles en panicules terminales étroites, épillets femelles en grappes simples (« épis ») parmi les feuilles inférieures.

Zea mays MAÏS. Herbacée annuelle vigoureuse, atteignant 5 m, à tiges robustes et à nombreuses feuilles de 5-12 cm de large. Fleurs mâles en panicules terminales d'épillets, atteignant 20 cm de long ; épillets femelles situés plus bas, sur des ramifications latérales dilatées et encloses entre des bractées foliacées qui se superposent, munies de *styles allongés, saillants* (jusqu'à 25 cm). Fruits très particuliers : durs, luisants, jaunes, blancs ou pourpres, disposés autour d'un axe très dilaté (« l'épi de maïs »). Originaire d'Amérique du Sud, mais cultivée dans les zones favorables de l'Europe méditerranéenne. ES, FR, IT, PT.

B. Fleurons semblables (unisexués ou hermaphrodites), épillets quasiment sessiles et disposés en inflorescence terminale ressemblant à un épi

Lolium RAY-GRASS

L. perenne

Plantes annuelles ou vivaces. Inflorescence simple, non ramifiée, aplatie, ressemblant à un épi, composée d'épillets sessiles, alternes, situés de part et d'autre d'un axe articulé ; épillets latéraux à 1 seule glume (le terminal à 2 glumes) ; lemme à 5-9 nervures, aristée ou non.

Lolium perenne RAY-GRASS COMMUN. Plante herbacée vivace, glabre, en touffes, filiforme et rigide, jusqu'à 50(90) cm de haut. Tiges lisses et minces, couchées-ascendantes. Feuilles étroites, jusqu'à 3 mm de large, *jeunes feuilles pliées*. Ligule jusqu'à 1 mm, abruptement terminée en pointe. Inflorescence *simple*, jusqu'à 15 cm de long, à épillets ovales, comprimés, jusqu'à 15 mm ; lemmes inférieures de 3,5-9 mm et presque toujours *dépourvues d'arête*. Cultivée comme plante fourragère dans toute la zone. *Lolium multiflorum* est semblable, mais annuelle et à *lemmes aristées* (arêtes jusqu'à 15 mm) ; glume plus courte que l'épillet. Dans toute la zone.

Catapodium

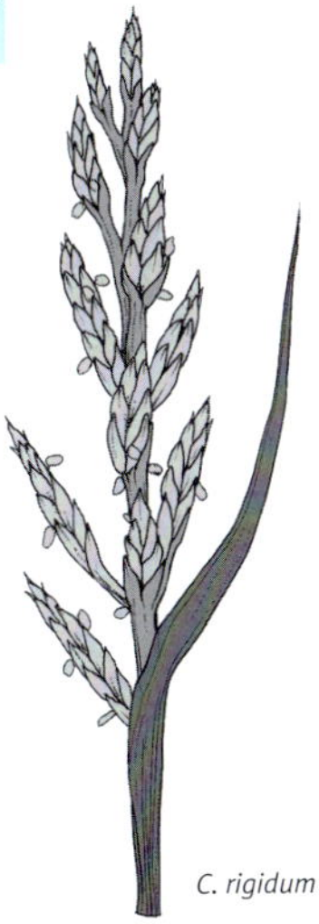

C. rigidum

Graminées annuelles à inflorescence simple ou peu ramifiée, raide, unilatérale, ressemblant à un épi ; épillets plutôt comprimés à nombreux fleurons (3-14), disposés sur 2 rangs ; 2 glumes, presque égales, papyracées ; lemme obtuse et coriace, à 5 nervures, dépourvue d'arête.

Catapodium rigidum (Syn. *Desmazeria rigida*) CATAPODE RIGIDE. Petite annuelle raide, glabre, *en touffes*, *glauque*, pourvue de quelques à de nombreuses tiges de 15(60) cm, dressées ou genouillées-ascendantes. Feuilles violacées, en pointe fine, jusqu'à 2 mm de large, planes ou à marges enroulées vers le haut. Inflorescence en panicule plus ou moins unilatérale jusqu'à 80 mm de long, rameuse en bas, à épillets espacés, jusqu'à 7 mm de long, chacun composé de 5-10 minuscules fleurons ; glumes de 1,3-2 mm, aiguës ; lemmes plus longues, de 2-2,6(3) mm, obtuses. Sables littoraux, milieux secs et nus, murs et rochers. Dans toute la zone.

Aegilops

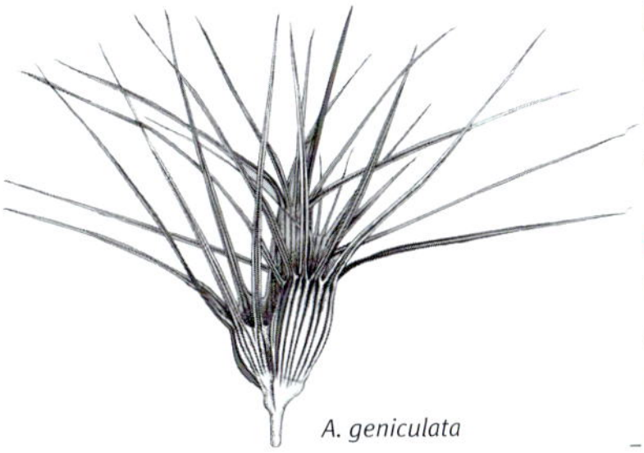

A. geniculata

Inflorescence à épillets sessiles, appliqués contre l'axe par leur côté large, en épis reconnaissables, compacts, ovoïdes ou cylindriques ; grandes glumes coriaces, fortement nervées, munies de 2-4 arêtes au sommet ; lemmes aristées.

Aegilops geniculata. Poacée annuelle basse, en touffes, à tiges dressées jusqu'à 40 cm. Feuilles à limbe plan de 2-3 mm de large, couvertes d'une fine pilosité ; ligule très courte. Inflorescence contractée, avec 1-2 épillets rudimentaires à la base des 2-4 épillets fertiles, à glumes quasi égales ; lemme à longue soie de 15-30 mm de long. Commune sur les sols nus, jachères et dans les oliveraies. Dans toute la zone.

Hordeum

H. murinum

Plantes annuelles, parfois vivaces. Inflorescence en faux épi, dense, à épillets longuement aristés réunis par 3 dans chaque excavation de l'axe ; glumes étroites, longuement aristées, à 1-3 nervures ; lemmes à 5 nervures, avec de longues arêtes. Il existe d'autres espèces, très similaires à celle décrite.

Hordeum murinum ORGE QUEUE-DE-RAT. Petite annuelle atteignant 60 cm, à tiges dressées, en touffes, lisses. Feuilles linéaires, jusqu'à 4 mm de large, velues sur les deux faces, à gaines luisantes ; petite ligule membraneuse, jusqu'à 1 mm de long. Inflorescence en panicule à symétrie plus ou moins bilatérale, ciliée, dense, semblable à un épi ; lemmes munies d'arêtes de 10-50 mm de long ; glumes à arêtes de 10-30 mm de long. Commune dans divers milieux. Dans toute la zone.

Secale SEIGLE

Plantes annuelles. Inflorescence à épillets de 2(3-4) fleurons hermaphrodites ; glumes très étroites, linéaires-lancéolées, à 1 nervure, aiguës ou brièvement aristées ; lemmes aristées et carénées, à cils raides.

Secale cereale SEIGLE. Plante annuelle de 1-2 m, plutôt glauque, dressée, glabre, à feuilles souples, rudes, jusqu'à 8 mm de large, à longues et minces inflorescences de 5-15 cm, penchées, denses, ressemblant à un épi, formées de nombreux épillets sessiles et longuement aristés ; glumes carénées, linéaires et s'amenuisant au sommet en longues pointes ressemblant à une arête ; lemmes à carènes ciliées et à arêtes de 20-50 mm. Cultivée et naturalisée en Europe méditerranéenne. ES, FR, IT, PT.

Elytrigia

E. juncea

Plantes vivaces. Inflorescence à 1 épillet par nœud, à fleurons nombreux ou non, appliqués par leur côté large contre l'axe ; glumes à 3-11 nervures, rarement aristées ; lemmes à 5 nervures, non aristées ou à arêtes courtes (rarement longues).

Elytrigia juncea (Syn. *Elymus farctus*). Poacée vivace et coriace, rhizomateuse, formant de grosses touffes, de 60(80) cm, souvent avec *Ammophila arenaria*. Feuilles à marges enroulées, de 2-6 mm de large, finement velues dessus, glabres dessous ; *ligules courtes*. Inflorescence en épi dense et grêle, à épillets dressés, quasi sessiles, comprimés latéralement et glabres ; *lemmes non aristées*. Commune dans les dunes littorales de la région. Dans toute la zone.

1. *Aegilops geniculata*
2. *Hordeum murinum*
3. *Elytrigia juncea*
4. *Cynodon dactylon*

1

2

3

4

Parapholis LEPTURE

Annuelles à inflorescence grêle, en fouet, à épillets alternes appliqués par leur côté large et insérés dans les excavations de l'axe, chacun composé d'un fleuron ; glumes égales et à 3-5 nervures ; lemmes finement trinervées.

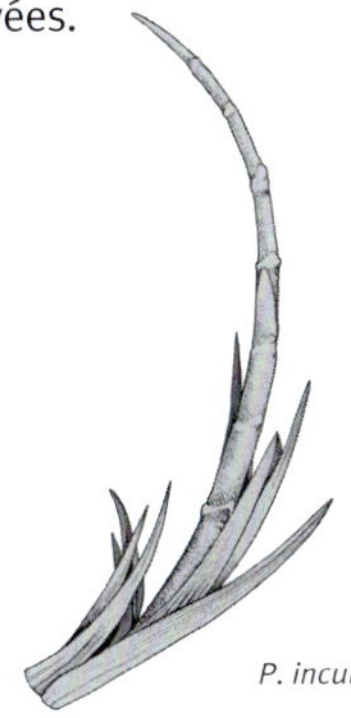

P. incurva

Parapholis incurva LEPTURE COURBÉ. Plante annuelle singulière, basse, en touffes, à tiges *étalées, arquées,* de 10-20 cm de long. Feuilles planes ou enroulées au bord, linéaires et aiguës, jusqu'à 2 mm de large, rudes dessus et au bord, à gaines rougeâtres. Inflorescence de 1-8(15) cm, souvent dans la gaine foliaire, grêle, raide, cylindrique, *fortement arquée et articulée*, à épillets appliqués contre la tige ; épillets jusqu'à 7 mm de long, un peu plus longs que les entrenœuds de l'axe ; glumes égales, recouvrant-fermant les excavations de l'axe. Milieux littoraux salés, en particulier les prés-salés et les falaises. Dans toute la zone.

C. Fleurons tous semblables (hermaphrodites ou unisexués), épillets presque sessiles et réunis en inflorescences ressemblant à des épis, souvent terminales

Cynodon CHIENDENT

Plantes vivaces. Inflorescence en *ombelle* composée de 3-6 rayons, à épillets sessiles disposés sur 2 rangs ; glumes à 1 nervure ; lemmes à 3 nervures.

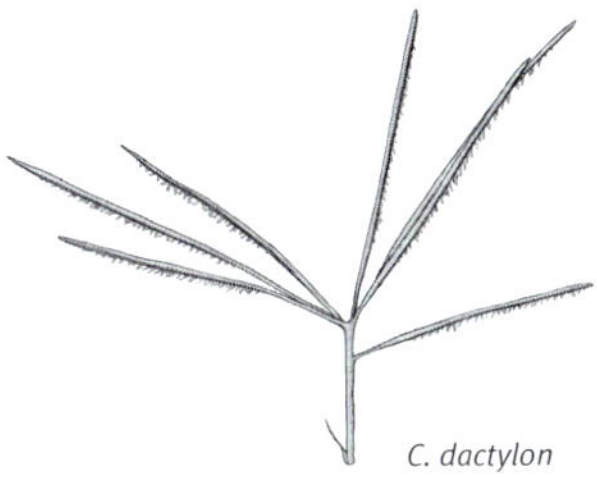

C. dactylon

Cynodon dactylon CHIENDENT DACTYLE. Plante vivace basse, étalée, à tiges couchées, atteignant 30 cm. Feuilles linéaires et planes, glabres ou velues sur les bords. Inflorescence singulière, en étoile : *3-6 épis de 20-50 mm de long, étalés vers l'extérieur depuis leur point d'attache sur l'axe central ;* épillets de 2-3 mm de long, sessiles. Originaire d'Afrique tropicale, mais naturalisée et commune dans tout un panel de milieux perturbés. Dans toute la zone.

Hyparrhenia

H. hirta

Inflorescence composée de 2 grappes grêles ressemblant à des épis et naissant de bractées foliacées.

Hyparrhenia hirta. Plante vivace moyenne à grande, en touffes, jusqu'à 1,2 m, à tiges lisses. Feuilles linéaires, jusqu'à 3 mm de large et plus ou moins glabres. Inflorescence en panicule formée de *2 épis*, chacun enclos dans une bractée foliacée ; lemme jusqu'à 4,5 mm de long, munie au sommet d'une soie atteignant 20 mm de long, tordue et velue à la base.

D. Fleurons tous semblables (hermaphrodites ou unisexués), épillets pédonculés, brièvement ou non et formant une inflorescence composée (étroite ou ample)

Cynosurus

Annuelles ou vivaces. Inflorescence en panicule compacte ressemblant à un épi, composée d'épillets fertiles à (1)2-5 fleurons hermaphrodites et d'autres stériles à lemmes longuement aiguës, en arêtes de poisson.

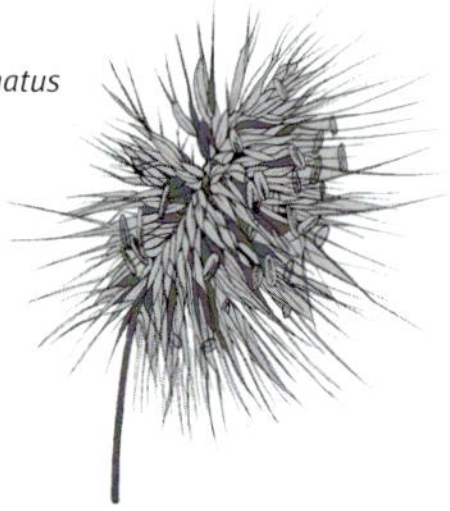

B. echinatus

Cynosurus echinatus CYNOSURE HÉRISSÉ. Vivace annuelle basse à grande, jusqu'à 75 cm (1 m), glabre, à tiges dressées ou étalées et à feuilles planes de 2-10 mm de large. Inflorescence en panicule dense, unilatérale, oblongue, de 10-40(80) mm ; *épillets verts ou violacés, luisants* ; l'externe de chaque paire en peigne, composé de plusieurs paires de lemmes stériles longuement aristées ; l'interne fertile, en coin. Broussailles sèches, rocailleuses et herbacées. Dans toute la zone.

Tragus

Plantes annuelles. Inflorescence en épi ou en forme d'épi, composée de 2-5 épillets portés sur des rameaux très courts situés à chaque entre-nœud, chacun avec 1 fleuron hermaphrodite ; glumes inégales, la supérieure plus longue et à 5-7 nervures pourvues d'aiguillons crochus ; lemmes à 3 nervures.

Tragus racemosus BARDANETTE EN GRAPPE. Plante annuelle couchée-étalée, ramifiée, s'enracinant aux nœuds, à tiges dressées de 40 cm et à feuilles courtes, planes, de 3 mm de large, bordées de cils raides. Inflorescences ressemblant à des épis, allongées, cylindriques, violacées ; 3-5 épillets par entre-nœud, à glumes supérieures *pourvues au dos de 7 rangées d'aiguillons crochus*. Lieux sableux secs, dunes, terrains vagues, oliveraies ; plus rare dans l'Extrême-Ouest. Dans toute la zone.

Lamarckia

Plantes annuelles. Inflorescence composée d'épillets de deux sortes : le supérieur avec 1 fleuron fertile et 1 fleuron rudimentaire, l'inférieur formé de plusieurs paires de lemmes stériles, obtuses, se recouvrant sur 2 rangs.

L. aurea

Lamarckia aurea LAMARCKIA DORÉE. Annuelle basse, plus ou moins glabre, à tiges en touffes, dressées, de 20(30) cm. Feuilles linéaires, de 2-6 mm de large, velues au bord ; ligule membraneuse, de 5-10 mm, aiguë ou obtuse. Inflorescence de 30-90 mm de long, dense, « pelucheuse » et unilatérale, à épillets externes stériles, verdâtres puis dorés. Jachères, terres cultivées et bords des routes. Dans toute la zone.

Dactylis DACTYLE

Plantes vivaces. Inflorescence en panicule plus ou moins unilatérale ou composée d'épillets densément agglomérés au bout de rameaux latéraux ; épillets comprimés, brièvement pédonculés, à 2-5 fleurons ; glumes carénées, à 3 nervures ; lemmes carénées, à 5 nervures, très brièvement aristées ou non aristées.

D. glomerata

Dactylis glomerata DACTYLE AGGLOMÉRÉ. Vivace glauque, formant des touffes serrées, à tiges dressées ou étalées jusqu'à 1,4 m. Feuilles raides, à ligules de 2-10 mm de long. Inflorescence en panicule dressée, rameuse et de ce fait assez inégale, plutôt unilatérale, formée d'*épillets comprimés latéralement et densément agglomérés au bout de ramifications latérales*, souvent à étamines jaunes saillantes. Commune dans les lieux herbeux. Dans toute la zone.

Lagurus LAGURE

Plantes annuelles. Inflorescence très compacte, composée, ressemblant à un épi, densément barbue-soyeuse ; épillets à fleurons solitaires, se détachant unitairement à maturité ; glumes bilobées, à 1 nervure et aristées, plus longues que les lemmes à 5 nervures peu nettes.

L. ovatus

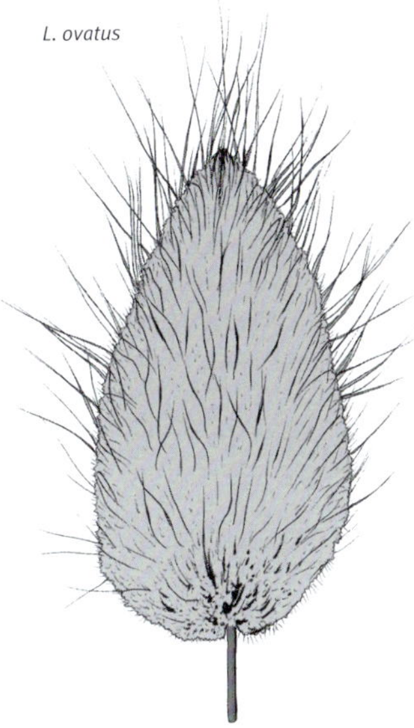

Lagurus ovatus QUEUE-DE-LIÈVRE. Annuelle basse à moyenne, pubescente, vert-gris, de 60 cm. Feuilles planes, linéaires-lancéolées ; ligule pubescente et membraneuse, jusqu'à 3 mm de long. Inflorescence singulière : *ovoïde, dense, «plumeuse», souple et blanchâtre*, de 5-20 mm ; lemmes semi-transparentes à arêtes de 8-20 mm de long. Commune dans les milieux sablonneux littoraux et sur les pentes rocailleuses à l'intérieur des terres ; cultivée. Dans toute la zone.

1. *Tragus racemosus*
2. *Tragus racemosus*
3. *Lagurus ovatus*
4. *Lamarckia aurea*

Gastridium

Plantes annuelles à inflorescences compactes, ressemblant à un épi, à ramifications ascendantes à appliquées ; épillets comprimés latéralement, solitaires, avec un unique fleuron hermaphrodite ; glumes inégales et dépassant les fleurons, à 1 nervure, papyracées au sommet ; lemmes membraneuses, à 5 nervures, aristées ou non (arêtes plus courtes que les lemmes).

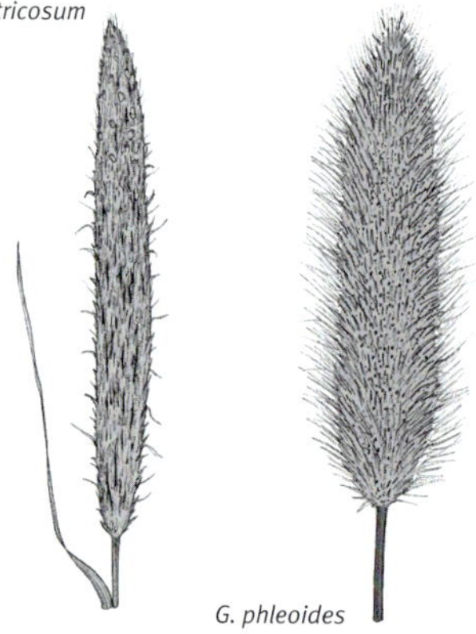

Gastridium ventricosum GASTRIDIE. Petite plante annuelle de 50(90) cm, à feuilles planes, glabres, souvent desséchées à la floraison ; ligules jusqu'à 3 mm de long, aiguës. Fleurs en panicules vertes, *très dressées* (au moins au début), à symétrie plus ou moins bilatérale et comprimées latéralement, de 0,5-10(16) cm de long ; *épillets courts, de 3-5 mm de long, à 1 seul fleuron*. Çà et là dans l'Ouest, peut-être ailleurs. ES, MA, PT. Il existe des formes à panicules lâches et à fleurons jusqu'à 3 mm de long, habituellement décrites sous *G. laxum*. **Gastridium phleoides**, originaire d'Asie mais occasionnellement naturalisée dans la région, se distingue par ses panicules très denses à *épillets plus longs, de 5-8 mm de long* ; lemmes *densément pubescentes*, à arête de 4-7(8) mm. Dans toute la zone, mais absente des îles.

1

2

3

4

1. *Setaria viridis*
2. *Macrochloa tenacissima*
3. *Macrochloa gigantea*
4. *Stipa gigantea*

Setaria SÉTAIRE

Plantes annuelles ou vivaces. Inflorescence en panicule cylindrique ressemblant à un épi, à nombreux épillets serrés, sessiles, à 2 fleurons ; glumes inégales ; lemmes à 5 nervures, non aristées.

Setaria viridis SÉTAIRE VERTE. Plante annuelle en touffes lâches, jusqu'à 50 cm (1 m) de haut, à larges feuilles planes, *glabres* ; ligule formée d'un anneau de poils. *Inflorescence dense, à soies nombreuses, cylindrique et dressée*, vert brillant, jusqu'à 12(17) cm de long ; épillets de 2-2,5(2,7) mm de long. Commune sur sols sablonneux, jachères et terrains vagues. Dans toute la zone. *Setaria faberi* SÉTAIRE est très proche, mais à poils épars et à épillets plus grands, de 2,7-3 mm de long. Espèce adventice répandue dans toute la zone.

Stipa (dont *Macrochloa*)

Plantes annuelles ou vivaces, à ligule membraneuse frangée de poils ; lemmes munies de soies orientées vers l'avant et d'une arête terminale longue et persistante.

S. capensis

(i) Groupe *Stipa* : lemme entière (non divisée)

Stipa capensis. Plante *annuelle ou bisannuelle* de 60 cm, à feuilles jusqu'à 15 cm de long, à marges enroulées, glauques et velues ou glabres. Inflorescence en *panicule dense, mince*, engainée à la base par la feuille supérieure dilatée, jusqu'à 15 cm de long et 10 mm de large ; épillets solitaires, les fertiles pédonculés ; glumes persistantes *assez semblables, de 15-20 mm de long*, dépassant les fleurons, à 3 nervures ; arêtes de 7-10 cm. Commune à abondante, souvent littorale. Dans toute la zone. *Stipa parviflora* lui ressemble, mais *vivace* et à *glumes dissemblables* : les inférieures jusqu'à 15 mm et les supérieures jusqu'à 7,5 mm. Littoral. ES, FR, MA.

Stipa pennata. Plante vivace en touffes denses, glauque, jusqu'à 60 cm, originale du fait de ses inflorescences étroites, plumeuses, à très longues arêtes remarquables par leurs nombreux poils blanc argenté ; épillets vert-jaune ; glumes jusqu'à 20 mm à arête grêle et glabre 2-3 fois plus longue qu'elles ; lemmes jusqu'à 25 mm munies d'une *arrête très longue, plumeuse, tordue, jusqu'à 35 cm de long*. Localisée ; milieux rocailleux et pierreux. Dans toute la zone, mais absente de nombreuses îles.

(ii) Groupe *Macrochloa* (aussi largement décrit sous *Stipa*) : lemme nettement divisée

M. tenacissima

M. gigantea

Macrochloa tenacissima (Syn. *Stipa tenacissima*). *Très grande* vivace, coriace, en touffes de 1,5 m de haut, au départ très denses puis s'éclaircissant. Gaines glabres ou velues ; ligules jusqu'à 0,8 mm, velues, plumeuses au sommet. Feuilles de 30-120 cm, linéaires, à marges enroulées en bas, d'environ 1 mm de diamètre, aiguës-piquantes au sommet. Inflorescence en panicule dense de 25-35 cm, à 3-4 rameaux par entre-nœud ; ces derniers appliqués, à axe densément velu ; pédoncules plus courts que les épillets ; glumes lancéolées, membraneuses, glabres ; lemmes pubescentes, bilobées au sommet. Localisée mais en vastes colonies dans les milieux ouverts et sablonneux. ES, MA, PT. ***Macrochloa gigantea*** (Syn. ***Stipa gigantea***) est proche de *M. tenacissima*, mais à panicules *très lâches* et à ligules lancéolées (non divisées). Mêmes milieux, dépressions d'arrière-dunes ; dans l'Ouest (mentionnée en Italie). ES, IT, MA, PT.

Ammophila

A. arenaria

Vivaces rhizomateuses. Inflorescences en épis, denses, cylindriques, à grands épillets à un seul fleuron ; glumes papyracées et carénées, à 1-3 nervures ; lemmes papyracées, à 5-7 nervures, lancéolées, en capuchon au sommet.

Ammophila arenaria OYAT. Vivace familière, rhizomateuse, coriace, formant des touffes, à tiges lisses atteignant 1,2 m. Feuilles jusqu'à 5 mm de large, mais semblant plus étroites du fait de leurs marges enroulées en dedans ; *ligules étroites et aiguës*, de 10-30 mm de long. Inflorescence en panicule semblable à un épi, mince, à épillets serrés, dressés, jusqu'à 16 mm de long ; lemme terminée en courte pointe et *munie d'un anneau de poils à la base*. Très commune à dominante dans les dunes littorales. Dans toute la zone.

E. Fleurons semblables (hermaphrodites ou unisexués), épillets longuement pédonculés ; inflorescence composée, ramifiée, ouverte ou étalée ; épillets à *1 fleuron fertile*, des stériles additionnels

Sorghum

Annuelles ou vivaces. Grandes inflorescences très ramifiées, à épillets par paires, luisants, à 1 fleuron fertile sessile et 1 ou plusieurs stériles, ou mâles, pédicellés ; glumes comprimées, tridentées au sommet.

S. halepense

Sorghum halepense SORGHO D'ALEP. *Grande* vivace dressée, rhizomateuse, jusqu'à 1,5 m de haut, à tiges munies de *poils soyeux aux nœuds*. Feuilles glabres, rudes au bord, < 20 mm de large. Inflorescence en grande panicule terminale lâche, pyramidale, jusqu'à 30 cm ; épillets luisants, jusqu'à 5,5 mm ; lemmes échancrées au sommet, munies d'une arête jusqu'à 12 mm de long ; fleurons stériles violacés, velus, lancéolés. Milieux humides et perturbés de toute la zone. **Sorghum bicolor** mesure jusqu'à 2 m, à feuilles plus larges (> 20 mm), et dépourvue de tiges rampantes ; *inflorescence dense, ovale*, jusqu'à 50 cm. Cultivée, parfois adventice (originaire d'Asie et d'Afrique). Dans toute la zone.

1. *Ammophila arenaria*
2. *Sorghum halepense*
3. *Corynephorus canescens*

Oryza

Plantes annuelles. Inflorescence à épillets nombreux, chacun à 1 seul fleuron ; glumes beaucoup plus courtes que les lemmes, à 1 nervure ; lemmes comprimées et carénées, à 5 nervures fortes ; 6 étamines.

Oryza sativa RIZ. Plante annuelle aquatique, glabre, à tige feuillée atteignant 1,3 m. Feuilles planes et lisses, jusqu'à 10 mm de large. Grande inflorescence lâche et dressée ou courbée, à nombreux rameaux latéraux allongés portant de nombreux épillets ; très petites glumes égales, jusqu'à 2 mm de long ; lemme de 7-9 mm de long, velue dessus et terminée en courte pointe. Originaire des tropiques, mais largement cultivée dans les zones favorables (deltas). ES, IT, PT (probablement ailleurs).

Piptatherum (dont *Oryzopsis*)

Graminées vivaces à rhizomes courts et à ligules transparentes. Épillets courts et compressés dorsalement ; lemmes munies d'une longue arête terminale, droite, souvent caduque. Genre très confus ; il est maintenant clairement établi qu'*Oryzopsis miliacea* est génétiquement distinct des *Piptatherum*.

P. coerulescens — *O. miliacea*

Piptatherum coerulescens (Syn. *Oryzopsis coerulescens*). Grande herbacée vivace, dressée, jusqu'à 70 cm (1 m), à tiges glabres. Feuilles de 15-31 cm de long et 1-12 mm de large, rudes sur les deux faces, à *longues ligules* de 11 mm de long, transparentes. Fleurs en panicules de 3-15 cm de long, à épillets de 5-14 mm ; glumes presque égales, dépassant les fleurons, à 3-9 nervures ; lemmes de 2,6-6,5 mm, *coriaces*, à arêtes de 1-15 mm, caduques. Dans toute la zone.

Oryzopsis miliacea (Syn. *Piptatherum miliaceum*). Grande herbacée vivace, dressée, jusqu'à 1,5 m, à tiges glabres et à feuilles rudes dessus. Fleurs en panicules vert clair à jaune paille, jusqu'à 40 cm, unilatérales, penchées et lâches, à plusieurs rameaux (jusqu'à 20) insérés à chaque entre-nœud ; glumes de 3-4 mm, lemmes de 2-2,5 mm, glabres, raides et membraneuses (*non* coriaces), à arêtes de 3-5 mm. Milieux secs et ouverts, broussailles et autres. Dans toute la zone.

F. Fleurons semblables (hermaphrodites ou unisexués), épillets longuement pédonculés et formant une inflorescence composée, ramifiée, ouverte à étalée ; épillets composés de *2 ou plusieurs fleurons fertiles ; glumes (bractées vides) souvent de même taille ou supérieures aux fleurons*

Corynephorus

Graminées vivaces, en touffes denses, à inflorescences en panicules compactes ; épillets à 2 fleurons ; glumes presque égales, à 1 nervure ; lemmes à 5 nervures, à arête articulée et en massue au sommet.

Corynephorus canescens CORYNÉPHORE. Graminée basse, *vivace, en touffes, glauque*, jusqu'à 35 cm, à fascicules denses de feuilles rigides, sétacées, de longueur plus ou moins égale. Épillets violacés et blanchâtres, à 2 fleurons, comprimés, en panicule composée, dépassés par les glumes membraneuses à 1 nervure ; anthères orange ou violacées, plus longues que larges. Localement commune sur les dunes littorales. ES, FR, IT, MA, PT. *Corynephorus divaricatus* est une *annuelle* à feuilles glabres, caulinaires, dépourvue de fascicules de feuilles basilaires rigides. Inflorescence en panicule lâche, à épillets jusqu'à 4 mm de long ; glumes de 3-4 mm de long ; lemmes jusqu'à 1,9 mm de long, elliptiques et plus ou moins entières. Sols sableux et plaines littoraux ; seulement dans l'Extrême-Ouest. ES, MA, PT. *Corynephorus fasciculatus* est très proche de l'espèce précédente, mais à épillets plus petits, de 2,8-3,5 mm de long, et à minuscules anthères d'à peine 0,6 mm de long (et non 1,3 mm). Mêmes milieux et répartition. ES, MA, PT.

Arundo

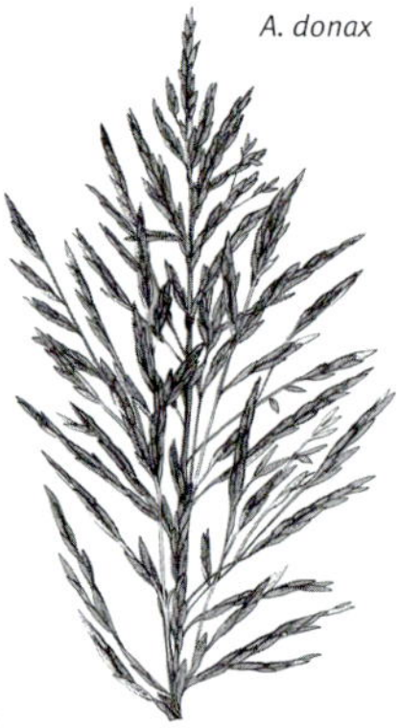

A. donax

Grandes plantes vivaces. Large inflorescence composée et plumeuse, à nombreux épillets, chacun à 1-7 fleurons ; glumes lancéolées, papyracées et carénées, à 3 nervures ; lemmes papyracées, densément couvertes de poils argentés.

Arundo donax CANNE DE PROVENCE. Plus grande poacée de la région : vivace *très robuste*, rhizomateuse, à *tiges ressemblant à des bambous*, > 6 m. Feuilles vert cendré, jusqu'à 60 mm de large. Inflorescence en grande panicule de 60 cm de long, soyeuse et argentée, à épillets jusqu'à 20 mm, chacun *à 3 fleurons* ; lemmes à sommet échancré et muni d'une courte soie ; glumes papyracées, carénées, à 3 nervures, souvent (pas toujours) plus longues que les fleurons. Commune dans les milieux humides, parfois plantée en longs rideaux au bord des routes. Dans toute la zone.

G. Fleurons semblables (hermaphrodites ou unisexués), épillets longuement pédonculés formant une inflorescence composée, ramifiée, ouverte à étalée ; épillets composés de *2 ou plusieurs fleurons fertiles et glumes (bractées vides) souvent beaucoup plus courtes que les fleurons*

Bromus BROME

Plantes annuelles. Inflorescences à épillets comprimés, pédonculés, à nombreux fleurons imbriqués ; glumes inégales et aristées, à 3-7(9) nervures ; lemmes à 7-9(11) nervures, à peine échancrées au sommet. Nombreuses espèces variables ; les spécimens nanifiés des zones sèches sont difficiles à identifier.

B. madritensis

B. diandrus

B. hordeaceus

Bromus madritensis BROME DE MADRID. Plante annuelle basse à moyenne, en touffes, à tiges dressées. Feuilles atténuées, jusqu'à 5 mm de large, couvertes de poils souples et blanchâtres. Inflorescence en panicule plutôt lâche, dressée, en coin, à rameaux courts et fasciculés ; épillets jusqu'à 60 mm de long, lemme terminée en longue pointe sétacée jusqu'à 16 mm de long, velue ou glabre ; glumes à 1-3 nervures. Commune en jachères et cultures. Dans toute la zone. *Bromus diandrus* est similaire, mais à inflorescence allongée (et non en coin), *très lâche, penchée*, à épillets étalés. Dans toute la zone. *Bromus hordeaceus* possède une *inflorescence plutôt courte et dense*, dressée, à épillets un peu renflés *portés par de courts pédoncules* (plus courts qu'eux) ; lemmes de 6,5-11 mm. ES, FR, IT, PT. *Bromus squarrosus* se distingue par ses *arêtes réfléchies*, à angle droit avec la lemme ; glumes à 3-9 nervures. Sols secs et délaissés. Dans toute la zone.

1. *Arundo donax*
2. *Briza minor*
3. *Briza maxima*
4. *Avena barbata*

Briza BRIZE

Plantes annuelles ou vivaces. Inflorescence singulière : épillets comprimés et renflés, ovoïdes ou cordés et non aristés, pendants, à 4-30 fleurons imbriqués et tous hermaphrodites.

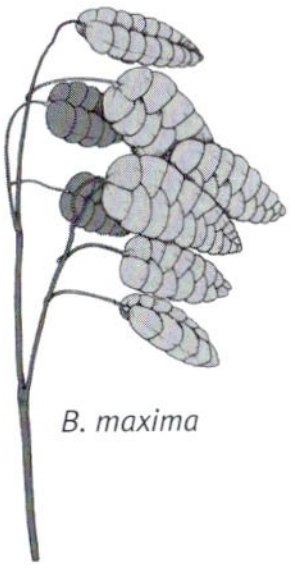

B. maxima

B. minor

Briza maxima GRANDE BRIZE. Plante annuelle basse, glabre, à tiges souvent solitaires, dressées. Feuilles planes et linéaires, jusqu'à 4 mm de large. Inflorescence en panicule lâche, formée de jusqu'à 15 grands épillets, *pendants, papyracés*, semblant renflés, portés sur des pédoncules grêles, d'abord verts, puis violacés et enfin fauve à maturité, de 8-25 mm de long. Répandue en jachères, au bord des routes, dans les maquis. Dans toute la zone. **Briza minor** lui ressemble, mais à épillets *nombreux* (> 20) *et plus petits, de 2,5-5 mm de long*. Milieux ouverts. Dans toute la zone.

Avena AVOINE

Plantes annuelles. Inflorescence en panicule composée, diffuse, ramifiée, à grands épillets pédonculés et penchés, composés de 2-3 fleurons ; glumes papyracées et dépassant les fleurons, à 7-11 nervures ; lemmes coriaces, à 7-9 nervures, avec une longue arête raide, genouillée. Genre variable et difficile.

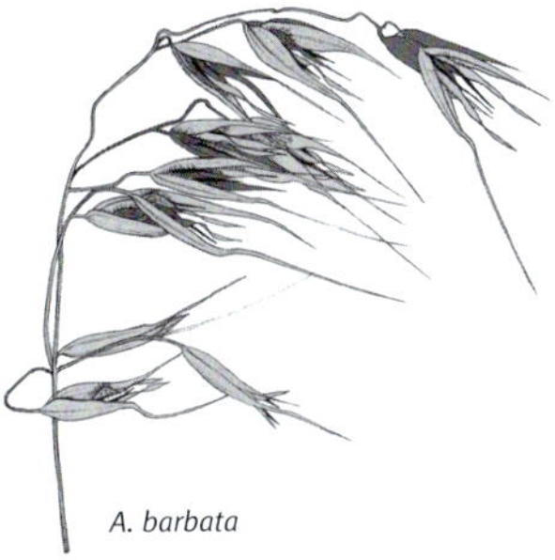

A. barbata

Avena barbata AVOINE BARBUE. Plante moyenne à grande, dressée, à tiges solitaires ou en groupe, jusqu'à 1 m. Feuilles linéaires, jusqu'à 15 mm de large, glabres ou velues au bord ; ligule membraneuse, jusqu'à 5 mm. Inflorescence en panicule lâche, unilatérale, à épillets penchés sur des pédoncules grêles ; *lemme inférieure de 12-18 mm, munie au sommet de 2 soies de 3-5 mm*. Jachères, cultures, bord des routes de toute la zone. **Avena sterilis** lui ressemble, mais à *lemme inférieure de 16-25 mm, à 2 dents courtes et aiguës < 1,5 mm et à arête coudée à la base*. Cultures et jachères de toute la zone.

Phragmites ROSEAU

P. australis

Vivaces à rhizomes rampants. Inflorescence en grande panicule composée, plumeuse, à nombreux épillets minces à 2-6(10) fleurons sur des pédoncules velus ; glumes inégales, à 3-5 nervures ; lemmes glabres à 1-3 nervures, non aristées.

Phragmites australis (Syn. *P. communis*) ROSEAU COMMUN. Grande poacée formant de vastes peuplements, ressemblant à un roseau, assez semblable à *A. donax*, à grandes tiges assez minces, jusqu'à 3,5 m, qui ne persistent pas l'hiver. Feuilles jusqu'à 50 cm de long et 50 mm de large, glauques et atténuées au sommet ; gaines lisses et glabres, entourant les nœuds. Fleurs en panicules penchées, unilatérales, plus ou moins cylindriques, fasciculées, verdâtres ou violacées, à épillets de 8-16 mm de long, chacun formé de *jusqu'à 10 fleurons*. Milieux aquatiques tels que le bord des lacs. Dans toute la zone.

H. Grandes vivaces imposantes et ligneuses. Ligule à 1 seule rangée de poils ; lemmes côtelées

1

2

Cortaderia HERBE DE LA PAMPA

Plantes vivaces formant des touffes denses. Inflorescence en grande panicule étalée, plumeuse ; épillets compressés latéralement, à 2-7 fleurons ; glumes un peu inégales, à 1 nervure ; lemmes à poils soyeux, à 3-5 nervures, acuminées et longuement aristées.

Cortaderia selloana HERBE DE LA PAMPA. Très grande plante vivace, en touffes denses atteignant 3 m de haut et > 1 m de diamètre. Feuilles longues et très minces, jusqu'à 2 m de long et 1 cm de large, à marges denticulées-acérées. Inflorescence tel un plumeau, dépassant les feuilles ; panicule ouverte, ovoïde, dense, de 25-100 cm de long ; épillets solitaires, lancéolés, pédonculés, comprimés latéralement, de 12-16 mm de long, formés chacun de 3-7 fleurons fertiles et au sommet de fleurons réduits ; glumes semblables, dépassées par les épillets. Originaire d'Amérique du Sud et largement plantée dans les villes et jardins, probablement dans toute la zone, et largement naturalisée, en particulier dans l'est de l'Espagne.

I. Ligule formée d'une seule rangée de poils ou absente ; lemmes non côtelées

Pennisetum

P. villosum

Plantes vivaces. Inflorescence en panicule dense, étroite, composée de fascicules d'épillets entremêlés de soies.

Pennisetum villosum. Grande plante vivace à allure plutôt exotique, formant des touffes espacées, atteignant 1 m de haut. Feuilles rigides jusqu'à 70 cm de long. Inflorescences terminales ressemblant assez à celles de *Lagurus ovatus*, mais plus grandes, « duveteuses » et blanchâtres, largement cylindriques, nombreuses, penchées et portées sur des tiges grêles ; épillets jusqu'à 14 mm, entremêlés de soies. Originaire d'Afrique de l'Est ; espèce adventice occasionnelle en Méditerranée occidentale, naturalisée dans les milieux secs. DZ, ES, MA, TN.

Panicum

Plantes annuelles. Inflorescence en panicule composée, diffuse, très ramifiée, à rameaux grêles ; épillets comprimés, à 2 fleurons, les supérieurs fertiles, les inférieurs mâles ou stériles ; glumes inégales ; lemmes inférieures à 5-11 nervures, non aristées.

Panicum repens. Plante vivace à rhizome souterrain longuement rampant-stolonifère et à tiges dressées, raides, jusqu'à 80 cm. Feuilles disposées sur 2 rangs, glauques, raides, jusqu'à 6 mm de large, les supérieures égalant plus ou moins l'inflorescence. Cette dernière dressée et étroite, à ramifications grêles et ascendantes, à nombreux épillets blanchâtres, chacun de 2 mm de long, non aristé ; glumes inégales, la supérieure plus longue que l'inférieure. Milieux sablonneux humides, en particulier sur la côte. Dans toute la zone.

Panicum miliaceum. Plante annuelle robuste, ressemblant aux *Zea* ou aux *Sorghum* avant la floraison : feuilles jusqu'à 20 mm de large, à *gaines hérissées de longs poils*. Inflorescence plutôt *dense et retombante au sommet*, jusqu'à 20 cm de long, à nombreuses ramifications d'épillets *« dodus »*, souvent violacés, de 4,5-5,5 mm de long ; glumes inégales, la supérieure plus longue que l'inférieure. Largement cultivée comme céréale et plante fourragère dans toute la zone.

1. *Phragmites australis*
2. *Cortaderia selloana*

TYPHACEAE | TYPHACÉES

Plantes herbacées vivaces aquatiques (typiquement rivulaires), à rhizomes robustes et à feuilles linéaires, comme celles du roseau, engainantes à la base. Fleurs unisexuées, disposées en épis singuliers, denses, cylindriques, les fleurs mâles au-dessus, les femelles en dessous ; périanthe formé de soies ou d'écailles (difficile à distinguer des étamines) ; 1-8 étamines, 1 style et stigmate. Fruits sous forme de drupes spongieuses ou de capsules, à 1 graine.

Typha MASSETTE

Plantes aquatiques vivaces, sans confusion possible, à fleurs disposées en épis cylindriques.

Typha latifolia MASSETTE À LARGES FEUILLES. Plante herbacée vivace et robuste, atteignant 3 m, à rhizomes rampants robustes et à feuilles linéaires, épaisses et planes, comme celles du roseau, de 8-20 mm de large, engainantes à la base. Fleurs unisexuées, disposées en épis denses et cylindriques : les fleurs mâles situées au-dessus, en épi étroit et jaunâtre, ensuite caduc ; les femelles en dessous, formant un large épi cylindrique brunissant à maturité, de 18-30 mm de large ; *fleurs femelles dépourvues de bractéoles*. Fruits à 1 graine. Répandue et localement commune dans les milieux favorables (mares, berges des rivières, marécages, fossés). Dans toute la zone. ***Typha angustifolia*** lui ressemble, mais possède des feuilles plus étroites de 3-6(10) mm de large, des gaines sans ou avec peu de glandes mucilagineuses et des fleurs femelles *à bractéoles abruptement terminées en pointe, et séparées des fleurs mâles par un espace nu de 3-8(12) cm de long*. Mêmes milieux. Dans toute la zone. *Typha domingensis* ressemble à *T. angustifolia*, mais à gaines foliaires couvertes sur la face interne de *nombreuses glandes mucilagineuses brunes* et des épis cylindriques de fleurs femelles assez minces, brun fauve, à *bractéoles s'atténuant*. Mêmes milieux. Dans toute la zone.

Sparganium RUBANIER

Plantes herbacées vivaces, aquatiques, enracinées dans la vase, à tiges simples ou ramifiées et à feuilles dressées ou flottantes. Fleurs unisexuées, serrées en capitules globuleux, les inférieurs femelles, sous-tendus par une bractée foliacée ; périanthe formé de 1-6 écailles membraneuses. Fruit sec et indéhiscent.

Sparganium erectum RUBANIER RAMEUX. Plante vivace dressée, glabre, atteignant 1,5 m, poussant généralement en eau peu profonde. Feuilles toutes dressées (parfois flottantes), à section triangulaire, *carénées* et linéaires. Inflorescence ramifiée, les capitules globuleux et jaunâtres de fleurs mâles situés sur chaque ramification au-dessus des capitules femelles ; capitules sessiles ; tépales épais, à sommet sombre. Milieux détrempés et berges des milieux aquatiques. Dans toute la zone.

MUSACEAE | MUSACÉES

Plantes vivaces herbacées (quoique ressemblant à des arbres), à feuilles pourvues à la base de gaines se recouvrant, persistantes et formant un « tronc », monoïques et à fleurs groupées (précisément : une grappe de cymes) ; 5-6 étamines ; 3 carpelles. Fruits sous forme de baies.

Musa acumunata (Syn. *M. cavendishii*) BANANIER. Plante vivace herbacée (quoique ressemblant à un arbre), d'allure tropicale, atteignant 2-9 m de haut. Très grandes et larges feuilles, jusqu'à 2 m de long et 50 cm de large, à nervure médiane proéminente et à nervation pennée, parfois déchirées sur les bords. Fleurs unisexuées, disposées en longues grappes pendantes. Fruits sous forme de baies allongées (la banane), 3-40 cm de long. Largement cultivée. DZ, ES, FR, IT, MA, TN.

CERATOPHYLLACEAE | CÉRATOPHYLLACÉES

Famille de plantes dont les origines dans l'évolution nous échappent, composée d'un seul genre, comprenant lui-même peu d'espèces, typiquement aquatiques et submergées, à minuscules fleurs unisexuées à ovaire supère ; 10-25 étamines ; 1 style. Fruits sous forme d'akènes.

Ceratophyllum

Herbacées vivaces, aquatiques, submergées, dépourvues de racines, à *feuilles bifurquées, en verticilles.*

Ceratophyllum demersum CÉRATOPHYLLE ÉPINEUX. Herbacée vivace, aquatique, submergée, à tiges minces et souples, atteignant 1 m, à verticilles de feuilles cassantes, vert sombre, *bifurquées 1 à 2 fois*. Très petites fleurs naissant directement sur l'axe, se formant rarement, unisexuées, vertes et sessiles. Akène à 1 graine, de 4-5 mm, muni de 2 épines basales étalées et terminé par une pointe. Commune dans les eaux lentes ou stagnantes, dans les milieux aquatiques artificiels. Dans toute la zone. ***Ceratophyllum submersum*** CÉRATOPHYLLE INERME, très proche, a des feuilles *bifurquées jusqu'à 3-4 fois* et des fruits sans épines basilaires et à pointe sommitale courte ou nulle. Répartition mal connue du fait de sa confusion avec *C. demersum*, mais probablement toute la zone.

1. *Typha latifolia*
2. *Typha latifolia*
3. *Typha angustifolia*
4. *Sparganium erectum*
5. *Musa acumunata*
6. *Ceratophyllum demersum*

1

2

3

4

5

6

EUDICOTYLÉDONES

Plante à 2 cotylédons (feuilles embryonnaires), une nervation ramifiée organisée autour d'une nervure centrale (rarement avec des nervures parallèles) ; fleurs par multiples de 4 ou 5 (voire 7) ; contrairement aux monocotylédones, peuvent former des arbres et arbustes.

RANUNCULACEAE | RENONCULACÉES

Plantes annuelles et vivaces ou lianes ligneuses, à feuilles alternes, simples ou composées. Fleurs typiquement régulières (parfois zygomorphes), à 5 pétales et sépales ; nombreuses étamines. Fruits sous forme d'un ensemble d'akènes ou de follicules (rarement baies ou capsules).

Helleborus

Plantes vivaces à feuilles alternes ou toutes à la base, à longs segments dentés. Fleurs naissant en hiver ou au printemps, en cymes rameuses ; 5 sépales, 5-12 pétales réduits à de petits nectaires ; nombreuses étamines ; 2-5 carpelles. Fruits sous forme de groupe de follicules.

Helleborus foetidus HELLÉBORE FÉTIDE. Plante vivace, dressée, glabre, à tiges feuillées persistantes atteignant 80 cm et feuilles divisées-palmées en 7-11 segments, à odeur désagréable au froissement. Larges fleurs de 10-30 mm, en coupe ou en cloche, à sépales vert jaunâtre, souvent teintés de violacé ; 2-4 follicules. Bois et fruticées ; rare dans les zones chaudes et arides. ES (dont îles Baléares), FR (dont Corse), IT (dont Sardaigne et Sicile), PT. *Helleborus viridis* possède des tiges annuelles atteignant 40 cm, nues à la base, *à plus grandes fleurs, de 30-50 mm de diamètre* ; 3(4) follicules *soudés* à la base. Bois et prairies. ES, FR, IT. *Helleborus lividus* possède des feuilles caulinaires *trifoliolées* ; 5-7 follicules. Pentes boisées ; endémique de Majorque. ES (îles Baléares).

Anemone ANÉMONE

Plantes herbacées vivaces à feuilles basales palmées ou palmatilobées, avec un verticille de bractées foliacées sous la (les) fleur(s). Périanthe à 1 verticille de 5-20 sépales pétaloïdes ; nombreuses étamines. Fruit sous forme de tête de carpelles à nombreuses graines disposés en spirale.

A. Feuilles caulinaires *courtement pétiolées* semblables aux basilaires ; carpelles *faiblement pubescents*

Anemone nemorosa ANÉMONE SYLVIE. Plante vivace délicate haute de 5-30 cm, à rhizome rampant et feuilles basales palmatilobées à segments ovales, dentés ou lobés, les caulinaires semblables ; tige dressée à fleur blanche solitaire et penchée, sous-tendue par 3 bractées foliacées palmatilobées ; 6-7(9) sépales lavés de rose ou de violacé ; anthères jaunes. Fruits penchés. Forêts caducifoliées des zones fraîches. ES, FR, IT. *Anemone apennina* est semblable, mais avec des fleurs *bleues* (rarement blanches), à 10-15(18) sépales, et à *fruits dressés*. FR (Corse), IT.

B. Feuilles caulinaires *courtement pétiolées* semblables aux basilaires ; carpelles *densément laineux*

Anemone sylvestris ANÉMONE DES FORÊTS. Plante vivace pubescente, non rhizomateuse, atteignant 50 cm, à feuilles basales profondément palmatilobées, semblables aux caulinaires. *Fleurs blanches*, atteignant 70 mm de diamètre, généralement solitaires ; 5 pétales largement ovales, soyeux en dessous ; anthères jaunes. Carpelles velus-laineux, en tête globuleuse dressée. Forêts caducifoliées et pentes herbeuses des régions fraîches du nord de l'Europe méditerranéenne. ES, FR, IT.

1. *Helleborus foetidus*
2. *Anemone palmata*
3. *Anemone pavonina* (forme à fleurs rouges)
4. *Anemone pavonina* (forme à fleurs violacées

C. Feuilles caulinaires *sessiles* et différentes des basilaires ; carpelles *densément laineux*

Anemone coronaria ANÉMONE COURONNÉE. Vivace basse à moyenne, pubescente, à souche tubéreuse, à feuilles basales 2-3 fois divisées en segments étroits, les caulinaires profondément divisées en segments étroits et nombreux, sessiles. Fleurs roses, rouges, bleues ou violacées, souvent plus pâles au centre, en coupe ouverte atteignant 75 mm de diamètre, à pétales elliptiques se recouvrant ; anthères bleutées. Commune dans les cultures de toute la zone. *Anemone hortensis* est voisine, mais avec des feuilles basales moins divisées, des caulinaires étroites et lancéolées ressemblant à des bractées, entières ou trilobées, et des pétales étroitement elliptiques. Des formes à fleurs doubles sont cultivées dans toute la zone. ***Anemone pavonina*** n'est probablement qu'une forme d'*A. hortensis* ; ses feuilles caulinaires, entières ou trilobées, ressemblent à des bractées ; fleurs à *pétales ovales, plus larges* et anthères noir bleuté. FR, IT.

Anemone palmata ANÉMONE PALMÉE. Plante basse, pubescente, à rhizome tubéreux. Feuilles de la base plus ou moins circulaires, à 3-5 lobes superficiels, dentés, les supérieures soudées à la base. Fleurs jaune vif, atteignant 35 mm de diamètre, à 15 pétales au maximum. Localement commune dans les lieux rocailleux et le maquis. Fréquente en Algarve ; absente d'Italie continentale. ES, FR, IT (Sardaigne et Sicile), PT.

1

2

3

4

1-2(2,3) mm de long. Commune localement dans les lieux humides ou marécageux. Dans toute la zone. **Ranunculus lingua** est semblable, mais plus robuste, atteignant 1,2 m de haut, à fleurs nettement plus grandes, larges de 20-50 mm, sur des pédicelles non sillonnés. Mêmes milieux. Dans toute la zone.

Ranunculus bupleuroides. Vivace de 25-60 cm, à larges feuilles entières, pétiolées, vert glauque, oblongues-lancéolées, souvent recourbées vers l'intérieur, *à nervation pâle très nette*. Fleurs jaunes, larges de 18-27(32) mm, à 5-6 pétales, chacun muni d'un nectaire à sa base. Lieux frais et humides, localisée. PT.

E. *Fleurs blanches* (ou *rosées*) et plante *aquatique* (plusieurs espèces difficiles à distinguer)

Ranunculus aquatilis RENONCULE AQUATIQUE. Plante aquatique annuelle ou vivace, à feuilles flottantes et submergées, ces dernières parfois manquantes ; feuilles flottantes profondément divisées en *3-5(7) lobes à marges droites et dentés au sommet. Fleurs de 18 mm de diamètre ; pétales contigus à la floraison.* Pédoncule fructifère jusqu'à 50 mm de long (*plus court* que le pétiole de la feuille opposée). Commune localement dans les eaux dormantes ou à courant lent. Dans toute la zone. Ranunculus peltatus RENONCULE PELTÉE est voisine, mais à segments foliaires divergents et *arrondis au sommet*, à *plus grandes fleurs*, jusqu'à 30 mm de large, et à pédoncules fructifères atteignant 15 cm de long (*plus longs* que le pétiole de la feuille opposée). Localement commune dans divers milieux aquatiques, mais d'abondance variable selon les pluies saisonnières. Dans toute la zone. Ranunculus trichophyllus est semblable, mais à *pétales non contigus à la floraison* (nettement espacés). Eaux dormantes ou à courant lent. Dans toute la zone.

Ficaria

Plante herbacée vivace tubéreuse à feuilles cordées. Fleurs jaunes à 7-12(13) pétales ; étamines et carpelles nombreux. Fruits sous forme de têtes d'akènes.

Ficaria verna (Syn. Ranunculus ficaria) FICAIRE. Vivace variable (plusieurs sous-espèces décrites), glabre, jusqu'à 25 cm de haut, à feuilles longuement pétiolées, triangulaires-*cordées*, à marge ondulée ou un peu lobée, vert foncé et charnues. Fleurs de 10-30 mm de large, jaune brillant, virant au blanc après la floraison, à 7-12(13) pétales étroits et *3 sépales*. Très commune dans les lieux herbeux humides. Dans toute la zone.

Nigella NIGELLE

Plantes herbacées annuelles à fleurs solitaires et feuilles divisées-pennées en segments très fins. Fleurs à 5 pièces, habituellement bleutées. Carpelles soudés le long de leur suture interne, à nombreuses graines.

Nigella damascena NIGELLE DE DAMAS. Plante annuelle dressée et glabre, jusqu'à 50 cm de haut (en général moins), à feuilles alternes 2-3 fois divisées-pennées en segments fins, *les supérieures groupées juste sous la fleur en un verticille d'aspect « plumeux »*. Fleurs solitaires, bleu pâle, de 15-30(35) mm de large, à 5 pétales entourant les étamines et les carpelles groupés au centre ; carpelles soudés sur presque toute leur longueur. Cultures, friches, terrains sableux, lieux perturbés. Commune dans toute la zone.

Nigella gallica (Syn. N. arvensis). Plante annuelle modeste, de 25-40 cm de haut, à feuilles alternes, finement divisées en segments linéaires. Fleurs larges de 30-35(40) mm, bleu vif, à anthères rougeâtres. Carpelles soudés sur presque toute leur longueur, densément garnis de petites glandes ; dressés-étalés à la fructification. Commune dans divers milieux. ES, MA, PT. Nigella papillosa (Syn. N. arvensis) est semblable, mais à plus grandes fleurs, de 35-60(70) mm de diamètre, et fruits à styles étalés. ES, MA, PT.

Delphinium DAUPHINELLE

Plantes annuelles ou vivaces à feuilles largement divisées-palmées et fleurs typiquement bleues, disposées en grappes dressées, chacune à 5 pièces externes pétaloïdes dont la supérieure est prolongée en éperon et 4 pièces internes pétaloïdes dont les 2 supérieures sont prolongées en éperons nectarifères. Fruit sous forme de 3-5 follicules.

A. Plante annuelle ou bisannuelle

D. staphisagria

Delphinium staphisagria*.** Annuelle ou bisannuelle moyenne à élevée, de 30 cm-1 m, à feuilles caulinaires alternes, 1 fois (parfois 2) divisées-pennées en 5-7 lobes. Fleurs bleu profond, jusqu'à 25 mm de large, en grappes allongées, à *éperon court et obtus, dirigé vers le bas* de 3-5 mm, plus court que les pétales. Fruits à follicules renflés, à graines peu nombreuses. Localisée ; pentes rocailleuses, maquis, garrigues. Dauphinelle la plus commune et répandue de la région. Dans toute la zone. ***Delphinium pictum*,** semblable, est une annuelle ou bisannuelle velue à segments foliaires lancéolés, lobés, et fleurs bleu pâle en grappes allongées munies de bractées à leur base ; éperon de 6-8(9) mm (les $^{2}/_{5}$ de la longueur des pétales). Fruits à follicules renflés contenant de *nombreuses graines.* Lieux rocailleux des grandes îles et de l'Italie péninsulaire. ES, FR, IT. ***Delphinium requienii est semblable, mais à *longs poils soyeux* et à bractées situées vers le milieu des grappes (non à la base). FR (dont Corse).

1. *Nigella damascena*
2. *Nigella gallica*
3. *Delphinium peregrinum* (forme à fleurs pâles)
4. *Delphinium peregrinum*
5. *Delphinium gracile*

Delphinium peregrinum DAUPHINELLE VOYAGEUSE. Annuelle ou bisannuelle grêle, moyenne à grande (jusqu'à 1 m), pubescente ; tiges garnies d'un fin revêtement de poils blanchâtres étalés. Feuilles inférieures grisâtres, palmées, à segments étroits, les supérieures non lobées. Fleurs en grappes lâches, bleu terne ou violettes, parfois blanc sale, *petites* (18 mm de large au plus), à *éperon tourné vers le haut et plus long que les pétales* ; nectaires glabres. Fruticées sèches. IT (dont Sicile). *Delphinium halteratum* est très semblable, mais plus basse (40 cm au plus), à feuilles dépourvues de poils blanchâtres, ceux de la tige appliqués (non étalés) et *fleurs bleu plus vif* dont l'éperon est 1,5-2,5 fois plus long que les pétales, les sépales largement ovales et les tépales recouverts d'un fin duvet. FR, IT (Sardaigne et Sicile). ***Delphinium gracile*** ressemble à *D. peregrinum*, mais avec des fleurs plus pâles à *long éperon* atteignant 17-19 mm, 2-4 fois plus long que les tépales ; pétales latéraux oblongs, *cordés* à la base ; inflorescence non ramifiée inférieurement. Fourrés littoraux. ES, PT. *Delphinium nanum* est semblable à *D. peregrinum*, mais ses pétales latéraux *ne sont pas cordés* et l'inflorescence est ramifiée à la base. Fourrés littoraux ; répandue dans toute la zone.

B. Plante vivace, localisée dans les montagnes de la péninsule Ibérique

Delphinium montanum. Plante vivace buissonnante à nombreuses inflorescences de *fleurs bleu pâle à pétales internes brun foncé*. Graines à surface densément alvéolée. Montagnes. ES. *Delphinium fissum*. Vivace à port lâche, à *feuilles embrassant la tige* et fleurs bleu foncé terne, larges de 22-26 mm, densément velues et *partiellement fermées*. Graines présentant < 25 alvéoles sur leur surface. Bois rocailleux. ES. *Delphinium bolosii*, vivace, ressemble à *D. fissum*, mais avec des fleurs plus grandes (32-35 mm de large) et *pleinement ouvertes*. Montagnes de Tarragone. ES. *Delphinium emarginatum* est une petite vivace à port lâche, différant de *D. montanum* par ses feuilles seulement *demi-embrassantes* (environ la moitié de la circonférence de la tige). Uniquement en Sierra Nevada. ES.

Consolida DAUPHINELLE

Plantes annuelles ressemblant aux *Delphinium*, à feuilles *divisées-palmées en nombreux segments filiformes*. Fleurs en grappes terminales ; 5 sépales, le supérieur terminé en éperon allongé, 4 pétales. Fruit sous forme de follicule *unique*.

C. ajacis

Consolida ajacis DAUPHINELLE D'AJAX. Plante annuelle moyenne à élevée (jusqu'à 1 m), pubescente, à tige simple ou rameuse et feuilles inférieures profondément divisées. Fleurs en grappes plutôt lâches, en général *bleu vif* (des formes à fleurs roses, blanches ou bleu pâle sont cultivées), à pétale supérieur terminé en éperon dirigé vers l'arrière, long de 12-18 mm. Sols perturbés, lieux sablonneux, abords des cultures, localisée. Largement naturalisée dans toute la zone. *Consolida orientalis* est voisine, mais plante pubescente-glanduleuse, à fleurs *violet-pourpre* courtement pédicellées formant une grappe dense ; *éperon plus court, de 6-10(12) mm*. Graines brun rougeâtre. Cultures et friches. Dans toute la zone.

Consolida regalis DAUPHINELLE CONSOUDE. Plante annuelle un peu duveteuse atteignant 50 cm, à rameaux largement étalés. Feuilles divisées en lobes linéaires. Fleurs bleu-violet ou bleu profond, de 28 mm de large au plus, en panicule lâche ; éperon long de 12-25 mm. Fruit glabre ; graines noires. Cultures et milieux perturbés. Dans toute la zone, sauf sur la plupart des îles. *Consolida pubescens* est semblable, mais *nettement pubescente*, à bractées inférieures découpées. Fleurs variant du blanchâtre au violet ou au bleu pâle ; éperon long de 12-15 mm. Graines grises à rougeâtres. ES, FR, IT (dont Sicile). *Consolida mauritanica* ressemble à *C. regalis*, mais lobe supérieur du nectaire plus court (0,5-1 mm, au lieu de 2-3 mm), et éperon plus long 17-20(22) mm. ES, MA, PT.

Clematis Clématites

Lianes ligneuses à feuilles opposées, divisées-pennées. Fleurs en cymes rameuses. Fruits sous forme de têtes d'akènes, chacun terminé par un style allongé, souvent plumeux.

A. Plante ni grimpante ni rampante, tiges creuses à la base

Clematis recta. Plante vivace *dressée*, buissonnante, atteignant 1,5 m de haut, à feuilles divisées-pennées et *tiges dressées ou étalées (non grimpantes)*, creuses, au moins en bas. Fleurs blanches et glabres, sauf sur leurs marges, à aspect voisin de celles de *C. flammula* (voir ci-dessous). Répandue en Europe méditerranéenne sur sols rocailleux et dans les bois clairs. ES, FR, IT.

1. *Consolida ajacis*
2. *Consolida regalis*
3. *Clematis recta* (encart : fleur)
4. *Clematis vitalba*
5. *Clematis flammula* (encart : fleur)

B. Plante grimpante ou rampante, tiges pleines

Clematis vitalba CLÉMATITE DES HAIES. Liane ligneuse pouvant atteindre 30 m, *à feuilles 1 fois divisées-pennées*, à folioles aiguës. *Fleurs crème ou blanc verdâtre terne* à sépales *velus sur les 2 faces*, odorantes, en panicules terminales ou latérales lâches. Styles plumeux à la fructification. Haies. Plus rare à l'Extrême-Ouest et dans le Sud. ES, FR, IT, PT. ***Clematis flammula*** CLÉMATITE BRÛLANTE est voisine, mais moins grande (6 m au plus), et possède des *feuilles 2 fois divisées-pennées*, à folioles pétiolées, ovales à circulaires. *Fleurs blanches*, larges de 20 mm, odorantes, à 4 sépales, *velus seulement aux bords et en dessous*. Maquis, broussailles. Dans toute la zone.

Clematis cirrhosa CLÉMATITE À VRILLES. Liane sempervirente atteignant 4 m, à feuilles vert brillant, très variables, trilobées ou entières, dentées ou non. Fleurs crème, tachées de rouge, en cloches penchées, jusqu'à 20 mm, velues-soyeuses à l'extérieur. Bois, fourrés ; répandue mais locale dans toute la zone.

Clematis viticella. Liane décidue atteignant 4 m, à feuilles divisées-pennées en folioles ovales, non dentées. *Fleurs bleues ou violacées, larges de 30-60 mm*, s'ouvrant largement ; styles non plumeux. Broussailles et fourrés ; souvent cultivée sous diverses formes. IT. *Clematis campaniflora*, de forme voisine mais plus grêle, possède de *petites fleurs violet pâle* (ou blanchâtres) ne dépassant pas 30 mm de diamètre et des *styles plumeux*. ES, PT. *Clematis orientalis* est une liane à *fleurs jaunes en cloche*. Originaire d'Asie, naturalisée. ES.

Aquilegia ANCOLIE

Plantes herbacées vivaces à feuilles alternes. Fleurs régulières, à 5 pétales et sépales, chacun muni d'un éperon pointant vers l'arrière ; nombreuses étamines ; 5(10) carpelles. Fruits sous forme de follicules.

Aquilegia vulgaris ANCOLIE COMMUNE. Plante vivace dressée, pubescente, variable, souvent rameuse, atteignant 60 cm (1 m). Feuilles pétiolées, dentées ou lobées. Grandes fleurs, jusqu'à 50 mm, *bleu violacé* (parfois blanches ou roses) à 5 tépales identiques, les *segments pétaloïdes prolongés en éperon droit terminé en crochet*, de 15-22 mm de long. Follicules de 15-20 mm. Lieux herbeux ombragés, zones humides. ES, FR, IT, MA.

Adonis ADONIS

Plantes annuelles dressées à feuilles 2-3 fois divisées-pennées en segments linéaires. Fleurs jaunes ou rouges évoquant celles des renoncules ; 5 sépales, 5-8 pétales ; étamines et carpelles nombreux. Fruits sous forme de têtes d'akènes.

A. Fleurs toujours rouge écarlate

Adonis annua ADONIS D'AUTOMNE. Plante annuelle glabre, dressée, jusqu'à 40 cm de haut, à tiges simples ou rameuses. Feuilles 3 fois divisées-pennées en nombreux segments linéaires ; *feuilles inférieurs sessiles*. Fleurs de 15-25 mm de large, terminales et dressées, à 5-8 pétales rouge sang, tachés de noir à la base, et *sépales étalés, glabres*. Milieux frais et herbeux perturbés. Dans toute la zone. *Adonis flammea* diffère par *ses sépales velus, étroitement appliqués contre les pétales*. ES, FR, IT, MA. *Adonis aestivalis* ressemble aux deux espèces précédentes, mais avec des *sépales glabres appliqués contre les pétales* et des *feuilles inférieures pétiolées*. ES, FR, IT, MA.

B. Fleurs jaunes (parfois orange ou rouges)

Adonis microcarpa ADONIS À PETITS FRUITS. Plante annuelle de taille modeste, à aspect voisin d'*A. annua* mais à *fleurs entièrement jaunes* (parfois rouges ou orange), jusqu'à 28 mm de large. *Têtes fructifères allongées* (ni globuleuses ni ovales). ES, FR, IT, MA, PT. *Adonis dentata* est identique, mais *plus petite (12 cm au plus)* et à *fleurs jaunes avec le cœur noir*. DZ, TN.

Ceratocephala

Petites plantes annuelles à feuilles trifoliolées divisées *en segments étroits et fourchus*. Fleurs jaunes ; 5-10 étamines. Fruits sous forme de têtes d'akènes.

Ceratocephala falcata. Plante annuelle basse, assez touffue, de 2-12 cm de haut, à feuilles toutes basales, à long pétiole, trifoliolées et divisées en segments étroits et fourchus. Fleurs régulières, solitaires, jaunes, larges de (8)10-16 mm ; pétales 1,5 fois aussi longs que les sépales. Akènes groupés en tête cylindrique évoquant une cardère, prolongés en bec arqué-redressé d'aspect épineux. Rare et localisée. DZ, ES, FR, IT, TN.

---

1. *Aquilegia vulgaris*
2. *Adonis annua*
3. *Papaver somniferum*
4. *Papaver rhoeas* (fleur)
5. *Papaver rhoeas* (fruit)

PAPAVERACEAE | PAPAVÉRACÉES

Plantes annuelles ou vivaces à latex aqueux ou laiteux. Feuilles 1-2 fois pennatilobées. Fleurs solitaires ou en grappes ; 2(3) sépales ; 4(6) pétales, souvent chiffonnés à l'épanouissement ; nombreuses étamines ; 1 style. Fruits sous forme de capsules déhiscentes.

Papaver PAVOT, COQUELICOT

Plantes annuelles ou vivaces, souvent à latex blanc. Fleurs solitaires, à pétales rouges, mauves ou blancs ; stigmate en forme de disque aplati à 4-20 rayons.

A. Fruits glabres

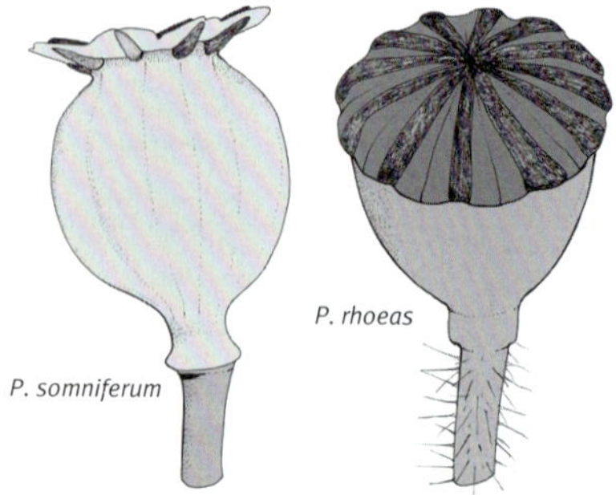

Papaver somniferum PAVOT SOMNIFÈRE. Annuelle robuste, dressée, de 50 cm (1 m), *glauque blanchâtre*, à feuilles divisées-pennées, ovales, les inférieures courtement pétiolées, les supérieures embrassant la tige. Grandes fleurs à pétales de 25-50 mm, rosés à centre noir et étamines jaunes. Capsule glabre. Issue d'anciennes cultures et naturalisée dans les friches. Dans toute la zone. Subsp. *setigerum* a une *tige hérissée de longues soies éparses* et des feuilles plus divisées et *terminées par une soie*. Capsule étroite. Spontanée sur sables littoraux. Probablement dans toute la zone.

Papaver rhoeas COQUELICOT. Plante annuelle hérissée, dressée, de 60(80) cm de haut. Feuilles pennatilobées, jusqu'à 15 cm de long, à segments aigus, entiers ou lobés. Fleurs solitaires sur des pédicelles allongés et hérissés de longs poils raides ; pétales rouge vif, marqués ou non de noir au centre, de 30-45 mm de long ; anthères bleuâtres. Capsule *plus ou moins arrondie, glabre*, < 20 mm. Commune dans les cultures et sur sols remués. Dans toute la zone.

1. *Papaver dubium*
2. *Papaver hybridum*
3. *Papaver dubium* (fruit)
4. *Glaucium flavum*

P. dubium

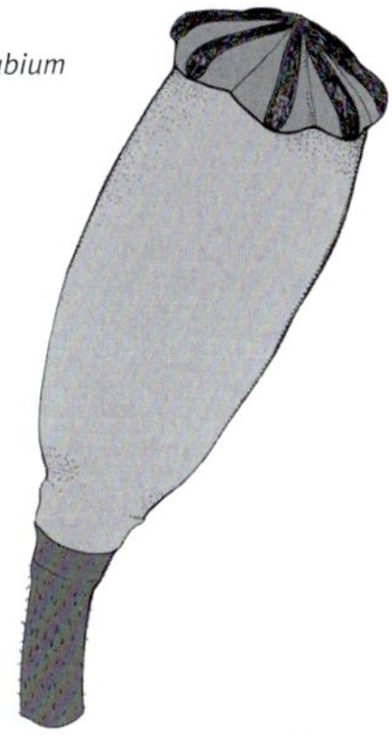

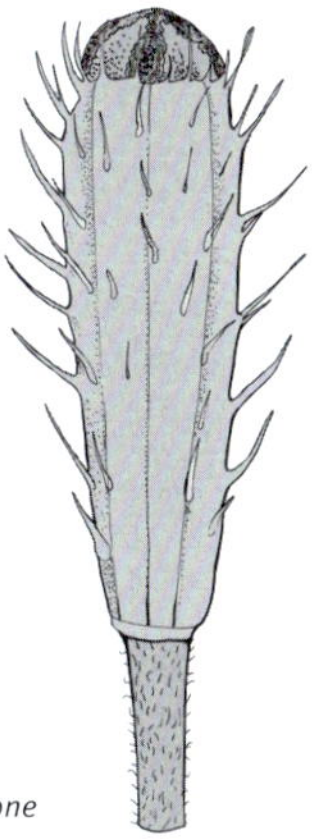

P. argemone

Papaver dubium COQUELICOT DOUTEUX. Comme *P. rhoeas*, mais tige à poils appliqués dans sa partie supérieure, segments foliaires à apex obtus, non aigu, fleurs d'un rouge plus pâle ou orangé, généralement dépourvues de centre noir ; pétales de 15-35 mm de long ; capsule *oblongue*, s'élargissant vers le sommet. Commune dans les cultures et sur sols remués. Dans toute la zone. *Papaver guerlekense* (Syn. *P. stipitatum*) est voisine, mais fleurs plus petites à pétales < 32 mm et capsule stipitée au-dessus de la base des pétales. Spontanée en Méditerranée orientale, naturalisée. ES. *Papaver pinnatifidum* ressemble aux 2 espèces précédentes, mais segments foliaires ovales-triangulaires et anthères jaunes ou brunâtres plutôt que violettes. ES, FR, IT.

B. Fruits hérissés de soies raides

Papaver argemone COQUELICOT ARGÉMONE. Plante annuelle velue de taille modeste (45 cm au plus) à poils appliqués sur la tige et feuilles divisées-pennées. Fleurs rouge écarlate, à pétales de 15-25 mm de long, souvent tachés de noir au centre, *ne se recouvrant pas par leurs bords*. Capsule < 25 mm, brièvement *cylindrique*, sillonnée et *hérissée de soies éparses*. Commune dans les friches sableuses, notamment littorales. Dans toute la zone. **Papaver hybridum** est semblable, mais avec des fleurs rouge plus foncé, à pétales de 10-25 mm de long, et des capsules ovoïdes à *globuleuses, garnies de soies pâles et raides*. Mêmes milieux. Dans toute la zone. *Papaver apulum* ressemble à *P. hybridum*, mais plante à pubescence moins raide, *boutons floraux glabres* et capsules hérissées mais non sillonnées. IT.

Roemeria

Plantes annuelles. Fleurs à 4 pétales ; nombreuses étamines ; 2-4 stigmates. Comme *Papaver* mais à fruits linéaires, s'ouvrant par le bas en 2-4 valves.

Roemeria hybrida (Syn. *Chelidonium hybridum*) ROEMÉRIE HYBRIDE. Plante annuelle légèrement velue de 20-40(50) cm de haut, à latex jaune. Feuilles alternes, 3 fois divisées-pennées en segments linéaires. Fleurs comme celles d'un pavot, mais *violettes ou pourpres*, à centre plus foncé ; pétales de 15-30 mm de long ; sépales de 10-13 mm ; anthères bleu pâle ou crème. *Capsules allongées et linéaires*, hérissées, à 4 valves, de 5-10 cm de long. DZ, ES, FR, IT, MA, TN.

Glaucium

Plantes annuelles à vivaces à latex aqueux. Fleurs solitaires à 4 pétales ; nombreuses étamines. Fruits sous forme de capsules très longues et minces, s'ouvrant en 2 valves.

Glaucium flavum GLAUCIENNE JAUNE. Plante bisannuelle ou vivace, glauque et rameuse, atteignant 90 cm de haut, à feuilles oblongues, pennatilobées et ondulées-crispées, les supérieures embrassant la tige. Produit un latex jaune. Fleurs jaunes de 60-90 mm de large. Fruit étroitement cylindrique et *très long*, de 15-30 cm, arqué et *glabre*. Sur sol sableux et caillouteux du littoral, lieux perturbés. Dans toute la zone. *Glaucium corniculatum* GLAUCIENNE ÉCARLATE est semblable, mais à fleurs *orange à rouges* (parfois jaunes), ne dépassant pas 50 mm de diamètre. *Capsule velue*. Dans toute la zone.

Hypecoum

H. procumbens

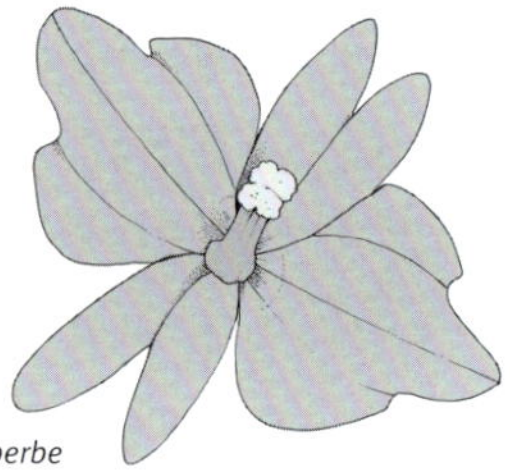

H. imberbe

Plantes herbacées annuelles. Petites fleurs à 4 pétales inégaux ; 4 étamines ; 2 stigmates. Fruits sous forme de capsules arquées.

Hypecoum procumbens. Petite annuelle délicate, glauque, à tiges ascendantes ne dépassant pas 15 cm. Feuilles 2 fois pennatilobées, à segments lancéolés ou linéaires. *Bractées foliacées*. Fleurs en petites cymes rameuses, larges de 15 mm, à 4 pétales jaunes : 2 plus grands et trilobés et 2 latéraux plus petits. Capsule dressée et articulée. Milieux littoraux ; localisée dans toute la zone. **Hypecoum imberbe** est voisine, mais plus dressée, avec des *bractées linéaires*. Fleurs jaune orangé, *à grands pétales externes à lobes plus ou moins égaux*. Fruit à peine articulé. Lieux cultivés, friches. Dans toute la zone. **Hypecoum pendulum** ressemble à *H. procumbens,* mais avec les *2 pétales externes non ou à peine lobés*. *Capsule pendante*, droite et à peine articulée. Divers milieux perturbés. DZ, ES, FR, IT, MA, TN.

Fumaria

Annuelles traînantes ou grimpantes, à feuilles 2-4 fois divisées-pennées et fleurs typiques en grappes opposées aux feuilles, à corolle tubuleuse à 2 lèvres et 2 petits sépales, avec 2 pétales externes et 2 pétales internes plus étroits ; 2 étamines. Fruits sous forme d'akènes monospermes plus ou moins globuleux. Seules les espèces les plus répandues sont décrites ici, très proche et difficiles à identifier.

F. agraria

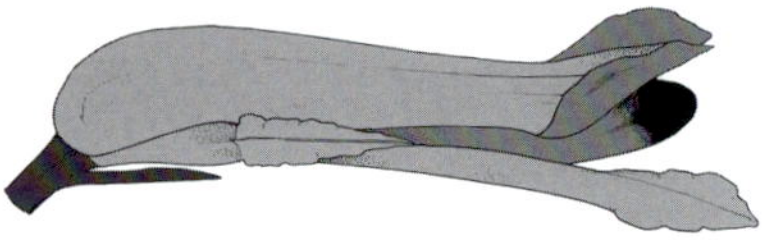

Fumaria agraria. Plante annuelle atteignant 3 m, à larges segments foliaires plans et ovales. Fleurs à 2 lèvres, rose pâle, les pétales internes seuls tachés de noir au sommet, le pétale inférieur à marge étalée ; fleurs groupées par 8-15 en grappes plus longues que leur pédoncule ; fleurs de 11-15 mm. Fruits tronqués au sommet. Commune dans la péninsule Ibérique. ES (dont îles Baléares), PT. **Fumaria barnolae** est semblable, mais fleurs par 15-25, rose plus foncé, de 12-14 mm de long, à lèvre supérieure et pétales internes pourprés. *Fruits non tronqués, portés par un pédoncule grêle recourbé vers le bas*. Nord de l'Espagne et îles à l'est. ES, FR, IT. **Fumaria gaillardotii** ressemble à *F. barnolae,* mais fruits sur un *pédoncule robuste et dressé*. ES, FR, IT.

F. capreolata

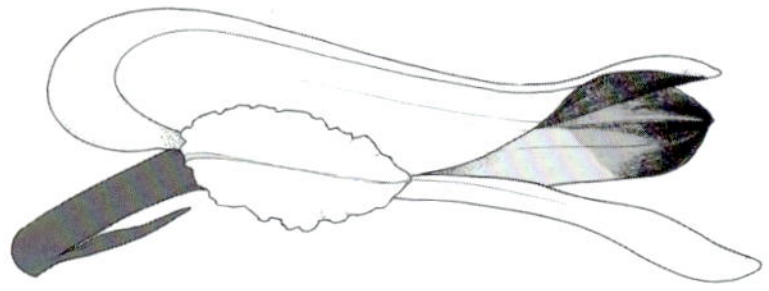

Fumaria capreolata FUMETERRE BLANCHE. Assez proche de *F. agraria* ; grande plante annuelle grimpante, glauque et glabre, dépourvue de vrilles. Feuilles à segments en coin et tronqués. *Fleurs semi-dressées,* à 2 lèvres, longues de 10-13(14) mm, *à pétale supérieur comprimé et à marges retroussées laissant voir la carène*, blanc crème, souvent teintée de rose, *à apex noir rougeâtre* ; fleurs groupées par 14-25(30) en grappes cylindriques ; pédoncules fructifères fortement recourbés. *Grappes plus courtes que leur pédoncule*. Sols perturbés ; très commune dans toute la zone. **Fumaria bicolor** ressemble à *F. capreolata*, mais avec des grappes courtes de 8-15 fleurs longues de 11-12,5 mm, *virant*

1. *Fumaria capreolata*
2. *Fumaria agraria*
3. *Fumaria officinalis*

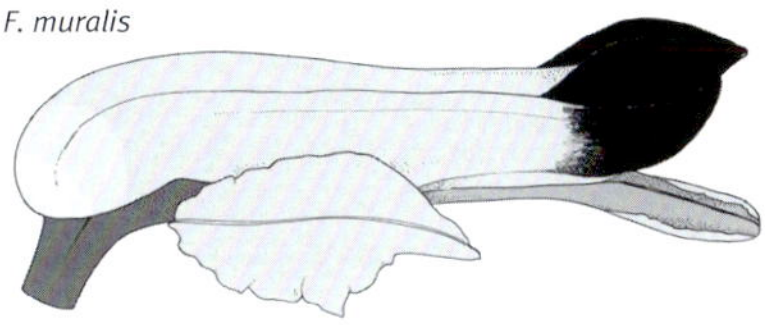

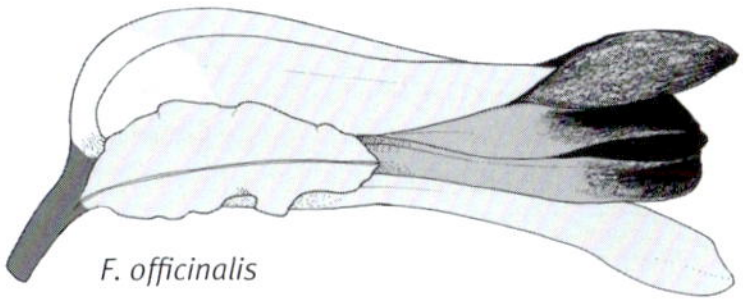

progressivement au rosé, à apex pourpre noirâtre. Citée du sud de la péninsule Ibérique, mais probablement seulement présente sur les îles. ES (îles Baléares), FR (Corse), IT (Sardaigne). **Fumaria muralis** ressemble aux 2 espèces précédentes, avec des grappes de 10-17 fleurs roses de 9-11(12) mm de long, à pétale supérieur dont les ailes élargies cachent la carène ; sépales dentés à la base et *grappes aussi (plus) longues que leur pédoncule*. ES, FR, PT.

Fumaria officinalis FUMETERRE OFFICINALE. Petite plante annuelle très grêle, glabre et glauque, à port traînant, à larges segments foliaires plans et ovales-lancéolés. *Nombreuses fleurs* de 7-8(9) mm de long, *mauves*, tachées de pourpre noirâtre sur les ailes du pétale supérieur et à l'apex des pétales internes, en grappes de 10-45, plus longues que *leur court pédoncule*. Fruits plus larges que hauts. Milieux perturbés ; commune dans toute la zone. **Fumaria parviflora** est voisine, mais à *segments foliaires canaliculés*. Petites fleurs de 5-6 mm de long, *blanches lavées de rose très pâle*, en grappes presque sessiles ; *bractées au moins aussi longues que les pédoncules fructifères*. Dans toute la zone. **Fumaria vaillantii** FUMETERRE DE VAILLANT ressemble à *F. parviflora*, mais *à fleurs roses*, de 5-6 mm de long ; *bractées plus courtes que les pédoncules fructifères*. ES, FR, IT, MA, PT.

Platycapnos

Plantes annuelles à feuilles divisées-pennées. Fleurs zygomorphes ; 2 étamines. Comme *Fumaria* mais à fruits fortement comprimés (pas sphériques), monospermes.

Platycapnos spicatus. Plante annuelle vert grisâtre ne dépassant pas 30 cm de haut, à feuilles 2 fois pennatilobées. Petites fleurs en grappes serrées et arrondies évoquant un trèfle ; pétales crème à rosés, rouges au sommet. Fruit ovale. Sols remués, localisée. ES, FR, IT, PT.

PLATANACEAE PLATANACÉES

Petite famille d'arbres (1 seul genre) à écorce se desquamant et à feuilles simples, palmatilobées. Fleurs unisexuées, régulières ; 3-4 étamines ; 5-8 carpelles. Fruits sous forme d'akènes poilus.

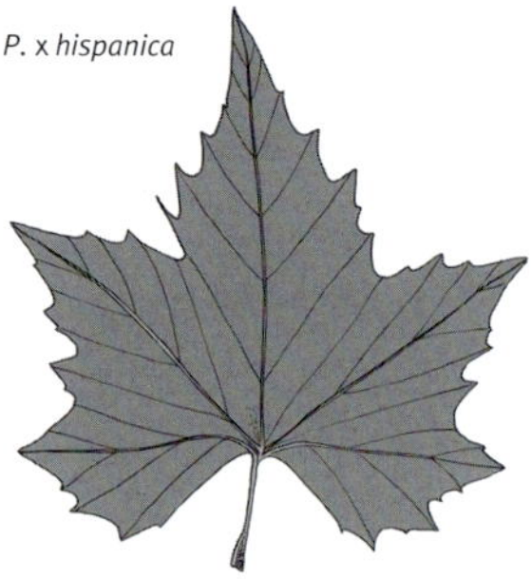
P. x hispanica

Platanus × hispanica (Syn. *P. × hybrida*, *P. × acerifolia*) PLATANE. Grand arbre caducifolié atteignant 35(44) m de haut, à écorce s'exfoliant en plaques, à feuilles palmées à 5-7 lobes aigus. Fleurs groupées en têtes globuleuses denses, souvent par 2 ; fruits globuleux et pendants, de 20-35 mm de diamètre. Non spontané (d'origine cultivée incertaine), mais largement planté au bord des routes de toute la zone. ***Platanus orientalis*** est semblable, mais à feuilles possédant des lobes plus nombreux et plus petits vers leur base, plus longs que larges et dentés. Fruits généralement groupés par 3-6. Originaire de l'Himalaya ; largement planté dans toute la zone.

BUXACEAE BUXACÉES

Arbres et arbustes sempervirents à feuilles simples et opposées. Petites fleurs printanières unisexuées, groupées en épis ou en glomérules latéraux ; 4 sépales et étamines ; 2-3 styles. Fruits : capsules.

Buxus BUXACÉES

Arbustes à petites feuilles coriaces, opposées et fleurs unisexuées à 4 étamines. Fruits sous forme de *capsules à 2-3 cornes*.

Buxus sempervirens BUIS. Arbuste sempervirent de 5 m de haut, à rameaux tétragones et poilus. Petites feuilles ovales de 13-25(30) mm de long et 7-12(15) mm de large, souvent redressées, pâles et parfois pubescentes en dessous. Fleurs mâles et femelles séparées, mais sur le même pied, en inflorescences axillaires et terminales, verdâtres et peu visibles. Le fruit est une capsule ovoïde vert-jaune luisant, de 8-11 mm de long, ornée de 3 cornes. Répandu et assez commun en garrigues, notamment dans le sud de la France, mais absent de la plupart des îles. DZ, ES, FR, IT, MA, TN. *Buxus balearica* est voisin, mais possède des feuilles plus grandes, de 30-45(50) mm de long sur 15-25(30) mm de large, est entièrement glabre et a des capsules plus grandes, de 12-14 mm. Mêmes habitats. ES (dont îles Baléares), IT (Sardaigne), MA.

DROSOPHYLLACEAE

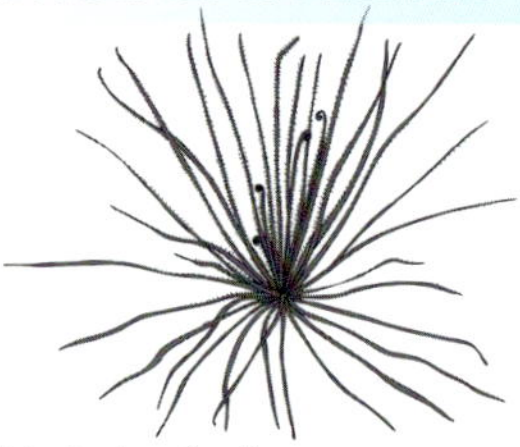
D. lusitanicum (port)

D. lusitanicum (fleur)

Petite famille (1 seul genre) de plantes insectivores vivaces à feuilles couvertes de longs poils glanduleux. Fleurs jaunes, à 5 pétales ; 10 étamines ; 5 carpelles. Fruits sous forme de capsules.

Drosophyllum lusitanicum DROSOPHYLLE DU PORTUGAL. Plante vivace inhabituelle, *très visqueuse-glanduleuse*, délicate, de 35(45) cm, à tiges ascendantes et feuilles groupées en rosettes denses. Feuilles linéaires, étalées, longuement atténuées, de 10-20 cm de long sur 2-3 mm de large, couvertes de poils glanduleux rouges au sommet (souvent garnis d'insectes morts). Fleurs jaunes, à 5 pétales de 20-30 mm de long, en cymes lâches portées par un scape de 30 cm de haut au plus. Lieux rocailleux perturbés, pistes et forêts sèches sur sols acides ; très rare et localisée. ES, MA, PT.

TAMARICACEAE | TAMARICACÉES

Arbustes ou arbres caducifoliés à petites feuilles (souvent en forme d'écailles) alternes et sessiles. Fleurs typiquement en grappes ressemblant à des chatons, à 4-5 sépales et pétales ; 5 étamines ; 3-4 styles. Fruits sous forme de capsules ; graines avec une aigrette de poils.

Tamarix TAMARIS

Arbustes ou petits arbres à l'allure caractéristique et petites feuilles simples et alternes ressemblant à des écailles. Le fruit est une capsule contenant des graines à aigrette de poils disséminées par le vent. Espèces souvent très semblables et difficiles à identifier sur le terrain.

1. *Platanus orientalis*
2. *Buxus sempervirens*
3. *Drosophyllum lusitanicum*
4. *Drosophyllum lusitanicum*

A. Fleurs à 5 divisions

Tamarix africana TAMARIS D'AFRIQUE. Arbre de 3(6) m, « plumeux », plus ou moins glabre, à écorce noirâtre. Petites feuilles de 1,5-3 mm, aiguës, appliquées contre les rameaux. Fleurs blanches ou rose pâle, *en grappes presque sessiles* de 30-70 mm de long et *6-8 mm de large*, poussant sur les rameaux de l'année précédente, *avant le développement des feuilles* ; 5 pétales de 2-3,3 mm de long, *persistant* sur le fruit. Bractées velues. Répandu dans les marais littoraux et le long des rivières de toute la zone. *Tamarix mascatensis* ressemble à *T. africana*, mais à grappes florales naissant sur les rameaux de l'année. DZ, MA, TN. *Tamarix canariensis* est voisin de *T. africana*, mais à poils courts et écorce brun rougeâtre, petits pétales rose pâle, *oblongs*, de 1,3-1,9 mm, *non persistants sur le fruit* ; *grappes ne dépassant pas 3-5 mm de large*. Mêmes milieux ; absent des îles. DZ, ES, FR, IT, MA, PT. ***Tamarix gallica*** ressemble à *T. canariensis*, mais est entièrement glabre, à feuilles vert glauque. Grappes de 20-50 mm de long et 4-5 mm de large, *pétales elliptiques de 1,7-2 mm de long. Pédoncule des grappes glabre*. Absent de nombreuses îles. ES, FR, IT.

B. Fleurs à 4 divisions, ou à 4 et 5 mêlées

Tamarix parviflora. Arbuste ou arbre de 5 m, à écorce brun rougeâtre, glabre ou à poils courts. Feuilles aiguës, de 3-5 mm, à marges membraneuses. Fleurs blanches ou roses, à *4 pétales*, en grappes de 30 mm de long et 5 mm de large, naissant sur les rameaux de l'année précédente ; sépales finement dentés ; bractées minuscules, *à sommet pourpré comme celui des sépales*. Berges des rivières, bord des routes. Originaire de Méditerranée orientale, naturalisé ailleurs. ES, FR (Corse), IT, TN. *Tamarix dalmatica*, voisin, est également glabre, mais avec des *grappes florales épaisses (non minces) atteignant 12 mm de large* ; fleurs rose pâle, normalement à 4 divisions. Marais littoraux. ES (dont îles Baléares), IT (Sicile).

Reaumuria

Arbrisseaux prostrés typiques des milieux arides. Comme *Tamarix*, mais à fleurs *moins nombreuses et plus grandes* ; environ 70 étamines ; 3-5 styles. Fruits sous forme de capsules à 3-5 valves.

***Reaumuria vermiculata*.** *Arbrisseau* dressé ou ascendant ne dépassant pas 30 cm. Feuilles semi-cylindriques, jusqu'à 12 mm de long, longuement aiguës, vert bleuté, agglomérées à la base des rameaux, éparses au-dessus. Tiges émettant des rejets latéraux feuillés. *Fleurs solitaires*, blanches, à 5 divisions, à calice caché par de nombreuses bractées en pointe aiguë. Étamines en 5 faisceaux ; 5 styles. Falaises et rochers littoraux, avant tout en Afrique du Nord. DZ, IT (Sicile), TN.

FRANKENIACEAE | FRANKENIACÉES

Sous-arbrisseaux nains (parfois plantes herbacées) à feuilles entières et opposées, sans stipules. Fleurs normalement hermaphrodites à 5 sépales partiellement soudés et 5 pétales libres ; 6 étamines ; 1 style, divisé. Fruits sous forme de petites capsules.

Frankenia FRANKÉNIE

Sous-arbrisseaux ligneux aisément reconnaissables à leur structure florale particulière et à leurs feuilles évoquant celles des bruyères.

A. Plante *annuelle* (à peine ligneuse à la base)

Frankenia pulverulenta FRANKÉNIE ANNUELLE. *Plante annuelle à nombreuses tiges couchées*, de 5-17(30) cm de long, pas spécialement ligneuses, souvent étalées en cercle, à feuilles ovales de 5-6(8) mm de long, glabres dessus, à poils crépus en dessous, fréquemment rougeâtres. Fleurs solitaires à l'aisselle des rameaux et des feuilles supérieures, sessiles, roses, à pétales échancrés. Divers milieux arides et salés. Dans toute la zone.

B. Plantes (en général) vivaces, à fleurs en *fascicules épars au sommet des tiges* (pas toutes terminales)

Frankenia laevis FRANKÉNIE LISSE. *Plante vivace* ligneuse gazonnante souvent rougeâtre, à poils courts ; rameaux de 8-50(60) cm de long portant de petites feuilles *linéaires* incrustées de blanc, de 2,5-4,5(10) mm de long, à marges enroulées. Fleurs rose pâle à foncé, groupées sur de courts *rameaux latéraux* (pas toutes réunies au sommet des tiges). Dunes et sommet des falaises. Espèce avant tout atlantique, disséminée sur les côtes méditerranéennes. ES, IT, MA, PT. Subsp. *composita* (Syn. *F. composita*) est brièvement vivace (parfois annuelle), grêle, à base à peine ligneuse, à rameaux couchés-étalés rougeâtres, de 10-30(50) cm de long, à feuilles oblongues de 5-8 mm, glabres dessus mais garnies *en dessous et sur le pétiole de soies aplaties, élargies en spatule*. Fleurs violacées, en cymes latérales ou terminales. Sables dunaires. ES (dont îles Baléares), MA.

1. *Tamarix africana*
2. *Tamarix gallica*
3. *Frankenia pulverulenta*
4. *Reaumuria vermiculata*

PHOTOGRAPHIE : GIANNIANTONIO DOMINA

C. Plantes vivaces, *à fleurs disposées en cymes terminales ou en épis denses*

Frankenia hirsuta FRANKÉNIE HIRSUTE. Vivace couchée-gazonnante, à rameaux de 10-20(40) cm, ressemblant à *F. laevis*, mais *hérissée de poils blancs raides* au moins au sommet, peu incrustée de blanc mais couverte d'une pulvérulence blanchâtre en haut ; fleurs rose pâle à moyen, *naissant au sommet des rameaux* (pas en cymes latérales). Milieux salés. Absente de la péninsule Ibérique. ES (îles Baléares), FR, IT, MA.

Frankenia thymifolia. Plante vivace robuste *à port ascendant et rameaux arqués* de 15-25(30) cm de long, feuilles triangulaires-ovales de 2-2,5(3) mm de long. *Nombreuses fleurs rose vif formant de longs épis arqués, plus ou moins unilatéraux*. Milieux salés. Rare, Sud-Ouest uniquement. ES, MA.

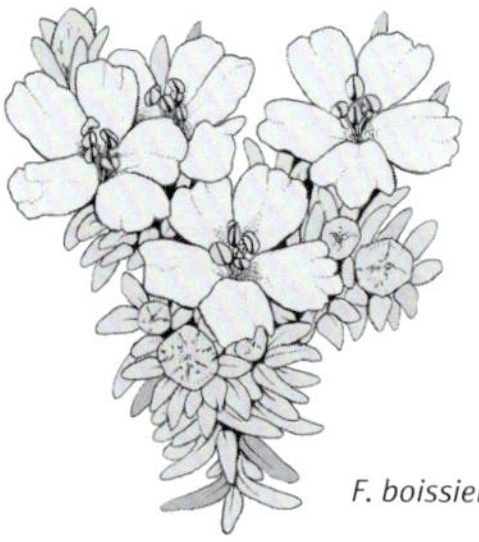

F. boissieri

Frankenia boissieri. Plante vivace en buisson (souvent dense), à rameaux dressés de 9-30(40) cm de long, à feuilles *ovales à cordées* de 4-7(10) mm de long, non incrustées de blanc, *glabres dessus* ; fleurs violacées *en cymes terminales denses* ; calice à poils blancs. Milieux salés côtiers dans le sud de la péninsule Ibérique et le nord-ouest de l'Afrique. ES, MA, PT. **Frankenia corymbosa** est également une vivace dressée ou ascendante, mais à *feuilles linéaires, garnies de poils courts*, de 2,5-5(8) mm de long, souvent en partie incrustées de blanc. Milieux salés. Uniquement dans l'Extrême-Sud. ES, MA.

1. *Frankenia laevis*
2. *Frankenia boissieri*
3. *Armeria pungens*

1

2

3

PLUMBAGINACEAE | PLOMBAGINACÉES

Vivaces à feuilles basales, simples et entières, sans stipules. Fleurs régulières en panicules ou en capitules, lâches ou denses, à 5 divisions, calice en partie membraneux à lobes persistants à la fructification ; pétales soudés en tube en bas ; 5 étamines et 5 styles. Fruits : capsules monospermes.

Plumbago

Herbacées vivaces et ligneuses à feuilles embrassantes. Inflorescence en épi terminal dense ; corolle tubuleuse ; 5 étamines libres ; 1 style ; 5 stigmates. Fruits sous forme de capsules monospermes à 5 valves.

Plumbago europaea. Grande vivace dressée très rameuse de 1,2 m de haut, à feuilles alternes, ovales à oblongues, jusqu'à 10 cm de long, cordées et embrassant la tige à la base, *à marges glanduleuses*. Fleurs violettes ou rose lilas, à lobes plus sombres de *20 mm de long*, groupées en faux épis ; lobes de la corolle ovales. Capsule à 5 valves. Sols sableux littoraux, habitats perturbés, haies. Dans toute la zone. *Plumbago auriculata* est un arbuste grimpant de 6 m de haut, à marges des feuilles non glanduleuses. Fleurs bleu ciel, *longues de 40 mm*. Originaire d'Afrique du Sud, largement planté et parfois naturalisé. ES, PT.

Armeria ARMÉRIA

Vivaces en touffe, à feuilles basales. *Fleurs groupées en têtes hémisphériques denses* avec des bractées membraneuses, au sommet de pédoncules nus ; 5 étamines et 5 styles. Généralement rares et locales dans la région en dehors de la péninsule Ibérique ; les espèces sont présentées ici par zone géographique.

A. Sud de la péninsule Ibérique (groupe difficile dans lequel de nombreux taxons proches ont été décrits, susceptibles de s'hybrider, et à statut spécifique en partie incertain)

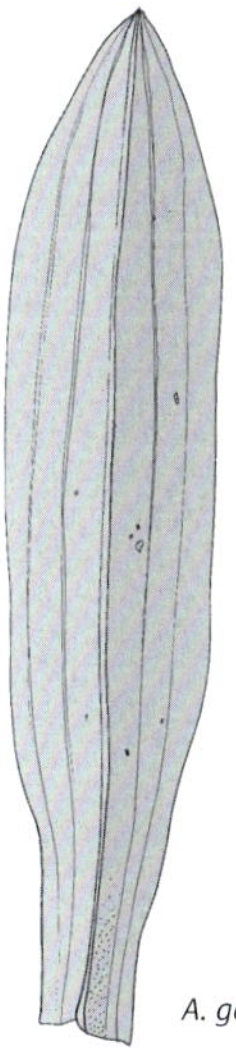

A. gaditana

Armeria pungens. Sous-arbrisseau *nain et compact à souche ligneuse*, de 50 cm. Feuilles en touffes, linéaires, de 4-10 cm de long et 1-2,5(3,5) mm de large, graminiformes. Fleurs blanches ou rose pâle, en têtes de 30 mm portées par des pédoncules de 10-35 cm. Espèce la plus commune sur sables maritimes dans le sud-ouest de la péninsule Ibérique. ES, FR (Corse), IT (Sardaigne), PT. *Armeria macrophylla* est semblable, mais à rameaux courts et feuilles plus longues, *filiformes*, de 10-23(30) cm de long sur 0,5-1,5(2) mm de large au plus. Fourrés et lieux sableux ou rocailleux. Sud-ouest de la péninsule Ibérique. ES, PT. *Armeria gaditana* est moins ligneux, vertical et peu ramifié, à feuilles *plus larges*, en rubans, de 9-25 cm de long sur 9-25(35) mm de large ; fleurs rose profond. Prairies des estuaires. Sud-ouest de la péninsule Ibérique. ES, PT. *Armeria velutina* est une *herbacée densément couverte de poils soyeux souples* ; *feuilles > 2 mm de large, à 3-5 nervures*. Bractées à marges membraneuses. Fourrés sur sols secs et acides. Sud-ouest de la péninsule Ibérique ; rare. ES, PT. *Armeria rouyana*, semblable, a des *feuilles > 2 mm de large, à 1 nervure*. Rare, région de l'Alentejo. PT.

B. Nord-est de l'Espagne et sud de la France

Armeria ruscinonensis. Sous-arbrisseau nain à souche ramifiée. Feuilles de forme semblable, linéaires à spatulées, un peu coriaces. Fleurs rose pâle ou blanches, en têtes larges de 13-20 mm, sur des pédoncules souples de 8-30 cm de long. Falaises et montagnes du littoral. ES, FR. *Armeria soleirolii* est voisin, mais à feuilles internes plus longues et plus étroites que les externes. Falaises et rochers du littoral. FR (Corse).

C. Italie continentale et Sicile

Armeria canescens. Plante vivace de taille modeste à moyenne, polymorphe. Feuilles de dimensions variables, les externes linéaires ayant leur plus grande largeur au-dessus du milieu, les internes plus larges, linéaires à linéaires-lancéolées, planes ou à bords enroulés, à marge membraneuse. Fleurs roses, en têtes de 25 mm de large, portées par des pédoncules de 70 cm de long ; bractées brun clair, à marges papyracées. Lieux rocheux, généralement en altitude. IT (dont Sicile).

D. Afrique du Nord

Armeria ebracteata. Plante vivace en touffe, à feuilles en lanières graduellement rétrécies vers la base. Fleurs roses, en têtes denses sur des pédoncules allongés ; bractées à sommet aigu, *les externes plus longues que les internes*. DZ, MA, TN.

Limonium STATICE

Plantes herbacées vivaces, à feuilles simples, coriaces, formant une rosette basale ; fleurs groupées *en cymes rameuses* ; fleurs à corolle devenant papyracée et persistant après la floraison ; 5 étamines et styles. De nombreuses espèces sont présentes dans la zone, dont beaucoup d'endémiques localisées. Seules les plus communes et quelques raretés d'intérêt local sont décrites ici.

A. Tiges ailées au sommet ; feuilles présentes

L. sinuatum

L. vulgare

Limonium sinuatum LIMONIUM À FEUILLES SINUÉES. Plante vivace de taille modeste (10-40 cm), hérissée, qu'on pourrait confondre avec une Boraginacée. Feuilles lobées, de 4-15 cm de long et 0,8-3 cm de large, groupées en rosette basale. Tiges parcourues par 3-4 ailes ondulées. Fleurs crème ; calice de 11,5-14 mm, *voyant, pourpre-bleu, à marges papyracées*. Lieux salés du littoral. Dans toute la zone.

B. Tiges cylindriques, non ailées ; feuilles présentes

Limonium vulgare SALADELLE COMMUNE. Plante vivace basse à moyenne de 40(60) cm, à feuilles vert bleuté, obovales, à nervures pennées, de 20-30 cm de long et 1,5-3 cm de large, formant une rosette lâche. Nombreuses fleurs rougeâtres à lilas, groupées en épis denses de 10-20 mm de long, > 4 épillets par cm. Sols vaseux salés et marais littoraux. Extrême-Sud-Ouest uniquement. ES, PT. *Limonium bellidifolium* possède souvent des feuilles desséchées à la floraison, des épis denses très courts < 10 mm de long ; rameaux latéraux stériles vers le bas des tiges. Prés-salés sableux. ES, FR, IT.

Limonium oleifolium (Syn. *L. virgatum*). Plante vivace très variable (s'hybride souvent), glabre et lisse, de 10-50 cm, à feuilles linéaires-spatulées, *à 1 nervure saillante*, de 30-85 mm de long sur 3,5-8 mm de large, desséchées ou non à la floraison. Fleurs roses, de 7-8 mm de large, en épis de 20-80 mm avec 3-5 épillets par cm, formant une inflorescence en zigzag à nombreux rameaux stériles. Divers milieux côtiers, sols rocheux et sableux du littoral. DZ, ES, FR, IT, MA, TN. ***Limonium algusae***, impossible à distinguer sur le terrain, considérée comme une espèce distincte ; endémique très rare. IT (Sicile : île de Linosa).

---

1. *Limonium sinuatum*
2. *Limonium vulgare*
3. *Limonium echioides*
4. *Limonium algusae* PHOTOGRAPHIE : GIANNIANTONIO DOMINA
5. *Limonium camposanum*

Limonium camposanum. Petite plante vivace glabre, de 15-35 cm de haut, à *rosette basale de feuilles planes, spatulées ou en cuillère, vert bleuté*. Inflorescence à nombreux rameaux lâches, étalés-dressés, formant un angle de 30°-45° avec la tige, garnis de nombreuses fleurs violettes ; 7-9 épillets par cm ; *tube du calice densément velu*. Rare, uniquement sables littoraux de Majorque. ES (îles Baléares).

Limonium echioides. Annuelle basse et délicate ne dépassant pas 45 cm, *à petites rosettes de feuilles planes et tuberculeuses* rougissant avec l'âge ; feuilles plus larges au-dessus du milieu, atténuées vers la base, de 7-55 x 3-16 mm. Fleurs blanc rosé, vite flétries, portées par de minces rameaux rougeâtres, largement écartés et unilatéraux ; épis de 2-18 cm de long, avec 1-2 épillets par cm ; calices persistants, à lobes terminés par 5-10 épines crochues. Dunes fixées, sommets de falaises ; fréquente dans toute la zone.

1

2

3

4

5

6

C. Feuilles peu nombreuses ou *absentes* à la floraison ; plantes à nombreux rameaux stériles

Limonium insigne. Vivace glabre à port buissonnant, de 15-80 cm, présentant de nombreuses touffes de *tiges rameuses charnues et sans feuilles* parmi les tiges fertiles florifères. Feuilles oblongues, pétiolées, de 30-90 mm de long et 7-22 mm de large, en rosette (souvent absentes). Fleurs en inflorescences rameuses, hermaphrodites, pourpre-rose, jusqu'à 10 mm de large, formant des épis de 10-35 mm à 3-6 épillets de 8-10 mm par cm. Halophyte rare des falaises maritimes et des semi-déserts du sud de l'Espagne. ES.

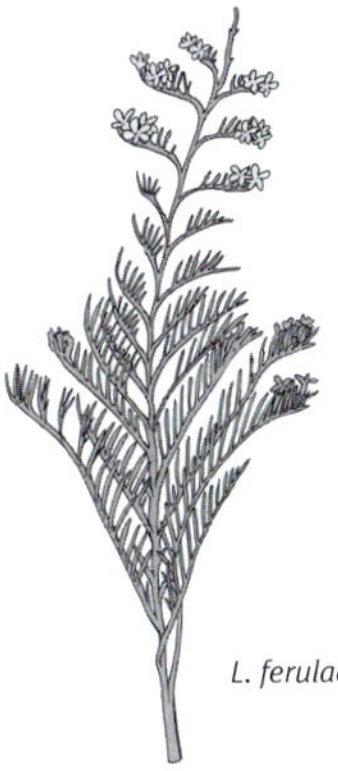
L. ferulaceum

Limonium ferulaceum. Arbrisseau nain très ramifié, de 10-65 cm de haut, à nombreuses *touffes denses et «plumeuses»* de rameaux brunâtres, rougeâtres ou verts, *stériles et fertiles mêlés*. Feuilles elliptiques, non lobées, absentes lors de la floraison. Fleurs roses, jusqu'à 6 mm, naissant au sommet des rameaux ; épis réduits à des épillets de 5-7 mm ; calice de 4,5-5,1 mm. Lieux rocheux et sableux, marais salés. ES, PT (probablement ailleurs aussi). **Limonium diffusum** est semblable, mais souvent avec quelques feuilles à la floraison ; fleurs disposées tout le long des rameaux (pas seulement au sommet). *Épillets courts, de 3-3,5 mm*, fleurs violet pâle ; *calice de 3-3,5 mm seulement*. Sables et marais salés du littoral. Espèce atlantique, présente jusque dans le sud-ouest de la péninsule Ibérique. PT.

Limonium cancellatum. Petite plante vivace ne dépassant pas 18 cm, à rosettes denses de petites feuilles bleutées, ascendantes, étroitement spatulées et progressivement atténuées vers la base. Fleurs en inflorescence comportant de nombreux rameaux stériles ; *rameaux en zigzag, enchevêtrés*. Fleurs violet pâle. Falaises et rochers littoraux, dans le sud-est de l'Italie seulement. IT.

D. Parties végétatives formant un coussinet compact

Limonium lopadusanum. Sous-arbrisseau vivace à port caractéristique *en coussinet* constitué par des rosettes hémisphériques et densément agglomérées de *feuilles spatulées* ; fleurs lilas pâle groupées en nombreuses inflorescences fragiles, lâches et flexueuses, en principe dépourvues de rameaux stériles. Rochers littoraux, espèce endémique insulaire. IT (Sicile).

Limonium minutum. Petite plante vivace presque entièrement glabre, à feuilles formant des *coussinets très denses et arrondis comme une balle* ; *petites feuilles d'à peine 10 mm de long sur 4 mm de large*. Fleurs violet pâle, sur des rameaux courts, en zigzag. Rare, seulement sur rochers littoraux à Majorque ; s'hybride fréquemment avec des espèces proches. ES (îles Baléares).

Limonium ovalifolium. Plante vivace à feuilles densément agglomérées en grosses touffes formant *presque des coussinets* étalés, de 3,5-13 cm de haut ; feuilles vertes, souvent teintées de pourpre, plutôt concaves, à nervures peu visibles. Fleurs lilas, sur des rameaux étalés ; *tiges florifères courtes et peu nombreuses*, de 8-35 cm de haut. Rochers et falaises maritimes. Espèce surtout atlantique, s'étendant jusqu'au sud de la péninsule Ibérique et au nord-ouest de l'Afrique. ES, MA, PT.

1. *Limonium insigne*
2. *Limonium diffusum*
3. *Limonium cancellatum*
4. *Limonium lopadusanum*
PHOTOGRAPHIE : GIANNIANTONIO DOMINA
5. *Limonium ovalifolium*
6. *Limonium minutum*

Limoniastrum

L. monopetalum

Comme *Limonium*, mais *grand arbrisseau étalé* à feuilles alternes le long des tiges et à glandes excrétant du calcaire. Fleurs à 5(6) étamines.

Limoniastrum monopetalum GRAND STATICE. Arbrisseau charnu, buissonnant, de 50(200) cm de haut, à feuilles succulentes vert argenté concaves, de 20-60(90) mm de long, couvertes d'écailles blanches et engainant la tige à la base. Grandes fleurs rose vif, devenant violettes, longues jusqu'à 16 mm, formant des épis lâches ; corolle à 5 pétales étalés, ovales. Sable maritime et marais salés. ES, FR, MA, PT.

POLYGONACEAE | POLYGONACÉES

Plantes herbacées ou petits arbrisseaux sans latex, à feuilles alternes et stipules formant une gaine membraneuse autour de la tige. Fleurs hermaphrodites ou unisexuées, souvent petites et verdâtres ou rougeâtres ; 3-6 tépales ; (3)6-9 étamines ; 2-3 stigmates, sessiles ou avec styles. Fruits sous forme d'akènes.

Polygonum

Plantes annuelles ou vivaces à racine pivotante. Fleurs solitaires ou peu nombreuses (< 6) à l'aisselle des feuilles et plus courtes que celles-ci ; 8 étamines ; 3 stigmates, subsessiles. Akènes à 3 angles arrondis.

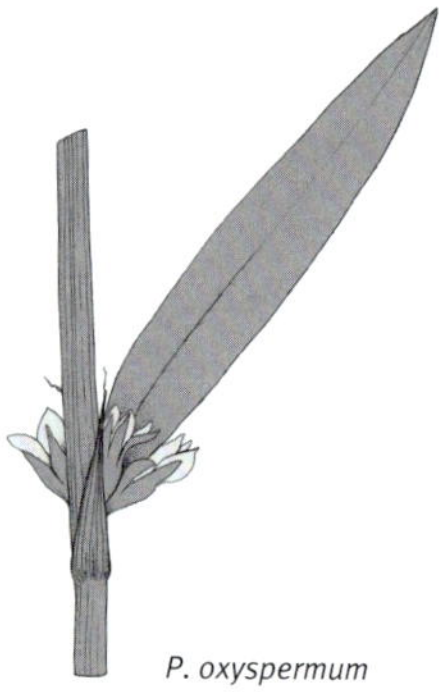

P. oxyspermum

Polygonum maritimum RENOUÉE MARITIME. Plante vivace à souche ligneuse et tiges de 60-80 cm, couchées ou ascendantes. Feuilles étroitement elliptiques, glauques et sessiles, à marges enroulées vers le bas, de 15-25 mm de long et 6-9(16) mm de large. Stipules argentées, rougeâtres à la base *à 8-12 nervures ramifiées très visibles*. Fleurs blanches ou roses, à 5 lobes, de 3-4 mm de large, solitaires ou par 2-3 aux nœuds. Commune sur sols sableux et caillouteux du littoral dans toute la zone. *Polygonum equisetiforme* est voisine, mais à longs rameaux raides et stipules *plus courtes que leur entre-nœud* ; feuilles de 2-5(10) mm de large. Fleurs en *épis lâches et nus au sommet*, ou seulement avec quelques bractées foliacées. ES, IT, MA. *Polygonum romanum* est semblable à *P. maritimum*, mais feuilles étalées, vertes *(non glauques)*, linéaires à linéaires-lancéolées, *de 1-2(2,5) mm de large seulement* et stipules à nervures *fines et peu nombreuses*. FR, ES (îles Baléares). *Polygonum oxyspermum* est une *annuelle* à stipules beaucoup plus courtes que les entre-nœuds et à 4-6 nervures non ramifiées, à feuilles *largement elliptiques ou linéaires-lancéolées à marges à peine enroulées*. Sols sableux du littoral. ES, FR, IT, PT.

---

1. *Limoniastrum monopetalum*
2. *Polygonum maritimum*
3. *Rumex bucephalophorus*
4. *Rumex tunetanus*

PHOTOGRAPHIE : SERGE D. MULLER

Persicaria

Plantes annuelles ou vivaces rhizomateuses. Nombreuses fleurs groupées en faux épis terminaux ou axillaires non feuillés ; 8 étamines ; 1 style. Akènes à 3 angles ou ailés.

Persicaria maculosa (Syn. *Polygonum persicaria*) RENOUÉE PERSICAIRE. *Annuelle* dressée ou étalée, *glabre*, de 80 cm, à tiges rameuses, rougeâtres vers la base et renflées aux nœuds. Feuilles lancéolées et atténuées à la base, *avec une tache noire au centre*. *Fleurs roses*, en épis cylindriques denses, terminaux (ou axillaires), non feuillés. Répandue et commune dans les friches humides de toute la zone. *Persicaria lapathifolia* (Syn. *Polygonum lapathifolium*) RENOUÉE À FEUILLES D'OSEILLE est semblable, mais un peu velue, à tige verdâtre ; pédoncules floraux à glandes jaunâtres, *fleurs blanc verdâtre*. Mêmes milieux. Dans toute la zone.

Rumex OSEILLE

Plantes vivaces à fleurs en grappes terminales ou axillaires, ou en panicules de verticilles ; 6 étamines ; 3 styles. Akènes à 3 angles aigus.

A. Plante herbacée à feuilles basales *cordées ou arrondies, se terminant brusquement ou progressivement en pétiole* (non distinctement lobées à la base)

Rumex tunetanus PATIENCE DE TUNISIE. Plante annuelle dressée, jusqu'à 80 cm de haut. Feuilles à pétiole atteignant 18 cm de long ; limbe jusqu'à 50 cm de long, à marges ondulées, cordé à la base. Fleurs en panicules lâches et non feuillées. Valves fructifères triangulaires-cordées, à nervures saillantes et 5-8 paires de petites dents inégales. Zones humides douces. Très rare, endémique du nord de la Tunisie, au bord de l'extinction, connue d'un unique site des Mogods. TN.

Rumex bucephalophorus OSEILLE TÊTE-DE-BŒUF. Annuelle dressée, variable, petite ou moyenne, de 30(50) cm rameuse ou non. Feuilles en général petites, longues de 6-35(65) mm, lancéolées, ovales ou en cuillère, pétiolées, vert grisâtre. Très petites fleurs rouges à pédicelle de longueur variable, groupées par 2-3 à l'aisselle des feuilles et formant un épi allongé et dense. *Valves fructifères triangulaires-ovales ou étroites*, à 3-4 dents. Commune dans les friches, sur les sables littoraux et les falaises maritimes. Dans toute la zone.

1

2

3

4

1. *Rumex intermedius*
2. *Rumex vesicarius*
3. *Rumex induratus*

Rumex rupestris OSEILLE DES ROCHERS. Plante vivace dressée, de 50(70) cm de haut, à rameaux en zigzag et *feuilles* épaisses, oblongues et *obtuses*, *grisâtres*, à base arrondie ou presque cordées, les inférieures pétiolées. Inflorescence *feuillée seulement à la base*, à longs rameaux étalés à 25°-50°. Valves fructifères entières, chacune avec un tubercule à la base. Sur sable dunaire, localisée. ES (nord), FR (sud).

1

2

3

B. Plante herbacée à feuilles basales triangulaires ou en fer de flèche (*généralement lobées à la base*)

Rumex acetosella PETITE OSEILLE. Plante vivace *grêle*, étalée ou dressée, jusqu'à 45(80) cm de haut ; *petites feuilles en fer de flèche, à 2 lobes basilaires dirigés vers l'avant et 1 grand lobe central ovale-lancéolé* de 6-60 mm de long. Fleurs verdâtres ou rougeâtres, en grappes simples ou rameuses, unisexuées, les mâles et les femelles sur des pieds différents. Valves fructifères aussi longues que les akènes. Lieux secs et ouverts. ES, FR, IT.

Rumex thyrsiflorus (Syn. *R. acetosa*) OSEILLE À OREILLETTES. Plante vivace peu rameuse atteignant 1 m de haut (souvent moins), à feuilles basales en fer de flèche, avec un lobe central allongé-lancéolé, de 2-9(12) cm de long et des lobes latéraux dirigés vers l'arrière ; feuilles caulinaires devenant progressivement de plus en plus étroites, celles du haut étroitement linéaires et embrassantes. Fleurs verdâtres ou rouges, *en panicules très denses*. Localement commune dans les dunes ou sur sol nu. ES, FR, IT, PT.

R. roseus

R. intermedius

Rumex roseus (Syn. *R. tingitanus*) RUMEX DE TANGER. Robuste plante vivace rhizomateuse atteignant 80(90) cm, rameuse à la base, à feuilles ovales à en fer de flèche, de 17-75 mm (10 cm) de long, *lobées-ondulées*, souvent atténuées vers l'apex. Inflorescence à grandes gaines persistantes. Valves fructifères roses plus longues que les akènes, cordées à la base. Localement commune sur sols sableux et caillouteux du littoral. ES, FR, IT, PT.

Rumex intermedius. Plante vivace à tiges souvent en touffe, atteignant 60 cm de haut. *Feuilles linéaires*, de 10 cm de long et 10 mm de large, à lobes basilaires étroits et divergents et *marges ondulées* ; parfois des feuilles de formes différentes sur la même plante. Valves fructifères plus longues que l'akène. Localement commune sur sols sableux et caillouteux du littoral. ES (dont îles Baléares), FR, PT.

Rumex vesicarius. Plante annuelle à feuilles ovales-triangulaires à arrondies. Pédicelles portant chacun 2 fleurs, dont l'une est plus petite et cachée par les bractées *spectaculaires*, arrondies et renflées, de 12-18(23) mm de long, souvent *lavées de rose vif ou de rouge cramoisi* et à réseau de nervures plus foncées. Lieux arides et marges des déserts en Afrique du Nord. DZ, MA, TN.

C. Plante *vivace ligneuse à la base, très ramifiée*, à feuilles basales triangulaires ou en fer de flèche (lobées à la base)

Rumex scutatus. Plante vivace ligneuse à la base, très rameuse, jusqu'à 40(65) cm de haut, à feuilles variables de 10-23(45) x 5-26(40) mm, triangulaires-cordées, à lobes basilaires divergents, glauques et un peu épaisses. Fleurs unisexuées, rougeâtres, en panicules ramifiées. Fruits à valves fructifères ovales à arrondies, cordées à la base, *aussi longues que larges* (4,5-6,5 mm). ES, FR, IT. **Rumex induratus** (Syn. *R. scutatus* subsp. *induratus*) est une *vivace très ramifiée et buissonnante* plus trapue, jusqu'à 80 cm (1 m) de haut, grisâtre, à petites feuilles basales en fer de flèche avec un lobe central lancéolé ou ovale de 8-35 mm de long ; feuilles en partie cachées en été par les nombreux rameaux ascendants qui confèrent alors à la plante *un port d'arbrisseau hémisphérique*. Fleurs en panicules terminales et axillaires lâches. Valves fructifères *grandes et arrondies*, cordées à la base, *plus larges que longues* (5,5-10,5 mm), plus longues que l'akène, à nervures saillantes, rosées. Pentes sèches et dénudées, bord des routes, plages de galets. ES (sud), MA, PT (sud).

Herniaria HERNIAIRE

Comme *Paronychia*, mais souvent à feuilles et fleurs minuscules, et *bractées discrètes* ; 5 étamines ; 2 stigmates ; fruits sous forme d'akènes. De nombreuses espèces ont été décrites en péninsule Ibérique, mais leur statut réel reste problématique en l'absence de données génétiques.

H. maritima

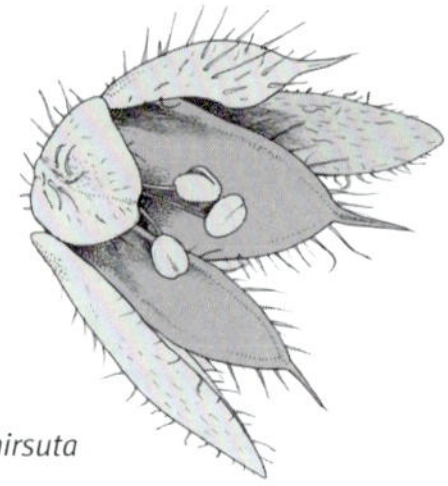

H. hirsuta

Herniaria maritima. Plante annuelle basse et discrète, *charnue*, plus ou moins étalée-gazonnante, à tiges âgées se lignifiant à la base, les plus jeunes pubescentes d'un côté seulement. Très petites feuilles ne dépassant pas 7 mm, largement elliptiques, à poils appliqués sur les 2 faces. Minuscules fleurs de 1,5-5 mm de diamètre, à 5 divisions, groupées par 4-7(18) en glomérules denses. Sables dunaires de l'Algarve exclusivement, rare. PT.

Herniaria hirsuta HERNIAIRE HIRSUTE. Annuelle variable (avec des formes traitées comme des espèces) à feuilles vert vif ou grisâtre, de 4-8(11) mm de long, *densément hérissées de poils blancs et raides* ; fleurs de 1,3-1,6 mm, à 2-5 étamines, groupées par 7-12 en glomérules arrondis à l'aisselle des feuilles ; *calice pubescent*. Divers milieux ouverts. Dans toute la zone. *Herniaria glabra* est voisine, mais feuilles dépourvues de poils sauf sur leurs bords ; *calice glabre* ; fleurs de 1,3-1,5 mm. Lieux sablonneux, friches. ES, FR, IT.

Polycarpon POLYCARPE

Petites annuelles à tiges rameuses et feuilles opposées ou verticillées à stipules papyracées. Fleurs à *sépales carénés et en capuchon* ; (1)3-5 étamines ; 3 stigmates. Fruits sous forme de capsules à 3 valves.

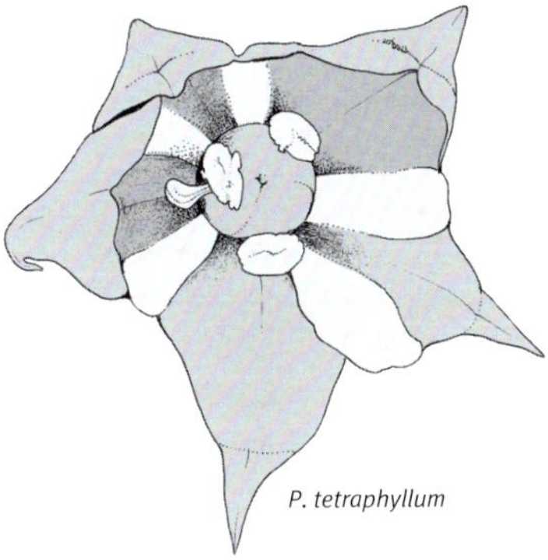

P. tetraphyllum

Polycarpon tetraphyllum POLYCARPE À QUATRE FEUILLES. Micro-annuelle glabre, à souche non ligneuse, de 2-35 cm. Feuilles *en verticilles de 4* pour la plupart, vertes ou pourprées. Minuscules fleurs blanches en cymes ramifiées (2 mm de diamètre au plus), à pétales échancrés, plus courts que les sépales ; 3-4 étamines. Graines brunâtres et verruqueuses. Dunes et lieux sableux dénudés à l'intérieur des terres. Dans toute la zone. *Polycarpon polycarpoides* est voisine, mais vivace charnue, à souche ligneuse, feuilles arrondies et inflorescence lâche ; 5 étamines. Rochers littoraux. ES, FR, IT. *Polycarpon alsinifolium* ressemble beaucoup à *P. tetraphyllum* (dont elle est souvent traitée comme sous-espèce), mais fleurs à 4-5 étamines ; graines blanchâtres et lisses. Dunes. ES (dont îles Baléares), PT.

Corrigiola

Plantes herbacées annuelles ou vivaces à tiges couchées et feuilles linéaires à oblongues, alternes, grisâtres, munies de stipules. Fleurs à 5 étamines ; 3 stigmates. Fruits sous forme d'akènes.

Corrigiola littoralis CORRIGIOLE DES GRÈVES. Petite plante annuelle *grisâtre*, à tiges étalées ou rampantes atteignant 50 cm, à feuilles entières *étroitement oblongues à linéaires*, obtuses, un peu charnues et munies de stipules papyracées à leur base. Minuscules fleurs blanches (1-2 mm), groupées en cymes denses et arrondies au sommet des tiges feuillées ; sépales verts à marge blanche ; anthères violacées. Sols sableux humides du littoral, locale. ES, FR, MA, PT. *Corrigiola telephiifolia* est semblable (souvent traitée comme une sous-espèce), mais à *feuilles vert grisâtre spatulées ou en cuillère évoquant un peu celles d'une euphorbe*. ES, MA, PT.

Loeflingia

L. hispanica

Plantes annuelles basses très rameuses, à feuilles linéaires et opposées. Fleurs sessiles, à 5 pétales ; 3 ou 5 étamines ; 1 style. Fruits sous forme de capsules à 3 valves.

Loeflingia hispanica LOEFLINGIA D'ESPAGNE. Petite plante annuelle pubescente-glanduleuse, rougeâtre ou violacée, très rameuse, à rameaux ascendants, atteignant 15(20) cm, portant des feuilles linéaires, longuement aiguës, soudées à la base, de 3-6(14) mm de long. Minuscules fleurs verdâtres (3 mm de diamètre au plus), en épis ramifiés ; *5 pétales, plus courts que les capsules à maturité* ; *3-5 étamines*. Lieux secs et sablonneux ; commune dans toute la zone. *Loeflingia baetica* est voisine, mais possède toujours 5 étamines et ses pétales dépassent en longueur les capsules matures. ES, MA, PT.

---

1. *Herniaria maritima*
2. *Herniaria hirsuta*
3. *Loeflingia hispanica*
4. *Polycarpon tetraphyllum*

Sagina SAGINE

Petites plantes herbacées souvent en touffe, ressemblant à des mousses. Très petites fleurs à 4-5 sépales et pétales, ou ces derniers absents ; 4, 5, 8 ou 10 étamines ; 4-5 styles. Capsule à 4-5 valves.

S. apetala

Sagina apetala SAGINE APÉTALE. Petite herbacée annuelle, à tiges très grêles, *subdressées, atteignant 15 cm, florifères*. Feuilles linéaires, atténuées au sommet. Petites fleurs solitaires à 4 sépales ovales souvent en capuchon, minuscules pétales, promptement caducs. Lieux sablonneux ; commune dans toute la zone. ***Sagina procumbens*** SAGINE COUCHÉE ressemble à une mousse, mais *vivace* vert vif, *tapissante*, à tige principale non florifère, naissant d'une rosette centrale de feuilles denses et émettant de nombreuses pousses latérales atteignant 20 cm de long, s'enracinant aux nœuds mais redressées à leur extrémité ; 4(5) sépales et étamines. Lieux sablonneux, friches urbaines ; commune dans toute la zone.

Spergularia SPERGULAIRE

Plantes annuelles ou vivaces à feuilles étroites et opposées (parfois pseudo-verticillées), munies à leur aisselle de fascicules feuillés ; feuilles charnues ou non. Pétales pourpres, roses ou blancs ; 5-10 étamines ; 5 stigmates. Capsule à 5 valves.

S. media

S. media (graines)

S. purpurea

S. purpurea (graine)

S. fimbriata

A. Pétales normalement *plus longs* que les sépales ; graines ailées, toutes ou en partie

Spergularia media SPERGULAIRE MARGINÉE. Petite vivace subglabre, de 40 cm, à feuilles charnues, se terminant en courte pointe, arrondies dessous. Stipules triangulaires. Fleurs de 10-12(13) mm, à pétales blancs ou roses *égalant ou dépassant les sépales* de 4-6 mm ; 0-10 étamines. Capsule de 7-9 mm, plus longue que le calice ; graines brun foncé, (presque) toutes ailées. Côtes sableuses et marais salés. Dans toute la zone. *Spergularia nicaeensis* est semblable, mais robuste souche ligneuse et *capsules courtes, de moins de 3-4,5 mm* ; graines brunes, à peine ailées. ES, FR, IT.

B. Pétales normalement *plus longs* que les sépales ; *graines non ailées*

Spergularia purpurea SPERGULAIRE POURPRE. Annuelle ou bisannuelle basse, ne dépassant pas 25 cm, à tiges grêles, formant des colonies étendues. Feuilles non ou à peine charnues, stipules argentées et lancéolées. Fleurs de 9 mm de large, à *pétales uniformément mauves, plus longs que les sépales* ; 10 étamines. Capsule de 2,5-4 mm ; graines brunes ou noirâtres, sans aile. Commune dans les lieux sableux non littoraux et les friches du sud-ouest. ES, MA, PT. *Spergularia fimbriata* est voisine, mais plus robuste, ligneuse en bas, à *feuilles longuement aristées* et *stipules plus longues, de 6-10 mm* ; sables littoraux. ES, MA, PT. *Spergularia diandra* ressemble à *S. purpurea*, mais pétales lilas *étroitement elliptiques* (non ovales) et graines non ailées mais tuberculeuses. Lieux sableux salés et friches. Dans toute la zone.

C. Pétales *égalant ou plus courts* que les sépales ; graines ailées ou non, ou les deux mélangées

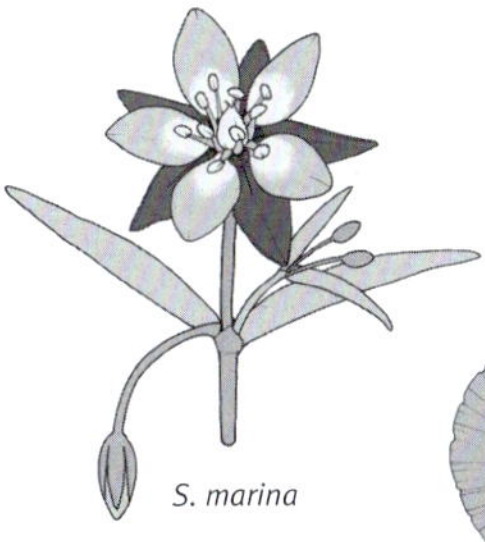

S. marina

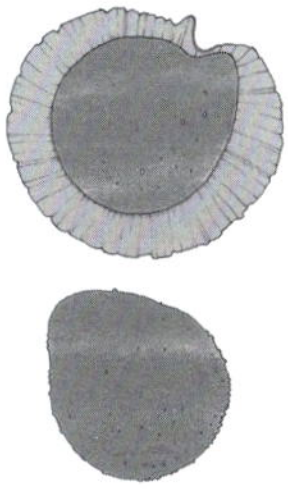

S. *marina* (graines)

Spergularia marina SPERGULAIRE MARINE. Plante annuelle atteignant 25 cm, à feuilles très charnues, souche délicate (non ligneuse) et stipules courtes et engainantes. Inflorescence faiblement rameuse ; fleurs de 5-8 mm de large, à pétales roses au sommet et blancs à leur base, *ne dépassant pas les sépales* ; sépales de 2,5-4 mm ; 2-7(10) étamines. Capsule de 3-6 mm, plus longue que le calice ; graines brun pâle, non ailées, ailées ou les 2 types mélangés. Commune sur les littoraux sableux et dans les marais salés. Dans toute la zone. *Spergularia tangerina* est semblable mais *plus petite*, à tiges très grêles ne dépassant pas 5(15-20) cm, avec une inflorescence dense et des fleurs très petites, de 3 mm de large au plus ; 2-3(5) étamines. Sols salés, localisée. Sud-ouest de la péninsule Ibérique. ES, PT.

1. *Sagina apetala*
2. *Sagina procumbens*
3. *Spergularia purpurea*
4. *Spergularia media*
5. *Spergularia purpurea*
6. *Spergularia marina*

D. Pétales égalant ou plus courts que les sépales ; graines non ailées

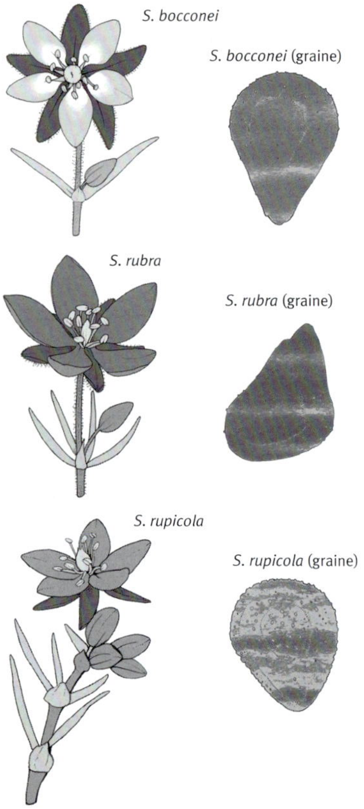

Spergularia bocconei. Plante annuelle ou vivace délicate atteignant 20 cm, *densément pubescente au niveau de l'inflorescence.* Feuilles non groupées en fascicules denses, stipules triangulaires. Pétales roses à base blanche, égalant ou plus courts que les sépales, ceux-ci longs de 2-4 mm. Capsule de 2-4 mm, plus courte que le calice ; graines brun-gris non ailées. Lieux rudéralisés, champs. Dans toute la zone. *Spergularia heldreichii* est voisine, mais à stipules cordées, pétales roses ou lilas et *graines noire*s, non ailées, lisses ou tuberculeuses. Sables littoraux. ES, FR, IT, PT.

Spergularia rubra SPERGULAIRE ROUGE. Plante annuelle ou vivace *pubescente-glanduleuse*, à tiges étalées de 25 cm au plus. Feuilles se terminant brusquement en pointe courte, *non charnues*, vert grisâtre, densément verticillées. Stipules lancéolées et argentées. *Pétales aussi longs ou plus courts que les sépales*, entièrement roses ; sépales de 3-4(5) mm. Capsule de 3,5-5 mm ; graines non ailées. Sols sableux (non salés). Locale ; dans toute la zone.

Spergularia rupicola. Vivace assez robuste, de 35 cm, à tiges ligneuses en bas, *densément pubescentes-glanduleuses* ; tiges pourpres. Feuilles charnues, aplaties, étroitement linéaires (1-2 mm de large) ; stipules ovales-triangulaires, argentées. Pétales entièrement roses, *égalant plus ou moins les sépales* ; 10 étamines. Graines brun foncé, non ailées et tuberculeuses. Localisée ; lieux rocheux du littoral de l'Extrême-Ouest seulement. ES, PT. *Spergularia australis* est voisine, mais à feuilles se rétrécissant vers leur base (1,2-2 mm de large), *stipules très argentées* et *graines noires, lisses et sans aile*. Habitats et distribution identiques. ES, PT.

Agrostemma NIELLE

Plantes annuelles à sépales soudés en calice tubuleux se terminant en 5 longues dents foliacées ; 10 étamines, 5 styles. Fruits sous forme de capsules à 5 dents.

Agrostemma githago NIELLE DES BLÉS. Plante annuelle basse ou élevée (jusqu'à 1 m), couverte de poils grisâtres appliqués. Feuilles étroitement lancéolées et aiguës. Fleurs portées par un pédicelle allongé, rose rougeâtre pâle, à pétales légèrement échancrés, dépassés par les sépales linéaires et longuement aigus. Adventice des moissons, répandue mais assez localisée. DZ, ES, FR, IT, MA, TN.

Saponaria SAPONAIRE

Plantes annuelles ou vivaces à calice tubuleux lisse, sans calicule ; 2 styles. Fruits sous forme de capsules à 4 dents.

A. Plantes herbacées dressées ou ascendantes

Saponaria calabrica SAPONAIRE DE CALABRE. Vivace rougeâtre, à tiges *courtes* et raides, étalées-ascendantes, à allure de *Silene*. Feuilles spatulées ou ovales. Fleurs pourpre rosé, de 10 mm de large au plus, en inflorescences lâches ; pétales non échancrés ; calice en tube allongé pourpre et velu. Garrigues et fourrés. IT.

Saponaria officinalis SAPONAIRE OFFICINALE. *Grande et robuste* plante vivace, glabre, atteignant 90 cm, à feuilles ovales avec de fortes nervures, les plus longues > 50 mm. Fleurs en corymbes assez denses, de 25 mm de large, rose pâle, à pétales non échancrés ; calice lavé de rouge, renflé lors de la fructification. Forêts humides. Dans toute la partie européenne de la zone. ES, FR, IT, PT.

B. Sous-arbrisseau compact

Saponaria sicula SAPONAIRE DE SICILE. Sous-arbrisseau *compact, gazonnant*, à tiges ligneuses inférieurement, de 15 cm de long au plus. Feuilles opposées, grisâtres, à marges rudes, celles du bas spatulées, les supérieures lancéolées. Fleurs roses à pétales *profondément lobés* jusqu'à la moitié de leur longueur ; calice pourpré, en tube allongé, pubescent. Endémique de l'Etna. IT (Sicile).

1. *Spergularia bocconei*
2. *Agrostemma githago*
3. *Saponaria officinalis*
4. *Saponaria sicula*

PHOTOGRAPHIE : GIANNIANTONIO DOMINA

1

2

3

4

1

2

3

4

5

6

7

8

9

10

11

S. cretica

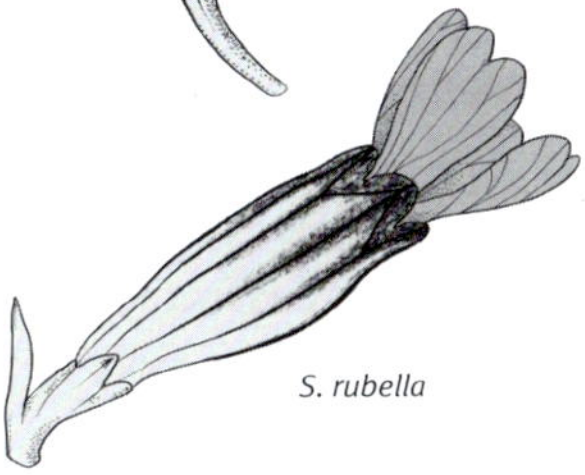

S. rubella

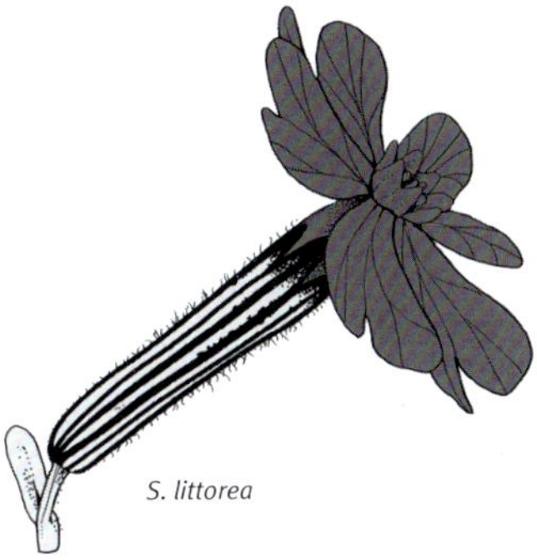

S. littorea

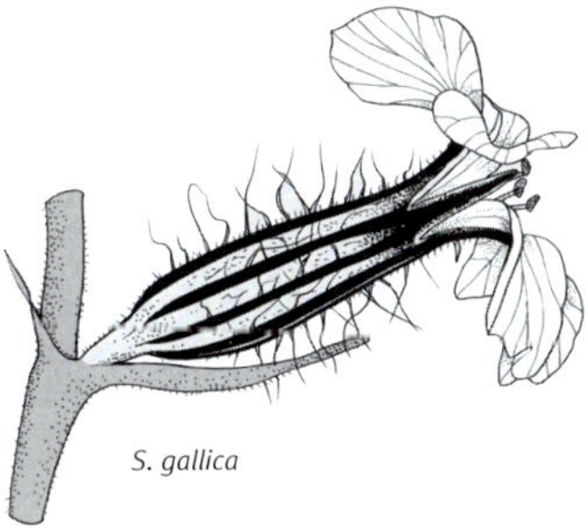

S. gallica

1. *Silene uniflora*
2. *Silene rothmaleri*
3. *Silene noctiflora*
4. *Silene colorata*
5. *Silene laeta*
6. *Silene pendula*
7. *Silene littorea*
8. *Silene gallica*
9. *Silene nicaeensis*
10. *Silene sedoides*
11. *Silene baccifera*

Silene cretica SILÈNE DE CRÈTE. Plante annuelle dressée, *grêle*, de 20-50 cm de haut, pubescente à la base, *glabre* au sommet, visqueuse. Feuilles basales ovales, à plus grande largeur au-delà du milieu, pétiolées ; feuilles supérieures aiguës et sessiles. Fleurs rose vif, en panicule lâche, à pétales bilobés ; *calice à nervures saillantes, glabre*, de 11-16 mm. Lieux cultivés, sols remués. ES, MA, PT. ***Silene laeta***, voisine, est également une petite annuelle dressée, mais *fleurs rose pâle* et calice *rugueux* de 7-10 mm à nervures saillantes. ES, FR, PT.

Silene rubella. Plante annuelle glanduleuse à tiges de 10-60 cm de haut, à feuilles inférieures spatulées et pubescentes, avec les marges souvent enroulées ; calice de 9-12(13) mm, lavé de rouge, à dents ovales et obtuses, *en cône allongé en bas, renflé vers le sommet* ; pétales rose vif. Cultures, champs. Répandue mais localisée ; dans toute la zone.

Silene littorea. Annuelle basse, en touffe, pubescente-glanduleuse et *visqueuse*, atteignant 20 cm de haut (ou micro-annuelle éphémère se développant après les pluies saisonnières), à feuilles oblongues à linéaires. Fleurs à pétales rose vif, bilobés, groupées en fausses grappes pauciflores et feuillées ; calice de 13-18 mm de long, droit ou à peine renflé au-dessus du milieu à la floraison. Commune sur les sols sableux littoraux à l'ouest. DZ, ES, MA, PT. *Silene psammitis* est semblable, mais feuilles *linéaires à linéaires-lancéolées* (pas ovales) et calice plus long, de 15-19(24) mm. Même écologie que *S. littorea*, mais moins commune. ES, MA, PT. ***Silene pendula*** ressemble à *S. littorea*, mais avec un *calice renflé* au-dessus du milieu, à nervures plus foncées et hérissées. IT (dont Sicile).

E. Plantes annuelles, normalement à fleurs pâles ou *blanches* (parfois lavées de rose, de vert ou de jaune), s'ouvrant durant la journée

Silene gallica SILÈNE DE FRANCE. Plante annuelle dressée à longs poils, à tiges simples ou rameuses de 8-45(60) cm, visqueuses au sommet. Feuilles inférieures ovales et pétiolées, les supérieures plus étroites et sessiles. *Petites fleurs courtement pédicellées, disposées en grappe unilatérale* ; petit calice de 6,5-10(12) mm, cylindrique à ovoïde, à longues dents atteignant le 1/4 du tube, *velu-glanduleux et à 10 nervures*. Très commune dans les friches ; dans toute la zone. *Silene sclerocarpa* (Syn. *S. cerastoides*) est semblable, mais à tiges ascendantes et *velues-laineuses* (notamment vers la base), à courts pédicelles floraux n'excédant pas 24 mm (plus courts que le calice) ; calice long de 9-11 mm, *fortement contracté aux deux extrémités, à nervures anastomosées*. Mêmes habitats. Uniquement dans l'Extrême-Sud. DZ, ES, MA, PT, TN.

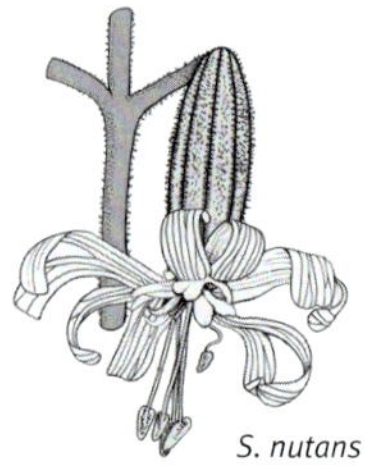
S. nutans

Silene nutans SILÈNE PENCHÉ. Vivace variable, dressée, de 15-80 cm, non ramifiée, visqueuse au sommet, pubescente en bas. Feuilles inférieures spatulées, les supérieures plus étroites et sessiles. Fleurs blanches, verdâtres ou rougeâtres en dessous, *à pétales profondément lobés et s'enroulant vers le haut*, disposées en inflorescence unilatérale lâche et penchée ; calice de 9-12(14) mm, à dents de 2 mm. Rare dans le sud et les régions chaudes et sèches. Dans toute la zone.

Silene nicaeensis. Plante annuelle de taille modeste à moyenne (20-60 cm), *densément et entièrement pubescente*. Feuilles étroites (8 mm de large), souvent courbées. Fleurs à pédicelle atteignant 15 mm ; calice de 10-12 mm, blanc verdâtre avec des rayures plus sombres ; fleurs à pétales blancs ou légèrement rose rougeâtre, *profondément bilobés*, groupées par 8 maximum en inflorescence simple ou rameuse. Commune dans les dunes du sud de la péninsule Ibérique. ES, PT. ***Silene obtusifolia*** est voisine, mais moins velue et à *feuilles plus larges, spatulées*, velues sur les bords ; *fleurs groupées en corymbe* ; calice de 11-12,5 mm. DZ, ES, MA, PT. ***Silene scabriflora*** ressemble à *S. obtusifolia*, mais plante entièrement velue-laineuse, à *calices allongés et très rétrécis vers la base*, de 12,5-26 mm. ES, MA, PT.

Silene sedoides. *Petite plante annuelle*, *parfois naine*, souvent en touffe, *densément pubescente*, violacée, de 4-10(15) cm de haut. Feuilles charnues, spatulées-elliptiques, < 10 mm de long. Fleurs rosées ou blanchâtres ; calice de 5-6,5(7) mm, pourpre, allongé, contracté à la base, velu. Rochers littoraux ; locale, mais fréquente dans les îles. Dans toute la zone.

S. inaperta

F. Plantes annuelles à *pétales absents ou peu visibles*

Silene inaperta. Plante annuelle grêle à tiges de 17-80 cm de haut, dressées, simples à la base, ramifiées au sommet, à poils courts. Feuilles inférieures lancéolées, les supérieures étroites et linéaires ; calice de 7,5-13,5 mm, à dents courtes, *pétales absents ou cachés dans le calice*. Lieux herbeux ; locale. DZ, ES, FR, IT, MA, PT.

G. Fruit sous forme de *baie luisante* lâchement enveloppée dans le calice en cloche

Silene baccifera (Syn. ***Cucubalus baccifer***) COULICHON. Plante vivace atteignant 1 m, pubescente, à tiges cassantes, s'appuyant souvent sur la végétation environnante ; membre atypique de la famille des Caryophyllacées. Feuilles ovales, aiguës, courtement pétiolées. Fleurs assez grandes et voyantes, penchées, à pétales blanc verdâtre ; calice de 8-15 mm. Fruits sous forme de baies globuleuses, d'abord vertes puis noires, de 6-8 mm de large. Lieux herbeux, forêts. Dans toute la zone, mais plus rare vers le sud et absente des zones chaudes et arides.

Dianthus ŒILLET

Plantes herbacées annuelles ou vivaces, typiquement à 5 pétales et base du calice entourée par un calicule de paires de bractées ; 10 étamines ; 2 styles. Capsule à 4 dents. De nombreuses nouvelles espèces ont été décrites récemment (notamment dans le groupe de *D. sylvestris*).

A. Fleurs groupées en têtes denses, entourées par des bractées foliacées très apparentes

Dianthus armeria ŒILLET ARMÉRIA. Plante *annuelle ou bisannuelle* dressée, pubescente, atteignant 60 cm, à feuilles basales vert foncé, oblongues, les caulinaires linéaires. Fleurs s'ouvrant au soleil, *rose-rouge vif*, sous-tendues par de *longues bractées foliacées vertes* ; *pétales assez aigus, dentés* ; calice de 15-20 mm. Répandue dans les lieux herbeux. ES, FR, IT, PT.

B. Fleurs en têtes lâches, non entourées de bractées foliacées très apparentes

Dianthus sylvestris ŒILLET DES ROCHERS. Vivace dressée, en touffes, très variable, à tiges florifères de 60 cm. Feuilles basilaires grêles et filiformes, < 1 mm de large, à marges rudes, recourbées. Fleurs rose moyen, *non odorantes et à pétales glabres* ; calicule tronqué et coriace ; calice de 12-29 mm. Rochers, falaises, murs, pentes boisées sèches. De nouvelles espèces, autrefois classées dans *D. sylvestris*, ont été décrites. Dans toute la zone (dans l'acception traditionnelle large de l'espèce). *Dianthus lusitanus* est semblable, mais possède des *feuilles charnues, cylindriques*, glauques et canaliculées ; souche très ligneuse. ES, MA, PT.

Petrorhagia

Comme *Dianthus*, avec un calicule d'écailles membraneuses entourant une fleur unique ou avec plusieurs bractées sous-tendant une tête florale dense ; 10 étamines ; 2 styles. Capsule à 4 dents.

A. Fleurs solitaires, non groupées en tête mais disposées en inflorescence lâche

Petrorhagia saxifraga (Syn. *Tunica velutina*) ŒILLET SAXIFRAGE. Vivace glabre, *gazonnante*, de 5-45(50) cm, à tiges florifères étalées puis ascendantes. Feuilles linéaires, aiguës, à marges rudes. *Fleurs solitaires*, rose pâle ou blanches, *longuement pédicellées* ; pétales échancrés ; *bractées beaucoup plus courtes que le calice, ce dernier de 3-6(7) mm au plus. Graines finement réticulées, non tuberculeuses.* Rochers et lieux rocailleux ou sablonneux. ES, FR, IT. *Petrorhagia illyrica*, de port semblable, a des feuilles linéaires à 3 nervures et des fleurs blanches à roses ou jaunes, souvent veinées ou tachées de rose au centre, disposées en panicules étalées ou dressées ; pétales oblongs, *non échancrés*. Habitats rocheux. IT (dont Sicile).

B. Fleurs solitaires ou peu nombreuses, en têtes florales denses

Petrorhagia prolifera (Syn. *Kohlrauschia prolifera*) ŒILLET PROLIFÈRE. Plante *annuelle glabre* à port lâche, de 6-50(70) cm de haut. Feuilles linéaires, grisâtres, à marges rudes, soudées par leur base *en une gaine environ aussi longue que large*. Petites fleurs rose pâle ou moyen, groupées en tête dense, mais s'épanouissant l'une après l'autre, *entourées de bractées brunes coriaces* ; bractées de même taille que le calice, de 10-13 mm. *Graines finement réticulées, non tuberculeuses*. Maquis. Dans toute la zone, sauf sur la plupart des îles. ***Petrorhagia nanteuillii*** (Syn. *Tunica nanteuillii*) ŒILLET DE NANTEUIL est très semblable, mais tiges pubescentes vers le milieu et feuilles à gaines 2 fois plus longues que larges. Bractées *internes* de l'inflorescence obtuses ou terminées par une courte arête (mucronées) ; calice de 12-15 mm. *Graines densément couvertes de petits tubercules*. Maquis. Commune dans l'Extrême-Ouest. ES, MA, PT. *Petrorhagia dubia* (Syn. *Kohlrauschia velutina*) ŒILLET VELOUTÉ est très semblable à l'espèce précédente, mais plus petit calice, de 8-14 mm ; *toutes* les bractées de l'inflorescence terminées par une courte arête (mucronées) ; *graines couvertes de tubercules coniques espacés*. Maquis. Dans toute la zone.

1

2

3

1. *Dianthus armeria*
2. *Dianthus sylvestris*
3. *Petrorhagia nanteuillii*

AMARANTHACEAE | AMARANTHACÉES

Plantes herbacées ou ligneuses à feuilles simples et alternes. Fleurs unisexuées, verdâtres, à 2-5 tépales (fleurs femelles) et 3-5 bractéoles (fleurs mâles et femelles) ; 1-5 étamines ; 2-3 styles. Fruits sous forme d'akènes ou de capsules monospermes. Souvent dans les régions maritimes et les milieux perturbés. De nombreux genres étaient auparavant inclus dans les Chénopodiacées.

Amaranthus

Plantes annuelles des friches et lieux perturbés. Fleurs peu visibles, à périanthe brunâtre et membraneux ; (2)3-5 tépales (ou 0). Fruits monospermes. Une loupe est nécessaire pour examiner des tépales.

Amaranthus retroflexus AMARANTE RÉFLÉCHIE. Annuelle robuste, dressée, atteignant 1 m, à rameaux latéraux peu nombreux, verte (rarement rouge). Feuilles ovales à rhomboïdales, pétiolées. Petites fleurs peu apparentes, vert blanchâtre, à *5 tépales oblongs-spatulés à nervure médiane disparaissant sous l'apex*, groupées en épis compacts dépourvus de feuilles vers le sommet. Capsule fructifère fendue à maturité. Originaire d'Amérique du Nord et naturalisée dans les milieux perturbés. Dans toute la zone. ***Amaranthus hybridus*** est semblable, mais inflorescences moins denses et plus ramifiées ; *3(5) tépales oblongs-lancéolés terminés en pointe aiguë* ; bractéoles des fleurs femelles plus longues que les tépales. Capsule fendue. Mêmes milieux et distribution. ***Amaranthus viridis***, voisine des 2 précédentes, a des feuilles rhomboïdales maculées de pâle et des capsules fructifères ridées (rudes), *indéhiscentes*. Dans toute la zone.

Haloxylon

Arbustes ou petits arbres des milieux désertiques à tronc épaissi à la base et feuilles réduites à des écailles. Fleurs mâles ou hermaphrodites, à 2 courts stigmates. Fruits sous forme d'akènes ailés.

Haloxylon salicornicum. Arbuste diffus ou à rameaux enchevêtrés atteignant 1 m, à tiges ligneuses presque sans feuilles, un peu charnues et articulées. Minuscules feuilles en forme de petites écailles triangulaires, à marges membraneuses et limbe velu-laineux. Fleurs groupées en courts épis au sommet des jeunes pousses latérales, chacune munie de 2 bractées ovales-concaves, laineuses à la base ; 2 stigmates. Le fruit (périanthe), distinctement ailé, est large de 8 mm maximum. Commun surtout au nord du Sahara, s'étendant localement dans les zones les plus sèches et semi-arides du bassin méditerranéen. DZ, TN.

Achyranthes

Plantes herbacées vivaces à tiges ligneuses à la base. Feuilles opposées. Petites fleurs nombreuses, groupées en inflorescences lâches ; 5 tépales. Fruits sous forme d'akènes.

Achyranthes aspera (Syn. *A. sicula*). Plante vivace grêle, à port lâche, atteignant 70 cm, à tiges plus ou moins velues. Feuilles ovales-elliptiques, à apex aigu, de 20-60 mm de long. Fleurs en *longs épis terminaux et latéraux très grêles*, lâches à la base mais très denses vers le sommet, penchées vers le bas à la floraison ; chaque fleur est constituée de 3 bractées épineuses et d'un périanthe à 5 pièces. Fruit : 1 akène pendant. Lieux dénudés et broussailles du littoral sur sols perturbés. Espagne et Afrique du Nord, peut-être aussi ailleurs. ES, MA.

Atriplex ARROCHE

Plantes herbacées ou arbrisseaux, grisâtres, à feuilles planes et fleurs discrètes. Fleurs unisexuées, les mâles à 5 tépales, les femelles sans tépales mais avec 2 bractéoles, accrescentes à la fructification.

A. halimus

A. Plantes vivaces ligneuses des lieux maritimes

Atriplex halimus ARROCHE MARINE. Arbrisseau dressé ou ascendant atteignant 2,5 m. Petites feuilles jusqu'à 30 mm de long, alternes, *blanc argenté*, étroitement ovales, un peu rhomboïdales ou anguleuses. Fleurs jaunâtres, en épis terminaux rameux et non feuillés ; *bractéoles de 1,5-3 mm, soudées seulement à leur base*. Commun sur les littoraux sableux, les falaises et dans les estuaires. Dans toute la zone. ***Atriplex glauca*** est aussi un arbrisseau vivace, mais ne dépassant pas 50 cm de haut, *à tiges couchées ou ascendantes*. Feuilles sessiles, de 10 x 7 mm. *Bractéoles ovales-rhomboïdales*, ornées de protubérances à leur surface. Lieux salés. ES, MA, PT.

Atriplex portulacoides (Syn. *Halimione portulacoides*) OBIONE FAUX-POURPIER. Arbrisseau bas, ressemblant à *A. halimus*, mais à rameaux étalés et fréquemment radicants, formant des tapis plus ou moins denses. Feuilles redressées vers le haut, argentées, *les inférieures opposées*, étroitement ovales et sans dents. Petites fleurs vertes ou rougeâtres, en panicules plus ou moins nues ; *bractéoles de 2,5-5 mm, soudées sur à peine plus de la moitié de leur longueur*. Commun à abondant dans les marais salés. Dans toute la zone.

---

1. *Amaranthus retroflexus*
2. *Amaranthus hybridus*
3. *Amaranthus viridis*
4. *Achyranthes aspera*
5. *Atriplex halimus* (encart : fleurs)
6. *Atriplex glauca*

B. Plantes annuelles feuillées, à feuilles vertes ou farineuses

Atriplex prostrata (Syn. *A. hastata*) ARROCHE COUCHÉE. Grande plante annuelle variable, glabre et rameuse, atteignant 2 m de haut, farineuse dans sa jeunesse. Feuilles triangulaires, gris-vert, les plus grandes inférieures *à base formant un angle droit avec leur pétiole*. Fleurs rougeâtres, groupées en glomérules disposés en panicules feuillées ; *petites bractéoles* entières et triangulaires, de 2-6 mm. Commune sur les littoraux sableux et sur sols remués. Dans toute la zone.

Atriplex patula ARROCHE ÉTALÉE. Plante annuelle très variable, dressée ou couchée, atteignant 1 m, à tiges côtelées, souvent rougeâtres. Feuilles farineuses, les inférieures rhomboïdales ou en fer de flèche, à grosses dents basales *pointant vers l'avant*, les supérieures linéaires et à peine dentées. Fleurs verdâtres ; *bractéoles de 3-7(20) mm, rhomboïdales, à peine dentées ou entières*. Cultures, milieux littoraux. Dans toute la zone.

C. Plantes annuelles feuillées, à feuilles blanc argenté

Atriplex rosea. Plante annuelle blanc argenté, dressée ou ascendante, très rameuse, atteignant 1,5 m, à feuilles ovales à rhomboïdales à marges ondulées-dentées ; fleurs en *épis feuillés*, *surtout latéraux*, disposés tout le long de la tige ; *bractéoles* de 2-3(4) mm, rosées ou blanchâtres, en losange, dentées. Cultures, friches. Plus ou moins dans toute la zone (peut-être absente de l'Extrême-Sud et Est).

1. *Atriplex portulacoides*
2. *Atriplex prostrata*
3. *Chenopodium album*
4. *Chenopodium murale*

Chenopodium CHÉNOPODE

Plantes annuelles ou arbrisseaux à feuilles alternes, souvent *farineuses* ; fleurs discrètes, hermaphrodites ou femelles ; bractéoles absentes ; 4-5 tépales ; *5 étamines*. Feuilles et graines sont essentielles pour l'identification. Genre complexe ; les espèces décrites ci-dessous sont les plus répandues et les plus aisément identifiables. Les genres *Oxybasis*, *Dysphania* et *Blitum*, autrefois inclus dans les chénopodes, sont aujourd'hui séparés dans des genres indépendants sur la base d'études génétiques.

A. Feuilles *cordées* à la base

Chenopodium hybridum CHÉNOPODE HYBRIDE. Plante annuelle haute et dressée, atteignant 1 m, à *grandes feuilles* à peine farineuses, *jusqu'à 15 cm de long, ovales à triangulaires, bordées de quelques grosses dents aiguës, cordées à la base*. Tépales obtus. Graines à surface ponctuée de profondes alvéoles ovales. Dans toute la zone.

B. Feuilles non cordées à la base ; *périanthe non farineux*

Chenopodium polyspermum CHÉNOPODE À GRAINES NOMBREUSES. Plante annuelle étalée à dressée atteignant 60 cm (1 m), peu farineuse (sauf parfois le dessous des feuilles) à *tiges nettement anguleuses (quadrangulaires) et rougeâtres*. Feuilles *non dentées* et simples, parfois avec des lobes à la base ; tépales obtus ; graines noires. Terrains vagues. Dans toute la zone. *Chenopodium urbicum* CHÉNOPODE DES VILLAGES, semblable, est glabre ou à peine farineux, avec des tiges *côtelées* (non quadrangulaires) et des feuilles triangulaires à *grandes dents* variables ; tépales obtus ; graines *noires, ponctuées-rugueuses*. Dans toute la zone.

C. Feuilles presque *entières*, non cordées à la base ; *périanthe farineux*

Chenopodium vulvaria CHÉNOPODE FÉTIDE. Plante annuelle dressée atteignant 40 cm, non farineuse sauf au niveau du périanthe, *à odeur désagréable* au froissement ; petites feuilles (< 25 mm), rhomboïdales, plus ou moins entières, parfois avec de petits lobes basaux ; tépales obtus ; graines *finement sillonnées avec des épaississements irréguliers*. Friches saumâtres. Dans toute la zone.

D. *Feuilles dentées ou lobées*, non cordées à la base ; périanthe farineux

Chenopodium album CHÉNOPODE BLANC. Grande plante annuelle dressée (jusqu'à 1,5 m), *vert foncé* mais à revêtement *farineux grisâtre*. Tiges raides, souvent rougeâtres. Feuilles ovales à rhomboïdales, nettement plus longues que larges (jusqu'à 8 cm), *entières ou à dents profondes et obtuses*. Sommet de l'inflorescence en principe sans feuilles ; tépales légèrement carénés ; graines lisses ou finement striées. Très commune sur sols remués dans toute la zone. ***Chenopodium murale***, semblable et également farineuse, parfois rougeâtre, a les feuilles bordées de *fortes dents irrégulières et pointant vers l'avant* (comme celles de l'ortie). Fleurs farineuses, à *tépales dentés* avec une carène obtuse sur le dos ; inflorescence feuillée jusqu'au sommet. Graines finement alvéolées. Sols sableux remués et terrains vagues du littoral. Dans toute la zone.

Oxybasis

Plantes annuelles subglabres, ressemblant à *Chenopodium* mais distinctes génétiquement ; *1-3 étamines*.

Oxybasis glauca (Syn. *Chenopodium glaucum*) CHÉNOPODE GLAUQUE. Plante annuelle rameuse atteignant 50 cm, ressemblant à un *Chenopodium* (particulièrement *C. polyspermum* et *C. urbicum*), mais distinguée par ses feuilles *farineuses en dessous* et vertes au-dessus, à dents superficielles et régulières ; périanthe farineux ; graines brun-rouge. Lieux cultivés perturbés, habitats littoraux. Dans toute la zone.

Dysphania

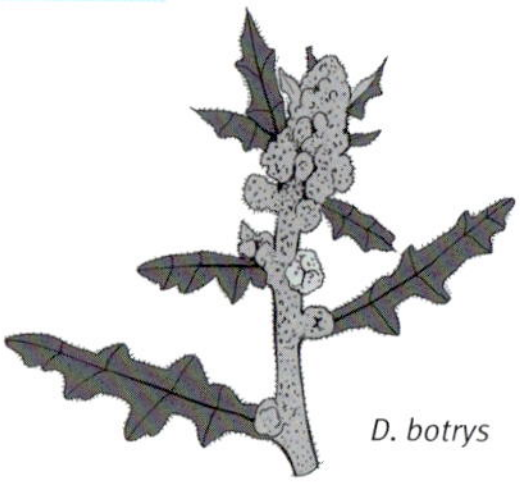
D. botrys

Très voisin de *Chenopodium*, mais plante nettement pubescente-*glanduleuse*, odorante et collante.

Dysphania botrys (Syn. ***Chenopodium botrys***) CHÉNOPODE À GRAPPES. Plante annuelle dressée, à tiges allongées, pubescente-glanduleuse, *visqueuse* et odorante, à feuilles alternes, oblongues, *divisées-pennées*, *ressemblant un peu à des feuilles de chêne*. Petites fleurs vertes, en longues panicules étroites. Dans toute la zone.

Blitum

Plantes vivaces à revêtement farineux épars. Fleurs en inflorescences terminales ; 4-5 étamines.

Blitum bonus-henricus (Syn. ***Chenopodium bonus-henricus***) CHÉNOPODE BON-HENRI. Plante *vivace* rhizomateuse, dressée et rameuse, atteignant 50 cm, à tiges raides souvent striées de rouge. Feuilles jusqu'à 10 cm de long, *largement triangulaires*, avec des lobes basaux, sinon entières ou à lobes peu profonds. Inflorescence terminale en grappe pyramidale étroite. Fréquente dans les terrains vagues à sols riches et frais et autres habitats perturbés. Dans toute la zone.

Beta BETTERAVE

Plantes annuelles ou vivaces dressées ou ascendantes, à racines renflées ; feuilles alternes, non farineuses ; fleurs hermaphrodites à 5 tépales.

Beta vulgaris BETTERAVE COMMUNE. Plante annuelle ou vivace variable, *rougeâtre*, plutôt charnue, glabre, pouvant atteindre 1,5 m mais souvent couchée. Feuilles ovales-lancéolées, vert foncé, coriaces et luisantes, plus ou moins entières, jusqu'à 20 cm. Petites fleurs vertes ou violacées, groupées au sommet de longs épis denses ; généralement 2 stigmates ; bractées inférieures de 2-20 mm ; bractées supérieures absentes. Commune sur sols sableux, falaises et galets maritimes. Probablement dans toute la zone. ***Beta maritima*** (Syn. ***B. vulgaris*** **subsp.** ***maritima***), traitée par certains auteurs comme une espèce autonome, diffère par son port étalé (parfois dressé) et des bractées supérieures de 10-20(35) mm ou absentes. Probablement dans toute la zone. ***Beta macrocarpa*** ressemble à *B. vulgaris*, mais tiges fertiles garnies de fleurs presque jusqu'à leur base ; *bractées jusqu'au sommet*. Rare et locale. ES (dont îles Baléares), IT (dont Sardaigne), MA, PT.

Salicornia SALICORNE

Plante halophile herbacée charnue à rameaux grêles digités ; fleurs et feuilles minuscules. Fleurs groupées par 1-3, la centrale plus haute conférant à l'ensemble une forme triangulaire. De nombreuses espèces semblables existent ; seules les plus répandues et communes sont décrites ici.

Salicornia ramosissima. Plante annuelle charnue basse et étalée, atteignant 40 cm, à tiges d'abord *vert foncé puis devenant pourpre rougeâtre*, les *fructifères en chapelets renflés à base cintrée* ; chaque article limité par une bordure membraneuse de 0,1-0,2 mm de large. Fleurs groupées par 3, la centrale plus grande. Commune et répandue dans les marais salés et vasières. ES, FR, IT, MA, PT. ***Salicornia europaea*** est une annuelle atteignant 35 cm, très semblable et souvent associée à *S. ramosissima*, dont elle diffère par ses tiges jaunâtres ou rougeâtres, les fructifères *à peine renflées et cintrées*, à marge membraneuse peu visible (< 0,1 mm) au sommet des articles. Distribution mal connue du fait de confusions avec l'espèce précédente. ES, FR, IT, MA, PT.

1. *Beta vulgaris*
2. *Salicornia ramosissima* (encart : fleurs)
3. *Sarcocornia perennis*
4. *Arthrocnemum macrostachyum*

Sarcocornia (inc. *Arthrocnemum*)

Comme *Salicornia*, mais *sous-arbrisseaux* vivaces, *ligneux à la base* ; petites fleurs groupées par 3.

Sarcocornia perennis (Syn. *Arthrocnemum perenne*). *Petit sous-arbrisseau très charnu, étalé, ne dépassant pas 30(70) cm, à tiges souterraines rampantes, vert sombre* puis brun-rouge ou jaunâtres avec l'âge. Feuilles opposées, en écailles, soudées par paires, prenant la forme d'articles. Petites fleurs groupées par 3, chacune à 2 étamines, laissant après leur chute 3 cicatrices dans chaque article. Commun dans les marais salés, sur sols sableux et caillouteux littoraux. Dans toute la zone. *Sarcocornia fruticosa* (Syn. *Arthrocnemum fruticosum*) est très proche, mais à tiges *dressées de 1 m*, raides et non radicantes, *vert bleuté*. Marais salés. Probablement dans toute la zone. **Arthrocnemum macrostachyum** (Syn. *A. glaucum*) ressemble à l'espèce précédente, avec un port dressé, à nombreux rameaux fortement ligneux, étalés ou couchés, nus à la base, glauques et souvent en partie *jaunâtres ou rougeâtres*. Dans toute la zone.

C. Fleurs roses

Opuntia pilifera. Arbuste robuste à larges articles aplatis et épineux, différant de l'espèce précédente par ses *fleurs roses*. IT.

Cylindropuntia

Cactus ligneux ressemblant à *Opuntia* (inclus autrefois dans ce genre), mais *tiges à articles cylindriques* et présence de gaines membraneuses autour des épines. Originaire d'Amérique du Sud.

Cylindropuntia imbricata (Syn. *Opuntia imbricata*). Robuste succulente de 1-3(4) m de haut, à articles *cylindriques*, de 20-50 cm de long, à côtes saillantes et épines blanc crème groupées par 2-12, de 8-30 mm de long. Fleurs *rose magenta sombre*. Fruit vert grisâtre, de 40 mm. Originaire du Mexique, naturalisée. ES.

Austrocylindropuntia

Cactus ligneux semblables à *Cylindropuntia*, mais à épines *dépourvues de gaines membraneuses*. Originaires d'Amérique du Sud.

Austrocylindropuntia subulata (Syn. *Opuntia subulata*). Robuste arbuste ramifié atteignant 3 m, ressemblant à *Cylindropuntia imbricata*, mais avec des articles moins fortement côtelés, de 35-50 cm de long, à fortes épines groupées par 1-4, jusqu'à 70 mm de long, dépourvues de gaines membraneuses. *Fleurs rose pâle*. Fruit vert de 10 cm de long. Originaire du Pérou, naturalisé. ES.

1. *Opuntia dillenii*
2. *Opuntia ficus-indica*
3. *Opuntia ammophila*
4. *Opuntia pilifera*
5. *Cylindropuntia imbricata*
6. *Aizoon canariense*
7. *Malephora purpureocrocea*

AIZOACEAE | AIZOACÉES

Plantes herbacées annuelles ou vivaces à feuilles charnues, simples, opposées ou alternes. Fleurs régulières à nombreux « pétales » linéaires (dérivés de staminodes mais décrits comme pétales ci-dessous) ; 4-5(6) sépales ; 3 à nombreuses étamines. Fruits sous forme de capsules à (1)3 ou nombreuses graines.

Aizoon

Plantes herbacées annuelles ou vivaces à feuilles charnues, simples, opposées ou alternes. Fleurs régulières à nombreux « pétales » linéaires (dérivés de staminodes mais décrits comme pétales ci-dessous) ; 4-5(6) sépales ; 3 à nombreuses étamines. Fruits sous forme de capsules à (1)3 ou nombreuses graines.

Aizoon canariense. Plante annuelle basse, un peu charnue, atteignant 30 cm, s'étalant à maturité. Feuilles larges de 40 mm, les inférieures opposées, les supérieures alternes, oblongues-lancéolées, obtuses, à poils courts. Fleurs solitaires et sessiles à 5 tépales jaunes de 1-3 mm de long avec des étamines jaunes. Surtout dans le sud. DZ, ES, MA, TN. *Aizoon hispanicum* possède des feuilles larges de 10 mm seulement et des tépales jaunes ou crème, de 7-15 mm de long. ES (dont îles Baléares).

Carpobrotus

Plantes grasses vivaces à feuilles de section triangulaire. Fleurs à nombreux pétales et 8-20 stigmates. Fruit charnu, à graines noyées dans du mucilage.

Carpobrotus edulis FIGUIER DES HOTTENTOTS. Plante grasse basse, vivace, formant des tapis, à tiges ligneuses atteignant 2 m de long. Feuilles opposées, de section triangulaire, arquées vers le haut, à marges finement dentées, s'atténuant vers le sommet, de 4-9(13) cm de long. Grandes fleurs de 8-10 cm de diamètre, solitaires et subsessiles, très spectaculaires, rose vif ou jaunes, à étamines jaunes. Fruit charnu, comestible. Originaire d'Afrique du Sud, naturalisée et invasive dans certaines zones littorales ; commune surtout dans l'ouest. ES, FR, IT, PT. *Carpobrotus acinaciformis* est très semblable, mais *feuilles vert glauque et plus larges au-dessus du milieu*, de 4-10 cm de long ; fleurs magenta *à étamines pourpres*, de 8-10(12) cm de large. Moins commune que *C. edulis*. ES, PT. *Carpobrotus chiliensis* possède des feuilles et fleurs plus petites, de 2-4 cm de long et 2-4(5) cm de large. ES.

Ruschia

Arbrisseaux bas à tiges ligneuses et feuilles charnues, trigones, à angles obtus, opposées 2 à 2. Fleurs à 5 sépales et nombreux pétales ; 4-5 stigmates. Capsule s'ouvrant par 4-5 valves.

Ruschia caroli. Arbrisseau buissonnant à port dressé-étalé, atteignant 80 cm, à feuilles charnues de 15-70 mm de long sur 2-8 mm de large, bleuâtres avec des taches sombres. Fleurs rose fuchsia soutenu, de 18-30 mm de large. Originaire d'Afrique du Sud ; planté en pots et en massifs pour l'ornement dans les résidences littorales. Naturalisé localement dans l'Algarve, peut-être aussi ailleurs. PT.

Malephora

Plantes grasses vivaces originaires d'Afrique. Feuilles opposées, trigones. Fleurs spectaculaires à nombreux pétales (65) et étamines (150). Fruits sous forme de capsules à 8-12 loges.

Malephora purpureocrocea. Plante grasse couchée-étalée à tiges avec de longs entre-nœuds, couvertes d'une *pruine gris blanchâtre*. Feuilles jusqu'à 50(60) mm de long, opposées, cylindriques, à 3 angles émoussés. Fleurs très spectaculaires, atteignant 50 mm de diamètre, à nombreux (jusqu'à 65) pétales rose vif et étamines jaune orangé. Plantée sur le littoral, très localement naturalisée.

Mesembryanthemum

Plantes grasses annuelles ou vivaces. Fleurs à nombreuses étamines. Capsule à 4(5) valves. Plantes faciles à reconnaître car entièrement et densément recouvertes de papilles cristallines.

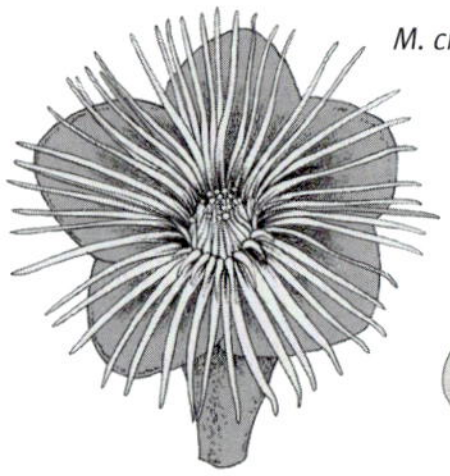

M. crystallinum

M. nodiflorum

A. Plantes annuelles charnues à fleurs à nombreux pétales et 5 stigmates ; feuilles à section arrondie ou aplatie

Mesembryanthemum crystallinum FICOÏDE À CRISTAUX. Plante annuelle étalée couverte de *poils cristallins* luisant comme des cristaux de glace. Feuilles pétiolées, planes, charnues, ovales, alternes et non dentées, atteignant 11,5 cm de long. Fleurs solitaires, larges de 20-30 mm, subsessiles, jaunâtres ou blanchâtres. Lieux sableux, rocheux et salés. Dans toute la zone. ***Mesembryanthemum nodiflorum*** est semblable, mais moins cristalline et à *feuilles cylindriques-linéaires*, de 10-25(30) mm de long, teintées de rouge. Plus petites fleurs, ne dépassant pas 15 mm de large. Mêmes habitats. Dans toute la zone.

B. Plantes annuelles charnues à petites fleurs brillamment colorées à nombreux pétales et 4 stigmates ; *feuilles planes*

Mesembryanthemum cordifolium (Syn. *Aptenia cordifolia*). Plante vivace tapissante, haute de 60 cm au plus mais à tiges atteignant 3 m de long, à feuilles un peu charnues, vert vif, ovales, aiguës au sommet, cordées à la base, de 16-56 mm de long. Fleurs magenta vif, comme celles des *Mesembryanthemum*, larges de 10-18 mm. Plante ornementale originaire d'Afrique du Sud, largement plantée et souvent naturalisée. Dans toute la zone.

Lampranthus LAMPRANTHE

Arbrisseaux nains, charnus, étalés, ligneux inférieurement ; feuilles par paires ; fleurs de couleur vive à nombreux pétales et 5 stigmates. Capsule ligneuse.

Lampranthus multiradiatus (Syn. *L. roseus*) LAMPRANTHE ÉPERONNÉE. Arbrisseau succulent étalé de 25(60) cm de haut, à feuilles opposées, anguleuses, de 8-20(40) mm de long, à apex à peine aigu. Fleurs rose vif, de 30-50 mm de large, à nombreux pétales et étamines blanchâtres. Originaire d'Afrique du Sud, naturalisé. ES (dont îles Baléares), PT.

Drosanthemum

Plantes grasses vivaces, rampantes, cristallines, à fleurs voyantes, quoique petites (souvent roses), avec de nombreuses étamines ; 5 sépales ; nombreux pétales ; en général 5 stigmates. Capsule ligneuse.

Drosanthemum floribundum. Plante vivace succulente et cristalline, rampante, entièrement verte, ne dépassant pas 12 cm de haut, à feuilles opposées, charnues, de 5-16 mm de long. Fleurs de 20-25 mm de large, *rose vif*, à nombreux pétales étroits et nombreuses anthères ; tube du périanthe semi-globuleux. Originaire d'Afrique du Sud, mais plantée et naturalisée sur les côtes. ES (dont îles Baléares), PT. Les formes à fleurs plus pâles et tube du périanthe conique ont été décrites traditionnellement comme *D. scandens*.

---

1. *Carpobrotus edulis*
2. *Ruschia caroli*
3. *Mesembryanthemum crystallinum*
4. *Mesembryanthemum nodiflorum*
5. *Mesembryanthemum cordifolium*
6. *Lampranthus multiradiatus*
7. *Drosanthemum floribundum*

Tetragonia

Plantes annuelles feuillées ou plantes ligneuses, couchées ou ascendantes, à feuilles planes, alternes, longuement pétiolées. Fleurs solitaires pour la plupart, à 4-5 sépales et aucun pétale ; 3-8 stigmates. Fruit ligneux, côtelé, renfermant 1 graine dans chacune des 3-8 loges de l'ovaire.

Tetragonia tetragonioides TÉTRAGONE CORNUE. Plante robuste, rampante ou grimpante, très feuillée, atteignant 1 m, à feuilles triangulaires, de 1,5-11 cm de long, ressemblant superficiellement à une Amaranthacée. Petites fleurs axillaires, plus ou moins sessiles, jaunes et à 5 pétales. Fruit cornu. Originaire de Nouvelle-Zélande et d'Australie, mais cultivée comme « épinard » et probablement naturalisée dans la région. Naturalisée localement sur les dunes. PT.

Crassula

C. tillaea

Plantes annuelles et vivaces, aquatiques ou terrestres, généralement glabres, à feuilles charnues, souvent soudées par paires. Fleurs à 3-5 à nombreux sépales, pétales et étamines.

Crassula tillaea CRASSULE MOUSSE. Minuscule annuelle ressemblant à une mousse, à tiges couchées, souvent *rouge foncé*. Feuilles de 1-2 mm, ovales, presque imbriquées. Fleurs en petits groupes à l'aisselle des feuilles, larges de 1-2 mm, à pétales plus courts que les sépales, blancs ou rose pâle ; *3 sépales et pétales* (rarement 4). ES, FR, PT. *Crassula vaillantii* est semblable, mais feuilles moins rapprochées et *fleurs à 4 sépales et pétales*. Dans toute la zone.

Sedum ORPIN

Plantes grasses annuelles ou vivaces à feuilles planes ou cylindriques. Fleurs à 4-9(nombreux) pétales et 2 fois plus d'étamines.

A. Feuilles non aplaties ; fleurs verdâtres ou jaunes à (5)*6-9 pétales*

Sedum sediforme (Syn. *S. nicaeense*). Plante annuelle très charnue de taille basse à moyenne (jusqu'à 60 cm de haut), à pousses florifères et rejets stériles, ligneuse à la base, entièrement lavée de rougeâtre. Feuilles vert grisâtre, devenant rouges, étagées en rangs spiralés. Fleurs blanc jaunâtre à jaune vif à 5-8 pétales, en inflorescence subsphérique portée sur un long pédoncule, à rameaux arqués vers l'extérieur à maturité, devenant concave à la fructification. Commune dans les lieux secs rocheux ou sableux. Dans toute la zone. *Sedum amplexicaule* (Syn. *S. tenuifolium*) est voisine, mais à petites feuilles vert grisâtre se recouvrant étroitement et embrassant la tige à leur base ; *fleurs peu nombreuses, formant des inflorescences lâches et unilatérales* ; pétales jaunes à nervure centrale rougeâtre. Dans toute la zone. ***Sedum forsterianum*** ressemble à *S. sediforme*, mais ses feuilles sont plus denses, plus grêles, linéaires et *gris-bleu, planes sur le dessus, celles des pousses stériles groupées en rosette globuleuse ou conique*. Pentes rocheuses en montagne. ES, FR, PT. ***Sedum ochroleucum*** est comme *S. sediforme*, mais moins haute (pas plus de 30 cm) et moins robuste. Feuilles arrondies, prolongées en éperon à la base. Fleurs *plus grandes, jusqu'à 20 mm de large*, jaune pâle ; sépales de 5-7 mm, étroitement triangulaires, pubescents-glanduleux ; pétales atteignant 10 mm de long ; inflorescence en bouton plane sur le dessus. Rare ou absente dans une grande partie du Sud, de l'Ouest et des îles. FR, IT.

B. Feuilles non ou à peine aplaties ; fleurs verdâtres ou jaunes, normalement à *5 pétales*

Sedum acre ORPIN ÂCRE. Petite plante grasse vivace formant des touffes glabres vert jaunâtre, émettant des pousses florifères ascendantes ou dressées de 29 cm de haut au plus. Petites feuilles de 3-5 mm, ovales, à plus grande largeur à leur base, obtuses, imbriquées. *Fleurs jaune vif*, en petits corymbes ; 5 pétales, de 6-8 mm. Lieux rocheux ou sableux. Répandue mais absente de la plupart des îles et de l'Est. DZ, ES, FR, IT, MA, PT.

Sedum litoreum. Petite plante annuelle à port évoquant *S. rubens*, à courtes tiges rougeâtres, mais avec des *feuilles légèrement aplaties, largement oblongues à spatulées* et *fleurs jaunes*. Affleurements rocheux. FR, IT.

1. *Crassula tillaea*
2. *Sedum sediforme*
3. *Sedum forsterianum*
4. *Sedum ochroleucum*
5. *Sedum dasyphyllum*
6. *Sedum album*
7. *Sedum acre*

1

2

3

4

5

6

7

C. Feuilles non aplaties ; *fleurs blanches* (ou lavées de rose, rarement bleues), à 5(6) pétales

Sedum album ORPIN BLANC. Plante vivace basse, glabre, en touffes *formant des gazons* lâches, à tiges rampantes émettant des tiges florifères jusqu'à 20 cm de long. Feuilles alternes, linéaires-cylindriques à ovoïdes, de 4-12 mm de long, *plutôt luisantes et souvent rougeâtres. Fleurs blanches* (parfois lavées de rose) groupées par > 20 en corymbes ; à 5 pétales de 2-4 mm de long et 10 étamines. Lieux rocheux, vieux murs. Dans toute la zone.

Sedum dasyphyllum ORPIN À FEUILLES ÉPAISSES. Plante vivace charnue grisâtre à rosée, à tiges *pubescentes-glanduleuses* atteignant 10 cm. Feuilles ovoïdes ou presque globuleuses, de 3-6(10) mm de long, la plupart opposées, légèrement aplaties sur le dessus. Fleurs blanc rosé, à 5-6 pétales de 2,5-4 mm de long. Rochers, murs. Rare à l'Extrême-Ouest et Est. ES, FR, IT, MA. *Sedum brevifolium* est très semblable, mais *entièrement glabre* et à feuilles globuleuses (comme des perles). ES, FR, PT.

Sedum andegavense. Plante annuelle *fortement lavée de rouge*, gazonnante, pubescente-glanduleuse, ne dépassant pas 10 cm, à feuilles ovoïdes à subglobuleuses, *ressemblant à des perles*. Fleurs blanches ou rosées, sur des *pédicelles courts* de 1,5 mm au plus. Pentes rocailleuses et lieux sablonneux. ES, FR, PT.

Sedum rubens ORPIN ROUGEÂTRE. *Minuscule* annuelle dressée ne dépassant pas 3-9(15) cm de haut, souvent visqueuse-glanduleuse au sommet. *Feuilles linéaires*, alternes, de 7-16(20) mm de long, vert grisâtre lavé de rouge. Fleurs blanchâtres ou roses à nervure médiane plus sombre, en petites cymes ; *5 pétales de 4-5(6) mm de long, 2 fois plus longs que les sépales*. Lieux rocailleux, murs. Dans toute la zone. *Sedum caespitosum*, voisine, est aussi une petite annuelle (2-4 cm), mais *glabre* et à feuilles ovales (non linéaires). Pétales de 2,5-3(4) mm de long ; *sépales soudés*. ES, MA. *Sedum caeruleum*, comme l'espèce précédente, est une petite plante rougeâtre gazonnante à tiges dressées, mais feuilles linéaires-oblongues et *fleurs blanc lavé de bleu pâle*, groupées en panicules lâches. FR (Corse), IT (Sardaigne et Sicile), MA.

D. Feuilles planes et charnues

Sedum stellatum ORPIN ÉTOILÉ. Petite annuelle charnue et *glabre,* de 5-15 cm à tiges robustes, dressées ou ascendantes. *Feuilles courtement pétiolées, arrondies et planes*, de 6-20(32) mm de long, *à dents obtuses*, les inférieures en partie opposées, les *supérieures alternes*. Fleurs roses, en épis feuillés lâches s'étalant vers l'extérieur ; 5 pétales de 4,5 mm de long (de même taille ou plus courts que les sépales) ; 8-10 étamines. Lieux rocheux, vieux murs. ES, FR, IT. *Sedum cepaea* a un port voisin, mais est plus grand, de 15-28(40) cm, à feuilles opposées ou verticillées, avec des fleurs blanches ou rosées groupées en longues panicules lâches et feuillées ; pétales de 3-4(5) mm. Lieux ombragés, surtout en montagne. ES, FR, IT.

1

2

3

4

Hylotelephium

Plantes grasses à *feuilles planes*, encore souvent incluses dans le genre *Sedum*. Fleurs à 4(5) pétales.

Hylotelephium telephium (Syn. *Sedum telephium*) ORPIN REPRISE. Plante grasse vivace atteignant 60 cm, à plusieurs tiges rougeâtres dressées, en touffes. Feuilles planes, ovales, alternes et irrégulièrement dentées, de 2-8 cm de long. Très nombreuses fleurs *rouges, violacées ou lilas*, en corymbes terminaux compacts ; pétales de 3-5 mm. Bois ombragés, lieux rocailleux en altitude. Rare dans la zone d'une manière générale et absente de l'Extrême-Sud. ES, FR, IT. ***Hylotelephium maximum*** est semblable, mais *fleurs blanchâtres ou jaunâtres*. Mêmes habitats et distribution. ES, FR.

Umbilicus NOMBRIL-DE-VÉNUS

Plantes vivaces à *feuilles arrondies dont le pétiole est inséré en leur centre* (peltées). Fleurs en grappes ressemblant à des épis ; 5 pétales, étamines 2 fois plus nombreuses, soudées à la corolle.

Umbilicus rupestris NOMBRIL-DE-VÉNUS COMMUN. Vivace charnue et glabre, de 15-30(60) cm, à feuilles basales circulaires originales, ombiliquées au centre, longuement pétiolées, les supérieures plus petites, plus ou moins réniformes, à dents arrondies. Fleurs à 5 pétales, 2 fois moins nombreux que les étamines, vert blanchâtre ou jaunâtres, parfois roses, tubuleuses et *pendantes*, formant de longues grappes occupant les 2/3 de la tige. Commune sur les rochers, les falaises, les vieux murs et dans les dunes. Dans toute la zone. ***Umbilicus gaditanus*** (Syn. *U. horizontalis*) est semblable, mais tiges florifères de 13-70 cm, à nombreuses feuilles linéaires rapprochées ; fleurs *horizontales* (non pendantes), en grappes occupant 1/3 (ou 1/2) des tiges. Manque dans certaines îles. ES, FR, IT, MA. *Umbilicus heylandianus* possède des *épis floraux très longs et très denses, de 40-80(90) cm, à fleurs jaune pâle*. À l'ouest de la zone. ES, MA, PT.

Sempervivum JOUBARBE

Plantes vivaces glanduleuses à feuilles groupées en rosettes basales. Fleurs en panicules terminales, à 8-18 (généralement 13) divisions, et 2 fois plus d'étamines.

Sempervivum tectorum JOUBARBE DES TOITS. Plante vivace originale de 40(60) cm de haut, à denses rosettes basales de feuilles terminées en pointe aiguë, vert grisâtre terne, souvent rougeâtres sur le dessus, de 20-40(60) mm de long. Fleurs rouge éteint, à 8-18 pétales étroits, longs de 8-12 mm, en panicules arrondies et denses au sommet de tiges dressées, feuillées et longtemps persistantes. Espèce montagnarde, largement cultivée ; absente des zones chaudes et arides. FR.

CYNOMORIACEAE

C. coccineum

1. *Hylotelephium maximum*
2. *Umbilicus rupestris*
3. *Umbilicus gaditanus*
4. *Sempervivum tectorum*

Famille (à 1 seul genre) de parasites racinaires de membres des Amaranthacées. Fleurs unisexuées ou hermaphrodites, groupées en inflorescence dense en forme de brosse ; (1)3-6(8) tépales ; 1 étamine. Fruits sous forme de petits akènes monospermes.

Cynomorium coccineum CYNOMORIUM ÉCARLATE. Plante rouge noirâtre très originale, émergeant sous forme d'une structure en massue jusqu'à 25(30) cm de haut d'un système de rhizomes souterrains portant des feuilles en écailles lancéolées. Inflorescence en faux épi cylindrique très dense de fleurs minuscules ; 3-6(8) tépales ; étamines solitaires, saillantes. Parasite les arbrisseaux des milieux halophiles tels que les marais salés et les rochers maritimes. Répandue, surtout dans le Sud, mais très localisée. DZ, ES, IT (dont Sardaigne et Sicile), MA, MT, PT, TN.

VITACEAE | VITACÉES

Grande famille principalement tropicale de lianes à vrilles opposées aux feuilles. Petites fleurs en cymes ou panicules ; 5 pétales et étamines ; 1 style. Fruits sous forme de baies à 1-4 graines.

Vitis VIGNE

Feuilles simples, palmatilobées. Fleurs à pétales soudés, tombant lors de l'épanouissement.

1. *Cynomorium coccineum*
2. *Vitis vinifera*
3. *Geranium dissectum*
4. *Geranium molle*
5. *Geranium robertianum*
6. *Geranium lucidum*
7. *Geranium purpureum*

Vitis vinifera VIGNE. Liane grimpant jusqu'à plus de 10 m, à feuilles alternes et vrilles rameuses, opposées aux feuilles. Feuilles à long pétiole, palmatilobées, à 5-7 lobes grossièrement dentés. Petites fleurs verdâtres, hermaphrodites, en panicules pendantes à maturité. Fruits sous forme de baies (le raisin). Cultivée dans toute la zone. Subsp. *sylvestris* est la forme sauvage ; plante dioïque (s'hybride avec les vignes cultivées). ES, FR, IT.

GERANIACEAE | GÉRANIACÉES

Plantes herbacées à feuilles alternes palmati- ou pennatilobées. Fleurs en cymes, en ombelles ou solitaires, généralement plus ou moins régulières, à 5 pétales et sépales ; (3)5 ou 10 étamines ; 1 style. Fruits à 5 loges monospermes soudées en bec saillant.

Geranium GÉRANIUM

Plantes annuelles à vivaces à feuilles simples, palmatilobées. Fleurs régulières à 10 étamines ; style à 5 branches. Fruit prolongé en bec.

A. Plantes vivaces à grandes fleurs ; pétales de 7-10 mm de long, *échancrés*

G. pyrenaicum

Geranium pyrenaicum. Plante *vivace* dressée, pubescente, atteignant 60 cm, à feuilles palmatilobées jusqu'à 50 mm de large, profondément divisées jusqu'aux $^2/_3$ en 5-7(9) lobes, ceux-ci à marges droites et entières, ondulés vers le sommet. Grandes fleurs, par 2, pourpre rosé ou lilas, à pétales *profondément échancrés*, de 7-10 mm de long ; 10 étamines possédant chacune 1 anthère. Lieux herbeux secs, localisée. ES, FR, IT, MA, PT.

B. Plantes annuelles à petites fleurs ; pétales en général < 7(10) mm ; *sépales étalés ou ascendants*

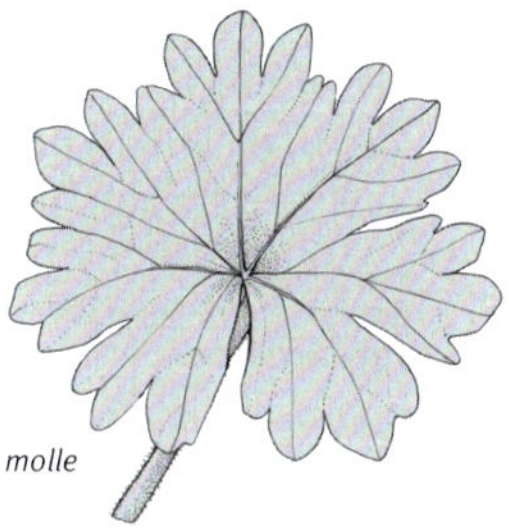

G. molle

G. rotundifolium

Geranium molle GÉRANIUM MOU. Plante annuelle diffuse, de taille basse à moyenne, atteignant 40 cm, ramifiée dès la base, *vert grisâtre et mollement velue*. Feuilles basales à long pétiole, arrondies ou réniformes, divisées jusqu'à plus de 70 % du rayon en 5-7(9) lobes en coin, trilobés ; feuilles supérieures plus profondément divisées, courtement pétiolées ou sessiles. Fleurs pourpre rosé, en cymes lâches, à *pétales* de 4-6 mm de long, *profondément échancrés* ; étamines externes dépourvues d'anthère ; pédicelles floraux à poils longs et courts mêlés. Champs et lieux herbeux ; commune dans toute la zone. Des formes plus grandes et moins velues originaires d'Italie (dont la Sicile) ont été décrites sous le nom de *G. brutium*. Geranium pusillum GÉRANIUM FLUET ressemble à *G. molle,* mais pédicelles floraux à poils tous courts (pas de poils longs) ; petites fleurs à pétales de 2,5-4 mm de long. Garrigues ; répandue mais locale et disséminée ; dans toute la zone. Geranium rotundifolium est semblable, mais à feuilles à 5-9 lobes moins profonds (< $^1/_2$ du rayon) et fleurs rose vif, à pétales *non ou faiblement échancrés,* arrondis au sommet, de 5-7 mm de long. Mêmes habitats. Dans toute la zone.

Geranium dissectum GÉRANIUM À FEUILLES DÉCOUPÉES. Annuelle peu élevée ne dépassant pas 60 cm, à port diffus, pubescente, à tiges florifères ascendantes. Feuilles à contour arrondi mais *profondément découpées presque jusqu'à la base en 5-7 lobes*, avec des lobes secondaires. Fleurs rose vif à pétales légèrement échancrés, de 4,5-6 mm ; *pédicelles floraux de plus de 15 mm* ; sépales étalés, à sommet aigu. Fruit côtelé et velu. Commune dans divers habitats, notamment les lieux perturbés herbeux et humides. ES, FR, IT, MA, PT. Geranium columbinum GÉRANIUM COLOMBIN est semblable mais à fleurs plus grandes, portées par des *pédicelles allongés, de 25-60 mm de long* ; pétales non échancrés, de 7-10 mm. ES, FR, IT, MA, PT.

C. Plantes annuelles à petites fleurs ; pétales de 5-10(14) mm ; *sépales dressés et arqués au sommet*

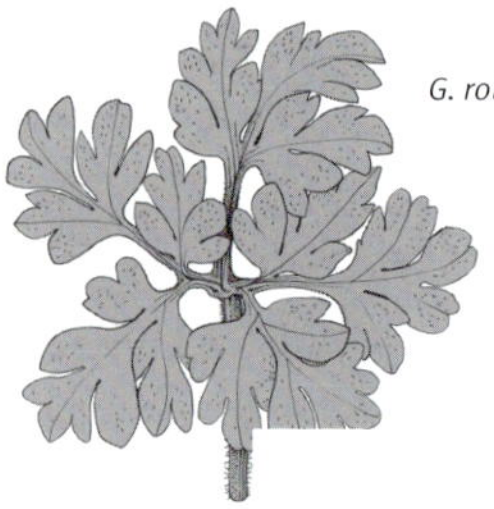
G. robertianum

G. purpureum

Geranium robertianum GÉRANIUM HERBE-À-ROBERT. Plante annuelle ou bisannuelle peu élevée atteignant 50 cm de haut, velue, *très odorante*, habituellement *fortement lavée de rouge* ou de pourpre. Feuilles palmées, les inférieures à 3-5 lobes pennatilobés. Fleurs roses ou parfois blanches, à pétales légèrement échancrés ou arrondis, de 8-10(14) mm de long ; pollen orange. Fruit velu et côtelé. Lieux herbeux frais et humides, forêts ; très commune dans toute la zone. ***Geranium purpureum*** GÉRANIUM POURPRE ressemble à *G. robertianum*, mais est moins rougeâtre, avec des fleurs rose violacé plus petites, à pétales de 5-9 mm et à pollen jaune. Mêmes habitats. ES, FR, IT, MA, PT. ***Geranium lucidum*** GÉRANIUM LUISANT ressemble à *G. robertianum*, mais s'en distingue aisément par *ses feuilles luisantes* et (quasiment) *glabres*, à contour circulaire et divisées en 5(7) lobes. Pétales rose profond, à sommet arrondi, de 8-10 mm ; sépales carénés sur le dos. Dans toute la zone.

Erodium BEC-DE-GRUE

Annuelles à vivaces ressemblant aux *Geranium*, mais à feuilles pennatilobées et avec des fleurs légèrement zygomorphes, à 2 pétales plus grands que les autres ; 5 étamines. Fruit prolongé en bec.

A. Feuilles toutes ou quelques-unes à *lobes peu profonds* (< 1/2 de la largeur du limbe)

Erodium reichardii. Plante vivace basse, verdâtre, pubescente, à port étalé ou en touffes ; feuilles à contour ovale-triangulaire, superficiellement découpées en lobes arrondis, à pétiole souvent rougeâtre ; fleurs *blanches ou rose très pâle*, veinées de sombre, plutôt grandes relativement à la taille de la plante. Rochers et falaises du littoral ; rare espèce endémique insulaire. ES (îles Baléares).

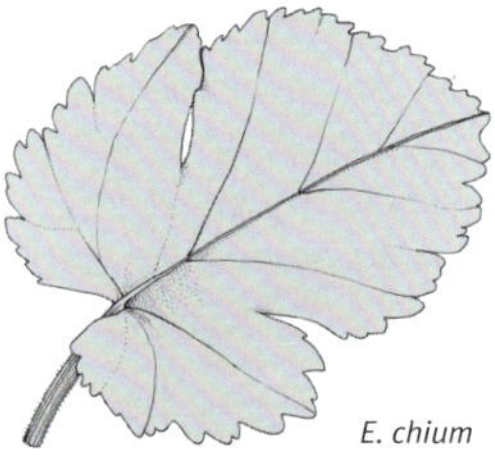
E. chium

Erodium chium BEC-DE-GRUE DE CHIOS. Robuste vivace ou bisannuelle peu élevée, atteignant 40 cm. Feuilles ovales, les inférieures divisées en 3 lobes arrondis et dentés. Fleurs pourpre rosé, de 10-18 mm de large, groupées par 2-8 en cymes et sur des pédicelles non glanduleux ; 2 pétales légèrement plus grands que les 3 autres ; sépales à poils non glanduleux. Fruit à courts poils blancs et bec de 20-40 mm. Milieux ouverts, lieux rocailleux, bord des routes. Dans toute la zone.

1

2

3

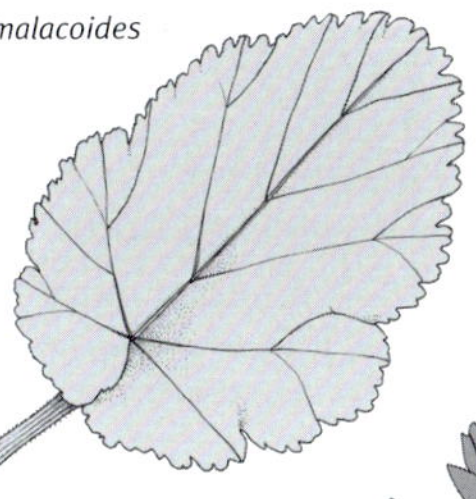

E. malacoides

E. laciniatum

E. botrys

E. cicutarium

1. *Erodium reichardii*
2. *Erodium malacoides*
3. *Erodium cicutarium*

Erodium malacoides BEC-DE-GRUE À FEUILLES DE MAUVE. Bisannuelle à port dressé ou diffus, peu élevée, pubescente-glanduleuse, atteignant 40 cm. Feuilles oblongues, cordées à la base, les inférieures dentées, parfois à 3 à plusieurs lobes, couvertes de glandes brillantes. Fleurs rose violacé, de 11-18 mm de large, en ombelles de 3-7, avec au moins 3 bractées à leur base, sur des pédicelles pubescents-glanduleux ; *sépales à poils glanduleux*. Bec du fruit de 20-35 mm de long. Lieux dénudés ou cultivés ; commune dans toute la zone. *Erodium laciniatum* ressemble à *E. malacoides*, mais feuilles plus profondément divisées, non nettement pubescentes-glanduleuses en dessous ; fleurs par 4-9 en ombelles ayant seulement 2 bractées à leur base. Bec du fruit plus long, jusqu'à 90 mm. Sables littoraux. Dans toute la zone, mais absente de certaines îles. *Erodium maritimum* BEC-DE-GRUE MARITIME est semblable à *E. malacoides*, mais *plus petite*, pas plus de 10(20) cm de haut, à feuilles de plus de 30 mm de large ; fleurs à diamètre ne dépassant pas 6 mm ; *fruit à bec long de 0,8-1 mm seulement*. FR, IT. *Erodium corsicum* est semblable à *E. malacoides*, mais vivace, *à feuilles vert grisâtre*. Rochers littoraux. FR (Corse), IT (Sardaigne).

B. Feuilles 1-2 fois *divisées-pennées*

Erodium botrys BEC-DE-GRUE EN GRAPPE. Annuelle peu élevée, pubescente, à tige aérienne évidente. Feuilles hérissées, jusqu'à 50 mm de large, ovales et profondément pennatilobées, dentées, au moins les supérieures. Fleurs de 30 mm de diamètre, bleutées avec des veines sombres, groupées par 4 au plus ; bractées brunes. Fruit à bec de 6-(9)11 cm. Lieux rocailleux secs, bord des routes. Dans toute la zone.

Erodium cicutarium BEC-DE-GRUE COMMUN. Annuelle odorante très variable, de taille basse à moyenne, dressée ou couchée, pubescente (parfois visqueuse), atteignant 60 cm (souvent moins). Feuilles *profondément divisées-pennées*, sans petits lobes intermédiaires entre les principaux. *Stipules aiguës* et blanchâtres. Fleurs violacées, roses ou blanches, de (7)10-18 mm de large, groupées par 3-7(12) ; pétales de 4-9 mm, les 2 supérieurs normalement plus grands avec une tache noire. Bractées brunâtres. Fruit velu, à bec long de 15-40 mm. Divers habitats ouverts et perturbés ; très commune dans toute la zone. De nombreuses variantes ont été décrites. *Erodium lebelii* (Syn. *E. cicutarium* subsp. *bipinnatum*) est *plus petite*, à tiges ne dépassant pas 15(25) cm ; *petites fleurs peu nombreuses*, groupées par 2-4(5), rose pâle, < 10 mm de diamètre. Fruit à bec de 22 mm. Sables dunaires fixés. ES, PT. *Erodium aethiopicum*, voisine, est une annuelle de 10(50) cm, couchée ou étalée. Feuilles de 1-17 cm, divisées-pennées, à lobes obtus, souvent violacées. Fleurs groupées par 3-8, plus grandes, à pétales de 5-10 mm, inégaux et violets. Fruit de 4,3-5,5 mm, à bec de 30-55 mm. Sables des dunes littorales. Dans toute la zone.

E. moschatum

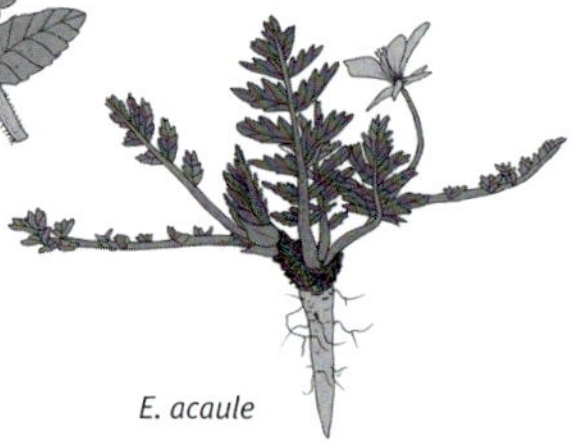

E. acaule

Erodium moschatum BEC-DE-GRUE MUSQUÉ. Plante annuelle étalée atteignant 60 cm, ressemblant à *E. cicutarium*, mais pubescente-visqueuse et *à odeur musquée*, à folioles superficiellement lobées ($< 1/2$ jusqu'à la nervure centrale). *Stipules obtuses*. Fleurs plus grandes, jusqu'à 28 mm de diamètre, violettes ou pourpre rosé. Fruit à bec de 20-45 mm. Lieux cultivés, terrains vagues. Dans toute la zone.

Erodium acaule BEC-DE-GRUE ACAULE. Comme *E. cicutarium*, mais sans tige (attention aux populations d'*E. cicutarium* en milieux contraignants qui semblent dépourvues de tige). Feuilles à pétiole plus court que le limbe. Fleurs lilas, sans taches sombres, jusqu'à 22 mm de large. Fruit avec des poils blancs et bec atteignant 50 mm de long. Dans toute la zone, mais absente de certaines îles.

LYTHRACEAE | LYTHRACÉES

Plantes herbacées annuelles à vivaces, à feuilles simples et opposées ou verticillées par 3. Fleurs hermaphrodites, régulières, en principe à (4)6 sépales et 6 pétales (0-5), souvent roses ou pourpres ; (2)6-12 étamines ; 1 style. Fruits sous forme de capsules à 2 valves.

Lythrum SALICAIRE

Plantes herbacées à calice tubuleux ou en cloche à 4-6 dents, et 4-6 pétales < 8 mm de long.

A. Plantes dressées, à petites fleurs pourpre rosé, en principe *solitaires* (ou par 2)

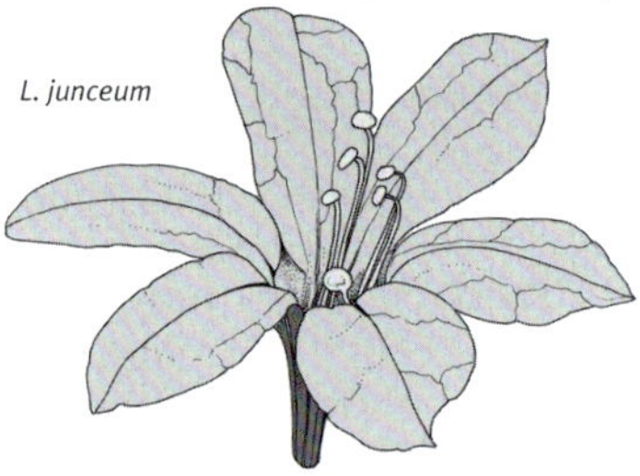

L. junceum

Lythrum junceum. Plante vivace glabre, de taille médiocre à moyenne, atteignant 70 cm, à tiges éparses très ramifiées. Feuilles alternes pour la plupart, elliptiques, sessiles. *Petites fleurs* par 1(2) à l'aisselle de chaque feuille, pourpres, rarement blanches, solitaires ; 6 pétales de 5-6 mm de long ; *12 étamines, certaines ou toutes saillantes*. Lieux humides. Dans toute la zone.

L. hyssopifolia

Lythrum hyssopifolia SALICAIRE À FEUILLES D'HYSOPE. Annuelle dressée glabre, jusqu'à 25 cm de haut, ressemblant à *L. junceum*, à feuilles linéaires-lancéolées à marges rudes. Fleurs roses, par 1(2) à l'aisselle de chaque feuille, à *4-6 étamines non saillantes* ; pétales de 2-3 mm. Zones temporairement submergées, lieux humides. Dans toute la zone. ***Lythrum tribracteatum*** est semblable à *L. hyssopifolia,* mais feuilles *largement* linéaires à ovales ; appendices des sépales internes *plus longs (non plus courts) que les sépales eux-mêmes* ; pétales pourpres, de 2-3 mm de long seulement. Disséminée dans toute la zone, mais absente de la plupart des îles. ***Lythrum thymifolia*** est comme *L. hyssopifolia*, mais *minuscules feuilles étroites, ne dépassant pas 0,75-1(2,5) mm de large* ; fleurs à 4 pétales de 1,5-3 mm de long et 2-3 étamines. Dans toute la zone, sauf la Corse et la Sicile.

1. *Lythrum salicaria*
2. *Punica granatum*

B. Plantes dressées à grandes fleurs pourpre rosé groupées en verticilles ; pétales > 8 mm de long

L. salicaria

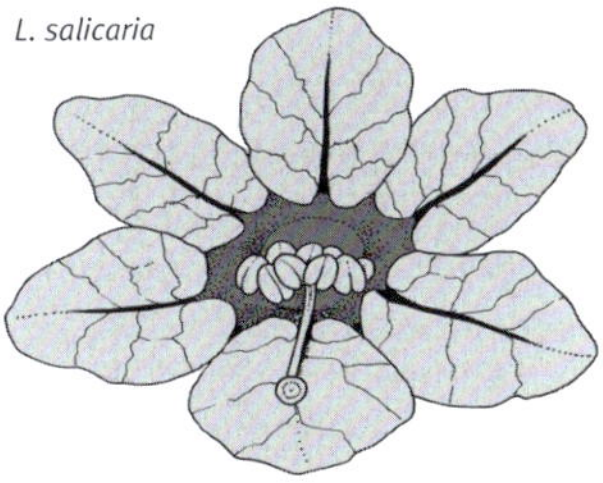

Lythrum salicaria SALICAIRE COMMUNE. Plante vivace dressée atteignant 1,5 m, plus ou moins glabre ou à courts poils grisâtres ; tiges peu ramifiées, à feuilles sessiles verticillées par 3 ou opposées, lancéolées. *Grandes fleurs voyantes groupées en verticilles, pourpre rosé*, densément disposées en longs épis terminaux ; pétales de 8-10 mm ; 12 étamines, certaines ou toutes saillantes. Lieux humides, berges des rivières ; commune dans toute la zone.

C. Plantes annuelles rampantes à tiges couchées ou ascendantes (rarement dressées)

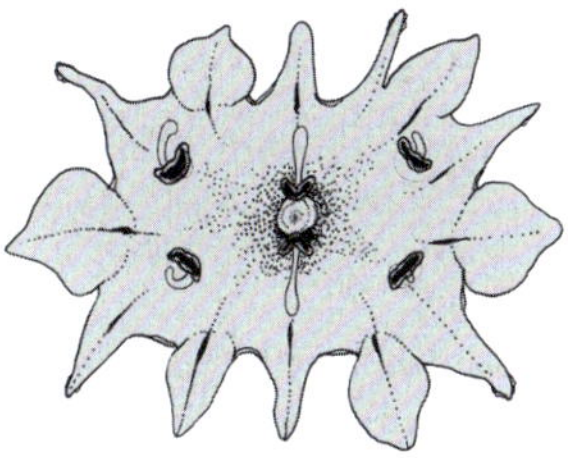

L. portula

Lythrum portula POURPIER DES MARAIS. Plante annuelle basse ou *couchée, rampante, glabre, à tiges s'enracinant aux entre-nœuds*, ne dépassant pas 25 cm de haut. Feuilles opposées, charnues, souvent rougeâtres et atténuées en court pétiole, ovales-spatulées. Très petites fleurs pourpres, solitaires à la base des feuilles ; 6 pétales ou aucun. Lieux temporairement submergés et sols boueux détrempés. Dans toute la zone. *Lythrum borysthenicum* est semblable, mais plante *hispide*, au moins dans sa jeunesse ; *tiges ne s'enracinant pas aux entre-nœuds*. Dans toute la zone, mais absente des îles sauf de Corse et de Sardaigne.

Punica GRENADIER

Arbustes ou petits arbres caducifoliés bien connus pour leurs fruits, les grenades. Fleurs à 4-6(9) sépales et pétales et autant ou le double d'étamines. Fruits sous forme de capsules ou de baies. Récemment intégré dans la famille des *Lythraceae*.

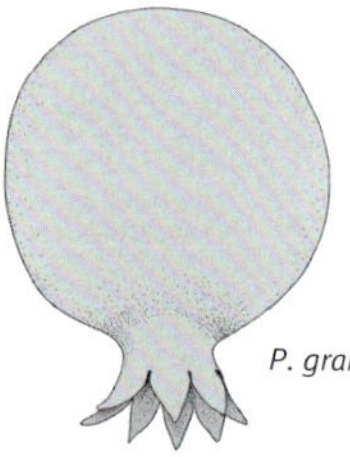

P. granatum

Punica granatum GRENADIER. Arbuste ou petit arbre caducifolié atteignant 5 m, à jeunes rameaux épineux et tétragones. Feuilles opposées, luisantes, vert vif, grossièrement oblongues, non dentées et presque sessiles. Fleurs atteignant 40 mm de diamètre, à 5-9 pétales écarlates chiffonnés et calice charnu (hypanthium), groupées par 1-3 au sommet des rameaux. Fruit arrondi, jusqu'à 90 mm de large. Largement cultivé dans la région ; naturalisé dans toute la zone.

Lagerstroemia

Arbustes et arbres caducifoliés ou sempervirents originaires d'Asie et d'Australie. Feuilles le plus souvent opposées et simples. Fleurs à 6(12) pétales ; nombreuses étamines dimorphes (6 avec de grandes anthères et 12-100 à petites anthères) ; 1 style. Fruits sous forme de capsules à 3-6 valves.

Lagerstroemia indica LILAS DES INDES. Arbuste ou arbre caducifolié atteignant 10 m de haut, à rameaux tétragones. Feuilles de 2,5-7 cm (jusqu'à 10 cm), opposées, subopposées ou par groupes de 3, arrondies ou oblongues, sans dents, courtement pétiolées. Fleurs voyantes, pourpre rosé (ou blanches), de 25-35 mm de large ; 6 pétales, à marges ondulées ; nombreuses étamines. Planté au bord des routes. ES, FR, IT.

1. *Epilobium hirsutum*
2. *Epilobium parviflorum*
3. *Oenothera lindheimeri*

1

2

3

ONAGRACEAE | ONAGRACÉES

Herbacées annuelles ou vivaces à feuilles simples, alternes ou opposées. Fleurs généralement régulières, à 2-4 sépales et pétales libres ; 2, 4 ou 8(10-12) étamines ; 1 style. Fruits sous forme de capsules ou de baies s'ouvrant longitudinalement, à graines cotonneuses, ou d'akènes à 1-2 graines.

Epilobium ÉPILOBE

E. hirsutum

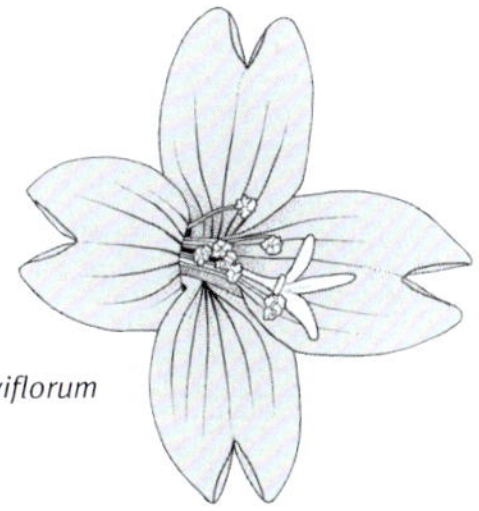

E. parviflorum

Herbacées vivaces à feuilles inférieures opposées. Fleurs roses ou pourpres à 4 sépales et pétales ; 8 étamines ; ovaires à 4 loges. *Capsules linéaires se fendant en 4 valves pour libérer les graines à de longues aigrettes plumeuses.*

A. Stigmate à 4 lobes en croix

Epilobium hirsutum ÉPILOBE HIRSUTE. Robuste vivace densément veloutée, de 1,8 m, à poils étalés glanduleux et simples mêlés. Feuilles opposées, lancéolées, sessiles, *embrassant partiellement la tige à la base*, nettement dentées. Fleurs à pétales rose vif, échancrés, de 10-16(18) mm, groupées en grappe feuillée ; stigmate à 4 lobes. Lieux humides, abords des rivières ; commune dans toute la zone. ***Epilobium parviflorum*** ÉPILOBE À PETITES FLEURS ressemble à l'espèce précédente (avec laquelle il s'hybride), mais est *plus petit* dans toutes ses parties (pas plus de 75 cm), à feuilles non embrassantes et *petites fleurs rose pâle à pétales de 5-9 mm de long* seulement. Lieux humides ; plante locale dans toute la zone.

B. Stigmate en massue (claviforme)

Epilobium palustre ÉPILOBE DES MARAIS. Plante vivace atteignant 60 cm, à poils épars, appliqués, non glanduleux (sauf vers le sommet), *tiges arrondies sans lignes ou crêtes saillantes, à feuilles non dentées, subsessiles* (pétiole < 4 mm de long). Fleurs rose pâle ou blanches, en grappe lâche à poils raides ; pétales de 4-7 mm ; *stigmate en massue*. Marais et tourbières ; locale dans toute la zone. *Epilobium roseum* ÉPILOBE À FLEURS ROSES est semblable, mais *feuilles à pétiole nettement plus long* (4-15 mm) et *à limbe denté* ; *tige avec 2 lignes saillantes*. Pétales de 4-7 mm. Lieux humides des montagnes. ES, FR, IT.

Epilobium tetragonum ÉPILOBE À QUATRE ANGLES. Vivace dressée atteignant 75 cm, ressemblant aux espèces précédentes mais à inflorescences à poils denses, blancs et appliqués (non glanduleux) ; se distingue par ses *tiges à 4 angles nets, souvent ailées*. Pétales pourpre rosé, de 5-7 mm. Fruits de 6,5-8(10) cm de long. Dans toute la zone. *Epilobium obscurum* ÉPILOBE FONCÉ ressemble à *E. tetragonum*, aussi avec une tige à 4 angles et des pétales de 4-7 mm, mais avec des *fruits plus courts, de (3)4-6(5,6) cm*. Dans toute la zone.

Oenothera ONAGRE

Plantes herbacées annuelles à vivaces à feuilles alternes. Fleurs régulières ou zygomorphes (espèces classées autrefois dans le genre *Gaura*) ; (3)4 pétales ; 8 étamines. Fruits sous forme de capsules. Genre récemment étendu par l'incorporation de l'ancien genre *Gaura* à la lumière du séquençage de l'ADN.

Oenothera lindheimeri (Syn. *Gaura lindheimeri*). Vivace en touffes, à nombreuses tiges ascendantes atteignant 1(2) m et feuilles oblongues ou spatulées, jusqu'à 75 mm ; entièrement pubescentes, glanduleuses dessus. Fleurs *zygomorphes*, blanc lavé de rose, à 4 pétales, d'environ 25 mm de large, en grappe lâche et grêle ; 1 akène indéhiscent à 5 angles. Originaire d'Amérique du Nord ; cultivée et fréquemment naturalisée, avec un fort potentiel d'extension (quoique peu noté encore jusqu'à présent). ES, PT.

MYRTACEAE | MYRTACÉES

Famille essentiellement tropicale d'arbustes et d'arbres, à feuilles en principe opposées et simples. Fleurs à 4-5 sépales et pétales ; nombreuses étamines ; 1 style. Fruits sous forme de capsules à nombreuses graines ou de baies.

Myrtus MYRTE

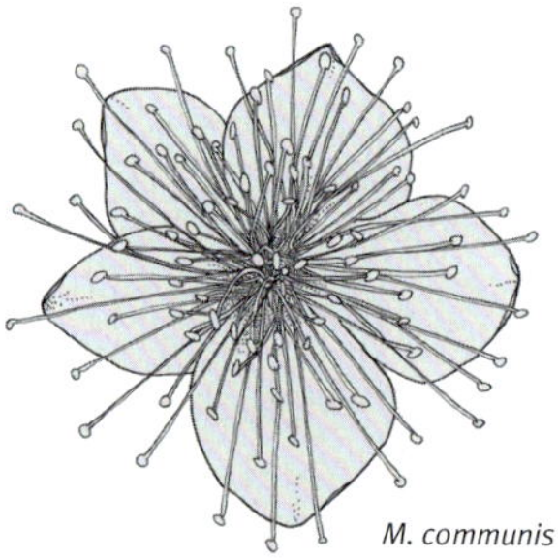

M. communis

Arbres ou arbustes à feuilles opposées. Fleurs à 5 sépales et pétales, libres ; nombreuses étamines. Fruits : baies.

Myrtus communis MYRTE COMMUN. Arbuste sempervirent, à port dressé et buissonnant, de 1,5 m, pubescent-glanduleux dans sa jeunesse. Feuilles opposées, vert foncé luisant, lancéolées et aiguës, *aromatiques* au froissement, de 20-50 mm de long. Fleurs blanches jusqu'à 30 mm de large, à pétales arrondis et nombreuses étamines saillantes. Baie d'abord bleu-mauve, puis noir bleuté à maturité, de 7-10 mm. Maquis et garrigues du littoral ; commun et planté dans toute la zone.

Melaleuca

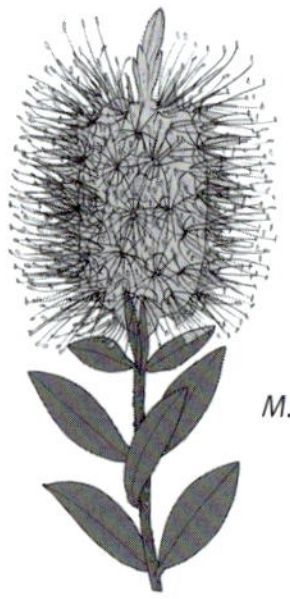

M. citrina

Arbustes originaires d'Australie. Feuilles alternes. Fleurs formant des inflorescences denses, à 5 pétales ; nombreuses étamines. Fruits sous forme de capsules.

Melaleuca citrina (Syn. *Callistemon citrinus*) RINCE-BOUTEILLE. Arbuste sempervirent atteignant 2 m, à tiges rigides et arquées. Feuilles vertes, coriaces, étroitement elliptiques, entières, à odeur citronnée au froissement. Fleurs rouge cramoisi, en têtes denses comme des brosses d'où saillent les nombreuses étamines. Fruits sous forme de capsules. Originaire d'Australie ; largement planté dans toute la zone.

Eucalyptus

Arbres sempervirents originaires d'Australasie à écorce s'exfoliant et feuilles d'abord larges et dressées chez les individus juvéniles, devenant étroites et pendantes chez les arbres adultes. Fleurs en groupes peu denses, avec > 100 étamines saillantes, cachées en bouton par un opercule charnu (sépales soudés). Fruits sous forme de capsules ligneuses. Largement plantés et source importante de bois d'œuvre dans la région, notamment dans la péninsule Ibérique.

A. Fleurs blanches ou crème, en *inflorescences pédonculées*

E. robustus

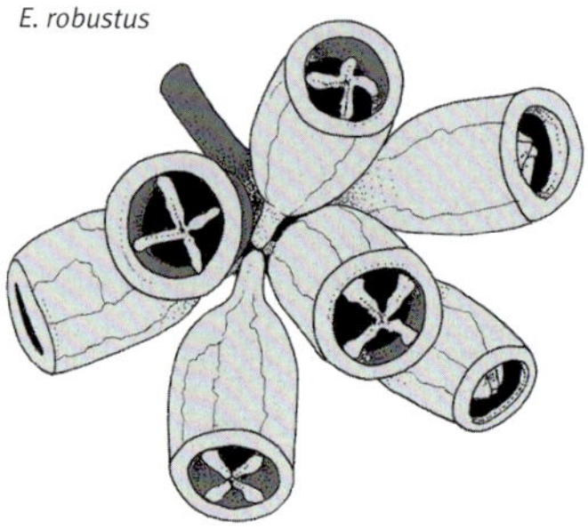

Eucalyptus robustus GOMMIER DES MARAIS. Grand arbre atteignant 30 m, à écorce *persistante* (ne s'exfoliant pas). Feuilles juvéniles lancéolées, les adultes plus étroites et atténuées ; vert luisant, à *pétiole de 20-35 mm de long*. Fleurs blanches, jusqu'à 25 mm de diamètre, *groupées par 9-12(15)*. Fruit en cloche, de 10-15(18) mm de large. Planté dans les lieux marécageux et légèrement salés. PT (sud). *Eucalyptus resinifera* GOMMIER ROUGE est plus grand, jusqu'à 40 m de haut, à *écorce rougeâtre* et fruits ovoïdes de 8 mm. ES, FR, IT, PT.

---

1. *Myrtus communis*
2. *Melaleuca citrina*
3. *Eucalyptus globulus*

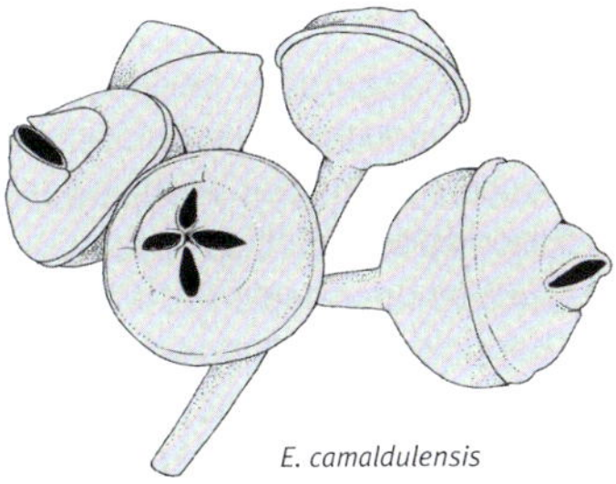

E. camaldulensis

Eucalyptus camaldulensis GOMMIER DES RIVIÈRES. Arbre de 15(50) m, à écorce lisse et blanche, se desquamant. Feuilles juvéniles ovales-lancéolées, vert grisâtre, les adultes bien plus étroites, de 8-25(30) cm de long. Fleurs blanc jaunâtre, groupées par 5-12, *nettement pédicellées ; pédicelles de 6-15(20) mm de long*. Fruit *hémisphérique*, plus long que large, atteignant 6 mm, à large rebord épaissi. Communément planté comme bois d'œuvre dans le sud-ouest de la péninsule Ibérique. ES, PT. ***Eucalyptus tereticornis*** ressemble beaucoup à *E. camaldulensis*, mais ses fruits sont coniques et plus grands, atteignant 10 mm. Local. PT.

1

2

3

Euphorbia squamigera. *Arbuste ligneux* atteignant 1,5 m à tiges très ramifiées, toujours *nues en bas* et densément feuillées en haut. Feuilles *étroites*, linéaires-lancéolées, *aiguës*, glabres ou velues en dessous, entières ou finement dentées, de 25-60 mm de long. Feuilles sous-tendant les ombelles arrondies ou rhomboïdales, également aiguës ; 5(6) rayons ; capsule glabre et sillonnée, tuberculeuse. Graines lisses, brunes. Pentes rocailleuses ensoleillées, falaises maritimes ; distribution mal connue du fait de confusions avec *E. clementei*, une espèce annuelle. DZ, ES (sud-est et îles Baléares), MA (signalé aussi au PT).

1. *Euphorbia paniculata* subsp. *monchiquensis*
2. *Euphorbia regis-jubae*
3. *Euphorbia spinosa* (encarts : en haut fleurs, en bas fruits)
4. *Euphorbia helioscopia*

Euphorbia paniculata. Robuste plante vivace subglabre, à souche tubéreuse, atteignant 1,5 m, à feuilles étroites, lancéolées à oblongues, *à base abruptement contractée ou embrassant la tige*, de 2,5-10 cm de long ; 5(6) rayons, sous-tendus par des feuilles largement ovales à rhomboïdales. Péninsule Ibérique et Afrique du Nord. DZ, ES, MA, PT, TN. Subsp. *paniculata* possède des *feuilles larges, oblongues-lancéolées,* jusqu'à 7 cm de long. DZ, ES, MA, PT, TN. Subsp. *monchiquensis* (Syn. *E. monchiquensis*), considérée parfois comme espèce autonome, est plus robuste et possède des feuilles lancéolées de 4-10 cm de long, se rétrécissant graduellement vers la base. Forêts de basse montagne, rare. PT. Subsp. *welwitschii* est plus grêle, avec des feuilles elliptiques de 3-4 cm de long et des graines ovoïdes ne dépassant pas 2,8 mm (contre 4 mm) de long. PT.

Euphorbia pulcherrima POINSETTIA. Arbuste atteignant 2 m avec des feuilles vert sombre jusqu'à 16 cm de long et des *bractées foliacées d'un rouge spectaculaire*. Plante ornementale originaire d'Amérique centrale, communément plantée dans les parcs et jardins, ne se naturalisant pas ou très rarement. Dans toute la zone.

Euphorbia regis-jubae. Arbuste robuste, très ramifié, à port arrondi, atteignant 1,2(3) m à tiges épaisses et charnues, non épineuses. Feuilles de 1,5-10 cm de long, linéaires, vert jaunâtre pâle ; 4-10 rayons, à bractées de 7-15 mm, *jaune pâle vif*. Capsules de 5,2-7,3 mm. Élément important des fourrés succulents qui peuplent la côte atlantique du nord-ouest de l'Afrique. MA.

C. Arbrisseaux bas (pas plus de 40 cm) ligneux à la base et *épineux*

Euphorbia spinosa EUPHORBE ÉPINEUSE. Arbrisseau *en coussinet* formant des dômes arrondis de 40 cm de haut au maximum, à rameaux très entremêlés et dont l'apex est *épineux*. Feuilles vert glauque, lancéolées. Bractées plus larges que les feuilles caulinaires ; ombelles à 1-5 rayons. Divers habitats secs et rocailleux à des altitudes variées. FR, IT.

D. Plantes herbacées à glandes du cyathe ovales à arrondies, *sans projections en forme de cornes*

E. helioscopia

E. clementei

Euphorbia helioscopia EUPHORBE RÉVEILLE-MATIN. Petite plante annuelle dressée et glabre, normalement à tige unique, atteignant 30(50) cm. Feuilles ovales ou spatulées, plus larges au-delà du milieu, *dentées* dans leur moitié supérieure, de 4-35(60) mm de long. *Ombelles à 5 rayons* (2-3 seulement chez les individus chétifs), *sous-tendus par 5 bractées distinctes*, jaunâtres et de forme similaire aux feuilles. Glandes ovales, sans dents. Capsule lisse, sans aile ; graines brunes, alvéolées. Terrains vagues, sols nus ; commune dans toute la zone.

Euphorbia clementei. Plante *annuelle* atteignant 80 cm semblable à, et souvent confondue avec, la vivace ligneuse *E. squamigera*, mais avec des feuilles ayant *leur plus grande largeur au-delà du milieu*, à marges finement dentées, *non aiguës*, et *graduellement rétrécies en très court pétiole* ; feuilles de 15-40(70) mm de long ; (3)4-5 rayons, sous-tendus par des feuilles ovales à rhomboïdales ; glandes sans appendices cornus. Rochers maritimes du sud-ouest de la péninsule Ibérique et de l'Afrique du Nord, locale. DZ, ES, MA, PT, TN.

E. Plantes herbacées annuelles peu ramifiées à glandes du cyathe en croissant ou avec des projections en forme de cornes

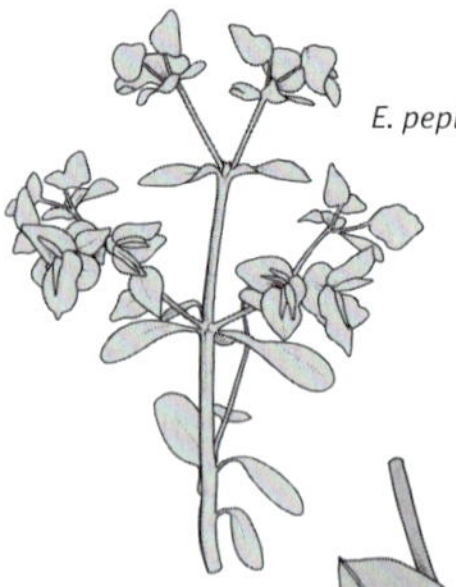

E. peplus

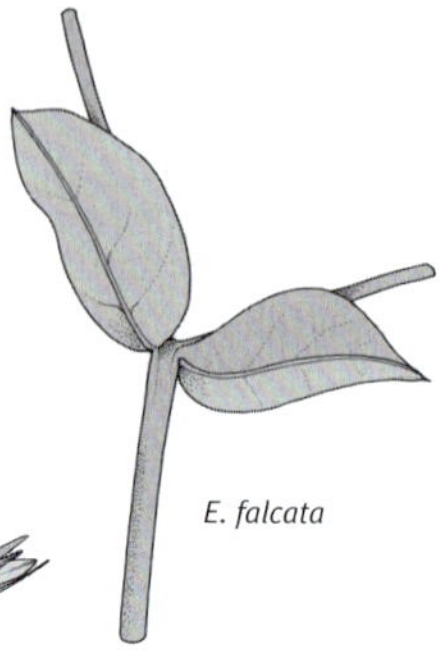

E. falcata

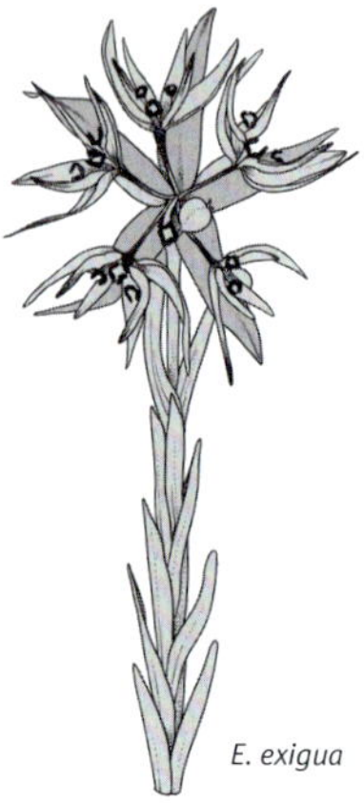

E. exigua

Euphorbia peplus EUPHORBE DES JARDINS. Plante annuelle dressée, glabre, de 2-20(40) cm de haut, rameuse à la base. Feuilles vertes, ovales à arrondies, entières, à court pétiole, de 4-30 mm de long. Ombelles à *3 rayons principaux* (rarement 2-5), sous-tendus par 3 bractées triangulaires-ovales ou spatulées, *vertes* et sessiles. Glandes réniformes avec de longues cornes fines. Capsule lisse à coques avec 2 carènes ailées ; graines gris pâle et alvéolées. Commune sur sols perturbés et dans les terrains vagues. Dans toute la zone. Des formes à ombelles peu développées et graines à peine alvéolées ont été traditionnellement décrites comme *E. peploides*. *Euphorbia falcata* EUPHORBE EN FAUX ressemble à *E. peplus,* mais feuilles moins nombreuses, lancéolées, à 3 nervures, sessiles, de 2-25(40) mm de long, glauques ; capsules à coques *non carénées,* avec des graines *sans alvéoles*. Mêmes habitats. Dans toute la zone.

Euphorbia exigua EUPHORBE FLUETTE. Toute petite plante annuelle glabre et vert grisâtre, haute de 2-20(30) cm, rameuse à la base. Feuilles *très étroitement* lancéolées, entières, sessiles, de 2-25 mm de long ; 2-5(7) rayons, 1-3(5) fois ramifiés, à bractées étroitement triangulaires. Glandes en croissant, avec 2 cornes. Capsule faiblement sillonnée ; graines tuberculeuses, grises. Très commune, lieux herbeux, cultures, jachères. Dans toute la zone.

F. Plantes herbacées *vivaces*, à *nombreuses tiges*, *feuilles minces* et glandes du cyathe en croissant ou avec des projections en forme de corne

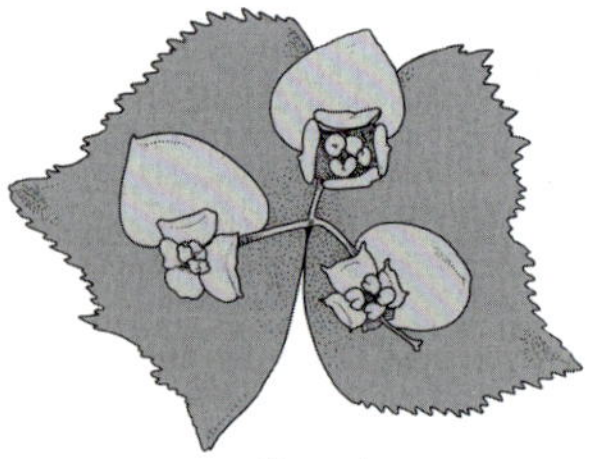

E. serrata

Euphorbia serrata EUPHORBE DENTÉE. Plante vivace basse à moyenne, grisâtre ou bleutée, de 20-60 cm de haut, à souche ligneuse. Feuilles étroitement oblongues à *marges finement dentées*, de 2-7 cm de long. Ombelles à 3-5 rayons, 1-3(5) fois ramifiés, à bractées lancéolées à arrondies, *jaunes*. Glandes ovales à extrémités obtuses. Graines *alvéolées*. Lieux secs et garrigues. ES, FR, IT, PT.

Euphorbia cyparissias EUPHORBE PETIT-CYPRÈS. Plante vivace, basse ou peu élevée, glabre et rhizomateuse, à tiges atteignant 50 cm, en général non ramifiées à la base, mais rameuses au sommet avec de nombreux rameaux non florifères. *Feuilles rapprochées, longues et étroites, de 0,5-2(3) mm de large*, sessiles, virant au jaune à maturité. Ombelles *à nombreux rayons* (11-18) ; glandes cornues. Friches et lieux herbeux, généralement en altitude ; absente de nombreuses îles et de l'Extrême-Sud. ES, FR, IT.

E. segetalis

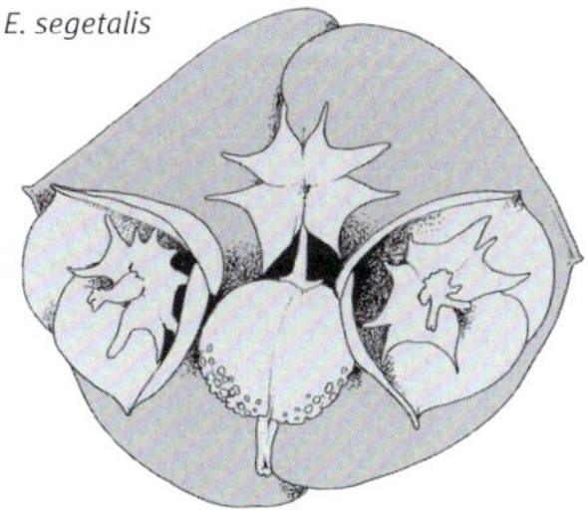

Euphorbia segetalis (Syn. *E. pinea*). Plante annuelle ou vivace glabre, simple ou un peu ramifiée à la base, atteignant 80(100) cm. Feuilles alternes et *étroites* (2-4 mm), linéaires à linéaires-lancéolées, de 27-40 mm de long ; 4-6(8) rayons, *bractées rhomboïdales,* vert-jaune, glandes à 2-4 cornes. Capsule verruqueuse et glanduleuse ; graines gris pâle. Milieux ouverts du littoral. Dans toute la zone. Les formes vivaces ont été traditionnellement décrites sous le nom d'*E. pinea*.

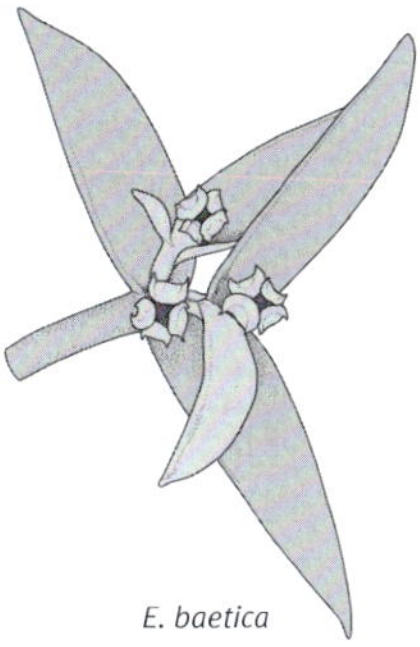

E. baetica

Euphorbia baetica. Plante vivace bleutée ou jaunâtre, en touffes, de 16-40 cm de haut, à long rhizome. Feuilles linéaires à linéaires-lancéolées, entières, avec 2-5 nervures saillantes en dessous, de 20-40 mm de long ; 5(3-7) rayons, ramifiés 1-2(3) fois. Glandes plus ou moins semi-circulaires avec des projections en cornes. Lobes du cyathe à marges *frangées de poils fins et denses*. Capsule à sillons superficiels ; graines grises et alvéolées. Habitats variés. Sud-ouest de la péninsule Ibérique. ES, PT.

Euphorbia nicaeensis. Plante vivace de taille moyenne, de 20-80 cm de haut, glabre, *gris blanchâtre*, à tiges normalement rouges. Feuilles charnues, lancéolées à oblongues, à 3 nervures, de 25-50 mm de long. Ombelles à 8-16 rayons simples ou ramifiés 2-3 fois ; bractées jaunâtres, ovales ou réniformes, glandes échancrées, parfois avec de courtes cornes. Capsule de 3,5-4,5 mm, tuberculeuse ; graines gris pâle et alvéolées. Garrigues et maquis. Répandue, mais absente de la plupart des îles ; commune dans le nord-est de l'Espagne. ES, FR, IT.

1. *Euphorbia exigua*
2. *Euphorbia cyparissias*
3. *Euphorbia nicaeensis*

1

2

3

Euphorbia transtagana. Plante annuelle basse, ascendante, légèrement glauque et parfois lavée de rouge, de 5-20(30) cm de haut. Feuilles denses à la base des tiges, plus espacées au-dessus, de 7-17 mm de long, lancéolées à rhomboïdales et rétrécies à la base. Ombelles à 3-4(5) rayons, simples ou ramifiés 2 fois ; bractées largement ovales ou losangiques, à marges parfois bordées de dents indistinctes. Cyathe courtement pédonculé ; nectaires avec 2 appendices. Graines grises, ovoïdes, ornées de fossettes irrégulières. Peu commune ; lieux secs du sud de la péninsule Ibérique. ES, PT.

1. *Euphorbia myrsinites*
2. *Euphorbia myrsinites*
3. *Euphorbia rigida*
4. *Euphorbia paralias*

G. Plantes herbacées *vivaces*, à tige à nombreuses, *feuilles charnues* et glandes du cyathe en croissant ou ornées de projections en forme de cornes

Euphorbia myrsinites EUPHORBE DE CORSE. Plante vivace basse ou *prostrée*, à tiges simples, charnues, densément feuillées, rayonnant depuis la souche centrale, de 20-40 cm de long. *Feuilles charnues, grises*, ovales à arrondies, à apex aigu, *disposées régulièrement tout autour de la tige* ; 5-12 rayons, bractées vert-jaune vif, cordées ou réniformes ; glandes faiblement cornues. Capsule de 5-7 mm ; graines lisses, brun-gris. Est de la région, également cultivée. IT. *Euphorbia oxyphylla* (Syn. *E. broteri*) est semblable, aussi bleutée et à feuilles et tiges charnues, mais ces dernières *dressées ou ascendantes*. Surtout au centre de la péninsule Ibérique. ES, PT.

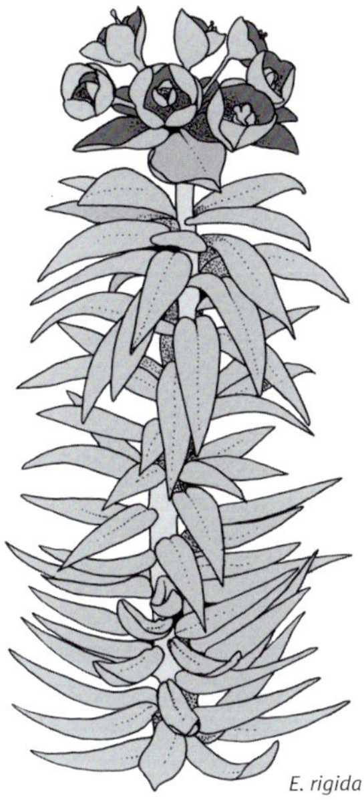

E. rigida

Euphorbia rigida EUPHORBE RIGIDE. Plante vivace glabre et glauque à nombreuses tiges robustes, dressées ou ascendantes, naissant d'une *souche ligneuse*, atteignant 30 cm. Feuilles charnues, lancéolées et aiguës, souvent lavées de pourpre ; 6-12 rayons, ramifiés 1-2 fois, bractées oblongues ; glandes à *cornes* minuscules ; capsule nettement *trigone* ; graines lisses et blanchâtres. Garrigues et maquis, localisée ; cultivée dans les jardins. IT, MA.

Euphorbia paralias EUPHORBE DES DUNES. Plante vivace de taille basse à moyenne, glabre, charnue, en touffes dressées raides, atteignant 60(80) cm. Feuilles vert grisâtre, régulièrement et densément *imbriquées* sur les tiges, ovales, *plus larges vers leur base*, concaves sur le dessus, *à nervure médiane peu nette dessous*, de 8-20 mm de long. Ombelles à 3-6 rayons, bractées ovales et concaves. Glandes réniformes, à longues cornes. Capsule granuleuse sur le dos ; graines gris pâle et *lisses*. Commune sur les rochers, les sables et les dunes du littoral. Dans toute la zone.

Euphorbia portlandica EUPHORBE DE PORTLAND. Plante vivace glabre de 10-40(50) cm de haut ressemblant à *E. paralias*, à tiges couchées ou ascendantes (plutôt que dressées et raides), moins charnues. Feuilles ovales, aiguës, *plus larges vers leur sommet*, atténuées à la base, vert grisâtre, *à nervure centrale saillante en dessous*, de 6-18 mm de long. Ombelles à 4-5(6) rayons, bractées inférieures ovales, les supérieures triangulaires à rhomboïdales. Glandes jaunes, réniformes, avec de longues cornes. Capsule profondément sillonnée ; graines *alvéolées*. Falaises maritimes et autres milieux littoraux ; espèce atlantique atteignant le sud-ouest de la péninsule Ibérique. PT.

E. terracina

Euphorbia terracina. Plante vivace glabre et *charnue* de 40-90 cm de haut, à tige dressées ou ascendantes, avec des rameaux latéraux non florifères. Feuilles oblongues à linéaires-lancéolées, denticulées, nombreuses et régulièrement rapprochées sur les tiges mais *planes*, de 4-60 mm de long. Ombelles à 2-5(6) rayons et autant de bractées vertes oblongues à rhomboïdales. Glandes à 2 longues cornes fines. Capsule lisse ; graines gris pâle et lisses, avec une excroissance charnue en bourrelet (la caroncule). Milieux ouverts. Dans toute la zone.

H. Groupe de *Chamaesyce* : plantes annuelles basses, souvent *couchées*, à petites fleurs ; espèces étroitement apparentées et très semblables, désormais réintégrées dans le genre *Euphorbia*

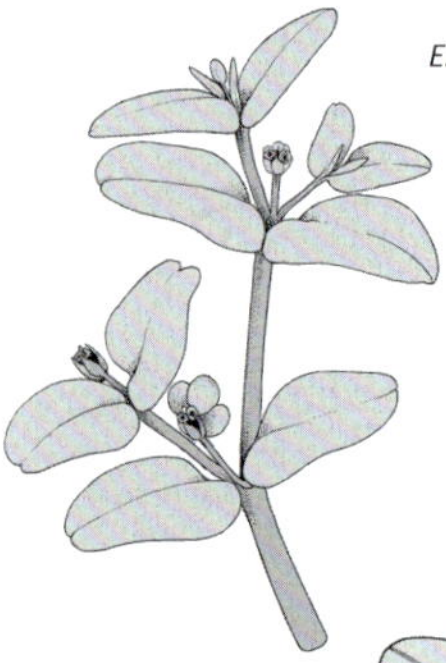

E. peplis

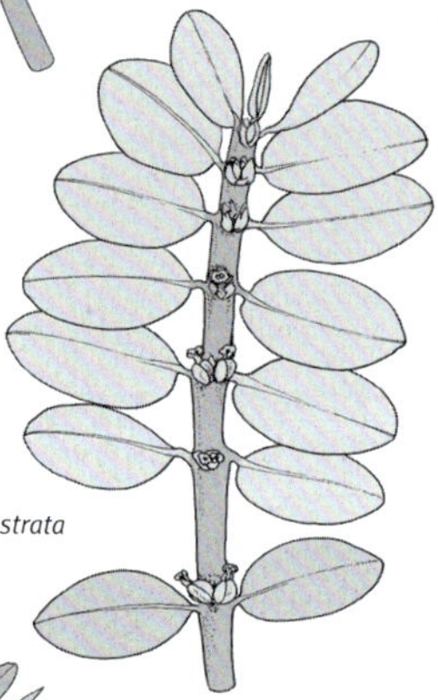

E. prostrata

E. maculata

Euphorbia peplis (Syn. *Chamaesyce peplis*) EUPHORBE PÉPLIS. Plante annuelle glabre, couchée, à 4 (parfois 3 ou 5) *tiges principales plaquées au sol*. Tiges rouges ou pourprées, *feuilles charnues*, vert grisâtre, de 11 mm de long au plus, opposées, oblongues, dissymétriques à la base avec un unique lobe arrondi. Fleurs minuscules, verdâtres, à glandes semi-circulaires brun-rouge, axillaires ou latérales mais pas en ombelle. Capsule presque lisse, violacée. Plages de sable ou de galets. Dans toute la zone. *Euphorbia serpens* (Syn. *Chamaesyce serpens*) est très semblable (et souvent confondue avec *E. peplis*), mais produit jusqu'à 16 tiges, et ses feuilles sont symétriques à la base plutôt qu'avec un lobe unilatéral arrondi. Originaire d'Amérique tropicale. Dans toute la zone.

Euphorbia prostrata (Syn. *Chamaesyce prostrata*). Plante herbacée étalée, ressemblant à *E. peplis*, mais souvent velue et *produisant jusqu'à 10 tiges*, celles-ci pubescentes au sommet, à *feuilles légèrement dentées sur leurs marges* et *capsules velues sur les angles*. Adventice originaire d'Amérique du Nord, naturalisée localement sur sols sableux. Dans toute la zone. ***Euphorbia maculata*** (Syn. *Chamaesyce maculata*) ressemble à *E. prostrata*, avec jusqu'à 8 tiges, des *feuilles souvent avec une tache sombre au centre* et une capsule soit entièrement glabre, soit, plus souvent, *entièrement couverte de poils appliqués*. Adventice originaire d'Amérique du Nord, naturalisée dans les milieux rudéraux. Dans toute la zone. ***Euphorbia canescens*** (Syn. *Chamaesyce canescens*) est semblable à l'espèce précédente, avec de *nombreuses tiges (jusqu'à 25) se ramifiant dès la base* ; feuilles unies ou tachées de pourpre, mais avec des capsules *à poils étalés (non appliqués)*. Dans toute la zone. *Euphorbia humistrata* (Syn. *Chamaesyce humistrata*) possède des feuilles plutôt étroites, souvent maculées et des *capsules glabres*. Originaire des côtes atlantiques américaines. ES (sud).

Chrozophora

Plantes herbacées ou arbustes, annuelles ou vivaces, monoïques, à feuilles simples et alternes. Fleurs mâles à 5-15 étamines ; fleurs femelles à 3 stigmates. Fruits sous forme de capsules.

Chrozophora tinctoria. Plante annuelle pubescente grisâtre de 10-40 cm de haut, à feuilles simples à marges ondulées, de 20-60(80) mm de long. Fleurs unisexuées, les mâles avec une corolle à lobes jaunes triangulaires de 1,5-2 mm et 10 étamines, les femelles à lobes de la corolle verdâtres, linéaires, de 3-3,5 mm. Fruit subsphérique, à diamètre de 5-8 mm. Milieux perturbés, localisée. Dans toute la zone.

Mercurialis MERCURIALE

Plantes herbacées annuelles ou vivaces (ou arbustes) à feuilles opposées. Fleurs unisexuées, vertes, discrètes ; 3 sépales ; 8-25 étamines ; 2-3(4) carpelles. Fruits sous forme de capsules à 2(3-4) coques.

A. Plantes annuelles

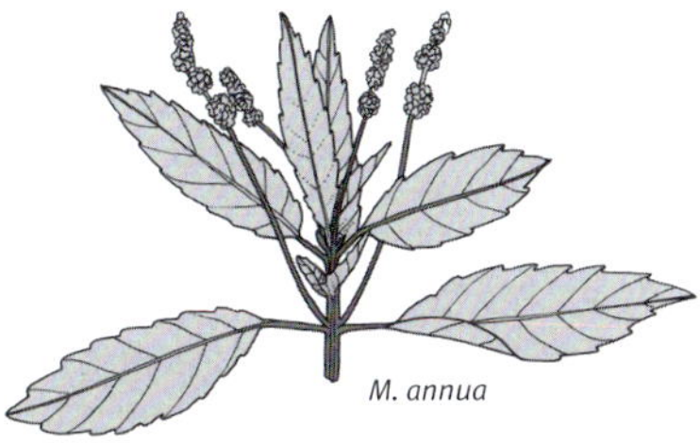

Mercurialis annua MERCURIALE ANNUELLE. Plante annuelle dioïque, rameuse, dressée, de 30-70 cm de haut, plus ou moins glabre. Feuilles de 20-70 mm de long, opposées, ovales à elliptiques, dentées et longuement pétiolées, vert brillant, avec de petits poils (< 0,4 mm) sur leurs marges. Fleurs mâles groupées en longs épis denses dressés et verdâtres, les femelles peu nombreuses, en petits groupes latéraux. Fruit de 2,4-2,6 mm, à 2 coques hérissées. Mauvaise herbe commune et répandue sur les sols perturbés. DZ, ES, FR, IT, MA, PT, TN. Les taxons suivants sont tantôt traités comme des espèces, tantôt comme des sous-espèces. ***Mercurialis ambigua*** (Syn. *M. annua* subsp. *ambigua*) est moins haute, souvent pas plus de 10 cm (8-50 cm), avec des feuilles ovales *bordées de cils de plus de 0,4 mm de long*. Fruit hérissé. Majeure partie de la péninsule Ibérique. ES, PT. *Mercurialis elliptica* (Syn. *M. annua* subsp. *elliptica*) est *entièrement glabre* et à feuilles avec des dents régulières. ES, MA, PT.

1. *Euphorbia peplis*
2. *Euphorbia prostrata*
3. *Euphorbia canescens*
4. *Euphorbia maculata*
5. *Chrozophora tinctoria*
6. *Mercurialis annua*
7. *Mercurialis ambigua*

FABACEAE | FABACÉES (LÉGUMINEUSES)

La 3e famille de plantes à fleurs quant au nombre d'espèces comprend des plantes herbacées ou ligneuses à feuilles trifoliolées ou composées-pennées. Fleurs zygomorphes, avec un pétale supérieur (l'étendard) et 2 ailes latérales flanquant sur les côtés les 2 pétales inférieurs soudés en carène, qui cachent les 10 étamines et le style unique ; 9 étamines (parfois toutes les 10) soudées en tube à leur base. Fruits très variables, souvent en forme de gousses s'ouvrant en 2 valves, ou d'akènes.

Structure florale d'une fleur de *Lathyrus*

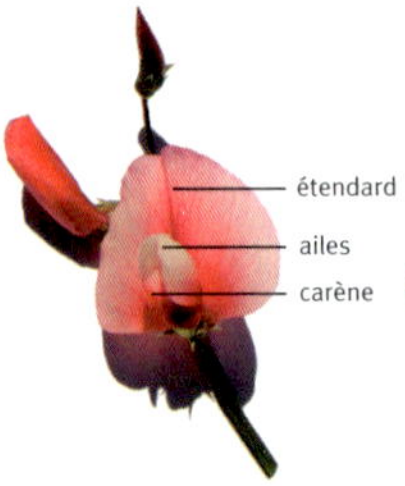

Les fruits des Fabacées sont très variables, mais ressemblent souvent à des gousses comme ces fruits d'*Erophaca*.

Bauhinia

Genre tropical d'arbres ou de lianes à feuilles simples, *entières* (ou bilobées). Fleurs spectaculaires à 5 pétales égaux ou inégaux ; 2, 3, 5 ou 10 étamines. Fruits linéaires, en forme de gousses.

Bauhinia variegata ARBRE À FLEURS D'ORCHIDÉES. Arbre semi-caducifolié de taille moyenne, atteignant 10 m de haut. Feuilles entières, largement ovales et cordées à la base, jusqu'à 10 cm de long. Fleurs voyantes blanc rosé avec des taches rose foncé, à 5 pétales, atteignant 12 cm de diamètre ; 5 étamines. Fruits en forme de gousses, jusqu'à 30 cm de long. Originaire du sud de l'Asie mais planté pour l'ornement dans le sud de l'Espagne et peut-être ailleurs. ES.

Senna

Genre avant tout tropical de plantes herbacées, d'arbustes et d'arbres à feuilles divisées-pennées. Fleurs typiquement jaunes, à 5 sépales et pétales, ceux-ci non soudés en tube ; 10 étamines (7 fertiles, toutes libres). Fruits sous forme de gousses à plusieurs graines.

Senna didymobotrya (Syn. *Cassia didymobotrya*). Arbuste sempervirent vigoureux et robuste atteignant 5(9) m, à feuilles jusqu'à 50 cm de long, à *14-18 paires* de folioles largement elliptiques. Fleurs jaune vif, densément groupées en grandes grappes terminales surmontées au sommet *de nombreux bourgeons brun noirâtre*. Originaire d'Amérique tropicale, mais largement planté dans toute la zone.

Senna corymbosa (Syn. *Cassia corymbosa*). Arbuste sempervirent ou semi-sempervirent, buissonnant et feuillé, jusqu'à 1(2) m de haut, à feuilles divisées-pennées à *2-3 paires* de folioles largement elliptiques et arrondies à la base. Nombreuses fleurs jaune vif, en corymbes terminaux lâches, chacune à diamètre atteignant 30 mm et à pétales inégaux ; étamines courbées, plus courtes que les pétales. Originaire d'Amérique tropicale mais largement planté dans toute la zone.

Cercis

Arbustes et arbres à *feuilles entières*. Fleurs à 10 étamines libres. Fruits aplatis, avec une *aile* sur le dos.

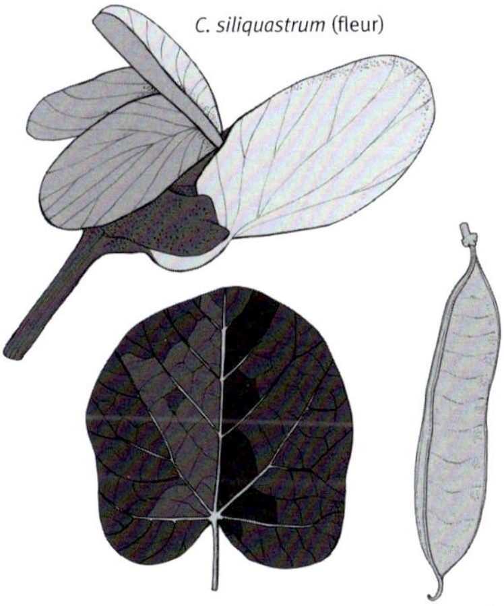

C. *siliquastrum* (feuille à gauche, fruit à droite)

Cercis siliquastrum ARBRE DE JUDÉE. Arbuste ou petit arbre caducifolié atteignant 10(12) m. Feuilles cordées, de 10-12 cm de long, obtuses, longuement pétiolées et glabres. Fleurs roses (rarement blanches), de 14-20 mm de long, en bouquets denses naissant directement sur les rameaux âgés, au milieu des gousses de l'année précédente, avant le développement des feuilles, à calice en cloche. Fruit pendant, linéaire-oblong, comprimé latéralement, de 5-10 cm, avec une aile étroite sur une des sutures. Largement planté pour l'ornement dans toute la zone.

1. *Bauhinia variegata*
2. *Senna didymobotrya*
3. *Senna corymbosa*
4. *Cercis siliquastrum*
5. *Cercis siliquastrum* (fruits)
6. *Ceratonia siliqua* (fleurs femelles)
7. *Ceratonia siliqua* (fruits)

Ceratonia CAROUBIER

Arbustes et arbres. En principe dioïques. Fleurs discrètes (verdâtres), *régulières* ; 2-8 étamines. Fruits sous forme de gousses indéhiscentes.

Ceratonia siliqua CAROUBIER. Arbuste ou arbre sempervirent atteignant 10 m de haut, à feuilles jusqu'à 24 cm de long, divisées-pennées, à 1-5 paires de folioles vert sombre, entières et coriaces, arrondies ; pas de foliole terminale. Petites fleurs vertes ou rougeâtres, à 5 sépales, mais sans pétales, groupées en grappes latérales naissant *directement sur le tronc* en début d'automne. Grand fruit de 4,5-20 cm de long, linéaire-oblong et comprimé latéralement, brun bleuté à maturité et pendant. Très commun dans les maquis, en bord des routes et sur les limites de parcelles, restes d'anciennes cultures. Dans toute la zone.

Albizia

Arbres à feuilles divisées-pennées. Fleurs régulières à nombreuses étamines libres, saillantes et très visibles. Fruits sous forme de gousses.

A. julibrissin

Albizia julibrissin ARBRE À SOIE. Arbre caducifolié de 5-12(15) m de haut, à couronne large. Grandes feuilles de 20-45 cm de long, 2 fois divisées-pennées, à nombreuses (20-30) folioles oblongues, pubescentes en dessous. Fleurs groupées par 50 au maximum en grandes têtes sphériques longuement pédonculées ; corolle tubuleuse, à 5 dents égales, blanc verdâtre, *bordée de longues étamines roses saillantes* atteignant 20-30 mm de long. Fruit oblong, de 2-20 cm de long, à graines saillantes. Originaire d'Asie ; couramment planté pour l'ornement dans les villes de toute la zone.

Robinia

Arbres à feuilles divisées-pennées. Fleurs en grappes pendantes ; 10 étamines, incluses (les 9 inférieures soudées en tube, la 10e libre). Fruits sous forme de gousses déhiscentes à 2 valves.

R. pseudacacia

Robinia pseudacacia ROBINIER. Arbre caducifolié atteignant 25(52) m, à écorce brun-gris, irrégulièrement fissurée ; jeunes rameaux à stipules épineuses. Feuilles de 10-25 cm de long, divisées-pennées, à 9-19 folioles, plus ou moins glabres. *Fleurs blanches*, odorantes, à étendard jaunâtre à la base, en grappes *pendantes*. Originaire d'Amérique du Nord, couramment planté pour l'ornement dans toute la zone. *Robinia viscosa* est semblable, mais à fleurs roses ou mauves. Planté localement dans toute la zone.

Acacia ACACIA

Arbres ou arbustes à feuilles soit complètes et 2 fois divisées-pennées, soit réduites à un limbe entier (phyllode) ; fleurs en groupes denses ; nombreuses étamines libres. Fruits sous forme de gousses déhiscentes ou indéhiscentes. Les espèces de la région sont toutes originaires d'Afrique du Sud et d'Australie et les formes cultivées peuvent être difficiles à distinguer.

A. Feuilles 2 fois divisées-pennées

A. dealbata

Acacia dealbata MIMOSA D'HIVER. Arbre à port buissonnant de 12-15(30) m de haut, à écorce grise lisse ; branches et jeunes feuilles velues-argentées. Feuilles *2 fois divisées-pennées* à 10-26 paires de divisions primaires ; folioles de 2-5 mm de long, stipules rudimentaires. Fleurs *jaune pâle vif*, odorantes, en têtes larges de 5-6 mm groupées en grandes panicules terminales dépassant les feuilles. Fruit atteignant 10 cm, linéaire-oblong, comprimé latéralement, brun bleuté. Originaire d'Australie, largement planté pour l'ornement et au bord des routes. ES, PT. ***Acacia mearnsii*** est semblable au précédent, mais arbre moins élevé, de 7-10(15) m de haut ; jeunes feuilles *avec des poils jaunes* ; *fleurs jaune pâle* terne ; gousses noirâtres nettement étranglées entre les graines. PT. *Acacia karroo* ressemble superficiellement aux espèces précédentes, mais possède *de longues épines* ; originaire d'Afrique du Sud, mais planté pour l'ornement. ES, FR (Corse), IT (Sicile), PT.

B. À la fois des feuilles 2 fois divisées-pennées et des phyllodes (faux limbe foliaire)

Acacia melanoxylon MIMOSA À BOIS NOIR. Arbre dense et pyramidal atteignant 40 m, présentant *à la fois de véritables feuilles 2 fois divisées-pennées et des phyllodes* ; ces derniers elliptiques-lancéolés (pas longs et linéaires), grisâtres. Fleurs par petits groupes à l'aisselle des feuilles, *blanc crème*. ES, FR, IT, PT.

C. *Pas de feuilles divisées* : uniquement des phyllodes ; *fleurs en têtes sphériques*

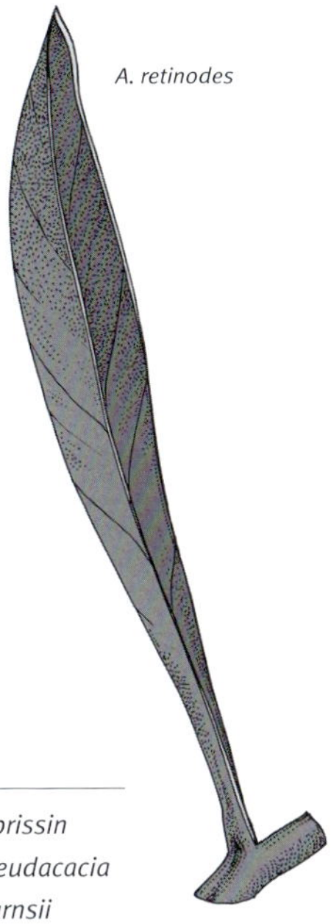

Acacia retinodes MIMOSA DES QUATRE SAISONS. Arbuste ou petit arbre de 8-15(30) m de haut, *à branches étalées ou tournées vers le haut*. Phyllodes lancéolés, ondulés ou plans, vert pâle et coriaces, à une seule nervure, de 6-14 cm de long et *étroits*, de 2-15 mm de large. Fleurs jaune pâle, en têtes sphériques denses, de 10-12 mm de large, regroupées par 10 au maximum par grappe. Fruit de 4-12 cm, à peine étranglé entre les graines. Originaire d'Australie, largement planté au bord des routes de toute la zone ; commun. ES, FR, IT, PT. **Acacia saligna** (Syn. *Acacia cyanophylla*) MIMOSA BLEUÂTRE ressemble à *A. retinodes*, mais est moins élevé (< 8 m), et possède des phyllodes un peu plus larges, de 5-50 mm ; fleurs jaune foncé formant *de longues grappes pendantes*, en têtes de 6-8 mm. Fruit nettement étranglé entre les graines, de 5-14 cm de long. Planté pour la stabilisation des dunes et pour l'ornement, mais moins commun que l'espèce précédente. Europe méditerranéenne et ses îles. ES, FR, IT, PT. *Acacia pycnantha* ressemble à l'espèce précédente, avec des phyllodes de même taille, mais *courbés en faux* et asymétriques. ES, FR, IT, PT.

1. *Albizia julibrissin*
2. *Robinia pseudacacia*
3. *Acacia mearnsii*

1

2

3

D. ***Pas de feuilles divisées-pennées*** **: uniquement des phyllodes ;** ***fleurs en têtes allongées***

Acacia longifolia MIMOSA À LONGUES FEUILLES. Grand arbuste ou petit arbre de 1-8(10) m de haut, à phyllodes lancéolés de 6-20 cm de long et 3-15 mm de large, ressemblant à des feuilles de saule. Fleurs jaune vif, groupées *en têtes allongées simulant des épis* et naissant à l'aisselle des phyllodes, de 2-6 cm de long et 5 mm de large. ES, FR, IT, PT.

Anagyris

Grands arbustes à feuilles trifoliolées. Fleurs jaunes en grappes courtes ; 10 étamines. Fruits sous forme de gousses.

Anagyris foetida ANAGYRE FÉTIDE. Arbuste caducifolié toxique, à odeur désagréable, de 2-4 m de haut. Feuilles trifoliolées à folioles étroitement elliptiques de 6-40 mm de long, velues-argentées en dessous, à stipules papyracées de 5-10 mm. Fleurs jaunes, en grappes courtes ; calice en cloche, bleuâtre. Fruit de 6-20 cm de long. Lieux secs et rocailleux. Dans toute la zone.

1. *Acacia saligna* (encart : fruits)
2. *Acacia melanoxylon* (encart : fruits)
3. *Anagyris foetida* (encart : fruits)
4. *Calicotome villosa*
5. *Calicotome spinosa* (fruit)
6. *Calicotome spinosa*

Calicotome

Arbustes épineux à feuilles simples, peu visibles. Fleurs à calice tubuleux et 5 dents ; 10 étamines, soudées en tube. Fruits sous forme de gousses.

C. villosa

Calicotome villosa CALICOTOME VELU. Arbuste dressé, de 1,5-3 m de haut, à allure de genêt, possédant des épines fines sur les rameaux. Feuilles trifoliolées, velues-argentées en dessous, à folioles de 4,5-15 mm. Grandes fleurs jaunes, jusqu'à 18 mm de long, groupées par 3-5 en fausses ombelles ; calice tubuleux à 5 dents, à partie supérieure caduque à la floraison et laissant une cicatrice en coupe. *Fruit velu-laineux* (poils atteignant 2 mm de long), de 21-41 mm de long. Maquis et garrigues ; localement commun dans toute la zone (absent de certaines îles). *Calicotome infesta* CALICOTOME NUISIBLE est semblable, mais gousses de 22-40 mm de long, à poils courts (< 1 mm). Nord et ouest de la zone, absent de certaines îles. ES, FR, IT. ***Calicotome spinosa*** ressemble aux espèces précédentes, mais fleurs souvent solitaires (parfois par 3-8) et *fruits glabres*, de 21-52 mm de long. Local et absent de nombreuses régions. DZ, ES, FR, IT.

Cytisus CYTISE

Arbustes non épineux à feuilles à 1 ou 3 folioles. Fleurs jaunes (parfois blanches), en grappes ; étamines soudées toutes les 10, en tube. Fruits possédant quelques graines ou de nombreuses.

A. Plante > 1 m, *feuilles trifoliolées pour la plupart ; fleurs jaunes*

Cytisus scoparius GENÊT À BALAIS. Arbuste non épineux très rameux, de 1-2,5 m de haut, à tiges allongées, fines et souples, *normalement à 5 angles et côtelées*, velues ou non. Petites feuilles trifoliolées (unifoliées et sessiles sur les jeunes rameaux), ovales-elliptiques, de 11-14 mm, *à pétiole court* (13 mm). Grandes fleurs de 15-20 mm, jaune d'or, solitaires ou par paires. Fruit oblong, comprimé, de 25-50 mm, *velu sur les marges uniquement*. Très commun dans les zones boisées sur sols acides ; dans toute la zone. *Cytisus arboreus* CYTISE ARBORESCENT, semblable, possède des feuilles trifoliolées, *à pétiole* jusqu'à 32 mm de long ; *tiges à (5)7-8 angles*. Subsp. *baeticus* (Syn. *C. baeticus*) se distingue par ses *fruits couverts de longs poils laineux blancs*. Pentes boisées. DZ, ES, MA, PT. Subsp. *catalaunicus* possède des fruits glabres, sauf sur les marges. Collines et montagnes. ES, FR, MA. *Cytisus grandiflorus* ressemble à l'espèce précédente, mais tiges à 5(7) côtes ; ovaires et fruits entièrement pubescents (pas seulement sur les marges) ; *feuilles subsessiles*. ES, MA, PT.

Cytisus villosus. Arbuste de 1,5-3 m de haut ressemblant à *C. scoparius*, à tiges à 5 angles, velues ; feuilles pétiolées (pétiole de 10-17 mm de long), à feuilles trifoliolées, à folioles elliptiques de 20-47 mm avec des poils appliqués. *Grandes fleurs jaunes* (17-22 mm) à *étendard taché de rouge sombre à la base*, solitaires ou par *2-3(4) à l'aisselle de chaque feuille*, formant des grappes lâches et feuillées. Fruit de 35-50 mm. Bois et pentes rocailleuses. ES, FR, IT.

B. Plante haute de 80 cm-1 m, à feuilles trifoliolées pour la plupart ; *fleurs blanches*

Cytisus multiflorus CYTISE À FLEURS BLANCHES. Arbuste dressé, très rameux, de 0,8-1 m de haut, semblable à *Retama* (mais calice et fruit différents) à tiges à 6(8) côtes et feuilles trifoliolées à très court pétiole (1,5-10 mm), velues-argentées ; folioles jusqu'à 4,5 mm de long. *Fleurs blanches, par 2-3 en longues grappes interrompues*. Fruit de 15-31 mm, à 4-5 graines. Maquis, collines et bord des routes dans la péninsule Ibérique ; introduit plus à l'est. ES, FR, IT, PT.

C. Plante basse, < 1 m ; *feuilles simples ; fleurs jaunes*

Cytisus decumbens. *Arbrisseau bas, à port étalé ou ascendant, ne dépassant pas 8-20 cm de haut*, à tiges à 5 angles, velues ; *feuilles simples*, pratiquement glabres dessus, pubescentes dessous, de 3-11 mm. Nombreuses fleurs jaunes de 12-15 mm à l'aisselle des feuilles supérieures. Fruit de 18-28 mm, à poils étalés. Absent des zones chaudes et sèches, et de l'Extrême-Ouest, Est et Sud. ES, FR, IT.

Spartium

S. junceum

Arbustes non épineux ressemblant au genêt, à rameaux raides, jonciformes ; feuilles simples, souvent absentes ou peu apparentes. Fleurs à 10 étamines, soudées en tube. Fruits à nombreuses graines.

Spartium junceum SPARTIER. Grand arbuste non épineux ressemblant au genêt, atteignant 3 m de haut, à tiges arrondies, vert bleuté, jonciformes. Feuilles éparses, linéaires-ovales, rapidement caduques, de 15-30 mm. Grandes fleurs de 20-28 mm, jaune vif, solitaires mais nombreuses, à odeur suave ; *calice en forme de spathe*. Fruit de 4-12 cm, comprimé. Pentes sèches, bois ; commun et planté dans toute la zone.

1. *Cytisus scoparius*
2. *Cytisus scoparius* (plante en fruits)
3. *Spartium junceum*
4. *Genista tinctoria*
5. *Genista hirsuta*
6. *Genista tricuspidata*
7. *Genista tricuspidata* (fruits)

Genista GENÊT

Arbrisseaux épineux ou non à feuilles simples et fleurs jaunes ; *tube du calice aussi long ou plus long que ses lèvres* ; 10 étamines, soudées en tube. Fruit à 1 à plusieurs graines. De nombreuses espèces affines se rencontrent dans les basses montagnes de la péninsule Ibérique ; elles ne sont pas traitées ici.

A. Arbrisseaux non épineux ; fleurs en grappes allongées et lâches

Genista tinctoria GENÊT DES TEINTURIERS. Sous-arbrisseau en touffes dressées ou ascendantes, atteignant 60 cm (1 m), à feuilles simples, linéaires-lancéolées, sessiles et glabres, jusqu'à 30 mm de long. Fleurs de 10-15 mm, jaunes, groupées *en grappes allongées* et lâches, terminales ou axillaires ; fleurs glabres. Fruit oblong, aplati et glabre, de 15-30 mm. Absent de la plupart des îles, ainsi que de l'Extrême-Ouest et Sud. ES, FR, IT.

B. Arbrisseaux épineux, ressemblant au genêt, < 2 m

Genista hirsuta. Arbrisseau bas, à rameaux enchevêtrés-épineux, à tiges anciennes produisant des épines simples et rameuses. Feuilles simples, elliptiques, à longs poils sur les marges et la face inférieure, glabres sur le dessus, de 8-14 mm. Fleurs de 10-16,5 mm, jaunes, en grappes terminales denses, *épineuses et velues-argentées*. Fruit de 5-6 mm, pubescent. Sud-ouest de la péninsule Ibérique et nord-ouest de l'Afrique ; commun dans l'Algarve, où il a aussi été nommé *G. hirsuta* subsp. *algarbiensis* et *G. algarbiensis*. ES, MA, PT. *Genista tournefortii* ressemble à *G. hirsuta*, mais *ses grappes florales sont peu épineuses*. Fruit plus long, de 7-8(10) mm. Centre-ouest de la péninsule Ibérique. ES, PT.

Genista tricuspidata. Arbrisseau épineux bas, de 30 cm-2 m, *à jeunes rameaux coriaces*, devenant plus tard ligneux et glabres. Feuilles avec une foliole centrale développée, de 4-19 mm de long ; appendices latéraux. Nombreuses fleurs jaunes de 10-13,4 mm en têtes terminales ; *calices et pédicelles floraux coriaces*. Fruit ovoïde, de 6,5-8(9) mm. DZ, ES (dont îles Baléares), MA, TN.

Genista hispanica GENÊT D'ESPAGNE. Arbrisseau bas, à rameaux enchevêtrés-épineux, ressemblant à un genêt, atteignant 50(70) cm de haut, à jeunes rameaux non épineux et feuillés ; rameaux âgés à nombreuses *épines latérales ramifiées*. Feuilles sessiles, simples, elliptiques, velues en dessous. Fleurs jaunes de 8-14 mm, en têtes terminales ; *minuscules bractées, < 1 mm* (plus longues chez l'espèce précédente). Fruit de 8-10(11) mm à 2-3 graines. Fourrés sur rocailles. ES, FR.

Genista scorpius GENÊT SCORPION. *Arbrisseau épineux* de 30 cm-2 m de haut, dressé ou étalé, *à rameaux enchevêtrés* ; épines robustes, latérales et étalées, jaunes à l'apex. Feuilles peu visibles, alternes, *simples*, elliptiques, légèrement pubescentes dessous, de 1,5-9 mm. Fleurs jaune vif et glabres, de 9-12 mm de long, *naissant directement sur les épines*. Fruit étroitement oblong, de 14-35 mm de long, étranglé entre les graines ; glabre. Lieux secs et dénudés, à des altitudes variées, localement commun. ES, FR. *Genista corsica* GENÊT DE CORSE est semblable, mais *à fleurs ne naissant pas directement sur les épines* et fruit ne dépassant pas 20 mm de long. Garrigues. FR (Corse), IT (Sardaigne).

Genista triacanthos. Arbrisseau à allure de genêt, de 30 cm-2 m de haut, à tiges robustes, diffuses, glabres ou presque, avec des épines *tripartites* et des feuilles à 3-5 folioles développées de 3,5-10 mm de long. Fleurs de 7-9,5 mm, jaune soufre, groupées *en grappes non terminées par une épine* et s'allongeant après la floraison. Fruit de 6,5-7,5 mm, à 3-8 graines avortées. Sud-ouest de la péninsule Ibérique et nord-ouest de l'Afrique. ES, MA, PT. *Genista tridens* est semblable, mais *à grappes florales terminées par une épine*. Fruit de 5-6 mm, à 2 graines avortées. ES, MA.

C. Arbrisseaux non épineux < 2(3) m, à tiges comme celles du genêt à balais ou d'un jonc

Genista umbellata. Arbrisseau à port singulier en touffes arrondies de 30 cm-1,5 m de haut, avec de nombreux *rameaux jonciformes* dressés, à feuilles rares, simples et pubescentes, étroitement elliptiques, de 3-16 mm de long (les supérieures à 1 seule foliole) ; *fleurs jaunes,* de 9-14 mm de long, groupées par *5-30 en têtes terminales arrondies* ; calice de 4,5-7 mm de long, à forte pubescence argentée. Fruit de 8-24 mm. Pentes sèches et talus arides, localement abondant dans le sud de l'Espagne ; commun en Andalousie méridionale. DZ, ES, MA.

Genista ephedroides. Arbrisseau peu élevé atteignant 1 m, à feuilles trifoliolées légèrement pubescentes et *nombreuses tiges grisâtres ressemblant à celles du genêt*, l'ensemble évoquant superficiellement un buisson d'*Ephedra*. Nombreuses fleurs jaunes, éparses le long des rameaux terminaux ; fleurs pratiquement glabres. IT (sud, Sardaigne et Sicile). *Genista spartioides*, proche et *aussi à allure de genêt à balais*, est plus grand, jusqu'à 1,5(3) m, à *feuilles velues sur les 2 faces* et petites fleurs de 9,5-13 mm, en grappes interrompues ; carène plus longue que les ailes et l'étendard. DZ, ES, MA.

Genista pulchella. Arbrisseau non épineux, vert foncé, formant *un dôme dense étalé* de 15(75) cm de haut au maximum, simulant presque un conifère quand il n'est pas fleuri ; rameaux alternes, s'enracinant aux nœuds, pubescents dans leur jeunesse. Feuilles à foliole solitaire de 2-4 mm. Fleurs jaunes de 10-12 mm, solitaires et latérales. Fruit de 9-17 mm. Éboulis calcaires. ES, FR.

G. monspessulana

Genista monspessulana (Syn. *Teline monspessulana*). Arbrisseau feuillé atteignant 3 m, à allure de genêt à balais. Tiges à 6-8 côtes. Feuilles pétiolées, trifoliolées, à folioles assez larges et ovales, plus ou moins velues, de 6-17 mm de long et 4-10 mm de large. Fleurs jaunes, de 13-16,5 mm de long, en corymbes latéraux de 3-7(9) ; calice velu-argenté, à 2 lèvres. Fruit oblong, aplati, de 15-27 mm, laineux-blanchâtre. Garrigues ; commun dans toute la zone, sauf sur les îles Baléares et dans l'extrême est de la région. ES, FR, IT, MA, PT. *Genista linifolia* (Syn. *Teline linifolia*) est semblable, mais moins élevé, jusqu'à 1,5(2) m de haut ; *folioles allongées et étroites*, vert sombre luisant dessus, nettement plus pâles dessous, de 8-30 mm de long et *ne dépassant pas 1-5 mm de large*. ES (dont îles Baléares), FR.

D. Grands arbustes non épineux < 5 m, *à port arboré*

Genista aetnensis GENÊT DE L'ETNA. Grand arbuste ou petit arbre de 3(5) m de haut à tronc substantiel chez les individus âgés ; jeunes pousses minces et très rameuses, non épineuses. Petites feuilles simples et elliptiques, tombant rapidement. Fleurs jaunes de 8-13 mm de long, en grappes terminales lâches. Fruit ovale, comprimé, de 8-14 mm de long, glabre. Maquis rocailleux, souvent en grand nombre. IT (Sardaigne et Sicile).

Pterospartum

Arbrisseaux généralement non épineux à tiges nettement *ailées*. Feuilles à 1 foliole. Fleurs jaunes, à étendard aussi long que la carène ; 10 étamines, soudées en tube.

Pterospartum tridentatum (Syn. *Chamaespartium tridentatum*, *Genista tridentata*). Arbrisseau nain très rameux, de 15-50 cm de haut (1 m), à jeunes tiges distinctement *ailées* ; ailes ondulées et coriaces, se prolongeant au niveau de chaque nœud en 3 petits lobes en forme de dents. Fleurs jaunes de 9,5-15 mm, par 3-10 en ombelles terminales denses. Fruit de 8,5-14 mm. Bois et landes. ES, MA, PT.

Ulex AJONC

Arbustes et arbrisseaux très épineux et densément ramifiés, à feuilles adultes réduites à de faibles épines. Fleurs jaunes ; calice jaunâtre, divisé jusqu'à la base en 2 lèvres ; 10 étamines, soudées en tube. Fruit à (1)2-6(8) graines. D'autres espèces que celles décrites ci-dessous, difficiles à identifier, poussent dans la région.

A. Fleurs à étendard de (12)14-18 mm de long

Ulex europaeus AJONC D'EUROPE. Arbuste robuste, dressé, très épineux, atteignant 2(2,5) m de haut (plus petit en situations contraignantes), densément ramifié en haut et nu vers la base. Jeunes rameaux et épines glauques ; rameaux un peu pubescents. Feuilles très réduites, de 8 mm au plus ; *épines robustes, droites, profondément sillonnées et glabres* ; calice jaunâtre, bilabié et persistant, de 10-16(20) mm ; grandes fleurs à étendard de (12)14-18 mm, jaune pâle, à ailes droites et plus longues que la carène. *Bractéoles de 2 mm de large au moins.* Landes sur sols acides, haies ; planté à l'ouest de la zone. ES, FR, PT.

1. *Genista scorpius*
2. *Genista triacanthos*
3. *Genista umbellata*
4. *Genista umbellata*
5. *Genista pulchella*
6. *Genista aetnensis*
PHOTOGRAPHIE : GIANNIANTONIO DOMINA
7. *Pterospartum tridentatum*
8. *Ulex europaeus*

Adenocarpus

Arbrisseaux non épineux à feuilles trifoliolées. Fleurs jaune orange ; 10 étamines, soudées en tube. Fruits déhiscents à nombreuses graines.

A. complicatus

1. *Lupinus luteus*
2. *Lupinus micranthus*
3. *Lupinus angustifolius*

Adenocarpus complicatus ADÉNOCARPE À FEUILLES PLIÉES. Arbrisseau non épineux, dressé, à pubescence éparse, atteignant 3 m, évoquant un genêt à balais très feuillé ; feuilles trifoliolées, à folioles étroitement elliptiques, velues, soyeuses, de 6-13 mm ; fleurs *jaune orange*, à étendard de 10-15 mm de long, groupées par > 7 en *longues grappes terminales lâches* ; calice tubuleux, à lèvre supérieure bilobée, l'inférieure trilobée. Fruits oblongs-lancéolés, jusqu'à 30 mm de long. Local et absent de nombreuses îles. ES, FR, IT, PT. ***Adenocarpus anisochilus*** (Syn. ***A. complicatus* Subsp. *anisochilus***), traité par certains auteurs comme une espèce distincte, possède des *grappes très condensées* ; *étendard de 16-20(22) mm*. Uniquement dans l'Algarve. PT. ***Adenocarpus telonensis*** a *des fleurs plus grandes*, atteignant 20 mm de long, disposées en fausses ombelles terminales. ES, FR, MA, PT. ***Adenocarpus hispanicus*** est semblable, mais à *folioles à marges enroulées vers l'intérieur*. Étendard de 12-19(25) mm. Fruit jusqu'à 60 mm. Centre de la péninsule Ibérique. ES. **Subsp. *argyrophyllus*** (parfois traité comme espèce autonome) a les feuilles densément pubescentes-argentées sur le dessus. Centre de la péninsule Ibérique, peut-être aussi sud de l'Espagne et du Portugal. ES, (PT).

1

2

3

Lupinus LUPIN

Plantes herbacées à feuilles palmatilobées. Fleurs en longues grappes terminales voyantes ; 10 étamines, soudées en tube. Fruits déhiscents à 2 à nombreuses graines.

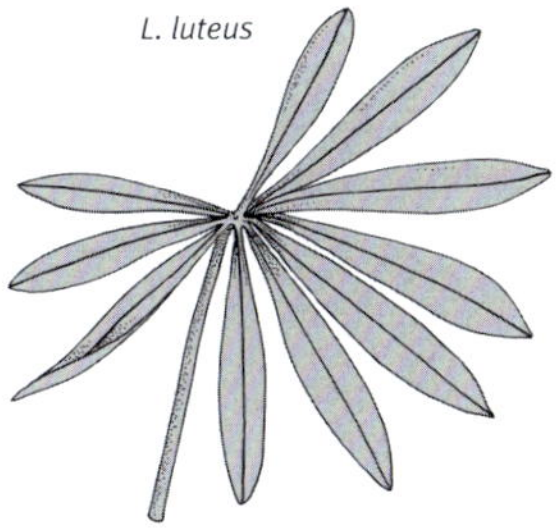
L. luteus

A. Fleurs jaunes

Lupinus luteus LUPIN JAUNE. Plante annuelle robuste et velue, de taille moyenne à élevée, atteignant 1 m. Feuilles palmatilobées à 5-9 folioles oblongues, fleurs jaune vif, de 15-18 mm de long, disposées en verticilles étagés en longues grappes, odorantes. Fruit de 40-60 mm de long, densément pubescent, noir à maturité. Lieux sableux, également cultivée comme plante fourragère ; commune dans le sud-ouest de la péninsule Ibérique. ES, FR, IT, PT. *Lupinus gredensis* est semblable, mais *à fleurs jaune pâle à crème, devenant violettes en vieillissant*. Péninsule Ibérique. ES, PT.

L. micranthus

B. Fleurs bleues

Lupinus micranthus LUPIN À PETITES FLEURS. Plante annuelle peu élevée, ne dépassant pas 50 cm, *à courts poils bruns*, à feuilles palmatilobées avec 5-9 folioles oblongues à pubescence éparse. Fleurs bleues, de 10-14 mm de long, avec le centre de l'étendard blanchâtre et la carène à apex violet noirâtre, groupées en verticilles irréguliers formant une grappe. Fruit de 30-50 mm, *velu*, brun-rouge à maturité. Sommets de falaises, lisières. Dans toute la zone, mais absente de certaines îles. *Lupinus cosentinii* (Syn. *L. varius*) est semblable à, et souvent confondue avec, l'espèce précédente, mais est beaucoup plus grande, jusqu'à 1,3 m, à *longs poils soyeux* et *fleurs plus grandes, de 15-17 mm de long,* à étendard avec une zone pâle, blanche ou jaune, en verticilles irréguliers formant une grappe. Fruit brun rougeâtre à maturité, de 40-60 mm. Mêmes milieux, mais locale. Probablement çà et là dans toute la zone.

L. cosentinii

Lupinus angustifolius LUPIN À FEUILLES ÉTROITES. Plante annuelle atteignant 1 m, ressemblant à *L. micranthus*, mais à 5-9 folioles *plus étroites* (de 2-8 mm de large), linéaires à spatulées, légèrement velues dessous. Fleurs bleu foncé, de 12-16 mm de long, alternes, formant une grappe. Fruits de 40-70 mm, courtement pubescents, jaunes à noirs à maturité. Friches, cultures ; commune dans toute la zone.

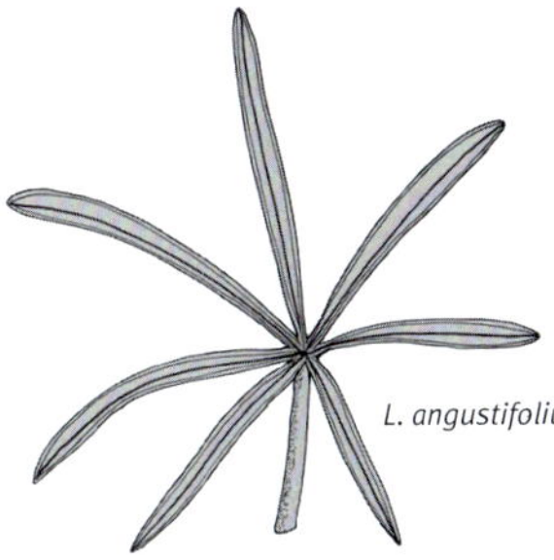
L. angustifolius

C. Fleurs blanches

Lupinus albus LUPIN BLANC. Plante annuelle dressée atteignant 1(2) m, à feuilles palmatilobées à 5-7(9) folioles, glabres sur le dessus. *Fleurs blanches, bleues au sommet*, de 18-20 mm de long, groupées en épis terminaux lâches. Fruits longuement velus, de 6-13 cm. Distribution surtout orientale, mais largement naturalisée comme adventice dans toute la zone.

Colutea BAGUENAUDIER

Arbrisseaux caducifoliés. Fleurs jaunes ou orange, en grappes axillaires, à large étendard et carène obtuse ; 10 étamines, dont 1 libre. Fruit *renflé en vessie*, devenant membraneux.

Colutea arborescens BAGUENAUDIER. Arbrisseau caducifolié, très rameux et diffus, de 2-3(5) m de haut, à feuilles divisées-pennées en 3-6 paires de folioles ovales à elliptiques, de 17-23 mm. Fleurs jaunes, par 3-7 en grappes axillaires lâches, de 16-20 mm de long ; calice de 6,5-8 mm, à dents inférieures de 0,7-2 mm ; *ovaire glabre*. Fruits très originaux : de 52-55 mm de long, *fortement renflés* et lavés de rose ou de rouge, devenant brun et membraneux, glabres, sauf le long de la suture. Répandu dans les boisements clairs et les maquis ; commun dans le sud de la France et le nord-est de l'Espagne, local ailleurs. ES, FR, IT. Subsp. *hispanica* (Syn. *C. hispanica*) possède un *ovaire entièrement couvert de poils courts*. Bois calcaires du centre, du sud et de l'est de l'Espagne. ES. Subsp. *gallica* (Syn. *C. brevialata*) a des fleurs plus petites et un calice ne dépassant pas 4,5-6,5 mm de long, mais à longues dents inférieures, atteignant 2-3 mm. Distribution mal connue. ES, FR, IT.

Astragalus

Plantes herbacées annuelles ou vivaces à feuilles imparipennées terminées par une foliole solitaire. Fleurs en grappes ou têtes latérales ; carène obtuse (ni dentée ni en pointe) ; 10 étamines, dont 1 libre. Fruits variables (parfois renflés). Genre très vaste dont seules les espèces les plus communes ou les plus voyantes sont décrites ci-dessous.

A. Pas de tige feuillée : fleurs portées par un pédoncule nu et allongé naissant directement d'une rosette de feuilles

Astragalus monspessulanus ASTRAGALE DE MONTPELLIER. Plante herbacée vivace ne dépassant pas 20 cm, à *rosettes de feuilles* plus ou moins couchées ; feuilles longues, à 7-21 paires de folioles ovales de 3-11 mm de long, à poils appliqués en dessous. Fleurs de 17-25 mm, mauves, en têtes ovoïdes denses portées par de longs pédoncules grêles et étalés. Fruits longs et cylindriques, de 20-30(50) mm. ES, FR, IT.

B. Plantes annuelles ou vivaces à fleurs portées par une tige feuillée ; fleurs jaunâtres ou blanchâtres

Astragalus cicer ASTRAGALE POIS-CHICHE. Plante vivace ascendante, robuste et vigoureuse, atteignant 60 cm (1 m). Feuilles jusqu'à 13 cm de long, à 17-31 paires de folioles ovales courtement pubescentes. Fleurs de 12-16 mm, jaune pâle à blanc terne, groupées en grappes denses et oblongues. Fruits de 10-15 mm, renflés, papyracés et couverts de *poils courts blancs et noirs mêlés*. Lieux herbeux. Commune dans le sud-est de l'Europe, s'étendant localement dans les milieux herbacés frais de Méditerranée occidentale. IT, FR.

Astragalus odoratus ASTRAGALE ODORANTE. Plante vivace dressée ou ascendante atteignant 30 cm. Feuilles imparipennées, à nombreuses (19-29) folioles. Fleurs de 9-12 mm de long, blanc crème à jaunes, parfois lavées de violacé terne dans le bouton, groupées en grappes assez denses. Fruits de 8-10 mm, comprimés latéralement, à poils courts épars. Originaire de Méditerranée orientale, localement naturalisée dans les lieux herbeux du sud-est de la France, du centre-est de l'Italie et peut-être d'ailleurs. FR, IT.

Astragalus boeticus. Plante annuelle dressée velue, peu élevée, à feuilles imparipennées à 6-13 paires de folioles ovales, échancrées au sommet, glabres dessus, légèrement pubescentes dessous. Fleurs blanc-jaune ou soufre pâle, de 8-11(14) mm, en grappes denses sur des pédoncules aussi longs ou un peu plus courts qu'elles ; ailes plus longues que la carène. Fruits de 20-45(60) mm, oblongs, à section triangulaire, courtement velus, en groupes denses et d'abord dressés puis penchés. Lieux sableux, sommets de falaises ; commune dans toute la zone.

1. *Colutea arborescens*
2. *Astragalus cicer*
3. *Astragalus odoratus*
4. *Astragalus solandri*
5. *Astragalus boeticus*
6. *Astragalus epiglottis* (fruits)
7. *Astragalus epiglottis*

Astragalus solandri. Plante annuelle *couchée-étalée*, ramifiée dès la base, à tiges de 5-45 cm, velues-blanchâtres. Feuilles imparipennées. Fleurs jaune verdâtre pâle, en grappes denses longuement pédonculées. *Gousses fortement arquées*, comprimées, teintées de brun-rouge, assez luisantes, à minuscules poils blancs. Dunes et sols dénudés, surtout sur les côtes atlantiques de l'Afrique du Nord. MA.

C. Plantes annuelles ou vivaces à fleurs portées par une tige feuillée ; fleurs typiquement violettes, bleutées ou rougeâtres

A. stella (fleurs)

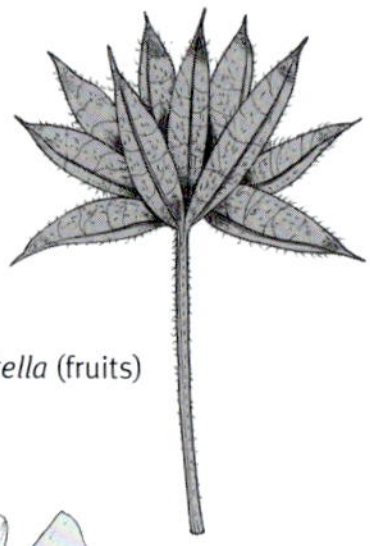

A. stella (fruits)

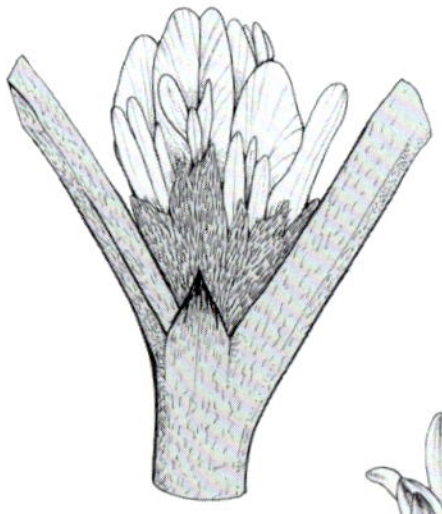

A. sesameus

A. echinatus

Astragalus stella. Plante annuelle basse, *presque couchée*, ne dépassant pas 35 cm, *à tiges longuement étalées ou ascendantes*. Feuilles à 5-11 paires de folioles ovales, pubescentes sur les 2 faces. Fleurs jaunâtres ou violet rougeâtre, de 5,5-11 mm de long, en grappes denses 2 fois plus courtes que les feuilles. Fruits de 10-15 mm, plus ou moins dressés, presque droits, comprimés latéralement, *étalés en étoile*. Sol perturbés ; commune, notamment dans l'Ouest. Dans toute la zone. ***Astragalus epiglottis*** ressemble à *A. stella*, mais avec 3-7(10) paires de folioles seulement ; toutes petites fleurs de 3-4 mm au plus ; *5 étamines et non 10 ; fruits de 5-9 mm, nettement triangulaires, cordés*, groupés en faux épis. Locale dans toute la zone. *Astragalus sesameus*, semblable, est une annuelle atteignant 36 cm, à tiges velues et feuilles assez pubescentes, ressemblant sous de nombreux aspects à *A. stella*, mais *à grappes à peine pédonculées* et *plus dressées* ; fleurs de 7-9 mm, violet bleuâtre (non violet rougeâtre) ; fruits de 9-17 mm. Dans toute la zone. ***Astragalus echinatus*** ressemble aux espèces précédentes ; plante plus ou moins velue atteignant 40 cm, à 5-9(12) paires de folioles échancrées au sommet, pubescentes dessous mais glabres dessus. Fleurs violacées, de 8 mm de long, en grappes très denses (de 20 fleurs) à pédoncule aussi long ou plus long que la feuille. Fruits de 8 mm de long, ovales-triangulaires, aplatis et *couverts de longues soies*, terminés en bec crochu. Dans toute la zone.

Astragalus algarbiensis. Plante vivace à tiges atteignant 25 cm, dressées ou ascendantes. Feuilles de 7-12 cm, à 8-12(13) paires de folioles *en coin*, pubescentes dessous, glabres dessus. Pédoncules floraux plus ou moins égaux aux feuilles ; fleurs de 9-11 mm, violettes ou jaune terne, pendantes, en grappes denses. Fruits de 7-10 mm, *en croissant, ridés et glabres*. ES, MA, PT.

Astragalus mareoticus. Plante *annuelle couchée-étalée*, ramifiée dès la base. Feuilles à 6-8 paires de folioles, à poils blancs courts dessus mais longs dessous. Fleurs peu nombreuses ; corolle mauve. Fruits étalés, épais, fortement arqués et sillonnés, lavés de pourpre, à nombreux poils courts et appliqués. Dunes et marges des déserts en Afrique du Nord. DZ, MA, TN.

1. *Astragalus echinatus*
2. *Astragalus mareoticus*
3. *Astragalus balearicus*
4. *Astragalus tragacantha* subsp. *vicentinus*
5. *Astragalus sicula* PHOTOGRAPHIE : GIANNIANTONIO DOMINA

D. Arbrisseaux en coussinets densément épineux

Astragalus tragacantha (Syn. *A. massiliensis*). Arbrisseau bas, *à port en coussinet, extrêmement épineux et à rameaux enchevêtrés*, ne dépassant pas 30 cm de haut. Feuilles à 5-10(12) paires de folioles elliptiques, se terminant par une épine, densément pubescentes en dessous. Fleurs blanches, en grappes courtes. Fruits oblongs, courtement velus, de 7-13 mm. Commun localement sur les falaises maritimes exposées. ES, FR (Corse), IT (Sardaigne), PT, TN. Subsp. *vicentinus* des sommets de falaises dans l'Algarve est considéré par certains auteurs comme une espèce distincte. PT. **Astragalus balearicus** est aussi un arbrisseau en coussinet ne dépassant pas 25 cm de haut, mais ses feuilles n'ont *que 3-5 paires de foliole*s, celles-ci moins velues. Commun sur les falaises maritimes des îles Baléares, d'où il est endémique. *Astragalus sirinicus*, très proche de l'espèce précédente, a un port dense, aplati et étalé au sol et des fleurs blanches *lavées de violet pâle ou de jaune*. FR (dont Corse), IT (dont Sardaigne).

Astragalus sicula ASTRAGALE DE SICILE. Sous-arbrisseau particulier formant des *coussinets épineux compacts et aplatis*. Feuilles bleu-vert, divisées-pennées, velues. Fleurs pourpre rosé, en grappes denses à l'aisselle des feuilles ; calice laineux-blanchâtre. Fruits sous forme de gousses. Espèce endémique, quasi dominante sur les versants dénudés de l'Etna. IT (Sicile).

Vicia faba FÈVE. Plante annuelle dressée, glabre, à tiges anguleuses atteignant 80 cm (1 m), à feuilles avec 2-3 paires de grandes folioles ovales gris-vert, sans vrilles. Fleurs blanches avec des taches pourpre noirâtre, par 1-6 en grappes subsessiles. Fruit jusqu'à 30 cm de long, à 4-8 graines. Originaire d'Asie, cultivée pratiquement dans toute la zone.

D. Fleurs *bi- ou tricolores*, < 6 par grappe, sur des pédoncules *beaucoup plus courts que les feuilles*

Vicia melanops VESCE NOIRÂTRE. Plante annuelle basse ou peu élevée, étalée, velue, atteignant 50 cm, à feuilles avec 4-8 paires de folioles. *Fleurs tricolores*, de 17-21 mm de long, solitaires ou par 2-3, à *étendard vert-jaune, ailes pourpre noirâtre et carène violacée* ; calice pubescent. Fruits velus sur les marges seulement, jusqu'à 32 mm, à 2-4 graines. Garrigues. Surtout dans l'Est ; absente de la plupart des îles. ES, FR, IT. *Vicia barbazitae* est semblable, mais fleurs normalement solitaires, de 22 mm au plus, *jaune pâle à ailes pourpre bleuté*. Fruits glabres aux deux extrémités. Centre de la zone. FR (dont Corse), IT.

E. Fleurs nuancées de pourpre, ≤ 6 par grappe, sur des pédoncules *beaucoup plus courts que les feuilles*

Vicia sepium VESCE DES HAIES. Plante vivace étalée-diffuse atteignant 1 m, duveteuse ou glabre, à feuilles avec 3-9 paires de folioles largement ovales, terminées par une pointe courte ; stipules tachées en demi-fer de flèche. Fleurs de 12-15 mm, *pourpre bleuâtre terne avec le calice pourpre-rouge* à dents inégales, par 2-6 en grappes courtement pédonculées. Fruits noirs et glabres, de 20-35 mm, à 3-10 graines. Lieux herbeux en montagne ; absente des zones chaudes et sèches et de l'Extrême-Sud. ES, FR, IT. *Vicia pannonica*, semblable, possède 4-19 paires de folioles ; fleurs groupées par 1-4, pourpre terne (parfois crème), de 20-35 mm de long, en grappes courtement pédonculées ; *étendard velu sur le dos*. Fruits jaunâtres et pubescents, de 20-35 mm, à 2-8 graines. ES, FR, IT, MA.

Vicia sativa VESCE COMMUNE. Plante annuelle variable, vigoureuse, étalée-grimpante, pubescente, atteignant 1,5 m. Feuilles à 3-8 paires de folioles linéaires ou cordées, *vrilles rameuses ; stipules dentées*. Fleurs rouge violacé, *solitaires ou par 2* (jusqu'à 4), souvent grandes, *de 20-30 mm de long* ; dents du calice égales. Fruits jaunâtres ou noirâtres, de 35-68 mm de long, à 4-9 graines. La plus commune des *Vicia* ; fréquente dans tous les lieux herbeux et les milieux perturbés. Dans toute la zone. *Vicia lathyroides* VESCE FAUSSE GESSE est semblable, mais petite plante couchée ne dépassant pas 20 cm, à feuilles avec 2-4 paires de folioles terminées en courte pointe, *à vrilles simples ou absentes*, et *petites fleurs solitaires de 6-9 mm de long seulement*. Garrigues et sols dénudés. ES, FR, IT, MA. *Vicia peregrina* ressemble à *V. sativa*, mais à *stipules non dentées*, plus petites fleurs, de 11-19 mm de long, à étendard profondément échancré. Dans toute la zone.

Vicia narbonensis VESCE DE NARBONNE. Plante annuelle dressée, duveteuse, à tiges anguleuses atteignant 60 cm, à *grandes feuilles vert-gris avec 1-3 paires de folioles de 11-39 mm de large* (ressemblant à celles de la fève). Fleurs de 10-30 mm, par groupes de 1-3(6), *pourpre foncé*. Fruits à poils courts, de 30-50(70) mm, à 4-7 graines. Champs humides, fossés. Rare ou absente dans certaines îles, mais disséminée plus ou moins dans toute la zone.

Lathyrus GESSE

Comme *Vicia*, mais à *tiges* typiquement anguleuses ou *ailées* ; folioles souvent moins nombreuses, à nervures parallèles, parfois réduites à un limbe unique ou à une vrille. Fleurs à 10 étamines, 9 soudées en tube et 1 libre. Fruits sous forme de gousses.

A. Fleurs jaunes

Lathyrus aphaca GESSE APHYLLE. Plante annuelle étalée-diffuse, glabre et vert glauque, atteignant 40 cm (1 m), à tiges non ailées (mais anguleuses). Plantes adultes à *feuilles réduites à des vrilles, mais avec de grandes stipules foliacées, largement triangulaires, par paires*, de 6-50 mm de long. Fleurs jaunes solitaires sur des pédicelles dressés, de 10-13 mm de long. Fruits glabres, de 17-35 mm de long. Lieux herbeux et perturbés. Dans toute la zone.

Lathyrus ochrus GESSE OCRE. Plante annuelle moyenne à élevée, glabre, gris pâle, atteignant 1,5 m, à *tige très largement ailée* ; feuilles *à pétiole foliacé*, les inférieures ovales-oblongues, les supérieures à 2-3(4) paires de folioles. Fleurs *jaune pâle*, généralement solitaires, de 13-21 mm de long. *Fruits de 39-65 mm, munis de 2 ailes* sur le dos. Garrigues. Dans toute la zone.

1. *Vicia faba*
2. *Vicia sepium*
3. *Vicia sativa*
4. *Lathyrus aphaca*
5. *Lathyrus ochrus*
6. *Lathyrus annuus*

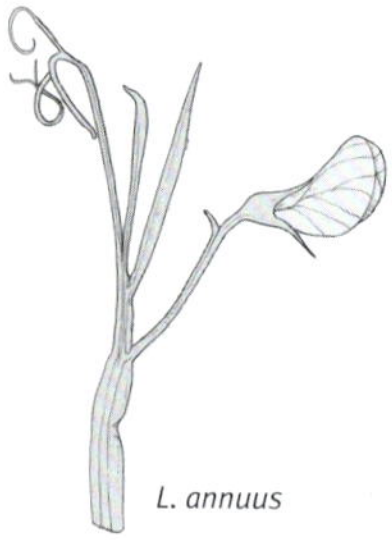
L. annuus

Lathyrus annuus GESSE ANNUELLE. Plante annuelle grimpante ou étalée-diffuse atteignant 1 m, à feuilles avec une paire de folioles lancéolées, des stipules en fer de flèche et des vrilles rameuses. Fleurs de 12-18 mm, par 1-3 en grappes dressées et longuement pédonculées, à corolle *jaune ou orange* veiné de rouge ; calice à dents égales. Fruits brun clair et glanduleux jeunes, de 40-80 mm. Milieux perturbés. Dans toute la zone.

B. Fleurs rougeâtres, pourpres, roses ou blanches. Feuilles simples ou à 2 folioles seulement ; tiges à ailes < 1 mm ou sans ailes

Lathyrus nissolia GESSE DE NISSOLE. Plante annuelle délicate, ascendante, glabre à duveteuse, à *tiges non ailées* atteignant 90 cm. *Feuilles comme celles des graminées*, sans folioles ni vrilles, à stipules très petites et étroites. Fleurs solitaires ou par 2, longuement pédicellées, rougeâtres, de 8-18 mm de long. Fruits brun pâle, de 22-60 mm. Lieux herbeux, souvent près des côtes. Dans toute la zone.

Lathyrus cicera GESSE CHICHE. Plante annuelle grêle et glabre, atteignant 80 cm (1 m), à *tiges étroitement ailées*. Feuilles à 1 (rarement 2) paire(s) de folioles lancéolées-ovales, à vrilles simples ou rameuses sur les feuilles supérieures. Fleurs de 12-18 mm, solitaires sur des pédicelles atteignant 30 mm, *rouges, orange ou brunâtres* ; *dents du calice égales*. Fruits glabres, de 25-50 mm, à 2 carènes sur le dos. Garrigues, pelouses. Dans toute la zone. *Lathyrus setifolius* GESSE À FEUILLES FINES est semblable, mais à tiges à peine ailées ; plus petites fleurs rouge orange, de 9-13 mm, à *dents du calice légèrement inégales* ; fruits de 19-33 mm. Garrigues ; assez localisée dans toute la zone. *Lathyrus gorgoni* ressemble à *L. cicera*, mais possède de *grandes fleurs orange pâle* à sépales étalés. IT (Sardaigne et Sicile). *Lathyrus hirsutus* GESSE HÉRISSÉE ressemble aux espèces précédentes, mais plante à pubescence éparse, à *fleurs bleu-violet pâle avec les ailes roses*, de 7-15 mm. Fruits de 15-45 mm. Dans toute la zone.

1. *Lathyrus nissolia*
2. *Lathyrus cicera*
3. *Lathyrus tuberosus*
4. *Lathyrus angulatus*
5. *Lathyrus clymenum* (forme à fleurs pâles)
6. *Lathyrus clymenum*

Lathyrus tuberosus GESSE TUBÉREUSE. Plante vivace diffuse-grimpante, glabre, *à tiges anguleuses mais non ailées*, atteignant 1,2 m. Feuilles avec une seule paire de folioles elliptiques, des vrilles simples ou rameuses et des stipules étroites en demi-fer de flèche. *Fleurs rose rougeâtre vif*, par 2-7 en grappes longuement pédonculées, de 12-20 mm de long ; dents du calice triangulaires. Fruits bruns et glabres, de 16-28 mm de long. Lieux herbeux, friches, localisée. ES, FR, IT, MA.

C. Fleurs rougeâtres, pourpres, roses ou blanches. Feuilles simples ou à 2 folioles seulement ; *tiges largement ailées*

Lathyrus sylvestris GESSE DES BOIS. Plante vivace grimpante, glabre ou duveteuse, *à tiges largement ailées* atteignant 2 m de long. Feuilles avec 1 seule paire de folioles étroitement lancéolées, à 3 nervures, larges de 2-19 mm, à vrilles rameuses ; *stipules lancéolées, 2 fois moins larges que la tige*. Fleurs de 13-19 mm, en grappes assez longuement pédonculées (3-21 cm), pourpre rosâtre lavé de jaune ; dents du calice plus courtes que le tube. Fruits de 50-70 mm. Rare ou absente dans la plus grande partie de l'Extrême-Est, Sud et Ouest. ES, FR, IT, MA. *Lathyrus latifolius* GESSE À LARGES FEUILLES, semblable, atteint 3 m de haut et possède des *folioles plus larges et plus ovales, de 2-40 mm de large ; stipules plus larges que la moitié de la tige* ; fleurs par 3-12, plus grandes, de 15-30 mm, rose magenta. ES, FR, IT, MA, PT.

Lathyrus odoratus POIS DE SENTEUR. Plante annuelle grimpante atteignant 2,5 m, légèrement pubescente. Feuilles à 1 seule paire de folioles ovales à elliptiques, un peu ondulées ; 1-3(4) fleurs bicolores, roses ou pourpres, de 20-35 mm, *délicatement parfumées*, en grappes longuement pédonculées (pédoncules de 14-20 cm). Fruits de 55-65 mm. Dunes. IT (dont Sicile) ; naturalisée ailleurs.

L. tingitanus

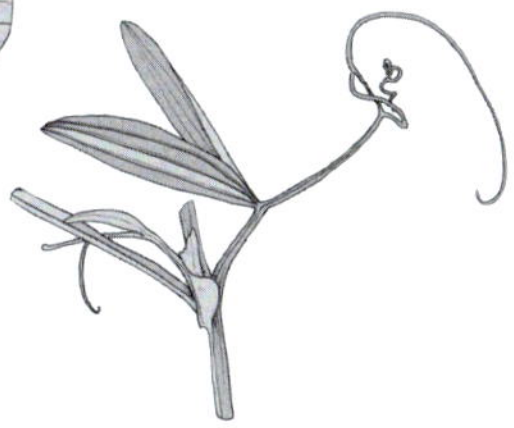
L. tingitanus (feuille)

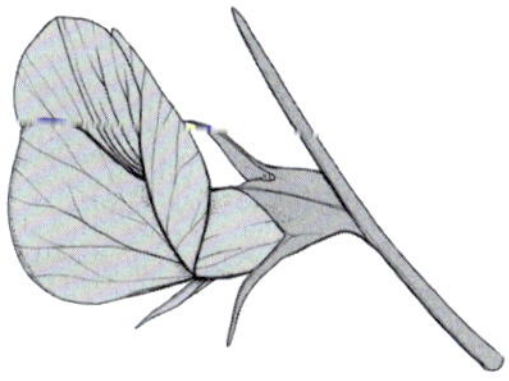
L. angulatus

Lathyrus tingitanus GESSE DE TANGER. Plante annuelle diffuse-grimpante, glabre, à tiges ailées atteignant 1,8 m. Feuilles ovales avec 1 paire de folioles linéaires-lancéolées, à vrilles rameuses ; stipules en fer de flèche à la base. *Grandes fleurs pourpre-rouge vif*, de 25-35 mm de long, par 2-3(4) en grappes sur des pédoncules de 2,8-16 cm de long. Fruits glabres et luisants, de 8-11 cm. Maquis, également échappée des cultures et naturalisée. ES, IT (Sardaigne), MA, PT.

Lathyrus angulatus. Petite annuelle diffuse-grimpante, gris-vert, à tiges ailées et *folioles longues et linéaires, par paires. Petites fleurs bleu pâle ou pourpres*, de 9-14 mm, sur des pédicelles de 25-85 mm de long, beaucoup plus longs que la feuille opposée, se terminant en pointe courte au-delà de l'insertion de la fleur terminale. Fruits de 25-45 mm, à nervures peu apparentes. Lieux sableux et rocailleux. Absente de nombreuses îles, de l'Extrême-Sud et de la plus grande partie de l'Italie. ES, FR, IT, MA, PT.

D. Fleurs rouges, pourpres, roses ou blanches. *Feuilles à 4-12 folioles ; tiges largement ailées*

Lathyrus clymenum. Plante annuelle moyenne à élevée, étalée, atteignant 1 m, *à tiges largement ailées et feuilles à pétiole foliacé* ; feuilles à 4-8 paires de folioles, étroites, *linéaires-elliptiques*, de 0,5-14 mm de large. Fleurs variablement roses, jaune terne ou rouge cramoisi, de 12-25 mm, en grappes de 1-2(3). Fruit *canaliculé* sur le dos. Bord des routes, haies et pistes. Dans toute la zone, mais plus rare dans l'Est. Certains auteurs nomment *L. articulatus* les formes à *folioles très étroites* (< 5 mm), à fleurs bicolores à ailes blanches ou roses et à gousses non canaliculées.

Pisum POIS

P. sativum

Plantes herbacées à tiges non ailées, *grandes stipules foliacées* (plus grandes que les folioles) et vrilles rameuses. Fleurs à 10 étamines, 9 soudées en tube, 1 libre. Fruits sous forme de gousses.

Pisum sativum POIS CULTIVÉ. Plante annuelle glabre, diffuse-grimpante, moyenne ou élevée, atteignant 2 m de haut (souvent moins), à tiges non ailées. Feuilles à 1-3 paires de folioles, arrondies à elliptiques, plus ou moins cordées à la base, vrilles rameuses ; grandes stipules foliacées, souvent maculées. Fleurs blanches à pourprées, de 15-35 mm, en grappes de 1-3, *à ailes soudées à la carène*. Fruits glabres, à nervures réticulées, de 3-12 cm. Dans toute la zone.

1. *Ononis reclinata*
2. *Ononis spinosa*
3. *Ononis mitissima*
4. *Ononis natrix* subsp. *natrix*
5. *Ononis natrix* subsp. *ramosissima*

Ononis BUGRANE

Plantes herbacées ou sous-arbrisseaux à feuilles simples ou trifoliolées (souvent les deux), nervures des folioles se terminant en dents marginales ; vrilles absentes. Fleurs à calice avec des dents profondes, presque égales ; toutes les 10 étamines soudées en tube. Fruits droits, à 1 à nombreuses graines, déhiscents. De nombreuses espèces affines existent dans la région ; seules quelques-unes sont décrites ici.

A. Fleurs blanches, roses ou pourpres

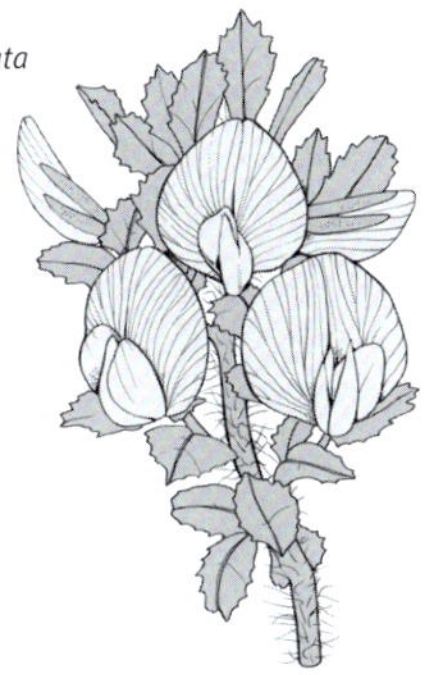

O. reclinata

Ononis reclinata. Plante annuelle basse et délicate, *étalée*, à tiges *hérissées*, ne dépassant pas 15 cm. *Petites fleurs* (pas plus de 5-10 mm), roses et solitaires, formant des grappes lâches et feuillées ; corolle égalant ou plus courte que le calice ; ce dernier à *dents entières*. Fruits de 8-14 mm, à *10-20 graines*. Milieux littoraux ; répandue. Subsp. *dentata* (parfois traitée comme une espèce à part entière, *O. dentata*) a des petites fleurs, de 5-8 mm, *à dents du calice avec 1-3 dents ou lobées*. Fruits de 6-10 mm, à 9 graines. ES, IT (Sardaigne et Sicile), PT.

O. spinosa

Ononis spinosa BUGRANE ÉPINEUSE. Sous-arbrisseau *très épineux* atteignant 70(80) cm, à jeunes tiges avec 2 rangs de poils opposés. Feuilles trifoliolées ou simples au sommet. Grandes fleurs roses, de 10-20 mm, généralement solitaires à chaque nœud, en grappe lâche. Fruits velus, de 6-10 mm, généralement avec 1(2-4) graine(s) tuberculeuse(s). Lieux secs et rocailleux, friches, pelouses ; très répandu dans toute la zone.

O. mitissima

Ononis diffusa. Annuelle peu élevée *très pubescente-glanduleuse et visqueuse*, atteignant 40(60) cm. Feuilles trifoliolées à marges *dentées*. Petites fleurs de 8-14 mm, à corolle plus longue que le calice ; roses avec la carène blanchâtre, solitaires à chaque nœud et formant un *épi oblong et dense*. Fruits de 4,8-5,5 mm, à 3-4 graines, légèrement courbés. Milieux littoraux. ES, PT. *Ononis serrata* est semblable, mais moins élevée, ne dépassant pas 30 cm, avec une corolle plus petite, de 6-8 mm au plus, ne dépassant pas le calice. Surtout dans le Sud. DZ, ES, MA, TN. ***Ononis mitissima*** ressemble à *O. diffusa*, mais plante annuelle plus grande et plus dressée, à peine pubescente, atteignant 60 cm, avec des bractées trifoliolées à grandes stipules pâles très visibles. Fleurs roses de 10-12 mm, dépassant du calice. Fruits de 5-6 mm, à 2-3 graines. Dans toute la zone.

Ononis alopecuroides. Plante annuelle de taille basse à moyenne, se distinguant par ses *grandes feuilles à foliole unique et pétiole ailé*. Fleurs rose pâle et blanches, assez grandes, de 16-19 mm de long, en grappes terminales velues très denses ; bractées à 1 seule foliole. Fruits atteignant 10 mm de long. Habitats variés. Répandue, absente des îles Baléares. ES, IT.

B. Fleurs jaunes

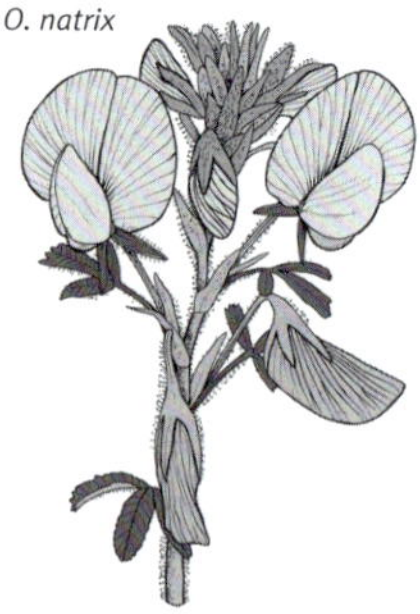

O. natrix

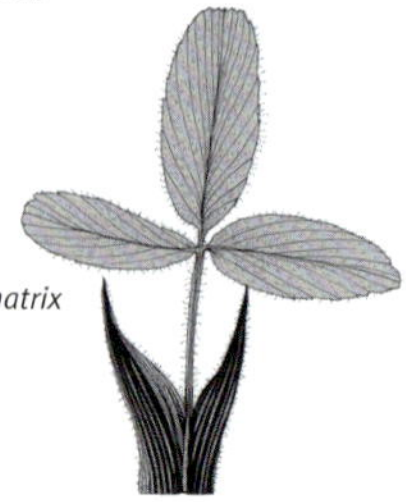

O. natrix subsp. *natrix*

O. natrix subsp. *ramosissima*

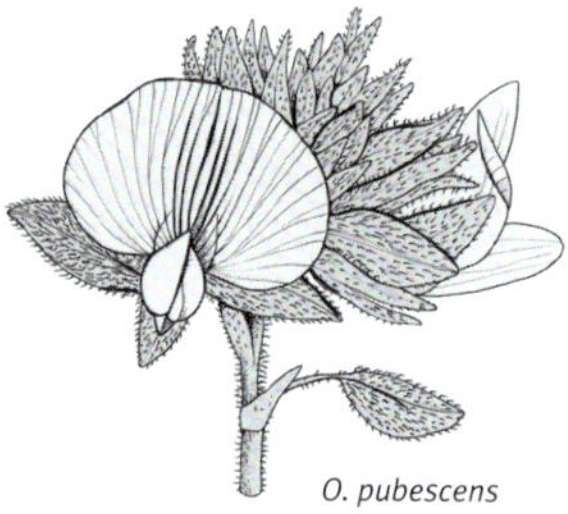

O. pubescens

Ononis natrix BUGRANE FÉTIDE. Sous-arbrisseau *visqueux*, très rameux, vert, atteignant 40(60) cm, à tiges ligneuses inférieurement, densément feuillées. Feuilles trifoliolées à folioles ovales et dentées. Fleurs jaunes, à étendard veiné de rouge sur le dos, de (6)11-25 mm, *solitaires* mais formant des grappes lâches et feuillées. Fruits de 11-25 mm, pendants et velus, à 2-27 graines. Commun et répandu dans toute la zone, notamment près des côtes. Les taxons suivants, parfois considérés comme des espèces distinctes, présentent en fait une variabilité continue de l'un à l'autre : subsp. *natrix* possède de *longs poils glanduleux sur la tige* ; dents du calice beaucoup plus longues que leur tube ; corolle de 11-25 mm. Fruits de 13-25 mm, à 3-27 graines. Dans toute la zone. Subsp. *ramosissima* a souvent un port compact et possède des *poils glanduleux très courts sur la tige* ; corolles de 9-16(18) mm ; dents du calice dépassant *à peine* leur tube. Fruits de 11-22 mm, à 2-8 graines. ES, PT.

Ononis viscosa. Espèce variable, ressemblant à *O. natrix*, mais *plus grande* : plante annuelle mollement pubescente atteignant 1,3 m, à fleurs de 5-16 mm, à étendard rosé, velu-glanduleux, et dents du calice *à 3 nervures*. Fruits de 10-25 mm, à 3-10 graines. Dans toute la zone. Subsp. *sicula* (parfois traitée comme une espèce, *O. sicula*) est une plante basse ne dépassant pas 15(25) cm, à pédicelles floraux velus-glanduleux, mais dépourvus de longs poils étalés ; corolle de 5-10 mm. Fruits de 9-14 mm, à 10-20 graines. Lieux secs, terrains cultivés. Dans toute la zone. **Ononis pubescens** est une plante annuelle *peu élevée* atteignant 75 cm, semblable à *O. viscosa* et également très visqueuse, souvent avec quelques feuilles à 1 seule foliole. Fleurs plus grandes, de 12-22 mm, jaunes, à étendard veiné de rouge et calice à *larges dents oblongues-lancéolées, avec 5 nervures*. Fruits de 8-12 mm, à 2-3 graines seulement. Disséminée dans toute la zone, mais absente de nombreuses îles.

1. *Ononis minutissima*
2. *Ononis pubescens*
3. *Ononis pusilla*

O. biflora

O. pusilla

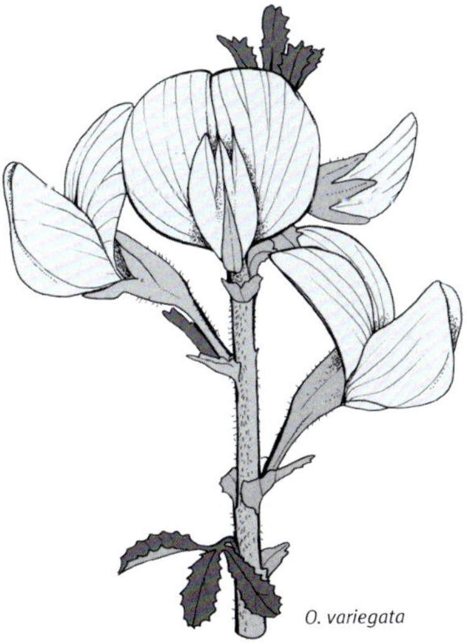

O. variegata

Ononis ornithopodioides BUGRANE PIED-D'OISEAU. Plante annuelle de taille basse à modeste, dressée et très rameuse, à tiges velues-glanduleuses, atteignant 30 cm. Feuilles trifoliolées à folioles ovales, plus larges au-dessus de leur milieu. Fleurs jaunes (parfois veinées de rose), de 7-8,5 mm de long, en panicules feuillées peu denses qui s'allongent à la fructification. Fruits linéaires, de 12-20 mm de long, *étranglés entre les 7-10 graines*. Garrigues, pinèdes. Dans toute la zone. *Ononis biflora*, semblable, est une annuelle dressée atteignant 50 cm qui se distingue de l'espèce précédente par ses feuilles un peu charnues, à pubescence éparse ; rameaux primaires de l'inflorescence à 1-2 *fleurs* (non systématiquement à 1 seule fleur) ; fleurs jaune veiné de rose, *glabres*, de 13-15 mm de long. Fruits de 17-25 mm. Surtout dans le Sud. DZ, ES, MA, PT, TN. *Ononis maweana* (Syn. *O. hackelii*) ressemble beaucoup à *O. biflora*, mais fleurs de 7,5-13 mm, à étendard blanc, rose ou pourpre, velu-glanduleux, et ailes et carène jaunes. Fruits de 7-10 mm. Terrains sableux dans le sud du Portugal uniquement. PT.

Ononis pusilla. Plante vivace à poils courts, à port souvent étalé, à tiges ligneuses inférieurement, atteignant 35(55) cm. Feuilles trifoliolées à folioles elliptiques à arrondies, souvent échancrées. Fleurs jaunes, de 6-12 mm de long, en épis lâches mêlés de bractées foliacées ; *lobes du calice pubescents, longs, égalant la corolle et s'ouvrant en étoile à la fin*. Petits fruits de 4,5-10,5 mm de long, à 3-10 graines. Rochers, éboulis, pinèdes. Dans toute la zone, mais absente des îles Baléares. ***Ononis minutissima*** est très proche, mais à tiges glabres et radicantes, atteignant 40 cm ; lobes du *calice glabres ou à peine velus* ; corolle de 7-14 mm. Fruits de 5-8 mm, à 1-3 graines. Depuis l'Espagne vers l'est, localisée mais assez commune dans le sud de la France. ES, FR, IT, TN (rare).

Ononis variegata. *Annuelle basse, étalée-gazonnante*, ne dépassant pas 40 cm, rameuse presque dès la base ; densément pubescente, à feuilles *vert bleuté*, dentées et avec de fortes nervures. Fleurs jaunes, de 10-15 mm de long, en grappes terminales lâches. Fruits oblongs et légèrement velus, de 8-11 mm de long. Sables dunaires ; localisée dans toute la zone, mais absente de certaines îles.

Melilotus MÉLILOT

Plantes annuelles ou bisannuelles avec des feuilles trifoliolées, à folioles souvent dentées. Petites fleurs odorantes, en grappes allongées ; 10 étamines, dont 9 soudées en tube et 1 libre. Fruits droits, à 1-2 graines, (normalement) indéhiscents.

A. Plantes bisannuelles élevées à fleurs jaunes ; fruits pubescents

Melilotus altissimus GRAND MÉLILOT. Plante bisannuelle élevée atteignant 1,5 m, à folioles oblongues, les inférieures à bords presque parallèles, dentées ; stipules en pointes fines. Fleurs jaunes, de 5-7 mm de long, *à étendard et carène de taille égale*. Fruits réticulés, noirs, de 5-7 mm, *velus*. Différents milieux perturbés. ES, FR, IT.

B. Plantes annuelles basses ou moyennes à fleurs jaunes ; fruits glabres

Melilotus indicus MÉLILOT À PETITES FLEURS. Plante annuelle dressée, simple ou rameuse, atteignant 40 cm ; feuilles trifoliolées à folioles dentées et stipules plus ou moins entières. *Petites fleurs de* 2-3,5 mm, jaune pâle ou blanchâtres, *en épis denses et très fournis* ; ailes et carène de taille égale, plus courtes que l'étendard. Fruit plus ou moins sphérique, brun pâle à maturité, de 1,5-3 mm, glabre. Terrains perturbés, lieux sableux humides ; commune dans toute la zone. *Melilotus italicus* ressemble à *M. indica*, mais atteint 80 cm de haut, possède des fleurs plus grandes de 7-8 mm de long et des fruits de 4-5 mm, ridés et ornés de petites dépressions à maturité. Lieux secs et ouverts. Répandue mais locale dans toute la zone.

M. elegans

Melilotus elegans. Plante annuelle atteignant 2 m, ressemblant à *M. indicus*, à tige pubescente en haut et petites fleurs de 4,5-5 mm, à étendard et ailes *plus courts* que la carène, en grappes de 20-35. Fruits ovoïdes, comprimés et ornés de côtes transversales très saillantes, de 3-4,5 mm. Disséminée dans toute la zone. *Melilotus segetalis* ressemble à *M. elegans*, mais *grappes (aussi longues ou plus longues que la feuille opposée) de 15-100 fleurs plus grandes, de 5-7 mm* ; étendard plus court que la carène. Fruits *jaunes, ovoïdes*, ornés de sillons concentriques ; de 4-5 mm. Lieux humides. Dans toute la zone. *Melilotus sulcatus* MÉLILOT SILLONNÉ est très semblable à *M. segetalis*, mais fleurs de 2,8-4,5 mm plus ou moins *sessiles* ; *inflorescence plus courte que la feuille opposée*. Fruits globuleux, de 3-4,5 mm. Dans toute la zone.

Melilotus messanensis (Syn. *M. siculus*). Plante annuelle atteignant 60 cm, semblable à *M. segetalis*, avec des fleurs jaunes de 4-5 mm, à étendard et carène plus ou moins égaux et dépassant les ailes, en grappes de 4-10(14) portées par des pédoncules dressés ou presque et beaucoup *plus courtes* que la feuille opposée. Fruits jaunâtres à sillons concentriques, de 7-8(9) mm. Terrains cultivés et lieux humides du littoral. Dans toute la zone.

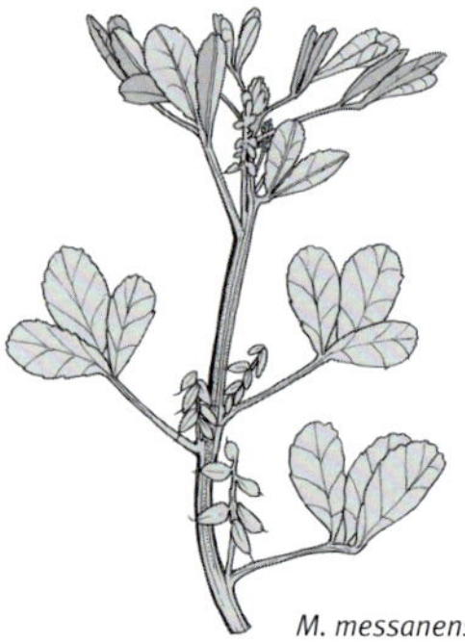

M. messanensis

Melilotus neapolitanus (Syn. *M. spicatus*). Plante annuelle modeste, de 15-40(80) cm de haut, pubescente en haut, avec des fleurs jaunes de 4-5 mm, à ailes et carène égales, par 6-16(20) *en grappes courtes et lâches*. Petits fruits de 3-4 mm, globuleux, non comprimés, terminés en bec court. Lieux sableux secs. Dans toute la zone.

C. Fleurs blanches

Melilotus albus. Plante annuelle plutôt vigoureuse atteignant 1,5 m, ressemblant aux autres *Melilotus*, mais distinguée par ses *fleurs blanches* ; corolle de 4-5 mm. Fruits de 3-5 mm, côtelés, bruns et glabres. Commune dans divers milieux secs et perturbés. Dans toute la zone.

---

1. *Melilotus altissimus*
2. *Melilotus indicus* (fruits)
3. *Melilotus indicus*
4. *Melilotus albus*
5. *Trigonella stellata*

Trigonella TRIGONELLE

Plantes annuelles à feuilles trifoliolées, dentées. Fleurs solitaires à l'aisselle des feuilles ou en grappes latérales ; 10 étamines, dont 9 soudées en tube et 1 libre. Fruits droits ou courbés, à 1 à nombreuses graines sur 2 rangs, finalement déhiscents.

A. Fleurs jaunes et réunies (jusqu'à 15) en grappes

Trigonella corniculata TRIGONELLE COMESTIBLE. Plante annuelle *dressée ou étalée, plus ou moins glabre*, atteignant 50 cm, ressemblant superficiellement à *Melilotus*. Feuilles à 3 folioles ovales. Fleurs jaunes de 5-7 mm, par 8-15 en *grappes cylindriques longuement pédonculées* ; calice à dents inégales. Fruits *linéaires, pendants, un peu arqués*, de 10-18 mm (sans le bec). Divers habitats secs et herbeux. ES, FR, IT, MA. *Trigonella maritima* est semblable, mais à fleurs moins nombreuses (5-10), réunies en grappes plutôt arrondies ; calice à dents égales. Fruits à *nervures épaissies et saillantes*. Localisée. MA, IT (dont Sicile), MT.

Trigonella stellata. Plante annuelle étalée-diffuse. Folioles rétrécies à la base, dentées et échancrées à l'apex. Fleurs par 3-15 en ombelles denses groupées à la base de la plante ou insérées à l'aisselle des feuilles le long des tiges. Fruits de 5-8 mm de long, cylindriques, étalés-divergents. Lieux dénudés et arides en marge des déserts en Afrique du Nord. DZ, MA, TN.

B. Fleurs solitaires ou par 2 à l'aisselle des feuilles ; blanchâtres

Trigonella foenum-graecum FENUGREC. Plante annuelle peu élevée, plus ou moins velue, atteignant 50 cm. Feuilles trifoliolées, oblongues, dentées vers le sommet. Fleurs crème lavé de pourpre à la base, de 12-18 mm de long, solitaires ou par 2 à l'aisselle des feuilles supérieures. Fruits linéaires et dressés, de 5-10 cm de long, prolongés par un bec allongé de 1-3,5 cm, glabres, marqués de nervures longitudinales. Cultivée et parfois naturalisée dans toute la zone.

Medicago LUZERNE

Plantes herbacées annuelles ou vivaces, typiquement à feuilles trifoliolées. Fleurs jaunes (parfois violacées) en petites grappes latérales ; 10 étamines, dont 9 soudées en tube et 1 libre. Fruits très variables (souvent courbés, en spirale ou épineux), à 1 à nombreuses graines, importants pour l'identification. Seules les espèces communes et répandues sont traitées ici.

M. lupulina

A. Fruit en forme de faux ou de haricot

Medicago lupulina LUZERNE LUPULINE. Plante annuelle étalée, pubescente, atteignant 80 cm, à feuilles trifoliolées avec des folioles arrondies ou rhomboïdales, souvent échancrées au sommet. Stipules dentées ou entières. Petites fleurs jaunes de 2-3 mm, par 20(50) en grappes ovoïdes denses. Fruits de 1,5-3 mm de large, enroulés, noirs à maturité, à nervures réticulées. Commune dans les friches. Dans toute la zone.

Medicago monspeliaca (Syn. *Trigonella monspeliaca*) LUZERNE DE MONTPELLIER. Plante annuelle couchée ou étalée, finement pubescente, atteignant 20(40) cm, à feuilles trifoliolées avec des folioles ovales, dentées ou non. Petites fleurs jaunes, par 4-12 en ombelles sessiles. Fruits de 8-13 mm, *divergents en étoile* (comme ceux des *Trigonella*, dans lesquelles elle était autrefois incluse). Dans toute la zone.

M. sativa

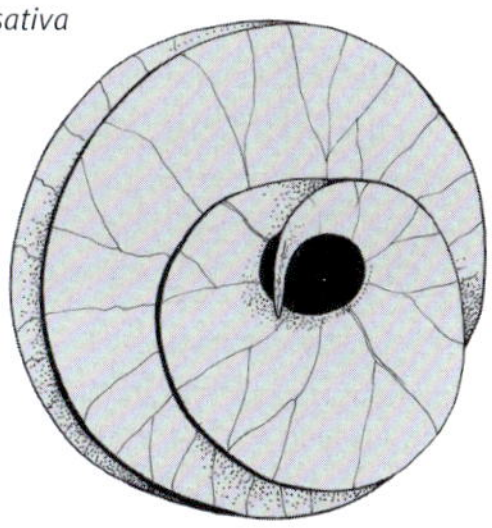

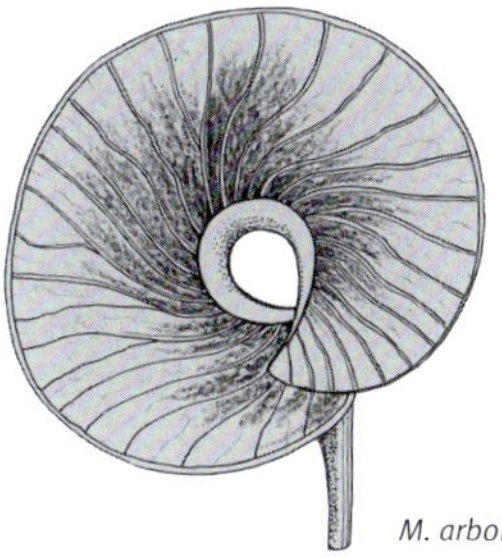

M. arborea

B. Fruit non épineux, en spirale à 1 tour de spire ou plus

Medicago sativa LUZERNE CULTIVÉE. Plante vivace variable (avec de nombreuses formes décrites), pubescente, jusqu'à 90 cm de haut. Folioles oblongues à linéaires, dentées au sommet. Stipules dentées à la base. Fleurs de 5-12 mm, violettes ou bleues, par 10-30(50) en grappes denses et arrondies. Fruits de 5-9 mm de large, en spirale à 2-3(4) tours de spire et avec un trou central, non épineux. Commune dans les friches et au bord des routes. Dans toute la zone.

Medicago arborea LUZERNE ARBORESCENTE. *Arbrisseau* gris argenté *atteignant 2 m*, à jeunes rameaux soyeux-blanchâtres. Folioles rétrécies à la base, légèrement dentées au sommet. Stipules non dentées. Fleurs jaunes, de 9-13 mm, par 8-20 en grappes denses. Fruits de 9-15 mm de large, minces, en spirale à 1 seul tour, glabres, à nervation réticulée. Milieux perturbés, jardins. Centre de la zone ; naturalisé ailleurs. ES, FR, IT, PT.

1. *Medicago lupulina*
2. *Medicago sativa*
3. *Medicago marina* (plante en fruit)
4. *Medicago marina*
5. *Medicago arborea*

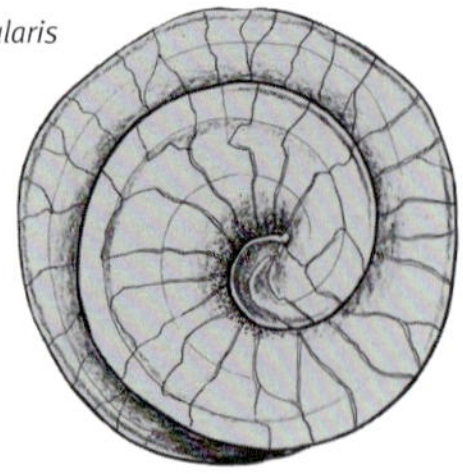
M. orbicularis

1. *Medicago orbicularis* (fruits)
2. *Medicago orbicularis*
3. *Medicago arabica*
4. *Medicago laciniata* (fruit)

Medicago orbicularis LUZERNE ORBICULAIRE. Plante annuelle basse ou peu élevée, glabre ou légèrement pubescente, de 30-60 cm de haut. Folioles ovales à en coin, dentées au sommet. Stipules à dents profondes. Fleurs jaunes de 5 mm, en grappes de 2-4(5). *Gros fruits discoïdes*, de 10-20 mm de large, lisses et spiralés, à 4-7 tours de spire à rotation senestre (sens antihoraire), sans trou central. Friches ; fréquente dans toute la zone.

Medicago blancheana. Plante annuelle vigoureuse, étalée, légèrement pubescente, de 20-30 cm de haut, à folioles profondément dentées. Fleurs jaunes de 6,5 mm de long. Fruits de 10 mm de large, arrondis, à 4-6 tours de spire, *à rotation alternativement senestre et dextre*, presque toujours sans épines. Terrains cultivés. Dans toute la zone.

1

3

2

4

C. Fruits normalement avec des épines ou des projections, en spirale à 1 ou plusieurs tours (nombreuses espèces affines, s'hybridant aisément ; l'observation attentive des fruits est indispensable pour une identification correcte)

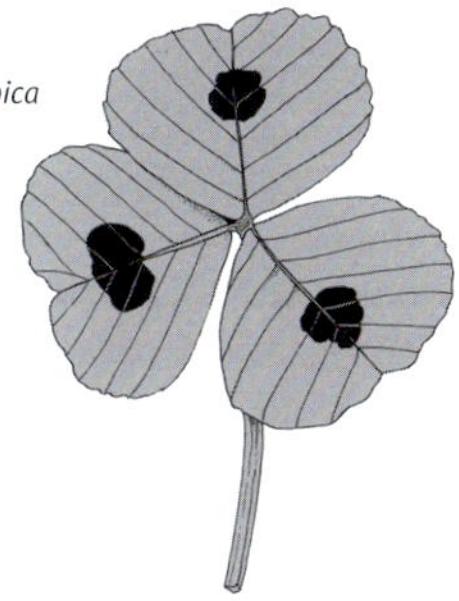

M. arabica

Medicago arabica LUZERNE D'ARABIE. Plante annuelle basse, couchée-étalée, plus ou moins glabre, atteignant 60 cm, à feuilles trifoliolées. Folioles échancrées, avec une *macule noire voyante*. Fleurs jaunes, de 4-6 mm, en grappes de 1-5. Fruits cylindriques, de 4,5-5 mm de diamètre, glabres, à 3-5(6) tours de spire à rotation senestre, à robustes *épines étalées,* de 2-3,5 mm de long, chaque tour avec 3 sillons dorsaux. Jachères, boisements, pinèdes ; commune.

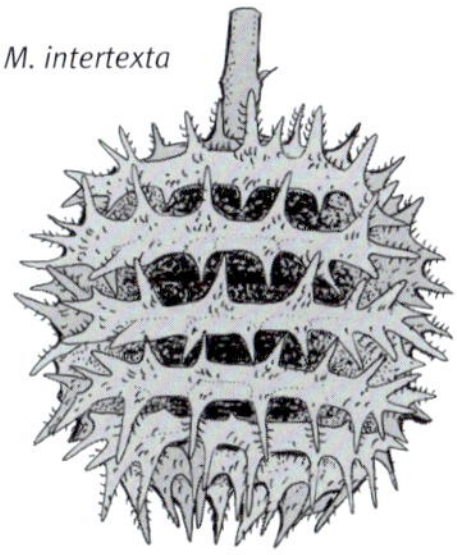

M. intertexta

Medicago intertexta (Syn. *M. ciliaris*). Plante annuelle basse ou peu élevée, de 15-70 cm de haut, à tiges étalées. Folioles parfois tachées de noir et finement dentées. Stipules dentées. Fleurs jaune terne, de 5-8 mm, groupées par 1-4(7). Gros fruits de 10-17 mm de diamètre, *pubescents-glanduleux ou glabres, épineux*, à 5-8(10) tours de spire à rotation senestre. Lieux incultes humides. (*M. ciliaris*, dont les fruits sont pubescents, est considérée désormais comme non distincte). Dans toute la zone.

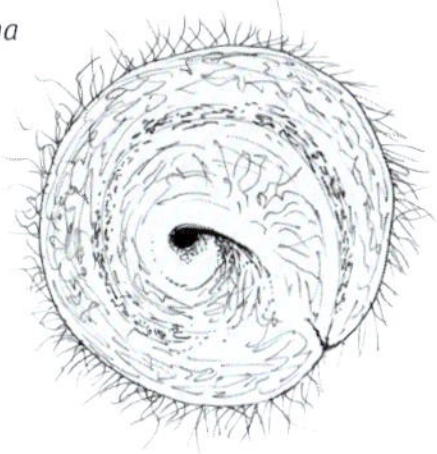

M. marina

Medicago marina LUZERNE MARINE. Plante vivace *couchée-rampante, tomenteuse-blanchâtre*, atteignant 50 cm de haut. Folioles ovales, dentées au sommet ; stipules dentées ou non. Fleurs jaune vif, de 7-9 mm, en grappes courtes de 5-12(15). Fruits de 4-6(7) mm de diamètre, à 2-4 tours de spire à rotation senestre, avec un trou central, blanc-tomenteux, à 2 rangées d'épines atteignant 1,5 mm (parfois réduites à des tubercules). Sables littoraux et dunes ; commune dans toute la zone.

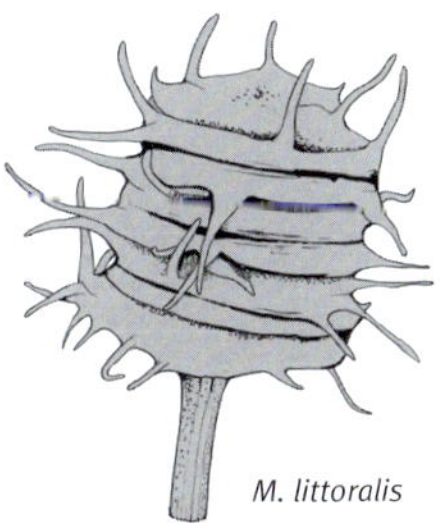

M. littoralis

Medicago littoralis. Plante annuelle basse ou peu élevée, étalée, velue, à tiges violacées atteignant 80 cm. Folioles ovales ou cordées, dentées à l'apex et *pubescentes sur les 2 faces*. Stipules dentées. Fleurs jaunes à orangées, de 5-7 mm de long, groupées par 2-5(8). Fruits de 3,5-5(6) mm de long, cylindriques, à 3-7 tours de spire, luisants, épineux ou non, glabres, chaque tour avec 1 sillon sur le dos. Milieux littoraux. Dans toute la zone. *Medicago rigidula* possède des fruits plus gros, épineux, de 7-8 mm de long, à 4-7 tours de spire serrés, à rotation senestre, ornés d'épines de 1,5-3 mm, à faces réticulées et entièrement velues-glanduleuses. Lieux incultes. Dans toute la zone. *Medicago doliata* (Syn. *M. aculeata*) possède des fruits solitaires, épineux (rarement sans épines), à tours de spire serrés, de 7-12 mm de diamètre, *velus sur les marges uniquement*, sinon glabres. Dans toute la zone.

M. rigidula

M. polymorpha

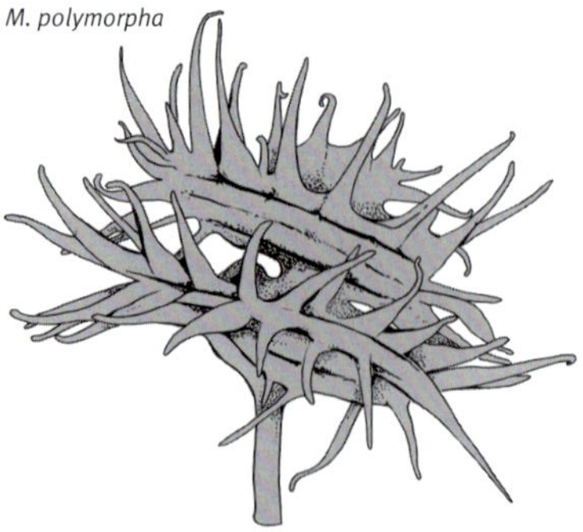

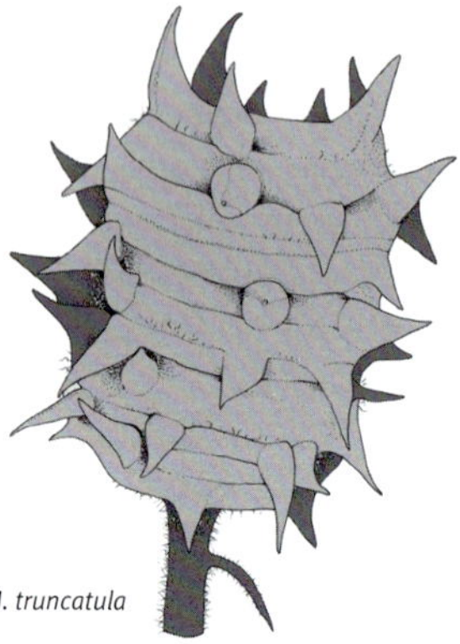

M. truncatula

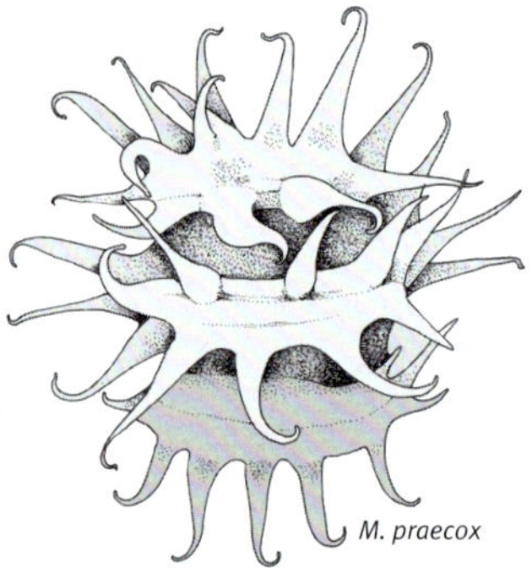

M. praecox

M. minima

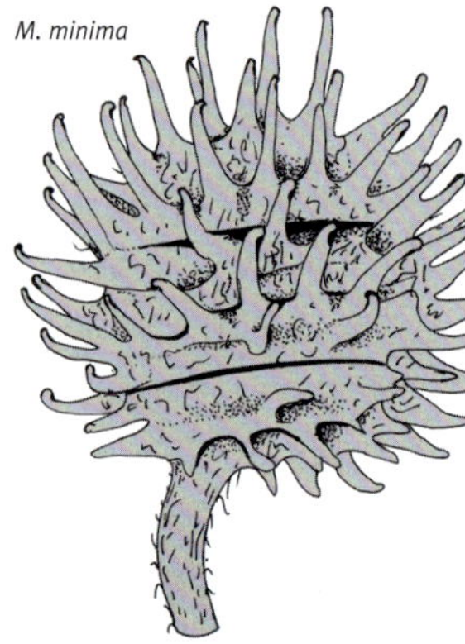

Medicago polymorpha LUZERNE POLYMORPHE. Annuelle variable, prostrée ou étalée, velue ou glabre, à tiges violacées atteignant 50 cm ; feuilles trifoliolées, *dentées au sommet*. Stipules *profondément dentées, à dents fines*. Fleurs jaunes, de 6-6,5 mm de long, groupées par 2-9. Fruits de 6-7 mm de diamètre, aplatis, à 4-6 tours de spire senestres, chacun avec 2 rangées *d'épines sillonnées* de 0,5-0,8 mm de long, à faces réticulées *(non luisantes)* et *spire supérieure plus grande que les autres*. Commune au bord des routes, dans les friches herbeuses et les jachères. Dans toute la zone. *Medicago italica* (Syn. *M. tornata*) ressemble à *M. polymorpha*, mais fruits de 5-8 mm, à 2(1-6) tours de spire et *épines atteignant 2 mm, non sillonnées* ; marge des spires aiguë. Dans toute la zone. *Medicago truncatula* possède des fruits de 7-10 mm, à *épines très épaissies, renflées à la base*, de 1,5-5 mm ; marge des spires épaissie. Champs, lieux herbeux. Dans toute la zone. ***Medicago laciniata*** est semblable à *M. polymorpha*, mais folioles *profondément dentées ou lobées* ; pédicelles tendant à dépasser le pétiole de leur feuille. Fruits de 6-8 mm, épineux, glabres, à 4-6 tours de spire. Originaire d'Afrique du Nord, naturalisée plus au nord. DZ, ES, FR, IT, MA, TN. *Medicago praecox* possède des folioles moins nettement dentées et des pédicelles beaucoup plus courts que le pétiole de leur feuille. Fruits de 4-5 mm, épineux, à 3 tours de spire. Rare et localisée, mais répandue. Probablement dans toute la zone.

Medicago minima LUZERNE NAINE. Plante annuelle prostrée ou étalée, densément velue, ressemblant au groupe de *M. polymorpha*, mais avec des *stipules entières ou à peine dentées et dans ce cas à dents courtes*. Pédicelles aussi longs ou un peu plus longs que le pétiole de leur feuille ; fleurs de 2,5-4,5 mm. Fruits groupés par 4-6, globuleux et épineux, de 2,5-3,5(5) mm de diamètre (plutôt grands par rapport à la taille de la plante), à spires à marge aiguë et épines atteignant 1 mm, un peu en crochet au sommet ; pas franchement aplatis et souvent assez luisants (moins réticulés) sur les faces. Mêmes milieux. Dans toute la zone, à l'exception de quelques îles. *Medicago coronata* est semblable, mais à *pédicelles dépassant longuement le pétiole de leur feuille* ; fruits par 5-13 en groupes denses, à *marge des spires élargie, avec 2 rangs d'épines divergents*. Dans toute la zone.

1. *Medicago littoralis*
2. *Medicago polymorpha* (fruits)
3. *Medicago minima*
4. *Medicago polymorpha*

M. turbinata

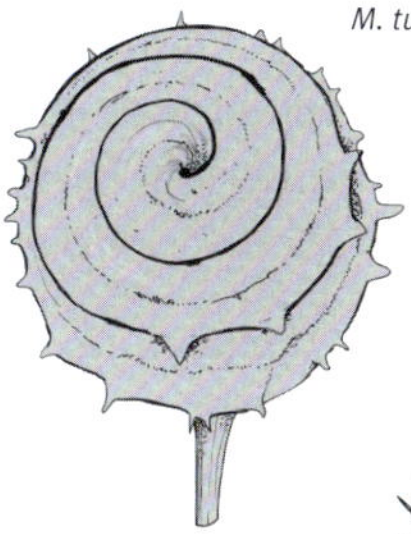

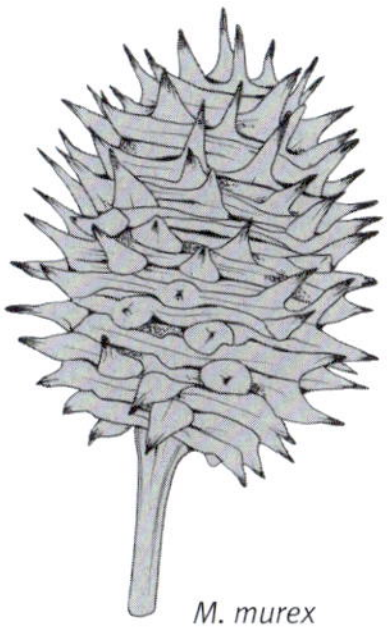

M. murex

D. Fruits spiralés avec des épines ou des projections, à 1 ou plusieurs tours de spire *fortement épaissis aux bords*, ressemblant à un turban

Medicago turbinata. Robuste annuelle, prostrée ou ascendante, *densément velue*, atteignant 50 cm, à tiges rougeâtres et feuilles trifoliolées et dentées. Fleurs jaune orangé, de 6-6,5 mm de long, groupées par 2-9. Fruits en forme de tonnelets, de 6-7,5 mm, à 4-6 tours de spire senestres, chacun creusé d'un sillon sur la marge et avec des *épines courtes et larges*, de 1 mm de long au plus. Habitats variés, souvent perturbés. Dans toute la zone. *Medicago murex* est assez proche, mais glabre (sauf parfois le dessous des feuilles), à fruits avec 5-9 tours de spire senestres, à marge avec 3 sillons, et des *épines épaisses, coniques et pointues, de 1-8 mm*. Mêmes milieux. Dans toute la zone.

1

2

3

4

Lotus glinoides. Plante annuelle couchée-étalée, à feuilles trifoliolées un peu épaisses, gris bleuté, à poils blancs épars ou denses ; folioles à plus grande largeur au-dessus de leur milieu. Calice à longs poils blancs épars ; fleurs roses. Fruits étroitement cylindriques, rougeâtres et luisants, souvent groupés par 2 et divergents. Terrains arides et dénudés ; commune en bordure de désert en Afrique du Nord. DZ, MA.

D. Plantes herbacées annuelles ou vivaces ; fruits à section *quadrangulaire, carénés ou ailés sur les angles*

Lotus tetragonolobus (Syn. *Tetragonolobus purpureus*) LOTIER POURPRE. Plante annuelle basse, étalée ou ascendante, velue, atteignant 60 cm. Folioles de 10-40 mm, ovales ou rhomboïdales, plus larges au-dessus de leur milieu. Fleurs *rouge foncé vif*, de 18-23 mm de long, solitaires ou par 2 sur des pédicelles plus courts ou de même taille que les feuilles. Fruits de 35-75 mm, glabres, largement ailés sur les angles. Bord des routes, friches et garrigues. Absente de l'Extrême-Ouest et de Corse. DZ, ES, FR, MA, TN.

1. *Lotus tetragonolobus*
2. *Ornithopus compressus*
3. *Tripodion tetraphyllum*
4. *Ornithopus sativus*
5. *Galega officinalis*

Lotus maritimus (Syn. *Tetragonolobus maritimus*) LOTIER À GOUSSES CARRÉES. Plante vivace basse, prostrée-étalée, glauque, atteignant 45 cm, formant souvent des tapis, à pilosité variable. Folioles de 10-28 mm, ovales, plus larges au-dessus du milieu ; stipules ovales. Fleurs solitaires, sur de longs pédicelles (jusqu'à 13 cm), *jaune pâle*, de 22-28 mm de long, chacune munie d'une bractée trifoliolée. Fruits de 30-60 mm, généralement glabres, étroitement ailés sur les angles. Champs humides, marais, lieux herbeux ; locale et peu commune. Répandue dans pratiquement toute la zone. *Lotus biflorus* (Syn. *Tetragonolobus biflorus*), semblable, est une annuelle à fleurs par 1-4, *orange vif*, de 17-25 mm de long. Fruits de 20-40 mm. IT (dont Sicile).

Tripodion

Plantes annuelles prostrées. *Calice nettement renflé*, à dents presque égales ; 10 étamines, 1 libre. Fruits indéhiscents.

Tripodion tetraphyllum (Syn. *Anthyllis tetraphyllum*) ANTHYLLIDE À QUATRE FEUILLES. Plante annuelle basse, étalée, velue, atteignant 40 cm. Feuilles normalement à 3-5 folioles, la terminale plus grande et ovale. Fleurs jusqu'à 25 mm, jaunes à ailes plus foncées et carène rouge au sommet, par 1-7 en glomérules latéraux ; calice à pilosité argentée, devenant très renflé, en forme de vessie à maturité, vert pâle à apex rouge. Fruits de 8-10 mm. Divers milieux secs et perturbés ; très commune dans toute la zone.

Ornithopus ORNITHOPE

Plantes herbacées annuelles dressées ou prostrées, à feuilles imparipennées avec de nombreuses folioles. Fleurs à 10 étamines, dont 9 soudées en tube et 1 libre. Fruits *grêles, souvent arqués* (falciformes).

Ornithopus pinnatus ORNITHOPE PENNÉ. Plante annuelle couchée-étalée, légèrement velue. Feuilles *imparipennées* à 3-6 paires de folioles. Fleurs *jaune orange*, de 4,5-5,5 mm, par 2-5(7) en têtes non sous-tendues par une bractée. Fruits linéaires, de 16-33 mm de long, comprimés et nettement étranglés entre les graines. Lieux herbeux ou rocailleux dénudés. Dans toute la zone. *Ornithopus perpusillus* possède des feuilles imparipennées à 4-14 paires de folioles, plus 1 foliole terminale. Têtes florales sous-tendues par une bractée pennée, corolle de 3,5-5,5 mm, *crème* ou blanche, veinée de rouge. Fruits *arqués et étalés*, groupés par 2-3, étranglés entre les graines, de 13-30 mm. En montagne. ES, PT.

Ornithopus compressus. Plante annuelle *basse, prostrée à ascendante*, très velue, atteignant 75 cm, à feuilles imparipennées à 2-8 (jusqu'à 18) paires de folioles. Fleurs de 5-7 mm, jaunes, par 1-5 en têtes *sous-tendues par une bractée foliacée*. Fruits grêles, comprimés et arqués, légèrement étranglés entre les graines, de 18-42 mm. Lieux herbeux, sables dunaires ; localement commune dans toute la zone. ***Ornithopus sativus*** est semblable, mais plus grande, ascendante, à fleurs *blanc rosé*, de 6,5-10 mm ; fruits étranglés entre les graines, de 15-43 mm. Milieux rudéralisés et herbeux. Absente de l'est de la zone. DZ, ES, FR, MA, PT.

Galega

Plantes herbacées à feuilles imparipennées et grandes stipules. Fleurs en grappes dressées ; 10 étamines, la 10e soudée au tube des 9 autres. Fruits déhiscents, non renflés.

Galega officinalis GALÉGA OFFICINAL. Plante vivace vigoureuse, dressée et glabre (ou presque), atteignant 1,5 m, à feuilles imparipennées à 9-17 folioles étroitement ovales. Fleurs blanches, parfois lavées de mauve bleuté, en grappes cylindriques dressées et longuement pédonculées ; calice à dents filiformes. Fruits cylindriques, non renflés, jusqu'à 30 mm de long. Fossés et milieux humides, plutôt localisée. ES, FR, IT. *Galega africana* est semblable, mais possède des *inflorescences velues*. Lieux humides du littoral dans le sud de l'Espagne et le nord-ouest de l'Afrique. ES, MA.

Trifolium TRÈFLE

Herbacées annuelles ou vivaces à feuilles trifoliolées. Nombreuses fleurs courtement pédicellées, groupées en têtes globuleuses denses ; 10 étamines, dont 9 soudées en tube et 1 libre. Fruits à 1-9 graines, souvent enclos dans le calice. Nombreuses espèces, dont seules les plus communes sont décrites ci-dessous ; le tube du calice et le nombre de ses nervures sont des critères importants de détermination.

T. campestre (calice fructifère)

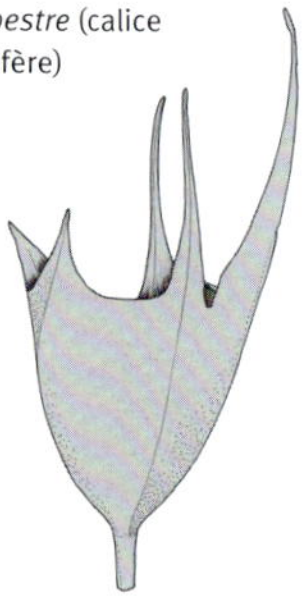

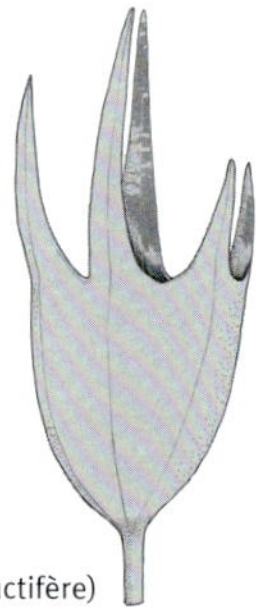

T. dubium (calice fructifère)

A. Fleurs jaunes

Trifolium campestre TRÈFLE DES CHAMPS. Plante annuelle dressée ou étalée, *pubescente*, atteignant 30 cm. Feuilles alternes, à foliole terminale plus longuement pétiolée que les latérales. Fleurs *jaunes*, corolle de 4-7 mm de long, par *plus de 20 en têtes globuleuses de 8-15 mm de large*. Commune dans des milieux variés. ES, FR, IT, MA, PT. ***Trifolium dubium*** TRÈFLE DOUTEUX est semblable, mais plus petite, subglabre et avec des têtes florales de 5-20 fleurs, de 5-9 mm de large ; corolle ne dépassant pas 3-4 mm. ES, FR, IT, MA, PT.

B. Fleurs typiquement blanchâtres ou roses (voire rouges), en *têtes allongées*

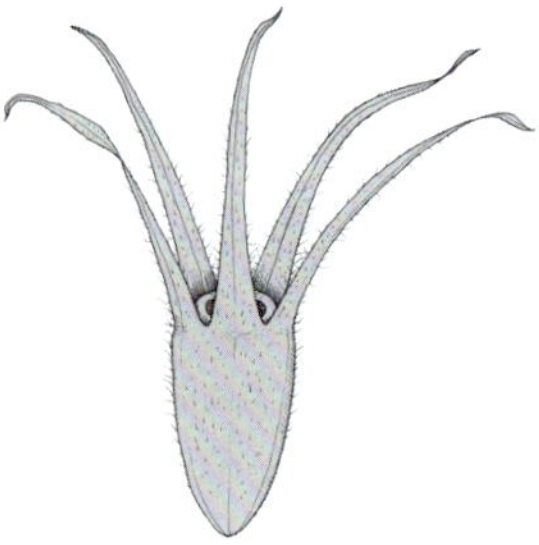

T. angustifolium (calice fructifère)

Trifolium angustifolium TRÈFLE À FEUILLES ÉTROITES. Plante annuelle basse à moyenne, un peu velue, atteignant 50 cm. Feuilles à folioles *linéaires-lancéolées*, aiguës. Fleurs roses, de 10-13 mm, en têtes *cylindriques* pédonculées, s'ouvrant toutes simultanément et à corolle ne dépassant pas (ou à peine) le calice ; ce dernier à dents inégales (l'inférieure plus longue). Commune à l'Extrême-Ouest dans divers milieux perturbés ou sableux. ES, FR, IT, MA, PT. ***Trifolium purpureum*** TRÈFLE POURPRE est semblable, mais à fleurs pourpres *s'ouvrant du bas vers le haut*, les inférieures déjà flétries lorsque les supérieures s'épanouissent. FR, IT.

Trifolium incarnatum TRÈFLE INCARNAT. Robuste annuelle de taille moyenne, atteignant 65 cm, à tiges rameuses, dressées ou ascendantes. Folioles ovales à arrondies, dentées vers le sommet ; stipules ovales. Fleurs de 9-16 mm, très voyantes, *rouge sang vif*, jusqu'à 12 mm de long, en têtes cylindriques denses ; calice à 10 nervures. Lieux herbeux, parfois abondante quoique plutôt localisée. Dans toute la zone, mais absente de certaines îles.

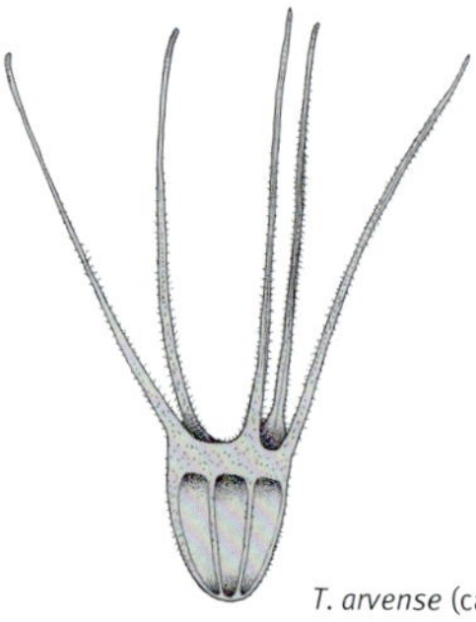

T. arvense (calice fructifère)

Trifolium arvense TRÈFLE PIED-DE-LIÈVRE. Plante annuelle mollement pubescente atteignant 40 cm, à folioles étroites, à peine dentées. Fleurs rose pâle ou blanches, *en têtes pédonculées denses, ovoïdes-allongées ou cylindriques*, jusqu'à 25 mm de long, à corolle souvent dépassée par les dents du calice ; corolle de 3-6 mm au plus ; dents du calice plus ou moins égales. Commune sur les terrains sablonneux ou perturbés, parfois en grand nombre. Dans toute la zone.

1. *Trifolium campestre*
2. *Trifolium dubium*
3. *Trifolium angustifolium*
4. *Trifolium purpureum*
5. *Trifolium arvense*
6. *Trifolium scabrum*

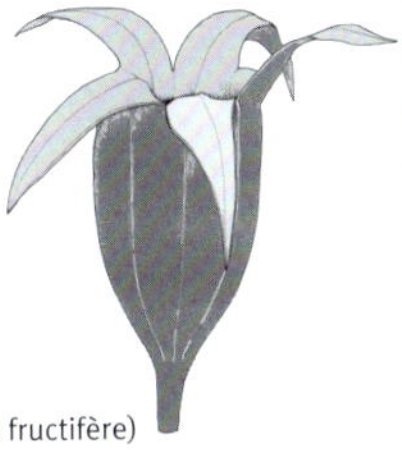

T. suffocatum (calice fructifère)

C. Fleurs typiquement blanchâtres ou rosées, *en têtes globuleuses sessiles* à l'aisselle des feuilles, souvent sur des tiges étalées ou couchées

Trifolium suffocatum TRÈFLE ÉTRANGLÉ. Petite annuelle de moins de 5 cm de haut, à port particulier en touffes *prostrées*. Feuilles à folioles ovales dépassant les têtes florales *sessiles* densément rapprochées à la base de la plante. Têtes florales terminales et très denses ; corolle blanche, de 3-4 mm, plus courte que le calice ; tube du calice presque cylindrique. Sols sableux littoraux et sols nus, localisée. ES, FR, IT, MA, PT.

1

2

3

4

5

6

T. scabrum (calice fructifère)

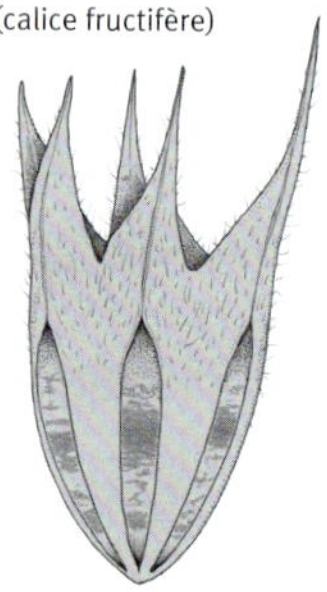

T. tomentosum (calice fructifère)

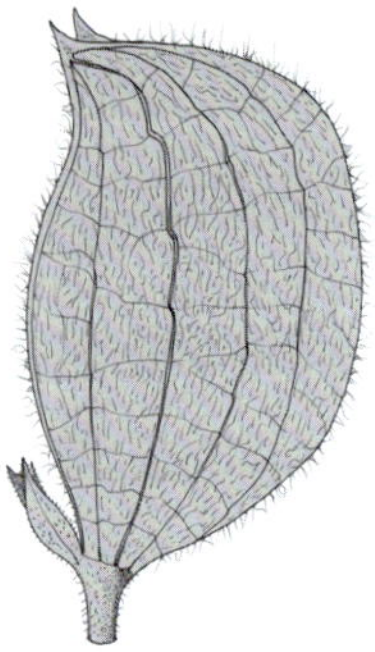

Trifolium scabrum TRÈFLE SCABRE. Plante annuelle étalée, *souvent prostrée, assez duveteuse*, atteignant 20 cm, *à feuilles marquées de nervures pâles saillantes* qui s'épaississent sur leurs marges. Fleurs de 4-7 mm, peu visibles, d'abord blanc crème, virant ensuite au rose, en petites têtes sessiles ne dépassant pas 10 mm de diamètre ; calice devenant coriace après la floraison, *à dents presque épineuses, recourbées en étoile*. Divers milieux perturbés, villes et jardins. ES, FR, IT, MA, PT.

Trifolium cherleri. Plante annuelle étalée, *à longs poils denses*. Fleurs blanches ou roses, *à corolle égalant ou plus courte que le calice* ; *têtes florales densément velues-laineuses*. ES, FR, IT, MA, PT. **Trifolium lappaceum** est semblable (proche aussi de *T. hirtum* mais calice différent), mais à têtes florales verdâtres, d'aspect piquant ; *calice à tube glabre* (jamais avec de longs poils), à 20 nervures et dents longuement ciliées ; têtes florales courtement pédonculées ; corolle de 4-8 mm. Dans toute la zone.

Trifolium tomentosum TRÈFLE COTONNEUX. Plante annuelle grêle et rampante, ne dépassant pas 15 cm, ressemblant à *T. resupinatum*, mais folioles de 4-12 mm, fleurs plus petites, de 3-6 mm de long et *têtes fructifères renflées-globuleuses, sessiles ou presque, couvertes de poils blancs souples* cachant les dents du calice. ES, FR, IT, MA, PT.

1. *Trifolium cherleri*
2. *Trifolium tomentosum*
3. *Trifolium repens*

D. Fleurs typiquement blanchâtres ou roses (voire jaunâtres), *en têtes globuleuses nettement pédonculées*, terminales ou axillaires

T. isthmocarpum

Trifolium isthmocarpum. Plante annuelle basse ou peu élevée atteignant 75 cm, étalée ou ascendante. Feuilles trifoliolées à folioles ovales à elliptiques ; stipules membraneuses et aiguës. Fleurs roses ou plus rarement blanches, de 8-12 mm de long, en *grosses* têtes cylindriques ou globuleuses jusqu'à 25 mm de large, à pédoncules dépassant les feuilles. Fruits oblongs et comprimés entre les graines. ES, FR, IT, MA, PT.

Trifolium repens TRÈFLE RAMPANT. Plante vivace rampante variable atteignant 50 cm, à tiges radicantes aux nœuds, souvent glabre. Feuilles trifoliolées à folioles vertes, ovales à elliptiques, plus pâles le long des nervures. Fleurs normalement blanches, parfois roses ou rougeâtres, de 7-12 mm de long, en têtes globuleuses denses et longuement pédonculées ; calice à tube plus long que large, à dents triangulaires-lancéolées ; fleurs odorantes. Fruits linéaires et comprimés entre les graines. Cultivée comme plante fourragère, commune dans les lieux herbeux. Dans toute la zone. *Trifolium nigrescens*, superficiellement similaire, est une plante basse à peu élevée, en général glabre et avec des folioles ovales ou cordées, échancrées à l'apex ; stipules triangulaires. Fleurs de 5-9 mm, blanches, crème ou roses, virant au brunâtre, en têtes globuleuses sur des pédoncules dépassant les feuilles. ES, FR, IT, MA, PT.

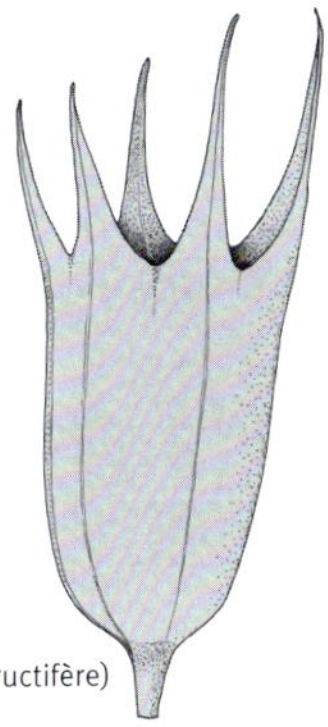

T. repens (calice fructifère)

Trifolium echinatum. Plante annuelle variable, de taille basse ou moyenne, dressée ou étalée, velue. Folioles ovales à oblongues, plus larges au-dessus de leur milieu ; *feuilles supérieures opposées*. Fleurs blanchâtres ou crème, lavées de rose pâle vers le sommet, jusqu'à 12 mm de long, en têtes globuleuses portées par des pédoncules assez longs et grêles. *Têtes fructifères rendues presque piquantes par les pointes étalées des dents des calices* ; aspect de cardère. Lieux herbeux et humides. IT (dont Sicile).

T. stellatum (calice fructifère)

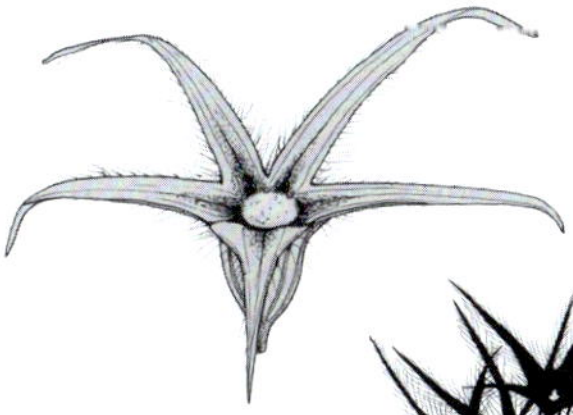

Trifolium stellatum TRÈFLE ÉTOILÉ. Plante basse ou peu élevée, dressée, pubescente, atteignant 20(30) cm, à tiges simples ou rameuses dès la base. Folioles ovales et légèrement dentées, stipules *dentées* à nervures vert vif. Fleurs roses ou jaunâtres, de 12-18 mm, en grosses têtes *sphériques* solitaires atteignant 25 mm de diamètre à la fructification ; calice égalant la corolle, à pilosité blanche et dense, avec des dents étroites et rougeâtres *s'étalant en étoile*. Lieux perturbés et herbeux ; commune. ES, FR, IT, MA, PT.

T. stellatum

F. Fleurs solitaires ou par 2-3, *jamais en têtes denses*

Trifolium uniflorum. Plante vivace basse, prostrée ou *tapissant* le sol. Folioles arrondies à rhomboïdales, fortement nervées et velues dessous ; stipules largement triangulaires. Fleurs blanches, crème ou roses, jusqu'à 22 mm de long, *solitaires ou par 2-3, à l'aisselle des feuilles*, plutôt grandes par rapport à la taille de la plante ; étendard fortement recourbé. Lieux rocailleux, pistes. IT (dont Sicile).

Dorycnium

Plantes herbacées ou un peu ligneuses à feuilles avec 5 folioles. Fleurs blanches à roses ; 10 étamines, dont 9 soudées et 1 libre. Fruits renflés, plus longs que les calices, à 1 à nombreuses graines, déhiscents.

A. Plantes vivaces herbacées ou sous-arbrisseaux ; fleurs > 10 mm

Dorycnium hirsutum BONJEANIE HIRSUTE. Plante vivace diffuse atteignant 50 cm (1,5 m), *densément velue-laineuse*. Feuilles divisées-pennées, à 5 folioles, la paire inférieure simulant des stipules, alors que les vrais organes sont minuscules. Fleurs à corolle *de 11-18 mm*, rose pâle ou blanche, avec la carène rouge foncé ou noirâtre, par 5-11 en grappe pédonculée dense. Fruits oblongs, de 6-10(13) mm. Garrigues sur sol sableux, dunes ; commune dans toute la zone.

1. *Dorycnium hirsutum* (fleurs)
2. *Dorycnium hirsutum*
3. *Dorycnium pentaphyllum*
4. *Dorycnium fulgurans*
5. *Anthyllis hystrix*

B. Plantes vivaces herbacées ou sous-arbrisseaux ; petites fleurs de 3,5-6 mm de long au plus

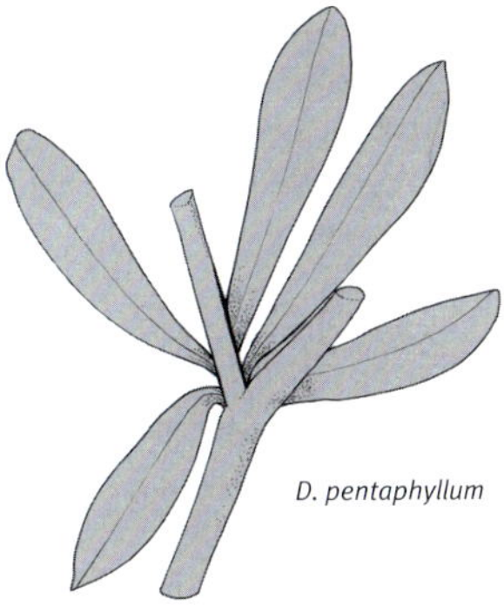

D. pentaphyllum

Dorycnium pentaphyllum ressemble à *D. hirsutum*, mais est plus grande, jusqu'à 1,5 m, avec des folioles toutes insérées au même point (feuilles sans rachis). *Petites fleurs* de 4,5-6 mm, blanches à carène noir rougeâtre. Fruits ovoïdes, de 3-4,7 mm. Mêmes habitats, commune dans l'Ouest ; rare ou absente de certaines régions de l'Est. ES, FR, IT, MA, PT. *Dorycnium rectum* possède des feuilles pennées (toutes les folioles ne sont pas insérées au même point), est légèrement velue, et ses fleurs sont *plus nombreuses et plus petites*, à corolle de 3,5-5 mm, blanche à carène violacée. Lieux humides, milieux aquatiques. Dans toute la zone (rare en Afrique du Nord).

C. Sous-arbrisseaux à rameaux épineux enchevêtrés

Dorycnium fulgurans. *Sous-arbrisseau en dôme étalé, à rameaux épineux densément intriqués*, atteignant 1 m, à aspect très différent des autres *Dorycnium* décrits ci-dessus, à tiges plus ou moins nues, en zigzag ; feuilles à 2-3 folioles, éparses. Petites fleurs de 3,2-5,5 mm, blanches et peu visibles. Fruits de 3-4 mm. Garrigues et rochers nus ; espèce endémique insulaire (îles Baléares).

Anthyllis

Plantes vivaces et arbrisseaux à feuilles simples, trifoliolées ou divisées-pennées ; stipules petites ou absentes. Nombreuses fleurs en têtes denses ou en grappes interrompues ; 10 étamines, dont 1 plus ou moins soudée aux 9 autres. Fruits indéhiscents.

A. Sous-arbrisseaux *épineux* à feuilles à 1-3(5) folioles ; axe de l'inflorescence principale terminé en épine

Anthyllis hystrix. *Sous-arbrisseau épineux* original, à port en coussinet, atteignant 60 cm et ressemblant superficiellement à des ajoncs ou à *Stauracanthus*. Fleurs de 4,5-5 mm, *solitaires ou par 2* (contrairement aux autres espèces d'*Anthyllis*). *Feuilles simples* (rarement trifoliolées), bleutées et plus ou moins glabres. Fruits de 3-3,5 mm. Un des éléments constitutifs dominants des garrigues littorales à Minorque ; espèce endémique insulaire. ES (îles Baléares). *Anthyllis hermanniae* est semblable, mais à rameaux épineux moins intriqués, à feuilles plus nombreuses, généralement *trifoliolées* ; fleurs en principe *groupées par 2-5*. FR (Corse), IT (dont Sardaigne).

B. Sous-arbrisseaux *non épineux*, à feuilles trifoliolées

Anthyllis cytisoides. Sous-arbrisseau dense, sans épines, atteignant 1,2 m, à *tiges et rameaux blancs-tomenteux*. Feuilles inférieures simples, les supérieures trifoliolées à foliole terminale disproportionnellement grande. Fleurs de 8-12 mm, jaune citron pâle, en grappes allongées étroites ; calice laineux à 5 dents égales. Fruits de 3-4 mm. Pinèdes littorales, coteaux et fourrés rocailleux. Très commun dans le sud de l'Espagne, local ailleurs. ES (dont îles Baléares), FR.

C. Sous-arbrisseaux non épineux à 13-19 folioles

Anthyllis barba-jovis ANTHYLLIDE BARBE-DE-JUPITER. *Arbrisseau blanc argenté* dressé atteignant 1 m, à feuilles divisées-pennées à 13-19 folioles plutôt rapprochées. *Fleurs jaune crème, en têtes sphériques compactes*, de 7-9 mm, à moitié encerclées par des bractées argentées profondément découpées. Fruits à 1 graine, de 4-5 mm. Falaises littorales. Local, absent de nombreuses régions. ES, FR, IT, MA.

D. Plantes herbacées, ou ligneuses seulement à la base

Anthyllis vulneraria ANTHYLLIDE VULNÉRAIRE. Plante vivace velue, en touffes basses, variable (nombreuses formes décrites). Feuilles inférieures à 1 seule foliole, les supérieures à 1-9(15) folioles elliptiques. Fleurs rouges ou pourpres, de 8-20 mm de long, en têtes longuement pédonculées sous-tendues par une paire de *bractées foliacées* ; calice à pilosité soyeuse-luisante, à apex pourpré. Fruits de 3,5-7 mm. Commune dans une large gamme d'habitats secs, notamment sur la côte. Dans toute la zone.

E. Groupe d'*Hymenocarpos* : plantes annuelles à gousses à plusieurs graines, souvent traitées dans un genre à part, mais ne méritant pas un si haut rang d'après les analyses génétiques

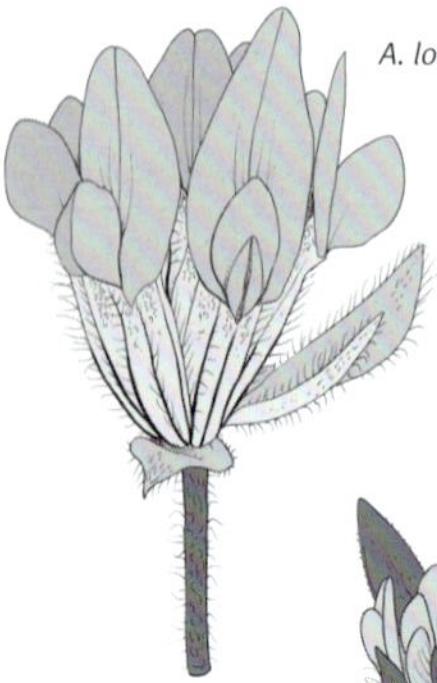
A. lotoides

A. cornicina

Anthyllis lotoides (Syn. *Hymenocarpos lotoides*). Plante annuelle ascendante, velue, de 12-30(40) cm de haut. Feuilles inférieures à 1 seule foliole, les supérieures à 5-7 folioles plus ou moins égales, étroitement lancéolées, pubescentes sur les deux faces et notamment sur les marges. *Fleurs peu nombreuses* (3-11) par têtes de 20 mm de diamètre, sous-tendues par des bractées ; *calice en tube droit*, à 5 dents inégales, couvert de longs poils ; corolle *jaune orange vif. Fruits saillant hors du calice et droits,* de 13-18 mm. Localisée et sporadique sur sols sableux dunaires fixés et au sommet des falaises. ES, MA, PT. *Anthyllis hamosa* (Syn. *Hymenocarpos hamosa*) est très semblable, mais *fleurs plus nombreuses (jusqu'à 12-25) par tête* ; calice courbé. ES, MA, PT. *Anthyllis cornicina* (Syn. *Hymenocarpos cornicina*) ressemble à l'espèce précédente, mais possède un *calice ovoïde (non tubuleux) et un fruit restant inséré à l'intérieur du calice.* ES, MA, PT.

1

2

3

Coronilla CORONILLE

Sous-arbrisseaux glabres à feuilles divisées-pennées (rarement trifoliolées). Fleurs à 10 étamines, dont 9 soudées en tube et 1 libre. Fruits sous forme de gousses cylindriques.

A. Sous-arbrisseaux diffus dépassant normalement 1 m

Coronilla glauca (Syn. *C. valentina*) CORONILLE GLAUQUE. *Sous-arbrisseau vert glauque* atteignant 1,5 m de haut, à feuilles imparipennées à (généralement) 2-3 paires de folioles échancrées, elliptiques, non charnues, *courtement pétiolulées*. Fleurs de 8,5-12(14) mm, par 4-8(13) en ombelles latérales, jaunes, *très parfumées* ; calice en cloche. Fruits de 9-40(65) mm de long, à 1-4(10) articles renflés. Commun sur les sommets de falaises broussailleux. Dans toute la zone. *Coronilla valentina* (un nom parfois encore utilisé pour *C. glauca*) a été séparé sur la base de ses feuilles à 4-6 paires de folioles et ses stipules cordées. DZ, FR (Corse), IT (Sardaigne, Sicile), MA, TN. *Coronilla minima* ressemble à *C. glauca*, mais plante plus petite avec des feuilles à 2-4 paires de *folioles sessiles* et à marges membraneuses. Subsp. *minima* possède des rameaux étalés. Subsp. *lotoides* est dressée ou ascendante. ES, FR, IT, MA, PT.

Coronilla juncea CORONILLE À TIGE DE JONC. Sous-arbrisseau glabre atteignant 2 m de haut, à *tiges jonciformes* à longs entre-nœuds et feuilles éparses, celles-ci à 2-3 paires de folioles arrondies ou elliptiques, *charnues*, rapidement caduques. Fleurs jaunes de 8-12 mm, par 5-11(24) en ombelles très longuement pédonculées. Maquis, coteaux. Dans toute la zone sauf sur certaines îles.

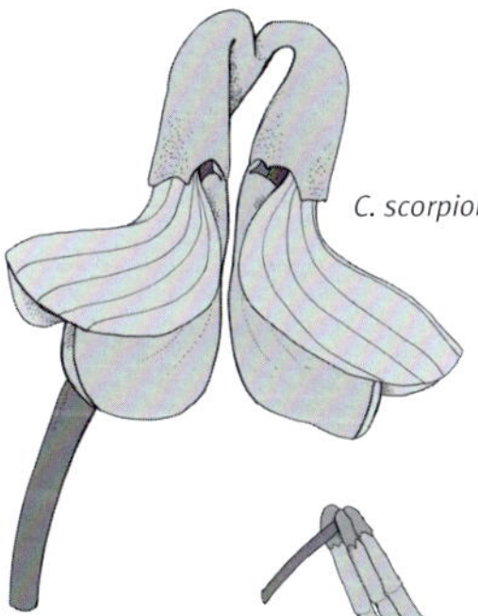
C. scorpioides (fleurs)

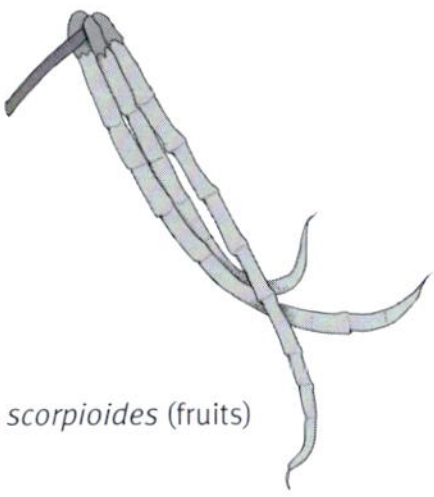
C. scorpioides (fruits)

B. Plantes essentiellement herbacées, à port souvent lâche, mesurant en principe < 50 cm

Coronilla scorpioides CORONILLE SCORPION. Plante *annuelle* prostrée à subdressée, courte, glabre et glauque, *lâche*, atteignant 40(55) cm. Feuilles inférieures simples ou trifoliolées, à foliole terminale elliptique à arrondie, *beaucoup plus grande* que les latérales ; *feuilles supérieures simples ou trifoliolées*. Fleurs jaunes, souvent veinées de brunâtre, de 3-8 mm de long, par 2-5 en têtes longuement pédonculées. Fruits *longs et cylindriques*, arqués, striés, de 18-75 mm, à 2-11 articles. Milieux secs et ouverts ; localement commune. *Coronilla repanda* ressemble à *C. scorpioides*, mais *feuilles supérieures imparipennées (à 2-4 paires de folioles, avec 1 foliole terminale)* et fleurs devenant rougeâtres à la dessiccation ; fruits *arqués*, à plusieurs articles. Littoral. Dans toute la zone.

Coronilla vaginalis CORONILLE ENGAINÉE. Plante vivace à souche ligneuse ou sous-arbrisseau étalé, vert glauque, de 10-25(50) cm, à feuilles divisées-pennées avec des folioles charnues courtement pétiolulées et de *grandes stipules ovales finissant par devenir papyracées*. Fleurs jaunes, en ombelles longuement pédonculées. Fruits de 20-30 mm, très grêles, à 3-6(8) étranglements. FR, IT.

1. *Anthyllis lotoides*
2. *Anthyllis cytisoides*
3. *Anthyllis vulneraria*

1. *Coronilla scorpioides*
2. *Coronilla glauca*
3. *Coronilla juncea*
4. *Coronilla vaginalis* (fruits ; encart : fleurs)
5. *Securigera varia*
6. *Hippocrepis comosa*
7. *Hippocrepis multisiliquosa*
8. *Hippocrepis emerus*
9. *Hippocrepis biflora*

Securigera

Plantes herbacées vivaces à tiges sillonnées ou côtelées. Fleurs à 10 étamines, dont 9 soudées en tube et 1 libre. Fruits droits ou légèrement arqués, cylindriques, à 3-8(12) articles, à peine étranglés entre les graines ou non étranglés.

Securigera varia (Syn. *Coronilla varia*) CORONILLE BIGARRÉE. Plante vivace à port étalé-diffus, formant souvent des nappes, très feuillée, atteignant 1,2 m. Feuilles imparipennées à 7-12 paires de folioles elliptiques à oblongues, à marges étroitement membraneuses. *Fleurs blanches et/ou roses* (rarement pourpres), de 8-15 mm de long, en *têtes globuleuses* longuement pédonculées. Fruit de 20-60(80) mm de long, à 3-8(12) articles. Lieux herbeux. Dans toute la zone, sauf sur la plupart des îles.

Hippocrepis

Plantes herbacées vivaces à feuilles divisées-pennées. Fleurs en ombelles axillaires ; 10 étamines, dont 9 soudées en tube et 1 libre, au moins partiellement. Fruits divisés en articles monospermes, *en forme de fer à cheval*, fortement comprimés.

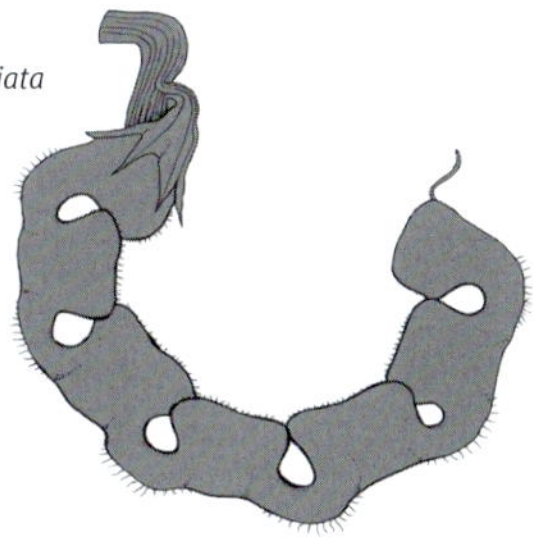

A. Plante annuelle

Hippocrepis ciliata. Plante annuelle grêle de 25(35) cm, à feuilles imparipennées à 3-6 paires de folioles linéaires à ovales. Fleurs par 2-6 en ombelle dont le pédoncule *égale* la feuille adjacente ; corolle jaune, de 2-4,5 mm de long. Fruits de 15-30(40) mm, comprimés, arqués vers le haut (formant parfois un cercle complet), à articles très marqués, ciliés d'un côté ; *papilleux du côté concave*. Sols sableux littoraux, coteaux secs et pinèdes ; locale dans toute la zone.

Hippocrepis biflora (Syn. *H. unisiliquosa*). Plante annuelle étalée atteignant 25 cm, à feuilles imparipennées à 4-6 paires de folioles oblongues, échancrées, et fleurs de 5-8 mm, presque sessiles, naissant à l'aisselle des feuilles supérieures, en inflorescences étalées (non dressées). Fruit très original : de 10-35(40) mm de long, légèrement arqué et à 7-10 constrictions en forme de fer à cheval. Lieux secs et rocailleux. *Hippocrepis salzmannii* est semblable, mais avec des inflorescences *longuement pédonculées* (notamment à la fructification : de 50-80 mm). Sols sableux littoraux dans le sud de l'Espagne et le nord-ouest de l'Afrique. ES, MA. ***Hippocrepis multisiliquosa*** ressemble à *H. biflora*, mais plante variable, à grandes fleurs de 4,5-7 mm de long, solitaires ou groupées par 3-6 ; fruits *arqués vers le bas* (formant parfois un cercle complet), glabres mais *papilleux du côté convexe*. Mêmes habitats. Probablement dans toute la zone.

B. Plante herbacée vivace ou arbrisseau

Hippocrepis comosa HIPPOCRÉPIDE À TOUPET. Plante vivace étalée, quasiment glabre, de 30(50) cm, à feuilles imparipennées à 7-25(31) folioles jusqu'à 8 mm de long ; fleurs jaunes de 5-10(14) mm, groupées par 4-8(12) en ombelles terminales denses et globuleuses, longuement pédonculées ; onglet des pétales dépassant le calice velu. Fruits étalés, de 10-30 mm de long, à 3-6(7) articles en fer à cheval, lisses ou à minuscules papilles. Pâturages secs, lieux herbeux. ES, FR, IT. ***Hippocrepis emerus*** (Syn. *Coronilla emerus*, *Emerus major*) est un *arbrisseau ligneux atteignant 2 m*, à feuilles imparipennées à 2-4 paires de folioles. Fleurs jaunes, groupées par 2-4(5), de 14-21 mm de long. Fruits à 3-12 articles, de 5-11 cm de long. Bois et fourrés ; rare ou absent de la majeure partie du Sud. ES, FR, IT, TN.

Scorpiurus

Plantes herbacées annuelles à feuilles simples et alternes. Fleurs jaunes ; 10 étamines, dont 9 soudées et 1 libre. Fruits fortement arqués, tuberculeux ou épineux. Certains auteurs reconnaissent de nombreux taxons, mais la plupart appartiennent probablement aux deux espèces décrites ci-dessous.

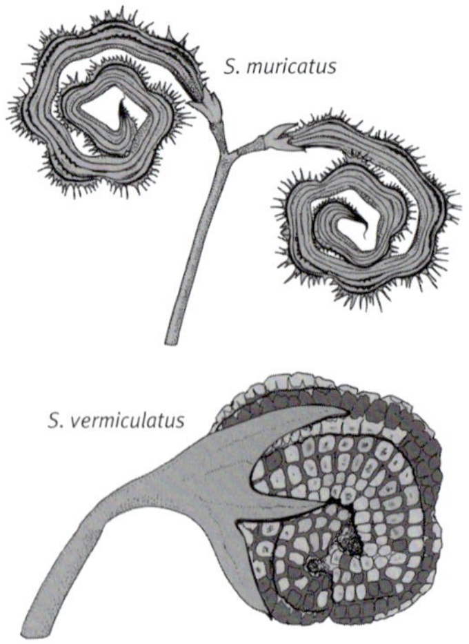

Scorpiurus muricatus. Plante annuelle couchée-étalée, velue ou glabre, atteignant 60 cm, à feuilles simples, elliptiques et entières, avec 3 nervures saillantes ; feuilles supérieures courtement pétiolées ou sessiles. Fleurs jaunes, parfois lavées de rouge, de 9-13 mm de long, groupées par 1-5 sur des pédoncules allongés ; *calice à tube plus court que ses dents* (dents de 2-2,5 mm). Fruits jusqu'à 50 mm de long, enroulés et tordus (paraissant de ce fait petits), plus ou moins couverts de poils courts et robustes. Lieux secs, rocailleux ou sableux ; commune dans toute la zone. Dans le sud-ouest de la zone, des formes à *dents inférieures du calice plus courtes que le tube* (dents de 1,5-2,5 mm) sont reconnues par certains auteurs sous le nom de *S. sulcatus*. ***Scorpiurus vermiculatus*** est semblable, mais à fleurs solitaires (rarement par 2-3), de 11-14 mm de long ; fruits renflés, de 5-7 mm de large, *à poils remplacés par des tubercules*. Mêmes habitats. Dans toute la zone.

1

2

3

4

5

Hedysarum SAINFOIN

Plantes herbacées annuelles à feuilles divisées-pennées. Fleurs en grappes axillaires denses ; 10 étamines, dont 9 soudées et 1 libre. Fruits larges, comprimés, étranglés entre les graines.

H. coronarium

Hedysarum coronarium SAINFOIN D'ESPAGNE. Plante vivace robuste, assez velue, atteignant 1 m. Feuilles imparipennées à 3-5 paires de folioles elliptiques à arrondies, pubescentes en dessous, non dentées. Fleurs *magenta*, de 15-18(20) mm de long, jusqu'à 30(50) en grosses grappes denses et voyantes, longuement pédonculées. Fruits à 4 articles épineux au plus, glabres, de 4-6 mm. Cultivée comme plante fourragère et naturalisée dans les jachères ou sur sols perturbés. Disséminée dans toute la zone ; plus commune vers l'est.

Hedysarum spinosissimum HÉDYSARUM ÉPINEUX. Plante annuelle basse ou modeste, plus ou moins velue, de 20(35) cm au plus, à feuilles avec 5-8 paires de folioles elliptiques. Fleurs de 7,5-11,5 mm, blanchâtres, lavées et veinées de magenta, par 1-6(8) en grappes denses et longuement pédonculées. Fruits à 2-4 articles, chacun de 5,5-11 mm de long, *plats et velus, hérissés d'épines crochues violacées*. ES, FR. **Hedysarum glomeratum** (Syn. *H. spinosissimum* subsp. *capitatum*), parfois considérée comme une sous-espèce, possède des folioles ovales, des fleurs pourpre rosé vif de 14-18 mm, groupées en *petites grappes* de 6-11, avec la corolle beaucoup plus longue que le calice. Fruits à épines violacées, *crochues*, avec 2-4 articles de 5,5-10 mm chacun. Lieux sableux secs, pinèdes. Localement commune sur les falaises maritimes. Dans toute la zone. *Hedysarum flexuosum* est semblable, mais feuilles à *1-3(5) paires de folioles*, la foliole terminale plus grande ; *plus petites* fleurs, de 9-11(12) mm de long, rosées ou pourprées. Fruits à 2-4 articles, chacun de 4-5 mm de long. Milieux littoraux. Péninsule Ibérique et Afrique du Nord. DZ, ES, MA, PT.

H. glomeratum

Onobrychis SAINFOIN

Plantes herbacées à feuilles divisées-pennées. Fleurs à 10 étamines, dont 9 en tube et 1 libre. Fruits durs et indéhiscents, à surface souvent irrégulière et alvéolée.

Onobrychis viciifolia SAINFOIN À FEUILLES DE VESCE. Plante vivace dressée de 60(80) cm, à feuilles imparipennées avec 13-29 folioles linéaires couvertes en dessous de poils appliqués. Fleurs rose vif veiné de sombre, jusqu'à 50 en têtes allongées et denses. Fruits de 5-8 mm, alvéolés et munis de courtes épines. Largement cultivée et naturalisée dans toute la zone.

1. *Scorpiurus muricatus* (fruits)
2. *Scorpiurus muricatus*
3. *Scorpiurus vermiculatus* (fruit)
4. *Hedysarum glomeratum*
5. *Hedysarum coronarium*

Polygala major. Plante vivace ligneuse à la base atteignant 30 cm, à épis terminaux dressés et denses de *grandes* fleurs pourpre rosé (rarement bleues ou blanches) *2 fois plus longues que les bractées et les pédicelles floraux* ; sépales internes jusqu'à 12 mm de long, à 3-7 nervures anastomosées aux bords, plus courts que les pétales. Fruits longuement pédonculés. Lieux herbeux en altitude ; plante orientale atteignant l'Italie. IT.

Polygala preslii. Plante vivace étalée-diffuse, assez velue, à feuilles linéaires-lancéolées dont les marges sont denticulées. Fleurs généralement blanches, lavées de pourpre, à sépales internes rouge corail, jusqu'à 9 mm de long ; bractées florales aussi longues que les pédicelles floraux (les deux plutôt courts). IT. **Polygala sardoa** est semblable, mais plus petite et glabre, *à sépales internes ne dépassant pas 7 mm de long*. IT (Sardaigne).

E. Arbustes à rameaux ligneux

Polygala myrtifolia. Arbuste dressé atteignant 2 m de haut (souvent moins), à feuilles oblongues, obtuses et plus larges au-dessus de leur milieu. *Grandes fleurs voyantes pourpre rosé vif*, jusqu'à 20 mm de long, en grappes courtes ; sépales internes légèrement plus longs que les pétales. Originaire d'Afrique du Sud, largement planté (dans toute la zone), parfois naturalisé. FR (dont Corse), IT (Sicile), MT.

ULMACEAE | ULMACÉES

Arbres à feuilles caduques, simples et dentées, en général à base asymétrique. Fleurs en petits fascicules axillaires, hermaphrodites ou mâles, régulières, peu visibles ; périanthe en cloche, à 4-5 lobes ; 4-5 étamines ; 2 styles. Fruits sous forme d'akènes ailés, échancrés au sommet.

Ulmus ORME

Les feuilles à base asymétrique ainsi que les fleurs et les fruits particuliers sont caractéristiques. C'est un genre délicat dans les régions tempérées.

Ulmus canescens. Arbre caducifolié atteignant 20 m à écorce grisâtre et branches grêles, blanches-tomenteuses. Feuilles alternes, ovales-elliptiques, à dents obtuses, velues-grisâtres en dessous. Fascicules floraux apparaissant avant les feuilles ; étamines violacées. Akènes bruns largement ailés, de 15 mm, échancrés au sommet. Gorges rocheuses, ravins ; peu commun. IT (sud et Sicile), MT.

Celtis

Arbres caducifoliés. Fleurs mâles ou hermaphrodites ; périanthe à 5 divisions ; 5 étamines. Fruits sous forme de drupes.

Celtis australis MICOCOULIER DE PROVENCE. Arbre caducifolié atteignant 25(30) m de haut, à écorce grise et lisse ; feuilles simples et alternes, rudes, longuement aiguës et régulièrement dentées, de 4-15 cm de long ; petites fleurs vertes, solitaires (parfois par 2-3), hermaphrodites, dépourvues de pétales. Fruits sous forme de petites drupes noirâtres ressemblant à une baie, de 8,5-12 mm, en groupes pendants. Planté dans toute la zone. *Celtis tournefortii* est semblable, mais plus petit, pas plus de 6 m de haut, à feuilles ovales ou rhomboïdales avec des dents obtuses, *velues en dessous*. IT (Sicile).

ROSACEAE | ROSACÉES

Plantes herbacées annuelles ou vivaces, arbrisseaux, arbustes ou arbres. Feuilles alternes, simples ou composées, munies de stipules (souvent caduques). Fleurs à 4(5-10) sépales et (0)4-16 pétales ; étamines généralement 2-4 fois plus nombreuses ; 1 à nombreux carpelles. Fruits très variables : akènes, drupes, follicules ou capsules.

Rosa ROSIER

Arbustes et arbrisseaux épineux, en général caducifoliés, à feuilles divisées-pennées, dentées et stipulées. Fleurs terminales, généralement à 5 sépales et pétales ; étamines nombreuses ; styles séparés ou soudés en colonne. Fruit : des akènes renfermés dans une structure charnue (souvent comestible) nommée *cynorrhodon*. Toutes les espèces ne sont pas décrites ici ; beaucoup sont absentes des zones chaudes et arides.

A. Styles soudés en colonne ; sépales externes entiers

Rosa sempervirens. Vigoureux arbuste sempervirent rampant ou grimpant atteignant 5 m, à tiges munies d'aiguillons épars, courbés. Feuilles coriaces, glabres, vert sombre et luisantes ; 5-7 folioles ovales, à dents aiguës (18-29 dents). Fleurs blanches, de 25-60 mm de diamètre, à sépales *entiers* et rapidement caducs ; *styles soudés en colonne glabre*. Cynorrhodon rouge et arrondi à ovoïde, jusqu'à 10 mm de long. Fourrés et bois clairs. Absent de l'Extrême-Sud. ES, FR, IT, PT.

---

1. *Polygala monspeliaca*
2. *Polygala vulgaris*
3. *Polygala myrtifolia*
4. *Celtis australis*
5. *Rosa sempervirens*
6. *Rosa canina*

B. Styles libres ; sépales externes lobés

Rosa pouzinii. Arbrisseau lâche de 0,5-2(3) m, à tiges munies d'aiguillons. Folioles *glabres* ; pétiole un peu glanduleux. Fleurs rose pâle, parfois blanches, à 5 pétales, *sépales lobés*, nombreuses étamines jaunes et *styles glabres* ; *pédicelles floraux très glanduleux*. Cynorrhodons rouges et ovoïdes, de 12-19 mm de long. Uniquement dans le Sud-Ouest ; fréquent dans l'Algarve. ES, MA, PT. *Rosa micrantha*, semblable, a des tiges arquées, des feuilles velues dessous, des *styles glabres ou à poils épars* et des *sépales réfléchis, glanduleux*, rapidement caducs. ES, FR, MA. *Rosa sicula*, semblable à *R. micrantha*, possède des aiguillons égaux et minces (d'une seule sorte), des feuilles sans poils mais glanduleuses, au moins sur les nervures, des fleurs *à styles densément velus* et des sépales dressés ou étalés, à lobes courts. Répandu mais local dans toute la zone. *Rosa seraphinii* ressemble à *R. sicula*, mais *aiguillons crochus* et feuilles luisantes et entièrement glabres ; sépales réfléchis. FR (Corse), IT (dont Sardaigne et Sicile). *Rosa spinosissima* (Syn. *R. pimpinellifolia*) ROSIER PIMPRENELLE. Arbrisseau peu élevé à souche traçante, formant des massifs et ne dépassant pas 0,5(1) m de haut. Tiges principales à *nombreux aiguillons droits* (plus courts et moins nombreux sur les rameaux florifères). Feuilles à 7-9(11) folioles ovales, jusqu'à 15 mm de long. Fleurs *solitaires* blanc crème, de 30-40 mm de large, à sépales dressés, sans bractée. Petits cynorrhodons *pourpre noirâtre* à maturité. Fourrés, broussailles. Probablement dans toute la zone.

Rosa canina ROSIER DES CHIENS. Arbrisseau lâche de 3(4) m, à tiges arquées, munies de *forts aiguillons courbés* plus longs que leur largeur à la base. Feuilles à 5-7 folioles atteignant 40 mm de long, glabres. Fleurs par 1-4, de 30-50 mm de large, roses ou blanches, *à pédicelles glabres* ; sépales à lobes latéraux saillants, étroits et généralement entiers. Cynorrhodons rouges et glabres, dépourvus de sépales à maturité. Lieux herbeux, le plus souvent en altitude. ES, FR, IT, MA.

Poterium PIMPRENELLE

Plantes herbacées à feuilles divisées-pennées. Fleurs peu visibles, densément groupées en têtes sphériques terminales, unisexuées et hermaphrodites mélangées ; pétales absents ; 0-50 étamines. Fruit : 1-3 akènes. L'analyse génétique a confirmé que ce genre était distinct des *Sanguisorba*.

P. sanguisorba

Poterium sanguisorba (Syn. *Sanguisorba minor*) PETITE PIMPRENELLE. Plante vivace variable (nombreuses formes décrites), grisâtre, à tiges densément velues, de 20-70(80) cm de haut. Feuilles groupées en rosette basale, imparipennées, à 9-12(25) paires de folioles elliptiques, dentées. Minuscules fleurs groupées en têtes ovoïdes (de 6-15 mm) à fleurs supérieures femelles, avec des styles rougeâtres ; fleurs inférieures mâles, à anthères jaunes ; sépales vert vif ; pétales absents. Fruit enclos dans un réceptacle orné de bourrelets. Lieux herbeux et friches de presque toute la zone ; très commune. Subsp. *sanguisorba* (Syn. *Sanguisorba minor* subsp. *minor*) est la forme la plus répandue ; bourrelets du réceptacle fructifère ne formant pas des ailes. ES, FR, IT, MA, PT. Subsp. *balearicum* (Syn. *Sanguisorba minor* subsp. *balearica*) possède des bourrelets transformés en ailes. Disséminée dans toute la zone. ES, FR, IT, MA, PT. ***Poterium verrucosum*** (Syn. *Sanguisorba minor* subsp. *verrucosa*), reconnue désormais comme une espèce distincte, diffère par son réceptacle fructifère orné de grosses verrues confluant parfois en crêtes. ES, FR, IT, MA, PT.

Sarcopoterium

Comme *Poterium*, mais *sous-arbrisseau à rameaux épineux enchevêtrés.*

Sarcopoterium spinosum PIMPRENELLE ÉPINEUSE. Sous-arbrisseau bas formant *un dôme arrondi intriqué-épineux, à tiges zigzagantes, grises et nues.* Feuilles divisées-pennées à 4-7 paires de folioles, tombant précocement en été. Fleurs unisexuées, en têtes denses. Fruits rouges, ressemblant à des baies. IT (dont Sardaigne et Sicile).

Potentilla POTENTILLE

Plantes herbacées ou sous-arbrisseaux à feuilles lobées ou divisées-pennées. Fleurs à (4)5(6) pétales ; styles plumeux à la fructification ; (5)10 étamines. Fruits sous forme de têtes d'akènes. C'est un genre important, mais avec peu d'espèces communes dans le milieu méditerranéen.

Potentilla reptans POTENTILLE RAMPANTE. Plante *vivace rampante* à rosette centrale émettant des tiges florifères atteignant 1 m de long et s'enracinant aux nœuds ; feuilles glabres longuement pétiolées à 5(7) folioles ; stipules foliacées et entières. Fleurs jaunes solitaires à l'aisselle des feuilles, de 15-25 mm de large, à 5 pétales échancrés ; pétales 2 fois plus longs que le calice. Lieux herbeux humides en altitude ; plus ou moins partout, mais absente des régions chaudes et arides. Dans toute la zone.

Potentilla hirta. Plante vivace médiocre à élevée, *velue, buissonnante*, à tiges de 15-45 cm de haut. Feuilles palmatilobées, avec 3-8 folioles linéaires à dents ou lobes obtus, longuement velues. Fleurs jaune vif, jusqu'à 24 mm de large, à 5 pétales et 5 sépales, par 10-30 en cymes lâches. Lieux rocailleux ou sableux ; absente de l'Extrême-Sud et Ouest. ES, FR, IT.

1. *Poterium verrucosum*
2. *Sarcopoterium spinosum*
3. *Potentilla reptans*
4. *Rubus ulmifolius*
5. *Rubus ulmifolius* (face inférieure des feuilles)

Rubus RONCE

Genre complexe de plantes lianoïdes ligneuses et sarmenteuses. Fleurs à 5(8) sépales et 5(10) pétales ; nombreuses étamines. Fruits sous forme de têtes de petites drupes à 1 graine. De nombreuses espèces affines existent, difficiles à identifier sur le terrain ; seules les plus communes sont décrites.

Rubus ulmifolius. Ronce vivace typique à robustes tiges épineuses, arquées ou prostrées, anguleuses et sillonnées ; velue ou glabre. Feuilles souvent petites, à 3(5) folioles, *d'aspect coriace et vert foncé sur le dessus, à courte pilosité blanchâtre dessous*, de forme ovale et variablement dentées. Inflorescence assez étroitement pyramidale, feuillée à sa base, garnie d'aiguillons ; sépales réfléchis après la floraison, velus-blanchâtres ; pétales de 9-14 mm de long, chiffonnés, rose assez sombre (rarement blancs), et étamines *égalant ou dépassant à peine* les styles. Fruits noir luisant (la mûre bien connue). Fourrés et broussailles. Dans toute la zone. *Rubus sanctus*, très proche mais de répartition plus orientale, est caractérisée par les nombreux poils étoilés de la nervure centrale de ses feuilles ; foliole terminale arrondie et brusquement terminée en pointe courte. IT.

Crataegus AUBÉPINE

C. monogyna

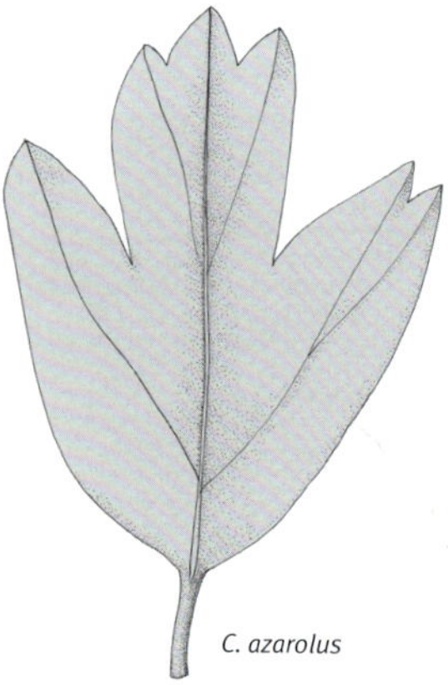

C. azarolus

Arbres et arbustes épineux à feuilles lobées ou dentées. Fleurs en corymbes ; (5)10-20 étamines ; 1-5 carpelles. Fruits sous forme de baies.

Crataegus monogyna AUBÉPINE À UN STYLE. Arbuste ou petit arbre épineux atteignant 10(15) m, à cime en couronne dense. Épines de 10-25 mm, feuilles ovales ou en coin, à (3)5-7 lobes, plus sombres dessus, avec des *lobes basaux à marge entière* (rarement à 1-2 dents). Fleurs blanches, de 8-15 mm, en corymbes ; *1 style*. Fruits sous forme de baies rouge vif de 8-10(13) mm. Fourrés, haies, bord des routes ; commun dans toute la zone. Les formes à lobes basaux des feuilles avec 1-8 petites dents et fleurs à 1 style ont été distinguées par certains auteurs comme *C. granatensis*. DZ, ES (sud-est), MA.

Crataegus azarolus AZAROLIER. Arbre caducifolié atteignant 10 m de haut et formant une cime dense ; jeunes pousses cotonneuses-blanchâtres, devenant noirâtres ensuite, peu épineuses. Feuilles glabres ou presque, ovales, à 1-2 paires de lobes latéraux, les inférieurs découpés sur 50-60 % de la largeur du limbe. Fleurs blanches, jusqu'à 20 mm de large, en corymbes denses *à pédicelles velus* ; 2-3 styles. Fruits subglobuleux, rouge orangé ou jaunes, atteignant 25 mm de long. Fourrés et boisements variés. Disséminé vers l'est depuis l'Espagne. DZ, ES, FR, IT. *Crataegus laevigata* ressemble à l'espèce précédente, mais branches moins raides, moins épineuses, pédicelles floraux glabres et feuilles normalement à 3 lobes peu profonds et *nombreuses (jusqu'à 13) petites dents* sur les marges des lobes inférieurs. 2-3 styles. IT (Sicile).

Pyracantha PYRACANTHA

Arbres et arbustes épineux. Nombreuses fleurs groupées en corymbes ; 5 pétales ; ~ 20 étamines ; 5 carpelles. Fruits sous forme de baies.

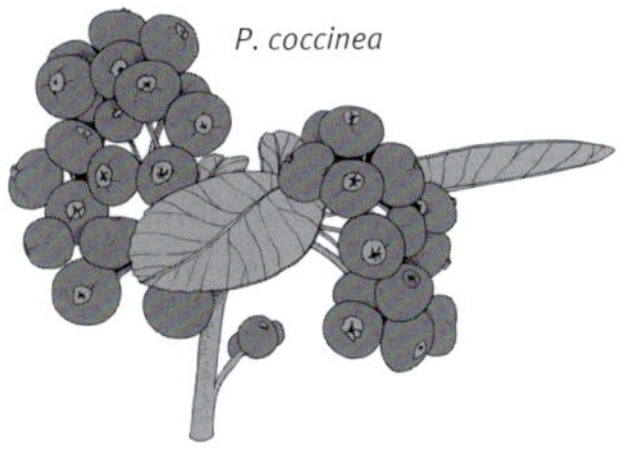

P. coccinea

Pyracantha coccinea BUISSON-ARDENT. Petit arbuste très dense et épineux atteignant 2(6) m. Feuilles de 20-70 mm, elliptiques, vert foncé, bordées de dents obtuses, plus ou moins glabres, ou velues en dessous dans leur jeunesse, à pétiole pubescent. Fleurs blanc crème, de 8 mm de large ; 20 étamines ; 5 styles. Baies orange ou rouges à petit calice persistant. Communément cultivé en haies. Dans toute la zone.

Prunus PRUNIER

Arbres ou arbustes, caducifoliés ou sempervirents, épineux ou non, à grandes feuilles simples. Fleurs solitaires ou en grappes ; 5 sépales et pétales ; 15-30 étamines ; 1 carpelle. Drupes souvent comestibles.

A. Fleurs groupées par 1-3 ; fruit ressemblant à une prune typique, pruineux

P. domestica

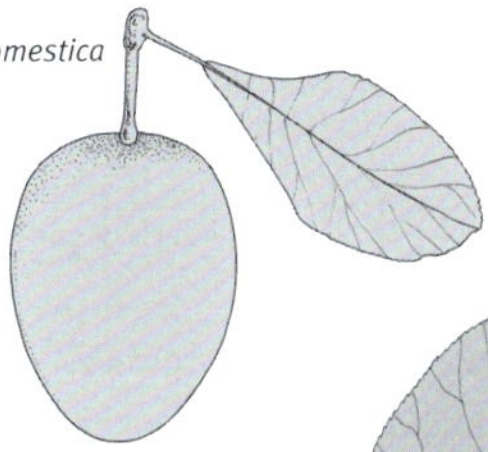

P. cerasifera (fruit)

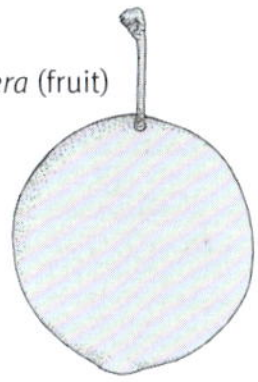

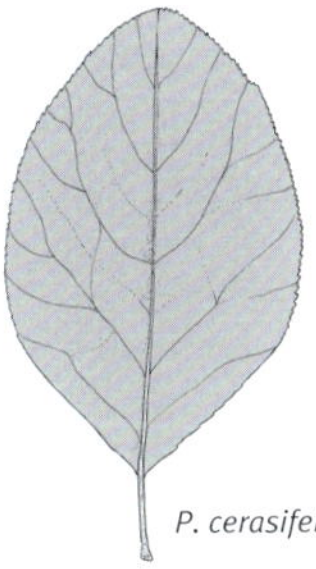

P. cerasifera

Prunus domestica PRUNIER. Arbuste ou arbre de 8(12) m à écorce brun terne et branches épineuses chez les populations naturalisées ; *jeunes rameaux brun mat ou gris*. Feuilles de 30-80 mm, *vert mat, pubescentes au moins dans leur jeunesse*. Fleurs blanches, contemporaines des feuilles ; pétales de 7-12 mm. Fruits sous forme de drupes arrondies et pendantes, bleu-noir, rouges, vertes ou jaunes, de 20-60 mm de diamètre (prune). Largement planté dans toute la zone. ***Prunus cerasifera*** MIRABELLIER, semblable, est un arbre ou arbuste jusqu'à 8 m de haut, à feuilles *luisantes et glabres*, à marges nettement ondulées ou dentées avec les dents pointant vers l'avant ; *jeunes rameaux verts, luisants et glabres*. Fleurs blanches (ou roses), solitaires pour la plupart, apparaissant en même temps ou avant que les feuilles. Fruits sous forme de drupes arrondies, rouges ou jaunes, de 20-30 mm de diamètre. Planté dans toute la zone. ***Prunus prostrata*** CERISIER PROSTRÉ. *Petit arbuste étalé* à port couché. Fleurs rose vif, la plupart solitaires. Fruits sous forme de petites drupes rouges ne dépassant pas 8 mm de diamètre. Absent de nombreuses régions. DZ, ES, IT, MA, TN.

1. *Crataegus monogyna*
2. *Crataegus azarolus*
3. *Prunus persica*

P. persica

B. Fleurs groupées par 1-3 ; fruit ressemblant à une pêche typique, densément velu

Prunus persica PÊCHER. Petit arbre atteignant 6 m, aux gros fruits arrondis bien connus, *veloutés* (mais glabres chez var. *nucipersica*, la nectarine), jaunes, orange ou rouges ; fleurs solitaires restant *rose vif* ; pétales de 10-20 mm. Cultivé pour ses pêches dans toute la zone. *Prunus armeniaca* possède des feuilles plus larges, presque arrondies, à pétiole jusqu'à 40 mm de long et des fleurs toujours *blanc rosé* ; cultivé pour ses abricots dans toute la zone.

Prunus dulcis AMANDIER. Arbuste ou petit arbre caducifolié atteignant 8 m de haut, très rameux, épineux. Feuilles oblongues-lancéolées, glabres et dentées, de 4-12 cm. Fleurs apparaissant avant les feuilles, roses dans le bouton, virant au blanc, par 2 ; pétales de 15-20 mm. Fruits ovoïdes et comprimés latéralement, vert-gris à jaunes, veloutés, devenant secs avant de s'ouvrir, de 35-46(50) mm. Très communément planté, apparaît souvent dans le maquis comme relique de culture. Dans toute la zone. ***Prunus webbii*** est semblable, mais branches plus étalées, feuilles et fleurs plus petites et fruits moins pubescents, *à peine comprimés*. Espèce de Méditerranée orientale. IT (dont Sicile).

C. Fleurs nombreuses, en grappes allongées

Prunus lusitanica LAURIER DU PORTUGAL. Arbuste sempervirent touffu atteignant 12 m de haut, à feuilles coriaces, *vert luisant*, elliptiques-ovales, de 6-13 cm de long, à jeune pétiole rouge profond ; nombreuses fleurs blanchâtres groupées en *longues* grappes dressées qui dépassent les feuilles. Fruits ovoïdes, noir violacé à maturité, de 8-10 mm. Originaire de la péninsule Ibérique, planté ailleurs. ES, PT. ***Prunus laurocerasus*** est semblable, mais à branches et pétioles vert pâle, feuilles d'un vert plus clair, de 5-15 cm de long ; grappes dépassant à peine (ou non) la feuille adjacente. Fruits de 10-12 mm. Largement planté dans les villes dans toute la zone.

1. *Prunus laurocerasus*
2. *Prunus dulcis*
3. *Prunus webbii*
   PHOTOGRAPHIE : GIANNIANTONIO DOMINA
4. *Cydonia oblonga*
5. *Eriobotrya japonica*

Cydonia COGNASSIER

Petits arbres caducifoliés non épineux à feuilles simples. Fleurs solitaires ; 15-25 étamines ; 5 carpelles. Fruits durs, ressemblant à des poires.

Cydonia oblonga COGNASSIER. Arbuste ou petit arbre atteignant 3(6) m à jeunes pousses velues, devenant glabres. Feuilles ovales et entières, pubescentes-grisâtres dessous. Fleurs jusqu'à 40-50 mm de large, sur des pédicelles courts et velus ; pétales roses, plus longs que les sépales. Fruits jaunes jusqu'à 12 cm, à nombreuses graines, parfumés (coings). Cultivé et persistant dans les terrains abandonnés de toute la zone.

Pyrus POIRIER

Petits arbres caducifoliés à branches épineuses et feuilles simples. Fleurs en corymbes ; 20-30 étamines ; 2-5 carpelles. Gros fruits charnus, à aspect typique de poires.

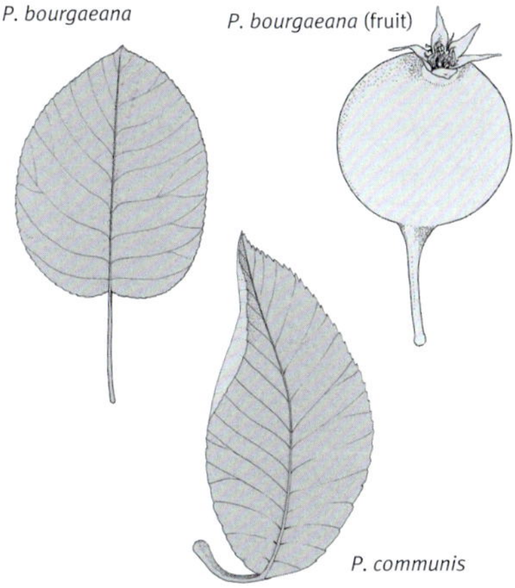

Pyrus bourgaeana. Arbre jusqu'à 10 m de haut, à cime aérée et branches inférieures épineuses. Branches grises et robustes. Feuilles de 25-46 mm de long, ovales ou cordées, épaisses, *glabres à l'état adulte, à marges ondulées-dentées*, à long pétiole grêle de 13-40 mm. Fleurs blanches à pétales assez longs, de 8-12 mm, dépassant les sépales. Fruits de 18-32 mm de large, en forme de figues, jaune verdâtre mat, devenant bruns. Bord des rivières et des cours d'eau temporaires, local. ES, MA, PT. *Pyrus communis*, très semblable, s'en distingue par *ses feuilles non dentées et velues aux bords*, et ses fleurs plus grandes (pétales de 13-15 mm). Les fruits sont la poire cultivée, de 50-60 mm de large (seulement 9-27 mm chez les populations sauvages). Largement cultivé dans toute la zone.

Malus POMMIER

Arbres à feuilles simples et dentées, caduques. Fleurs en corymbes ; 15-50 étamines ; 3-5 carpelles. Gros fruits charnus, à aspect typique de pomme.

Malus pumila POMMIER COMMUN. Arbre atteignant 10(20) m à feuilles jusqu'à 15 cm de long, velues dessous, à pétiole plus court que le limbe. Fleurs blanches (ou rosées), par 4-8 en corymbes ; pétales de 13-29 mm de long. Fruits de 12 cm de diamètre, de couleur variable. Cultivé dans toute la zone ; parfois naturalisé.

Eriobotrya

Petits arbres sempervirents à grandes feuilles coriaces et entières. Fleurs en panicules terminales rameuses ; 5 pétales ; 15-25 étamines ; 5 carpelles. Fruits ressemblant à des prunes.

E. japonica

Eriobotrya japonica NÉFLIER DU JAPON. Petit arbre dense et robuste atteignant 10 m. Jeunes rameaux couverts d'un feutrage de poils brun-rouge. Grandes feuilles elliptiques, de 10-30 cm de long, vert foncé et brillantes dessus, feutrées dessous, à nervures fortes. Fleurs blanches, en panicules terminales de 7-17 cm de long ; pétales de 6-11 mm. Fruits ovoïdes, de 30-60 mm, jaunes à maturité, à 2-3(7) grosses graines de 10-20 mm. Largement cultivé dans toute la zone en guise d'ornement et pour ses fruits comestibles.

RHAMNACEAE | RHAMNACÉES

Arbres ou arbustes à feuilles simples et stipulées. Fleurs à 4-5 sépales et 4-5 pétales petits ou absents, souvent en capuchon au-dessus des 4-5 étamines. Fruits sous forme de baies charnues noires.

Rhamnus

Arbustes sempervirents ou caducifoliés à feuilles alternes ou subopposées, dentées, et bourgeons d'hiver écailleux.

A. Feuilles non ou à peine coriaces ; caduques

Rhamnus pumila. *Arbrisseau prostré non épineux ne dépassant pas 20(40) cm de haut*, à jeunes rameaux velus. Feuilles non distinctement coriaces, alternes, oblongues à elliptiques, de 10-35(70) mm de long, à petites dents éparses, glabres mais à pétiole pubescent de 5-28(40) mm, *caduques*. Fleurs de 3-5 mm de diamètre, en glomérules ; pédicelles floraux jusqu'à 4 mm de long ; calice à 4 lobes triangulaires et glabres. Fruits verts et glabres, de 3-6 mm. Rare ; généralement en montagne. ES, FR, IT. ***Rhamnus saxatilis*** NERPRUN DES ROCHERS est semblable, mais *plus grand*, jusqu'à 1,5(2) m de haut, à épines fortes ; pétiole des feuilles court, 1,5-5(6) mm. Rochers calcaires, garrigues ; fréquent dans le sud de la France. ES, FR.

Rhamnus cathartica NERPRUN PURGATIF. *Arbuste caducifolié de taille moyenne ou petit arbre atteignant 6(8) m, à épines éparses* et bourgeons avec des écailles sombres. Feuilles ovales à elliptiques, de 40-90 mm de long, glabres et finement dentées, à 2-4(5) nervures latérales nettes. Fleurs en glomérules, à 4 sépales et pétales, les mâles et les femelles séparées. Fruits sous forme de baies noirâtres, de 6-10 mm, à 3-4 graines. Bois calcaires, local. DZ, ES, FR, IT, MA.

B. Feuilles épaisses et coriaces ; persistantes

R. alaternus

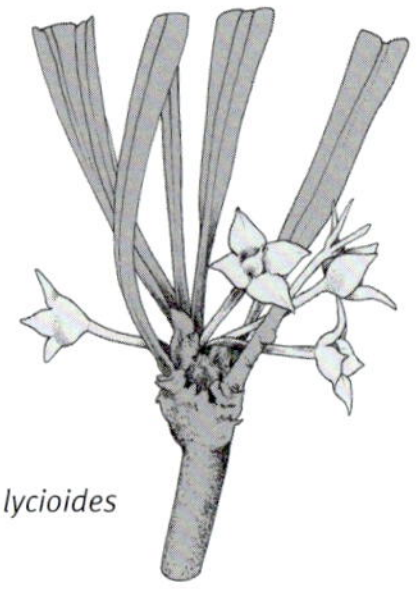

R. lycioides

Rhamnus alaternus NERPRUN ALATERNE. Arbuste sempervirent dressé ressemblant un peu au houx, atteignant 5 m de haut, non épineux et plus ou moins glabre. Feuilles de 10-60 × 10-35 mm, alternes, *coriaces* et vert sombre luisant, dentées à entières, à 3-6 nervures latérales. Fleurs en grappes cylindriques denses, jaunâtres, groupées à l'aisselle des feuilles, à 5 sépales et aucun pétale. Fruits sous forme de baies rouges devenant noires à maturité, de 4-6 mm, à 2-3 graines. Maquis et garrigues, très commun dans toute la zone. Les formes à port *étalé* (non dressé) et feuilles seulement de 5-15(25) mm de long sont décrites comme *R. myrtifolia* par certains auteurs. ES, FR, MA. Rhamnus ludovici-salvatoris ressemble à *R. alaternus*, mais feuilles plus larges, de 4-25 × 2,5-16 mm et à marges épineuses. ES (dont îles Baléares). ***Rhamnus lycioides*** est comme *R. alaternus*, mais à feuilles généralement plus étroites, de 4-40 × 0,5-8 mm ; *épines présentes* et fleurs normalement à *4 divisions* (non 5). Mêmes lieux. Dans toute la zone.

---

1. *Rhamnus saxatilis*
2. *Rhamnus alaternus* (fleurs)
3. *Rhamnus alaternus* (fruits)
4. *Rhamnus lycioides*
5. *Rhamnus lycioides* (fruits)
6. *Ficus carica*
7. *Ficus elastica*
8. *Ficus microcarpa*

MORACEAE | MORACÉES

Grande famille essentiellement tropicale d'arbres incluant le figuier, le mûrier et l'arbre à pain. Petites fleurs discrètes, groupées ; fleurs mâles à 4-5 étamines ; 1-2 styles. Fruits sous forme de masse de drupes entourées par un périanthe charnu.

Ficus FIGUIER

Arbres à feuilles (en général) simples. Fleurs unisexuées, les mâles avec un périanthe à 3 divisions, les femelles à 5 divisions. Fruits succulents (figue).

Ficus carica FIGUIER. Arbre caducifolié de 4-5(10) m à branches grisâtres et grandes feuilles palmatilobées de 35 × 28 cm au maximum. Minuscules fleurs renfermées dans un syncarpe. Le fruit composé est une figue ; en forme de poire, violacée à maturité et comestible, de 50-80 mm. Largement planté et naturalisé sur les coteaux rocailleux et au bord des rivières de la région ; élément constitutif important du maquis ouest-méditerranéen. Dans toute la zone.

Ficus elastica CAOUTCHOUC. Arbre élevé de 30-35 m de haut, à grandes feuilles épaisses et coriaces, vertes ou vert-jaune de 10-35 cm de long. Originaire des tropiques. Communément planté dans les jardins, les parcs ou au bord des routes de la région comme plante ornementale exotique. Dans toute la zone. ***Ficus microcarpa*** FICUS GINSENG. Arbre généralement peu élevé à tronc gris ; feuilles ovales, aiguës, coriaces et vert sombre ; petits fruits brun-jaune. Originaire des tropiques ; planté occasionnellement pour l'ornement dans les secteurs les plus chauds de la région. IT (probablement aussi ailleurs).

URTICACEAE | URTICACÉES

Plantes herbacées annuelles à vivaces à feuilles simples, opposées ou alternes. Fleurs typiquement unisexuées, verdâtres, à périanthe à 4 divisions, sans pétales ; fleurs mâles à 4 étamines ; fleurs femelles à 1 style. Fruits sous forme d'akènes.

Urtica ORTIE

Plantes herbacées annuelles ou vivaces à poils urticants. Monoïques ou dioïques ; fleurs généralement discrètes, en inflorescences axillaires denses et allongées ; périanthe à tépales libres ; 4 étamines.

A. Plantes *vivaces* à inflorescences nettement allongées

Urtica dioica GRANDE ORTIE. Robuste plante vivace rhizomateuse familière, peu rameuse, atteignant 1,5 m de haut, à nombreuses feuilles caulinaires pourvues de poils urticants ; plante d'un vert plutôt *mat*. Feuilles de 25-80 mm de large, ovales, cordées à la base et dentées. Grappes jusqu'à 10 cm de long, allongées, plus longues que les pétioles. Habitats humides et perturbés, lieux herbeux, bois ; absente des zones chaudes et arides, mais très répandue dans toute la zone.

B. Plantes *annuelles* à inflorescences nettement allongées

Urtica membranacea (Syn. *U. dubia*) ORTIE DOUTEUSE. Plante annuelle de taille médiocre à moyenne, vert vif, atteignant 1,5 m. Feuilles de 2-12 cm × 1,5-8 cm, à pétiole aussi long que le limbe. *Longues grappes voyantes*, de 1,5-9 cm de long, souvent courbées ; grappes inférieures femelles plus courtes que les pétioles, les supérieures mâles et dépassant les pétioles, souvent enroulées en crosse. Commune dans les milieux perturbés, les lieux herbeux sur sols riches, souvent sur le littoral. Dans toute la zone.

C. Plantes annuelles ou vivaces à inflorescences globuleuses ou en grappes *non nettement allongées*

Urtica urens PETITE ORTIE. Petite plante annuelle de 10-60 cm, à nombreux poils urticants, sinon quasiment glabre, ressemblant à *U. membranacea*, mais avec des *inflorescences très courtes et étalées, de 20 mm de long au plus*, pas en grappes allongées ; fleurs dirigées vers le haut à la fructification ; fleurs mâles peu nombreuses ; tépales femelles inégaux (les externes plus petits) velus au bord. Friches, cultures. Dans toute la zone.

Urtica bianorii (Syn. *U. atrovirens*). Plante *vivace* moyenne, pubescente, atteignant 1 m, à nombreuses tiges feuillées. Feuilles assez larges, de 20-35 mm de large, lancéolées ou *presque rondes*, profondément dentées en zigzag, garnies sur le dessus de poils renflés à la base. Fleurs en inflorescences axillaires courtes et étalées, *à fleurs mâles et femelles (unisexuées) mêlées* ; tépales femelles pubescents et plus ou moins égaux. Terrains vagues. ES (îles Baléares), FR (Corse), IT (dont Sardaigne).

Urtica pilulifera ORTIE À PILULES. Plante annuelle velue, moyenne à élevée, atteignant 1 m, à feuilles ovales-lancéolées, dentées ou non, de 5-8 cm de large. Fleurs mâles en grappes interrompues de 4-7 cm de long, les femelles sur le même pied *en boules pendant à l'aisselle des feuilles supérieures*, de 5-10 mm. Terrains vagues, abords des bâtiments. Répandue mais locale dans toute la zone.

Parietaria PARIÉTAIRE

Plantes annuelles ou vivaces à feuilles alternes. Fleurs réunies en glomérules à l'aisselle des feuilles, généralement unisexuées ; périanthe à tépales égaux, finissant par enclore le fruit ; 3-4 étamines.

Parietaria judaica PARIÉTAIRE COUCHÉE. Plante vivace basse, *en touffes étalées, densément velue*, à tiges rougeâtres très ramifiées atteignant 80 cm. Feuilles ovales, aiguës, de 1-5 cm. Monoïque ; *périanthe tubuleux*, de 3-3,5 mm. Plante familière des murs et rochers humides. Commune dans les villes de toute la zone. ***Parietaria officinalis*** est semblable et souvent confondue avec l'espèce précédente, mais beaucoup plus grande, à tiges dressées et à peine ramifiées ; périanthe rouge, en cloche. Absente de l'extrême ouest. ES, FR, IT, TN. *Parietaria mauritanica* ressemble aux espèces précédentes, mais plante *annuelle*, à pilosité éparse, feuilles atténuées en longue pointe, périanthe de 2-3 mm de long à la fructification ; akènes olive ou rougeâtres (pas noirâtres). DZ, ES, MA, PT. *Parietaria lusitanica* est très semblable, mais à feuilles brusquement atténuées en pointe courte et périanthe beaucoup plus petit, de 1,5-1,7 mm au plus (en fruit), dépassant à peine ses bractées. Dans toute la zone.

1. *Urtica dioica*
2. *Urtica membranacea*
3. *Parietaria judaica*
4. *Parietaria officinalis*
5. *Parietaria officinalis*

CANNABACEAE | CANNABACÉES

Petite famille de plantes annuelles ou vivaces à feuilles lobées ou palmées, incluant *Cannabis* (le chanvre) et *Humulus* (le houblon). Fleurs généralement unisexuées, les mâles à 5 étamines, les femelles à 2 styles. Fruits sous forme d'akènes.

Cannabis

Plantes herbacées odorantes à feuilles supérieures alternes (les inférieures parfois opposées), souvent dioïques. Fleurs mâles groupées en panicules, les femelles en grappes compactes.

Cannabis sativa CHANVRE CULTIVÉ. Grande annuelle dressée, à port assez lâche, à odeur forte, atteignant 2,5 m de haut, à feuilles alternes palmées jusqu'à la base en 3-9 segments étroits et dentés, jusqu'à 15 cm de long. Fleurs mâles à divisions du périanthe de 3,5 mm, en panicule, les femelles par 5-8 en grappes axillaires denses. Généralement naturalisée dans les milieux sableux ou perturbés, parfois cultivée. Originaire d'Asie, désormais une « mauvaise herbe » cosmopolite. Dans toute la zone.

ELAEAGNACEAE

Famille d'arbres et d'arbustes à poils écailleux et feuilles alternes. Fleurs unisexuées ou hermaphrodites ; périanthe à 4 divisions ; 4 étamines. Fruits sous forme de fausses drupes.

Elaeagnus angustifolia OLIVIER DE BOHÊME. Petit arbre ou arbuste plus ou moins épineux atteignant 7(10) m à jeunes rameaux argentés couverts d'écailles minuscules (faciles à gratter). Feuilles oblongues-lancéolées, vertes dessus, écailleuses-argentées en dessous, de 1,5-10 cm. Fleurs jaune pâle, très parfumées, de 8-10 mm de large environ, en cymes axillaires. Fruits en forme d'olives, de 9-16 mm. Originaire d'Asie, mais fréquemment planté pour l'ornement dans toute la zone.

SIMAROUBACEAE

Famille essentiellement tropicale de plantes à feuilles alternes et divisées-pennées. Petites fleurs, généralement unisexuées, à 3-5(7) sépales et pétales, et 2 fois plus d'étamines ; ovaire supère, entouré par un disque avec 2-5 carpelles soudés ou libres. Fruits sous forme de faisceaux d'akènes ailés.

Ailanthus

Arbres dont les fleurs ont 5-6 sépales soudés jusqu'au milieu, les fleurs mâles à 10 étamines ; ovaire supère entouré par un disque. Fruits ailés.

Ailanthus altissima AILANTE. Arbre à croissance rapide atteignant 20(30) m, à écorce lisse et grandes feuilles imparipennées à 5-12 paires de folioles ovales-lancéolées de 4-17 cm de long ; petites fleurs unisexuées à 5(6) divisions, jaune verdâtre, fortement odorantes, réunies en panicules terminales ; pétales de 2,2-4,5 mm. Fruits sous forme de faisceaux de 3 carpelles ailés, de 25-50 mm, brun rougeâtre. Originaire de Chine, mais très fréquemment planté pour l'ornement. Dans toute la zone.

A. altissima

ZYGOPHYLLACEAE

Famille essentiellement tropicale de plantes à feuilles divisées-pennées, stipulées. Fleurs régulières, avec un périanthe à 5 divisions et 8 ou 10 étamines. Fruits charnus ou sous forme de capsules (se dissociant parfois en 5 méricarpes).

Tribulus

Plantes annuelles couchées à feuilles à 5-8 paires de folioles. Fleurs jaunes. Fruits généralement épineux.

Tribulus terrestris CROIX DE MALTE. Plante annuelle prostrée-étalée, velue, à tiges couchées atteignant 50(80) cm, à feuilles divisées-pennées à 5-8 paires de folioles elliptiques de 6-10 mm de long, à pilosité un peu argentée. Fleurs jaunes, à 5 pétales de 8-14 mm de long, sur de courts pédicelles (de 4-5 mm) naissant à l'aisselle des feuilles. Fruits de 8-10 mm, *hérissés de robustes épines saillantes*. Lieux secs et dénudés, sables dunaires piétinés ; fréquente dans toute la zone.

1. *Cannabis sativa*
2. *Elaeagnus angustifolia*
3. *Ailanthus altissima*
4. *Tribulus terrestris* (encart : fruits)

1

2

3

4

Fagonia

Plantes herbacées vivaces, souvent ligneuses à la base, à feuilles opposées, souvent trifoliolées. Fleurs solitaires à l'aisselle des feuilles, à 5 sépales et pétales libres ; 10 étamines. Fruits sous forme de capsules à 5 divisions.

Fagonia cretica. Petite plante vivace prostrée-étalée, glabre ou velue, atteignant 60-70 cm, ligneuse à la base. Feuilles de 6-25 mm, trifoliolées, coriaces, à apex épineux. Fleurs violet rougeâtre vif, à 5 pétales libres de 8-9,5 mm, solitaires entre 2 stipules à pointe épineuse. Fruits sous forme de capsules ovoïdes à 5 angles, de 7-9 mm. Surtout lieux arides en bordure des déserts. ES (dont îles Baléares), MA.

Tetraena

Plantes herbacées et arbrisseaux non épineux. Feuilles opposées et charnues. Fleurs solitaires à l'aisselle des feuilles, à 4-5 sépales et pétales. Fruits sous forme de capsules à 3-5 parties.

Tetraena fontanesii (Syn. *Zygophyllum fontanesii*). Arbrisseau charnu, très ramifié, atteignant 1 m. Feuilles à 2 lobes, largement cylindriques, *très succulentes, souvent jaunes ou rougeâtres*, à pruine blanche. Fleurs discrètes, à 5 sépales verdâtres et 5 pétales blanc rosé. Fruits à 5 divisions, charnus, de 5-7 mm de large, rougeâtres, ressemblant aux feuilles. Dunes arides et maritimes du littoral atlantique de l'Afrique du Nord, atteignant localement certaines zones à climat méditerranéen. MA.

1. *Fagonia cretica*
2. *Tetraena fontanesii*
3. *Euonymus europaeus*
4. *Gymnosporia senegalensis*
5. *Ecballium elaterium*

CELASTRACEAE | CÉLASTRACÉES

Arbustes ou arbres (voire plantes ligneuses grimpantes) à feuilles simples. Fleurs hermaphrodites ou unisexuées avec un disque nectarifère, 4-5 sépales, pétales et étamines ; 1 style. Fruits variables, souvent sous forme de capsules charnues à 3-5 angles à graines ornées d'un arille rouge orange vif.

Euonymus FUSAIN

Arbustes ou petits arbres à feuilles caduques ou persistantes, opposées. Fleurs hermaphrodites (rarement unisexuées) à 4-5 sépales soudés et 4-5 étamines. Graines ornées d'un arille voyant.

Euonymus europaeus FUSAIN D'EUROPE. Arbuste buissonnant ou petit arbre caducifolié de 2-3(8) m, à rameaux verts, tétragones. Feuilles elliptiques à étroitement lancéolées, de 3-8(11) cm de long, opposées, aiguës et finement dentées. Fleurs formant des inflorescences rameuses à l'aisselle des feuilles, blanc verdâtre, à 4 divisions de 8-15 mm de large. *Fruits à 4 lobes rose corail s'entrouvrant pour exposer les graines orange*. Bois et fourrés, souvent en altitude. Absent de l'Extrême-Sud, de l'Ouest et des zones arides. ES, FR, IT.

Gymnosporia

Arbustes ou petits arbres épineux à feuilles persistantes et, souvent, à fleurs unisexuées. Fruits sous forme de capsules déhiscentes ; graines avec un arille.

Gymnosporia senegalensis (Syn. *Maytenus senegalensis*). Arbuste sempervirent *très ramifié-épineux*, glabre, atteignant 2 m, à longs rameaux arqués gris à pourpres, armés de fortes épines de 20-50 mm. Feuilles de 10-35 mm, alternes et ovales à rhomboïdales, en coin à la base, non ou superficiellement dentées. Fleurs de 4-6 mm de large, groupées, blanches et jaunes, à 5 divisions. Fruits sous forme de capsules rouges et luisantes de 3,5-4,5 mm de diamètre ; graines avec un arille charnu à une extrémité. Pentes rocailleuses des régions chaudes et arides. DZ, ES, MA.

CUCURBITACEAE | CUCURBITACÉES

Plantes herbacées souvent à tiges grimpantes ou traînantes et munies de vrilles ; feuilles alternes. Fleurs unisexuées à 5 sépales et pétales ; généralement 3 étamines ; 2-3 stigmates et 1 style. Fruits succulents, sous forme de baies ou de gousses.

Ecballium

Plantes herbacées vivaces hispides, monoïques, sans vrilles. Corolle jaunâtre ; 5 étamines. Fruits sous forme de gousses explosives.

Ecballium elaterium CONCOMBRE D'ÂNE. Plante vivace étalée, fortement hispide, atteignant 1,5 m, sans vrilles, à souche tubéreuse. Feuilles rudes-hérissées, plus ou moins triangulaires, à long pétiole (jusqu'à 13 cm). Petites fleurs de 20-50 mm de large, jaune pâle, les mâles et les femelles séparées. Fruits en forme de gousses, hispides, de 30-45 mm de long, longuement pédonculés, *explosant violemment* à maturité à partir de son point d'attache. Friches sableuses. Commune dans toute la région méditerranéenne.

Bryonia BRYONE

Plantes vivaces grimpantes dioïques à longues vrilles simples et enroulées. Fleurs blanc verdâtre ; 5 étamines. Fruits sous forme de baies rouges.

Bryonia dioica (Syn. *B. cretica* subsp. *dioica*) BRYONE DIOÏQUE. Plante vivace dioïque grimpante et velue atteignant 4 m, à *vrilles enroulées,* non rameuses. Feuilles profondément palmatilobées, à 5 lobes vert uni. Fleurs blanc verdâtre veiné de sombre, de 5-12 mm de large, en petits fascicules. Fruits sous forme de baies de 5-9 mm, d'abord vert taché de blanc, puis rouges à maturité. Bois, fourrés, maquis. Dans toute la zone.

FAGACEAE | FAGACÉES

Arbres ou arbustes sempervirents ou caducifoliés à feuilles alternes et simples. Monoïques ; fleurs mâles groupées en chatons, avec 4-20 étamines ; 1 à quelques fleurs femelles à 3-9 styles. Fruits sous forme de 1-3(6) akènes enfermés dans une cupule formée d'écailles soudées.

Castanea CHÂTAIGNIER

C. sativa

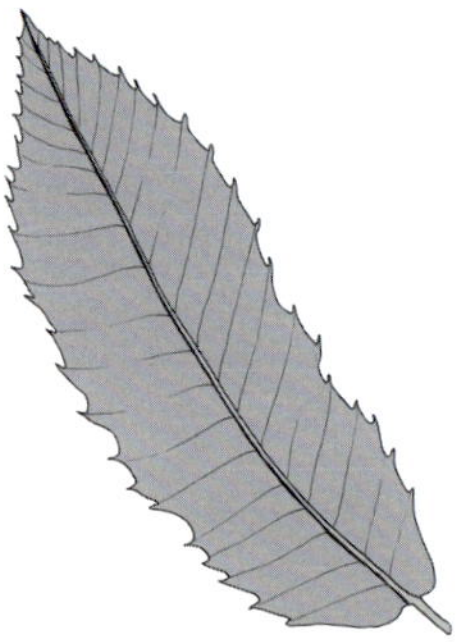

Arbres caducifoliés à chatons dressés ; fleurs mâles à 10-20 étamines, les femelles par 3 à la base des longs chatons mâles ; 1-3 fruits dans une cupule épineuse déhiscente.

Castanea sativa CHÂTAIGNIER. Grand arbre caducifolié atteignant 35 m de haut ; tronc à écorce brun-gris, souvent fissurée en spirale. Feuilles de 10-30 cm de long, oblongues-lancéolées, à nervures marquées et dents aiguës. Fleurs mâles jaunâtres en chatons allongés (jusqu'à 18 cm) ; fleurs femelles peu nombreuses, sur les rameaux inférieurs. Fruits sous forme de châtaignes renfermées dans des bogues épineuses déhiscentes. Largement planté dans les boisements sur sols acides. Dans toute la zone, sauf sur quelques îles et dans les régions chaudes et arides.

Quercus CHÊNE

Arbres ou arbustes sempervirents ou caducifoliés. Fleurs mâles à 4-12 étamines ; 1-3 fleurs femelles. Fruits sous forme d'akènes particuliers (glands) insérés dans une cupule.

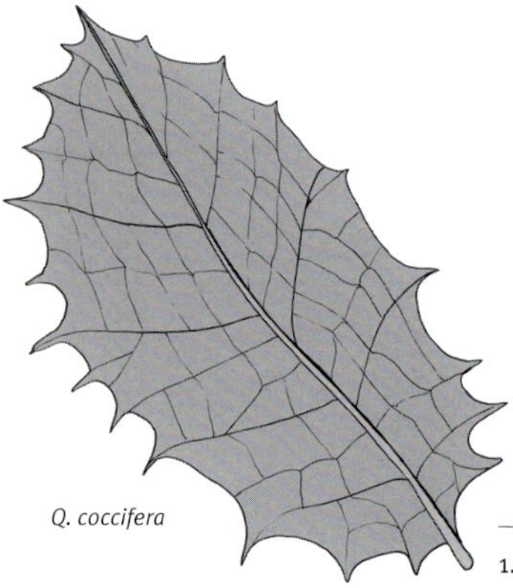

Q. coccifera

A. Arbres sempervirents ou semi-sempervirents

Quercus coccifera CHÊNE KERMÈS. Arbuste sempervirent touffu atteignant 2 m, à écorce grise et écailleuse. Feuilles de 15-50 mm, ovales-oblongues, à dents épineuses, courtement pétiolées (1-5 mm), coriaces, *glabres à l'état adulte,* à nervures saillantes dessus mais pas dessous ; nervure médiane droite. Fruits de 10-20 mm, mûrissant au cours de la 2e année, à cupule fortement écailleuse, solitaire ou par 2. On fabrique une teinture rouge à partir d'une cochenille qui parasite couramment cette espèce. Élément constitutif important des écosystèmes de garrigues et de maquis de l'ensemble de la région. Dans toute la zone.

1. *Bryonia dioica*
2. *Castanea sativa*
3. *Quercus coccifera* (fleurs)
4. *Quercus coccifera* (fruits)
5. *Quercus ilex* subsp. *ballota* (encart : fruit)
6. *Quercus suber*

Q. ilex

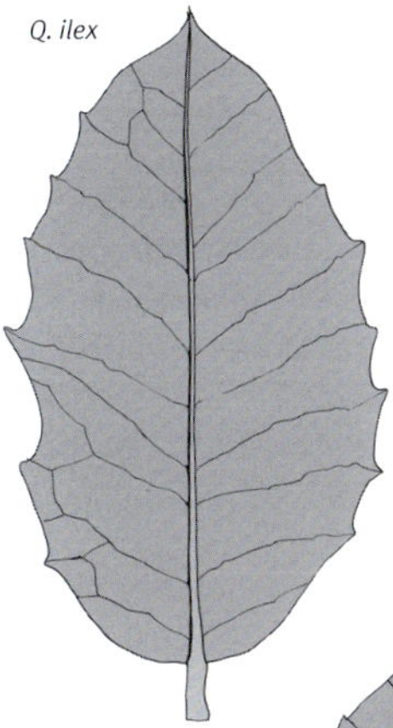

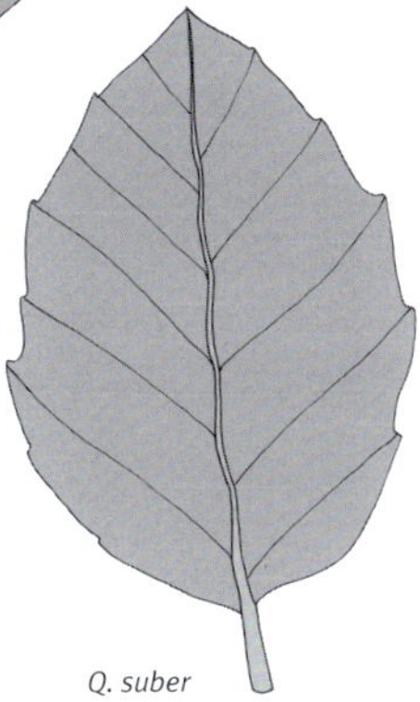

Q. suber

Quercus ilex CHÊNE VERT. Grand arbre sempervirent atteignant 27 m, à jeunes branches duveteuses et écorce grise. Feuilles de 20-90 mm, coriaces, oblongues-lancéolées, entières ou avec quelques dents épineuses, *tomenteuses et à veines saillantes en dessous* à l'état adulte ; pétiole de 3-10 mm de long. Fruit de 15-35 mm, à saveur amère, à cupule densément écailleuse. Commun sur les pentes sèches, où il forme parfois de grands peuplements ; souvent planté. Subsp. *ilex* possède des feuilles à 7-14 paires de nervures secondaires. Régions côtières de toute la zone. Subsp. *ballota* (Syn. *Q. rotundifolia*), souvent traité comme espèce à part entière, possède des feuilles plus larges, à 5-8 paires de nervures secondaires ; mêmes habitats, remplace la sous-espèce précédente dans la majorité de l'ouest de la péninsule Ibérique. Dans toute la zone.

Quercus suber CHÊNE-LIÈGE. Grand arbre sempervirent de 10-15(25) m de haut, à *écorce épaisse, spongieuse et profondément crevassée*, rouge en dessous ; jeunes rameaux duveteux. Feuilles de 2,5-10 cm, oblongues, vert sombre dessus, grises-tomenteuses dessous, dentées ; nervure médiane sinueuse. Fruits de 10-20 mm, mûrissant dès la 1re année, à cupule avec de longues écailles étalées. Pentes rocailleuses ; souvent cultivé dans la partie européenne de la région pour la production de liège ; commun dans le sud du Portugal. ES, FR, MA, PT.

Q. faginea

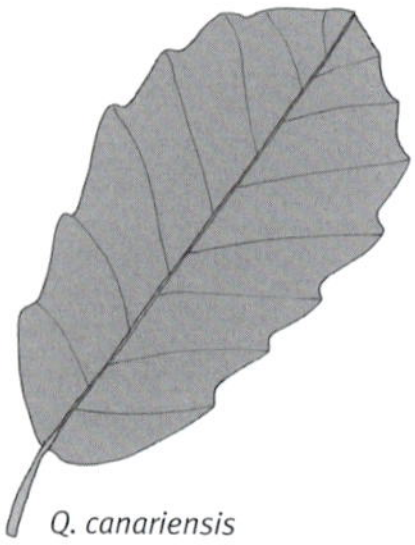

Q. canariensis

Quercus faginea. Arbuste ou arbre semi-sempervirent atteignant 20 m. Feuilles de 3-15 cm, coriaces, oblongues ou elliptiques, à grandes dents larges et pointant vers l'avant ; luisantes dessus et *densément tomenteuses dessous*. Fruits de 15-35 mm, presque sessiles. Péninsule Ibérique et nord-ouest de l'Afrique. ES, MA, PT. **Subsp. *faginea*** (Syn. *Q. valentina*) possède des feuilles d'hiver de 6 × 4 cm. Absent de l'Extrême-Sud. ES, PT. **Subsp. *broteroi*** possède des feuilles d'hiver beaucoup plus grandes, de 15 × 9 cm. Distribution essentiellement méridionale. ES, MA, PT.

Quercus canariensis. Grand arbre semi-sempervirent atteignant 30 m, à jeunes branches densément tomenteuses, devenant quasiment glabres plus tard. Grandes feuilles de 5-20 cm, ovales-elliptiques, à dents plus ou moins aiguës, *gris-bleu en dessous*. Fruits de 15-30 mm, à petites écailles lâchement appliquées. Rare, essentiellement dans les forêts caducifoliées des collines de l'Extrême-Sud-Ouest. ES, MA, PT.

1. *Quercus canariensis*
2. *Quercus pubescens*
3. *Quercus lusitanica*
4. *Juglans regia* (fruits)
5. *Juglans regia*

Quercus lusitanica. Petit arbre ou arbuste semi-sempervirent, ne dépassant pas en général 3 m. Feuilles de 2,5-12 cm, assez coriaces, elliptiques, ondulées-dentées, glabres dessus et feutrées dessous, courtement pétiolées. Fruit de 10-16 mm, plus ou moins sessile, inséré dans une cupule tomenteuse à écailles appliquées. Pentes montagneuses du Sud-Ouest ; local. ES, MA, PT.

B. Arbres caducifoliés

Quercus pubescens (Syn. *Q. humilis*) CHÊNE PUBESCENT. Arbuste ou arbre caducifolié atteignant 25 m, à jeunes rameaux densément tomenteux. Écorce grise et fissurée, s'écaillant en petites plaques. Feuilles vert grisâtre, oblongues-lancéolées, à lobes obtus, jusqu'à 12 cm de long, *densément tomenteuses en dessous*, notamment dans leur jeunesse ; pétiole court. Cupule à écailles fines, étroitement appliquées. Bois, pentes rocailleuses ; répandu mais local, commun dans certains secteurs du sud de la France. ES, FR, IT.

Quercus pyrenaica CHÊNE TAUZIN. Arbre ou grand arbuste caducifolié atteignant 25 m, à jeunes rameaux laineux ; grandes feuilles vert sombre de 8-16 cm, *profondément découpées en lobes étroits*, densément pubescentes-blanchâtres en dessous. Groupes de fleurs sessiles ou courtement pédonculées. Fruits de 15-45 mm ; cupule à écailles étroites-lancéolées, obtuses, se recouvrant lâchement, à poils gris. Forêts de montagne. Localisé partout, notamment dans le Sud. ES, FR, MA, PT.

JUGLANDACEAE

Arbres à feuilles divisées-pennées, alternes. Fleurs unisexuées ; fleurs mâles en chatons pendants, à 3 à nombreuses étamines ; fleurs femelles à 2 styles, en épis terminaux. Fruits sous forme de drupes ou d'akènes ailés.

Juglans

Arbres à feuilles divisées-pennées à 3-9 folioles. Fleurs femelles en grappes, dressées à la fructification. Fruits sous forme de drupes.

Juglans regia NOYER COMMUN. Grand arbre caducifolié atteignant 24 m, à écorce d'abord pâle et lisse, se fissurant ensuite. Feuilles alternes, divisées-pennées, à 7-9 folioles elliptiques, entières, jusqu'à 15 cm de long. Fleurs mâles en chatons pendants jusqu'à 15 cm de long, les femelles en courts épis dressés. Fruits sous forme de grosses drupes comestibles (noix) > 3 cm. Originaire de régions du sud de l'Europe, mais largement planté dans toute la zone.

BETULACEAE

Arbres ou arbustes caducifoliés à feuilles simples et alternes. Fleurs unisexuées, discrètes ; 2-14 étamines ; 2 styles. Fruits sous forme d'akènes, ailés ou non.

Alnus AULNE

Arbres à feuilles entières. 3 fleurs mâles par bractée, à tépales minuscules et 4 étamines ; fleurs femelles en petits chatons dressés, 2 par bractée. Fruits étroitement ailés.

Alnus glutinosa AULNE GLUTINEUX. Arbre atteignant 29 m, à écorce brun foncé, fissurée ; branches glabres. Bourgeons violacés, courtement pédonculés. Feuilles ovales à apex tronqué ou échancré, *base abrupte ou en coin*, à marges souvent doublement dentées, glabres. Chatons mâles cylindriques et pendants, jusqu'à 50 mm de long ; chatons femelles ovales, de 8-28 mm de long, à 3-8 fleurs, devenant ligneux à maturité ; tous les chatons apparaissent avant les feuilles. Lieux inondés ; local dans toute la zone. *Alnus cordata* diffère par *ses feuilles presque orbiculaires ou cordées*, à dents régulières et plutôt arrondies ; apex obtus ou à courte pointe. Fleurs femelles groupées par 1-3 au sein de chatons de 15-30 mm de long. ES (planté), FR (Corse), IT (Sardaigne).

Carpinus CHARME

Arbres à feuilles entières ; 1 fleur mâle par bractée, dépourvue de périanthe ; ~ 10 étamines ; fleurs femelles en chatons pendants, 2 par bractée. Fruits ailés ou non, chaque akène avec 1 bractée élargie, généralement trilobée.

Carpinus orientalis CHARME D'ORIENT. Arbre ou arbuste caducifolié atteignant 15 m, à écorce lisse, gris violacé. Feuilles de 30-50 mm, ovales à elliptiques, aiguës et finement dentées, légèrement pubescentes. Chatons mâles pendants, les femelles (sur le même arbre) avec de grandes bractées foliacées *non lobées* (cas rare dans ce genre) jusqu'à 20 mm de long. Fruits sous forme de petits akènes ailés, de 3 mm. IT (dont Sicile).

RESEDACEAE | RÉSÉDACÉES

Herbacées annuelles ou vivaces à feuilles alternes, simples ou divisées-pennées. Fleurs groupées en longs épis ; fleurs à 4-6(8) sépales libres et un nombre identique de pétales, souvent jaunes et de forme originale ; 7 à nombreuses étamines (25) ; aucun style. Fruits sous forme de capsules.

Reseda

Plantes herbacées à fleurs avec 4-8 sépales et pétales, 10-25 étamines ; fruits *sous forme de bouteilles.*

A. Épis floraux blanchâtres ; feuilles nettement divisées ou lobées ; capsule à (3)4 dents

Reseda alba RÉSÉDA BLANC. Vivace dressée ou ascendante, glabre, atteignant 75 cm, à tiges rameuses en haut. Feuilles pennatilobées à 10 (ou plus) lobes profonds non dentés. *Fleurs blanches*, à 5-6 sépales et pétales, ceux-ci tous lobés jusqu'au $^1/_3$ ou plus de leur longueur ; *10-12 étamines* ; fleurs en épis allongés. Capsule de 6-15 mm, à 4 angles (4 carpelles) et elliptique, étranglée au sommet et dressée à maturité. Lieux perturbés, terrains vagues sablonneux ; commune dans toute la zone. *Reseda suffruticosa* possède un port dressé et ramifié comme *R. luteola* (voir ci-dessous), mais fleurs semblables à celles de l'espèce précédente, *à 13-20 étamines ; capsules fructifères oblongues*, de 10-15 mm de long. Sud de l'Espagne uniquement, très rare. ES. *Reseda barrelieri* ressemble beaucoup à *R. suffruticosa*, mais possède des capsules fructifères dressées de 10-20 mm, *cylindriques ou tripartites*, à surface avec des papilles éparses. Sud-est de l'Espagne en altitude. ES. *Reseda paui* est semblable à *R. barrelieri*, mais capsule fructifère de 4-14 mm *lisse, cylindrique et étalée (non dressée)*. Sud de l'Espagne, rare et uniquement en altitude. ES.

B. Épis floraux blanchâtres ; feuilles divisées ou non ; capsule tripartite

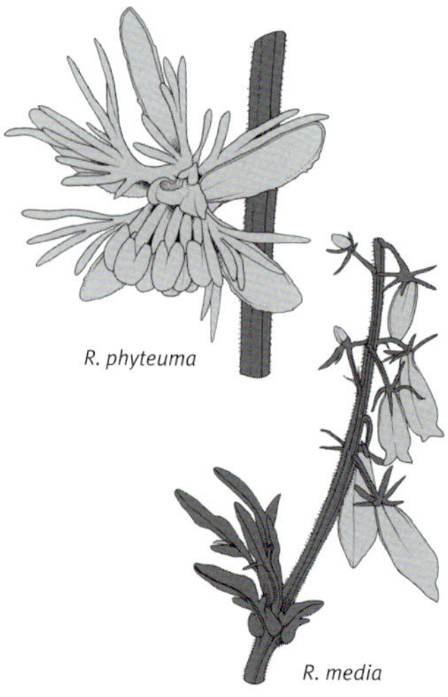

Reseda phyteuma. Plante annuelle assez lâche, rameuse, atteignant 30(50) cm, à feuilles toutes linéaires-spatulées (parfois avec une unique paire de lobes latéraux). Fleurs blanches avec 6 sépales et pétales à lobes profondément découpés ; étamines saillantes. Capsule de 11-25 mm, à 3 dents, nettement *penchée à maturité*, à *sépales persistants et accrescents à la fructification*. Cultures, bord des routes ; commune dans toute la zone, mais absente de la plupart des îles. *Reseda media* est très semblable à *R. phyteuma*, mais possède de nombreuses feuilles ayant *jusqu'à 8 paires de lobes* (segments foliaires larges de 8 mm ou moins) et 1 petit lobe terminal, les supérieures arrondies à la base ; *sépales à peine accrescents à la fructification* ; capsule de 14-19 mm de long. Lieux secs. ES, MA, PT. *Reseda odorata* ressemble à *R. media*, mais avec des *fleurs très parfumées ; capsule fructifère plus petite, ne dépassant pas 5-8(11) mm de long.* Afrique du Nord ; peut-être aussi ailleurs. DZ, MA, TN.

C. Épis floraux jaunâtres ; feuilles divisées ou non ; capsule tripartite

R. lutea

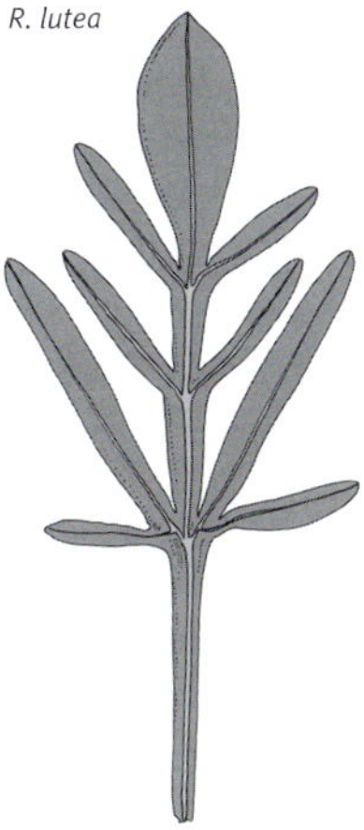

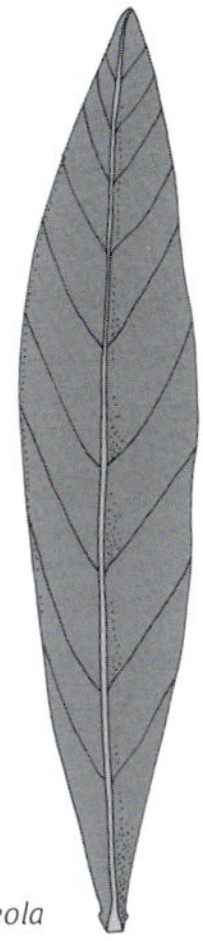

R. luteola

Reseda lutea RÉSÉDA JAUNE. Plante vivace ascendante, feuillée, atteignant 75 cm, buissonnante et parfois ligneuse à la base. Feuilles pétiolées, pennatilobées, à 1-4 paires de segments. Fleurs *jaune verdâtre* pâle, courtement pédicellées (< 6 mm), chacune à 6 pétales et 5-6 sépales, groupées en longues grappes étroites ; 15-20 étamines. Capsule de 7-20 mm, oblongue et dressée, à 3 dents. Lieux perturbés, friches sablonneuses ; très commune. **Reseda lanceolata** est semblable, mais fleurs à *20-28 étamines et 6 sépales ou plus* ; pédicelles floraux longs (> 6 mm) ; capsule nettement plus grande, de 20-30 mm de long. Pentes rocailleuses sèches et falaises dans l'Extrême-Sud. ES, MA.

Reseda luteola RÉSÉDA DES TEINTURIERS. Grande plante bisannuelle dressée atteignant 1,3 m. *Feuilles toutes simples*, lancéolées, à marges ondulées. Fleurs jaune verdâtre à 4 pétales en longues grappes grêles. Fruits de 3-6 mm, arrondis, à 3 lobes aigus. Lieux perturbés et friches sablonneuses ; localement commune.

1. *Reseda alba*
2. *Reseda phyteuma*
3. *Reseda lutea* (encart : fruits)
4. *Reseda luteola* (encart : fruits)
5. *Reseda lanceolata*

Sesamoides

Comme *Reseda*, mais plus petit. Fruit formé de 4-7 carpelles monospermes, s'étalant en étoile ; espèces très semblables, difficiles à distinguer.

S. spathulifolia

Sesamoides interrupta (Syn. *S. pygmaea*). Plante vivace grêle, étalée, de 5-15 cm seulement, à fleurs blanches en longs épis terminaux, ressemblant à un *Reseda*, mais de taille plus faible. Feuilles entières, les basales en rosette, *les caulinaires oblongues à linéaires-lancéolées*. Fleurs à 5 sépales et pétales, ceux-ci découpés en 6-7 lobes ; 7-12 étamines. ES, FR, IT. ***Sesamoides spathulifolia*** est semblable, mais plus grand, jusqu'à 35 cm ; *feuilles caulinaires spatulées* (celles du bas ovales). Commune sur sables littoraux au Portugal. ES, PT. ***Sesamoides purpurascens*** ressemble aux espèces précédentes, mais est plutôt *glauque*, souvent à tiges ascendantes ou dressées (plutôt que prostrées), un peu ligneuses à la base et sans rosette basale nette. ES, FR, IT.

BRASSICACEAE | BRASSICACÉES

Grande famille de plantes herbacées (ou d'arbrisseaux) annuelles et vivaces. Feuilles alternes et simples ou divisées-pennées. Fleurs souvent en grappes, typiquement à 4 sépales et pétales disposés en croix ; généralement 6 étamines (dont 2 plus courtes). Fruits secs, parfois indéhiscents ; la forme du fruit est importante pour l'identification : on parle de *silicule* quand il est large et de forme variée, de *silique* quand il est long et fin.

Isatis

Plantes annuelles à vivaces dressées à feuilles simples. Petites fleurs jaunes. Fruits ailés à 1 graine, pendants, indéhiscents.

Isatis tinctoria PASTEL DES TEINTURIERS. Grande plante bisannuelle érigée, très ramifiée, atteignant 1,5 m, à feuilles vert grisâtre ; feuilles en fer de flèche, les supérieures embrassant la tige. Fleurs jaunes, groupées en grappes denses et très rameuses. Fruits sous forme de silicules oblongues-elliptiques *pendantes* de 10-25 mm. Utilisée par les Romains comme plante médicinale et cultivée au Moyen Âge comme source d'un pigment bleu, *l'indigotine*. Terrains vagues et lieux perturbés ; localement commune, quoique plutôt rare et sporadique dans l'Extrême-Ouest et Est. Dans toute la zone sauf sur certaines îles, occasionnelle seulement dans l'Extrême-Sud-Ouest.

Capsella CAPSELLE

Annuelles à vivaces à feuilles basales simples. Pétales en principe blancs. Fruits triangulaires-cordés.

Capsella bursa-pastoris CAPSELLE BOURSE-À-PASTEUR. Plante annuelle particulière à pilosité éparse atteignant 40 cm, à feuilles de forme variable et fleurs inodores groupées en une grappe allongée ; pétales de 2-3 mm. Fruits de 5-9 mm, *cordés* et à côtés droits ou légèrement convexes. Mauvaise herbe très commune des friches sèches de toute la zone.

1. *Sesamoides spathulifolia*
2. *Sesamoides spathulifolia* (fleurs)
3. *Isatis tinctoria*
4. *Capsella bursa-pastoris*
5. *Cochlearia danica*
6. *Ionopsidium acaule*

Cochlearia CRANSON

Plantes annuelles ou vivaces à feuilles simples, longuement pétiolées. Pétales blancs ou mauves. Fruits sous forme de siliques renflées ou comprimées. Habituellement sur le littoral ; la plupart des espèces situées dans le nord de l'Europe (peu en région méditerranéenne).

Cochlearia danica CRANSON DU DANEMARK. Petite plante annuelle charnue émettant souvent de nombreuses tiges courtes de 20 cm au plus, à feuilles inférieures arrondies, cordées à la base, les supérieures pétiolées, lobées et ressemblant à celles du lierre. Fleurs blanches ou mauve pâle, généralement de moins de 5 mm de large, à pétales de 1,5 fois la longueur des sépales. *Fruits ovoïdes et non comprimés, de 3-6 mm de long*, à style persistant et moins de 12 graines. Sols sableux et caillouteux du littoral ; rare, uniquement dans l'Extrême-Ouest (mais commune dans le nord de l'Europe). PT.

Ionopsidium (Syn. *Jonopsidium*)

Plantes annuelles glabres avec des fleurs à 4 divisions inégales. Toutes les espèces rares et locales. Quelques auteurs incluent certaines des espèces ci-dessous dans le genre *Cochlearia*, mais les analyses génétiques les plus récentes confirment leur distinction.

A. Plantes acaules ou presque

Ionopsidium acaule (Syn. *Cochlearia acaulis*). Petite plante annuelle éphémère en touffes et pratiquement acaule, ne dépassant pas 6 cm ; rosette de feuilles arrondies-ovales, entières ou trilobées, à long pétiole grêle. *Fleurs solitaires, portées par de longs pédicelles à l'aisselle des feuilles*. Pétales blancs, habituellement *lavés de lilas*, inégaux, de 2-4(8) mm (2-3 fois plus longs que le calice). Fruits de 2-4,5(6) mm, ovoïdes. Rare espèce endémique portugaise des sols sableux et clairières de boisements (dans son aire naturelle) ; également cultivée ailleurs et peut-être naturalisée dans des habitats différents. PT.

B. Plantes à tige distincte, de 0,5-1,5 m de haut, creuses ; feuilles médianes et supérieures cordées ou embrassantes

Ionopsidium megalospermum (Syn. *Cochlearia megalosperma*). Grande plante annuelle à tiges peu nombreuses, atteignant 1(1,5) m. Fleurs blanches, en longues inflorescences grêles devenant plus lâches vers le bas. Fruits en forme de perles, de 2-3,5 mm de long, porté par un pédoncule 3-5 fois plus long que lui, à 6-8(10) graines. Ruisseaux et sources de montagne ; uniquement dans l'Extrême -Sud ; peu commune. ES (peut-être aussi MA). *Ionopsidium glastifolium* (Syn. *Cochlearia glastifolia*) ressemble à l'espèce précédente, mais fruits portés par un pédoncule 1,5-2,5 fois plus long qu'eux, à 15-30 graines. Lieux marécageux et aquatiques ; peu commune. ES (peut-être aussi FR, IT).

C. Plantes à tige distincte, de 5-30 cm de haut, pleine ; feuilles médianes et supérieures à base en coin ou lobée

Ionopsidium prolongoi possède une tige développée en général unique (jusqu'à 40 cm) et des *fleurs blanc pur* ; pétales de 3-7 mm. Fruits en forme de disques, de 5-8,5 mm. Sols rocailleux. ES (peut-être aussi DZ, MA). *Ionopsidium savianum* ressemble beaucoup à *I. prolongoi*, mais sépales à marges translucides et fruits de 4-7 mm avec *une aile distincte de 0,5 mm au sommet*. Plateaux calcaires à haute altitude, très rare. IT (peut-être aussi ES). *Ionopsidium abulense* possède des sépales à marges blanches et des fruits de 2-2,5 mm sans aile à l'apex, 1,5-2 fois plus courts que leur pédoncule ; 30-40 fruits. ES, PT. *Ionopsidium heterospermum* a des fruits de 4 mm de large sur des pédoncules égaux ou plus courts ; 18-26 fruits. DZ, MA.

Sisymbrium SISYMBRE

Plantes annuelles ou vivaces à feuilles simples, entières ou profondément lobées, les inférieures souvent flétries à la floraison. Pétales jaunes. Fruits sous forme de siliques sans bec, beaucoup plus longues que larges ; graines sur 1 rang dans chaque valve.

A. Fruits appliqués contre la tige

Sisymbrium officinale SISYMBRE OFFICINAL. Plante annuelle ou bisannuelle buissonnante, plus ou moins glabre, atteignant 1 m, à feuilles denses, vert grisâtre, ovales, profondément lobées, avec un grand lobe terminal. Petites fleurs jaunes, à pétales de 3-4,2 mm, en inflorescences rameuses grêles *dépourvues de bractées*. Fruits de 10-20 mm, cylindriques, droits, *étroitement et densément appliqués contre les tiges minces*. Bord des routes, abords des habitations ; commune dans toute la zone.

B. Fruits dressés ou étalés

Sisymbrium irio ROQUETTE JAUNE. Plante annuelle dressée, très rameuse, atteignant 60 cm, à feuilles découpées en lobes plus ou moins profonds, le terminal aigu. Fleurs jaune pâle, à pétales de 2,5-3,5 mm, égalant ou plus longs que les sépales. *Fruits de 30-60 mm de long, dépassant les fleurs épanouies*, dressés à étalés. Dans toute la zone.

Sisymbrium altissimum GRAND VÉLAR. Plante annuelle dressée atteignant 1 m, velue en haut mais glabre en bas. Feuilles profondément découpées en lobes triangulaires étroits et dentés, *les caulinaires sessiles et à lobes allongés, étroits-linéaires*. Fleurs jaunes à pétales de 7-8 mm, 2 fois la longueur des sépales. Fruits de 50-90 mm de long. Originaire du sud-est de l'Europe, mais largement naturalisée. Dans toute la zone. ***Sisymbrium orientale*** SISYMBRE D'ORIENT, semblable, est velue-grisâtre ; feuilles supérieures courtement pétiolées à lobes latéraux peu nombreux (0-2), le médian linéaire-lancéolé. Fruits de 4-10(12) cm, minces, dressés à étalés. Dans toute la zone.

Bunias

Plantes bisannuelles à vivaces à feuilles basales simples. Pétales typiquement jaunes. Fruits sous forme de silicules ovoïdes, irrégulières, hérissées de tubercules ou de crêtes ailées, indéhiscentes.

Bunias erucago BUNIAS FAUSSE ROQUETTE. Plante annuelle ou bisannuelle hérissée, de 15-70 cm (1 m). Feuilles inférieures pennatilobées ou à marges ondulées, les supérieures non lobées, dentées ou non. Fleurs jaunes par 10-30 en grappes, à pétales échancrés de 9-10(12) mm de long. Fruits de 8-12 mm, à section quadrangulaire, avec *des ailes dentées sur les angles*. Terrains vagues, cultures. Dans toute la zone.

Erysimum VÉLAR

Herbacées annuelles ou vivaces, voire arbrisseaux, à tiges dressées, souvent un peu ailées, feuilles entières et poils ramifiés. Pétales jaunes ou rouges. Fruits sous forme de siliques comprimées ou à 4 angles. Un grand nombre d'espèces voisines poussent dans la région ; seules quelques-unes sont décrites ici.

Erysimum × cheiri GIROFLÉE DES MURAILLES. Plante vivace atteignant 50(80) cm, à tiges ligneuses dressées couvertes de poils ramifiés. Feuilles étroitement elliptiques, non dentées. Fleurs généralement *jaune orange* foncé, en grappes ; pétales de 20-35 mm ; sépales dressés, 2 fois moins longs que les pétales. Fruits comprimés, de 25-80 mm de long, presque dressés. Largement cultivée pour l'ornement et naturalisée dans les milieux perturbés. ES, FR, IT.

1. *Sisymbrium officinale* (fruits)
2. *Sisymbrium orientale* (jeune pied)
3. *Sisymbrium orientale*
4. *Erysimum duriaei*
5. *Erysimum metlesicsii*

PHOTOGRAPHIE : GIANNIANTONIO DOMINA

Erysimum duriaei (Syn. *E. grandiflorum*). Plante vivace à port assez proche d'*E.* × *cheiri*, mais à *fleurs jaune vif*. Tiges très ramifiées, à nombreuses feuilles linéaires-lancéolées vers la base. Fleurs assez grandes, à pétales de 11-20 mm de long, sur des pédicelles courts et ascendants ; stigmate légèrement sillonné. Milieux secs et dénudés d'Espagne et de France (peut-être aussi ailleurs), assez localisée. ES, FR. *Erysimum repandum* est semblable, mais *plante annuelle* atteignant 35 cm, à fleurs courtement pédicellées (2-5 mm), *étalées plus ou moins horizontalement* ; pétales de (6)9-10 mm. Fruits de 4,5-8(10) cm. Dans toute la zone. *Erysimum cheiranthoides* est également annuelle, mais avec des *fleurs plus petites,* à pétales de 3-5(6) mm, sur des pédicelles plus longs que les sépales. Fruits de 10-25(30) mm. Dans toute la zone.

Erysimum metlesicsii. Plante vivace ligneuse à rameaux érigés et ascendants, densément feuillés et striés ; feuilles linéaires à linéaires-lancéolées, courtement pétiolées. *Fleurs jaunes lors de l'épanouissement, virant ensuite au blanc* ; pétales jusqu'à 23 mm de long. Fruits légèrement comprimés et velus. Rochers, falaises et éboulis. IT (Sicile).

Moricandia

Plantes glabres à feuilles simples et charnues. Pétales violets. Fruits linéaires, à 4 angles.

Moricandia arvensis CHOU DES CHAMPS. Plante annuelle ou vivace, glabre et glauque, atteignant 65 cm, à feuilles un peu charnues, les inférieures superficiellement lobées, les supérieures cordées et embrassant la tige par leur base. *Fleurs pourpre-violet*, en grappes de 10-20 ; pétales de 21-29 mm. Fruits linéaires, de 30-60 mm, à 4 angles. Répandue, mais absente de Sardaigne et de l'Extrême -Ouest. DZ, ES, FR, IT, MA, TN.

1

2

3

4

5

Malcolmia

Plantes annuelles à poils ramifiés. Pétales normalement *roses ou violets*. Style absent, stigmate bilobé. Fruits linéaires à graines non ailées sur 1 rang dans chaque valve.

M. ramosissima

Malcolmia littorea. Plante vivace densément blanche-tomenteuse de 10-40 cm de haut, *ligneuse à la base* et produisant de nombreuses pousses stériles. Feuilles de 10-30 mm, lobées ou non, *plus ou moins sessiles*. Fleurs groupées par 5-20, pourpre-rosé, à pétales de 15-18 mm. Fruits de 30-60 mm, sans bec. Lieux sableux et rocheux du littoral dans l'ouest et le centre de la zone. ES, FR, IT, PT. *Malcolmia triloba* (Syn. *M. lacera*) est semblable à *M. littorea*, mais plante *non ligneuse à la base*, à feuilles basales *courtement pétiolées*, fleurs plus petites et fruits de 18-40 mm de long, très minces à maturité. ES, MA, PT. *Malcolmia ramosissima* ressemble aux deux espèces précédentes, mais possède des fruits *tomenteux* de 15-35 mm de long. Dunes littorales. Dans toute la zone.

Matthiola MATTHIOLE

Plantes à feuilles toutes grises, les basales simples. Fleurs à stigmate profondément bilobé ; pétales blancs ou pourpres. Fruits linéaires à graines largement ailées sur 1 rang dans chaque valve.

M. incana

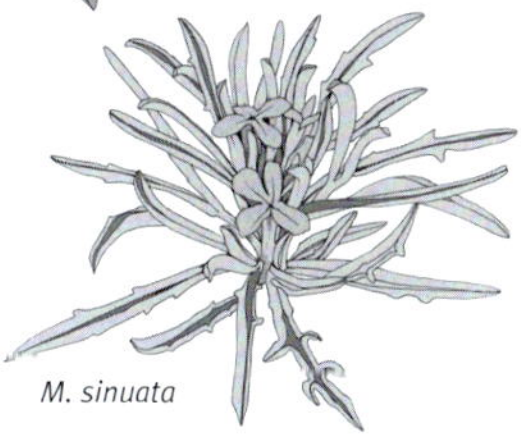

M. sinuata

M. parviflora

Matthiola incana GIROFLÉE DES JARDINS. Plante vivace robuste et buissonnante atteignant 80 cm, à souche ligneuse et nombreuses pousses stériles, tiges et feuilles vert grisâtre, pubescentes. Feuilles lancéolées, généralement ni dentées ni lobées. Fleurs roses, pourpres ou blanches, à pétales de 20-30 mm de long. Fruits longs et minces, de 4,5-15 cm, comprimés latéralement, velus mais non glanduleux. Falaises maritimes et autres milieux côtiers ; locale dans toute la zone. *Matthiola sinuata* est semblable à *M. incana*, mais feuilles inférieures profondément pennatilobées et à marges ondulées, les supérieures entières ; présence de grosses glandes bien visibles en haut. Fleurs pourpre pâle ; pétales de 15-25 mm. *Fruits glanduleux-visqueux*, de 5-15 cm. Dans toute la zone. *Matthiola parviflora* est semblable, aussi à feuilles inférieures profondément pennatilobées, mais avec de petites fleurs à *pétales pourpre brunâtre dont le limbe ne dépasse pas 2,5-4 mm* ; fruits *cylindriques* (non comprimés latéralement) de 5-11 cm de long, *légèrement étranglés par intervalles*. Dans le Sud et l'Ouest. ES (dont îles Baléares), MA, PT. ***Matthiola tricuspidata*** possède des fruits particuliers, terminés par 3 cornes. Dans toute la zone, sauf le Portugal.

1. *Moricandia arvensis* PHOTOGRAPHIE : SERGE D. MULLER
2. *Moricandia arvensis* PHOTOGRAPHIE : SERGE D. MULLER
3. *Malcolmia littorea*
4. *Matthiola tricuspidata*
5. *Matthiola incana*

Lobularia ALYSSON

Plantes annuelles ou vivaces à feuilles étroites, non dentées. Pétales blancs ou violacés. *Fruits sous forme de silicules discoïdes.*

Lobularia maritima ALYSSON MARITIME. Plante *vivace* velue-grisâtre, étalée, ligneuse à la base, à tiges atteignant 30 cm, souvent prostrées. Feuilles étroites, non dentées, linéaires-lancéolées et aiguës. Fleurs blanches, en grappes denses et arrondies s'allongeant à la fructification, à odeur suave ; pétales de 2,5-4,5 mm de long. Silicules aplaties, ovales ou arrondies, souvent pubescentes, de 2-3,5 mm, habituellement à 2 graines ailées sur une partie au moins de leur circonférence. Très commune et répandue sur les falaises et sols sableux et caillouteux du littoral. Dans toute la zone. *Lobularia libyca* est semblable, mais *plante annuelle* à fleurs plus petites (pétales de 1,5-2 mm de long) et graines ailées sur toute leur circonférence. ES (dont îles Baléares), TN.

Fibigia

Plantes herbacées vivaces ou sous-arbrisseaux à feuilles entières. Fleurs jaunes. Fruits fortement comprimés ; graines ailées.

Fibigia clypeata. Plante vivace dressée, densément tomenteuse-grisâtre, en touffes de 15-75 cm de haut, à feuilles entières et elliptiques atteignant 10 cm de long. Petites fleurs jaunes, à pétales de 7-13 mm, en grappes souvent rameuses. Fruits particuliers : fortement aplatis, en raquette, à pilosité grisâtre, de 21-28 mm de long, en grappes allongées de 10-20 cm. Rochers et murs de l'Italie vers l'est (naturalisée ailleurs), IT.

Iberis IBÉRIS

Plantes herbacées à feuilles simples, entières à lobées. Fleurs en corymbe, à 2 pétales externes beaucoup plus longs que les internes. Fruits comprimés ; 1 graine dans chaque valve. Beaucoup d'espèces proches ont entraîné des confusions dans les données de répartition.

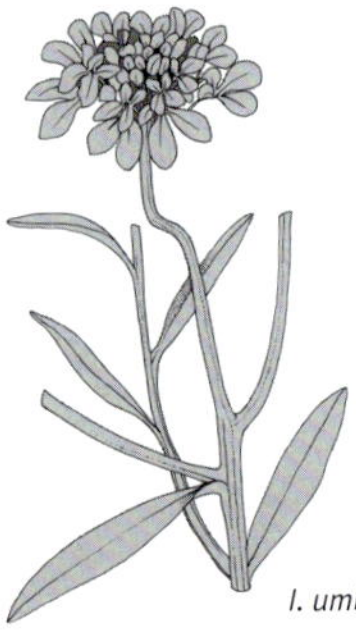

I. umbellata

A. Plante herbacée annuelle

Iberis umbellata IBÉRIS EN OMBELLE. Plante *annuelle* robuste et *glabre* de 70 cm, à *feuilles entières, linéaires-lancéolées*. Inflorescence en corymbe arrondi et dense (ne s'allongeant pas à la fructification) ; pétales roses à violacés, inégaux : 2 longs et 2 courts. Fruit de 7-10 mm de long, ovale et largement ailé depuis sa base, à ailes aiguës au sommet. Échappée de culture ; naturalisée dans la péninsule Ibérique. ES, FR, IT, PT. *Iberis pinnata* IBÉRIS À FEUILLES PENNÉES est semblable, mais *feuilles pennatilobées*. Lieux rocailleux, également échappée de culture. ES, FR, IT.

Iberis pectinata (Syn. *I. sampaiana*). Petite plante annuelle couchée, *velue-hérissée*, de 10-30 cm de haut. Feuilles spatulées, *lobées*, avec 3-4 paires de segments. Inflorescence en corymbe arrondi et dense ; pétales blancs, les externes fortement rayonnants, jusqu'à 9 mm de long. Fruits ovales-rectangulaires, non distinctement pubescents, ailés et atteignant 5 mm de long. Lieux perturbés et habitats dégradés. Péninsule Ibérique uniquement. ES, PT.

B. Plante vivace à base ligneuse ou sous-arbrisseau

Iberis procumbens. Petite plante vivace à port compact et *buissonnant, à poils courts*, de 15-30 cm de haut, à souche ligneuse émettant à la fois des tiges florifères et des pousses stériles. Feuilles largement spatulées, charnues, entières ou à 1-2 paires de dents près de l'apex. Inflorescence en corymbe arrondi et dense, *contracté à la fructification ; pétales blancs ou teintés de lilas*, de 5-9 mm. Fruits ovales, largement ailés depuis sa base, de 4-7 mm. Falaises maritimes et dunes de la péninsule Ibérique. ES, PT.

Iberis sempervirens IBÉRIS SEMPERVIRENT. Petit sous-arbrisseau sempervirent, rameux et glabre, à base ligneuse, atteignant 25 cm, à pousses florifères ascendantes et feuilles planes, étroitement spatulées et épaisses. Fleurs blanc *pur*, en corymbes. Fruits arrondis et largement ailés, notamment au sommet, de 4-7 mm. Montagnes, également échappé de culture ; absent des îles. ES, FR, IT.

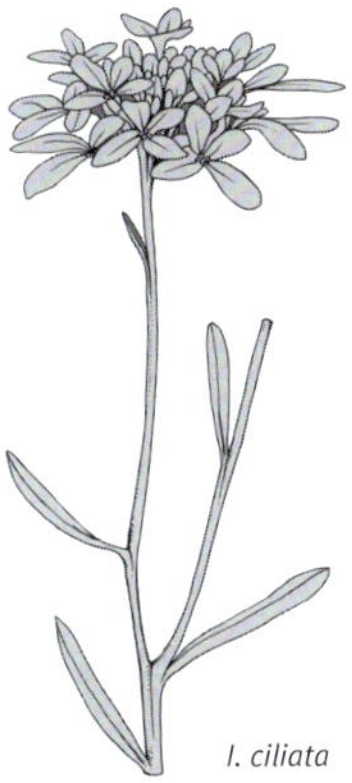
I. ciliata

Iberis ciliata. Plante vivace érigée ou étalée, de 15-30 cm de haut, à tiges centrales courtes et feuilles basales spatulées, entières ou finement dentées et à *marges ciliées*, les supérieures linéaires et à section en V. Inflorescence en corymbe dense, rose pâle ou violacée, très contractée à la fructification ; pétales de 7-10 mm. Fruits ailés, de 5-7 mm. ES, MA, PT. Subsp. *ciliata* possède des feuilles spatulées et des fleurs blanches. ES. Subsp. *contracta* (Syn. *I. linifolia*) possède des feuilles linéaires et des fleurs pourpres. ES, MA, PT. *Iberis linifolia* est très proche, mais entièrement glabre. Considérée autrefois comme plus répandue (du fait de confusions avec des espèces similaires). ES.

1

2

3

4

1. *Lobularia maritima*
2. *Fibigia clypeata*
3. *Iberis sempervirens*
4. *Iberis procumbens*

Biscutella BISCUTELLE

Plantes vivaces à feuilles simples. Pétales jaunes. Fruits originaux ressemblant à 2 disques monospermes accolés côte à côte.

Biscutella laevigata BISCUTELLE COMMUNE. Plante vivace variable, en touffes, à tiges dressées et ramifiées de 14-50 cm (nombreuses sous-espèces décrites, considérées par certains auteurs comme des espèces à part entière). Feuilles en rosette basale, ovales ou spatulées, entières, dentées ou lobées. Fleurs en grappes rameuses, jaunes, à pétales de 3-5 mm. Fruits particuliers, consistant en 2 disques accolés, à marges membraneuses. Commune dans une grande variété de milieux dans toute la zone. *Biscutella didyma*, voisine, est une espèce annuelle atteignant 40 cm de haut, à très petites fleurs dont les pétales sont progressivement rétrécis vers la base (sans onglet). Lieux secs. IT (dont Sardaigne).

Biscutella sempervirens. Plante vivace dressée de 20-50 cm de haut, à épais rhizome ligneux. Nombreuses feuilles basales, de 2,5-15 cm de long, densément regroupées, oblongues, à marges ondulées et pilosité rase. Fleurs jaunes de 3-5(9) mm, en grappe dense s'allongeant à la fructification. Subsp. *sempervirens* a des fruits de 8 × 12 mm. ES. Subsp. *vicentina* (Syn. *B. vicentina*), parfois traitée comme une espèce autonome, diffère par *ses très gros fruits, atteignant 10 × 17 mm, à marges membraneuses*. Rare espèce endémique, localisée aux sommets sableux des falaises de l'Algarve. PT.

Lepidium PASSERAGE

Feuilles simples à 2-3 fois divisées-pennées. Fleurs blanches ou rougeâtres. Fruits aplatis et fortement carénés ou ailés.

L. heterophyllum

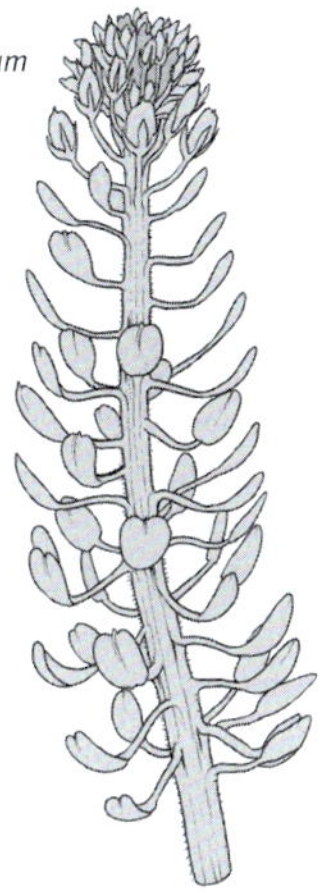

A. Inflorescence en grappe terminale dense (nombreuses espèces autres que celle décrite ci-dessous)

Lepidium heterophyllum PASSERAGE À FEUILLES VARIABLES. Plante herbacée vivace à souche ligneuse et nombreuses tiges ascendantes, atteignant 45 cm de haut, vert grisâtre, avec des poils courts et étalés. Feuilles basales ovales à elliptiques, se flétrissant rapidement, les médianes rétrécies en court pétiole, les supérieures sessiles et triangulaires. Petites fleurs à pétales de 3-4 mm, *blanches avec 6 anthères violettes*. Fruits de 4,5-6 mm, lisses et aplatis en bouclier, avec une échancrure au sommet d'où saille le style persistant. Lieux herbeux et sols sableux perturbés. ES, FR, IT.

L. draba

B. Inflorescence en panicule simulant un corymbe

Lepidium draba (Syn. *Cardaria draba*) PASSERAGE DRAVE. Plante vivace érigée, glabre ou légèrement pubescente grisâtre atteignant 90 cm. Feuilles oblongues, aiguës, dentées, longuement pétiolées, les supérieures embrassant la tige. Fleurs blanches, à pétales de 3-4 mm, en faux corymbes. Fruits de 2-4 mm, cordés, à style saillant (de 0,5-1,2 mm), renflés, indéhiscents. Terrains vagues, bord des routes ; commune dans toute la zone.

C. Inflorescences opposées aux feuilles pour la plupart (espèces incluses autrefois dans le genre *Coronopus*)

Lepidium didymum (Syn. *Coronopus didymus*) CORNE-DE-CERF À DEUX LOBES. Petite plante bisannuelle étalée ou ascendante atteignant 40 cm, à forte odeur au froissement. Feuilles profondément divisées, d'abord en rosette, puis sur les tiges étalées. Fleurs discrètes, à pétales de 0,5 mm, plus courts que les sépales ou absents. Grappes s'allongeant à la fructification, avec des pédicelles plus longs que les fruits. *Fruits en grelot* de 1,2-1,7 mm, veinés et échancrés au sommet, sans style. Friches sableuses ; commune dans toute la zone. ***Lepidium coronopus*** (Syn. *Coronopus squamatus*) est semblable, mais fleurs à pétales blancs atteignant 2,5 mm de large et fruits de 2-3 mm, *réniformes* (pas en grelot), *ridés-tuberculeux*. Dans toute la zone.

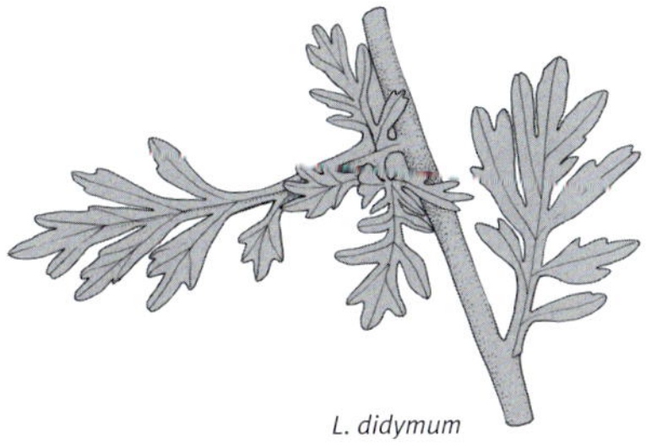

L. didymum

---

1. *Biscutella laevigata*
2. *Biscutella sempervirens* subsp. *vicentina*
3. *Lepidium draba*
4. *Lepidium didymum*
5. *Lepidium coronopus*

Diplotaxis DIPLOTAXIS

Plantes annuelles à vivaces à feuilles (en général) profondément lobées. Pétales jaunes. Fruits linéaires et aplatis, à graines sur 2 rangs.

Diplotaxis siifolia. Plante annuelle atteignant 1 m, à tiges feuillées ou non, à pilosité variable et feuilles basales profondément divisées ; segments foliaires inégaux (le terminal plus grand que les latéraux) avec des poils courts sur les deux faces. Fleurs jaune soufre pâle ; pétales de 9,5-12 mm. Fruits allongés et linéaires, de 24-28 mm de long, à 2 rangs de graines globuleuses. Subsp. *siifolia* possède des tiges dressées, nues et à peine pubescentes. DZ, ES, MA, PT. Subsp. *vicentina* (Syn. *D. vicentina*), traitée parfois comme espèce autonome, diffère par son port ascendant et ses tiges nues mais velues. Algarve uniquement. PT. *Diplotaxis erucoides* est également une annuelle, de 20-80 cm de haut, mais à *fleurs blanches veinées de violet* ; pétales de 8-10(13) mm. Fruits de 25-35(48) mm, dressés à étalés. Locale, mais répandue dans toute la zone (rare au Portugal). *Diplotaxis muralis* ressemble aux deux espèces précédentes, mais plante annuelle à pilosité éparse, jusqu'à 60 cm de haut, à fleurs jaunes ; pétales de 6-8(10) mm. Fruits de 15-40 mm. Locale, mais répandue dans toute la zone.

Brassica CHOU

Plantes annuelles ou vivaces à feuilles entières ou pennatilobées. Pétales jaunes ou blancs. Fruits sous forme de siliques terminées par un bec, à 1 rangée de graines dans chaque valve ; valves arrondies sur le dos, à 1 seule nervure saillante.

A. Feuilles caulinaires n'embrassant pas la tige : soit pétiolées, soit rétrécies à leur base

Brassica balearica CHOU DES BALÉARES. Sous-arbrisseau velu à tiges ligneuses atteignant 35 cm, à *feuilles charnues, vert brillant, lobées et ressemblant à celles d'un chêne* ; les supérieures sessiles. Fleurs jaunes, en grappes courtes ; pétales de 12-14 mm. Fruits linéaires, de 20-60 mm de long, avec peu de constrictions. Endémique de l'île de Majorque. ES (îles Baléares).

Brassica nigra MOUTARDE NOIRE. Plante annuelle jusqu'à 1,2 m de haut à tiges ramifiées vers le milieu ou dès la base. Feuilles inférieures arrondies ou en lyre, divisées-pennées, avec 1-3 paires de lobes latéraux et un lobe terminal beaucoup plus grand ; *hispides sur les deux faces* ; feuilles supérieures linéaires-oblongues, habituellement entières et sans poils raides. Toutes les feuilles *pétiolées*. Sépales dressés-étalés ; pétales jaunes, de 7,5-12 mm. Fruits de 8-25 mm, longs et grêles, s'amincissant progressivement en un bec dépourvu de graine, à pédoncule court ; *appliqués contre la tige*. Lieux herbeux et sableux des côtes maritimes. Dans toute la zone.

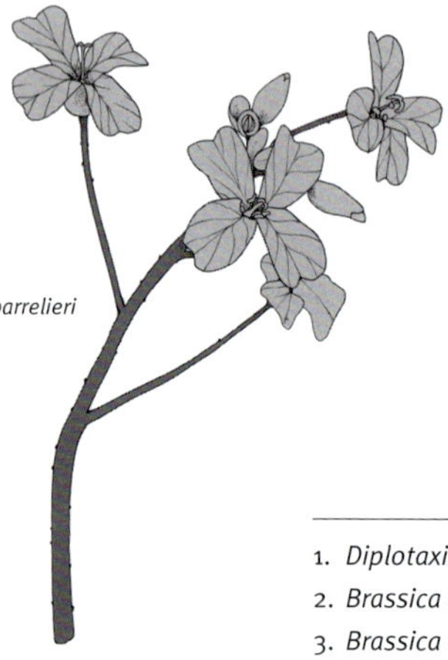
B. barrelieri

Brassica barrelieri. Plante annuelle atteignant 80 cm. Nombreuses feuilles inférieures, groupées en rosette, à pétiole très court, pennatilobées, avec 7-10 paires de lobes lancéolés ; *hispides*, notamment sur le rachis ; feuilles caulinaires peu nombreuses, *sessiles*, entières et glabres. Pétales de 9-12 mm, voyants, jaune veiné de rouge ou blanchâtres. Fruits de 20-50 mm de long, contractés par intervalles. Sols sableux littoraux ; locale. ES, MA, PT.

1. *Diplotaxis siifolia* subsp. *vicentina*
2. *Brassica oleracea*
3. *Brassica oleracea* (fleur)
4. *Brassica macrocarpa* PHOTOGRAPHIE : GIANNIANTONIO DOMINA
5. *Brassica rapa*
6. *Hirschfeldia incana*

Brassica fruticulosa. Plante vivace de 30-90 cm, *ligneuse à la base*, à feuilles pétiolées, lobées et avec un grand segment terminal, à poils hérissés très épars, les feuilles supérieures diminuant progressivement de taille vers le haut de la tige, celles du sommet entières. Fleurs dépassant les boutons à l'épanouissement ; sépales dressés, pétales jaune pâle, de 7-15 mm. Fruits de 15-40 mm. ES, MA. *Brassica tournefortii* est une plante annuelle à *rosettes lâches et plaquées au sol de feuilles densément pubescentes en dessous*, les supérieures bractéiformes. Fleurs à sépales dressés et pétales jaune pâle de 5-6 mm. Fruits de 30-70 mm. ES, FR, IT, MA, PT.

B. Feuilles caulinaires *embrassant* nettement la tige par leur base

Brassica oleracea CHOU SAUVAGE. Robuste plante bisannuelle à vivace, glabre et glauque, atteignant 1,5(2) m, à souche ligneuse épaisse portant les cicatrices des feuilles. Grandes feuilles basales charnues, jusqu'à 30 cm de long, ondulées et lobées, à pétiole ailé ; feuilles supérieures entières, *embrassant la tige à la base*. Fleurs jaune pâle, en *grappes allongées* ; pétales de 12-30 mm ; *sépales dressés*. Fruits sous forme de siliques ascendantes terminées en bec, à graines sur 1 seul rang, de 5-10 cm de long. Des formes arborescentes (jusqu'à 3 m de haut) sont cultivées en Espagne et au Portugal. Absente de la plupart des îles. ES, FR, IT, PT. Des raretés régionales similaires incluent ***Brassica macrocarpa***, localisée sur 2 petites îles de l'archipel des Égades au large de la Sicile, et *Brassica insularis* qui pousse en Corse, en Sardaigne et en Tunisie.

Brassica rapa NAVET POTAGER. Plante annuelle ou bisannuelle atteignant 1,5 m, à souche tubéreuse. Feuilles vert vif, les inférieures souvent velues, les supérieures à reflet bleu-gris, non charnues et hérissées de poils raides. Fleurs jaune pâle, *dépassant les boutons* ; pétales de 6,5-12 mm ; *sépales dressés-étalés. Longs fruits linéaires*, de 5-10 cm de long, se rétrécissant en bec grêle jusqu'à 30 mm de long. Cultivée et naturalisée dans toute la zone.

Sinapis MOUTARDE

S. alba (fleurs)

S. alba (feuille)

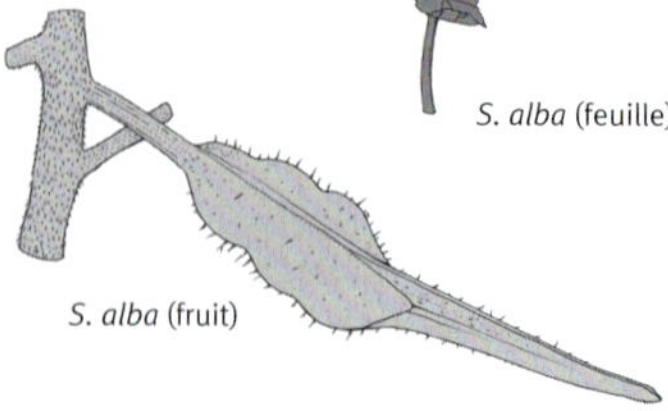
S. alba (fruit)

Plantes annuelles à feuilles crispées ou lobées. Fleurs à sépales étalés et pétales jaunes. Fruits sous forme de siliques à déhiscence longitudinale, terminées en bec distinct ; valves à 3(7) nervures.

Sinapis alba **MOUTARDE BLANCHE**. Grande plante annuelle généralement hérissée (parfois glabre) atteignant 70 cm. Feuilles *toutes pétiolées* et pennatilobées. Fleurs jaune pâle. Fruits de 20-40 mm de long, à bec aplati en glaive, égalant ou dépassant les valves (10-30 mm). Lieux perturbés, cultures, friches ; commune. Source de la moutarde blanche. Dans toute la zone. ***Sinapis arvensis*** **MOUTARDE DES CHAMPS** est semblable, mais feuilles supérieures lancéolées et *sessiles*, fruits plus grands, de 25-45 mm de long, *à bec conique plus court que les 3-7 valves* (7-16 mm). Mêmes milieux. Dans toute la zone.

1

2

3

4

5

Hirschfeldia

Plantes annuelles ou faiblement pérennantes, à feuilles lobées ou divisées. Pétales jaunes ; sépales dressés. Fruits sous forme de siliques à bec court, renflé en massue ; valves à 1-3 fortes nervures.

Hirschfeldia incana ROQUETTE BÂTARDE. Grande plante annuelle à port lâche atteignant 1,2 m. Feuilles inférieures pétiolées et divisées-pennées à lobe terminal oblong et avec jusqu'à 9 paires de lobes latéraux ; feuilles supérieures entières. Fleurs jaune pâle, en grappes terminales denses ; pétales de 6-9 mm. Fruits de 6-17 mm, étroitement appliqués contre la tige, en forme de cheville, avec un segment terminal renflé à 1 graine et un segment inférieur comprimé à 2-6 graines. Sols sableux remués ; fréquente dans toute la zone.

Sisymbrella

Plantes annuelles ou vivaces à tiges feuillées et feuilles entières ou divisées. Pétales jaunes ; pédicelles floraux *épaissis à la fructification*. Fruits sous forme de silique, à section circulaire ou elliptique.

Sisymbrella aspera. Petite annuelle de 8-50 cm, *à rosette basale de feuilles divisées-pennées* ; folioles dentées. Fleurs jaunes, à 4 pétales de 3-12 mm, dépassant les sépales qui restent visibles entre les pétales ; fleurs en longues inflorescences étalées. Fruits de 8-50 mm, longs, lisses et grêles, ascendants, à pédoncules épaissis. Lieux humides. Répandue. DZ, ES, FR, IT, MA, PT.

Cakile CAKILIER

C. maritima

Plantes annuelles glabres à feuilles charnues et glauques. Pétales blancs, roses ou violets. Fruits sous forme de siliques à 2 articles.

Cakile maritima CAKILIER MARITIME. Plante annuelle de taille modeste, plutôt charnue, étalée et glabre, atteignant 50 cm. Feuilles vert grisâtre, irrégulièrement pennatilobées, à lobes étroits et non dentés, ou entières. Fleurs lilas à blanches, à pétales de 4-10 mm de long, en grappes s'allongeant nettement à la fructification. Fruits de 7-25 mm, bruns et charnus, à 2 articles, *l'inférieur à base en fer de flèche*, le supérieur ovale et tétragone. Sols sableux maritimes ; commune dans toute la zone.

Rapistrum

R. rugosum

Plantes annuelles à vivaces à feuilles dentées à lobées. Pétales jaunes. Fruits sous forme de siliques à 2 articles : l'inférieure mince et à 0-1(3) graines, la supérieure sphérique et à 1 graine, ridée et à style persistant.

Rapistrum rugosum RAPISTRE RUGUEUX. Plante annuelle atteignant 80 cm, à poils hérissés en bas mais glabre en haut. Feuilles inférieures divisées-pennées, souvent dentées et pétiolées. Pétales *jaune citron*, de 6-8 mm de long. Fruits de 4-10 mm, à article supérieur ovoïde-globuleux et *abruptement contracté en bec* ; article inférieur cylindrique ou renflé. Commune dans les habitats littoraux rudéralisés dans toute la zone. *Rapistrum perenne* est semblable, mais vivace et *à fleurs jaune vif*. Seulement à l'est de la zone. FR, IT.

1. *Sisymbrella aspera*
PHOTOGRAPHIE : SERGE D. MULLER
2. *Cakile maritima*
3. *Rapistrum rugosum*
4. *Raphanus raphanistrum*
5. *Cakile maritima*

TROPAEOLACEAE | TROPAÉOLACÉES

Plantes herbacées annuelles et vivaces, d'aspect souvent un peu charnu et glabre, à feuilles alternes. Fleurs spectaculaires, à 5 sépales et pétales ; 8 étamines ; 3 stigmates. Fruits tripartites, se séparant en segments charnus.

Tropaeolum

Plantes annuelles grimpantes ou rampantes à feuilles peltées. Fleurs zygomorphes à 5 pétales et sépales libres ; 8 étamines. Fruits tripartites.

Tropaeolum majus CAPUCINE. Plante annuelle vigoureuse, rampante et glabre, atteignant 2 m, à feuilles arrondies, glauques, à 5-6 lobes superficiels, regardant vers le haut et *peltées* (à pétiole attaché au centre du limbe). Grandes fleurs solitaires, à long éperon, jaunes ou rouge orangé, de 25-60 mm de large, naissant à l'aisselle des feuilles ; éperon de 25-40 mm. Originaire d'Amérique du Sud, mais souvent échappée, parfois abondante. ES, FR, IT, PT.

MALVACEAE | MALVACÉES

Grande famille de plantes herbacées ou ligneuses à poils étoilés et feuilles alternes, souvent palmatilobées, et stipulées. Fleurs souvent spectaculaires, généralement *avec 1 calice et 1 épicalice* (caractère important) ; 5 sépales et pétales ; nombreuses étamines ; 1 ou 5 à nombreux styles. Fruits sous forme d'un ensemble de carpelles monospermes se divisant à maturité ou de capsules à plusieurs graines.

Malope

Comme *Malva* (voir ci-après), mais épicalice à 3 lobes cordés (plus larges que les sépales) et carpelles disposés en tête globuleuse.

Malope trifida. Plante annuelle de taille médiocre à moyenne, pratiquement glabre, atteignant 1,5 m, à tige unique, érigée. Feuilles de 4-10 cm, longuement pétiolées, à marges ondulées, les inférieures arrondies, les supérieures à 3-5 lobes triangulaires. *Fleurs rouge-pourpre profond*, à pétales de 30-60 mm de long, non échancrés. Cultivée dans les jardins et parfois naturalisée. ES, MA, PT. *Malope malacoides* est semblable, mais à poils raides et fleurs rose pâle. Dans toute la zone, sauf le Portugal et quelques îles.

Malva MAUVE

Plantes annuelles à vivaces à épicalice avec 3(-10) segments, libres ou soudés ; pétales roses à violacés ; nombreux carpelles ; fruits se décomposant en carpelles monospermes. La distinction traditionnelle entre *Lavatera* et *Malva*, basée sur la soudure ou non des segments de l'épicalice, est considérée désormais comme artificielle et les 2 genres ont été réunis. Genre difficile : l'observation des fruits mûrs est souvent indispensable à l'identification.

1. *Tropaeolum majus*
2. *Malva moschata*
3. *Malva alcea*

M. setigera

A. Plante annuelle ; *épicalice à 6-10 segments*

Malva setigera (Syn. *Althaea hirsuta*) GUIMAUVE HÉRISSÉE. Plante annuelle grêle, basse ou moyenne, atteignant 60(70) cm, à poils simples et étoilés à base renflée mêlés. Feuilles inférieures arrondies et réniformes, de 10-40 mm de large, longuement pétiolées, dentées ou à lobes superficiels, les supérieures plus profondément palmatilobées. Petites fleurs roses, solitaires sur des pédicelles allongés, en forme de coupe, à pétales dépassant à peine les sépales ; pétales de 12-16 mm. Épicalice à 6-9(10) segments, presque aussi longs que les sépales. Fruits velus et côtelés. Jachères sèches, friches littorales. Dans toute la zone.

B. Plante annuelle à feuilles souvent lobées mais non profondément divisées ; épicalice à 3 segments ; *grands pétales, de 25-45 mm*

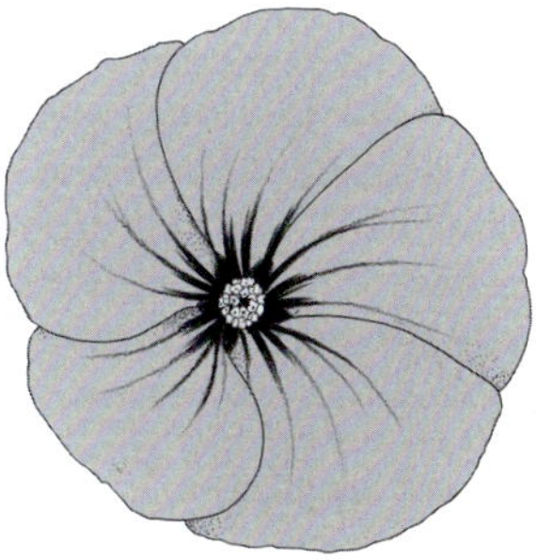
M. trimestris

Malva trimestris (Syn. *Lavatera trimestris*) LAVATÈRE À GRANDES FLEURS. Plante annuelle dressée, un peu *hispide*, atteignant 1,2 m, à feuilles longuement pétiolées, arrondies ou cordées, dentées ; les supérieures à 3-7 lobes superficiels, vert profond brillant. Grandes fleurs à pétales de 25-45 mm de long, roses (parfois blanches), solitaires. Segments de l'épicalice plus courts que les sépales ; sépales soudés sur la quasi-totalité de leur longueur, *accrescents à la fructification*. Fruits glabres, côtelés, *recouverts par une expansion en forme de disque* naissant de l'axe central. Lieux cultivés, jachères et friches. Dans toute la zone.

1

2

3

M. hispanica

M. arborea

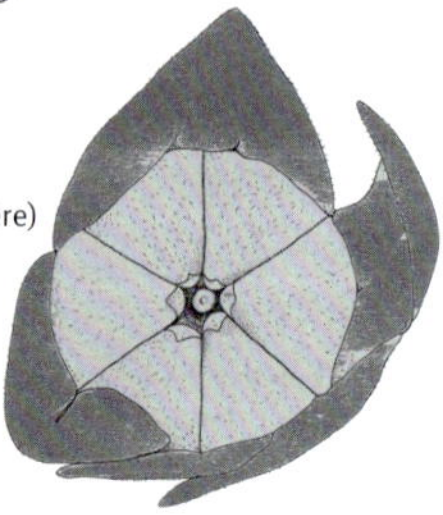

M. arborea (calice fructifère)

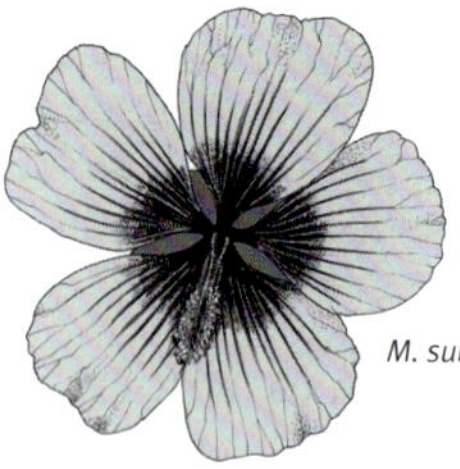

M. subovata

Malva hispanica. Plante annuelle dressée, jusqu'à 70 cm (1 m) de haut, à longs poils. Petites feuilles de 5-60 mm de long, semi-circulaires et *non ou à peine lobées*. Fleurs généralement solitaires à l'aisselle des feuilles, lobes de l'épicalice linéaires à triangulaires, sépales rhomboïdaux à ovales, pétales environ 2 fois plus longs que les sépales (15-25 mm), *entièrement rose très pâle*. Fruits glabres et dépourvus de côtes. Lieux secs ou sableux. ES, MA, PT.

F. *Plante vivace robuste, ligneuse* à feuilles souvent lobées mais non profondément divisées ; épicalice à 3 segments ; *pétales normalement* > *(10)15 mm*

Malva arborea (Syn. *Lavatera arborea*) LAVATÈRE ARBORESCENTE. Robuste vivace ou bisannuelle *ligneuse* atteignant 3 m de haut, à poils étoilés en haut. Grandes feuilles arrondies et palmées, à 5-7 lobes, atteignant 20(22) cm de long, veloutées. Fleurs groupées par 2-7 à l'aisselle des feuilles, formant ensemble une longue inflorescence terminale ; pétales de 14-20 mm, *pourpre rosé veiné de sombre*. Segments de l'épicalice jusqu'à 10 mm de long, *dépassant les sépales* et fortement accrescents à la fructification, soudés à la base. Fruits velus ou non, à bords aigus. Rochers maritimes ; commune.

Malva subovata (Syn. *Lavatera maritima*) LAVATÈRE D'ESPAGNE. Plante ligneuse atteignant 1,5 m, à jeunes pousses d'abord *tomenteuses-blanchâtres*, puis devenant grises en se lignifiant, à feuilles arrondies, grisâtres au moins en dessous. Fleurs rose pâle à centre pourpre, sur des pédicelles égalant ou dépassant la feuille adjacente, à pétales de 15-30 mm, non contigus à la base. Côtes rocheuses ; rare dans l'Extrême-Ouest. ES, FR, IT.

Malva pallescens. Plante vivace à pilosité glanduleuse éparse, de 50-70 cm (1,5 m) de haut, à feuilles vert jaunâtre pâle atteignant 10 × 10 cm, à 3-5(7) lobes profonds et marges ondulées. Fleurs rose blanchâtre pâle ; pétales de 20-25 mm, dépassant le calice. Éboulis calcaires littoraux. Espèce endémique insulaire. IT (Sardaigne). *Malva minoricensis*, semblable, est une vivace compacte jusqu'à 50 cm de haut, à feuilles plus petites de 35 × 35 mm, arrondies et vert pâle, à marges plissées, les supérieures à 3-5 lobes peu profonds. Pétales de 10-15 mm, ne dépassant pas le calice. Espèce endémique de l'île de Minorque. ES (îles Baléares).

1. *Althaea officinalis*
2. *Alcea rosea*

Althaea

A. *officinalis* (calice fructifère)

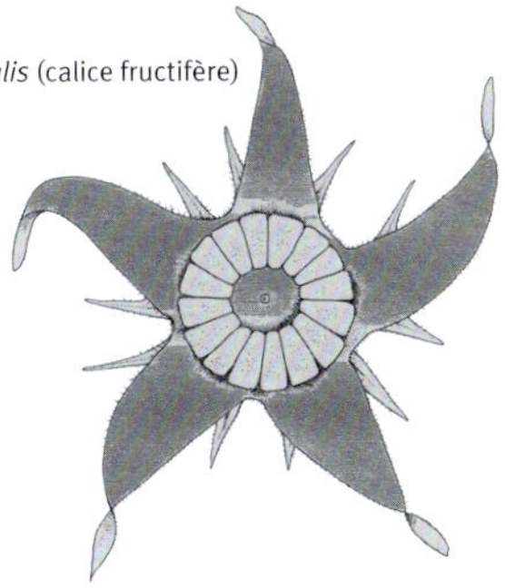

Plantes bisannuelles ou vivaces à fleurs munies d'un épicalice à 6-10 segments soudés à la base et plus courts que le calice. Fruits se désarticulant en nombreux carpelles discoïdes monospermes.

Althaea officinalis GUIMAUVE OFFICINALE. Grande plante vivace atteignant 1,5 m, entièrement pubescente-veloutée, à poils étoilés. Feuilles triangulaires-ovales, entières ou à 3-5 lobes superficiels, souvent pliées en éventail, jusqu'à 10 cm de large. Fleurs solitaires ou groupées à l'aisselle des feuilles, rose lilas pâle, sur des pédicelles plus courts que la feuille adjacente ; pétales de 15-20 mm. Fruits velus, sépales recourbés en dehors à la fructification. Lieux humides saumâtres du littoral. Dans toute la zone.

Althaea cannabina. Grande plante vivace dressée et velue atteignant 1,8 m, à feuilles à 5 lobes profonds, oblongs et doublement dentés. Grandes fleurs rose pâle, à pétales > 2 fois plus longs que le calice (12-30 mm). Répandue, mais absente de Corse et des îles Baléares. ES, FR, IT, MA, PT.

Alcea

Grandes plantes bisannuelles à vivaces, *dressées*, à très grandes fleurs formant une inflorescence allongée et étroite ; épicalice à 6-7 segments soudés à la base et plus courts que le calice. Fruits se désarticulant en carpelles monospermes.

Alcea rosea ROSE TRÉMIÈRE. *Grande plante vivace atteignant 3 m de haut, à tiges érigées, simples et raides* ; grandes feuilles palmées, planes, à dents obtuses. Grandes fleurs spectaculaires, généralement roses mais de couleur variable, notamment chez les formes cultivées ; pétales de 25-50 mm. Carpelles ailés. Peut-être d'origine hybride et provenant de Méditerranée orientale, mais largement naturalisée, souvent dans les lieux rocailleux et près des habitations. DZ, ES, FR, IT, MA, TN.

1

2

Hibiscus HIBISCUS

Épicalice à 3(10-13) segments ; 5 sépales, souvent soudés et persistant à la fructification ; 5 carpelles soudés. Fruits sous forme de capsules déhiscentes.

H. syriacus

A. Arbustes à base ligneuse

Hibiscus syriacus HIBISCUS COMMUN. Arbuste dressé atteignant 3 m, à feuilles rhomboïdales et dentées, parfois trilobées, courtement pétiolées. Fleurs roses à blanches, pourpres au centre, solitaires ou par 2 à l'aisselle des feuilles supérieures. Capsule à poils jaunes. Largement planté pour l'ornement dans toute la zone. ***Hibiscus rosa-sinensis*** possède des feuilles luisantes, ovales, parfois dentées un peu irrégulièrement ; fleurs voyantes spectaculaires rouge vif. Très souvent planté dans les villes et jardins de toute la zone.

B. Plantes annuelles ou vivaces non ligneuses (incl. *Abelmoschus*)

Hibiscus trionum HIBISCUS D'AFRIQUE. Plante annuelle basse à médiocre, normalement dressée, jusqu'à 50 cm de haut. Feuilles profondément divisées en 3(5) segments pennatilobés. Fleurs solitaires et longuement pédicellées, crème *à centre violet sombre*, pétales de 15-25 mm de long ; épicalice à 10-13 lobes linéaires ; *calice renflé, à nervures violacées et hérissées*. Fruits sous forme de capsules cachées dans le calice renflé. Originaire de l'est du bassin méditerranéen, mais largement naturalisée à l'ouest. ES, FR, IT.

Abelmoschus esculentus (Syn. *Hibiscus esculentus*) GOMBO. Plante vivace assez grande, à larges feuilles palmatilobées, atteignant 20 cm de diamètre, sur de longs pétioles dressés. Fleurs crème à centre violet sombre, jusqu'à 8 cm de large, à 5 pétales. Fruits comestibles, en forme de gousse, jusqu'à 18 cm de long. Parfois plantée dans les jardins de toute la zone.

1. *Hibiscus rosa-sinensis*
2. *Ceiba insignis* (fleur)
3. *Hibiscus trionum*
4. *Brachychiton populneus*
5. *Dombeya* × *cayeuxii*
6. *Ceiba insignis*

Dombeya

Arbres ou arbustes originaires d'Afrique et de Madagascar. Fleurs en groupes pendants ; *pétales persistants* ; typiquement avec 15-25 étamines ; 5 étamines stériles voyantes (staminodes) ; 3-5 carpelles. Fruits sous forme de capsules.

Dombeya × cayeuxii. Arbre exotique, probablement d'origine hybride (*D. burgessiae* × *D. wallichii*), atteignant 5 m de haut, à grandes feuilles retombantes et inflorescences pendantes de fleurs roses munies de pétales longuement persistants ; épicalice non persistant. Parfois planté dans les villes de la péninsule Ibérique, peut-être aussi ailleurs. ES, PT.

Ceiba

Arbres tropicaux à tronc droit et renflé, feuilles alternes, souvent palmatilobées, et fleurs régulières à 5 pétales libres et filets des étamines soudés en colonne.

Ceiba insignis. Arbre caducifolié original à tronc gris *nettement renflé en bouteille* à l'âge adulte, *armé de robustes épines éparses*. Feuilles vert foncé et palmatilobées jusqu'à la base ; 5-7 lobes, lancéolés et aigus, souvent superficiellement dentés. Grandes fleurs spectaculaires apparaissant en fin d'été ; 5 pétales libres jusqu'à 12 cm de long, blancs, lavés de crème ou de jaune d'or, souvent avec des marques rougeâtres ; étamines soudées en colonne. *Gros fruits en forme de poire*, révélant à maturité des *graines cotonneuses*, d'autant plus visibles en hiver en l'absence de feuilles. Communément planté dans les villes et les parcs d'Espagne. ES.

Brachychiton

Arbres et arbustes originaires d'Australie. Monoïques ; fleurs unisexuées à périanthe en cloche, lobé ; typiquement 10-30 étamines et autant d'étamines stériles (staminodes) ; 5 carpelles.

Brachychiton populneus. Arbre atteignant 18 m (souvent beaucoup moins) à tronc distendu et feuilles aiguës, simples ou à grands lobes. *Fleurs en cloche*, variant du verdâtre au jaunâtre ou au rosâtre, avec de petites marques rouges ou entièrement rouges à l'intérieur, habituellement à 5-6 lobes inégaux et aigus. Fruits sous forme de gousses déhiscentes. Planté occasionnellement en Espagne et à Majorque au bord des routes. ES (dont îles Baléares).

NEURADACEAE

Petite famille mal définie de plantes annuelles velues et couchées. Fleurs solitaires ; 5 sépales et pétales ; 10 étamines et styles. Tête fructifère de carpelles secs, en forme de disques convexes.

Neurada

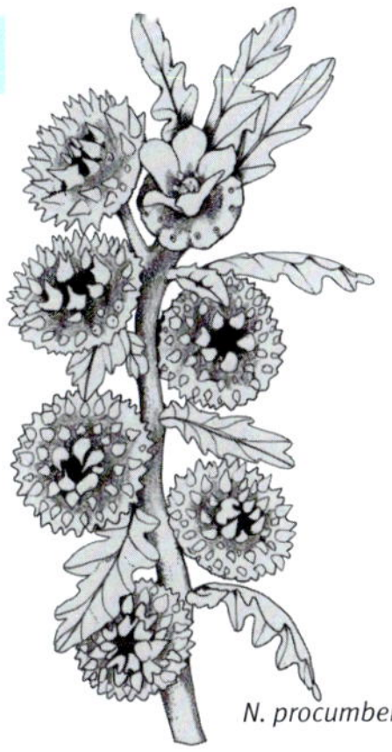

N. procumbens

Difficile à confondre avec son port prostré, sa pilosité blanchâtre et ses têtes fructifères discoïdes.

Neurada procumbens. Annuelle prostrée pubescente-blanchâtre, atteignant 14(32) cm, très ramifiée. Feuilles de 6-25 mm, ovales, irrégulièrement lobées. Fleurs verdâtres, solitaires à l'aisselle des feuilles ; 5 pétales de 2-4,3 mm de long ; 10 étamines et styles. Tête fructifère typiquement en disque convexe épineux sur le dessus, à 10 valves. Sols sableux littoraux et milieux arides d'Afrique du Nord. DZ, MA, TN.

CYTINACEAE

Petite famille de parasites obligatoires des racines de plantes ligneuses. Fleurs unisexuées, pollinisées par les fourmis. Nombreuses graines noyées dans une pulpe, devenant comme de la poussière en séchant et disséminées par le vent.

Cytinus

Plantes parasites sans chlorophylle ni feuilles ou tiges visibles. Périanthe à 4 lobes ; 8-10 étamines. Fruits sous forme de capsules ; graines minuscules. Les plantes liées à des hôtes spécifiques constituent probablement des espèces cryptiques en voie de formation.

C. hypocistis subsp. *hypocistis*

C. hypocistis subsp. *macranthus*

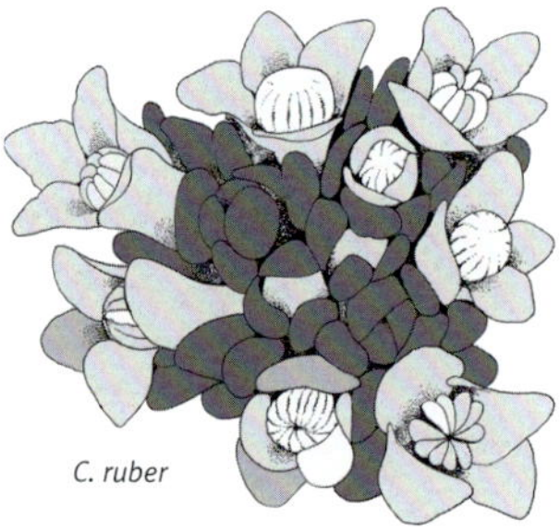

C. ruber

A. Fleurs jaune vif

Cytinus hypocistis CYTINET. Plante jaune vif impossible à confondre, parasite de diverses espèces de *Cistus*, à tiges souterraines de 3-16 cm (pas de tiges aériennes) ; feuilles réduites à des écailles ovales-oblongues jaunes, orange ou rouges. *Fleurs jaune vif*, densément groupées par 4-14(20), sous-tendues par 2 bractées de même couleur que les feuilles écailleuses. Garrigues, maquis et dunes. Bien qu'officiellement reconnues, les sous-espèces suivantes sont difficiles à distinguer sur le terrain : subsp. *macranthus* possède de jeunes bractées rouge orange, *virant au jaune orange* à la floraison ; périanthe *dépassant* nettement les bractées à la floraison (fleurs femelles de 20-30 mm de long). Parasite de subsp. *Halimium*. Dunes littorales. MA, PT. Subsp. *hypocistis* qui fleurit un peu plus tard possède *des bractées rouge vif* contrastant avec les fleurs jaunes et *qui restent rouges durant la floraison ; périanthe dépassant à peine les bractées* (fleurs femelles de 12-15 mm de long). Parasite de subsp. *Cistus*. (notamment *C. ladanifer* et *C. monspeliensis*). Dans toute la zone.

B. Fleurs rose pâle

Cytinus ruber ressemble à l'espèce précédente, mais avec environ 20 fleurs, des feuilles écailleuses et des bractées *rouge carmin* (pas rouge orange) contrastant avec le périanthe *rose pâle* (pas jaune), de 10-23 mm de long et dépassant légèrement les bractées. Parasite des *Cistus* à fleurs roses (notamment *C. albidus*). Garrigues, maquis ; plutôt localisée dans toute la zone.

1. *Cytinus hypocistis* subsp. *hypocistis*
2. *Cytinus hypocistis* subsp. *hypocistis*
3. *Cytinus hypocistis* subsp. *macranthus*
4. *Cytinus hypocistis* subsp. *macranthus*
5. *Cytinus ruber*
6. *Daphne gnidium* (fleurs)
7. *Daphne gnidium*

THYMELAEACEAE

Sous-arbrisseaux à feuilles simples, entières et alternes. Fleurs en cymes ou en grappes, régulières et hermaphrodites ; calice tubuleux, pétaloïde ; pas de vrais pétales ; 8 étamines, soudées à la surface du tube du calice ; style solitaire. Fruits sous forme de drupes, de baies ou d'akènes.

Daphne

Arbrisseaux à feuilles simples. Fleurs à 4 lobes pétaloïdes ; 8 étamines. Fruits charnus, renfermés dans le calice persistant.

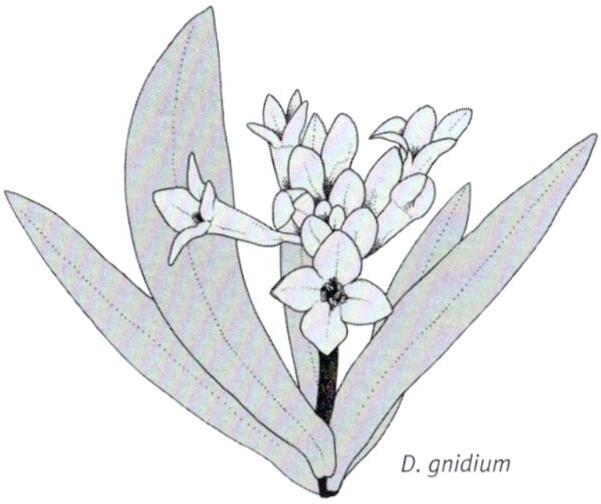

D. gnidium

Daphne gnidium. Arbrisseau dressé, lâche, quasiment glabre, atteignant 2 m, à rameaux nus inférieurement ; ressemble un peu à une *Euphorbia* en l'absence de fleurs, mais ne produit pas de latex quand on le coupe. Feuilles de 20-30 mm, vert pâle, coriaces, linéaires-aiguës. Fleurs blanc crème, de 5-6,5 mm de long, en panicules denses. Baies d'abord rouges puis noires, de 7-8 mm. Garrigues, pentes rocailleuses ; commun. *Daphne oleoides* est assez proche de *D. gnidium*, mais moins grand et plus compact, à tiges ascendantes ou entièrement couchées, de 50 cm au maximum, à feuilles totalement glabres à maturité et fleurs blanches ou crème, groupées par 2-6, *à lobes plus longs et aigus*, de 9-14 mm de long. Fruits de 10 mm. Lieux rocheux à haute altitude. Absent de la plupart des îles. ES, FR, IT. *Daphne rodriguezii* possède des feuilles à marges velues enroulées vers le bas et des fleurs blanc crème longues de 8-11 mm à tube de la corolle lavé de pourpre verdâtre terne à l'extérieur ; fruits sous forme de baies rouges de 5 mm. Fourrés littoraux à Minorque ; endémique insulaire. ES (îles Baléares).

Daphne laureola DAPHNÉ LAURÉOLE. Arbrisseau dressé et glabre, sempervirent, atteignant 1,5 m de haut, à feuilles coriaces, *largement lancéolées*, alternes, *vert sombre luisant*, de 3-12 cm. Fleurs par 2-10 en fascicules courts et denses ; *vert jaunâtre*, de 12-14 mm de long, un peu penchées, à 4 lobes pétaloïdes, odorantes. Fruits globuleux, noirs à maturité, de 8-10(13) mm. Fourrés et boisements caducifoliés. Répandu mais rare ou absent dans l'Extrême-Est et Ouest. DZ, ES, FR, IT, MA.

Daphne sericea. Arbrisseau dense et arrondi, jusqu'à 70 cm de haut, à jeunes pousses velues. Feuilles assez denses, vert sombre et coriaces, plus larges au-dessus de leur milieu, rétrécies à la base en pétiole court, velues en dessous. Fleurs rosées (parfois crème), en têtes terminales denses, odorantes ; de 8-12 mm de long. Fruits sous forme de baies brun-rouge. Maquis et boisements clairs, souvent sur le littoral ; également cultivé dans les jardins. IT (dont Sicile).

1

2

3

4

Thymelaea

Arbrisseaux sempervirents bas ou plantes herbacées avec des petites feuilles sessiles. Fleurs normalement jaunâtres, solitaires ou groupées à l'aisselle des feuilles. Fruits sous forme d'akènes.

A. Arbuste ou sous-arbrisseau vivace

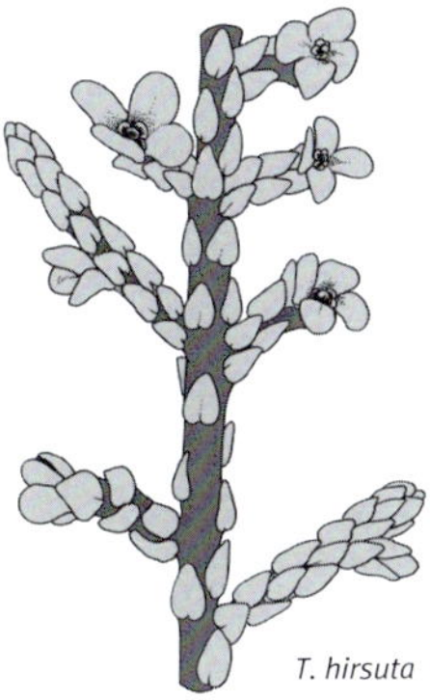

T. hirsuta

Thymelaea hirsuta. Arbuste sempervirent bas ne dépassant pas 2 m, à tiges blanches-tomenteuses ; ressemble un peu à une amaranthacée buissonnante, avec de petites feuilles charnues en écailles, de 2,5-6 mm, imbriquées sur la tige, vert brillant et *glabres dessus, pubescentes dessous*. Fleurs de 3-5 mm, unisexuées ou hermaphrodites, jaunâtres, en inflorescences discrètes par 6-12. Fruits de 3-5 mm. Lieux secs et dénudés, sableux, souvent sur les falaises maritimes. Dans toute la zone (peut-être éteint dans le sud du Portugal). ***Thymelaea villosa***, à port semblable à celui de *T. hirsuta*, possède des feuilles de 7-11 mm, moins charnues, *nettement velues* sur les 2 faces ; fleurs groupées par 1-5 seulement. Mêmes milieux ; local. ES, MA, PT.

Thymelaeea sanamunda. Plante vivace basse à moyenne, glabre, de 40 cm au plus, *à pousses annuelles dressées* naissant d'une souche ligneuse. Feuilles étroitement elliptiques et aiguës, vert bleuté, de 15-30 mm. Fleurs de 7-9 mm, jaunes, à long tube grêle terminé par 4 lobes aigus assez longs et réfléchis, groupées par 3-7 en fascicules assez allongés à l'aisselle des feuilles. Fruits glabres, de 3,5-3,8 mm. Garrigues. ES, FR.

Thymelaea tartonraira. *Arbrisseau bas et dense, presque couché, souvent en coussinet*, ne dépassant pas 50 cm. Feuilles *grisâtres* plus larges vers le sommet, de 5-15 mm. Fleurs de 3,5-6 mm, jaune pâle, groupées par 2-5 à la base des feuilles. Fruits de 2,5-3,5 mm. Garrigues et fourrés du littoral. Absent de nombreuses îles. ES, FR, IT, MA. *Thymelaea velutina* (Syn. *T. myrtifolia*) est très semblable, mais à feuilles de 5-10 mm, *densément tomenteuses*. ES (îles Baléares).

Thymelaea tinctoria. Arbrisseau bas et étalé, à feuilles disposées régulièrement, *grisâtres, charnues, de section arrondie*, de 4-22 mm, évoquant celles d'une euphorbe. Fleurs de 3,5-6 mm, jaunes, unisexuées, pratiquement sessiles à l'aisselle des feuilles. Fruits de 2,6-3,5 mm. Garrigues et pentes rocailleuses. ES, FR.

B. Plante annuelle

Thymelaea passerina. Plante *annuelle* très délicate, peu rameuse, *plus ou moins glabre*, à tiges dressées atteignant 50(80) cm. Feuilles linéaires, comme celles d'un lin, alternes et aiguës, de 4-8 mm. Fleurs de 2-3 mm, verdâtres, groupées par 3-7 à l'aisselle des feuilles en inflorescence lâche et allongée. Fruits de 2-3 mm. Divers milieux secs ; répandue mais rarement commune. Dans toute la zone.

T. passerina

1. *Daphne laureola*
2. *Thymelaea villosa*
3. *Thymelaea hirsuta*
4. *Thymelaea tinctoria*

CISTACEAE | CISTACÉES

Importante famille d'herbacées et d'arbrisseaux méditerranéens. Feuilles opposées, stipules souvent présentes. Fleurs souvent voyantes, hermaphrodites, solitaires ou en cymes terminales lâches ; 3-5 sépales, 5 pétales, libres, nombreuses étamines. Fruits sous forme de capsules à 3-5 valves.

Cistus CISTE

Arbrisseaux à feuilles opposées, sans stipules. Fleurs solitaires, souvent spectaculaires ; 50-150 étamines ; 5(6-12) carpelles. Fruits sous forme de capsules.

A. Cinq sépales ; fleurs roses

Cistus crispus. Arbrisseau bas et compact, odorant, de 20-50 cm. Feuilles oblongues à elliptiques, de 12-35 mm, à *marges nettement ondulées*, à 3 nervures, vert grisâtre, sessiles et velues. Fleurs à pédicelle court (1-5 mm), rose vif, peu nombreuses, en faux capitules ; pétales de 12-20 mm ; 5 sépales pubescents. Capsule de 5-6 mm. Localement commun dans les pinèdes, maquis et garrigues. Dans toute la zone, sauf sur de nombreuses îles.

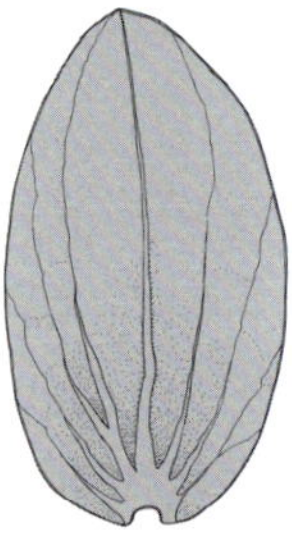

C. albidus

Cistus albidus CISTE BLANCHÂTRE. Arbrisseau lâche ou compact atteignant 1,5 m. Feuilles oblongues à elliptiques, assez grandes, de 15-65 mm de long, *gris blanchâtre avec des poils souples, sessiles*. Fleurs à pédicelle de 5-30 mm, roses, par 3-8 en fausses ombelles terminales ; pétales de 15-30 mm ; 5 sépales, velus. Capsule de 7-13 mm. Commun dans les maquis, notamment à l'ouest. Dans toute la zone, sauf dans l'Extrême-Est.

Cistus creticus. Buisson arrondi et assez dense, variable, jusqu'à 1,4 m de haut, à jeunes rameaux visqueux. *Feuilles à pétiole court* (3-10 mm), ovales à elliptiques, de 15-45 mm de long, vertes à vert grisâtre. Fleurs pourpre rosé ; pétales de 17-20 mm ; sépales longuement aigus. Capsule de 7-10 mm. Pâtures rocailleuses et bordures de champs ; commun dans l'Est, absent de l'ouest de la péninsule Ibérique. DZ, ES, FR, IT, TN. *Cistus heterophyllus* est semblable, mais feuilles plus petites, de 5-20 mm, les inférieures pétiolées, *les supérieures sessiles* ; sépales non longuement aigus. Rare. ES (sud). *Cistus parviflorus* est un arbrisseau *plus compact* que l'espèce précédente, souvent hémisphérique ; feuilles à 3 nervures ; fleurs plus petites, rose pâle, à style très court (< 0,5 mm contre 2,5-4 mm). IT (Sicile), MT.

B. Cinq sépales ; fleurs blanches

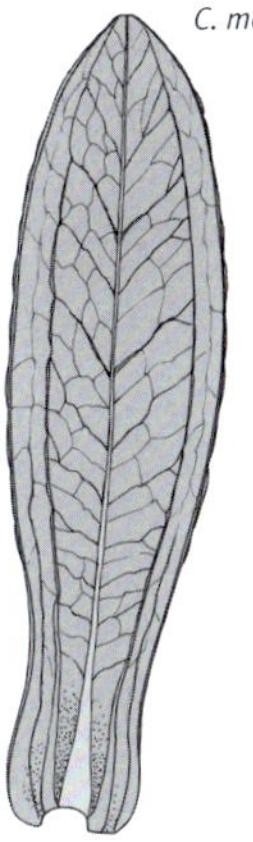
C. monspeliensis

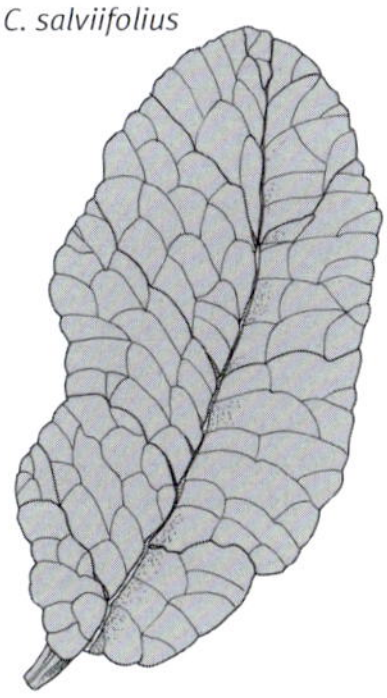
C. salviifolius

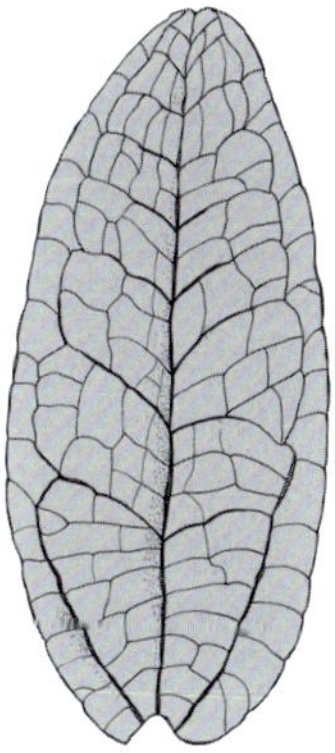
C. psilosepalus

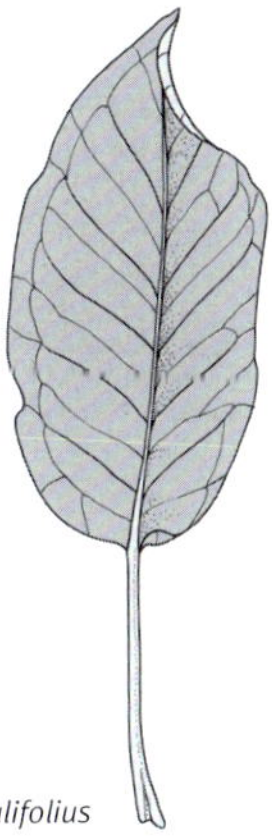
C. populifolius

Cistus monspeliensis CISTE DE MONTPELLIER. Buisson un peu visqueux atteignant 1,8 m, dégarni en bas mais dense au sommet. Feuilles vert moyen, *étroites*, linéaires à lancéolées, à peine atténuées à la base et sessiles, de 15-45(70) mm. Petites fleurs blanches ; pétales 9-14 mm ; 5 sépales, les 2 externes en coin à la base. Capsule de 4 mm. Commun à abondant dans les pinèdes, maquis ou garrigues en sommet de falaises. Dans toute la zone.

Cistus salviifolius CISTE À FEUILLES DE SAUGE. Sous-arbrisseau bas et étalé, presque couché, de 20-90 cm. Feuilles *comme celles de la sauge, courtement pétiolées*, vert moyen, ovales-elliptiques à base arrondie ou en coin, de 8-18(45) mm de long, à 3 nervures, velues sur les 2 faces. Fleurs blanches, solitaires ou jusqu'à 4 ensembles ; pétales de 14-20 mm ; 5 sépales, les 2 externes cordés à la base. Capsule de 5-7 mm. Commun dans les garrigues sur sols sableux et dans les dunes. Dans toute la zone. **Cistus psilosepalus** ressemble à *C. salviifolius* et *C. monspeliensis*, mais *feuilles oblongues, planes et sessiles* ; fleurs groupées par 1-5 en cymes plus ou moins symétriques ; pétales de 14-22 mm ; 5 sépales, les 2 externes *cordés* à la base. Capsule de 5-6 mm. ES, FR, PT.

Cistus populifolius. Arbrisseau diffus, très ramifié, atteignant 2,5 m. *Grandes feuilles pétiolées, ovales, cordées à la base*, de 50-95 mm de long, glabres et lisses, à marges ondulées. Fleurs blanches, groupées par 2-6 ; pétales de 15-28 mm ; 5 sépales, les 2 externes cordés à la base, devenant rouges à la chute des pétales. Capsule de 5-7 mm. Bois et milieux non perturbés. ES, FR, MA, PT.

---

1. *Cistus crispus*
2. *Cistus albidus*
3. *Cistus creticus*
4. *Cistus monspeliensis*
5. *Cistus salviifolius*
6. *Cistus psilosepalus*
7. *Cistus populifolius*

C. Trois sépales ; fleurs blanches

C. ladanifer

Cistus ladanifer CISTE LADANIFÈRE. Arbrisseau odorant et *extrêmement visqueux*, lâche, dressé, atteignant 2(4) m. Feuilles linéaires-lancéolées, vert sombre (plus pâles en dessous), de 40-80 mm de long, à 3 nervures dans leur tiers inférieur, à peine pétiolées. *Grandes* fleurs solitaires (50-80 mm de diamètre), blanches, souvent avec une tache pourprée à la base de chaque pétale ; pétales de 30-55 mm ; *3 sépales*. Capsule de 10-15 mm. Pinèdes et maquis ; dominant dans certains secteurs de l'Algarve. DZ, ES, FR, MA, PT. **Cistus palhinhae** (Syn. *C. ladanifer* subsp. *sulcatus*), traditionnellement considéré (peut-être à tort) comme une espèce distincte, est *plus petit*, ne dépassant pas 50 cm, à feuilles ovales ou en coin, plus larges au-dessus de leur milieu, à nervures nettement visibles en dessous. Fleurs blanches, *sans macule pourpre*. Sommets de falaises dans l'Algarve et au Portugal. PT. *Cistus laurifolius* ressemble à *C. ladanifer*, mais feuilles à 3 nervures, de 40-90 mm, visqueuses dessus et *laineuses-grisâtres dessous* ; fleurs blanches ; pétales de 20-30 mm. Capsule de 9-12 mm. Local. ES, FR, IT, MA, PT.

Cistus clusii. Arbrisseau lâche atteignant 1 m, *à feuilles très étroites, linéaires*, de 10-26 mm de long, *à marges enroulées vers le bas*, vert sombre dessus, pubescentes-blanchâtres dessous. Fleurs blanches, comme celles de *C. monspeliensis*, mais avec *3 sépales velus* ; pétales de 8-15 mm. Capsule de 4-8 mm. Fourrés et maquis rocailleux. ES, IT, MA. *Cistus libanotis* est semblable, mais *pédicelles floraux et sépales glabres* ; sépales visqueux. Dunes et pinèdes littorales, rare et local. ES, PT.

1

2

3

4

5

Halimium

Petits arbrisseaux souvent grisâtres ressemblant à *Cistus*, mais capsule à 3 valves (ni 5 ni 10) ; 3 ou 5 sépales, les 2 externes beaucoup plus petits ; fleurs toujours jaunes ou blanches.

A. Fleurs jaunes

H. halimifolium

H. atriplicifolium

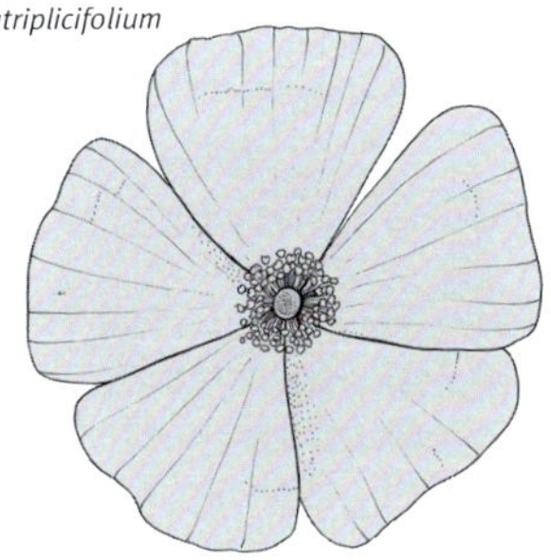

1. *Cistus ladanifer*
2. *Cistus ladanifer* (forme maculée)
3. *Cistus palhinhae*
4. *Halimium halimifolium*
5. *Halimium ocymoides*

Halimium halimifolium. Arbrisseau dense, gris argenté, atteignant 1,5(2) m. Feuilles elliptiques à oblongues, plus larges au-dessus de leur milieu, de 8-48 mm de long, duveteuses dans leur jeunesse, à écailles argentées et poils étoilés à l'âge adulte. Fleurs jaunes, souvent avec une tache noire à la base des pétales, en cymes terminales ; pétales de 8-16 mm ; *5 sépales*, les 2 externes plus petits. Dunes fixées, commun dans le sud-ouest de la péninsule Ibérique. DZ, ES, IT, MA, PT, TN. Subsp. *halimifolium* possède des sépales sans (ou avec peu de) poils étoilés. Dans toute la zone de distribution de l'espèce. Subsp. *multiflorum* possède des panicules florales plus denses ; sépales à nombreux poils étoilés, pétales étroits, cordés à la base, plus larges au-dessus. ES, PT. ***Halimium ocymoides*** est semblable à l'espèce précédente, mais *petites feuilles caulinaires, de 10-35 mm de long*, vert grisâtre avec des poils blancs ; sessiles. Fleurs jaune vif ; pétales de 10-18 mm de long ; 3 sépales. ES, PT.

Halimium atriplicifolium. Semblable à *H. halimifolium*, mais plus élevé, jusqu'à 1,75 m, et blanchâtre. Feuilles des pousses non florifères de 5-15 mm, à 3 nervures et court pétiole, celles des tiges florifères de 10-50 mm, à nervation pennée, cordées à la base et sans nervures ; toutes avec des écailles argentées et des poils étoilés. Fleurs jaunes, à pétales de 13-25 mm, tachés à la base ; 3 sépales velus, poussant sur des *rameaux à pilosité dense et non feuillés*. ES, MA (les données du Portugal concernent probablement *Atriplex halimus*).

Halimium lasianthum. Arbrisseau compact, gris, densément velu, atteignant 1,5(2) m, à feuilles oblongues de 5-40 mm, vert sombre dessus, blanches-laineuses dessous, *aiguës*. Pédicelles floraux et sépales à longs *poils soyeux* ; pétales de 10-20 mm, jaunes et non maculés ou avec une tache brune à la base ; sépales souvent avec des *soies pourpres*. Coteaux sableux et forêts de chênes-lièges. ES, FR, MA, PT. Subsp. *lasianthum* (Syn. *H. lasianthum* subsp. *formosum*) possède des sépales de 7,5-14 mm de long, rétrécis graduellement en pointe. ES, MA, PT. Subsp. *alyssoides* possède des sépales de 5,5-9 mm de long, abruptement rétrécis en pointe. ES, FR, MA, PT.

H. lasianthum

H. calycinum

H. umbellatum

Halimium calycinum HALIMIUM À GRAND CALICE. Arbrisseau bas, presque en tapis, atteignant 60 cm. Petites feuilles *linéaires, à marges enroulées vers le bas*, un peu comme celles du romarin, de 8-40 mm de long et ne dépassant pas 1-5 mm de large ; luisantes et glabres dessus, pubescentes-blanchâtres dessous. Fleurs solitaires ou groupées par 2-5, jaune vif ; pétales de 10-15 mm ; 3 sépales glabres. Commun à subdominant dans les sables littoraux de l'Extrême-Ouest, également dans les garrigues à des altitudes variées. ES, MA, PT.

B. Fleurs blanches

Halimium umbellatum (Syn. *H. verticillatum*). Arbrisseau bas et visqueux, de 70 cm, à jeunes tiges densément blanches-tomenteuses et feuilles linéaires-elliptiques, vert sombre, plus pâles dessous, de 10-35 mm. Fleurs *blanches*, groupées par 4-5 sur des pédicelles très grêles ; pétales de 7-15 mm ; sépales velus à laineux. Boisements de chênes et de pins ; local. ES, FR, MA, PT.

Tuberaria (Syn. *Xolantha*)

Plantes annuelles ou vivaces à rosette de feuilles basales et tiges florifères dressées. Fleurs jaunes, 5 sépales, les 2 externes plus petits. Capsule à 3 valves. La plupart des flores traitent ces espèces sous *Tuberaria* plutôt que *Xolantha*.

T. guttata

T. commutata

A. Plante annuelle

Tuberaria guttata (Syn. *Xolantha guttata*) HÉLIANTHÈME TACHÉ. Petite plante annuelle très variable, jusqu'à 42 cm de haut, avec une rosette basale de feuilles flétries à maturité ; tige florifère normalement non rameuse. Feuilles elliptiques à ovales, souvent à marges enroulées vers le bas, de 16-73 mm. Fleurs jaunes, à pétales avec ou sans tache brun sombre ou violacée à la base, de 3-9 mm ; pédicelles floraux plus longs que les sépales juste avant la floraison. Espèce la plus commune de la région. Dans toute la zone. Les espèces suivantes sont toutes semblables : *Tuberaria commutata* (Syn. *T. bupleurifolia*) possède des feuilles étroites (< 5 mm) à marges fortement enroulées vers le bas ; pétales ne dépassant pas 4-6 mm. Sols sableux littoraux de la péninsule Ibérique. ES, PT. *Tuberaria praecox* ressemble à *T. guttata*, mais avec de *longs poils gris*. Fleurs avec ou sans petites taches sombres. ES (îles Baléares), FR (Corse), IT (dont Sardaigne et Sicile). *Tuberaria echioides* est également densément velue, mais se distingue par *ses inflorescences longues et denses, plutôt unilatérales, à nombreuses fleurs*. Extrême-Sud uniquement. DZ, ES, MA.

B. Plante vivace

Tuberaria lignosa (Syn. *Xolantha tuberaria*). Plante vivace de taille moyenne, ascendante à dressée, atteignant 57 cm, à souche ligneuse et *rosette persistante de feuilles comme celle du plantain*. Feuilles ovales à elliptiques, graduellement atténuées à la base, à 3 nervures, velues blanchâtres dessous, de 36-65 mm (10 cm). Fleurs jaunes, non tachées ; pétales de 10-15 mm. Lieux broussailleux et sableux, locale. ES, FR, IT, MA, PT. ***Tuberaria major*** ressemble à *T. lignosa*, mais feuilles *distinctement pétiolées* (pétiole de 20-40 mm) et fleurs à *macule rouge-brun sombre très visible à la base* ; pétales de 20-24 mm. Rare espèce endémique de l'Algarve. PT. Certains auteurs considèrent cette espèce comme une forme de *T. globulariifolia*, une espèce du nord tempéré de la péninsule Ibérique.

T. lignosa

1. *Halimium lasianthum*
2. *Halimium calycinum*
3. *Tuberaria guttata*
4. *Tuberaria guttata* (forme maculée)
5. *Tuberaria lignosa*
6. *Tuberaria lignosa*
7. *Tuberaria major*

Cardiospermum

Plantes herbacées annuelles ou vivaces, parfois ligneuses inférieurement, souvent à feuilles lobées et petites stipules rapidement caduques. Fleurs unisexuées et zygomorphes ; 4(5) sépales ; 4 pétales ; 8 étamines ; 1 style. Fruits sous forme de capsules.

Cardiospermum halicacabum POIS DE CŒUR. Grande plante annuelle de 1-3 m grimpant grâce à des vrilles, assez velue. Feuilles trifoliolées à folioles profondément lobées et dentées, de 20-55 mm de long. Petites fleurs blanc verdâtre, à 4 sépales et 4 pétales de 2,5-5,2 mm de long ; 8 étamines, de 2 tailles. *Fruits renflés en vessie*, de 13-35 mm de long, pendants ; graines noires. Répandue dans les régions tropicales dont elle est originaire ; largement naturalisée. Probablement locale dans toute la zone.

ANACARDIACEAE

Grande famille tropicale, d'arbustes, d'arbres et de lianes. Feuilles alternes, simples ou divisées-pennées. Fleurs à 5 sépales et pétales ; 5-10 étamines ; 3 styles. Petites drupes à 1 graine.

Pistacia PISTACHIER

Arbustes et arbres (surtout) à feuilles alternes. Dioïques ; fleurs unisexuées ; 3-5 étamines. Fruits sous forme de drupes.

1. *Acer granatense* PHOTOGRAPHIE : SERGE D. MULLER
2. *Pistacia lentiscus* (fleurs)
3. *Pistacia lentiscus* (fruits)
4. *Pistacia terebinthus*
5. *Schinus molle*

A. Feuilles divisées-pennées, sans foliole terminale ; pétiole *ailé*

P. lentiscus

Pistacia lentiscus PISTACHIER LENTISQUE. Petit arbre ou arbuste sempervirent vert sombre, de 6-8 m de haut. Feuilles vert foncé, divisées-pennées, *sans* foliole terminale ; folioles de 10-50 mm de long, par 4-14, ovales, coriaces et non dentées, à pétiole ailé. Fleurs individuelles plutôt insignifiantes, groupées en *faux épis* denses, les mâles avec des anthères rouge sombre, les femelles verdâtres. Fruits de 3,5-5 mm, sphériques, d'abord rouges puis noirs et luisants. Un des végétaux les plus abondants de la région. Dans toute la zone. Le mastic (sa résine) était utilisé autrefois pour fabriquer du chewing-gum. *Pistacia × saportae* serait l'hybride de *P. lentiscus* et *P. terebinthus*, avec des parties végétatives similaires à celles de *P. lentiscus*, mais des fleurs femelles comme celles de *P. terebinthus* ; fruits blanchâtres. Souvent cité, mais de distribution mal connue. ES, FR, IT, MA.

B. Feuilles divisées-pennées, *avec* une foliole terminale ; pétiole *non* ou *étroitement ailé*

P. terebinthus

Pistacia terebinthus PISTACHIER TÉRÉBINTHE. *Petit* arbre *caducifolié* glabre et odorant, de 8-10 m de haut, à feuilles divisées-pennées à pétiole non ailé ; folioles de 3-11 mm, *présence d'une foliole terminale*. Fleurs rouge brunâtre en panicules lâches et longuement rameuses. Fruits de 5-9(12) mm. Maquis, coteaux secs, rochers, pinèdes ; commun, parfois abondant, quoique plus localisé que *P. lentiscus*, dans toute la zone. *Pistacia atlantica* PISTACHIER DE L'ATLAS, semblable, est un arbre atteignant 10 m, à tronc épais et fort. Feuilles à pétiole velu et *rachis étroitement ailé* ; folioles lancéolées. Boisements ouverts, maquis ; abondant dans certains secteurs de l'Algérie. DZ, MA, TN.

Pistacia vera PISTACHIER VRAI. Arbre atteignant 10 m, à feuilles divisées-pennées à 3-5 folioles assez larges, aiguës, de 5-12 cm, courtement pubescentes dans leur jeunesse. Fruits voyants : drupes brun pâle de 15-30 mm de long regroupées en panicules lâches. Cultivé pour ses fruits comestibles et parfois naturalisé. ES, FR, IT.

Schinus

Arbres résineux originaires d'Amérique du Sud, à feuilles divisées-pennées avec des folioles sessiles. Fleurs à 4-5 sépales et pétales, et 8-10 étamines. Fruits sous forme de fausses baies.

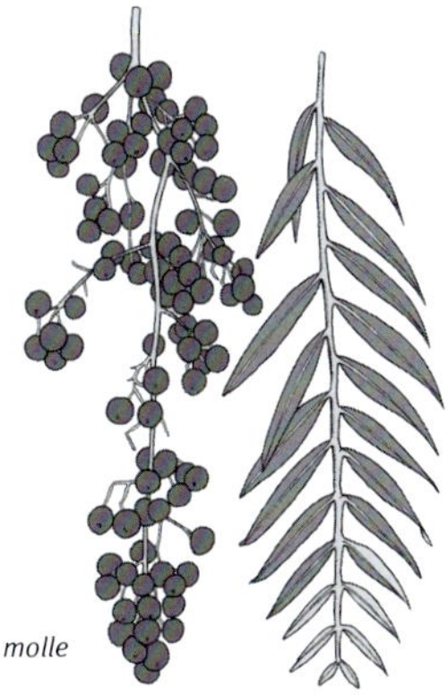

S. molle

Schinus molle FAUX POIVRIER. Petit arbre sempervirent atteignant 15(25) m, à *rameaux* grêles et *pendants*. Feuilles divisées-pennées à 11-47 folioles linéaires-lancéolées, dentées, de 15-60 mm, velues dans leur jeunesse. Fleurs de 3-5 mm, blanc-jaune, en petites inflorescences pendantes très ramifiées ; 5 sépales et pétales. Fruits de 6-8 mm, roses, sphériques. Largement planté pour l'ornement ; rarement naturalisé. ES, IT (dont Sardaigne et Sicile), PT. *Schinus terebinthifolius* possède des feuilles à 5-15 folioles plus larges (de 30-60 mm) et de nombreux fruits rouges (de 4-5 mm) ; aspect similaire à *Pistacia terebinthus*, mais fleurs jaune verdâtre (non rouge violacé), avec 10 étamines (pas 3-5). Planté très occasionnellement.

Rhus SUMAC

Arbustes ou petits arbres à feuilles divisées-pennées et branches épaisses. Fleurs souvent minuscules, en panicules denses, à 5 sépales, pétales et étamines.

Rhus coriaria SUMAC DES CORROYEURS. Arbuste ou arbre de 1-4(5) m mollement velu, à feuilles plus ou moins persistantes et rameaux densément tomenteux. Feuilles divisées-pennées à 7-21(25) folioles dentées, vertes ; *rachis entre les folioles légèrement ailé,* au moins vers le sommet ; pétiole des feuilles de 20-30 mm. Petites fleurs blanchâtres, en panicules velues très denses, de 17-25 cm de long. Fruits de 4-6 mm, globuleux et laineux, virant au violacé brunâtre à maturité. Répandu dans toute la zone, mais absent de la plupart des îles. *Rhus typhina* (Syn. *Rhus hirta*) SUMAC DE VIRGINIE est très similaire, mais feuilles à *pétiole de 6-10 cm, non ailé sur toute sa longueur*, avec 9-31 folioles ; fruits de 3-4,5 mm, rouge cramoisi plus vif. Originaire d'Amérique du Nord, largement naturalisé. Dans toute la zone.

Searsia

Arbustes ou petits arbres à feuilles alternes, souvent à 3-5 folioles, parfois épineux. Fleurs à périanthe à (4)5(6) divisions, les pétales typiquement plus longs que les sépales ; 3(4) styles. Fruits sous forme de drupes.

Searsia pentaphylla (Syn. *Rhus pentaphylla*). Arbuste épineux de 1-2 m, ressemblant superficiellement à *Rhamnus*, à branches tordues, blanc grisâtre. Feuilles évoquant vaguement celles d'un chêne, *palmées*, à 3-5 folioles oblongues à linéaires, lobées ou entières, souvent avec 3 dents à l'apex. Petites fleurs discrètes, jaune-vert, en grappes latérales dépassées par les feuilles. Petits fruits ressemblant à des baies, rouge violacé foncé. Lieux rocailleux. Sicile et Afrique du Nord ; commun au Maroc. DZ, IT (Sicile), MA, TN. *Searsia tripartita* (Syn. *Rhus tripartita*) est semblable, mais *feuilles à 3 folioles seulement*. DZ, IT, MA, TN.

Cotinus

Arbustes caducifoliés à feuilles simples et branches minces. Fleurs en panicules plumeuses diffuses. Fruits à 1 graine.

Cotinus coggygria SUMAC DES TEINTURIERS. Arbuste caducifolié arrondi, glabre, atteignant 5 m. Feuilles de 30-80 mm, pourpres, simples, ovales, non dentées et longuement pétiolées. Fleurs groupées en grandes panicules lâches de 15-20 cm de long avec de nombreux rameaux stériles couverts de poils étalés et donnant l'impression d'un *nuage de fumée*. Fruits réniformes, de 3 mm de long. Localement commun dans le sud de la France et certaines régions d'Italie ; absent de la plupart des îles. FR, IT.

MELIACEAE

Famille comprenant essentiellement des arbres et arbustes caractérisés par leurs feuilles alternes, généralement divisées-pennées, sans stipules. Fleurs hermaphrodites (ou rarement unisexuées) en panicules, cymes ou épis ; 3-10 à nombreuses étamines. Fruits sous forme de baies.

Melia

Arbres à feuilles 2 fois divisées-pennées, généralement dentées. Fleurs à 5 sépales et pétales ; 10-12 étamines sur 1-2 rangs. Fruits sous forme de fausses baies.

Melia azedarach MARGOUSIER. Arbre caducifolié atteignant 15 m de haut, à écorce sillonnée. Feuilles de 20-40(60) cm, alternes et 2 fois divisées-pennées ; folioles elliptiques et dentées ou lobées, de 50-70 mm. Fleurs lilas, odorantes, en panicules ; 5 pétales, chacun de 8-12 mm. Fruits sous forme de baies de 8-15(25) mm de diamètre, jaunes, *persistant longtemps*, même après la chute des feuilles. Originaire d'Inde et de Chine, mais largement planté au bord des routes, notamment dans la péninsule Ibérique et le sud de la France. Dans toute la zone.

NITRARIACEAE

Petite famille d'annuelles ou de vivaces et d'arbustes, à feuilles alternes, charnues. Fleurs à 5 sépales persistants et 5 pétales ; 10-15 étamines ; 1 style. Fruits sous forme de drupes ou de capsules.

Peganum

Plantes vivaces à feuilles alternes, irrégulièrement lobées. Fleurs à sépales persistants ; 5 sépales et pétales ; 12-15 étamines. Fruits à 3(4) loges. Autrefois classé dans la famille des *Zygophyllaceae*.

Peganum harmala. Plante vivace érigée et glabre à 5-13 rameaux, de 40-45 cm de haut. Feuilles un peu charnues, irrégulièrement divisées-palmées en 3-5 lobes linéaires de 30-60 mm de long et 1,5-3 mm de large. Fleurs blanc verdâtre ou jaunâtres, sur des pédicelles robustes opposés aux feuilles ; calice à lobes entiers ou légèrement dentés. Capsules de 9-13 mm, à 3(4) loges, contenant 35-47 graines brun foncé. Terrains abandonnés, fourrés secs, semi-arides. Dans toute la zone, sauf au Portugal et dans certaines îles, locale.

1. *Rhus coriaria*
2. *Rhus coriaria*
3. *Cotinus coggygria*
4. *Melia azedarach*

1

2

3

4

RUTACEAE

Grande famille à vaste distribution de plantes herbacées, d'arbustes et d'arbres aromatiques. Feuilles opposées ou alternes avec des glandes translucides. Fleurs libres à 4-5 sépales et pétales ; étamines 2 fois plus nombreuses ; 1 style. Fruits sous forme de baies, capsules ou drupes.

Ruta RUE

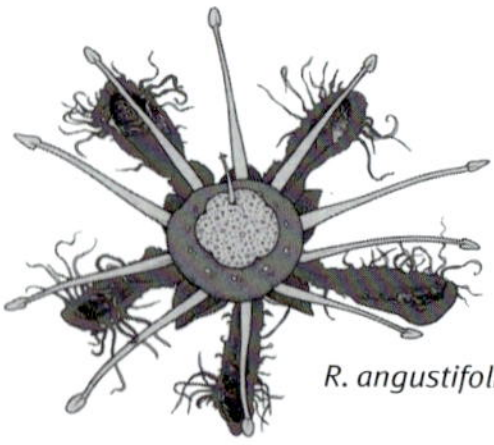

R. angustifolia

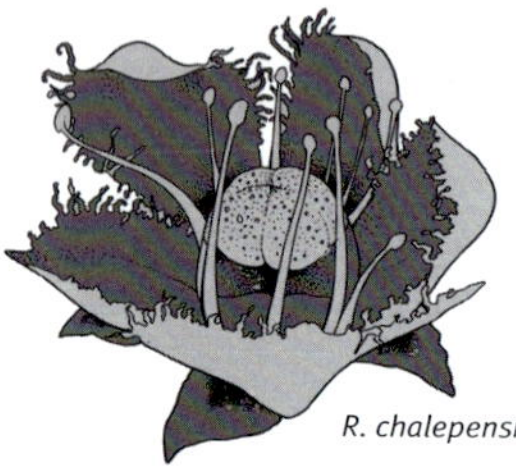

R. chalepensis

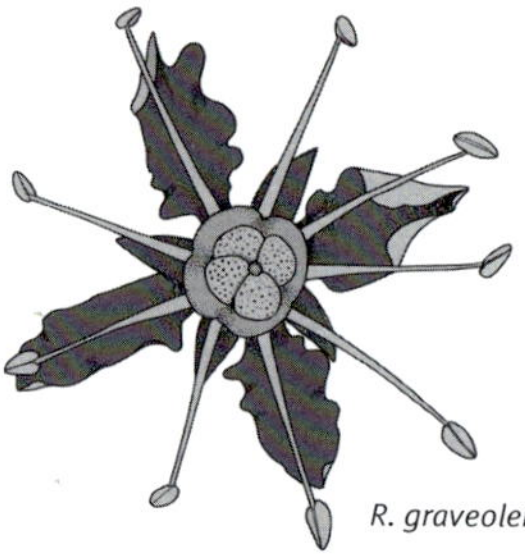

R. graveolens

Plantes vivaces à forte odeur. Fleurs jaunâtres à 4-5 sépales et pétales, souvent lobés. Fruits sous forme de capsules.

Ruta angustifolia RUE À FEUILLES ÉTROITES. Sous-arbrisseau glabre, vert grisâtre pâle, à base ligneuse, très ramifié, atteignant 45(80) cm. Feuilles de 2,6-13 cm, alternes, 2-3 fois pennatilobées, à lobes atteignant 7 mm, vert glauque, très odorantes au froissement, les inférieures courtement pétiolées, les supérieures sessiles. Bractées inférieures *à peine plus larges* que leur rameau. Fleurs jaunes, en *inflorescence lâche, pubescente-glanduleuse* ; pétales étalés, de 4-6 mm, largement espacés, *finement dentés-frangés sur leurs marges*, les franges aussi longues que la largeur du pétale. Fruits persistants, de 5-9 mm. Lieux secs et rocailleux, commun. ***Ruta chalepensis*** ressemble à *R. angustifolia*, mais à bractées inférieures *beaucoup plus larges* que leur rameau ; *inflorescence glabre* ; franges des pétales plus courtes que leur largeur ; pétales de 4-9 mm. Fruits de 5-7 mm, brusquement terminés en pointe piquante. Mêmes milieux. Dans toute la zone. ***Ruta graveolens*** RUE DES JARDINS est semblable, mais nettement glauque, plus densément ramifiée, à larges segments foliaires, ovales-lancéolés et pétales *dentés* (non frangés). Fruits de 3,5-9,1 mm. Mêmes milieux ; cultivée et souvent naturalisée. ES, FR, IT, PT. *Ruta montana* possède des fleurs à *pétales dressés, non frangés*, de 3-6,5 mm, dépassées par les feuilles à lobes linéaires, ce qui donne à l'inflorescence un aspect feuillé ; segments foliaires étroits (pas plus de 0,5-1,4 mm de large). Fruits de 2,1-4,3 mm. Dans toute la zone, mais absente des îles, sauf des Baléares.

Citrus

Petits arbres sempervirents à feuilles luisantes. Fleurs solitaires ou peu nombreuses, souvent odorantes ; (4)5-8 pétales ; nombreuses étamines (16-20 à 100). Gros fruits comestibles. Les relations exactes entre les espèces sont obscurcies par des siècles de culture et de croisements.

Citrus medica CÉDRATIER. Arbuste ou petit arbre sempervirent de 2-5 m à jeunes rameaux rougeâtres, épineux. Feuilles légèrement dentées et odorantes au froissement, à pétiole à peine ailé. Très gros fruits jaunes, bosselés, jusqu'à 25 cm de long. Localement cultivé dans toute la zone.

---

1. *Ruta angustifolia*
2. *Ruta chalepensis*
3. *Ruta graveolens*
4. *Citrus medica*
5. *Citrus × sinensis*
6. *Citrus × limon*

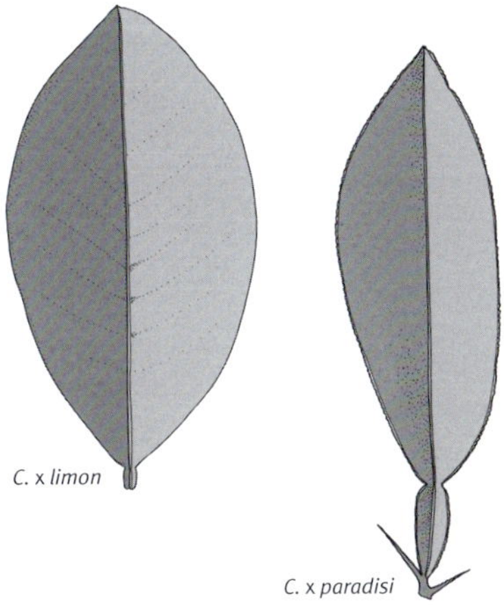

Les cultivars suivants sont fréquemment cultivés dans toute la zone. **Citrus × limon** CITRONNIER. Arbre sempervirent et arrondi familier, jusqu'à 4 m de haut, fleurissant et fructifiant tout au long de l'année. Feuilles elliptiques-lancéolées et superficiellement dentées. Fleurs mâles ou hermaphrodites, à 4 fois plus d'étamines que de pétales, ceux-ci blancs, souvent rayés de pourpre. Le fruit est un citron jaune et tuberculeux à maturité. *Citrus × aurantium* BIGARADIER. Petit arbre atteignant 10 m, à épines souples. Feuilles arrondies à la base ; *pétiole largement ailé*. Fruits : oranges. **Citrus × sinensis** ORANGER est semblable, mais à pétiole des feuilles *étroitement ailé*. *Citrus × paradisi* PAMPLEMOUSSIER ressemble à *C. sinensis*, mais à pétiole particulier, largement ailé ; très gros fruits jaunes.

Dictamnus FRAXINELLE

Plantes vivaces à feuilles divisées-pennées à *rachis ailé*. Fleurs légèrement zygomorphes, en faux épis ; 10 étamines ; 1 style. Fruits à 5 lobes.

Dictamnus albus **FRAXINELLE**. Plante vivace dressée très aromatique atteignant 90 cm, à feuilles divisées-pennées, velues-glanduleuses, avec 7-9 folioles coriaces, ovales, finement dentées, de 25-75 mm. Grandes fleurs zygomorphes, blanches ou roses, veinées de violet dans leur jeunesse, en longs épis lâches non feuillés ; pétales supérieurs dressés, de 24-29 mm, les inférieurs réfléchis ; étamines longuement saillantes, de 25-31 mm. Fruits à 5 lobes profonds. Boisements ouverts, maquis ; absente de nombreuses régions et de la plupart des îles. ES, IT. Sous le nom de *D. hispanicus*, certains auteurs distinguent les formes à feuilles *glabres*, à 13-17 folioles et étamines plus courtes, de 15-19 mm de long seulement. ES (sud-est).

Cneorum

Petit genre de plantes à feuilles alternes, entières et coriaces ; fleurs régulières et hermaphrodites ; 3(4) sépales, pétales, étamines et carpelles. Fruits à 3(4) méricarpes.

Cneorum tricoccon. Sous-arbrisseau sempervirent jusqu'à 1,8 m de haut, subglabre. Feuilles de 23-40 mm, alternes, oblongues, coriaces, obtuses et sessiles. Petites fleurs jaunes, solitaires ou par 3 au maximum, à l'aisselle des feuilles supérieures, à pétales de 5,5-7,4 mm de long. Fruits de 9,4-12,6 mm, voyants : d'abord rouge vif et à 3(4) lobes profonds, virant ensuite au noir en se désarticulant. Assez commun dans les boisements, les maquis et au sommet des falaises de la partie européenne de Méditerranée occidentale (absent de Corse et de Sicile). ES, FR, IT.

PRIMULACEAE | PRIMULACÉES

Plantes herbacées annuelles ou vivaces. Fleurs régulières à sépales libres ou soudés ; 5(9) pétales, soudés (parfois à peine et paraissant alors libres) ; généralement 5 étamines ; ovaire à style unique. Fruits sous forme de capsules.

Anagallis MOURON

Plantes annuelles ou vivaces glabres à feuilles simples, opposées ou alternes. Fleurs à corolle à 5 lobes dépassant le tube. Fruits sous forme de capsules déhiscentes.

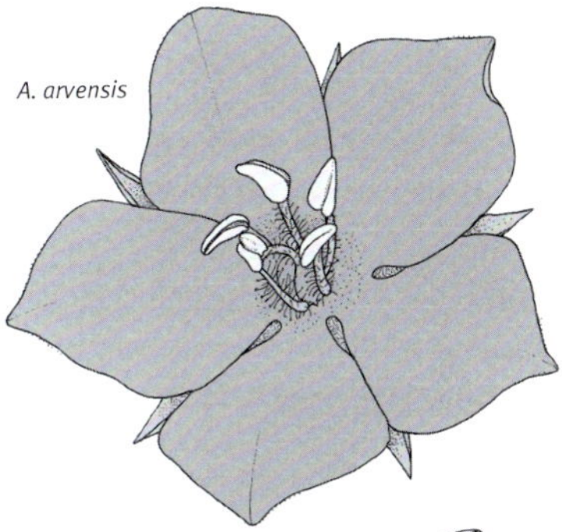
A. arvensis

A. crassifolia

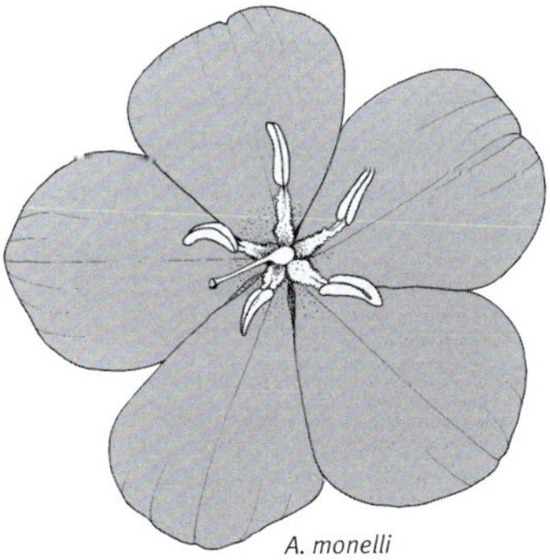
A. monelli

A. Petite plante annuelle herbacée

Anagallis arvensis MOURON ROUGE. Petite plante annuelle à tiges couchées ou ascendantes à 4 angles atteignant 40 cm. Feuilles souvent > 10 mm, ovales, opposées et ponctuées-glanduleuses, sessiles. Fleurs *bleues, rouges ou orange*, de 4-7(10) mm, sur de longs pédicelles (35 mm) se recourbant à maturité ; *pétales à petits poils marginaux*, parfois dentés à l'apex. Très commune dans les villes, les friches et près des côtes. Dans toute la zone. Subsp. *foemina* (parfois traitée comme une espèce autonome : *A. foemina*) possède des fleurs toujours bleues, à pétales plus étroits, *sans poils marginaux* ; corolle de 5-8 mm. Dans toute la zone. *Anagallis crassifolia*, semblable, est une plante annuelle ou vivace à *feuilles sessiles* et tiges s'enracinant aux nœuds ; *fleurs blanches ou roses* à veines plus sombres ; corolle de 3-5,5 mm. Absente de l'Est et de la plupart des îles. DZ, ES, FR, MA, PT, TN.

B. Plante vivace à base ligneuse

Anagallis monelli MOURON DE MONEL. Plante vivace basse à moyenne, à tiges dressées ou étalées atteignant 40(50) cm, parfois ligneuse et formant des tapis en conditions contraignantes. Feuilles de 6-15 mm, opposées ou verticillées, linéaires-lancéolées à elliptiques, sessiles, souvent avec de petites pousses latérales. Fleurs bleu vif (rarement roses ou blanches), de 15-25 mm de diamètre. Étamines avec une touffe de poils à leur base. Localement commune sur les dunes fixées et autres sols sableux littoraux ; absente de l'essentiel du nord de la région. DZ, ES, IT, MA, PT, TN.

---

1. *Cneorum tricoccon*
2. *Anagallis arvensis* (forme à fleurs rouges)
3. *Anagallis arvensis* (forme à fleurs bleues)
4. *Anagallis monelli*
5. *Coris monspeliensis*

BALSAMINACEAE | BALSAMINACÉES

Plantes herbacées annuelles glabres à feuilles simples et tiges translucides et charnues. Fleurs fortement zygomorphes ; 3 sépales, pétaloïdes ; 5 étamines ; 1 style. Fruits sous forme de capsules expulsant violemment les graines à maturité.

Impatiens

Plantes herbacées annuelles à tiges charnues renflées aux nœuds et feuilles opposées ou alternes. Fleurs zygomorphes. Fruits sous forme de capsules explosives.

Impatiens balfourii. Plante herbacée annuelle atteignant 1,2 m, à tiges charnues et glabres, rougeâtres-translucides. Feuilles alternes, ovales-lancéolées, dentées et pétiolées, de 40 mm de long au plus. Fleurs en grappes, jusqu'à 20 mm de long, roses et blanches, à sépale inférieur blanc prolongé en éperon allongé et grêle atteignant > 10 mm de long. Originaire de l'Himalaya, mais naturalisée dans certaines villes de France et d'Italie. FR, IT.

ERICACEAE ERICACÉES

Arbres, arbustes et arbrisseaux sempervirents (à port de bruyère) ; feuilles alternes, opposées ou verticillées. Fleurs groupées (rarement solitaires) ; (3)4-5 sépales et pétales ; pétales soudés ; étamines 2 fois plus nombreuses que les pétales ; 1 style. Fruits sous forme de capsules, drupes ou baies.

Arbutus

Arbustes sempervirents à feuilles alternes. Fleurs à 5 pétales, en panicules terminales ; 10 étamines. Fruits sous forme de baies granuleuses.

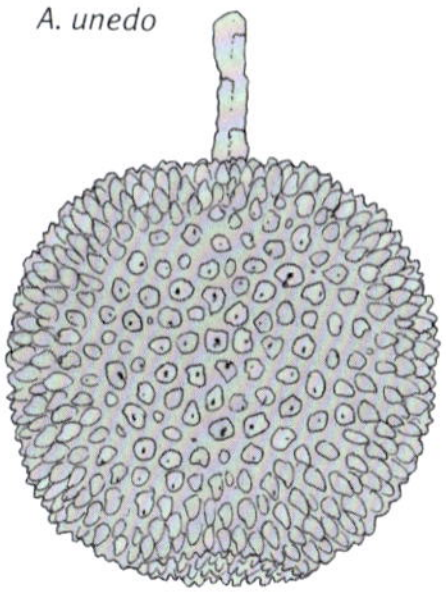

Arbutus unedo ARBOUSIER. Arbuste ou petit arbre sempervirent de 4-5(11) m de haut. Écorce brun mat et fissurée. Feuilles de 80 mm de long, oblongues-lancéolées, courtement pétiolées, un peu dentées, plus ou moins glabres. Fleurs odorantes, blanches, lavées de vert ou de rose, en cloche avec les lobes des pétales recurvés, de 7-8(11) mm, en panicules pendantes. Fruits sous forme de baies globuleuses de 7-15(20) mm, rouge cramoisi à maturité, évoquant des fraises sauvages. Très commun dans les maquis non perturbés et les boisements ouverts de l'Ouest ; plus rare à l'est et en Afrique du Nord. Dans toute la zone.

Erica BRUYÈRE

(Sous-)arbrisseaux ou arbustes à feuilles étroites à linéaires, verticillées. Fleurs en cloche ou globuleuses, groupées en épis ou en panicules, généralement à 4 lobes ; 8 étamines. Fruits sous forme de capsules non charnues.

A. Étamines incluses dans la corolle ; arbuste > 1 m de haut

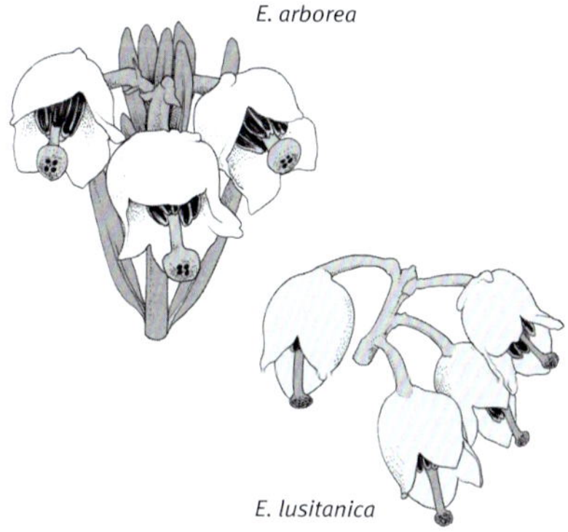

Erica arborea BRUYÈRE ARBORESCENTE. Grand arbuste ou petit arbre atteignant 4(7) m de haut, à jeunes rameaux densément pubescents. Feuilles groupées par 3-4, de 4-9 mm de long. Fleurs *blanc* pur, en cloche élargie, de 2-4 mm de long, à lobes dressés, groupées en panicules terminales ; sépales de 1,2-2 mm. Fruits sous forme de capsules de 2 mm. Commune à abondante dans divers habitats, souvent en altitude. Dans toute la zone. *Erica lusitanica* est semblable, mais feuilles plus grandes, vert plus pâle, de 2-7,5 mm de long ; fleurs plus grandes, de 3,5-5,5 mm, blanc *lavé de rose*, notamment en bouton ; stigmates rouges ; sépales de 1-1,2 mm. Capsule de 1,8-2,3 mm. Mêmes habitats ; surtout dans des lieux humides. ES, PT.

Erica scoparia BRUYÈRE À BALAIS. Grand arbuste atteignant 2,5(4) m, à feuilles étroites et glabres de 4-7(10) mm, à marges enroulées, verticillées par 3-4. Petites fleurs en grappes minces, ne dépassant pas 2,1-2,3 mm de long, *verdâtres* ou lavées de pourpre, à anthères non saillantes ; stigmates rougeâtres, en massue ; sépales de 1-1,3 mm. Capsule de 1,3-4,8 mm. Lieux rocailleux acides, pinèdes, souvent à basse altitude. ES, FR, IT, PT.

1. *Arbutus unedo*
2. *Erica arborea*
3. *Erica scoparia*
4. *Erica sicula* PHOTOGRAPHIE : GIANNIANTONIO DOMINA
5. *Erica cinerea*

Araujia

Lianes vivaces grimpantes glabres, à feuilles opposées. Grands sépales foliacés ; corolle dressée ; 5 étamines ; fruit pendant.

Araujia sericifera KAPOK. Liane grimpante atteignant 7(10) m, à latex. Feuilles de 45-70 mm, opposées, vert sombre, luisantes et coriaces, ovales-triangulaires. Fleurs de 21-28 mm de large, à 5 lobes et 1 tube de 11-16 mm, blanc teinté de jaune ou de violet, généralement pollinisées par les papillons de nuit. Fruits de 8,5-13 cm, vert grisâtre, piriformes, glabres mais à surface crevassée, contenant de nombreuses graines, chacune munie d'un parachute soyeux aidant à sa dispersion par le vent. Originaire d'Amérique du Sud, mais largement naturalisée dans le nord-est de l'Espagne, peut-être aussi ailleurs ; observée souvent dans les terrains vagues escaladant les fils des clôtures. ES.

Asclepias

Plantes vivaces dressées. Corolle à 5 lobes réfléchis et couronne des étamines à 5 divisions *avec 5 cornets munis d'une corne* ; 5 étamines ; 1(2) follicule étalé (non pendant).

Asclepias syriaca ASCLÉPIADE DE SYRIE. Plante vivace dressée, non rameuse, robuste, très feuillée, jusqu'à 1 m de haut, à grandes feuilles planes, oblongues et fleurs pourpre blanchâtre odorantes en ombelles terminales denses. Fruits paraissant en automne : dressés, oblongs-aigus, *renflés et à épines molles*, renfermant de nombreuses graines munies d'un parachute soyeux aidant à leur dispersion par le vent. Originaire d'Amérique du Nord, localement naturalisée dans les lieux herbeux et les friches ; rare. ES, FR, IT.

Gomphocarpus GOMPHOCARPE

Plantes vivaces dressées. Fleurs à couronne des étamines à 5 cornets *dépourvus de cornes* ; 1(2) follicule renflé, hérissé, étalé-dressé.

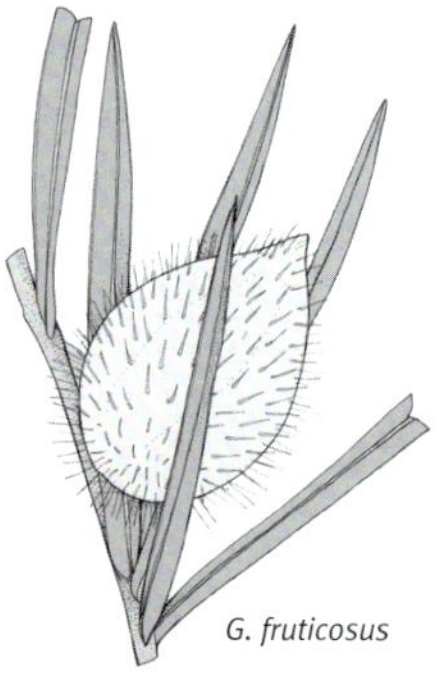

G. fruticosus

Gomphocarpus fruticosus FAUX COTONNIER. Vivace dressée atteignant 1,2(2) m, à feuilles linéaires-lancéolées, glabres, de 3,9-12 cm de long. Fleurs blanches, en ombelles velues pédonculées ; corolle à lobes de 6,2-8,3 mm. Très gros fruits spectaculaires ; *renflés en vessie ovoïde-aiguë, hérissés, de 25-45(60) mm de large*, contenant 120 graines cotonneuses. Originaire d'Afrique du Sud, mais plantée pour l'ornement dans les zones urbanisées et localement naturalisée dans la péninsule Ibérique. ES, PT. **Gomphocarpus physocarpus** est très semblable, mais fruits plus gros, *arrondis (pas aigus)*, de 45-60 mm de large et contenant 100 graines. Originaire d'Asie. Naturalisée. ES (sud).

Vincetoxicum

Plantes herbacées vivaces peu élevées, à feuilles ovales ou cordées. Fleurs à corolle à 5 lobes et 1 couronne d'écailles arrondies ; 1-2 follicules.

Vincetoxicum hirundinaria DOMPTE-VENIN OFFICINAL. Plante vivace variable, basse ou élevée, dressée (rarement grimpante), glabre, à feuilles opposées, pétiolées, cordées ou ovales, aiguës. *Fleurs blanc verdâtre ou jaunâtres*, à lobes de 1,8-5 mm, par 5-12 en cymes à l'aisselle des feuilles supérieures. Follicules jusqu'à 60 mm de long, souvent par paires, à graines soyeuses. Garrigues, boisements et pâturages rocailleux ; locale dans toute la zone. *Vincetoxicum nigrum* DOMPTE-VENIN NOIR est semblable, mais à port généralement plus grimpant ; tiges souples atteignant 2 m ; *fleurs rouge noirâtre* à lobes de 2,8-4,3 mm. Disséminée en Europe méditerranéenne. ES, FR, IT, PT.

Cynanchum

Plantes vivaces *grimpantes*. Fleurs avec 1 couronne de 5 appendices allongés ; 1-2 follicules pendants.

Cynanchum acutum SCAMMONÉE AIGUË. Plante vivace ligneuse, volubile et grimpante, glabre et glauque, à tiges grêles atteignant 4 m. Feuilles de 22-78 mm, *en fer de flèche*, profondément cordées à la base, pétiolées. Fleurs tubuleuses, odorantes, en ombelles latérales ou terminales, avec une corolle à 5 lobes triangulaires étalés, de 4,9-7,2 mm. *Fruits en fuseau allongé*, aigus, de 1,7-18 cm de long. Fourrés, bord des champs. Locale, mais disséminée dans toute la zone.

Periploca

Plantes vivaces grimpantes à feuilles ovales-lancéolées et fleurs brun verdâtre ; couronne à 5 appendices minces ; 1-2 follicules.

Periploca graeca BOURREAU-DES-ARBRES. Vigoureuse plante *vivace caducifoliée, ligneuse et volubile*, à tiges grimpantes atteignant 12 m, à feuilles vert sombre luisant, pétiolées, de 3-12 cm. Fleurs brun violacé, à lobes étalés-réfléchis en étoile, pubescents, de 9,5-10 mm de long. Fruits longuement aigus, en forme de gousse de 10-15 cm. Italie ; naturalisée en Espagne. ES, IT. ***Periploca laevigata*** est un *arbuste ramifié* avec des fleurs plus petites, à lobes de 6-7 mm, *vert-jaune* à centre violacé brunâtre et appendices blanchâtres. Fourrés rocailleux. DZ, ES, IT (Sicile), MA, TN.

1. *Araujia sericifera*
2. *Asclepias syriaca* (encart : plante en fruit)
3. *Gomphocarpus physocarpus*
4. *Vincetoxicum hirundinaria*
5. *Periploca laevigata*
6. *Periploca laevigata* (fruit)

Caralluma

Plantes *succulentes* à tiges dressées et feuilles rapidement caduques (souvent absentes). Fruits sous forme de 2 follicules dressés.

Caralluma europaea CARALLUMA D'EUROPE. Petite plante *grasse* ne dépassant pas 20 cm, à tiges violacées ou grisâtres, quadrangulaires, de 30 mm de large ; feuilles rapidement caduques et discrètes. Fleurs originales : en forme d'étoile de mer, de 10-20 mm de large, jaunes avec des raies brunes et un cœur plus sombre, courtement ciliées au bord ; lobes de 4,7-5 mm de large. Follicules de 8-13 cm. Lieux secs, souvent salés. ES (sud-est), IT (Sicile), MA. *Caralluma munbyana* est semblable, mais *tiges sillonnées* et *fleurs marron de 10-16 mm, à lobes allongés et étroits ne dépassant pas 0,8-2 mm de large*. DZ, ES (sud-est), MA.

Orbea

O. variegata

Plantes *succulentes* à tiges d'aspect piquant et fleurs en étoile pollinisées par des mouches.

Orbea variegata. Petite plante *grasse* tapissante, à tiges dressées et étalées ne dépassant pas 15 cm de haut, sans feuilles visibles. Fleurs très particulières : *en étoile*, verruqueuses, jaune pâle avec des taches pourpres, à odeur fétide attirant les mouches et naissant à la base des tiges, en périphérie de la plante. Originaire d'Afrique du Sud ; plantée pour l'ornement dans les résidences (péninsule Ibérique, peut-être ailleurs). ES, PT.

BORAGINACEAE | BORAGINACÉES

Plantes herbacées annuelles ou vivaces, voire sous-arbrisseaux, à tiges et feuilles souvent hérissées de poils raides ; ceux-ci souvent à base renflée. Feuilles simples et alternes. Fleurs en cymes spiralées, courtement pédicellées, bleues chez de nombreuses espèces ; 5 étamines, insérées sur le tube de la corolle ; ovaire à 4 loges ; 1 style (parfois ramifié) ; 4 akènes, souvent cachés dans le calice persistant.

Heliotropium

Petites plantes annuelles à vivaces hérissées. Fleurs blanches ou violettes, insérées sur la face supérieure de rameaux enroulés vers l'extérieur ; étamines incluses dans la corolle (ou presque) ; style terminal (non basal).

Heliotropium europaeum HÉLIOTROPE COMMUN. Plante annuelle basse à médiocre, grisâtre, dressée à étalée, très ramifiée, à poils souples, atteignant 50(60) cm. Feuilles de 30-70 mm, ovales à elliptiques, grises, pétiolées. Petites fleurs blanches à gorge jaune, de 2-4 mm de large, en épis spiralés nettement unilatéraux ; *calice divisé presque jusqu'à la base*. Fruits se désarticulant en 4 akènes. Sols nus, cultures, friches ; répandue et commune dans toute la zone. *Heliotropium supinum* est semblable, mais à tiges étalées, *presque couchées,* feuilles vertes dessus, *calice en forme de bouteille, divisé jusqu'à plus du tiers de sa longueur en lobes courts*, encerclant le fruit. Dans toute la zone. *Heliotropium dolosum* possède des *fleurs odorantes* et un stigmate velu. IT. *Heliotropium currasavicum* est une *vivace charnue* et grisâtre, *entièrement glabre*, à feuilles étroites. Fruits à 4 lobes. Originaire des Amériques, désormais naturalisée dans toute la zone.

Neatostema

Petites plantes annuelles hispides. Fleurs *jaunes*, en inflorescences ramifiées ou en faux épis ; étamines incluses dans la corolle.

Neatostema apulum GRÉMIL DES POUILLES. Petite annuelle ne dépassant pas 25(30) cm, à tiges dressées et hispides, rameuses en haut. Feuilles de 45(70) mm de long, étroitement oblongues, hérissées sur les bords, les caulinaires dressées. *Fleurs jaunes* en inflorescences denses jusqu'à 90 mm de long ; corolle de 2-3,5 mm de long. Akènes brun pâle, tuberculeux. Assez commune dans les milieux dénudés et rocailleux. Dans toute la zone.

Lithodora

Sous-arbrisseaux à feuilles entières. Corolle tubuleuse à en cloche ; étamines incluses. Têtes fructifères denses.

Lithodora fruticosa GRÉMIL LIGNEUX. Sous-arbrisseau de 20-80 cm (1 m) de haut, à rameaux dressés et entremêlés. Feuilles de 24 mm, oblongues-linéaires et blanchâtres, à poils raides tuberculeux et marges enroulées. Fleurs bleues, à corolle glabre à l'extérieur ou avec quelques poils sur la face externe des lobes ; calice de 5-7 mm. Pâturages et coteaux rocailleux. ES, FR, PT.

---

1. *Orbea variegata*
2. *Heliotropium europaeum*
3. *Heliotropium europaeum*
4. *Neatostema apulum*
5. *Glandora diffusa*

Glandora

Sous-arbrisseaux ou plantes vivaces en touffes, colonisant les lieux rocailleux. Corolle pubescente-glanduleuse. Têtes fructifères compactes, à calice étroitement appliqué contre les akènes. Similaires à (et traditionnellement inclus dans) *Lithodora*, mais reconnus désormais génétiquement distincts.

G. diffusa

Glandora diffusa (Syn. *Lithodora diffusa*) GRÉMIL DIFFUS. Sous-arbrisseau vivace bas à peu élevé, hérissé, étalé, atteignant 30(60) cm. Feuilles de 7-38 mm, elliptiques, à peine pétiolées. Fleurs bleu vif, en entonnoir, à corolle avec un anneau de poils à la gorge ; calice à 5 lobes, de 6-8 mm. Akènes brun grisâtre, lisses. Lieux sableux acides. ES, FR, PT. *Glandora rosmarinifolia* (Syn. *Lithodora rosmarinifolia*) possède des feuilles linéaires de 10-60 mm de long, à marges enroulées ; corolle velue à l'extérieur. Lieux rocailleux. IT (dont Sicile).

Cerinthe CÉRINTHE

Plantes annuelles à vivaces glauques et pratiquement glabres. Fleurs à corolle tubuleuse-cylindrique ; étamines incluses.

Cerinthe major GRAND CÉRINTHE. Plante annuelle un peu charnue, glabre et glauque, de 30-50(70) cm de haut. Feuilles inférieures de 85 mm de long, oblongues, embrassant la tige par leur base cordée ; feuilles couvertes de *tubercules blancs* voyants. Bractées ovales ou cordées, de 12,5-20 mm de long. *Fleurs entièrement pourpre foncé*, de 17-22 mm de long, à lobes courts et recourbés longs de 3-4 mm ; fleurs en inflorescence *penchée*. Sols sableux et garrigues du littoral ; commune dans toute la zone. ***Cerinthe gymnandra*** (parfois traitée comme une forme de *C. major*) possède des *fleurs blanc jaunâtre* de 17-20 mm, souvent avec un anneau brun-pourpre ; lobes de 3,5-5 mm. Mêmes habitats. ES, PT. *Cerinthe minor* PETIT CÉRINTHE est une annuelle à *petites fleurs jaunes, de 11-12 mm de long*, parfois tachées de violet à la base, à *lobes droits de 3,5-5 mm de long*. Dans toute la zone, sauf sur quelques îles. *Cerinthe glabra* ressemble à *C. minor*, mais plante *vivace, à petites fleurs jaunes de 11-12 mm de long, à lobes réfléchis de 1-2,8 mm*. Uniquement en montagne. ES, FR, IT.

Nonea

Plantes herbacées hispides. Fleurs en grappes à nombreuses bractées ; corolle jaune, brune, violacée ou blanche avec une touffe de poils à la gorge ; étamines incluses ou légèrement saillantes.

N. vesicaria

Nonea vesicaria. Plante annuelle basse à moyenne, grisâtre et hispide, atteignant 40(60) cm, à feuilles lancéolées, parfois dentées, de 15-22 cm, les supérieures embrassant la tige. Fleurs à corolle *rouge bordeaux* de 3-5 mm de large, à lobes des pétales étalés de 1,5-3 mm, en grappes feuillées unilatérales, avec de grands sépales rougeâtres voyants, paraissant renflés à la fructification ; *calice divisé jusqu'à la moitié de sa longueur*. Akènes ovoïdes, côtelés et étranglés au-dessus du rebord basal. Lieux secs ou herbeux ; locale. ES, IT (Sicile), PT. *Nonea echioides* est semblable, mais à fleurs blanches ou jaunâtres. Locale. ES, FR, IT, PT.

Echium VIPÉRINE

Plantes herbacées ou arbrisseaux hispides. Fleurs à corolle zygomorphe, en entonnoir, groupées en cymes spiralées, formant ensemble des panicules lâches ou denses ; étamines inégales, dont certaines au moins sont saillantes (caractère important).

A. Étamines ne saillant pas hors du tube de la corolle ; cette dernière courte, ne dépassant pas 7,5-13 mm

Echium parviflorum VIPÉRINE À CALICE PERSISTANT. Plante annuelle hispide, rude, à tiges ascendantes atteignant 40(65) cm, à feuilles oblongues, les inférieures pétiolées, les supérieures sessiles, à poils appliqués. *Petites fleurs*, à corolle de 7,5-13 mm de long, bleu pâle ou foncé à gorge blanche, en cymes lâches et feuillées, à *étamines non saillantes*. Sols sableux et rocheux du littoral. Dans toute la zone. *Echium arenarium* est semblable, mais souvent couchée, avec des fleurs violettes à corolle de 6-10 mm de long seulement. Dans toute la zone ; plus commune sur les îles et absente de nombreuses régions continentales.

B. Étamines saillant hors du tube de la corolle ; cette dernière de 9-16(18) mm de long

Echium italicum VIPÉRINE D'ITALIE. Grande plante bisannuelle dressée atteignant 1 m, densément hérissée de poils raides, blancs ou jaunâtres. Feuilles basales lancéolées, jusqu'à 20(25) cm de long et 20 mm de large, rétrécies en pétiole à la base ; feuilles caulinaires sessiles. Inflorescence en épi ou ramifiée à la base et devenant alors pyramidale (en fonction de la taille de la plante). *Corolle pâle* : blanchâtre, rosée ou bleu pâle, de 9-12 mm de long, en entonnoir étroit, finement pubescente à l'extérieur ; 4-5 étamines, nettement saillantes. Pâturages, friches. Répandue mais locale ; fréquente dans l'est de l'Italie. DZ, ES, FR, IT, MA, TN. ***Echium asperrimum*** est semblable, mais généralement de port plus compact, à *corolle rose saumon contrastant avec les étamines rouges* ; corolle de 13-16(18) mm. Majorité de la partie européenne de la zone, sauf dans l'Extrême-Ouest, mais localisée. ES, FR, IT.

1. *Cerinthe gymnandra*
2. *Cerinthe major*
3. *Nonea vesicaria*

1

2

3

1. *Echium plantagineum*
2. *Echium candicans*
3. *Echium italicum*
4. *Echium asperrimum*
5. *Echium vulgare*
6. *Echium sabulicola*

C. Étamines saillant hors du tube de la corolle ; cette dernière de (10)14-35(40) mm

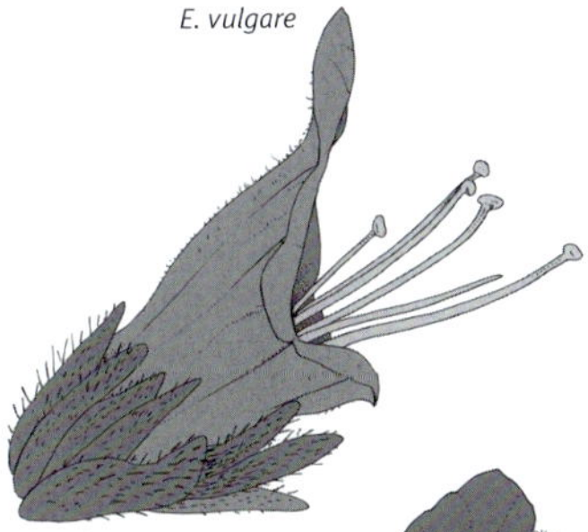

E. vulgare

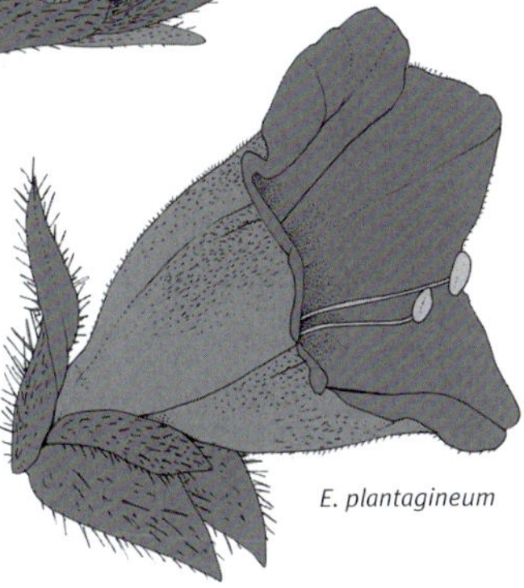

E. plantagineum

Echium vulgare VIPÉRINE COMMUNE. Plante bisannuelle hispide, moyenne à grande, atteignant 1 m, avec 1 à plusieurs tiges. Feuilles couvertes de poils raides, celles de la base elliptiques et pétiolées, les caulinaires étroitement lancéolées et sessiles. Inflorescence en faux épi ; fleurs *bleues* à pourpre bleuté, *à 4-5 étamines longuement saillantes* ; corolle entièrement velue, de 10-21 mm. Carpelles côtelés. Milieux secs et ouverts, friches ; très commune dans toute la zone. ***Echium plantagineum*** ressemble à *E. vulgare*, mais *pilosité souple* (et non raide-épineuse) avec des poils rougeâtres. Feuilles à nervures médiane et latérales marquées. Fleurs pourpre bleuté sombre, devenant rouges avec l'âge, à 2(4) étamines rougeâtres saillantes, en fausses panicules rameuses ; corolle de 18-30 mm, *pubescente seulement sur les veines et les bords*. Très commune dans les milieux sableux du littoral. Dans toute la zone. *Echium gaditanum* se distingue par ses feuilles gris blanchâtre et ses inflorescences lâches de fleurs bleu foncé (rosissant avec l'âge), à tube de la corolle de 12-16(20) mm en entonnoir étroit, brusquement renflé au-dessus du milieu, avec 3-4 étamines saillantes. Sables littoraux. PT.

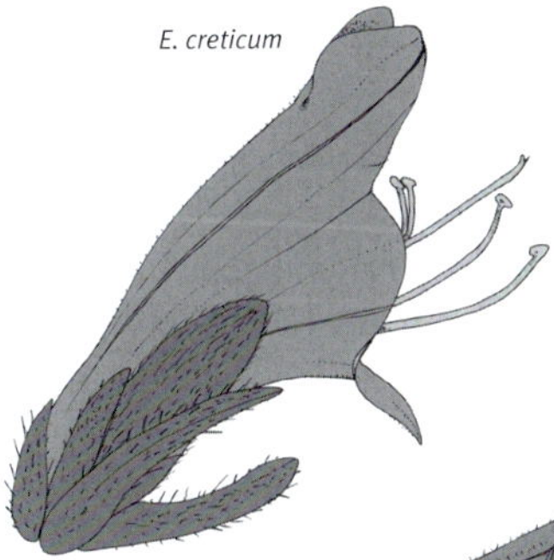

E. creticum

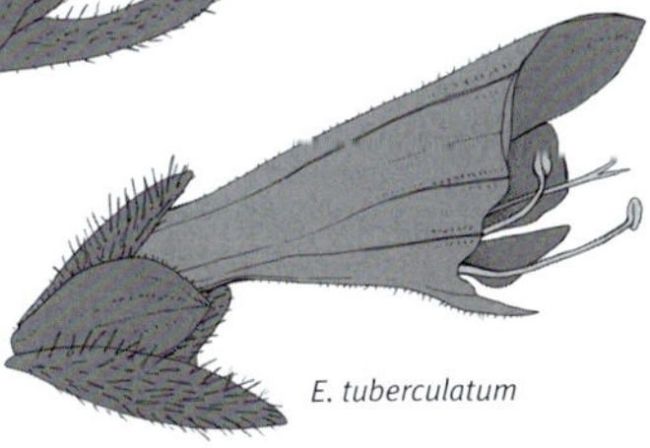

E. tuberculatum

Echium creticum. Plante bisannuelle dressée, *hispide*, de 25-90 cm de haut, à tiges peu nombreuses, couvertes de *2 types de poils : de longs poils étalés tuberculeux à la base et de nombreux poils courts*. Feuilles basales étroitement oblongues, atteignant 18 cm, à poils tuberculeux épars, les caulinaires étroitement elliptiques. Grandes fleurs rouge rosé, devenant souvent violacées avec l'âge ; corolle de 15-35(40) mm de long en entonnoir élargi, avec 1-2 étamines saillantes. Commune au bord des routes et dans les lieux herbeux perturbés à l'ouest. ES, FR, PT. ***Echium sabulicola***, semblable, est une bisannuelle étalée atteignant 60 cm, avec 2 types de poils : de longs poils étalés à base tuberculeuse et des poils courts *recourbés à la base* ; inflorescences allongées et unilatérales, enroulées au sommet ; fleurs roses, bleuissant avec l'âge ; corolle de 14-20(25) mm. Dunes et friches. ES (dont îles Baléares). *Echium tuberculatum* ressemble à *E. creticum*, mais fleurs en entonnoir étroit, à corolle de 18-28(30) mm, *bleu violacé sombre*, avec *2-4 étamines saillantes*. Mêmes milieux. ES, MA, PT.

Echium candicans VIPÉRINE DE MADÈRE. *Grand arbrisseau vivace* velu-hérissé, atteignant 2 m de haut, à nombreuses tiges florifères ascendantes, ligneuses à la base. Feuilles vert foncé, rudes, à contour elliptique et sommet aigu. Fleurs bleu vif, en inflorescences denses au sommet de tiges très feuillées vers la base. Originaire de Madère, mais communément plantée.

Borago BOURRACHE

Plantes annuelles ou vivaces hispides. Fleurs bleues (rarement blanches) à tube court et lobes largement étalés, étamines égales, conniventes en cône pointant vers le haut (incluses ou saillantes).

Borago officinalis BOURRACHE OFFICINALE. Plante annuelle de taille moyenne, hispide, à tiges robustes, généralement ramifiées, atteignant 60 cm. Feuilles basales ovales, vert pâle, pétiolées, les caulinaires plus petites et sessiles. Fleurs en cymes lâchement rameuses, bleu vif, étalées en étoile, à cœur blanc, à lobes réfléchis de 7-10 mm, avec un *cône saillant d'anthères noirâtres* ; calice de 7-15 mm (20 mm à la fructification). Cultures, friches, terrains sablonneux ; très commune dans toute la zone.

Anchusa BUGLOSSE

Plantes herbacées annuelles ou vivaces hispides. Fleurs à corolle en entonnoir, bleues, pourpres ou blanches ; étamines égales, non saillantes.

A. Fleurs bleues

Anchusa calcarea. Plante vivace basse à moyenne, pubescente, de 40 cm-1 m de haut, à feuilles elliptiques jusqu'à 20 cm de long, formant une rosette basale fournie ; feuilles supérieures sessiles et embrassant la tige ; feuilles et tiges couvertes de poils raides *à base élargie en bouton blanc*. Fleurs bleu sombre, en entonnoir, avec des bractées ovales-lancéolées plus courtes que (ou dépassant à peine) le calice ; corolle de 6-10 mm de diamètre. Sols sableux littoraux. ES, PT. *Anchusa undulata* est très proche, mais avec des *feuilles à marges ondulées* et des poils dépourvus de base en bouton blanc. Corolle de 5-10 mm de large. Lieux sableux secs. Dans toute la zone.

Anchusa azurea BUGLOSSE AZURÉE. Plante robuste atteignant 1,8 m, à poils raides denses, souvent à base élargie en bouton blanc. Feuilles jusqu'à 25(40) cm de long et 50 mm de large, lancéolées. Grandes fleurs à corolle de 8-15(20) mm de diamètre, bleu profond ou pourpre, à gorge blanche (parfois entièrement blanche ou crème) ; fleurs en grande inflorescence lâche et très ramifiée. Fréquente sur sols dénudés. Dans toute la zone. *Anchusa humilis* est semblable, mais beaucoup plus petite, ne dépassant pas 30 cm, à fleurs bleu vif de *6 mm de diamètre au maximum*, en groupes compacts hérissés de poils raides blanchâtres. DZ, IT (Sicile), MA, TN.

B. Fleurs jaune pâle ou blanches

Anchusa aegyptiaca BUGLOSSE D'ÉGYPTE. Plante annuelle basse fortement hispide, à tiges couchées de 15-40 cm et feuilles ovales à marges ondulées atteignant 10(15) cm. *Fleurs jaune blanchâtre pâle*, à corolle de 4,5-6,5 mm de large, en inflorescences lâches, non ramifiées. Divers milieux perturbés. Espèce orientale naturalisée dans l'Ouest. ES, TN.

1. *Borago officinalis*
2. *Anchusa calcarea*
3. *Anchusa calcarea*
4. *Anchusa azurea*
5. *Omphalodes linifolia*
6. *Myosotis ramosissima*

Omphalodes

O. liniflolia

Petites annuelles. Fleurs à corolle courte, à gorge fermée par 5 écailles obtuses pointant vers l'avant ; étamines incluses.

Omphalodes linifolia CYNOGLOSSE À FEUILLES DE LIN. Annuelle basse à médiocre, dressée, à tiges simples ou faiblement rameuses de 50 cm. Feuilles de 75-85 × 12-15 mm, les inférieures spatulées et pétiolées, les supérieures linéaires et sessiles, toutes à poils épars sur les marges. Fleurs blanches ou teintées de bleu, en grappes allongées ; bractées absentes ; corolle de 5,5-7 mm de diamètre. Garrigues et maquis ; commune localement. ES, FR, MA, PT. *Omphalodes brassicifolia*, semblable, est une annuelle ou bisannuelle atteignant 1 m, à feuilles ovales plus larges, de 13 cm × 35 mm, embrassant la tige. Montagnes, rare. ES, MA.

Cynoglossum CYNOGLOSSE

Plantes herbacées annuelles à vivaces, pubescentes. Fleurs en cymes rameuses dépourvues de bractées ; corolle à tube court et pétales à 5 lobes avec des écailles fermant la gorge ; étamines non saillantes. Akènes ovales, hérissés de pointes crochues.

A. Fleurs bleutées ou violacées

Cynoglossum creticum CYNOGLOSSE DE CRÈTE. Plante bisannuelle basse mais robuste, à poils souples, de 30-70(90) cm de haut, à tiges dressées et anguleuses, rameuses en haut. Feuilles jusqu'à 30 cm de long, lancéolées, entières, densément velues à feutrées *sur les deux faces*, embrassant parfois la tige. Fleurs violacées dans le bouton, virant ensuite au violet bleuté, *finement veinées de bleu plus sombre*, à corolle de 5-9 mm de large, en cymes rameuses s'allongeant à la fructification. Akènes sans rebord net, densément couverts d'épines crochues. Habitats variés, souvent sur sols remués. Dans toute la zone. *Cynoglossum columnae* possède des fleurs bleu terne ou pourpres non veinées, de 6 mm de long au plus. IT (dont Sicile).

B. Fleurs rose blanchâtre à violettes

Cynoglossum clandestinum. Plante vivace blanc grisâtre de 30-50(65) cm de haut. Feuilles atteignant 12(20) cm. Petites fleurs à corolle ne dépassant pas 2,5-3,5 mm de diamètre, *rose blanchâtre pâle ou violettes* ; pétales à lobes *laineux*. Akènes sans rebord distinct. DZ, ES, FR (Corse), IT (Sicile), MA, PT.

Pardoglossum

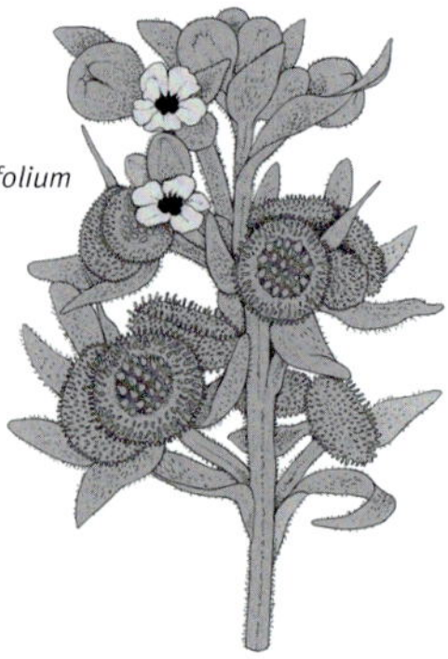
P. cheirifolium

Plantes herbacées bisannuelles à vivaces velues, étroitement apparentées et similaires morphologiquement à *Cynoglossum*, mais reconnues comme étant distinctes génétiquement.

Pardoglossum cheirifolium (Syn. *Cynoglossum cheirifolium*). Plante bisannuelle de 25-40(65) cm de haut, à feuilles atteignant 18 cm de long, *blanches-tomenteuses* sur les deux faces, un peu ondulées. Fleurs à corolle de 3-6,5 mm de large, *violacé rougeâtre* ou bleutée, en grappes denses s'allongeant à la fructification. Akènes à *rebord épaissi* marqué, densément couverts d'épines crochues ou lisses. Lieux secs et rocailleux, friches. ES, FR, IT, PT, TN.

Myosotis MYOSOTIS

Annuelles à vivaces velues. Fleurs avec une corolle à tube court et gorge fermée par 5 courtes écailles ; étamines égales et incluses. Présentes au nord de l'Europe et dans les secteurs les plus frais de la zone.

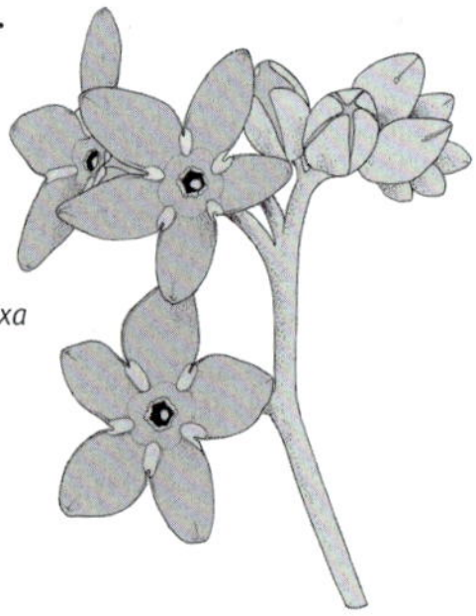
M. laxa

Myosotis laxa MYOSOTIS GAZONNANT. Plante annuelle dressée à ascendante atteignant 40(70) cm, à pilosité peu visible constituée de poils appliqués contre les tiges et les feuilles ; ces dernières jusqu'à 55 mm. Petites fleurs de 4-5(6) mm de large, bleu pâle, à lobes des pétales arrondis ; fleurs éparses le long de la tige, plus denses au sommet ; calice divisé jusqu'à la moitié de sa longueur. Lieux humides ; locale dans toute la zone.

Myosotis ramosissima MYOSOTIS RAMEUX. Petite annuelle éphémère *à poils raides*, dressée ou ascendante, ne dépassant pas 25 cm. Fleurs bleu pâle, de 0,8-2(3) mm de large au plus, à tube de la corolle plus court que le calice ; dents du calice étalées, pédicelles floraux égalant le calice et inflorescence plus longue à la fructification que la partie feuillée de la tige. Lieux humides, sableux et herbeux. Dans toute la zone.

---

1. *Cynoglossum clandestinum*
2. *Cynoglossum creticum*
3. *Cynoglossum creticum*
4. *Atropa belladonna*
5. *Nicandra physalodes*
6. *Lycium chinense*

SOLANACEAE | SOLANACÉES

Plantes herbacées ou ligneuses à feuilles simples et entières ou divisées-pennées, alternes. Fleurs à corolle en étoile ou en cloche, à 5 pétales soudés inférieurement ; 5 étamines soudées au tube de la corolle ; 1 style ; ovaire supère à 2 loges. Fruits sous forme de baies ou de capsules à 2-4 valves.

Atropa

Plantes herbacées vivaces presque glabres à feuilles entières, solitaires ou par 2. Corolle en cloche, à 5 lobes courts ; étamines non saillantes. Fruits sous forme de baies.

Atropa belladonna BELLADONE. Plante vivace rameuse, robuste et dressée, à odeur fétide, toxique, glanduleuse mais pas nettement pubescente. Feuilles ovales-aiguës, assez grandes, de 8-20 cm de long. *Fleurs en cloche, pourpre brunâtre* (rarement vert-jaune), pédicellées ; corolle de 24-30 mm de long. *Fruits sous forme de baies charnues noir luisant*, de 15-20 mm de diamètre, enchâssées dans un calice persistant à 5 lobes. Boisements et fourrés sur sols calcaires. Disséminée dans les montagnes de presque toute la zone, mais assez localisée. DZ, ES, FR, IT, MA. *Atropa baetica* est semblable, mais possède des *fleurs jaunes plus ou moins tachetées de pourpre* ; tube de la corolle plus évasé. ES, MA.

Physalis

Plantes annuelles à vivaces à feuilles simples, souvent dentées. Fleurs à corolle en entonnoir évasé, à 5 lobes étalés. Fruits sous forme de baies, souvent cachées par le calice fortement renflé.

P. ixocarpa

Physalis ixocarpa. *Plante annuelle dressée et rameuse, à pilosité éparse*, de 40-60 cm de haut. Feuilles lancéolées, à fortes dents ou entières, arrondies à la base, pétiolées. Fleurs solitaires à l'aisselle des feuilles ; calice ovale, vert veiné de pourpre, à 5 dents ; corolle jaune vif avec des taches brunâtres au centre ; filets pourpres. Fruits sous forme de baies de 13-40 mm enfermées dans le calice fortement renflé, de 30-50 mm, verdâtres avec des veines violacées. Originaire du Mexique ; naturalisée dans la péninsule Ibérique. ES, PT. **Physalis peruviana** est semblable, mais *plante vivace densément pubescente* atteignant 1 m, à feuilles cordées à la base ; fleurs plus pâles, jaune blanchâtre taché de pourpre. ES, IT. **Physalis alkekengi** est semblable, mais plante vivace étalée atteignant 60 cm (1 m) à *fleurs blanches ; calice rouge renflé* à la fructification, 25-50 mm ; fruits de 12-17 mm. Naturalisée. ES, FR, IT.

1

2

3

4

5

Solanum MORELLE

Plantes herbacées ou ligneuses à feuilles simples. Fleurs en cymes unilatérales ou en ombelles, opposées aux feuilles ; corolle en étoile, à lobes des pétales étalés ; étamines saillantes, formant un cône autour du stigmate. Fruits sous forme de baies.

A. Arbrisseau épineux

S. linnaeanum

Solanum linnaeanum MORELLE DE LINNÉ. Petit ou grand arbrisseau *très épineux* atteignant 2 m, à tiges robustes, très ramifiées et couvertes d'épines jaunes, légèrement pubescent. Feuilles de 5-13 cm, ovales, pennatilobées, à lobes obtus, munies d'aiguillons et pétiolées. Fleurs à corolle violette de 20-30 mm de large, à 5 lobes, solitaires ou groupées. *Grosses baies globuleuses, de 20-40(50) mm*, marbrées de vert et de blanc, devenant jaunes ou brunes et luisantes ; ressemble un peu à une tomate. Terrains vagues, souvent à proximité des habitations. Originaire d'Afrique. Dans toute la zone. *Solanum carolinense* est semblable, mais anthères plus courtes (1,5-2,5 mm) et *fruits plus petits*, de 10-15 mm de large au plus. Originaire d'Amérique. ES.

B. Plante non épineuse, fleurs violettes

Solanum dulcamara MORELLE DOUCE-AMÈRE. Sous-arbrisseau sarmenteux, vivace, ligneux à la base, atteignant 3(7) m, à feuilles ovales-lancéolées jusqu'à 80 mm de long, simples, les inférieures souvent lobées à la base. *Fleurs à pétales violets contrastant avec les anthères jaunes*, en cymes lâches. Fruits sous forme de *baies rouges de 8-12 mm de long*. Boisements et lieux humides, souvent en montagne ; commune dans toute la zone.

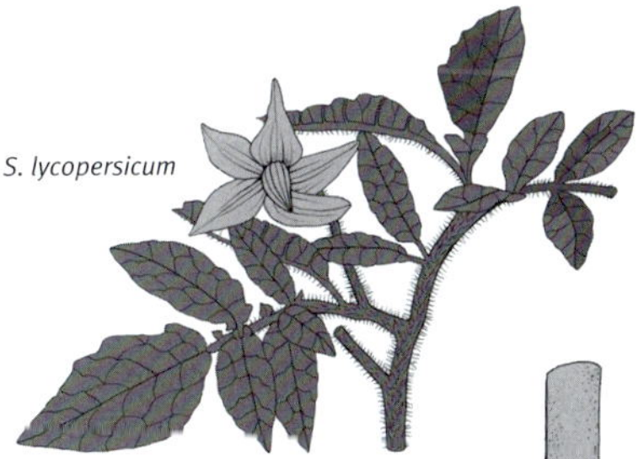

S. lycopersicum

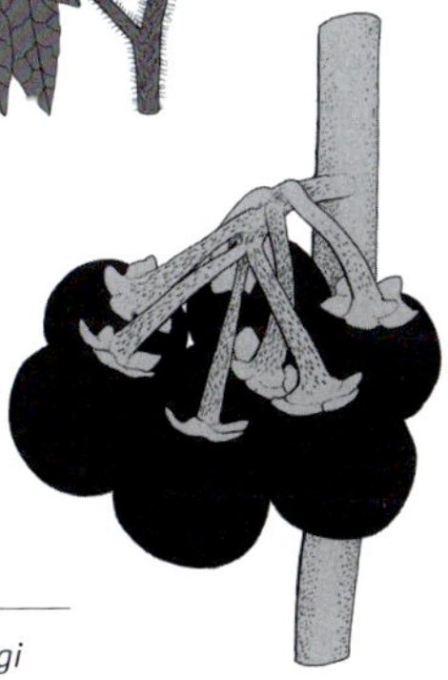

S. americanum

C. Plante non épineuse, fleurs jaunes

Solanum lycopersicum TOMATE. Plante annuelle velue-glanduleuse, odorante. Feuilles de 20 cm, à folioles ovales. Cymes contenant jusqu'à 20 fleurs jaunes. Fruit : une baie comestible rouge ou jaune (la tomate). Cultivée et souvent naturalisée comme adventice occasionnelle. Toute la zone.

D. Plante non épineuse, fleurs blanches

Solanum americanum (Syn. *S. nigrum*) MORELLE NOIRE. Plante *annuelle* variable, basse à moyenne, glabre ou velue, atteignant 70 cm, a tiges étalées, noirâtres. Feuilles ovales-lancéolées, dentées, lobées ou entières, pétiolées. Fleurs à pétales blancs, étalés en étoile avec les anthères en cône central jaune, en cymes de 5-10. Baies de 6-10 mm, globuleuses, d'abord vertes, devenant noir mat en mûrissant, portées par un pédoncule dressé-étalé. Mauvaise herbe commune des lieux cultivés dans toute la zone. ***Solanum villosum*** est très semblable, mais *densément et longuement velue*, à feuilles plus profondément lobées, *fruits rougeâtres ou jaunâtres* (pas noirs) de 6-10 mm. Dans toute la zone. *Solanum chenopodioides* ressemble à *S. nigrum*, mais avec des *poils courts et mous* et des fruits violet noirâtre de 6-8 mm, portés par des *pédoncules réfléchis*. Originaire d'Amérique du Sud. ES, FR, IT, PT.

---

1. *Physalis alkekengi*
2. *Solanum linnaeanum*
3. *Solanum linnaeanum*
4. *Solanum dulcamara*
5. *Solanum laxum*

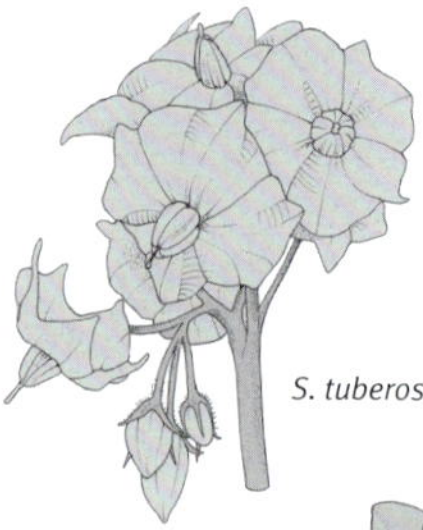

S. tuberosum

S. laxum

Solanum tuberosum **POMME DE TERRE**. Plante vivace touffue à poils épars atteignant 1 m, à stolons souterrains produisant des tubercules à leur extrémité (pommes de terre). Feuilles divisées-pennées avec au plus 7 paires de folioles ovales de tailles variées. Nombreuses fleurs groupées en cymes ; pétales violacés ou blancs entourant le cône central jaune des anthères. Fruits verts à violacés, de 20-40 mm de diamètre. Largement cultivée, parfois subspontanée. Dans toute la zone.

Solanum laxum (Syn. *S. jasminoides*) **MORELLE FAUX JASMIN**. *Liane sempervirente ornementale* atteignant 5 m. Feuilles de 25-75 mm, vert vif, coriaces et luisantes ; aiguës et lancéolées, à base cordées ; pétiolées. Fleurs à corolle blanche de 15-18 mm de large, en étoile, les anthères formant un cône jaune, en cymes lâches très florifères et voyantes. Fruits de 4-5 mm. Largement plantée dans les lieux urbanisés de toute la zone.

1

2

3

4

5

6

Mandragora MANDRAGORE

Feuilles basales. Fleurs brièvement pédicellées naissant directement de la souche. Fruits sous forme de baies. Les racines étaient utilisées autrefois en région méditerranéenne pour calmer la douleur et faciliter le sommeil.

Mandragora officinarum MANDRAGORE. Plante vivace appliquée au sol, acaule, glabre ou velue, fleurissant en hiver ou au printemps, à souche robuste. Feuilles jusqu'à 30(45) cm formant une grande *rosette* plane, ovales, vert vif et luisantes, pétiolées, à marges nettement ondulées. Fleurs à corolle blanc verdâtre à violet bleuté, de 25-50 mm de large, à 5 lobes triangulaires de 20-34 mm, naissant au centre de la rosette. Fruits sous forme de baies ovoïdes orange ou jaunes, de 16-25(40) mm de diamètre, enveloppées dans le calice persistant aussi long ou plus long qu'elles. Friches et terrains nus. Dans toute la zone, sauf en France et sur les îles Baléares. Les formes à floraison automnale connues, comme *M. autumnalis*, ne sont plus généralement considérées comme distinctes.

Datura (incl. *Dutra*)

Plantes annuelles dressées à feuilles simples. Fleurs régulières, spectaculaires, en trompette pointant vers le haut ; calice à 5 dents. Fruits sous forme de grosses capsules épineuses.

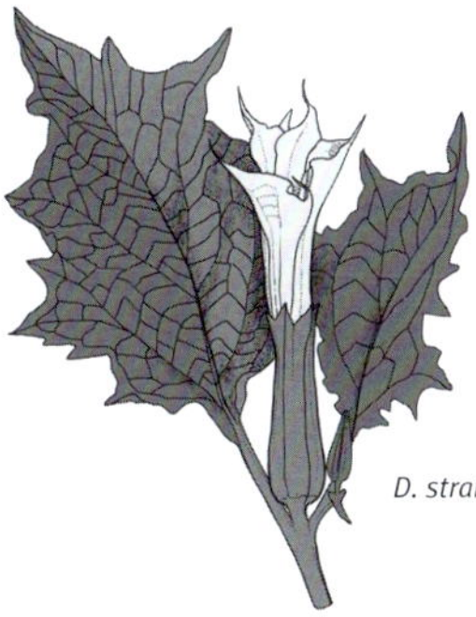

D. stramonium

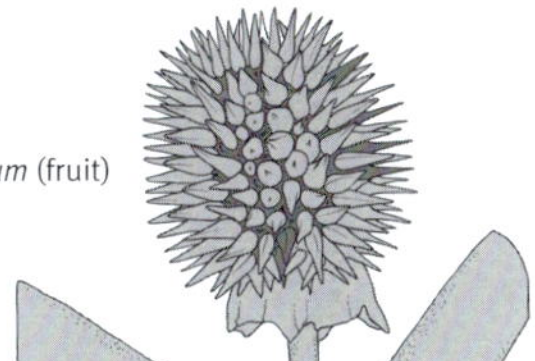

D. stramonium (fruit)

D. inoxia

Datura stramonium. Plante annuelle robuste et vigoureuse à odeur désagréable, en général *glabre*, atteignant 1,5 m, à tiges fortes, étalées. Feuilles ovales à elliptiques, lobées, à grandes dents irrégulières, de 5-18 cm. Fleurs à corolle blanche parfois lavée de violacé, en trompette, de 5-10 cm de long, solitaires à l'aisselle des feuilles supérieures ; grand calice atteignant la moitié de la longueur de la corolle (30-50 mm), à angles aigus. Fruits sous forme de grandes capsules épineuses dressées, de 35-70 mm de long. Friches, sols dénudés ; fréquente dans toute la zone. *Datura ferox* est très semblable, mais à plus petites fleurs ; calice de 25-40 mm et corolle de 4-6 cm. *Fruits à épines éparses longues et robustes, de 10-30 mm*. Disséminée dans toute la zone ; souvent confondue avec l'espèce précédente.

Datura inoxia (Syn. *Dutra inoxia*). Plante vivace similaire aux espèces précédentes (maintenant traitée par certains auteurs dans un genre à part, *Dutra*), mais *mollement velue*, souvent plus petite, jusqu'à 50 cm (2 m), à *plus grandes fleurs* avec une corolle de 14-16,5 cm de long, glabre à l'extérieur ; capsules de 30-50 mm, *penchées* à maturité. Mêmes milieux. Adventice dans toute la zone.

1. *Solanum americanum*
2. *Solanum villosum*
3. *Solanum villosum* (fruit)
4. *Datura stramonium*
5. *Datura stramonium* (fruit)
6. *Datura inoxia*

Brugmansia

Arbustes et arbres sempervirents à feuilles entières et grandes fleurs spectaculaires, odorantes et pendantes. Originaires d'Amérique du Sud, mais très fréquemment plantés. Grands fruits lisses, semblables à une gousse. Genre extrêmement complexe où existent de nombreux hybrides et cultivars difficiles à distinguer et pour lequel les lignes suivantes ne constituent qu'un guide simplifié et approximatif.

B. versicolor

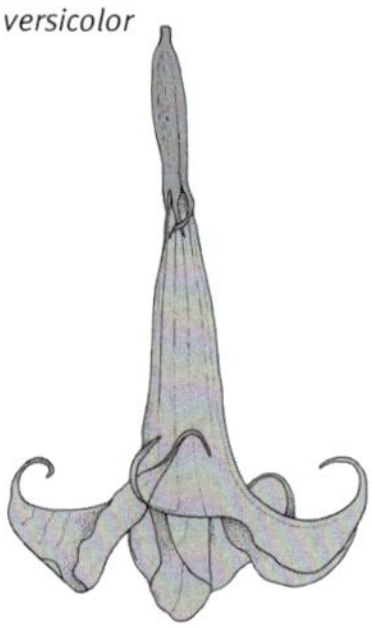

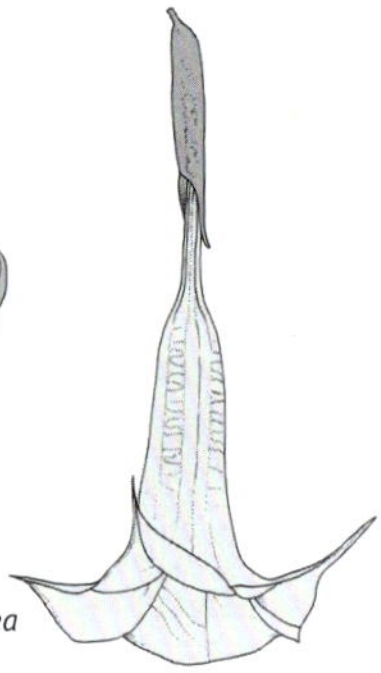

B. arborea

Brugmansia versicolor TROMPETTE-DES-ANGES. Arbuste ornemental atteignant 3(5) m, à tiges raides et épaisses. Feuilles ovales, pétiolées, non dentées. *Très grandes fleurs* pendantes, blanches, lavées de jaune ou de rose avec l'âge, en trompette, *de 30-45(50) cm de long*, avec un tube mince, odorantes ; solitaires à l'aisselle des feuilles supérieures ; calice renflé, fendu sur un côté. Fruits ovoïdes. Largement cultivé. *Brugmansia arborea*, semblable, est un petit arbre atteignant 7 m, à fleurs pendantes blanches à vert pâle ; *corolle plus petite, de 12-17 cm de long*. Fruits à parois souples à maturité ; graines anguleuses. Communément planté. ***Brugmansia sanguinea*** est un arbre d'ornement atteignant 10 m de haut, à *fleurs tubuleuses rouges, orange ou jaunes* ; calice côtelé. Fruits lisses. Planté dans les résidences et les jardins.

Cestrum

C. nocturnum

Arbustes non épineux et glabres. Fleurs à corolle tubuleuse, groupées en cymes. Fruits sous forme de baies. Originaires d'Amérique tropicale.

Cestrum nocturnum JASMIN DE NUIT. Arbuste odorant atteignant 4 m à feuilles simples, alternes, lancéolées et aiguës. *Fleurs blanches*, odorantes, nombreuses et voyantes, de 20-25 mm de long, à 5 étamines, non saillantes. Fruits sous forme de baies bipartites de 10 mm au maximum. Communément planté dans la région, peut-être naturalisé. *Cestrum parqui*, semblable, est un arbuste atteignant 4 m à *fleurs jaunes* de 19-27 mm. Planté et naturalisé. ES, IT.

Nicotiana TABAC

Arbustes ou plantes vivaces, visqueux, à feuilles simples et entières. Fleurs à corolle allongée en entonnoir, en panicules rameuses non feuillées. Capsules à 2 valves. Originaires d'Amérique du Sud, mais plantés et naturalisés.

N. glauca

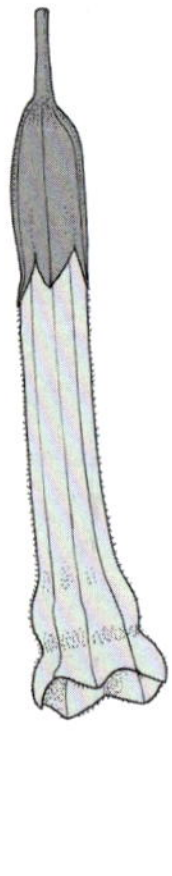

A. Arbuste ou petit arbre

Nicotiana glauca TABAC ARBORESCENT. *Arbuste ou petit arbre* à bois tendre, glabre, *jusqu'à 6 m de haut*, à branches lâches, grises ; feuilles *vert grisâtre* de 2,1-12 cm, elliptiques-lancéolées et aiguës, pétiolées. Fleurs jaune verdâtre, en panicules lâches ; corolle tubuleuse de 27-45 mm de long. Fruits sous forme de capsules ovoïdes de 8,5-15 mm de long, dépassant le calice persistant et papyracé. Largement naturalisé dans les friches, les décombres et sur les murs. Dans toute la zone.

---

1. *Brugmansia sanguinea*
2. *Brugmansia* (cultivar)
3. *Nicotiana glauca*
4. *Salpichroa origanifolia*
5. *Solandra maxima*

B. Plante herbacée, annuelle ou vivace

Nicotiana rustica PETIT TABAC. Plante annuelle dressée, velue-glanduleuse, à odeur forte, jusqu'à 1 m de haut, à feuilles ovales à cordées, vert brillant, à pétiole non ailé. Nombreuses fleurs en panicule terminale ; corolle *jaune-vert*, de 12-17 mm de long, 2-3 fois la longueur du calice ; lobes du calice obtus. Largement cultivée et naturalisée. *Nicotiana tabacum* TABAC CULTIVÉ est semblable, mais à pétiole des feuilles largement ailé, embrassant la tige à la base. Fleurs à corolle *blanc lavé de rose ou de violacé*, de 30-55 mm. Cultivée et naturalisée dans presque toute la zone.

Petunia

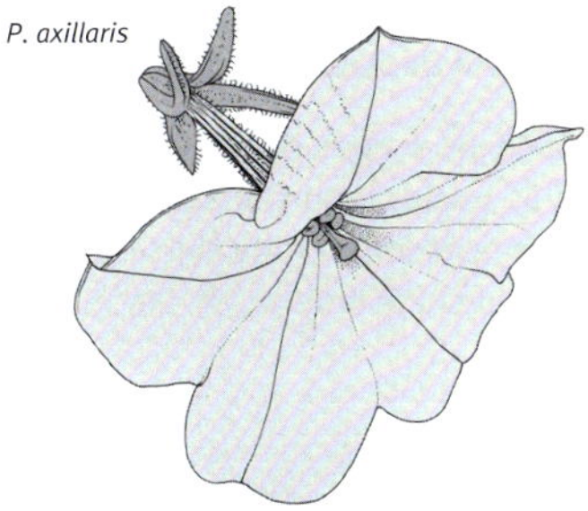

Genre sud-américain de plantes herbacées vivaces visqueuses à feuilles simples. Fleurs voyantes, en trompette, à 5 lobes. Fruits sous forme de capsules.

Petunia axillaris. Petite plante annuelle velue-glanduleuse touffue atteignant 60 cm, à feuilles ovales-elliptiques sessiles. Grandes fleurs à corolle blanche, en trompette, de 5-12 cm, odorantes la nuit. Communément plantée pour l'ornement dans les parcs et jardins, parfois adventice et naturalisée temporairement dans les friches. Dans toute la zone.

1

2

3

4

5

C. Fleurs roses, blanches ou jaunâtres. Feuilles cordées. Plantes normalement grimpantes (ou étalées-diffuses)

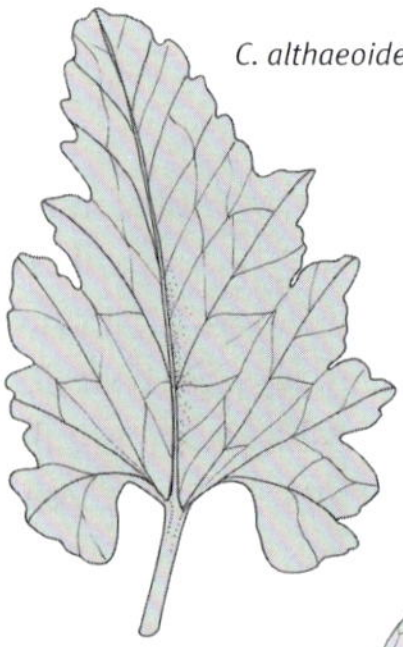
C. althaeoides

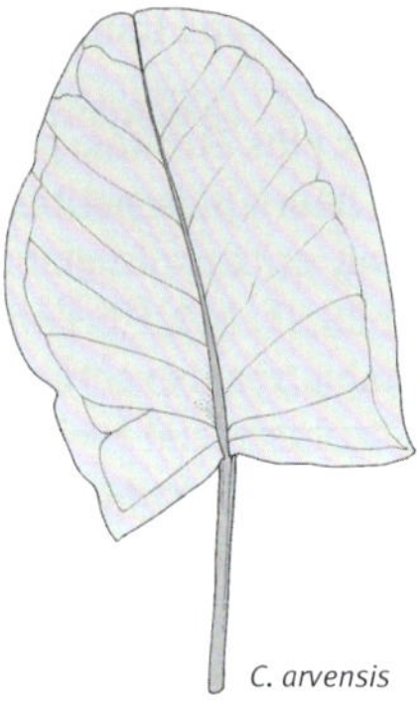
C. arvensis

Convolvulus althaeoides LISERON FAUSSE-GUIMAUVE. Plante vivace étalée-diffuse ou volubile, velue, atteignant 2 m, à souche grêle et rampante. Feuilles de 3-12 cm, ressemblant à celles de la guimauve, grisâtres, celles de la base cordées et pétiolées, les supérieures profondément lobées et à divisions linéaires ; toutes velues et à bords plus ou moins ondulés. Fleurs rose pâle à gorge d'un rose plus soutenu, de 27-37(40) mm de large, solitaires ou par 2, longuement pédicellées. Capsule de 8-10 mm. Garrigues et maquis proches du littoral ; commune dans toute la zone.

Convolvulus arvensis LISERON DES CHAMPS. Plante vivace rampante ou volubile, plus ou moins glabre, atteignant 2 m, à feuilles de 10-75 mm en fer de flèche ou oblongues, pétiolées. Fleurs rose pâle avec des bandes plus claires, ou blanches, de 15-20 mm de large, solitaires ou par 2 sur des pédicelles plus courts que la feuille adjacente ; à peine odorantes ; *ovaire glabre*. Capsule de 6-8 mm. Fréquente dans les jachères et les friches de toute la zone. *Convolvulus betonicifolius* est semblable, mais *à poils plus denses* et fleurs plus grandes, de 21-30 mm, rose plus foncé, groupées par 1-2(3) ; ovaire *pubescent*. ES, FR, IT (dont Sicile).

D. Sous-arbrisseau

Convolvulus cneorum LISERON ARGENTÉ. *Sous-arbrisseau argenté* dressé à étalé, de 50 cm de haut au plus, ligneux inférieurement. Feuilles linéaires à elliptiques, plus larges au-dessus de leur milieu, entières. Fleurs blanches à rosées, jusqu'à 35 mm de large, en têtes terminales denses. Fruits velus. Lieux rocailleux proches de la mer. IT (dont Sicile). *Convolvulus oleifolius* est semblable, mais moins robuste et à *feuilles très étroites, linéaires*. Espèce principalement est-méditerranéenne. MT. *Convolvulus dorycnium* ressemble à *C. cneorum*, mais est plus ligneux et densément velu, mais non argenté. Fleurs roses, jusqu'à 25 mm de diamètre, à inflorescences rameuses. Garrigues et fruticées sèches. Afrique du Nord uniquement. TN.

Ipomoea

Plantes annuelles grimpantes ou vivaces tubéreuses à feuilles ovales, cordées. Fleurs à corolle en entonnoir, non lobée, souvent spectaculaires ; 1 style. Fruits non lobés.

A. Fleurs blanches ou jaunâtres

Ipomoea imperati (Syn. *I. stolonifera*). Plante vivace *rampante* et charnue de 1 m de long au plus, à feuilles alternes entières ou profondément trilobées, cordées à la base, de 40-60 mm. *Grandes fleurs blanches* ou jaune pâle, parfois à gorge violacée, de 35-50 mm de large. Sols sableux littoraux. Originaire des Amériques, mais localement naturalisée. DZ, ES, IT, MA.

---

1. *Convolvulus arvensis*
2. *Convolvulus althaeoides*
3. *Convolvulus cantabrica*
4. *Ipomoea purpurea*
5. *Jasminum fruticans*
6. *Fraxinus excelsior*

B. Fleurs bleues ou violacées

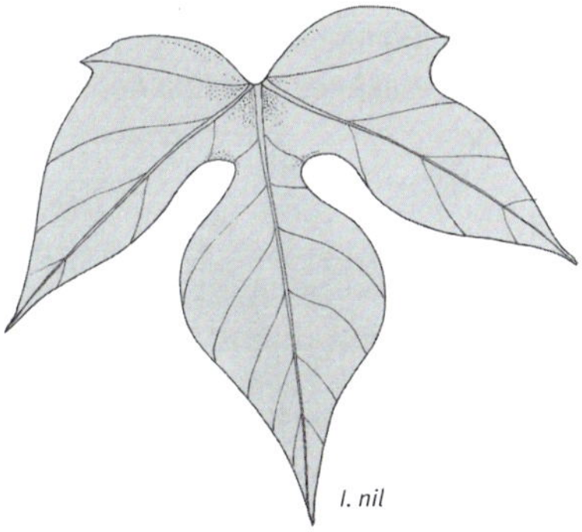

I. nil

Ipomoea indica (Syn. *I. acuminata*) IPOMÉE D'INDE. Plante herbacée vivace à tiges longuement traînantes atteignant 15 m. Feuilles jusqu'à 18 cm de long, ovales et *entières* à profondément trilobées, cordées à la base. Grandes fleurs voyantes bleu ciel ou violacées (rarement blanches), virant au rose en se flétrissant, de 60-86 mm. Naturalisée dans les fourrés, généralement à proximité des habitations. ES, FR, PT. ***Ipomoea purpurea*** est semblable, mais à feuilles toujours entières, ovales, de 8-16 cm de long ; *fleurs pourpre foncé* de 40-50(60) mm. Originaire d'Amérique tropicale, communément naturalisée en Espagne, France et Italie. ES, FR, IT. *Ipomoea nil* (Syn. *I. hederacea*) est une plante ornementale exotique originaire d'Amérique tropicale, à feuilles *trilobées* et fleurs pourpre clair, de 20-40 mm. Plantée dans les résidences et naturalisée. ES, PT.

Ipomoea batatas PATATE DOUCE. Liane herbacée vivace à feuilles à 3-7 lobes et fleurs de 30-50 mm en trompette, typiques des *Convolvulus*, violacées, violettes ou blanches. Les gros tubercules rougeâtres sont cultivés pour l'alimentation. Occasionnellement cultivée dans les jardins de la zone.

1

2

3

4

5

6

Myoporum

M. laetum

Genre d'arbres et d'arbustes originaire d'Australasie, autrefois classé parmi les *Myoporaceae*. Fleurs à corolle à 5 lobes ; 4 étamines ; ovaire à 2-4 loges. Fruits sous forme de baies.

Myoporum laetum. Arbuste ou arbre sempervirent atteignant 13 m, à rameaux visqueux. Feuilles de 4,5-17 cm, alternes, étroitement lancéolées, légèrement dentées vers l'apex, glabres mais parsemées de glandes huileuses. Fleurs de 10-15 mm de large, en groupes latéraux de 5-6(10), blanches avec de petites taches violacées ; 4 étamines. Baies violacées de 7-10 mm. Originaire de Nouvelle-Zélande, fréquemment planté dans la péninsule Ibérique et probablement ailleurs. ES, PT.

PAULOWNIACEAE

Arbres caducifoliés originaires de Chine, du Laos et du Vietnam, à grandes feuilles opposées, cordées. Fleurs zygomorphes, en grandes panicules ; calice et corolle à 5 lobes ; 4 étamines ; 1 style. Fruits sous forme de capsules à 2 loges.

Paulownia

P. tomentosa

Arbres caducifoliés à feuilles cordées. Fleurs à corolle tubuleuse comme celle de la digitale, en panicules dressées ; 4 étamines. Fruits sous forme de capsules.

Paulownia tomentosa PAULOWNIA. Arbre caducifolié à couronne arrondie mais aérée, jusqu'à 16 m de haut. *Grandes feuilles* opposées, à 3-5 lobes, de 12-25(50) cm de large, longuement pétiolées et duveteuses, cordées à la base. Fleurs de 35-60 mm, bleu violacé à gorge plus claire, bilabiées et en entonnoir, un peu comme celles de la digitale, en panicules terminales. Fruits à 2 valves, ovoïdes-aigus, ligneux, jusqu'à 50 mm de long. Communément planté en France et localement ailleurs. FR.

ACANTHACEAE

Plantes herbacées vivaces à feuilles simples, souvent lobées, et tiges dressées (habituellement), simples ; bractées voyantes, épineuses. Fleurs groupées en épis denses ; calice à 4 lobes et 2 lèvres ; corolle zygomorphe, à 1-2 lèvres, l'inférieure trilobée ; 4 étamines, non saillantes ; 1 style. Fruits sous forme de capsules.

Acanthus ACANTHE

Plantes vivaces feuillues à fleurs en épis terminaux longs et denses. Faciles à reconnaître grâce à leur port robuste, leurs grandes feuilles pennatilobées, leurs bractées épineuses et leurs fleurs zygomorphes.

1. *Myoporum laetum*
2. *Paulownia tomentosa*
3. *Acanthus spinosus*
4. *Acanthus mollis* (port)
5. *Acanthus mollis*

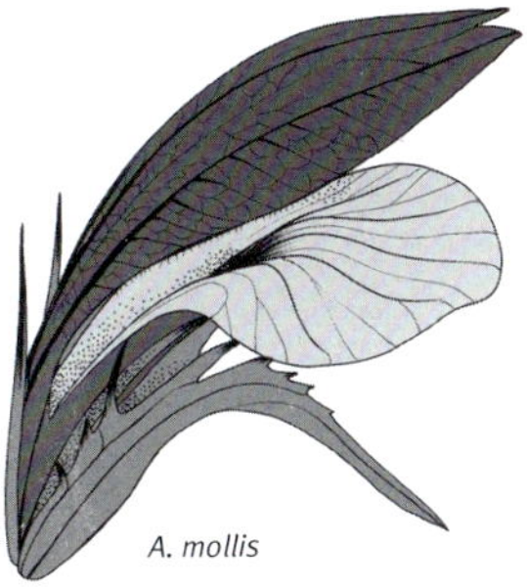

Acanthus mollis ACANTHE À FEUILLES MOLLES. Robuste plante vivace buissonnante atteignant 75 cm (1 m). Grandes feuilles de 20 cm-1 m, vert sombre luisant, pennatilobées, souples, glabres ou presque, longuement pétiolées; petites feuilles caulinaires peu nombreuses. Bractées épineuses lavées de violet. Fleurs blanches de 35-50 mm de long, en épis denses; corolle trilobée; calice violacé, glabre. Habitats variés, souvent boisements ou lieux humides ombragés. Dans toute la zone. **Acanthus spinosus** ACANTHE ÉPINEUSE est semblable, mais *lobes foliaires nettement épineux* et plante souvent entièrement pubescente. Espèce orientale atteignant le sud de l'Italie. IT.

Thunbergia

Vigoureuses lianes tropicales grimpantes originaires du sud de l'Asie, de Madagascar et d'Afrique. Fleurs spectaculaires. Fruits sous forme de capsules déhiscentes.

Thunbergia grandiflora THUNBERGIE À GRANDES FLEURS. Vigoureuse liane tropicale grimpante atteignant 20 m, à feuilles pétiolées triangulaires à ovales, opposées, rudes, jusqu'à 20 cm de long, diversement lobées ou entières. Fleurs bleu pâle ou mauves à gorge jaune, de 70-80 mm de large, en grappes pendantes. Fréquemment plantée sur la Côte d'Azur, çà et là ailleurs. FR.

1

2

3

4

5

VERBENACEAE

Plantes herbacées annuelles ou vivaces, voire arbustes, à feuilles opposées et tiges à section carrée. Fleurs en cymes ou en têtes ; corolle à tube mince et limbe plan, souvent bilabiée ; 4 étamines, non saillantes ; 1 style. Fruits sous forme de fausses baies ou 4 akènes monospermes.

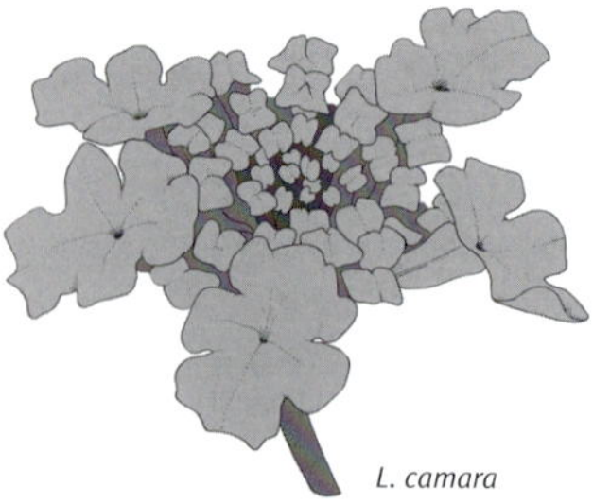
L. camara

Lantana camara LANTANIER COMMUN. Petit arbuste épineux de 1,5(4) m, à rameaux quadrangulaires et épineux, pubescents dans leur jeunesse. Feuilles de 4-13 cm, opposées, ovales, dentées et courtement pétiolées. Fleurs de 10-11 mm, jaune vif ou orange, virant au rouge avec l'âge, en têtes compactes souvent regroupées par 2, portées par de longs pédoncules ; corolle légèrement bilabiée. Petites baies noires de 4-7 mm. Cultivé dans les jardins et fréquemment naturalisé. ES, IT (Sicile) ; probablement ailleurs.

1

1. *Thunbergia grandiflora*
2. *Lantana camara*
3. *Verbena officinalis*
4. *Jacaranda mimosifolia*
5. *Catalpa bignonioides*
6. *Podranea ricasoliana*

2

3

4

5

6

Verbena

Plantes herbacées annuelles ou vivaces. Fleurs en épis allongés ou en corymbes; calice et corolle à 5 lobes; 4 akènes.

V. officinalis

Verbena officinalis VERVEINE OFFICINALE. Plante vivace de taille moyenne, à poils rudes, atteignant 0,8 m, à tiges minces, dressées et raides, de section carrée; ressemble superficiellement à une menthe. Feuilles de 40-80 mm, opposées, à contour lancéolé à rhomboïdal, mais profondément pennatilobées; les inférieures pétiolées, les supérieures sessiles et souvent non lobées. Fleurs sessiles, bleu lilas, de 4,5-6,5 mm, légèrement bilabiées, en longs épis grêles et nus atteignant 30(55) cm. Fruits se désarticulant en 4 akènes. Friches sur sols nus. Dans toute la zone. *Verbena litoralis* VERVEINE DU BRÉSIL est semblable, mais feuilles *dentées* (non profondément lobées), et fleurs de 2,5-3 mm en épis *très denses* à l'extrémité des rameaux. Originaire d'Amérique du Sud, largement naturalisée. ES, FR, IT.

Phyla

Plantes vivaces ligneuses à la base, à tiges traînantes s'enracinant aux nœuds; feuilles simples et opposées; petites fleurs en têtes denses; 2 akènes.

Phyla nodiflora. Plante vivace *couchée-tapissante* à tiges rampantes s'enracinant aux nœuds, les florifères ascendantes et atteignant 75 cm, à feuilles ovales à elliptiques, dentées, de 20-40 mm. Fleurs de 2,5-3 mm, pourprées dans le bouton, blanches à l'épanouissement, en *épis cylindriques* denses et longuement pédonculés. Lieux humides et perturbés, souvent sur le littoral. ES, IT, MA. *Phyla canescens* (Syn. *P. filiformis*) est très semblable, mais *épis floraux plus arrondis, à fleurs rose pâle ou lilas* de 4-5 mm. Originaire du centre de l'Amérique du Sud, mais naturalisée sur les îles et certaines côtes du continent. ES (îles Baléares), FR (Corse), IT (Sardaigne), PT.

BIGNONIACEAE

Grande famille tropicale et subtropicale d'arbres et de lianes à feuilles opposées, divisées-pennées. Fleurs à *grande corolle tubuleuse*, avec 4 *étamines en 2 paires*. Fruits sous forme de capsules ressemblant à des gousses, s'ouvrant en 2 longitudinalement et à nombreuses graines souvent ailées.

Jacaranda

Arbres originaires d'Amérique tropicale, normalement à feuilles divisées-pennées. Fleurs voyantes, groupées en panicules. Fruits pendants, comprimés.

J. mimosifolia
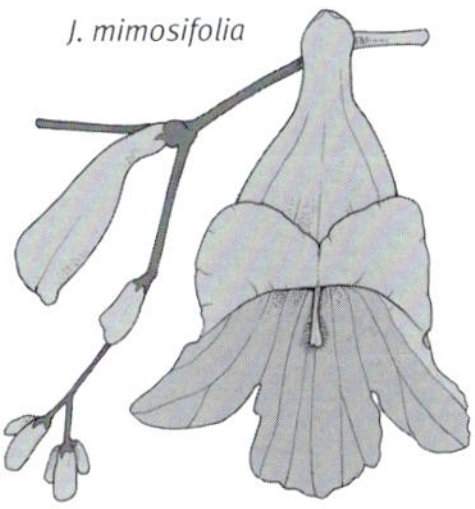

Jacaranda mimosifolia JACARANDA. Petit arbre atteignant 8(15) m de haut. Feuilles jusqu'à 45 cm de long, 2 fois divisées-pennées, à nombreuses folioles opposées, ovales à rhomboïdales, duveteuses. Fleurs bleues, en trompette, de 50-60 mm de long, bilabiées, groupées en panicules terminales voyantes paraissant avant le développement des feuilles. Fruits ovales, bruns et membraneux à maturité, de 50-80 mm de large, comprimés. Fréquemment planté au bord des rues dans les villes de la péninsule Ibérique et parfois ailleurs. ES, PT.

Catalpa

Arbres caducifoliés originaires de l'Amérique du Nord tempérée-chaude, à feuilles cordées (parfois trilobées). Fleurs à corolle en cloche, à 2 étamines. Fruits minces.

Catalpa bignonioides CATALPA COMMUN. Arbre caducifolié atteignant 15(18) m à couronne étalée. Grandes feuilles cordées à la base, longuement pétiolées, de 20-30 cm de long. Fleurs en cloche, blanches tachées de pourpre et de jaune à l'intérieur, de 25-35(50) mm de long, en grandes panicules spectaculaires. Fruits minces, en haricot, d'abord verts puis bruns, de (15)20-40 cm de long, persistant après les feuilles. Originaire d'Amérique du Nord, largement planté en France et en Italie. FR, IT.

Podranea

Arbustes et lianes sempervirentes originaires d'Afrique, à feuilles composées. Fleurs voyantes, à corolle en cloche, groupées en panicules. Fruits linéaires, comprimés.

Podranea ricasoliana BIGNONE ROSE. Vigoureuse plante grimpante à longues tiges volubiles et grandes feuilles divisées-pennées. Fleurs rose pâle avec des rayures plus sombres à la gorge, tubuleuses, à 5 lobes, en bouquets pendants. Originaire d'Afrique du Sud ; plantée. ES.

Campsis

Plantes grimpantes ligneuses, caducifoliées, avec des racines aériennes, originaires d'Amérique du Nord et de Chine. Fleurs à corolle voyante, en trompette. Fruits allongés, en forme de haricot.

Campsis radicans JASMIN DE VIRGINIE. Vigoureuse liane caducifoliée atteignant 10(12) m, à robustes tiges ligneuses grimpant grâce à des racines aériennes. *Feuilles velues*, divisées-pennées, à 9-11(13) folioles ovales, dentées, de 20-50 mm. *Fleurs orange vif ou écarlates, en trompette*, faiblement bilabiées, de 65-95 mm de long. Fruits en fuseau, de 6-24 cm ; graines linéaires, glabres, de 20-30 mm. Communément plantée dans les parcs et les jardins de toute la zone. *Campsis grandiflora* est semblable, mais tiges volubiles, *feuilles glabres* et fleurs plus grandes en panicules pendantes. Fruits sous forme de capsules obtuses. Communément plantée, ainsi que les hybrides entre ces 2 espèces.

LAMIACEAE | LAMIACÉES

Grande et importante famille de plantes herbacées et ligneuses, souvent glanduleuses et aromatiques. Feuilles simples et opposées, fréquemment dentées ou lobées. Fleurs zygomorphes, souvent en verticilles autour de la tige ; calice à 5 lobes, souvent en tube terminé par des dents ; corolle bilabiée, à 3-5 lobes, la lèvre supérieure parfois réduite ; 4 étamines : 2 longues et 2 courtes ; 1 style. Fruits formés de 4 akènes monospermes cachés à l'intérieur du calice persistant.

Ajuga BUGLE

Plantes herbacées annuelles à vivaces avec des feuilles entières à profondément divisées. Fleurs à calice à 5 lobes ; corolle rose, blanche, bleue ou jaune, à lèvre supérieure très courte et lèvre inférieure prononcée, trilobée, avec un anneau de poils à la gorge ; 4 étamines, plus courtes que la lèvre inférieure.

A. Inflorescence formée de *nombreux verticilles* ; fleurs bleues

Ajuga reptans BUGLE RAMPANTE. Plante herbacée vivace basse, variable, *à stolons feuillés courant à la surface du sol* ; tiges florifères dressées de 15-40 cm, généralement *velues sur 2 faces seulement* ; feuilles de 25-50 mm spatulées, dentées ou non, peu velues. Fleurs bleu-violet, de 15-18 mm de long. Localisée aux montagnes dans la région, rare ou absente de nombreuses îles et de l'Extrême-Sud. Çà et là dans toute la zone. *Ajuga genevensis* est semblable, mais *sans stolons aériens*, tiges velues sur toutes les faces (parfois seulement sur 2 faces opposées) et limbe des feuilles assez velu. Locale, absente des régions chaudes et arides et des îles. FR, IT. *Ajuga orientalis* possède des *épis floraux nettement symétriques, formant une pyramide dense,* très velus, dépassés par leurs feuilles. IT (dont Sardaigne et Sicile).

B. Inflorescence normalement à *2 verticilles*; feuilles non divisées

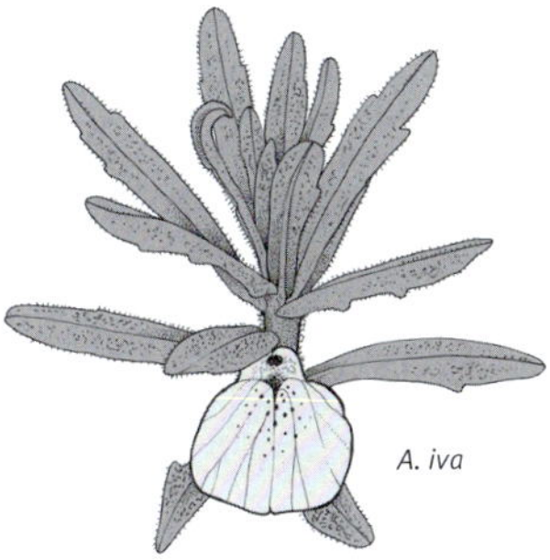

A. iva

Ajuga iva BUGLE IVETTE. Plante vivace en touffes ou étalée, basse à peu élevée, à poils mous, ne dépassant pas 15 cm. Feuilles de 15-40 mm, largement linéaires, normalement avec des lobes courts, parfois entières. Bractées semblables aux feuilles et dépassant les fleurs. Fleurs blanches ou crème à pourpre rosé, souvent avec de petites taches plus sombres; corolle de 13-24 mm de long, à *lèvre supérieure entière, fortement réduite.* Garrigues rocailleuses, sommets de falaises; commune dans toute la zone.

1. *Ajuga iva*
2. *Ajuga chamaepitys*
3. *Campsis radicans*
4. *Teucrium pseudochamaepitys*

1

3

2

4

C. Inflorescence normalement à 2 verticilles ; *feuilles profondément trilobées*

Ajuga chamaepitys BUGLE PETIT-PIN. Petite plante annuelle ascendante, pubescente, de 19 cm de haut au plus. Feuilles basales de 25-32 mm, se flétrissant rapidement, les caulinaires divisées en *3 longs lobes linéaires*, à odeur de pin au froissement. Fleurs peu denses, de 10-16 mm de long, jaunes avec des taches violacées, par 2-4 à chaque nœud, largement dépassées par leurs bractées. Dans toute la zone.

Teucrium GERMANDRÉE

Plantes herbacées ou ligneuses à feuilles dentées ou lobées. Fleurs à calice bilabié et corolle *à lèvre inférieure seule présente, à 5 lobes* ; 4 étamines, plus courtes que la lèvre inférieure.

A. Plante vivace, en partie ligneuse ; feuilles profondément divisées en lobes étroits

T. pseudochamaepitys

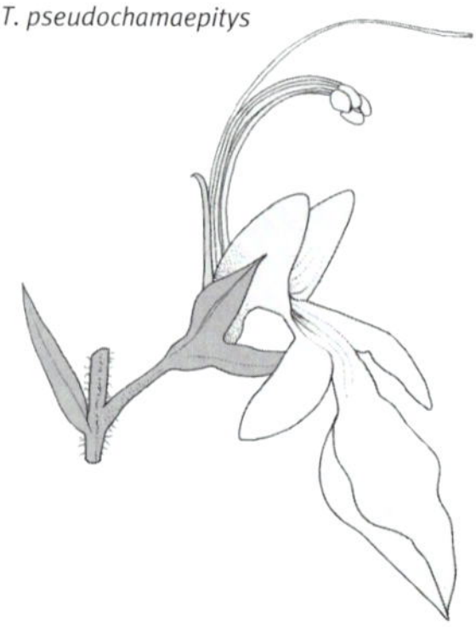

Teucrium pseudochamaepitys GERMANDRÉE FAUX PETIT-PIN. Plante vivace de 25-30(40) cm, ligneuse à la base, peu ramifiée, à poils laineux épars. Feuilles inférieures 1-2 fois divisées, les supérieures à 3 segments, toutes à *lobes linéaires, non dentés et à bords enroulés vers le bas*. Inflorescence simple, à bractées égalant ou dépassant les pédicelles floraux ; calice de 8,5-10 mm, en cloche, habituellement velu-glanduleux, à dents triangulaires plus longues que le tube ; *corolle 2 fois plus longue que le calice*, de 13-14 mm ; blanchâtre veinée de violacé, à étamines longuement saillantes. Commune dans les garrigues de l'Extrême-Sud et Ouest. DZ, ES, FR, MA, PT, TN.

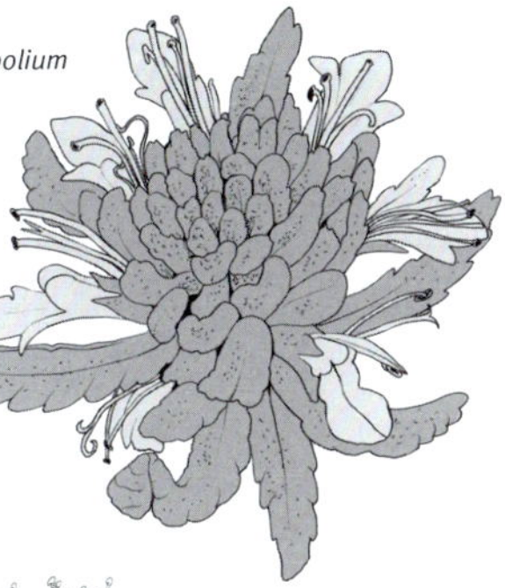

T. polium

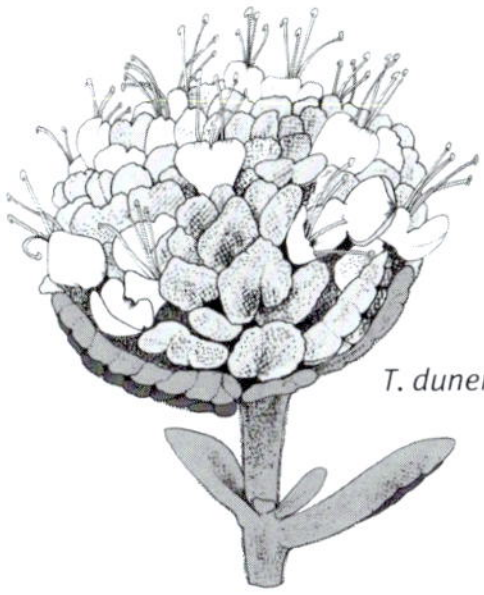

T. dunense

T. capitatum

B. Plante vivace, en partie ligneuse ; feuilles entières ou dentées ; *fleurs en têtes arrondies compactes* (nombreuses espèces semblables)

Teucrium polium GERMANDRÉE TOMENTEUSE. *Petite plante ligneuse buissonnante ne dépassant pas 20(30) cm de haut, densément blanche-, jaune- ou grise-tomenteuse.* Feuilles de 10-13 mm de long, *oblongues*, souvent à marges enroulées vers le bas, à dents obtuses ; bractées foliacées, non dentées. Fleurs groupées *jusqu'à 20 en têtes arrondies, tomenteuses et de plus de 10 mm de large* ; corolle de 7-9 mm, *blanche ou teintée de rose* ; calice de 5-6 mm. Garrigues basses. Dans toute la zone (l'espèce au sens large). On trouvera ci-dessous seulement quelques-unes des nombreuses espèces étroitement affines, traitées par certains comme de simples variantes de *T. polium* : ***Teucrium vicentinum*** (Syn. *T. polium* subsp. *vicentinum*) possède de *longues* feuilles de 15-18(35) mm, des tiges densément jaunes ou gris-vert-tomenteuses et des fleurs crème ou blanches à lobes de la corolle glabres. Calice de 4,4-5 mm. Falaises rocheuses et dunes. PT. ***Teucrium dunense*** (Syn. *T. polium* subsp. *dunense*) est presque indistinguable de *T. vicentinum*, mais plante grise-tomenteuse avec des têtes florales denses et nettement renflées, de plus de 10 mm de large ; corolle crème rosé ou blanche ; calice de 5-6 mm. ES, FR, PT. ***Teucrium cossonii*** (Syn. *T. polium* var. *pulverulentum*) possède des *fleurs violacées*. ES (îles Baléares). *Teucrium haenseleri* a un port ascendant (45 cm), des tiges velues mais *non tomenteuses*, des feuilles plus étroites, *linéaires*, de 12-15 mm, souvent réfléchies, et des têtes de 3-10 fleurs *crème* à corolle à lobes triangulaires ; calice de 4-4,5 mm. ES, PT. *Teucrium capitatum* (Syn. *T. polium* subsp. *capitatum*) possède des *inflorescences composées, rameuses*, avec de petites têtes de moins de 10 mm de fleurs crème, blanches ou roses ; calice de 3-3,5 mm. Dans toute la zone.

C. *Arbuste atteignant 2 m* ; feuilles entières ou dentées ; fleurs roses, pourpres ou bleues, *non disposées* en têtes arrondies compactes

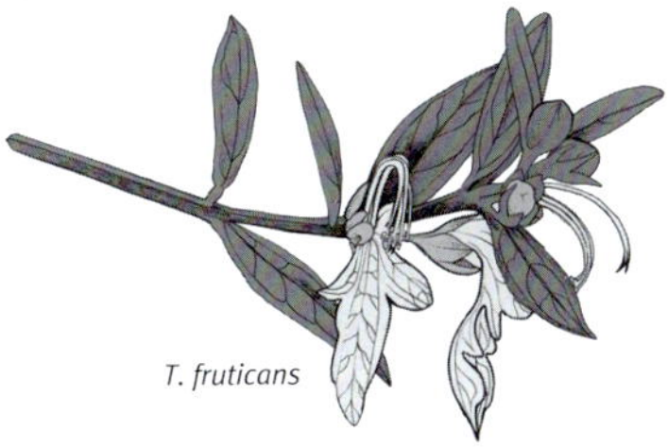

T. fruticans

Teucrium fruticans GERMANDRÉE ARBUSTIVE. *Arbuste* sempervirent étalé, blanc-tomenteux, *atteignant 2 m de haut*, à tiges de section carrée. Feuilles de 25-35 mm, lancéolées, planes, courtement pétiolées, entières et blanches-tomenteuses ; bractées foliacées. Fleurs par paires ; corolle bleue ou lilas, de 20-24 mm, à étamines longuement saillantes et voyantes ; calice en cloche. Maquis, également planté dans les jardins. Dans toute la zone.

1. *Teucrium polium*
2. *Teucrium vicentinum*
3. *Teucrium dunense*
4. *Teucrium cossonii*
5. *Teucrium fruticans*
6. *Teucrium scordium*

D. Plante vivace, en partie ligneuse ; feuilles entières ou dentées ; fleurs roses, pourpres ou bleues, *non disposées* en têtes arrondies compactes

Teucrium scordium GERMANDRÉE D'EAU. Plante vivace mollement pubescente-blanchâtre, atteignant 40(60) cm, à rhizomes rampants et stolons feuillés d'où naissent des tiges dressées ou ascendantes. Feuilles de 35 mm de long, oblongues et fortement dentées, arrondies à la base, vert grisâtre, plus ou moins sessiles, à odeur d'ail au froissement. Fleurs à corolle pourpre rosé de 9-10 mm de long, en inflorescences terminales lâches. Lieux humides et inondables ; répandue dans toute la zone.

Teucrium chamaedrys GERMANDRÉE PETIT-CHÊNE. Plante vivace verte de 20(35) cm en touffes étalées, ligneuse à la base, à tiges dressées ou ascendantes. Petites feuilles de 10-15(20) mm de long, ovales-oblongues, 2 fois plus longues que larges, obtuses et courtement pétiolées, vert brillant et en général avec des dents arrondies nettes. Fleurs pourpre rosé ; corolle de 2-17 mm de long ; calice rougeâtre, velu, en cloche. Commune dans des milieux variés. Dans toute la zone. De nombreuses sous-espèces ont été reconnues, bien que certaines varient de l'une à l'autre de façon continue : subsp. *pinnatifidum* est caractérisée par ses feuilles lobées, glanduleuses en dessous ; inflorescences fournies. ES (îles Baléares), FR. Subsp. *albarracini* possède des tiges et des feuilles à face inférieure blanche. ES, FR.

Teucrium marum GERMANDRÉE DES CHATS. *Sous-arbrisseau* feuillé, étalé, *gris pâle*, atteignant 50 cm, *à nombreuses inflorescences terminales denses, en faux épis*. Petites feuilles, pas plus de 10 mm, ovales-lancéolées, entières à marges enroulées, verdâtres dessus et blanchâtres dessous. Fleurs roses, jusqu'à 10 mm de long, verticillées ; calice densément velu. FR (Corse), IT (nord et Sardaigne).

E. *Sous-arbrisseau très épineux* ; feuilles entières ou dentées ; fleurs roses, pourpres ou bleues, *non disposées* en têtes arrondies compactes

Teucrium subspinosum. Plante herbacée vivace ou sous-arbrisseau ressemblant à *T. marum*, mais plus basse et plus dense, vert grisâtre, ne dépassant pas 40 cm, *à épines saillantes*, feuillée en bas mais à feuilles plus rares vers le haut. *Fleurs éparses*, sur des rameaux courts ; corolle rose pâle, de 10-13 mm. Lieux rocailleux, rocheux et garrigues basses. ES (îles Baléares), IT (Sardaigne). **Teucrium balearicum** GERMANDRÉE DES BALÉARES est très voisine de *T. subspinosum*, mais sous-arbrisseau *en coussinet avec des épines plus densément enchevêtrées* et un calice plus élargi en cloche ; corolle de 10-12 mm. Falaises et fruticées littorales. ES (îles Baléares).

F. Feuilles entières ou dentées ; fleurs jaunes, verdâtres ou blanches, *non disposées* en têtes arrondies compactes

Teucrium flavum GERMANDRÉE JAUNE. Plante vivace sous-ligneuse de 35(65) cm, à tiges ascendantes peu nombreuses, feuilles de 18-25 mm, pétiolées, coriaces et dentées ; fleurs jaune soufre pâle terne ou jaune-vert, groupées en grappes terminales unilatérales assez denses et non feuillées ; corolle de 12-20 mm, jusqu'à 2 fois la longueur du calice densément velu. Lieux rocailleux, bois ; commune, notamment dans l'Est. Dans toute la zone.

Teucrium scorodonia GERMANDRÉE SCORODOINE. Plante vivace sous-ligneuse dressée atteignant 50 cm (1 m), à feuilles pétiolées, ovales à cordées et *ridées, ressemblant à celles de la sauge*, de 40(80) mm de long, à dents arrondies ; fleurs jaune-vert pâle groupées par 2 en épis lâches et non feuillés ; tube de la corolle de 6-10 mm de long, dépassant longuement le calice. Bois mixtes et fourrés, souvent en altitude. DZ, ES, FR, IT.

1. *Teucrium chamaedrys*
2. *Teucrium chamaedrys* subsp. *pinnatifidum*
3. *Teucrium marum*
4. *Teucrium subspinosum*
5. *Teucrium balearicum*
6. *Teucrium flavum*
7. *Teucrium scorodonia*
8. *Prasium majus*

T. spinosum

Teucrium spinosum GERMANDRÉE ÉPINEUSE. Plante annuelle buissonnante velue-*glanduleuse*, assez piquante, atteignant 45 cm. Tiges très ramifiées et plus ou moins épineuses, dépourvues de feuilles à la floraison. Feuilles inférieures de 15-30 mm, oblongues, rétrécies à la base, à dents aiguës, les supérieures petites et entières. Fleurs blanches, de 8 mm de long, *renversées* (résupinées), en petits verticilles ; calice à dents épineuses. Jachères, lieux sablonneux. ES, MA, PT

Prasium

Arbrisseaux à fleurs à corolle bilabiée, la supérieure voûtée au-dessus des étamines, l'inférieure trilobée ; 4 étamines.

Prasium majus PRASIUM. Sous-arbrisseau de 1 m au plus, glabre ou légèrement pubescent. Feuilles de 16-43 mm, *luisantes* et vert foncé, ovales, aiguës et dentées, cordées à la base, toutes pétiolées ; bractées similaires. Fleurs à corolle blanche avec un tube de 10 mm de long, 1 lèvre supérieure de 6-8 mm et 1 lèvre inférieure de 8-11 mm, en grappes terminales ; calice bilabié à dents terminées en pointe ; corolle à lobe médian plus grand que les autres. Akènes noir luisant à maturité. Répandu et commun dans les maquis rocailleux. Dans toute la zone.

Marrubium MARRUBE

Plantes herbacées vivaces à feuilles dentées. Fleurs à calice à 10 dents, étalées à la fructification ; corolle blanche (crème ou pourpre) à lèvre supérieure plane ; étamines, aucune saillante.

Marrubium vulgare MARRUBE BLANC. Plante vivace dressée, moyenne, blanche-tomenteuse, odorante, ressemblant à une ortie, jusqu'à 85 cm de haut, à tiges érigées, quadrangulaires et *rameuses, blanches-cotonneuses*. Feuilles de 17-65 mm, ovales, cordées à la base, ridées, à pétiole plus court que le limbe. Petites fleurs discrètes, en verticilles denses à l'aisselle des feuilles, espacés le long de la tige ; corolle bilabiée, blanche, à tube de 3,5-5 mm, lèvre supérieure de 2-3,5 mm, l'inférieure de 1,8-3,5 mm ; *calice à 10 dents plus ou moins égales, courtes et crochues*. Commune sur terrains rocailleux et pierreux. Dans toute la zone.

Marrubium incanum. Plante vivace à *tiges florifères* côtelées, *simples*, jusqu'à 60 cm de haut, ligneuses à la base, produisant souvent aussi de courtes tiges stériles dressées. Feuilles oblongues, en coin à la base, à marges ondulées, à pétiole plus court que le limbe, *densément tomenteuses*. Fleurs blanches, en faux verticilles fournis espacés le long de la tige, avec des bractéoles subulées recourbées vers le haut ; tube du calice en étoile, avec un anneau de poils à la gorge. Maquis, garrigues, pâturages. IT (dont Sicile). *Marrubium peregrinum* MARRUBE VOYAGEUR est semblable, mais à feuilles étroites et dentées, fleurs blanches plus petites, surtout relativement aux feuilles, groupées en faux verticilles espacés peu fournis. FR, IT. *Marrubium alysson* est semblable à *M. peregrinum*, mais possède des feuilles sessiles, en coin ; *fleurs pourpres* ; *calice à 5 dents rigides, en étoile*. ES, IT (dont Sardaigne). *Marrubium supinum* est semblable, à fleurs crème ou pourpres ; calice à *5 dents, arquées*, ni rigides ni en étoile. Rare et localisée. DZ, ES, MA, TN.

Galeopsis GALÉOPSIS

Plantes annuelles à feuilles habituellement dentées. Calice en cloche ou tubuleux, à 10 nervures et 5 lobes terminés en pointe épineuse, dépassé par la corolle bilabiée, à lèvre supérieure plane et lèvre inférieure trilobée avec des protubérances à sa base ; 4 étamines, dépassées par la lèvre supérieure de la corolle.

Galeopsis ladanum GALÉOPSIS INTERMÉDIAIRE. Plante annuelle érigée et velue, à rameaux divergents, atteignant 76 cm, à feuilles étroites de 13-59 mm, avec des dents pointant vers l'avant ; fleurs pourpre rosé vif tachées de jaunâtre, en verticilles pauciflores de 14 au plus ; corolle de 12-24 mm, pubescente, calice densément velu à tube beaucoup plus long que les dents. Lieux perturbés, galets et alluvions sableuses des berges des rivières. Rare ou absente d'une grande partie de l'Extrême-Sud. ES, FR, IT. Subsp. *ladanum* a des feuilles ovales-lancéolées de 4-35 mm de large. ES, FR, IT. **Subsp. *angustifolia*** (Syn. *G. angustifolia*) a des feuilles plus étroites, linéaires, de 3-15 mm de large. ES, FR, IT.

1. *Marrubium incanum*
2. *Marrubium vulgare*
3. *Galeopsis ladanum* subsp. *angustifolia*
4. *Sideritis romana*
5. *Sideritis romana*
6. *Sideritis hirsuta*

Sideritis

Plantes vivaces dressées, herbacées ou ligneuses, aromatiques. Fleurs à calice en cloche, à 5 dents et 10 nervures, corolle habituellement jaune et bilabiée, à lèvre supérieure plane ; 4 étamines, non saillantes. Genre difficile sur lequel les flores sont souvent en contradiction. Présence d'hybrides.

S. romana

A. Plante herbacée annuelle ; bractées et feuilles identiques

Sideritis romana. *Plante annuelle basse* mais très variable, à longs poils hirsutes, jusqu'à 36(50) cm de haut. Feuilles de 10-40 mm, oblongues, dentées, la plupart sessiles ; *bractées semblables aux feuilles*. Fleurs à corolle jaune, parfois rosée ou blanche, de 8-9 mm de long, en verticilles espacés ; lèvre supérieure de la corolle plane, entière ; calice *à fortes nervures* et dents s'étalant à la fructification ; *dent supérieure du calice solitaire, beaucoup plus large que les dents inférieures*. Commune dans des milieux secs et broussailleux variés. Dans toute la zone. **Sideritis montana** est semblable, mais calice *à 3 dents supérieures, toutes de taille égale*. Dans toute la zone, sauf sur la plupart des îles.

Phlomis herba-venti. Robuste plante vivace velue et rameuse de 25-75 cm, à feuilles lancéolées, dentées, coriaces, vert brillant, de 4,2-22 cm de long, plus pâles dessous. Fleurs purpurines, par 8-16 en 2-6 verticilles denses, jusqu'à 20 mm de long; *calices à dents terminées en épine, de plus de 4 mm*. Coteaux secs et maquis; absente de la plupart des îles. ES, FR, IT (dont Sicile), MA, PT.

Nepeta NÉPÉTA

Plantes herbacées vivaces à feuilles dentées, souvent à étamines stériles. Fleurs à calice à 5 dents; corolle blanche, bleue ou violacée, à lèvre supérieure plane ou légèrement voûtée; 4 étamines, plus courtes que la lèvre supérieure de la corolle.

Nepeta cataria CATAIRE. Plante vivace dressée, rhizomateuse, pubescente, à tiges ramifiées de 34 cm-2 m de haut; feuilles grises, dentées, de 27-84 mm de long, laineuses-grisâtres en dessous. Inflorescence blanchâtre à nombreux faux verticilles; fleurs hermaphrodites; corolle de 5,7-9 mm, blanche *avec de petites taches pourpres*; bractéoles de 0,2-0,5 mm de large seulement; dents du calice droites. Champs, lieux cultivés, boisements, souvent en altitude. Probablement dans toute la zone, sauf dans les régions chaudes et arides. *Nepeta italica* possède des fleurs blanc crème; corolle de 11-13 mm. IT (centre oriental).

Nepeta tuberosa. Plante herbacée vivace, pubescente, à rhizomes tubéreux, de 30 cm-1,6 m de haut, à feuilles ovales-lancéolées cordées à la base, de 27-98 mm de long. Inflorescence généralement simple et dense, en faux épi, *violacée*, formée de pseudo-verticilles légèrement espacés en bas; fleurs hermaphrodites; corolle de 10,2-14 mm; bractéoles à 3 nervures, de 3,5-4,3(5,7) mm de large. Maquis, boisements clairs de pins, champs secs. ES, IT (Sicile), MA, PT.

Prunella BRUNELLE

Plantes herbacées vivaces à feuilles entières à divisées. Fleurs à calice bilabié, la lèvre supérieure large et avec 3 dents courtes, l'inférieure à 2 lobes étroits; corolle jaune, bleue, rose ou blanche, à lèvre supérieure fortement voûtée; 4 étamines, plus courtes que la lèvre supérieure de la corolle.

A. Têtes florales avec une paire de feuilles juste en dessous; fleurs bleu-violet

Prunella vulgaris BRUNELLE COMMUNE. Plante vivace *velue* en touffes, à tiges rampantes à la base puis ascendantes, de 5-60 cm de haut. Feuilles de 17-96 mm, *largement lancéolées*, dentées ou non, pétiolées. Fleurs bleu-violet (rarement blanches), de 11-12 mm de long, émergeant des petites têtes cylindriques très denses formées par les calices violacés et *leurs bractées, sous-tendues par une paire de feuilles*. Lieux humides et ombragés en altitude. Dans toute la zone. *Prunella hyssopifolia* BRUNELLE À FEUILLE D'HYSOPE est semblable, mais *tiges glabres* et *feuilles étroites, linéaires-lancéolées* de 30-70 mm. ES, FR, IT.

B. Têtes florales avec une paire de feuilles juste en dessous; fleurs blanches

Prunella laciniata BRUNELLE BLANCHE. Petite plante vivace, densément velue, formant des colonies, à tiges florifères dressées, de 10-37 cm de haut. Feuilles de 3,5-11 cm, *pennatilobées*, pétiolées, à segments étroits. *Fleurs blanc jaunâtre pâle* (rarement roses ou violacées), de 14-16 mm de long, en têtes sous-tendues par une paire de feuilles juste en dessous; calice à peine denté. Fourrés secs; répandue mais locale. DZ, ES, FR, IT, MA, TN.

---

1. *Nepeta tuberosa*
2. *Prunella laciniata*
3. *Prunella grandiflora*
4. *Prunella vulgaris*
5. *Lamium amplexicaule*
6. *Lamium maculatum*

C. Têtes florales séparées de la paire de feuilles la plus proche par un court pédoncule ; fleurs bleu-violet

Prunella grandiflora BRUNELLE À GRANDES FLEURS. Plante vivace feuillée de 10-48 cm semblable à *P. vulgaris* dans son allure générale, mais avec des fleurs *plus grandes*, à corolle de 18-32(48) mm de long ; grand calice (10-16 mm), violacé ; inflorescence munie de bractées, mais *sans paire de feuilles immédiatement dessous*. Bois et lieux ombragés ; absente des îles et de l'Extrême-Sud. ES, FR, IT.

Lamium LAMIER

Plantes herbacées annuelles ou vivaces à fleurs en verticilles compacts. Fleurs blanches, roses ou purpurines, à corolle à lèvre supérieure voûtée et calice tubuleux ou en cloche à 5 lobes longuement aigus ; 4 étamines, plus courtes que la lèvre supérieure de la corolle.

A. Petites plantes annuelles de 10-25 cm, à fleurs < 15 mm de long

Lamium amplexicaule LAMIER AMPLEXICAULE. Petite plante annuelle pubescente, peu rameuse, de 10-40 cm de haut. Feuilles de 9-20 mm, arrondies ou ovales, à dents obtuses, les inférieures pétiolées, les supérieures sessiles et embrassant la tige. Fleurs *dressées presque verticalement*, pourpre rosé, de 13-20 mm de long, à tube long et étroit ; calice velu. Mauvaise herbe commune des lieux cultivés. Dans toute la zone. *Lamium purpureum* LAMIER POURPRE est semblable, mais feuilles supérieures et bractées pétiolées non embrassantes ; inflorescence densément feuillée, lavée de pourpre au sommet. Fleurs de 8-12 mm. Commune sur sols remués dans toute la zone, sauf à l'extrême sud-est et sur certaines îles.

B. Plantes vivaces moyennes, de 30-80 cm de haut, à fleurs > 15 mm de long

Lamium maculatum LAMIER TACHETÉ. Plante vivace variable, velue et odorante, formant des colonies, à tiges dressées de 18-50 cm de haut. Feuilles de 30-65 mm, comme celles de l'ortie, ovales à triangulaires, aiguës, dentées et pétiolées, souvent avec une macule centrale pâle. Fleurs blanchâtres ou rose violacé avec des taches plus sombres ; tube de la corolle courbé, de 18-30 mm de long. Bois et lieux ombragés. Absente de la plupart des îles. ES, FR, IT (dont Sardaigne). *Lamium garganicum* LAMIER DU GARGANO est semblable, mais *grandes fleurs de 25-40 mm de long, corolle à tube droit* et glabre à l'intérieur, dépassant longuement le calice, rose violacé, souvent avec des taches plus foncées. Surtout en montagne. FR, IT.

Ballota

Plantes vivaces avec des rosettes foliaires stériles. Fleurs à corolle bilabiée, avec la lèvre supérieure concave ; calice en entonnoir, à 10 nervures et généralement 5 lobes ; 4 étamines, plus courtes que la lèvre supérieure de la corolle.

Ballota hirsuta. Plante vivace à poils mous, à tiges ligneuses étalées, de 24-60 cm de long. Feuilles caulinaires de 1,8-8 cm, simples, dentées et glanduleuses, les inférieures cordées à la base. Inflorescence composée de faux verticilles avec de nombreuses fleurs ; corolle de 13-18 mm, rose violacé avec des rayures plus pâles (parfois entièrement blanche), jusqu'à 16 mm de long. Bord des routes, fourrés, coteaux. ES (dont îles Baléares), IT, MA, PT.

Stachys

S. ocymastrum

Plantes herbacées annuelles ou vivaces, à feuilles souvent dentées. Fleurs en faux épis denses ; calice tubuleux ou en cloche, à 5 dents égales ; corolle jaune, rose ou violacée, bilabiée, à lèvre supérieure plane ou voûtée, l'inférieure trilobée ; 4 étamines, plus courtes que la lèvre supérieure de la corolle.

A. Fleurs blanchâtres ou jaunâtres

Stachys ocymastrum. Plante annuelle dressée et velue, vert pâle, atteignant 70 cm (1,1 m). Feuilles de 16-65 mm de long, oblongues et aiguës, légèrement cordées à la base, dentées et à marges ondulées. Fleurs par 4-6 en verticilles denses le long de la tige, ceux du sommet rapprochés, *les inférieurs espacés* ; calice densément velu à 2 dents supérieures aussi longues que le tube et 3 dents inférieures plus courtes ; *corolle blanche*, de 10-16 mm (plus courte que le calice), à lèvre supérieure entière. Garrigues. Dans toute la zone.

Stachys recta ÉPIAIRE DROITE. Plante vivace en touffes ligneuses à la base, à odeur suave, légèrement pubescente, à nombreuses tiges dressées de 87 cm au maximum. Feuilles de 18-70 mm, velues ou glabres, *les inférieures* oblongues et *courtement pétiolées*, les supérieures lancéolées à linéaires et sessiles, toutes dentées. Fleurs à corolle de 12-13 mm de long, *blanc jaunâtre, par 6-16 en verticilles, ceux du sommet rapprochés*, formant un long épi mince et non feuillé. Lieux herbeux, généralement en altitude. Dans toute la zone.

Stachys maritima ÉPIAIRE MARITIME. Plante vivace peu élevée et velue, de 13-43 cm de haut, à tiges étalées-ascendantes feuillées inférieurement ; feuilles oblongues à elliptiques, densément velues et dentées, *à long pétiole atteignant 10-60 mm*. Fleurs jaune pâle, *à corolle de 10 mm seulement*, par 4-6 en verticilles compacts ; calice densément velu. Absente de la plupart des îles. DZ, ES, FR (dont Corse), IT, TN. Stachys pubescens est semblable, mais *feuilles et calice sans dents* ; fleurs habituellement blanches. IT (sud). Stachys arenaria ressemble à *S. maritima*, mais port presque couché ; plante velue-hérissée, à feuilles étroites. Fleurs blanchâtres, teintées et veinées de pourpre rougeâtre, en verticilles écartés. Uniquement extrême-sud et est de la zone. DZ, IT, MA, TN.

---

1. *Ballota hirsuta*
2. *Stachys ocymastrum*
3. *Stachys recta*
4. *Stachys germanica*
5. *Stachys byzantina*
6. *Stachys heraclea*
7. *Stachys arvensis*

B. Plantes vivaces à fleurs roses ou pourprées

S. germanica

Stachys germanica ÉPIAIRE D'ALLEMAGNE. Plante vivace dressée jusqu'à 1,3 m de haut, *densément blanche-tomenteuse*. Feuilles de 5,8-17 cm, *oblongues et cordées à la base*, grises-laineuses en dessous, vert grisâtre et moins velues sur le dessus ; calice à dents inégales, les 2 supérieures de moins de la moitié de la longueur du tube, mais plus longues que les 3 inférieures. Fleurs à corolle atteignant 20 mm, blanc crème ou pourpre rosé vif, en inflorescences terminales compactes. Lieux herbeux secs, friches, bord des routes ; commune dans toute la zone. *Stachys cretica* ÉPIAIRE DE CRÈTE ressemble à *S. germanica*, également blanche-tomenteuse et à fleurs pourpre rosé, mais *feuilles à base arrondie ou en coin* (pas en cœur). Absente de la péninsule Ibérique. FR, IT, MA, TN. **Stachys byzantina** est semblable à *S. germanica*, mais *feutrage de poils blancs extrêmement dense sur toutes les surfaces*, cachant quasiment toutes les parties vertes de la plante ; fleurs en inflorescences cylindriques denses ; corolle de 13 mm. Originaire de Turquie, mais naturalisée en Sicile et peut-être ailleurs. IT (Sicile).

Stachys heraclea. Plante vivace *à longs poils hirsutes*, de 17-56 cm de haut, semblable au groupe de *S. germanica*. Feuilles de 7-15 cm, elliptiques, bordées de petites dents. Fleurs verticillées par 4-10 ; calice *très velu*, à dents triangulaires, longuement aiguës ; corolle de 15 mm, crème à rose-mauve avec des veines plus sombres. Bord des champs et prairies à l'intérieur des terres ; plus commune dans l'Est. ES, FR, IT.

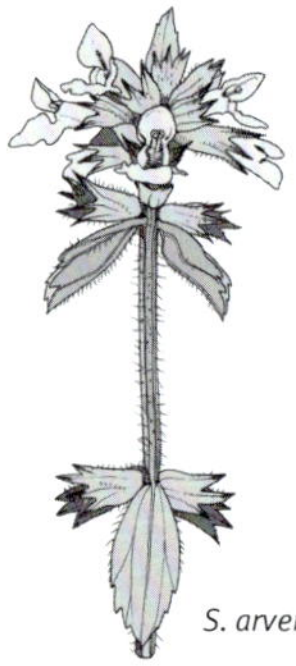
S. arvensis

C. Plantes annuelles à fleurs roses ou violacées

Stachys arvensis ÉPIAIRE DES CHAMPS. Petite annuelle dressée, pubescente, ne dépassant pas 20(45) cm. Feuilles de 15-50 mm, ovales et cordées à la base, velues, à marges dentées et ondulées. Fleurs en verticilles de 4-6, rapprochés au sommet, espacés plus bas ; calice à dents aussi longues que le tube ; corolle de 6-8 mm, blanche ou rose pâle, dépassant à peine le calice ; lèvre supérieure entière. Lieux cultivés et terrains sablonneux ; commune dans toute la zone.

Satureja

Sous-arbrisseaux ou herbacées vivaces à feuilles entières. Calice en cloche, avec 10 nervures et 5 lobes presque égaux ; corolle droite et bilabiée ; 4 étamines, plus courtes que la lèvre supérieure de la corolle.

Satureja thymbra SARRIETTE À ODEUR DE THYM. *Sous-arbrisseau nain ressemblant au thym*, aromatique, de 35 cm de haut au plus, velu-grisâtre. Feuilles oblongues, plus larges au-delà du milieu, aiguës et assez hérissées. Fleurs rose pâle, jusqu'à 12 mm de long, *en verticilles arrondis, assez denses et espacés* (à la différence de la majorité des espèces de *Thymus*) ; calice rougeâtre et hérissé. Garrigues, bord des routes. Espèce surtout est-méditerranéenne. IT (Sardaigne).

---

1. *Satureja montana*
2. *Clinopodium acinos*
3. *Clinopodium nepeta*
4. *Clinopodium vulgare*
5. *Micromeria graeca*
6. *Micromeria nervosa*

Satureja montana SARRIETTE DES MONTAGNES. *Sous-arbrisseau* bas à moyen, aromatique, glabre ou légèrement velu, assez buissonnant, de 13-45 cm de haut. Feuilles de 12-24 mm, linéaires à oblongues, plus larges au-dessus de leur milieu, glabres mais *à marges courtement ciliées*. Fleurs blanches à lilas, de 7,5-12 mm de long, en verticilles terminaux fournis et feuillés ; bractées inférieures plus longues que les fleurs ; calice à dents plus courtes que le tube. Pâturages rocailleux, pentes rocheuses. Absente du Sud, de l'Extrême-Ouest et de la plupart des îles. ES, FR, IT. *Satureja cuneifolia* est semblable, mais *verticilles floraux espacés* (corolle de 5-8 mm) et feuilles à marges enroulées. ES, IT. *Satureja hortensis* SARRIETTE COMMUNE, qui est la plante herbacée utilisée comme condiment, se distingue par son caractère annuel, ses feuilles dentées et ses *petites fleurs de 5 mm de long, à dents du calice plus longues que le tube*. ES, FR, IT.

Clinopodium

Plantes herbacées vivaces ou annuelles à feuilles entières ou dentées. Fleurs en cymes ou verticilles axillaires (parfois solitaires) ; calice à 5 lobes, tubuleux, à (11)13(15) nervures ; tube de la corolle bilabié, droit ou courbé ; 4 étamines, non saillantes. Ce genre inclut désormais des espèces classées autrefois dans *Acinos* et *Calamintha*.

1

2

3

4

5

6

Thymus pulegioides THYM FAUX-POULIOT. Plante vivace aromatique en touffes étalées atteignant 30 cm, à feuilles elliptiques et planes de 3,5-16 mm, *avec de longs poils à la base, sinon glabres*. Tiges florifères *nettement quadrangulaires, avec des poils sur les angles uniquement*; *fleurs roses, en verticilles assez espacés*; calice de 3-4 mm. Lieux herbeux et souvent humides, localisée; absente des zones chaudes et arides. ES, FR, IT.

B. Feuilles à marges enroulées

Thymus vulgaris THYM COMMUN. Sous-arbrisseau bas variable, vert grisâtre sombre, densément ramifié, atteignant 40 cm, fortement aromatique, à tiges ligneuses, étalées. Feuilles de 3,5-6,5 mm, étroitement elliptiques, avec des fascicules de feuilles à leur aisselle, *velues et à marges enroulées vers le bas* (sans longs poils à la base). Fleurs blanchâtres, roses ou purpurines, en têtes arrondies; calice de 3,5-5,5 mm, à 10-13 nervures et poils raides. Centre occidental de la zone. ES, FR, IT.

T. zygis

Thymus zygis. Sous-arbrisseau bas à peu élevé de 10-30 cm à tiges ligneuses dressées. Feuilles caulinaires de 4,5-9 mm, dépassant les fascicules de feuilles axillaires; linéaires, sessiles, velues et à marges enroulées vers le bas, ciliées à la base. *Inflorescences en têtes formant un faux épi allongé interrompu, jusqu'à 10 cm de long*; calice de 2,5-5 mm, vert grisâtre, en cloche, à dents larges; *non cilié*; *corolle blanche*. Lieux secs, maquis, champs. ES, MA, PT. ***Thymus baeticus***, semblable, est un sous-arbrisseau courtement velu-grisâtre atteignant 50 cm, à petites feuilles elliptiques de 4-7 mm, à marges enroulées vers le bas; fleurs blanches à *lobes de la corolle ciliés*; *calice densément velu*, de 3-3,5 mm. ES (sud). *Thymus willdenowii* ressemble à *T. baeticus* et possède aussi une corolle dont les lobes sont ciliés, mais plante à *port étalé, non dressé*, feuilles finement pubescentes et *fleurs rosées*; calice de 4,5-5 mm. Rare. ES (Gibraltar), MA.

Thymus lotocephalus (Syn. *T. cephalotus*). Sous-arbrisseau nain compact ne dépassant pas 15 cm, à rameaux ligneux dressés avec des fascicules de feuilles axillaires. Feuilles caulinaires de 3,5-8,5 mm de long, linéaires et *densément velues* avec quelques poils plus longs, à marges enroulées vers le bas. *Grande inflorescence*, jusqu'à 40 mm, oblongue. Bractées violacées, ovales et coriaces; calice de 4-6 mm, cylindrique, à dents lancéolées; corolle rose violacé. Pinèdes, garrigues; rare. PT.

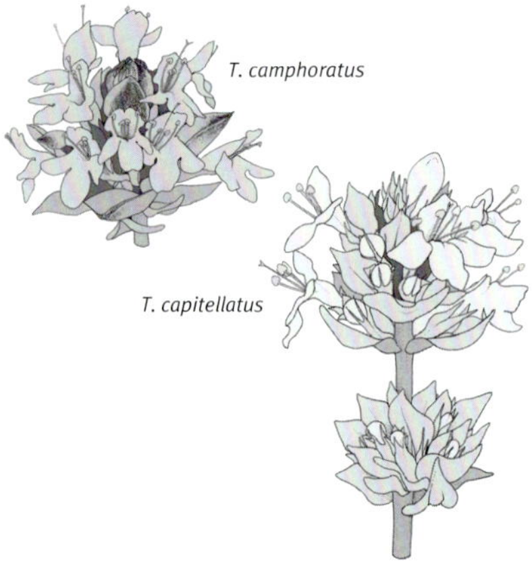
T. camphoratus

T. capitellatus

Thymus camphoratus. Sous-arbrisseau nain, en coussinet compact, aromatique (à odeur de fraise), de 15-30 cm de haut, à rameaux ligneux dressés avec des fascicules de feuilles axillaires. Feuilles de 6-8 mm, *largement ovales-triangulaires, de 2-4,5 mm*; pétiolées, velues, à marges enroulées vers le bas. Inflorescence jusqu'à 18 mm de large; bractées lavées de pourpre, notamment dans le bouton; *corolle pourpre rosé sombre*; calice de 4-6 mm, à dents filiformes. Commun sur les dunes fixées de l'Algarve. PT. *Thymus capitellatus*, semblable, a des feuilles étroites, ne dépassant pas 1-2 mm de large; dents du calice aussi larges que longues (*pas filiformes*), bractées verdâtres (pas violacées) et fleurs *blanches*. Rare. PT.

Thymbra

Ressemble beaucoup à *Thymus* et encore souvent décrit avec ce genre.

T. capitata

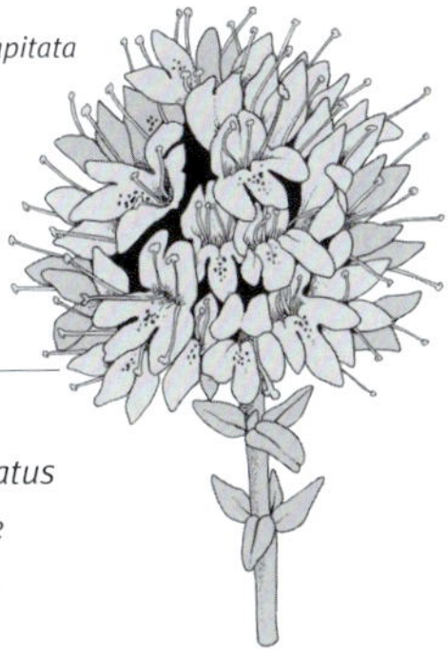

Thymbra capitata (Syn. *Thymus capitatus*). Sous-arbrisseau nain compact et souvent en coussinet, de 10-40 cm de haut, fleurissant du milieu à la fin de l'été, à rameaux ligneux dressés *munis de fascicules feuillés axillaires*. Feuilles charnues, *à 3 angles peu marqués*, de 5-10 mm de long, sessiles, linéaires, plus ou moins velues et avec des nervures latérales discrètes ; glanduleuses et à *marges planes*. Fleurs à corolle *rose moyen*, de 6-10 mm de long, en *inflorescences terminales oblongues et denses* mêlées de bractées rougeâtres se recouvrant par leurs bords, l'ensemble formant une tête conique ; calice *à nombreuses nervures* (20-22). Lieux secs et rocailleux. Probablement dans toute la zone.

1. *Thymus baeticus*
2. *Thymus camphoratus*
3. *Origanum vulgare*
4. *Thymbra capitata*
5. *Thymbra capitata*

Cleonia

Petites herbacées annuelles à calice en cloche avec 10 nervures, à 5 dents inégales.

Cleonia lusitanica. Plante naine, assez velue, à tiges solitaires dressées, rougeâtres, ne dépassant pas 10(44) cm de haut. Feuilles de 19-45 mm, les inférieures pennatilobées, vert grisâtre, couvertes de courts poils blancs. Fleurs dressées obliquement, en inflorescences terminales feuillées ; corolle de 15-22 mm, bilabiée et tubuleuse, à pétales à lobes arrondis, violets (rarement jaunes) ; calice de 5-8 mm. Pelouses rases, broussailles ; Sud-Ouest uniquement, locale. ES, MA, PT.

Origanum ORIGAN

Herbacées vivaces. Fleurs en têtes terminales ; calice en cloche, avec des poils blancs à la gorge, à 13 nervures et 5 lobes ; corolle violacée (ou blanche) ; 4 étamines, saillantes chez les fleurs hermaphrodites.

Origanum vulgare **ORIGAN COMMUN**. Plante vivace aromatique de taille moyenne, ressemblant au thym, à tiges dressées, violacées, jusqu'à 1,3 m de haut. Feuilles de 15-42 mm, ovales, non ou à peine dentées ; à pétiole court ou sessile, avec des fascicules feuillés à leur aisselle. Fleurs à corolle de 4,5-10 mm, roses à pourpre rougeâtre, plus sombres en bouton, groupées *en épis formant une large panicule rameuse* ; *calice en cloche, à 13 nervures et 5 lobes égaux*. Lieux herbeux ; commune dans toute la zone. *Origanum compactum* est très semblable, mais à *bractées pourpres et coriaces (non verdâtres et membraneuses)*. Locale. ES, MA.

Origanum majorana ORIGAN DES JARDINS. Sous-arbrisseau ressemblant aux espèces précédentes, mais à inflorescences pyramidales très denses à rameaux allongés, avec des fleurs pourpres (rarement blanches) descendant jusqu'en bas des tiges ; *calice profondément fendu sur un côté seulement* (pas à 5 dents égales). Garrigues ; également cultivé et largement naturalisé. DZ, ES, MA. *Origanum onites* est semblable, mais *fleurs toujours blanches* ; tiges irrégulièrement couvertes de minuscules protubérances. Garrigues. IT (Sicile) ; également largement planté.

1. *Mentha suaveolens*
2. *Lycopus europaeus*

1

2

Mentha MENTHE

Plantes herbacées vivaces aromatiques à rhizomes rampants. Fleurs hermaphrodites ou femelles en verticilles denses ; calice régulier ou faiblement bilabié, corolle faiblement bilabiée à 4 lobes subégaux ; 4 étamines, saillantes (chez les fleurs hermaphrodites). Hybrides fréquents.

A. Inflorescence terminée par des feuilles

Mentha pulegium MENTHE POULIOT. Plante vivace à odeur forte, étalée ou ascendante, de 12-78 cm, à tiges florifères dressées ; feuilles grossièrement ovales, de 8,5-30 mm, finement duveteuses, à dents obtuses. Fleurs mauves, *en verticilles arrondis nettement écartés, sans tête terminale définie* ; corolle de 4-5 mm ; calice de 2,5-3,5 mm. Bord des mares ; rare dans une grande partie du nord de la région. Dans toute la zone.

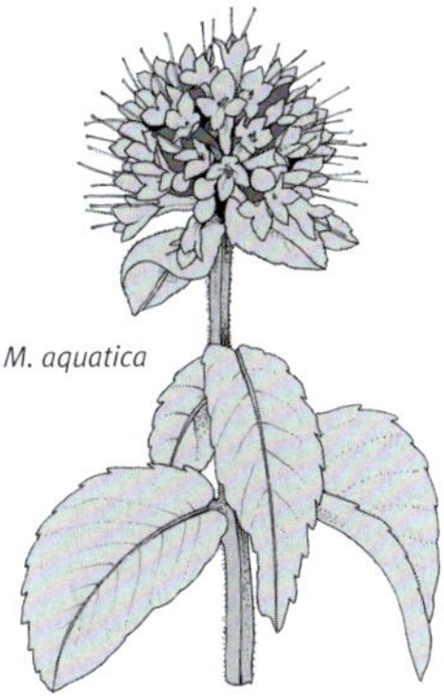

M. aquatica

B. Inflorescence terminée par des fleurs ; têtes terminales arrondies

Mentha aquatica MENTHE AQUATIQUE. Plante vivace basse à élevée, vigoureuse et feuillée, velue ou glabre, atteignant 1,5 m, à forte odeur de menthe au froissement, avec des tiges anguleuses, rougeâtres. Feuilles de 20-50 mm, ovales, aiguës, dentées et pétiolées. Fleurs rose lilas, *en têtes oblongues très denses*, avec 1-2 verticilles espacés en dessous ; corolle de 5,5-7 mm ; calice de 3,5-4,5 mm, à nervures saillantes, velu. Toujours à proximité de l'eau. Dans toute la zone.

C. Inflorescence terminée par des fleurs ; têtes terminales cylindriques

Mentha spicata MENTHE VERTE. Plante vivace variable, verte, à odeur de sauce à la menthe, de 43-84 cm de haut, à feuilles lancéolées et dentées, *à peine pubescentes*, de 17-88 mm. Fleurs roses ou blanches, en longs *épis cylindriques lâches* et interrompus ; corolle de 2,5-4 mm ; calice de 1,5-2,5 mm, à *tube glabre* (mais dents parfois velues). Est de la zone, mais largement naturalisée ailleurs. IT. *Mentha longifolia* MENTHE À LONGUES FEUILLES est semblable, mais grisâtre et *nettement blanche-tomenteuse vers le bas*, feuilles de 1,5-12 cm, *grises et densément velues-soyeuses*. Fleurs blanches ou lilas, en longs *épis terminaux d'abord denses* puis devenant interrompus à maturité ; calice de 2-3 mm ; corolle de 3-3,5 mm. Lieux humides. Dans toute la zone, sauf sur certaines îles.

Mentha suaveolens MENTHE À FEUILLES RONDES. Plante vivace assez basse de 40(87) cm, à odeur douceâtre nauséeuse et tiges à pilosité variable. Feuilles de 18-52 mm, *vert vif*, sessiles ou presque, arrondies à oblongues, plus larges près de leur base, dentées, pubescentes dessus, velues-grisâtres dessous. Fleurs groupées en nombreux verticilles compacts formant de longues inflorescences denses et souvent rameuses ; corolle de 3-3,8 mm, rose pâle ou blanche ; calice de 1,2-2,5 mm, velu, à dents subégales. Milieux humides, lieux cultivés ; commune dans toute la zone.

Lycopus LYCOPE

Plantes herbacées vivaces. Fleurs à calice à 5 dents ; corolle à 4 lobes subégaux ; 2 étamines saillantes.

Lycopus europaeus LYCOPE D'EUROPE. Plante vivace dressée, légèrement pubescente, vert vif lumineux, souvent très ramifiée, à tiges anguleuses atteignant 92 cm. Feuilles de 2,1-11 cm, ovales, profondément découpées en dents triangulaires étroites, sauf au sommet. Petites fleurs discrètes, de 3-4 mm de large, blanches, à 4 lobes subégaux, en verticilles écartés. Berges des cours d'eau, bord des mares, à toutes les altitudes ; commune dans toute la zone.

Lavandula LAVANDE

Sous-arbrisseaux aromatiques à feuilles étroites et bractées distinctes. Fleurs en épis terminaux fournis longuement pédonculés ; calice à 5 petites dents, avec 13 nervures ; corolle bleue à violacée, bilabiée, faiblement zygomorphe ; 4 étamines non saillantes.

A. Épis floraux dépassés par des bractées colorées

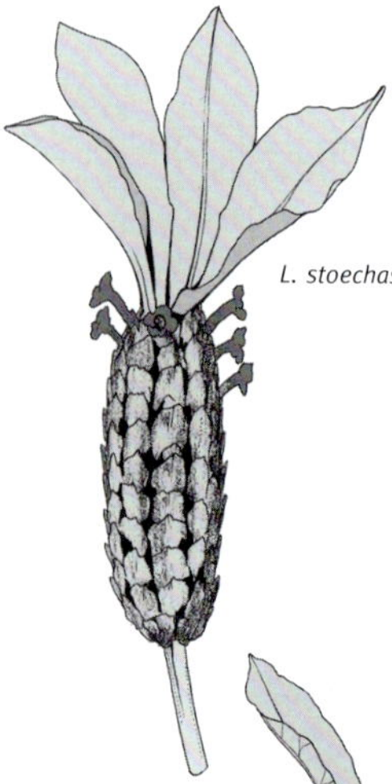

L. stoechas

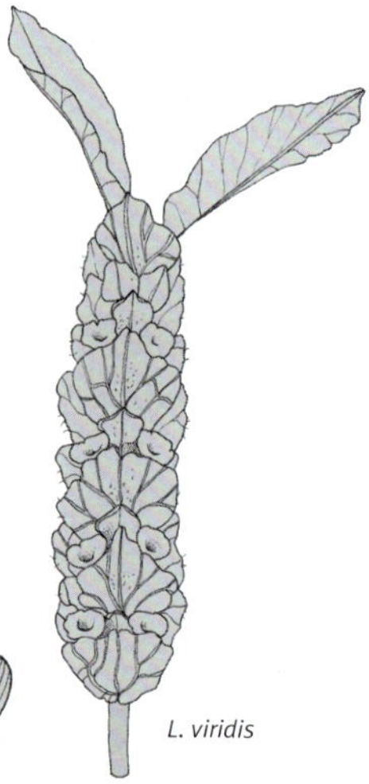

L. viridis

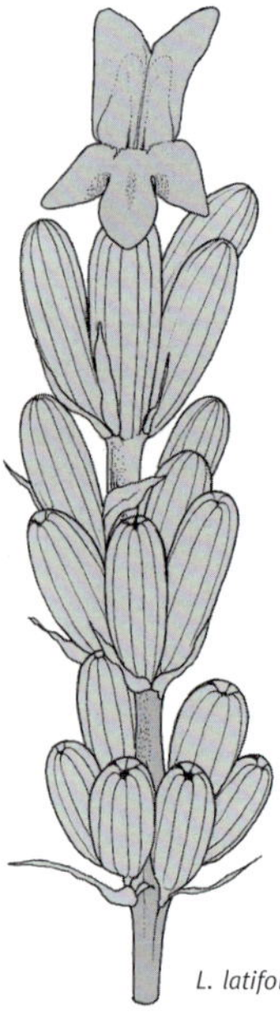

L. latifolia

Lavandula stoechas LAVANDE À TOUPET. Sous-arbrisseau grisâtre atteignant 1,5 m, à tiges dressées, très ramifiées. Feuilles de 6-37 mm, linéaires et entières. Fleurs à corolle de 4,5-5 mm, mauve profond, en épis courts et denses surmontés par un toupet de *grandes bractées pétaloïdes violet-pourpre* de 8-36 mm de long, plus courtes que l'épi floral lui-même. Maquis, fruticées sèches, bois clairs, dunes fixées ; commune. ES, FR, IT, MA, PT. Subsp. *pedunculata* (considérée par certains auteurs comme une espèce distincte) possède des inflorescences plus courtes dont les pédoncules sont plus longs qu'elles ; bractées inférieures *dépassant* le calice. ***Lavandula dentata*** se distingue par ses feuilles lancéolées à marges enroulées et *découpées en dents profondes*. ES, IT, PT.

Lavandula viridis. Petit sous-arbrisseau de 37-44 cm de haut, semblable à *L. stoechas*, mais à feuilles et tiges à poils *courts*, pédoncules plus longs que les inflorescences ; *fleurs blanches à bractées vertes surmontant l'épi* ; corolle de 4-5 mm ; bractées terminales de 10-18 mm. Forêts et maquis des basses montagnes dans le sud de la péninsule Ibérique. ES, PT.

B. Épis floraux non dépassés par des bractées colorées

Lavandula latifolia. Sous-arbrisseau velu-grisâtre très aromatique (à odeur de camphre), atteignant 1,1 m, à tiges dressées, très ramifiées. Feuilles de 17-62 mm, linéaires et entières, *densément* velues-grisâtres et *larges (jusqu'à 13 mm)*. Fleurs en épis longuement pédonculés, *non surmontées par des bractées pétaloïdes ; bractées linéaires-lancéolées, vertes, à 1 seule nervure* ; petites fleurs à corolle de 8 mm, violet pâle. Pentes rocailleuses sèches ; absent de la plupart des îles, rare ou naturalisé au Portugal. ES, FR, IT (dont Sicile), PT. *Lavandula angustifolia* est semblable, mais *feuilles étroites, ne dépassant pas 5 mm de large* ; bractées membraneuses largement ovales, violacées, aiguës, à 7 nervures. Fleurs bleues, en épis denses. Planté pour l'ornement et largement cultivé dans le sud de la France. Parfois naturalisé. ES, FR. *Lavandula angustifolia* × *L. latifolia*, à caractères intermédiaires, est la plante communément cultivée (lavandin). ES, FR.

L. multifida

Lavandula multifida LAVANDE MULTIFIDE. Sous-arbrisseau velu-grisâtre faiblement aromatique, de 78(88) cm de haut. Feuilles de 10-48 mm, vertes, à poils épars, ovales, *2 fois pennatilobées*. Fleurs à corolle bleu-violet, de 9-14 mm, en épis jusqu'à 70 mm de long ; calice à 15 nervures. Friches sèches et rocailleuses, garrigues basses, çà et là. ES (dont Ibiza aux îles Baléares), IT (dont Sicile), MA, PT.

1. *Lavandula stoechas*
2. *Lavandula dentata*
3. *Lavandula viridis*
4. *Lavandula latifolia*
5. *Lavandula × intermedia*
6. *Lavandula multifida*

Rosmarinus ROMARIN

Arbrisseaux ou arbustes sempervirents aromatiques à feuilles linéaires à marges enroulées. Fleurs à calice bilabié, avec la lèvre supérieure subentière ; corolle bleue ou rose, fortement zygomorphe ; 2 étamines saillantes.

Rosmarinus officinalis ROMARIN. Arbrisseau sempervirent familier atteignant 1,8 m, à odeur aromatique caractéristique ; rameaux bruns et ligneux, dressés à étalés. Feuilles comme des aiguilles, de 10-41 mm, linéaires et coriaces, vert moyen à sombre, aiguës, à marges enroulées vers le bas. Fleurs blanc lavé de bleu lavande, de 8,5-13,5 mm de long, en petites grappes latérales ; corolle à 2 étamines saillantes ; calice en cloche. Maquis, garrigues, bois clairs, dunes fixées ; très commun dans toute la zone. *Rosmarinus eriocalyx* est semblable, mais à port souvent prostré ou bas-étalé et *feuilles courtes, de 7-20 mm de long* ; inflorescences à la fois latérales et terminales. ES, MA, TN (rare). *Rosmarinus tomentosus* ressemble beaucoup à *R. eriocalyx*, mais *feuilles blanc-gris laineuses*, de 5-13 mm de long. Falaises littorales dans le sud de l'Espagne seulement. ES.

Salvia SAUGE

Plantes herbacées et sous-arbrisseaux à fleurs (souvent bleues ou violacées) en verticilles distincts formant une inflorescence lâche. Fleurs à calice et corolle bilabiés, la lèvre supérieure de la corolle en casque, l'inférieure trilobée ; 2 étamines, articulées au milieu, contiguës sous le casque de la corolle (plus courtes que la lèvre supérieure).

A. Arbrisseau ou sous-arbrisseau

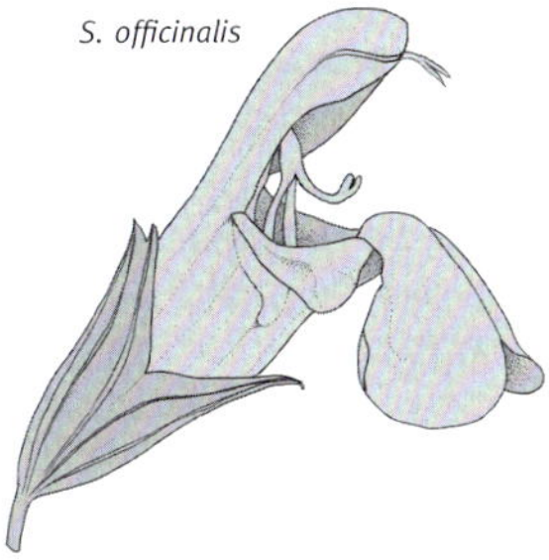

1. *Rosmarinus officinalis*
2. *Salvia fruticosa*
3. *Salvia africana-lutea*
4. *Salvia sclarea*
5. *Salvia pratensis*
6. *Salvia nemorosa*
7. *Salvia verbenaca*

Salvia officinalis SAUGE OFFICINALE. Sous-arbrisseau grisâtre de 60 cm au plus, très aromatique, à rameaux dressés, ligneux inférieurement. Feuilles largement elliptiques, verdâtres dessus, blanches-tomenteuses dessous, à marges finement dentées. Fleurs violet pâle, bleues ou blanches, de 15-25 mm de long ; calice de 10-14 mm, lavé de violet, à lèvre supérieure avec 3 dents ; bractée ovale et velue. Pâturages secs et rocailleux dans le centre de la zone, également cultivé et naturalisé ailleurs. ES, FR, MA. Subsp. *lavandulifolia* (*S. lavandulifolia*), parfois traitée comme espèce distincte, a des feuilles *étroitement ovales à elliptiques*, pétiolées, les immatures gris blanchâtre ; feuilles regroupées vers la base. Fleurs en faux verticilles espacés sur des tiges glabres ; corolle bleu violacé pâle, de 15-40 mm de long ; calice de 8-14 mm, lavé de violet et *divisé en 5 dents égales* sur plus de la moitié de sa longueur. Lieux rocailleux en altitude. Dans toute l'aire de *S. officinalis*.

Salvia fruticosa SAUGE DE GRÈCE. Sous-arbrisseau aromatique atteignant 1,5 m, à tiges tomenteuses. Feuilles vert grisâtre, ridées dessus, grises tomenteuses dessous, pétiolées ; étroitement ovales et habituellement avec *3(5) lobes à la base*. Fleurs par 2-6 en verticilles formant un faux épi ; corolle pourpre bleuté ou rose, de 15-30 mm de long ; calice de 5-11 mm de long, en cloche, faiblement bilabié, à 5 dents triangulaires de 1,5-3,5 mm de long. Garrigues en Sicile et dans le sud de l'Italie ; naturalisé dans l'Ouest. ES, IT (sud et Sicile), PT.

Salvia africana-lutea. *Arbrisseau moyen* atteignant 2 m à feuilles ovales-elliptiques, grisâtres. Fleurs jaune vif dans leur jeunesse, devenant *rousses* plus tard ; calice membraneux et persistant à la fructification. Originaire d'Afrique du Sud, largement planté dans les villes et les jardins en Espagne et au Portugal. ES. PT.

B. Plante herbacée annuelle, bisannuelle ou vivace ; bractées sous-tendant les verticilles floraux très visibles et cachant en partie le calice

Salvia sclarea SAUGE SCLARÉE. Robuste plante bisannuelle ou vivace jusqu'à 1,5 m de haut, visqueuse et très odorante. Feuilles velues et ovales ou cordées. Fleurs par 4-5 dans chaque verticille, *lilas ou bleu pâle*, assez grandes, à corolle de 18-30 mm de long, fortement courbée en casque, avec de *grandes bractées ovales ou cordées, lilas ou blanches, les dépassant* ; calice de 10-16 mm, à dents épineuses. Commune localement dans l'est de l'Espagne et le sud de la France ; rare ailleurs et absente du Sud. ES, FR, IT. *Salvia aethiopis* est semblable, mais tiges blanches-tomenteuses, fleurs plus petites, *blanches, de 10-15 mm de long ; bractées verdâtres aussi longues que le calice*. FR, IT. *Salvia argentea* SAUGE ARGENTÉE ressemble à *S. sclarea*, mais feuilles *blanches-argentées*, à poils aranéeux hirsutes ; *fleurs blanc rosé verticillées par 6-10* ; corolle de 17-22 mm ; *bractées vertes ou blanches*. Disséminée et absente de nombreuses régions. ES, IT, PT.

Cistanche

Robustes plantes parasites obligatoires, dépourvues de véritables feuilles et de pigmentation verte. Fleurs groupées en épis denses ; calice tubuleux à 5 dents ; corolle à 5 dents subégales. Fruits sous forme de capsules ovoïdes.

Cistanche phelypaea CISTANCHE. *Grand et robuste parasite jaune vif* atteignant 1 m, à inflorescence simple et glabre et axe épais ; feuilles écailleuses ovales. *Fleurs jaune vif brillant*, en épi conique ; calice de 12-18 mm, à 5 lobes ; corolle de 30-50 mm à 5 lobes plus ou moins égaux. Parasite sur Amaranthacées ligneuses des dunes et marais salés. Rare et localisé ; fréquent dans l'Algarve, le sud-ouest de l'Espagne et certains secteurs d'Afrique du Nord. Les plantes du sud-est de l'Espagne, à fleurs jaune pâle avec des taches jaune vif et violettes sont parfois nommées subsp. *lutea*. DZ, ES,

1

2

3

4

MA, PT, TN. ***Cistanche violacea*** est voisine d'aspect, mais possède des *fleurs blanchâtres ou lilas pâle, tachées de violet foncé* au sommet des lobes et de jaune à la gorge, de 25-40 mm. Avant tout une espèce des déserts, mais atteignant les dunes littorales. Afrique du Nord uniquement ; localisée (des formes de *C. phelypaea* d'Espagne ont parfois été rattachées à tort à cette espèce). DZ, MA, TN. *Cistanche mauritanica* ressemble à *C. violacea*, mais plante plus basse, de 30 cm au plus, *à bractées et calices densément laineux ; lobes du calice plus longs que larges*. Parasite sur subsp. *Atriplex*. Rare et locale. DZ (ouest), ES (îles Chafarines), MA.

PHELIPANCHE | OROBANCHE

Plantes parasites rameuses ou non, souvent bleuâtres. Fleurs avec *2 bractées secondaires* (bractéoles) sous le calice ; corolle zygomorphe bilabiée. Capsule à nombreuses graines minuscules. Identifier l'hôte est souvent difficile dans la végétation dense. Étroitement apparentées à *Orobanche* (et encore incluses dans ce genre par certains auteurs). Les caractères morphologiques sont peu utiles pour l'identification, et la détermination fiable d'espèces affines peut être impossible sur le terrain.

Structure d'une fleur de *Phelipanche*

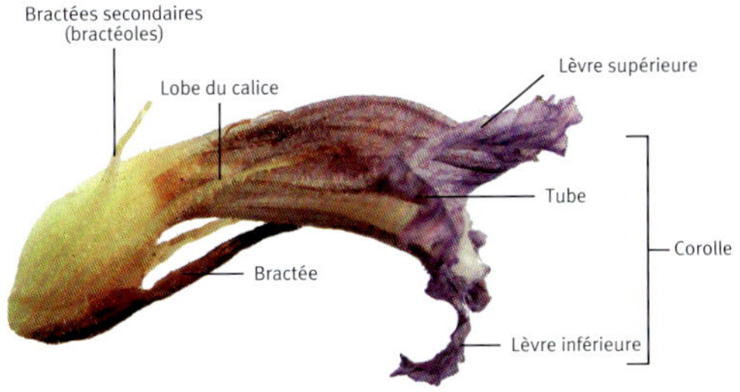

A. Espèces à anthères glabres ou presque

P. mutelii

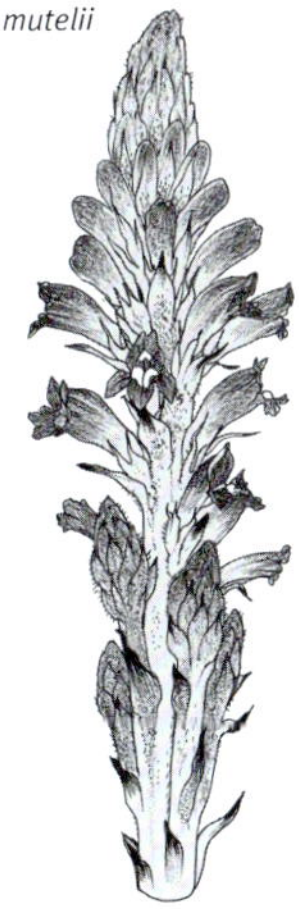

1. *Parentucellia viscosa*
2. *Bartsia trixago* (forme jaune)
3. *Lathraea clandestina*
4. *Bartsia trixago*

Phelipanche ramosa OROBANCHE RAMEUSE. Plante annuelle variable, bleu violacé (parfois jaune blanchâtre), pubescente-glanduleuse, à tiges *en principe ramifiées et généralement basses*, ne dépassant pas 20(50) cm. *Petites fleurs* de 10-15(22) mm de long, bleu pâle, violettes ou crème avec une tache blanche à la gorge ; stigmates blancs ou bleu clair ; dents du calice de 5-15 mm (plus courtes que la corolle), lobes inférieurs de la corolle *obtus*. Hôtes variés, habituellement sur *Linaceae*, *Cannabaceae*, *Solanaceae* et *Fabaceae cultivées*. Lieux sableux et milieux perturbés. Dans toute la zone. *Phelipanche nana* (parfois traitée comme une sous-espèce de *P. ramosa*) est *en principe non ramifiée*, à lobes inférieurs de la corolle *aigus* et dents du calice presque aussi longues que la corolle. *Phelipanche mutelii* est souvent confondue avec l'espèce précédente, mais ses fleurs sont plus dressées, avec la corolle à gorge largement ouverte ; lobes inférieurs nettement divergents. Parasite diverses plantes herbacées telles que *Hedypnois*, *Helichrysum*, *Hyoseris*, *Medicago* et *Scorpiurus*. ES, FR, IT, MA.

Phelipanche rosmarina, à *tiges simples et épaisses*, ne dépasse pas 15 cm de haut. Corolle de 14-16 mm, très *étranglée*, bleu sombre, à filets subglabres et stigmate blanc. Toujours sur *Rosmarinus*, rare et locale ; surtout péninsule Ibérique. ES, FR (dont Corse), IT, PT. *Phelipanche rumseiana* parasite aussi le romarin, mais plante typiquement plus basse et plus robuste, à fleurs dressées-étalées ; calices à lobes atténués en longue pointe triangulaire et filets *velus*. ES (îles Baléares).

P. purpurea

Phelipanche purpurea. Plante annuelle (normalement) simple, robuste, atteignant 30(45) cm, à tiges bleuâtres, à poils courts et non glanduleuses. Inflorescence dense de couleur générale bleu violacé ou grisâtre. Corolle de 18-26(30) mm de long, nettement étranglée vers la base; stigmate blanc ou bleu pâle; anthères en principe glabres. Parasite des hôtes variés de la famille des Astéracées (rarement des Fabacées). Absente de certains secteurs d'Afrique du Nord. ES, FR, IT, MA, PT.

1. *Cistanche phelypaea*
2. *Cistanche violacea*
   PHOTOGRAPHIE : NICKLAS STRÖMBERG – IGOTERRA
3. *Phelipanche ramosa*
4. *Phelipanche purpurea*
5. *Orobanche minor*
6. *Orobanche calendulae*
7. *Orobanche picridis*

1

2

3

4

5

6

7

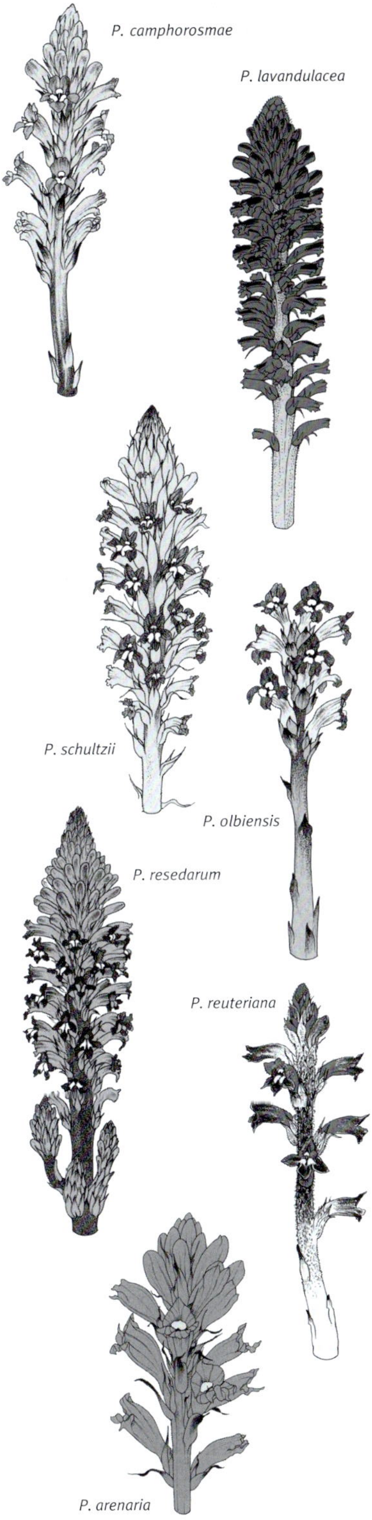

Phelipanche camphorosmae. Tige normalement simple, crème, à poils translucides. Fleurs densément groupées ; corolle de 18-21 mm, tubuleuse, à lèvres supérieure et inférieure velues, la supérieure bilobée, l'inférieure à 3 lobes *étroitement triangulaires* subégaux ; filets insérés au-dessus de la base de la corolle (4-8 mm), à peine pubescents ; stigmate blanc ; lobes du calice *triangulaires aigus*. Parasite sur *Camphorosma monspeliaca*. ES, FR. **Phelipanche lainzii** est très semblable, mais *fleurs bleu très pâle*, lobes du calice moins aigus ; toujours parasite sur *Cleonia lusitanica*. ES (est).

B. Espèces à anthères velues (nombreuses espèces semblables difficiles à déterminer ; l'identification de l'hôte est importante)

Phelipanche lavandulacea. Robuste annuelle atteignant 45(59) cm, à fleurs denses, de *couleur générale violet foncé ou noirâtre*. Corolle de 19-22 mm, *à lèvre inférieure obtuse* ; stigmate blanc, bleuté ou jaunâtre ; filets légèrement pubescents ; dents du calice *ne dépassant pas* le tube de la corolle. Partie inférieure de la tige avec des fleurs pédicellées. Hôtes variés, en particulier *Bituminaria bituminosa*. Commune. DZ, ES, IT, MA, PT, TN. **Phelipanche schultzii** n'a pas (ou peu) de fleurs pédicellées, *la lèvre inférieure de la corolle est aiguë*, à lobes divergents, le stigmate blanc, *les dents du calice dépassent longuement le tube de la corolle, avec l'apex en pointe filiforme*. Parasite *Apiaceae*. Localisée et rare. ES, IT. **Phelipanche cernua** (Syn. **P. inexpectata**) est *bleu-gris*, à tube de la corolle fortement courbé ; *stigmate jaune ; dents du calice moins longues que le tube de la corolle*. Parasite *Lactuca*. DZ, ES, FR, MA. **Phelipanche arenaria** possède de grandes fleurs mauves *en entonnoir*, de 25-38 mm ; stigmate à lobes écartés, blanchâtres ; *filets laineux*. Parasite subsp. *Artemisia*, notamment *A. campestris*. Présente sporadiquement dans de nombreuses régions, mais rare. DZ, ES, FR, IT, MA, TN. **Phelipanche portoilicitana** est grande, jusqu'à 35 cm, avec des fleurs densément couvertes de courts poils glanduleux ; lèvres à marges ciliées. Parasite les *Centaurea* sur sables littoraux. ES (sud-est). **Phelipanche olbiensis** possède de petites fleurs de 15 mm de long au plus et parasite *Helichrysum*. Littoral. ES (dont îles Baléares), FR. **Phelipanche resedarum**. Espèce robuste couverte de longs poils blancs ; corolle de 18-24 mm. Parasite *Reseda*. ES. **Phelipanche aedoi** est semblable, à corolle de 15-19 mm, mais parasite *Launaea arborescens* et *Sonchus tenerrimus*. ES (sud-est). **Phelipanche reuteriana** possède une corolle nettement *velue-laineuse* à l'extérieur, bleu vif à l'intérieur avec des plis blancs marqués. Parasite *Plantago*, *Crambe*, *Malcolmia* et *Cleome* sur les dunes côtières du sud-ouest de l'Espagne et de l'Afrique du Nord. DZ, ES, MA, TN.

OROBANCHE | OROBANCHE

Plantes parasites non ramifiées, souvent rougeâtre ou jaunâtre terne, ressemblant à *Phelipanche* mais *sans bractéoles* sous le calice; corolle zygomorphe bilabiée. Capsule à nombreuses graines minuscules. L'identification de l'hôte est utile, mais souvent difficile dans la végétation dense; les caractères morphologiques ont souvent peu de valeur pour la détermination, et l'identification fiable d'espèces affines est parfois impossible sur le terrain.

Structure d'une fleur d'*Orobanche*

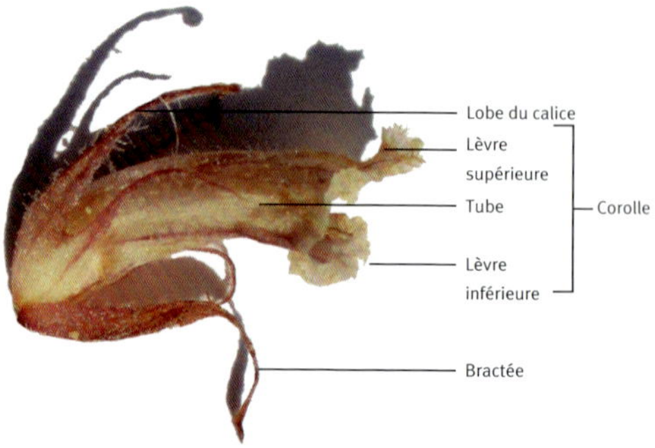

A. Épis rosés, violacés ou jaunâtres, grêles, souvent < 30 cm; lâches à denses; *petite corolle étroite, tubuleuse*, de 10-20(25) mm. Nombreuses espèces semblables difficiles à distinguer

O. littorea

O. iammonensis

Orobanche minor OROBANCHE DU TRÈFLE. Plante annuelle variable, à épis denses ou lâches, atteignant 60 cm. *Petites fleurs à corolle régulièrement courbée*, de 10-18 mm, jaune teinté de violet; lèvre inférieure à lobes égaux, non ciliée à la marge, stigmates souvent roses (caractère variable); *filets non densément velus ou laineux*, généralement insérés près de la base de la corolle; bractées égalant ou dépassant la corolle; dents du calice variables. Parasite des hôtes appartenant à de nombreuses familles, dans des milieux perturbés; espèce la plus commune. Dans toute la zone. *Orobanche littorea* est semblable, mais filets *densément velus* dans leur moitié inférieure; stigmate pourpre. Parasite *Anthemis maritima* sur le littoral. FR, IT (dont Sardaigne et Sicile). *Orobanche iammonensis* est semblable et parasite aussi *A. maritima*, mais plante entièrement *jaune*. Côtes de Minorque. ES (îles Baléares). ***Orobanche calendulae*** OROBANCHE DU SOUCI possède des fleurs jaune pâle de 15-18 mm, lavées de violet ou de rouge terne, *stigmate jaunâtre*. Parasite *Calendula suffruticosa* (peut-être aussi d'autres Astéracées) sur falaises maritimes. Rare. DZ, ES, MA, PT. *Orobanche ballotae* a des fleurs *blanc laiteux* de 10-14 mm, à filets pubescents-glanduleux *vers le sommet*; lobes du stigmate blanchâtres. Parasite *Ballota hirsuta*. ES (sud et îles Baléares). *Orobanche clausonis* est *jaunâtre* avec des fleurs pâles lavées de rouge, de 15-19(22) mm, *à stigmates rose foncé à rouge très contrasté*. Parasite les Rubiacées; rare. ES, PT.

Orobanche picridis OROBANCHE DE LA PICRIDE. Plante annuelle atteignant 60 cm, semblable à *O. minor* mais plus pâle. Corolle de 15-22 mm, *blanchâtre, à dos droit; lobes du stigmate pourpre sombre* ou orange (parfois roses); *filets insérés au-dessus de la base de la corolle, densément velus* à la base; bractées longues et filiformes.

1. *Orobanche balsensis*
2. *Orobanche amethystea*
3. *Orobanche hederae*
4. *Orobanche foetida* (forme pourpre)
5. *Orobanche pallidiflora*
6. *Orobanche caryophyllacea*
7. *Orobanche foetida* (forme jaune)

O. artemisiae-campestris

Parasite les Astéracée, souvent *Picris hieracioides*, *Crepis* et *Artemisia* (parfois *Daucus*). Dans toute la zone, mais rare. **Orobanche balsensis** est semblable, mais à *lèvre de la corolle nettement plissée*. Espèce (re)décrite seulement récemment. Sur *Carlina corymbosa*, rare. ES, FR (dont Corse), IT (Sicile), PT. **Orobanche artemisiae-campestris** possède une tige rouge orangé, des *fleurs jaune terne* de 16-22 mm et des lobes de stigmate rouge rosé. Parasite *Artemisia campestris*. Locale. ES (nord), FR, IT (dont Sicile), MA. **Orobanche santolinae**, qui diffère de l'espèce précédente par *ses tiges et bractées densément laineuses* et ses fleurs plus largement tubuleuses, parasite *Santolina*. ES (dont îles Baléares), FR.

Orobanche amethystea. Comme *O. minor*, mais souvent plus robuste et plus dense, de 15-50 cm de haut. Corolle de 15-20(25) mm *à dos d'abord droit puis brusquement coudé (géniculé)* vers la base, lavée de jaune pâle et veinée de violet (rarement entièrement jaune ou orange) ; bractées dépassant la corolle, souvent nettement. Parasite divers hôtes, notamment *Eryngium campestre*. Commune sur les côtes méditerranéennes continentales (surtout dans l'Ouest) ainsi que sur de nombreuses îles. Dans toute la zone. **Orobanche hederae** OROBANCHE DU LIERRE est semblable, mais souvent *fortement violacée et à épi allongé* ; corolle de 10-22 mm, crème teinté de brun, renflée à la base, sinon étroite et à dos droit, à lobes échancrés, le central carré ; lobes du stigmate toujours *jaunes* ; filets à peine pubescents. Parasite *Hedera helix* (rarement d'autres espèces). Commune de l'Espagne à l'Italie. DZ, ES (dont îles Baléares), FR, IT (dont Sardaigne), MA, (peut-être PT).

O. canescens

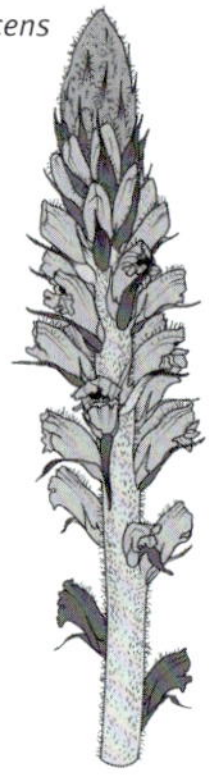

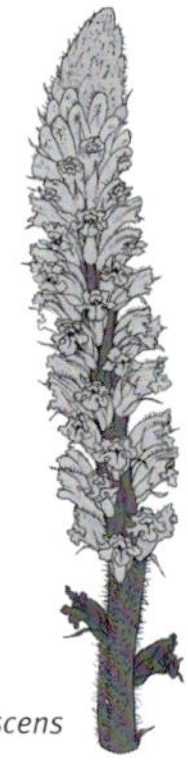

O. pubescens

Orobanche canescens. Plante annuelle de 30(50) cm, à petites fleurs en épi lâche ; corolle de 10-19 mm, crème veiné de violacé, régulièrement courbée, à lobes de la lèvre inférieure égaux ou le médian un peu plus grand ; *filets densément velus inférieurement* (insérés à 2 mm au-dessus de la base) ; *lobes du stigmate jaunes à blancs*. Parasite les Astéracée, dont *Galactites*, *Carlina* et *Glebionis*. IT (dont Sardaigne et Sicile). **Orobanche pubescens** est semblable, mais *entièrement hérissée de poils blancs*, notamment sur la corolle, celle-ci de 10-20 mm. Parasite les Astéracée et Apiacées. Surtout est-méditerranéenne. FR, IT (dont Sardaigne et Sicile).

B. Épi rouge profond ou jaune pâle uniforme, robuste, dépassant souvent 30 cm, *dense et à fleurs nombreuses*; corolle tubuleuse ou légèrement en cloche, de (13)20-25 mm de long

O. sanguinea

O. densiflora

Orobanche foetida. Grande plante robuste atteignant 70 cm (1 m) à épi dense, *rouge à rouge noirâtre*. Fleurs de 20-25 mm, rouge violacé, à profil dorsal courbé et lèvre supérieure bilobée ; stigmate *jaune* (rougissant avec l'âge) ; filets insérés au-dessus de la base de la corolle, à peine pubescents ; *lobes du calice longs et minces*. Des formes jaunes ont été prises (par erreur) pour *O. densiflora* au Portugal. DZ, ES, MA, PT, TN. *Orobanche sanguinea* (Syn. *O. crinita*) est moins robuste, ne dépassant pas 27 cm de haut, avec *des fleurs plus petites et plus étroites*, de 13-14 mm de long, à lèvre supérieure faiblement bilobée et lobes inférieurs aigus ; stigmate *rouge* (même frais ; rarement orange, jamais jaune). Parasite *Lotus cytisoides*. ES (Minorque, dans les îles Baléares), FR, IT (Sardaigne et Sicile).

Orobanche densiflora. Robuste annuelle de 30(50) cm, à épi dense de *fleurs jaune citron pâle* ; corolles de 16-22 mm, *jaune blanchâtre*, à profil dorsal légèrement arqué, *dépassées par les bractées longues et étroites* ; ces dernières *brunes, denses et régulières à la base de la tige* ; filets velus insérés à la base de la corolle. Parasite surtout *Lotus creticus* (également *Medicago* et *Ononis*). Commune localement sur les dunes du sud de l'Espagne. ES.

C. Corolle *non* tubuleuse, plus élargie ou plus en cloche, de (18)20-33 mm de long

O. reticulata

O. pallidiflora

Orobanche reticulata OROBANCHE RÉTICULÉE. Plante trapue atteignant 35 cm, à robuste tige pourprée ou jaunâtre. Fleurs denses, nombreuses ou non ; corolle de 18-22 mm, jaunâtre teinté de violacé et ponctuée de *glandes sombres, à dos brusquement arqué* ; lobes inférieurs égaux, ceux de la lèvre supérieure étalés et échancrés ; étamines insérées au-dessus de la base de la corolle, à filets pubescents en haut ; lobes du stigmate contigus, *pourpre foncé*. Parasite *Cirsium*, *Carduus*, *Scabiosa* et *Knautia*. Répandue, mais absente de nombreuses régions et des îles. ES, FR, IT. **Orobanche pallidiflora**, semblable, parasite exclusivement *Cirsium* et *Carduus* ; possède une pigmentation moins rougeâtre, des glandes moins sombres et des filets staminaux moins velus. Rare. FR, IT.

---

1. *Orobanche rapum-genistae*
2. *Orobanche rapum-genistae*
3. *Orobanche latisquama*

Orobanche caryophyllacea OROBANCHE À ODEUR D'ŒILLET. Robuste annuelle atteignant 40 cm, à tige pâle et courbée, avec des bractées plus sombres. Fleurs peu nombreuses, grandes par rapport à la plante, de 20-32 mm de long, *en cloche, à faible odeur d'œillet*; rose pâle ou jaunes à brun-violet; *lobes du stigmate écartés, pourpres*; filets velus inférieurement; bractées plus courtes que la corolle; lobes latéraux du calice *ovales*, courts et dentés. Parasite *Galium* et *Asperula*. Assez rare et restreinte aux zones subalpines dans la région; absente de la plupart des îles. ES, FR, IT (dont Sicile), MA.

Orobanche rapum-genistae OROBANCHE DU GENÊT. Grande plante vivace *robuste* atteignant 90 cm. *Grandes* fleurs de 20-25 mm de long, brunes, jaunes ou rouge terne, à odeur légèrement fétide; lèvre inférieure de la corolle à marge velue, *la lèvre supérieure à peine bilobée*; bractées dépassant la corolle, souvent nettement; stigmate jaune. Parasite les Fabacées arbustives, notamment *Cytisus*. Absente des îles Baléares. ES, FR (dont Corse), IT (dont Sardaigne et Sicile), PT.

O. kochii

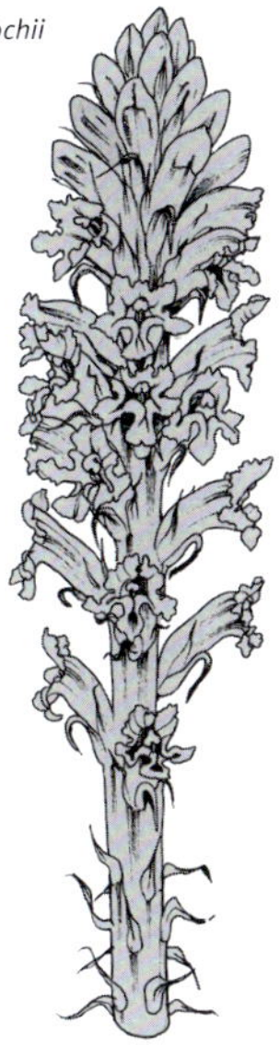

O. variegata

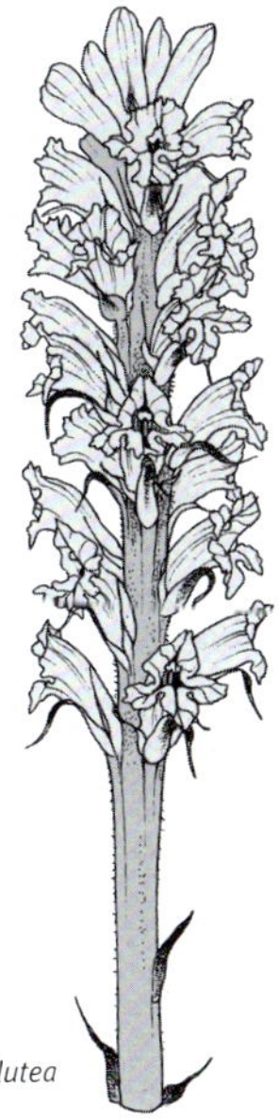

O. lutea

Orobanche elatior GRANDE OROBANCHE. Robuste annuelle atteignant 75 cm, à fleurs *nombreuses, très denses*, de 18-25 mm ; lobes de la corolle dentés et crispés ; *étamines insérées bien au-dessus (3-5 mm) de la base de la corolle* ; lobes du stigmate *jaune vif*, divergents. Parasite *Centaurea scabiosa* et *C. nigra*. Rare en région méditerranéenne et absente des îles. FR, IT. Les espèces suivantes ressemblent à *O. elatior* : **Orobanche icterica**, à filets staminaux à poils courts et épars ; parasite *Centaurea aspera* et *C. linaresii*. ES. **Orobanche haenseleri** possède des filets insérés *juste* au-dessus de la base de la corolle ; celle-ci de 22-28 mm. Parasite *Helleborus foetidus* et, peut-être, *Rubus ulmifolius*. ES (sud). **Orobanche kochii** a des fleurs rosées ou jaunâtres à lèvres supérieure et inférieure réfléchies (fleurs d'apparence ouverte) ; lobes du stigmate jaune vif, plus ou moins contigus. Parasite *Centaurea aspera*. FR (sud).

Orobanche gracilis OROBANCHE GRÊLE. Plante basse à médiocre de 40 cm au plus, à épi rougeâtre et lâche. Fleurs grandes par rapport à la tige, de 18-24(29) mm, largement campanulées, rouges à l'extérieur, *rouge brillant à l'intérieur*, avec des veines jaunâtres ; *bractées triangulaires, plus courtes que la corolle* ; filets à poils courts. Parasite les Fabacées (parfois *Cistus*). Commune localement en altitude dans toute la zone. Var. *deludens* (Syn. *O. austrohispanica*), autrefois considérée comme une espèce distincte, a l'intérieur de la corolle *brun-jaune ou rougeâtre*. Parasite *Ulex*. ES, MA. **Orobanche variegata** est semblable, mais à lobe médian de la lèvre inférieure de la corolle *beaucoup plus grand* que les latéraux ; *fleurs à odeur fétide* ; filets staminaux velus ; lobes du calice triangulaires-lancéolés. Parasite les Fabacées arbustives. Souvent confondue avec *O. foetida* (voir p. 465). DZ, IT (Sardaigne et Sicile), TN. **Orobanche tetuanensis** possède des bractées couvertes de longs poils laineux roux ; corolle plus courte, de 14(16)-20 mm ; *filets staminaux subglabres*. Parasite probablement les Fabacées. Montagnes près de Tétouan. MA.

Orobanche lutea OROBANCHE JAUNE. Plante annuelle jaunâtre à fleurs rares ou nombreuses. Corolle de 20-33 mm, assez pâle, jaune, rose ou brune, renflée à la base, régulièrement courbée, à lobes étalés ; étamines insérées jusqu'à *7 mm* au-dessus de la base, *velues-laineuses inférieurement* ; lobes du stigmate jaune vif et écartés. Bractées sombres, ne dépassant pas la corolle. Parasite les Fabacées. Rare. FR, IT (dont Sardaigne).

---

1. *Orobanche gracilis*
2. *Orobanche crenata*
3. *Orobanche alba* (forme rouge)
4. *Orobanche cernua*

C. *Feuilles en rosette*, linéaires ou étroitement lancéolées ; épis portés par des hampes non striées et sans feuilles

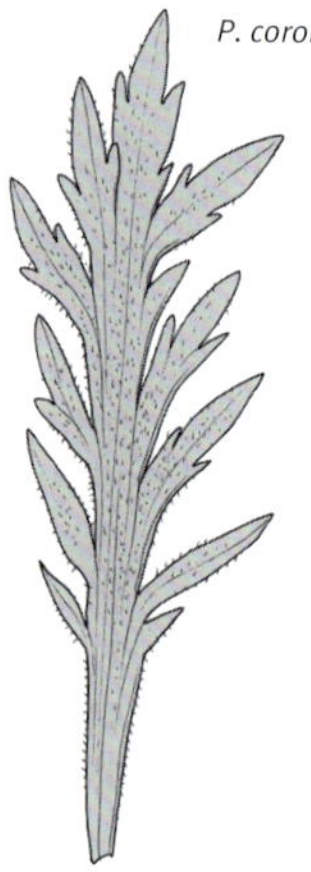

P. coronopus

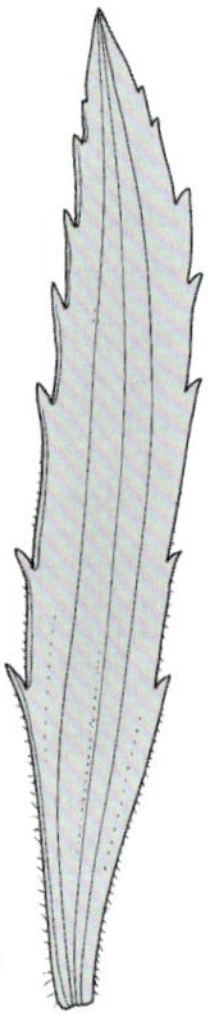

P. serraria

Plantago coronopus PLANTAIN CORNE-DE-CERF. Petite plante annuelle à vivace très variable, de 20 cm au plus, à rosettes foliaires solitaires ou groupées. Feuilles de 2-20 cm, linéaires-lancéolées, généralement *pennatilobées*, mais parfois entières, pas particulièrement charnues ; glabres ou finement pubescentes. Fleurs brun jaunâtre, de 3 mm au maximum, en épis de 40-70 mm de long, au sommet de hampes non sillonnées, arquées, dépassant les feuilles ; anthères jaune pâle. Très commune dans les milieux littoraux perturbés de la région. Dans toute la zone. **Plantago serraria** est semblable à *P. coronopus*, mais à feuilles de 5-27 cm, *régulièrement dentées, non lobées, à 2-12 paires de dents*, souvent lavées de pourpre ; hampes égalant ou dépassant les feuilles, avec des épis floraux souvent allongés, de 2-14 cm. Commune dans les lieux rocheux et sableux du littoral. Dans toute la zone. *Plantago macrorhiza* ressemble à *P. coronopus*, mais *plante toujours vivace*, à souche rameuse produisant souvent plusieurs rosettes de feuilles. Feuilles souvent courtes, de 2-15 cm, *charnues* et rigides, oblongues-spatulées. Hampes peu nombreuses, plus longues que les feuilles, à épis de 2,5-10 cm de long. ES, PT.

Plantago maritima PLANTAIN MARITIME. Petite plante vivace glauque et *charnue* de 30 cm de haut au plus, à plusieurs rosettes de longues *feuilles linéaires* et rigides, *non dentées*, de 5-38 cm de long et 1-15 mm de large, à 3-5 nervures. Fleurs brunâtres, en épis atteignant 7(10) cm sur des hampes non striées, en général plus longues que les feuilles ; anthères jaunes. Marais salés et autres habitats halophiles ; locale dans toute la zone. *Plantago subulata* est semblable, mais à souche très ramifiée et *feuilles filiformes*, de 0,5-2 mm de diamètre au plus ; hampes plus courtes que les feuilles ; épis de 10-35 mm. Milieux côtiers. Dans toute la zone (absente de certaines îles).

Plantago bellardii. Petite plante annuelle *densément pubescente* de 8(16) cm de haut au maximum, à 1 ou plusieurs rosettes de feuilles linéaires-lancéolées de 15-60 mm, à peine dentées ou entières, à 3 nervures, velues-blanchâtres. Fleurs brunâtres, en épis ovoïdes de 8-20(48) mm, assez grands par rapport aux feuilles, *sur des hampes ne dépassant pas les feuilles* (13 cm au plus) ; bractées velues. Lieux secs et dénudés, garrigues. Commune sur les côtes italiennes, plus rare vers l'ouest. Dans toute la zone. **Plantago ovata** est semblable, mais pédoncules floraux à poils *appliqués* (non étalés) et sépales plans, subégaux. Lieux dénudés arides. Surtout dans le Sud ; commune dans certaines régions d'Afrique du Nord. DZ, ES (sud-est), MA, TN.

Plantago albicans PLANTAIN BLANCHISSANT. Petite plante vivace basse à médiocre, *laineuse-argentée*, ne dépassant pas 28 cm, à souche ligneuse. Feuilles de 3-15 cm, linéaires et souvent un peu tordues, à 3 nervures (cachées par les poils), non dentées. Fleurs verdâtres, en petits épis oblongs de 0,5-11 cm de long, sur de longues hampes étalées ou dressées ; étamines non nettement saillantes. *Graines de 4-5 mm*. Fréquente localement sur sols nus et secs, notamment littoraux. Dans toute la zone. *Plantago amplexicaulis* est semblable, mais moins velu et *moins argenté*, à feuilles elliptiques de 20-50 mm, plus larges au-delà de leur milieu, atténuées à la base et à nervures fines. Épis de 10-20(30) mm. *Graines de 2,5 mm seulement*. Habitats secs variés ; surtout dans le Sud. DZ, ES, IT, MA, TN.

D. Feuilles en rosette, linéaires ou étroitement lancéolées ; épis sur des *hampes striées ou sillonnées*, non feuillées

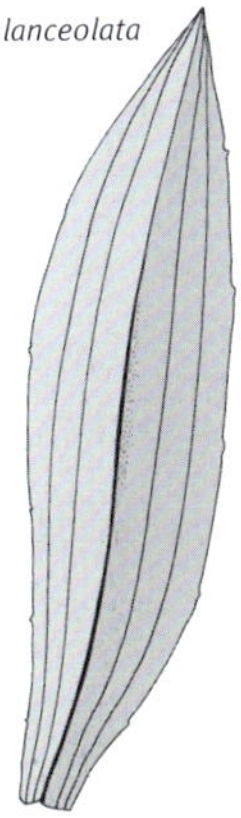

Plantago lanceolata PLANTAIN LANCÉOLÉ. Plante annuelle ou vivace variable, basse ou moyenne, velue ou glabre, atteignant 50 cm, à 1 à *plusieurs* rosettes foliaires. Feuilles de 1,5-20 cm, linéaires-lancéolées ou lancéolées, dentées ou non, à 3-5 nervures, *fortement striées* et pétiolées. *Bractées glabres*. Fleurs brunes, en épis courts et noirâtres de 40(80) mm de long, sur des hampes sillonnées dépassant nettement les feuilles ; anthères jaune pâle. Mauvaise herbe fréquente des friches et lieux herbeux. Dans toute la zone. **Plantago lagopus** ressemble à *P. lanceolata*, mais est plus petite, de 15(47) cm au plus ; *plus fortement velue-blanchâtre, surtout sur les bractées*. Épis de 10-30 mm. Commune dans les mêmes habitats que l'espèce précédente, notamment près des côtes. Dans toute la zone.

1. *Plantago serraria*
2. *Plantago ovata*
3. *Plantago bellardii*
4. *Plantago lanceolata*
5. *Plantago major*

E. Feuilles en rosette basale, *largement* ovales ou elliptiques. Épis sur des hampes sans feuilles

Plantago major GRAND PLANTAIN. Plante vivace naine à basse, velue ou glabre, à rosette *solitaire* de feuilles largement ovales à elliptiques de 5-37 cm, à 3-9 nervures, abruptement rétrécies à la base en pétiole élargi aussi long que le limbe. Épis *longs, denses et minces, de 3-32 cm*, sur des hampes non sillonnées et pubescentes, *plus courtes que les feuilles*; corolle blanchâtre, anthères jaunâtres. Lieux cultivés et herbeux; très commune. ***Plantago media*** PLANTAIN MOYEN, semblable, possède 1 à quelques rosettes de feuilles elliptiques (pas ovales) de 8(28) cm de long, grises tomenteuses, *graduellement rétrécies à la base en pétiole court*. Inflorescence beaucoup plus longue que les feuilles; anthères blanches à filet lilas *longuement saillant*; épis de 1,5-6(12) cm. Absente de la plupart des îles. ES, FR, IT. *Plantago cornuti* ressemble à *P. major*, mais feuilles atteignant 33 cm, à pétiole étroit et cylindrique et hampes florales *plus longues que les feuilles*. Épis atteignant 12 cm. ES, FR, IT.

Antirrhinum MUFLIER

Sous-arbrisseaux ou plantes herbacées ligneuses à la base à feuilles entières. Fleurs zygomorphes, à 2 lèvres; 4 étamines. Capsule s'ouvrant par 3 pores apicaux. Certains auteurs reconnaissent de nombreuses espèces dans la péninsule Ibérique mais, en l'absence d'étude fondée sur le séquençage génétique au niveau régional, leur nombre réel reste incertain.

1

2

3

4

5

A. Feuilles et tiges glabres ou courtement velues-glanduleuses

Antirrhinum majus GRAND MUFLIER. Plante vivace buissonnante variable (nombreuses formes décrites, reconnues par certains comme espèces distinctes), jusqu'à 65 cm (1 m) de haut, très ramifiée inférieurement, à tiges ligneuses à la base. Feuilles lancéolées à linéaires, en coin à la base, opposées ou alternes. Fleurs à corolle de 33-45 mm, pourpre rosé vif (jaune pâle chez les formes cultivées) ; calice de 6-10 mm. Capsule fructifère de 12-15 mm. Pentes rocailleuses, dunes fixées. Dans toute la zone (dans son acception au sens large). Subsp. *cirrhigerum* est souvent plus élevée, de 50 cm-1 m, à tiges *s'appuyant* sur la végétation environnante ; feuilles linéaires plus larges vers le milieu. Corolle pourpre, de 12-18 mm ; calice de 6-10 mm. Capsule fructifère de 12-18 mm. Dunes dans le sud du Portugal et au Maroc. MA, PT. *Antirrhinum onubense* possède aussi des tiges grimpantes, mais ses *corolles sont blanc rosé taché de* jaune. Capsule fructifère de 8-10 mm. ES, PT.

Antirrhinum controversum (Syn. *A. barrelieri*). Plante vivace dressée, parfois étalée ou grimpante, atteignant 1,5 m, généralement glabre en bas mais velue-glanduleuse en haut, à rameaux grêles. Feuilles étroites, de 6-40 mm de long, linéaires-lancéolées. Inflorescence en grappe de 10-40 fleurs rose pâle à corolle de 16-24 mm de long ; calice de 3-4,5 mm. Capsule fructifère de 6-9 mm, velue-glanduleuse. Pentes rocailleuses et fruticées dans le sud de la péninsule Ibérique. ES, PT.

Antirrhinum siculum MUFLIER DE SICILE. Plante vivace moyenne, dressée ou étalée, plus ou moins glabre inférieurement, velue-glanduleuse en haut ; tiges rameuses, avec des touffes de feuilles aux nœuds. Feuilles de 20-60 mm. Fleurs en grappes terminales, à corolle de 17-25 mm, jaune pâle, souvent teintée de jaune plus sombre et veinée de violet. Capsule fructifère de 10-12 mm, velue-glanduleuse. Lieux rocailleux. ES (naturalisée), FR (naturalisée), IT, MT.

B. Feuilles et tiges pubescentes

Antirrhinum graniticum. Grande plante vivace dressée ou grimpante, *velue-glanduleuse*, jusqu'à 1 m de haut. Feuilles de 15-62 mm, ovales-lancéolées, obtuses, les inférieures opposées, les supérieures alternes. Fleurs à corolle de 25-35 mm, rose ou blanche, sur des pédicelles jusqu'à 15 mm de long (dépassant leur bractée) ; calice de 3-10 mm. Capsule fructifère de 8-13 mm de long, velue-glanduleuse. Fourrés rocailleux. ES, PT. *Antirrhinum australe*, semblable, a les feuilles opposées ou verticillées par 3 ; *fleurs plus grandes*, à corolle de 30-43 mm de long, pourpre rosé vif ; calice de 5-8 mm. Capsule de 10-15 mm, velue-glanduleuse. Pentes rocailleuses. ES (sud et sud-est).

Antirrhinum hispanicum. Sous-arbrisseau ascendant ou étalé atteignant 60 cm, à nombreuses tiges ramifiées, *glanduleuses ou à longs poils*. Feuilles de 4-25 mm, ovales-lancéolées, les inférieures opposées, les supérieures alternes. Inflorescence en faux épi de 6-20 fleurs à corolle de 16-25 mm, rose ou blanche ; calice de 3,5-8 mm. Capsule fructifère de 6-10 mm de long, velue-glanduleuse. Lieux rocailleux. ES (sud).

Antirrhinum latifolium MUFLIER À LARGES FEUILLES. Vivace dressée de 60(90) cm, velue-glanduleuse à la base. Feuilles de 15-60 mm, ovales et un peu plus longues que larges, obtuses, les inférieures opposées, les supérieures alternes. Fleurs en grappes terminales ; *corolle jaune pâle*, de 35-45 mm de long, assez large ; calice de 5,5-8 mm, profondément découpé en 5 lobes égaux et obtus. Capsule fructifère de 10-18 mm de long, velue-glanduleuse. Vieux murs et rochers, du nord de l'Espagne à l'Italie, absente des îles. ES (nord), FR, IT.

---

1. *Plantago lagopus*
2. *Plantago media*
3. *Antirrhinum controversum*
4. *Antirrhinum siculum*
5. *Antirrhinum majus* subsp. *cirrhigerum*

Misopates

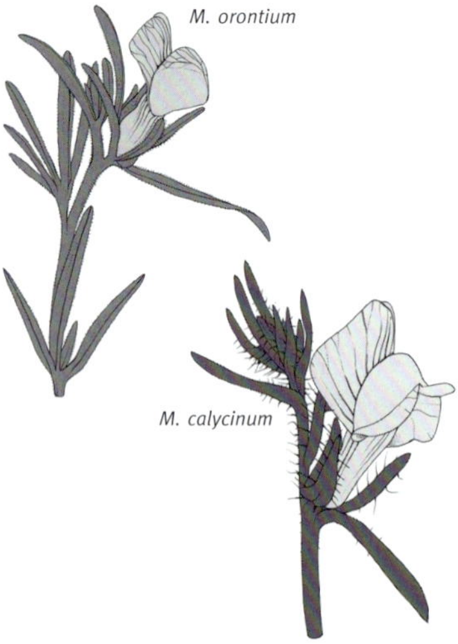

Plantes annuelles à aspect proche de celui des *Antirrhinum*, mais calice à lobes longs et linéaires, nettement inégaux ; 4 étamines.

Misopates orontium MUFLIER DES CHAMPS. Annuelle peu élevée, faiblement rameuse, plus ou moins glabre, ne dépassant pas 30(70) cm. Feuilles de 10-55 mm, linéaires à elliptiques, entières, les inférieures opposées, les supérieures alternes. Fleurs à corolle de 10-17 mm, rose pâle ou blanchâtre, à aspect typique de muflier ; *calice de 10-20 mm, à lobes allongés*. Capsule fructifère de 5-10 mm, velue-glanduleuse. Commune dans des habitats variés. Dans toute la zone. ***Misopates calycinum*** est semblable, mais généralement glabre, à grappe s'allongeant à la fructification ; *fleurs plus grandes, blanchâtres*, à corolle de 18-22 mm *dépassant les lobes du calice*, ce dernier de 14-20 mm. Friches littorales et autres lieux sableux ; commune dans toute la zone.

Linaria

Plantes herbacées à feuilles simples sessiles, opposées ou verticillées, les supérieures alternes. Fleurs en épis ou en grappes, comme celles d'un muflier, mais plus petites ; calice à 5 lobes courts et inégaux ; 4 étamines. Fruits sous forme de capsules s'ouvrant par des fentes. Genre diversifié et difficile comprenant de nombreuses espèces propres à la péninsule Ibérique ; les caractéristiques de la graine sont importantes. Seules les espèces les plus communes et quelques endémiques sont décrites ici.

A. Fleurs principalement violettes, rouges ou pourprées ; *inflorescence velue-glanduleuse*

Linaria aeruginea. Plante annuelle ou vivace variable atteignant 40(70) cm de haut, à tiges étalées à ascendantes et feuilles *linéaires* de 3-18(35) mm de long et *0,3-0,9 mm de large seulement*. Corolle de 13-27 mm de long, à couleur variant du rouge brique et jaune au violet ou jaunâtre teinté de violacé ou de brun ; calice de 3,5-7,5 mm de long, à lobes linéaires-lancéolés ; éperon de 5-11(14) mm. Capsule globuleuse de 3-7,5 mm. ES (est et îles Baléares), PT (sud).

Linaria clementei. Plante vivace *dressée*, vert grisâtre, peu feuillée, jusqu'à 90 cm (1,5 m) de haut, à feuilles linéaires charnues de 7-25 mm de long. Corolle de 12-22 mm *violet pâle vif à palais jaune*, en grappes terminales denses de 2-16 fleurs ; calice de 2,5-4 mm ; pédicelles longs de 2-2,5 mm, visqueux-glanduleux, dépassant tout juste leur bractée (mais plus longs à la fructification) ; stigmate profondément bilobé ; éperon de 2,2-6,8 mm de long. Capsule de 2,8-4 mm de long. Lieux sablonneux secs. ES (sud).

Linaria elegans. Plante annuelle dressée et grêle de 15-45 cm de haut, à feuilles linéaires-lancéolées de 7-70 mm de long. Inflorescence longue et lâche, velue-glanduleuse. Corolle de 16-26 mm, *violet vif à pourpre*, à lèvres fortement divergentes ; calice de 2-3,5 mm ; *éperon de 8-14 mm de long* ; stigmate en massue. Capsule de 2,2-4,5 mm, graines anguleuses. Lieux secs. ES, PT.

L. amethystea (graine)

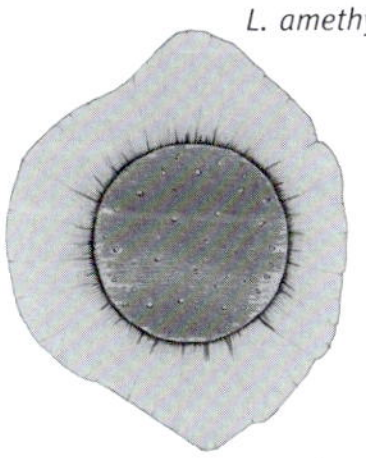

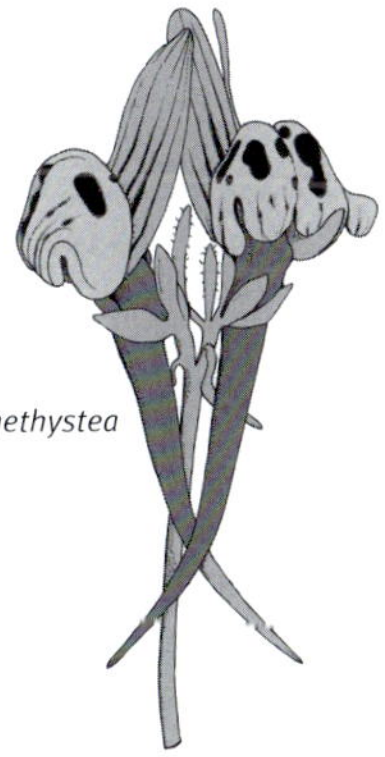

L. amethystea

L. algarviana (graine)

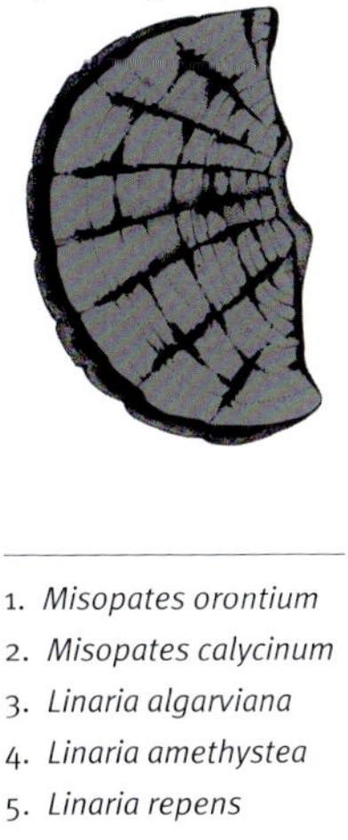

L. algarviana

Linaria amethystea. Petite plante *annuelle dressée*, généralement simple, de 38 cm au plus, glabre en bas mais velue (à *poils violets*) en haut. Feuilles de 2-11 mm, linéaires-lancéolées, au moins 3 fois plus longues que larges, les inférieures verticillées, les supérieures alternes. Grappes lâches, à 1-8(15) fleurs seulement, sur des pédicelles courts, de 0,5-2 mm, ne dépassant pas leur bractée. Corolle de 10-28 mm, *violet bleuté, tachée* ; calice de 2,5-5,5 mm ; éperon de 6-8(12) mm de long, mince. Capsule de 3-5 mm ; graines brunes ou noires, entourées d'une large aile *papilleuse au point d'insertion avec le disque*. Lieux ouverts du littoral. ES, PT. **Linaria algarviana**, presque identique, possède des *tiges étalées à ascendantes* de 25 cm au maximum, avec 1-8 fleurs ; lèvres de la corolle contiguës (*non divergentes*) ; corolle de 16-21 mm ; calice de 2,5-4 mm. Capsule de 2,1-3,5 mm ; graines noires, avec des crêtes. Rare espèce endémique des sables et schistes côtiers de l'Algarve. PT (sud). **Linaria incarnata** est une plante *annuelle* grêle et *dressée* atteignant 45 cm, à feuilles linéaires de 2,1-10 mm et avec des inflorescences courtes et lâches de *fleurs odorantes* ; corolle de 15-21 mm de long, violette, blanche et jaune, à lèvres ouvertes et *grands lobes supérieurs dressés-divergents* ; calice de 3-5 mm ; éperon mince, de 8,5-11 mm de long. Capsule de 2,8-4,2 mm. Pelouses sèches. ES, PT.

---

1. *Misopates orontium*
2. *Misopates calycinum*
3. *Linaria algarviana*
4. *Linaria amethystea*
5. *Linaria repens*

Digitalis parviflora. Plante vivace dressée atteignant 90 cm, à nombreuses feuilles oblongues-lancéolées coriaces, entières ou légèrement dentées. *Petites fleurs brun-roux*, de 9-13 mm, en épi dense, plutôt laineux-blanchâtre ; lobes du calice ovales, de 4-5 mm. Parmi les rochers, généralement à haute altitude. ES (centre, nord). *Digitalis obscura* DIGITALE OBSCURE possède des tiges glabres atteignant 1,2 m et des fleurs plus grandes, rouge orangé, de 21-31 mm, en inflorescences plus lâches ; calice à lobes de 5,5-12 mm. Fourrés secs en montagne. ES, MA.

Veronica VÉRONIQUE

Plantes herbacées (parfois ligneuses) annuelles ou vivaces, à feuilles opposées. Fleurs souvent bleues, à tube court et 4 divisions inégales plus longues que le tube ; 2 étamines. Capsule s'ouvrant par 2 valves. De nombreuses espèces existent dans la zone et seules les plus communes sont décrites.

A. Fleurs en grappes terminales, non axillaires

Veronica serpyllifolia VÉRONIQUE À FEUILLES DE SERPOLET. Plante *herbacée vivace* plus ou moins glabre, à tiges rampantes et radicantes de 30 cm au plus, produisant des tiges florifères *dressées ou ascendantes*. Feuilles ovales de 8-20 mm. Fleurs de 5-10 mm de diamètre, bleu pâle ou blanches, en épi terminal lâche ; pédicelles plus longs que le calice. Capsule plus large que longue, à style aussi long. Fourrés, boisements clairs ; mauvaise herbe cosmopolite. Dans toute la zone. *Veronica acinifolia* VÉRONIQUE À FEUILLES D'ACINOS est une plante *annuelle glanduleuse* de 15 cm au plus, à feuilles plus petites, de 5-14 mm. Bractées et feuilles superficiellement dentées. Fleurs bleues, de 2-3 mm de large. *Fruits plus longs que larges, échancrés* ; graines planes. Dans toute la zone, sauf sur la plupart des îles. *Veronica arvensis* VÉRONIQUE DES CHAMPS est une plante *annuelle dressée*, atteignant 30 cm, à feuilles ovales de 2-35 mm ; nombreux poils non glanduleux. Fleurs bleues de 2-3 mm de large. *Fruits pubescents, aussi larges que longs, cordés*. Dans toute la zone. *Veronica triphyllos* VÉRONIQUE À FEUILLES TRILOBÉES est une annuelle subdressée de 20 cm au maximum, *à feuilles palmatilobées* de 5-18 mm. Bractées inférieures et feuilles supérieures profondément lobées à la base (3-7 lobes). Fleurs de 3-4 mm de large. *Fruits aussi longs que larges et plus courts que le calice*, à poils glanduleux étalés. Dans toute la zone.

B. Fleurs en grappes à l'aisselle des feuilles inférieures ; tiges terminées par un rameau feuillé, sans fleurs

V. anagallis-aquatica

Veronica anagallis-aquatica VÉRONIQUE MOURON D'EAU. Plante *vivace dressée*, glabre ou un peu velue, atteignant 50 cm, à tiges simples ou rameuses. Feuilles opposées, ovales-lancéolées, à peine dentées, les inférieures pétiolées, les supérieures sessiles et embrassant à demi la tige. Fleurs de 4-9 mm de large, bleu pâle veiné de sombre, en grappes minces, opposées 2 à 2. Capsule glabre de 2,5-4 mm, arrondie ou elliptique. Fréquente dans les milieux temporairement submergés et au bord des cours d'eau. Dans toute la zone. *Veronica catenata* VÉRONIQUE AQUATIQUE est semblable, mais à feuilles étroites et sessiles. Fleurs de 3-8 mm de large, *rosées*. Capsule de 2-3 mm, plus large que longue. Répandue mais locale, dans les dépressions arrière-dunaires humides. Dans toute la zone.

1. *Veronica serpyllifolia*
2. *Veronica persica*
3. *Veronica polita*
4. *Globularia alypum*
5. *Hydrocotyle vulgaris*

C. Fleurs solitaires à l'aisselle des feuilles

Veronica persica VÉRONIQUE DE PERSE. Plante annuelle prostrée, velue, atteignant 50 cm de long, à feuilles triangulaires-ovales de 15-17 mm, fortement dentées (> 7 dents), pubescentes dessous. Fleurs de 8-12 mm de large, *bleu vif avec la lèvre inférieure plus pâle ou blanche*, solitaires à l'aisselle des feuilles ; lobes du calice arrondis à la base. Capsule à poils étalés. Lieux dénudés, cultures. Dans toute la zone. ***Veronica polita*** VÉRONIQUE LUISANTE, semblable, est une annuelle pubescente à feuilles *vert brillant*, de 6-17 mm ; *fleurs entièrement bleu vif*, de 4-8 mm de large. Capsule à nombreux poils courts et arqués (certains glanduleux). Dans toute la zone. *Veronica hederifolia* VÉRONIQUE À FEUILLES DE LIERRE possède *des feuilles réniformes* de 8-28 mm, *avec 3-7 grosses dents superficielles près de la base*. Fleurs de 4-9 mm de large, lilas pâle, à corolle plus courte que le calice ; lobes du calice cordés à la base. Capsule glabre. Dans toute la zone.

1

2

3

4

5

Kundmannia

K. sicula

Plantes herbacées vivaces, dressées, à feuilles divisées-pennées en grands segments ovales. Fleurs à pétales jaunes. Fruits oblongs, glabres et côtelés.

Kundmannia sicula KUNDMANNIE DE SICILE. Plante vivace glabre, de taille moyenne, à tiges dressées de 30 cm-1 m de haut. Feuilles inférieures 2 fois divisées-pennées et munies d'une paire de lobes surnuméraires à la base de chaque lobe principal; lobes de 15-40 mm, ovales, dentés; feuilles supérieures 1 fois divisées-pennées et fortement dentées. Ombelles jaunes à 3-30 rayons, nombreuses bractées linéaires, carénées sur le dos. Fruits cylindriques, de 6-10 mm de long, à côtes minces. Pentes sèches, jachères; peu commune dans toute la zone.

1

2

3

4

Distichoselinum

Herbacées vivaces, dressées, à feuilles 4-5 fois divisées-pennées. Fleurs à pétales jaunes. Fruits ailés.

D. tenuifolium

Distichoselinum tenuifolium (Syn. *Elaeoselinum tenuifolium*). Vivace de taille moyenne et glabre, *à allure de fenouil*, jusqu'à 1,3 m de haut, à feuilles distiques (dont les divisions sont disposées sur 2 rangs opposés) jusqu'à 50 cm de long, 4-5 fois divisées-pennées, les lobes terminaux courts, de 1-3 mm seulement, à odeur légèrement aromatique au froissement. Fleurs jaunes en ombelles comme celles du fenouil, à 15-30 rayons ; 4-12 bractées semblables, de 25 mm de long au plus. Fruits ailés de 8-18 mm. Maquis. Localement abondante dans le sud de la péninsule Ibérique. ES, PT.

Margotia

Plantes herbacées *très odorantes*, à rosette basale plutôt aplatie de feuilles divisées-pennées. Fleurs blanches. Fruits ailés.

Margotia gummifera. Plante herbacée vivace atteignant 1,8 m, à rosette basale aplatie de feuilles à pétiole violacé. Feuilles *vert sombre luisant ou violacées, très odorantes* au froissement, planes, 3-4 fois divisées-pennées, à segments terminaux de 1-4 mm, linéaires à linéaires-lancéolés. Inflorescence en ombelle à 20-35 rayons et 3-8 bractées linéaires à linéaires-lancéolées retombantes ; fleurs à 5 pétales incurvés. Fruits de 7-15 mm, ailés et membraneux. Falaises côtières, dunes et garrigues dans le Sud-Ouest. ES, MA, PT.

Cachrys

Plantes vivaces buissonnantes à feuilles 2-4 fois divisées-pennées en lobes linéaires. Fleurs à pétales jaunes. Fruits à côtes et ailes ondulées. Groupe difficile sur lequel les différentes flores régionales sont en désaccord ; des recherches supplémentaires sont nécessaires pour élucider ce genre.

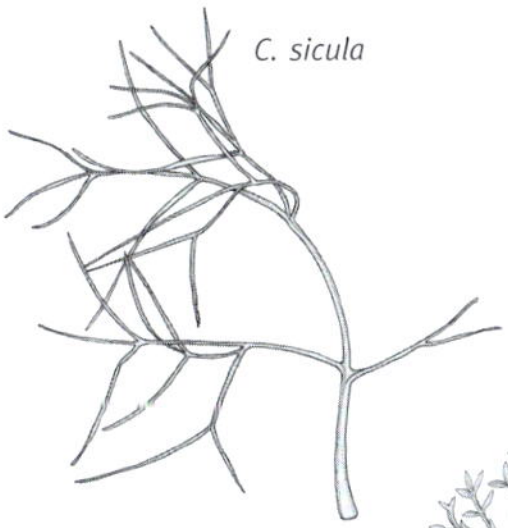
C. sicula

C. libanotis

Cachrys sicula. Plante vivace buissonnante, vert glauque, atteignant 1,5 m, à tige pleine et sillonnée. Feuilles comme celles du fenouil, 4-6 fois divisées-pennées et ovales, *à lobes longs* et linéaires, un peu flasques, *de 15-50 mm, lisses ou légèrement rudes au bord*. Fleurs jaunes, en ombelles de 30 rayons au maximum ; sépales présents. Bractées de l'ombelle terminale généralement 1-2 fois pennatilobées. Fruits de 12-17 mm, *ovoïdes, à côtes saillantes ornées de protubérances*. Champs secs, fourrés. Dans toute la zone. **Cachrys libanotis** est très semblable à (et souvent confondue avec) *C. sicula*, mais feuilles à marges rudes ou finement dentées et petits *fruits lisses* de 6-11 mm (bractées des ombelles en principe entières, mais ce caractère ne se vérifie pas dans toutes les régions). Champs secs, garrigues, falaises maritimes. Dans toute la zone.

1. *Foeniculum vulgare*
2. *Distichoselinum tenuifolium* (encart : fruits)
3. *Margotia gummifera*
4. *Cachrys sicula* (encart : fruits)

Prangos

Plantes aromatiques, buissonnantes-arrondies, à feuilles divisées-pennées en lobes filiformes. Fleurs à pétales jaunes. Gros fruits spongieux.

Prangos trifida. Plante vivace herbacée glabre, très ramifiée-buissonnante, vert jaunâtre pâle et rappelant le fenouil, atteignant 1,2 m. Feuilles à contour grossièrement triangulaire, *4-7 fois divisées-pennées en lobes linéaires allongés* de 10-20 mm de long, donnant à la plante un aspect « plumeux » ; odorantes au froissement. Inflorescences robustes en ombelles de 10-20 rayons à fleurs jaune vif. *Gros fruits sans ailes, de 11-20 mm de long, ovoïdes, violacés et spongieux à maturité.* Maquis et pâturages rocailleux. ES, FR, IT, PT. Espèce mal cernée, dont les données de répartition sont contradictoires ; les spécimens d'herbiers de *Cachrys trifida* (un synonyme de *P. trifida*) en provenance de l'Algarve semblent différents, mais se rapportent plus probablement à *C. sicula*. *Prangos ferulacea*, semblable, est une plante robuste atteignant 1,8 m. Ombelles à 20-30 rayons, avec des bractées linéaires-lancéolées et des bractéoles linéaires. Fruits de 10-25 mm, légèrement comprimés latéralement, à fortes ailes ondulées, entières ou dentées. IT (dont Sicile).

Conium

Grandes plantes bisannuelles dressées et glabres à feuilles composées. Fleurs à pétales blancs. Fruits largement ovoïdes, à 5 côtes saillantes.

Conium maculatum CIGUË TACHETÉE. Grande bisannuelle dressée, presque glabre, *à tige tachée de pourpre*, jusqu'à 2 m de haut ; à odeur vireuse, toxique. Grandes feuilles inférieures, atteignant 50 cm de long, à contour triangulaire, 2-4 fois divisées-pennées en segments fins. Ombelles terminales et axillaires, de 50 mm de large au plus, à 8-10 rayons avec des bractées et des bractéoles peu nombreuses, petites et réfléchies ; fleurs blanches. Fruits de 2-3,9 mm, presque sphériques, à côtes ondulées. Locale dans les lieux herbeux frais et les terrains vagues ; probablement dans toute la zone. ES, FR, IT, MA, PT, TN.

Bupleurum

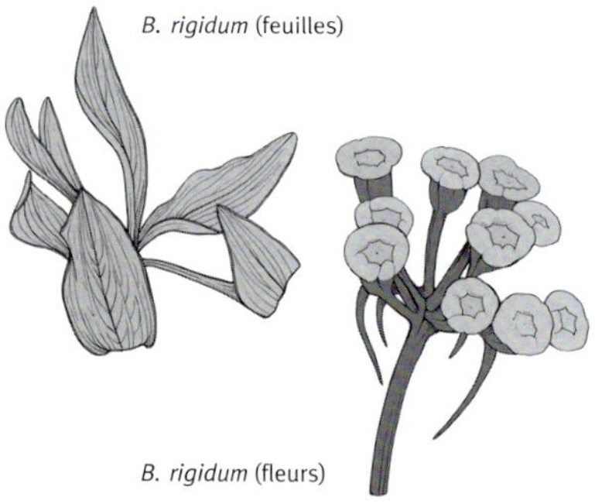

B. rigidum (feuilles)

B. rigidum (fleurs)

Plantes annuelles ou vivaces *à feuilles simples*. Fleurs vert pâle ou jaunes, en petites ombelles entourées de bractées pétaloïdes. Sépales absents, pétales non échancrés. Fruits à côtes saillantes.

Bupleurum rigidum. Plante vivace à base ligneuse atteignant 1,5 m, *à grandes feuilles coriaces, en larges lanières* de 10-45 cm de long, pétiolées et embrassant la tige, à 3-11(13) nervures, à marges épaissies. Ombelles à 2-5(6) rayons, avec des bractées courtes et étroites ; pétales jaunes. Fruits de 3-6(7) mm de long, à côtes saillantes. Lieux rocailleux secs, falaises maritimes ; commune. ES, FR, IT, MA, PT.

Bupleurum rotundifolium BUPLÈVRE À FEUILLES RONDES. Plante annuelle dressée vert grisâtre, jusqu'à 50(85) cm de haut, à tiges creuses. Feuilles elliptiques à *arrondies*, les inférieures atteignant 10 cm, atténuées en pétiole, les supérieures de 10-60 mm, *embrassant entièrement la tige par leur base.* Fleurs en ombelles de 30 mm de large au plus, à rayons peu nombreux (3-8), sans bractées mais avec des bractéoles largement ovales et soudées (évoquant une euphorbe) ; pétales jaunes. Fruits de 2,5-4 mm, côtelés, lisses entre les côtes. Cultures, lieux herbeux. ES, FR, IT, MA, PT.

1. *Cachrys libanotis* (encart : fruits)
2. *Prangos trifida*
3. *Bupleurum rigidum*
4. *Bupleurum rigidum*
5. *Bupleurum spinosum*

Bupleurum baldense BUPLÈVRE DU MONT BALDO. *Petite* plante annuelle grêle ne dépassant pas 10(30) cm de haut, souvent ramifiée. Feuilles linéaires ou en spatule, souvent courbées, jusqu'à 50 mm de long, terminées en pointe aiguë. Ombelles de 10 mm de large au plus, à fleurs peu nombreuses, avec *des bractées dépassant les rayons les plus longs* (cachant l'inflorescence) ; bractéoles à sommet en pointe fine. Fruits lisses, de 1-3,5 mm. Lieux secs, souvent sur le littoral. Sud-ouest de l'Europe. ES (dont îles Baléares), PT.

Bupleurum tenuissimum BUPLÈVRE MENU. Plante annuelle grêle, étalée à dressée, atteignant 50 cm, à tiges flexueuses. Feuilles de 13-80 mm, linéaires-lancéolées à spatulées, aiguës. *Ombelles minuscules, de moins de 5 mm de large*, à rayons peu nombreux (2-5), axillaires et très courtement pédonculées. Fruits de 1,5-3 mm. Lieux herbeux saumâtres. ES, FR, IT, MA, PT. ***Bupleurum gerardii*** est semblable, mais à feuilles plus courbées en faux et ombelles à 3-10 rayons. ES, FR, IT, PT.

F. tingitana (feuille)

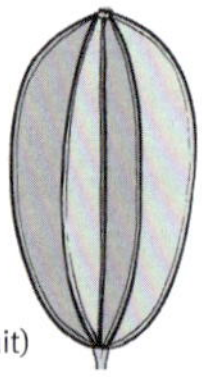

F. tingitana (fruit)

B. Feuilles à lobes courts et tronqués, raides, de 5-10(14) mm de long

Ferula tingitana est semblable à *F. communis* (et présente peut-être une variabilité continue avec cette espèce : la distinction entre les deux n'est donc pas aisée), mais possède généralement des *lobes foliaires plus courts, étroitement en coin (pas filiformes), ne dépassant pas 5-10(14) mm de long* et 1,3-6 mm de large, à marges recourbées ou non vers le bas. Ombelles à 8-16(22) rayons. Fruits de 10-16 mm. Localisée, mais sous-observée en raison de confusions. ES, PT. ***Ferula loscosii*** est plus petite que l'espèce précédente, à feuilles *à segments minuscules, de 0,5-2 mm de long seulement*. Ombelles à 7-14 rayons. Fruits de 8-11 mm. Lieux arides. ES (sud).

Opopanax

Robustes plantes vivaces à feuilles 2 fois divisées-pennées et fleurs jaunes. Fruits ovales, glabres et côtelés, parfois courtement ailés.

Opopanax chironium. Grande plante vivace atteignant 1,5(2) m, à port ressemblant superficiellement à celui de *Ferula*, mais à inflorescence plus courte, plus large et moins dense. Feuilles longuement pétiolées (18 cm), divisées-pennées *à grands lobes ovales* de 12 × 10 cm, à poils raides, se flétrissant durant ou peu après la floraison. Fleurs jaunes, en ombelles arrondies de 7-10(20) rayons. Fruits de 8(10) mm, à étroite bordure blanche épaisse. Rare et locale, mais fréquente dans le sud-est de l'Italie. ES, FR, IT. *Opopanax hispidus* est semblable, mais plus grande, atteignant 3 m, avec des ombelles à rayons moins nombreux (6-13) et des fruits à bordure blanche, large mais fine. Surtout dans l'Est. DZ, IT, TN.

Ferulago

Plantes herbacées vivaces buissonnantes à tiges glabres, rameuses en haut ; feuilles 2-4 fois divisées-pennées. Fleurs jaunes, en ombelles sur des rameaux alternes. Fruits à côtes dorsales peu saillantes, les latérales élargies en ailes.

Ferulago capillaris. Plante vivace buissonnante vert clair atteignant 1,6 m, à tiges faiblement sillonnées. Feuilles triangulaires, 2-4 fois divisées-pennées *en lobes filiformes, linéaires, courts et distants, de 5-30 mm. Bractées et bractéoles bien développées et visibles*. Fleurs à pétales jaunes, l'ombelle primaire *à nombreux rayons* (20-45). Fruits de 10-19 mm, étroitement ovales, à ailes latérales développées. Centre austral de la péninsule Ibérique. ES, PT. *Ferulago ternatifolia* est semblable, mais ombelles *à rayons moins nombreux* (5-18). ES. *Ferulago brachyloba* possède *des tiges zigzagantes* et des ombelles avec très peu de rayons, 5-9(11). ES. ***Ferulago nodosa*** se caractérise par les nœuds de sa tige fortement renflés. Espèce est-méditerranéenne avant tout. IT (Sicile).

Elaeoselinum

E. foetidum

Plantes vivaces dressées à feuilles 3-4 fois divisées-pennées. Fleurs à pétales jaunes. Fruits glabres, à ailes saillantes.

Elaeoselinum foetidum. Plante vivace vert vif, plus ou moins glabre et rappelant le fenouil, jusqu'à 2 m de haut, à feuilles 3-4 fois divisées-pennées, *à lobes terminaux triangulaires jusqu'à 10 mm de long*. Fleurs à pétales jaune vif, en ombelles de 9-21(30) rayons, 0-1 bractée ; nombreuses bractéoles. Fruits de 8-15 mm *à ailes latérales atteignant 3 mm de large et dépassant son sommet*. Pentes sèches et ensoleillées, garrigues. ES, MA, PT. ***Elaeoselinum asclepium*** est semblable, mais feuilles *à segments terminaux filiformes*, courts et *linéaires*, de 1,5-4,5 mm de long, disposés en spirale. Fruits de 6-12 mm, ailés. ES (dont îles Baléares), IT (dont Sicile), MA.

---

1. *Ferula communis* (encart supérieur : fruits ; inférieur : feuilles)
2. *Ferula tingitana* (encart supérieur : feuilles ; inférieur : fleurs)
3. *Ferulago nodosa* (encart : nœud de la tige)
4. *Opopanax chironium* (fruits)
5. *Opopanax chironium*
6. *Elaeoselinum asclepium* (fruits)
7. *Elaeoselinum asclepium*

Thapsia THAPSIE

Robustes plantes vivaces à rosette basale de feuilles divisées-pennées. Fleurs jaunes, en ombelles arrondies ou planes. Fruits largement ailés. Leur grande variabilité a généré une certaine confusion taxonomique ; il n'est pas toujours possible de déterminer avec certitude une espèce sur le terrain.

A. Feuilles à *longs segments linéaires, non dentés*

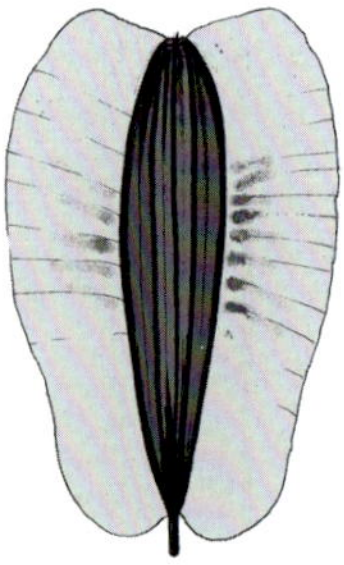
T. garganica (fruit)

T. transtagana

Thapsia garganica. Plante herbacée vivace atteignant 1,4 m, avec une rosette buissonnante de feuilles vertes, de contour triangulaire, 2 fois divisées-pennées en lobes linéaires à étroitement triangulaires, allongés et aigus, de 50-80 mm de long, un peu flasques ; glabres en dessous. Fleurs jaunes, en ombelles arrondies de 10-20(24) rayons, sur de grands pédoncules solitaires et dressés. *Gros fruits de 17-22 mm de large*, bordés d'ailes de 4-5(6) mm. DZ, ES (dont îles Baléares), IT (dont Sardaigne et Sicile), MA, TN. *Thapsia transtagana*, très semblable et souvent traitée comme une forme occidentale de *T. garganica*, diffère surtout par le dessous velu de ses feuilles et *ses fruits encore plus gros, de 23-29 mm* ; ailes de 3,5-7 mm de large. ES, MA, PT. *Thapsia gymnesica* ressemble beaucoup à l'espèce précédente, mais lobes terminaux des feuilles plus courts, un peu tronqués, de 4-11 mm de long seulement ; *fruits plus petits, de 9-12 mm au plus* ; ailes de 1,5-2,5 mm. ES (îles Baléares).

T. nitida

B. Feuilles à segments étroitement oblongs et *dentés*, 1 fois divisées-pennées

Thapsia nitida (Syn. *T. maxima*) THAPSIE BRILLANTE. Plante herbacée vivace atteignant 1,2 m avec une rosette de *grandes feuilles triangulaires 1 fois divisées-pennées en lobes dentés*, vert sombre plutôt luisant, violacées à la base. Fleurs jaunes, en ombelles arrondies de 10-20(24) rayons sur des grands pédoncules solitaires dressés, *très robustes*. Fruits de 9-13 mm, bordés d'ailes de 2-3 mm. Sud-Ouest, où elle est commune dans une large gamme d'habitats (et varie de forme en fonction du milieu). ES, MA, PT.

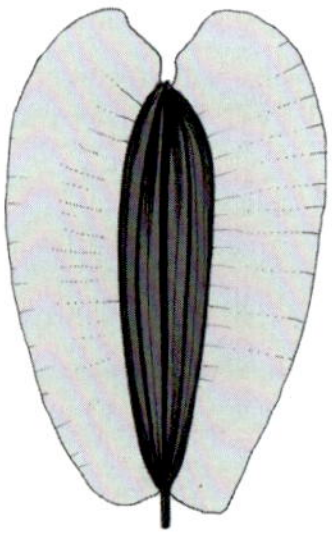
T. villosa (fruit)

T. villosa

C. Feuilles à segments étroitement oblongs et *dentés*, 2-3 fois divisées-pennées

Thapsia villosa (Syn. *T. maxima*) THAPSIE VELUE. Robuste plante vivace variable, vert sombre, jusqu'à 1,9 m de haut. Feuilles velues, planes, triangulaires, de 12-40 cm de long, *2-3 fois divisées-pennées*, à base engainante blanchâtre, parfois lavée de rouge ; lobes dentés, à poils raides le long du milieu. Ombelles jaunes, sur des pédoncules dressés, à 9-29 rayons, bractées très peu nombreuses. Fruits de 9-15 mm, elliptiques, à ailes latérales de 2-4(5) mm de large, profondément échancrées aux deux extrémités.

1. *Thapsia garganica* en fruit
2. *Thapsia nitida* (feuilles)
3. *Thapsia villosa* (feuilles)
4. *Thapsia nitida*
5. *Thapsia villosa*

Var. *villosa* possède des segments foliaires terminaux de 8-30 mm de long. Habitats variés, souvent avec *T. nitida*. **Var. *dissecta*** possède des segments foliaires terminaux de 3 mm de long seulement. Commune et répandue dans l'Ouest. ES, FR, MA, PT. ***Thapsia minor*** (Syn. ***T. villosa* subsp. *minor***) est traitée par certains auteurs comme une espèce distincte, mais ne diffère que par *ses pédoncules plus minces et portant des ombelles planes à 4-10(12) rayons*. Péninsule Ibérique uniquement. ES, PT.

1

2

3

4

5

Torilis TORILIS

Plantes annuelles à poils raides et appliqués, à tiges pleines et feuilles divisées-pennées. Fleurs blanches ou violacées. Fruits avec des tubercules saillants.

Torilis nodosa TORILIS NOUEUX. *Plante annuelle petite à médiocre, couchée, velue-hérissée*, ne dépassant pas 50 cm. Feuilles 1-2 fois divisées-pennées, à segments profondément dentés. Fleurs à pétales blanc rosé, en ombelles sessiles ou courtement pédonculées opposées aux feuilles, à 2-3 rayons très courts (< 5 mm). Fruits ovoïdes, de 2,5-3,5 mm de long, *ornés de tubercules et d'aiguillons droits*. Lieux herbeux ouverts, terrains vagues ; probablement commune dans toute la zone.

Pseudorlaya

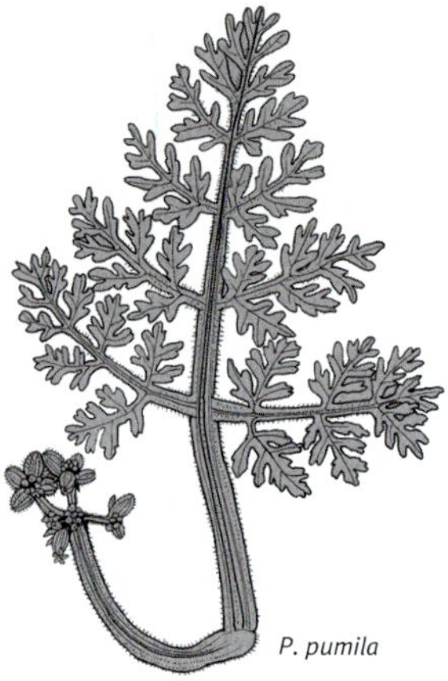

P. pumila

Petites plantes annuelles densément velues-hérissées des milieux littoraux. Fleurs blanches ou rosées. Fruits hérissés d'aiguillons.

Pseudorlaya pumila FAUSSE GIROUILLE DES SABLES. Plante annuelle de *très petite taille, densément velue*, un peu charnue, de 5-20 cm de haut, ramifiée dès la base. Feuilles 2-3 fois divisées-pennées en segments ovales de 2-5 mm. Ombelles blanches à pourpre pâle, à 2-5(7) rayons inégaux de 8-12 fleurs ; pétales plus ou moins égaux, ceux situés en périphérie parfois un peu plus grands ; 2-5 bractées linéaires. Fruits elliptiques, de 7,5-12 mm de long, côtelé et à aiguillons crochus. Commune sur le littoral, notamment sur les dunes. Dans toute la zone. ***Pseudorlaya minuscula*** est semblable, mais encore plus petite et avec des *fruits de 4,5-7,5 mm de long à maturité*. Dunes littorales. ES, MA, PT.

Orlaya

Plantes annuelles à feuilles 2-3 fois divisées-pennées. Fleurs à pétales blancs ou roses, profondément échancrés, souvent très inégaux. Fruits ovales ou oblongs, à 5 *côtes filiformes* et 4 côtes secondaires, *couverts d'aiguillons*.

Orlaya grandiflora CAUCALIS À GRANDES FLEURS. Annuelle rameuse ou simple, de 10-50 cm de haut, souvent velue à la base. Feuilles 2-3 fois divisées-pennées en segments ovales et dentés. Fleurs blanches ou roses, à pétales extérieurs jusqu'à 8 fois plus longs que les intérieurs ; ombelles longuement pédonculées, à 5-12 rayons. Fruits de 6-8 mm, ovoïdes, hérissés d'aiguillons crochus. Espèce commune et caractéristique des pelouses méditerranéennes ; absente de l'Extrême-Ouest et des îles. DZ, ES, FR, IT. *Orlaya daucoides* (Syn. *O. kochii*) est semblable, mais ombelles à 2-4(5) rayons seulement. Dans toute la zone.

Daucus CAROTTE

Annuelles ou bisannuelles à feuilles 2-3 fois divisées-pennées. Ombelles blanches, à bractées pennatilobées ; pétales inégaux, ceux des fleurs extérieures plus grands. Fruits elliptiques, armés d'aiguillons.

Daucus carota CAROTTE SAUVAGE. Plante annuelle ou bisannuelle très variable, basse ou élevée, velue ou glabre, atteignant 2,2 m, à tiges pleines, souvent côtelées. Feuilles finement découpées en segments linéaires-lancéolés. Ombelles à fleurs blanches, à nombreux rayons (9-130), souvent avec une fleur solitaire pourpre au centre, ou toutes purpurines ; bractées pennatilobées. Fruits oblongs, de 1,5-4 mm, à aiguillons courts, ceux-ci non nettement soudés à leur base ; rayons de l'ombelle fortement arqués-convergents à maturité. Commune dans les lieux herbeux. Dans toute la zone. Subsp. *carota* atteint 1,1 m, à feuilles basales 1-4 fois divisées presque jusqu'à la base (pennatiséquées) ;

ombelles jusqu'à 11 cm de large à la floraison. Fruits de 1,8-3,2 mm. Dans toute la zone. **Subsp.** ***maximus*** atteint 2 m, à feuilles basales 1-3 fois pennatiséquées et grandes ombelles de 12-23 cm de large. Fruits de 1,5-2,5 mm. Dans toute la zone. **Subsp.** ***halophilus*** (Syn. *D. halophilus*), distincte et méritant peut-être le rang d'espèce, est une plante *basse* de 25 cm au plus, *robuste et charnue*. Ombelles de 4-12 cm de large, à 30-120 rayons allongés ; bractées plus courtes que les rayons, à 5-7 lobes lancéolés ; bractéoles trilobées au sommet ; fleurs blanches, celles du centre de l'ombelle rosées, à grands pétales inégaux à la périphérie. Petits fruits de 2-3,5 mm, à aiguillons jaunâtres soudés à la base et formant une crête. Rochers littoraux, falaises maritimes. Sud-ouest de la péninsule Ibérique. PT.

Daucus muricatus ressemble un peu à *D. carota*, à tiges hispides à la base et ombelles à rayons nettement inégaux ; pétales extérieurs de 4-7 mm ; fruits de 5-8(10) mm, avec des rangées de longs aiguillons blanc argenté soudés à la base. Dans toute la zone.

1. *Pseudorlaya minuscula*
2. *Daucus carota*
3. *Daucus carota* (fruit)
4. *Daucus carota* subsp. *halophilus*
5. *Orlaya grandiflora*

1

2

3

4

5

ARALIACEAE | ARALIACÉES

Plantes ligneuses grimpantes, arbres et arbustes à feuilles alternes, simples, souvent lobées. Petites fleurs, souvent groupées en ombelles, à 5 divisions; 1(5) style(s). Fruits sous forme de drupes ou de baies à 2-5 graines.

Hedera LIERRE

Lianes ligneuses grimpant à l'aide de racines-crampons. Fleurs en ombelles terminales. Fruits sous forme de drupes. Espèces virtuellement identiques, difficiles à distinguer sur le terrain.

Hedera helix LIERRE. Vigoureuse plante sempervirente grimpante ou rampante à tiges flexueuses munies de racines-crampons. Feuilles luisantes et glabres, vert sombre, palmatilobées (jusqu'à plus de la moitié de la base), de 13 cm de large; celles des pousses florifères ovales, non lobées. Fleurs jaune verdâtre pâle, en ombelles terminales sphériques et denses. Drupes globuleuses, noires à maturité, de 7-8,3 mm de diamètre. Boisements en altitude. Répandue, absente des zones arides et de l'Extrême-Sud. ES, FR, IT. *Hedera hibernica* (autrefois traitée comme sous-espèce de *H. helix*) diffère subtilement par les poils de ses jeunes feuilles brun jaune pâle (non blanchâtres), appliqués dans un seul plan (non dressés); feuilles lobées jusqu'à moins de la moitié de la base; sève plus douce, à odeur résineuse. Espèce avant tout atlantique, rare et locale en Europe méditerranéenne. ES. *Hedera maderensis* possède des jeunes feuilles *à poils rougeâtres à nombreuses branches (jusqu'à 24 au lieu de 13)*. Extrême-Sud-Ouest uniquement. ES, PT.

PITTOSPORACEAE

Arbres, arbustes et lianes à feuilles simples et alternes. Fleurs à 5 sépales, pétales et étamines ; 1 style. Fruits sous forme de capsules à 2-4 loges.

Pittosporum

Arbres et arbustes à feuilles simples (rarement lobées). Fleurs à 5 sépales et pétales ; 1 style. Fruits sous forme de capsules ligneuses à nombreuses graines.

Pittosporum tobira. Arbuste sempervirent dense, vert sombre, de 2-6 m de haut. Feuilles de 3,5-10 cm, alternes, ovales, vert profond, coriaces, à marges enroulées. Fleurs crème, à 5 pétales de 10-13 mm, odorantes, en corymbes denses. Fruits de 15-20 mm, s'ouvrant par 3 valves. Largement cultivé dans les villes et au bord des routes. Dans toute la zone. *Pittosporum undulatum* possède de larges feuilles vert moyen, de 5-15 cm de long, rétrécies à la base, *à marges ondulées (non enroulées)*. Fruits de 10-14 mm, s'ouvrant par 2 valves. Planté occasionnellement dans toute la zone.

ADOXACEAE

Petite famille de plantes vivaces à feuilles opposées et dentées. Inflorescences en cymes ; 4-5 étamines ; 0 ou 1 style. Fruits sous forme de drupes à 1 à nombreuses graines (rarement à l'aspect d'akène). Cette famille inclut désormais des espèces classées autrefois parmi les *Sambucaceae* ou les *Caprifoliaceae*.

Viburnum

Arbustes caducifoliés ou sempervirents à feuilles simples. Nombreuses fleurs en corymbes terminaux ; 5 étamines ; aucun style. Fruits sous forme de drupes monospermes charnues.

Viburnum tinus. Arbuste sempervirent atteignant 7 m, à rameaux plus ou moins glabres ; feuilles vert sombre, ovales, courtement pétiolées, à poils épars en dessous. Fleurs blanches, rosées en bouton, en corymbes atteignant 9 cm de diamètre. Fruits sous forme de drupes de 7 mm au plus, *noir bleuté à maturité*. Commun localement dans les bois et les fourrés à basse et moyenne altitude. Dans toute la zone.

Sambucus SUREAU

Arbustes caducifoliés ou plantes vivaces à feuilles divisées-pennées. Fleurs en corymbes ; 5 étamines. Fruits charnus, à 3-5 graines.

Sambucus ebulus SUREAU HIÈBLE. Plante herbacée vivace robuste et vigoureuse atteignant 1,5(2) m, à tiges dressées, sillonnées ; odeur désagréable. Feuilles divisées-pennées en 7-13 folioles étroites, avec de grandes stipules ovales à la base. Fleurs en corymbes à 3 rayons principaux ; blanc rosé, à étamines pourpres. Fruits sous forme de baies noires. Rives des cours d'eau, bord des champs à l'intérieur des terres ; fréquente dans le sud de la France, disséminée ailleurs. ES, FR, IT.

1. *Hedera helix*
2. *Pittosporum tobira*
3. *Viburnum tinus*
4. *Sambucus ebulus*

Legousia

Plantes herbacées annuelles. Fleurs en panicules ou en grappes ; calice à 5 lobes ; corolle plane, à 5 lobes soudés à la base ; 5 étamines ; 1 style, 3 stigmates. Fruits sous forme de capsules cylindriques à 3 valves.

Legousia speculum-veneris MIROIR-DE-VÉNUS. Plante annuelle velue, ascendante à dressée, de 10-25 cm de haut, *très ramifiée dès la base*. Feuilles jusqu'à 20 mm de long, alternes, oblongues et un peu ondulées, sessiles ou celles du bas à peine pétiolées. Fleurs violettes à cœur blanchâtre, de 15-23 mm de large, à 5 lobes obtus de 8-9 mm, étalés en étoile, en panicules lâches ; dents du calice de 6-8 mm (presque aussi longues que les lobes des pétales) ; *filets glabres*. Capsule de 10-14 mm. Moissons, lieux rocailleux. Dans toute la zone.

Legousia hybrida PETITE SPÉCULAIRE. Plante annuelle ne dépassant pas 30 cm, ressemblant à l'espèce précédente, mais *à feuilles nettement ondulées*, jusqu'à 30 mm de long ; fleurs peu nombreuses, roses, violettes ou blanches, en corymbes terminaux, à lobes des pétales de 2,5 mm au plus, environ 2 fois plus courts que les lobes du calice (5-6 mm) ; *calice à dents dressées à la fructification*. Capsule de 15-25 mm, étranglée au sommet. Mêmes milieux. Dans toute la zone.

1

2

3

4

5

Legousia falcata SPÉCULAIRE EN FAUX. Plante annuelle dressée à étalée, de 15-50 cm de haut, à tiges glabres ou avec des poils raides. Feuilles de 20-40 mm, ovales, à marges légèrement ondulées, les inférieures en général courtement pétiolées. Fleurs violettes à bleu violacé, solitaires ou par 2, à lobes de 7 mm, disposées *en faux épi*; dents du calice linéaires et courbées, de 4-8 mm (de même taille ou 2 fois plus courtes que la longueur du tube), étalées, dépassant souvent les pétales. Capsule de 10-22 mm, rétrécie au sommet. Maquis, pâturages rocailleux. Dans toute la zone. *Legousia scabra*, semblable, est une annuelle atteignant 90 cm, à feuilles ovales à elliptiques; dents du calice droites, de 8-10 mm (représentant la moitié à un tiers de la longueur du tube); lobes de la corolle de 6-7(12) mm (presque égaux). Capsule de 10-22 mm. ES, FR (sud et Corse), MA, PT.

Trachelium TRACHÉLIE

Plantes vivaces à feuilles alternes. Fleurs en corymbes denses; corolle à tube mince et 5 lobes étalés; 2-3 stigmates. Fruits sous forme de capsules s'ouvrant par 2-3 pores basaux.

Trachelium caeruleum TRACHÉLIE BLEUE. Grande plante vivace subglabre de 30-70 cm de haut, ligneuse inférieurement, à feuilles ovales à lancéolées, dentées, de 4-10 cm, à marges souvent velues. Fleurs pourpre-violet (ou blanches), de 6-9 mm, en corymbes; corolle à 5 lobes étalés de 2 mm de long au maximum, plus courts que le tube (5-7 mm). Capsule de 2 mm, piriforme. Lieux rocheux ombragés et humides. ES (dont îles Baléares), IT (dont Sicile), PT.

Wahlenbergia

Plantes herbacées annuelles ou vivaces, à feuilles simples et alternes. Fleurs en cymes ou en panicules lâches; corolle régulière; 3-5 étamines; 1 style. Capsule s'ouvrant par 3 valves apicales.

Wahlenbergia lobelioides. Annuelle dressée, très rameuse, de 20-30 cm de haut. Feuilles de 20-70 mm, oblongues, dentées ou non, atténuées à la base en pétiole ailé. Fleurs solitaires, bleu pâle, roses ou blanches, en entonnoir, de 4-5 mm de long, avec 4(5) lobes de 2-2,5 mm, en panicules étalées; 4(5) étamines. Capsule de 5-12 mm, dressée, à 3-5 pores apicaux. Divers milieux secs, sableux ou rocheux; locale. Subsp. *nutabunda* est la forme rencontrée dans la zone. DZ, ES, IT (dont Sardaigne et Sicile), MA, TN.

MENYANTHACEAE | MENYANTHACÉES

Plantes herbacées aquatiques ou des lieux marécageux, à tiges rampantes et feuilles inférieures alternes, les supérieures flottantes ou aériennes. Fleurs *à 5 pétales frangés*; 5 étamines; 1 style. Fruits sous forme de capsules.

Nymphoides

Feuilles simples et arrondies, flottant à la surface de l'eau. Fleurs jaunes à pétales frangés, longuement pédicellées. Fruits sous forme de capsules à déhiscence irrégulière.

Nymphoides peltata LIMNANTHÈME FAUX-NÉNUPHAR. Plante aquatique vivace, à tiges rampantes, atteignant 1,5 m et à feuilles flottantes; port ressemblant à un nénuphar, mais avec une floraison très différente; feuilles orbiculaires ou réniformes, de 30-90 mm de large. Fleurs solitaires ou peu nombreuses, jaune vif, de 30-40 mm de diamètre, à 5 *lobes nettement frangés*. Locale dans la zone et uniquement dans les eaux calmes ou dormantes. DZ, ES, FR, IT, MA.

1. *Nymphoides peltata*
2. *Bellis annua*
3. *Bellis sylvestris*
4. *Bellis prostrata* PHOTOGRAPHIE : SERGE D. MULLER
5. *Bellis perennis*

ASTERACEAE ASTERACÉES

Sans doute la plus grande famille de végétaux à fleurs (voir aussi les Orchidacées). Plantes herbacées annuelles ou vivaces, parfois ligneuses, à feuilles alternes, opposées ou en rosette, simples ou composées. Tête florale typiquement avec un involucre de bractées étroitement imbriquées à sa base ; fleurs individuelles (fleurons) groupées en tête compacte (le capitule) ; celles du centre (fleurons du disque) souvent différentes de celles du bord (fleurons périphériques) ; 5 étamines, soudées autour du style ; ovaire infère. Fruits sous forme d'akènes, souvent (mais pas toujours) avec un appendice de soies, de poils ou d'écailles (le pappus).

Structure d'une tête florale (capitule) d'Astéracée

Bellis PÂQUERETTE

Plantes annuelles ou vivaces à rosette de feuilles basales simples. Capitules solitaires sur de longs pédoncules ; fleurons périphériques ligulés, blancs à roses ; ceux du disque jaunes. Pappus absent.

A. Tiges rameuses et feuillées inférieurement

Bellis annua PÂQUERETTE ANNUELLE. Petite plante *annuelle* habituellement *à poils souples*, ne dépassant pas 10 cm, à tiges courtes, dressées et *feuillées* (au moins en bas). Feuilles spatulées, dentées ou non, les inférieures pétiolées, *ne formant pas de rosette nette*. Capitules blancs à disque jaune, de 15 mm de large au plus, les fleurons ligulés périphériques parfois teintés de pourpre. Lieux herbeux humides, également milieux secs et ouverts ; commune dans toute la zone.

Bellis prostrata. Petite annuelle *glabre* ressemblant à *B. annua*, mais *à tiges couchées d'où naissent de nombreux gros capitules longuement pédonculés*. Très rare et restreinte à quelques zones humides du nord-ouest de l'Algérie, à certains reliefs côtiers du nord de la Tunisie et à une unique population isolée au Maroc. DZ, MA, TN.

B. Tiges simples, non feuillées

Bellis perennis PÂQUERETTE VIVACE. Plante vivace ne dépassant pas 12(20) cm, à rosette basale dense de feuilles dentées *abruptement* rétrécies en pétiole à leur base. Capitules de 12-25 mm de large, sur *des tiges non ramifiées et sans feuilles*. Pelouses, bord des routes et divers lieux herbeux ; commune dans toute la zone. ***Bellis sylvestris*** PÂQUERETTE D'AUTOMNE ressemble à *B. perennis*, mais ses feuilles ont *3 nervures* et sont *progressivement* rétrécies en pétiole à leur base. Grands capitules jusqu'à 40 mm de large, portés par de longs pédoncules raides atteignant 30 cm ; fleurons ligulés périphériques blancs, parfois lavés de pourpre sur les 2 faces. Akènes comprimés, hérissés. Bois, fourrés, bords des routes ombragés. Dans toute la zone.

Filago COTONNIÈRE

Plantes annuelles tomenteuses ou laineuses, à feuilles alternes, non dentées. Capitules discrets, souvent nombreux (8-40), en glomérules. Pappus à poils simples ou absents.

A. Plante dressée, à capitules par (15)20-40 en glomérules *non dépassés par leurs feuilles*

F. vulgaris

Filago vulgaris COTONNIÈRE COMMUNE. Plante annuelle dressée, laineuse-blanchâtre, atteignant 30(40) cm, rameuse ou non inférieurement, toujours avec 2-3 ramifications au sommet. Feuilles dressées, lancéolées, jusqu'à 20 mm de long, à marges ondulées, non dentées, plus larges dans leur moitié inférieure. Capitules par (15)20-40 en glomérules *arrondis* et denses, de 10-20 mm de large, axillaires et terminaux, *non dépassés* par les feuilles situées juste en dessous d'eux ; bractées florales internes terminées en pointe translucide. Commune sur sols sableux remués. Dans toute la zone.

B. Plante dressée, à capitules par (5)10-20(25) en glomérules *dépassés par leurs feuilles*

Filago pyramidata COTONNIÈRE À FEUILLES SPATULÉES. Plante annuelle laineuse-blanchâtre, toujours rameuse-étalée *dès la base*, souvent presque couchée. Feuilles ovales terminées par une soie. Capitules par (5)10-20(25) en glomérules denses, de 10-20 mm de large, axillaires et terminaux, *dépassés* par 2-4(5) feuilles situées juste en dessous d'eux ; bractées florales externes terminées *en pointe jaune*, se recourbant vers l'intérieur en fruit. Jachères ouvertes, friches sableuses, sommets de falaises sablonneux ; commune dans toute la zone.

F. pyramidata

1. *Filago vulgaris*
2. *Filago pyramidata*

Filago lutescens COTONNIÈRE JAUNÂTRE. Plante annuelle dressée, souvent laineuse-jaunâtre, à tiges irrégulièrement ramifiées, *couvertes de poils jaunes (non blancs)* ; feuilles plus larges, non ondulées, terminées par une soie. Capitules par (5)10-20(25) en glomérules dépassés par (0)1-2 feuille(s) ; *bractées florales jaunâtres*, terminées en forte pointe dressée, *brun-rouge ou violacée*. Milieux sableux ; locale, absente de la plupart des îles. ES, FR, IT, PT.

C. Plante dressée, à capitules par 3-8 en glomérules dépassés par leurs feuilles

Filago fuscescens. Plante annuelle dressée semblable à *F. lutescens*, mais capitules par 3-8 dans les glomérules, *à bractées florales brun rougeâtre*. ES, MA.

1

2

3

4

D. Plante à tige très courte ou prostrée, souvent en rosette ou étalée en étoile (nombreuses espèces décrites autrefois dans le genre *Evax*)

Filago congesta COTONNIÈRE DENSE. Plante annuelle *basse, à pilosité laineuse gris blanchâtre, à tiges couchées ou ascendantes* (comme chez *Evax*), avec des feuilles lancéolées à spatulées de 16 mm de long au maximum. Capitules jaunâtres, groupés par 3-6, à bractées velues à pointe fine. Lieux sableux et rocailleux. ES, FR, IT. ***Filago mareotica*** est semblable, mais souvent à tiges courtes dressées, simples à la base, à rameaux lâches et étalés au sommet, chacun *terminé par un capitule jaunâtre solitaire* de 3-4 mm. Lieux salés dénudés ; rare. ES, MA, TN.

F. pygmaea

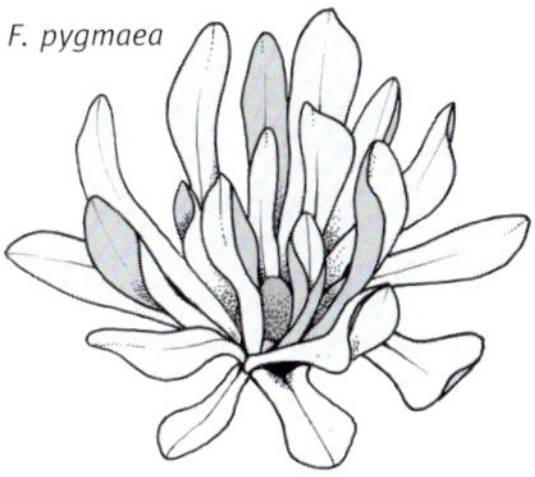

F. lusitanica

Filago pygmaea (Syn. ***Evax pygmaea***). Très petite plante annuelle grise-tomenteuse ne dépassant pas 4 cm de haut, rameuse à la base. Feuilles oblongues, *étroites* et obtuses, de 15 mm de long au plus et 5 mm de large, formant une rosette ; les supérieures 2-3 fois plus longues que les capitules ; toutes sans pétiole net. Capitules jaune brunâtre groupés en glomérules très compacts de 35 mm de large au maximum. Assez commune dans les lieux secs, dénudés et rocailleux. Dans toute la zone. ***Filago lusitanica*** (Syn. ***Evax lusitanica***) ressemble beaucoup à *F. pygmaea*, mais *tige absente* et feuilles en rosette *plus larges*, de 12-25 mm de long sur 4-9 mm de large ; vert grisâtre, arrondies au sommet. ES, MA, PT. ***Filago asterisciflora*** (Syn. ***Evax asterisciflora***) est semblable à *F. pygmaea*, mais tige bien développée (atteignant 13 cm) et feuilles rigides, étalées en étoile ; feuilles de 15-40 mm de long et 3-7 mm de large, 4 fois plus longues que les nombreux capitules en glomérules de 12-28 mm de large. Locale, absente de nombreuses régions. ES, FR, IT, MA.

Logfia COTONNIÈRE

Petites plantes annuelles laineuses. Autrefois traitées isolément ou regroupées avec les *Filago*, mais les analyses génétiques récentes ont confirmé qu'elles appartenaient à un groupe indépendant. Ces végétaux sont caractérisés par leurs capitules solitaires ou en petits glomérules et *leurs akènes toujours glabres*.

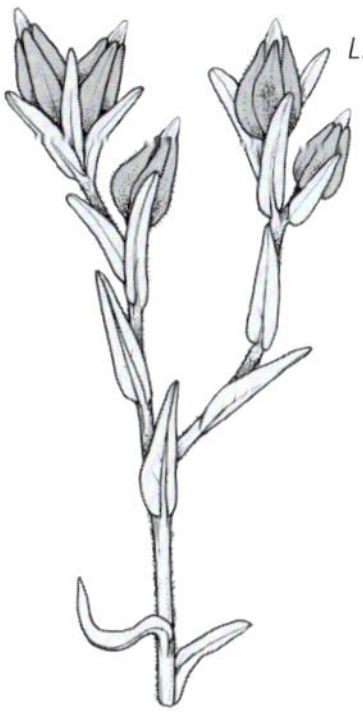

L. minima

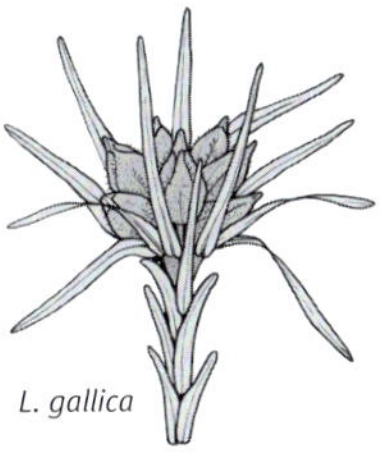

L. gallica

1. *Filago lusitanica*
2. *Filago lutescens*
3. *Gnaphalium luteoalbum*
4. *Gnaphalium uliginosum*

Logfia minima (Syn. ***Filago minima***) COTONNIÈRE NAINE. Petite plante annuelle basse à poils soyeux grisâtres, ne dépassant pas 25 cm. Tiges très grêles, ramifiées au-dessus du milieu. Feuilles linéaires lancéolées, de 4-10 mm de long. *Capitules en glomérules de 3-7, à 5 angles marqués*, de 2-5 mm, ovoïdes à pyramidaux, non dépassés par les feuilles situées juste en dessous ; bractées florales externes *laineuses à la base*, mais jaunes et *glabres au sommet*. Jachères ouvertes, friches sablonneuses. Dans toute la zone, sauf sur quelques îles. ***Logfia gallica*** (Syn. ***Filago gallica***) COTONNIÈRE DE FRANCE, semblable, est une annuelle atteignant 33 cm, *à feuilles linéaires, filiformes, de (4)12-20(26) mm de long*, les supérieures dépassant les capitules ; ceux-ci groupés par 3-14 en glomérules de 3,5-5 mm, d'apparence très feuillée ; bractées florales laineuses et jaunâtres au sommet. Mêmes milieux, localisée dans toute la zone.

Gnaphalium GNAPHALE

Plantes annuelles et vivaces discrètes, souvent velues-laineuses blanchâtres. Petits capitules brun-jaune, en cloche, à bractées membraneuses, groupés en glomérules de (3)5-40. Pappus à poils simples.

Gnaphalium sylvaticum (Syn. *Omalotheca sylvatica*) GNAPHALE DES BOIS. Plante vivace velue-grisâtre de 60 cm de haut au plus, produisant des pousses stériles et des tiges densément feuillées. Feuilles lancéolées à linéaires, *à taille décroissant du bas vers le haut de la tige*, vertes sur le dessus, laineuses en dessous, à 1-3 nervures peu distinctes. *Inflorescence allongée* et lâche, interrompue vers la base, à nombreux petits capitules jaunâtres, en cloche, étroite ; fleurons denses ; *bractées de l'involucre brun noirâtre sombre*. Landes et fourrés ; localisée et sporadique dans les régions chaudes et arides. Dans toute la zone.

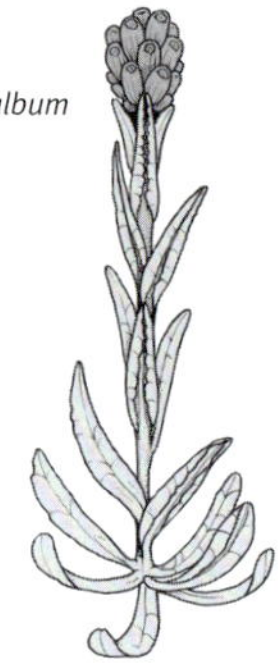

G. luteoalbum

Gnaphalium luteoalbum (Syn. *Laphangium luteoalbum*) GNAPHALE BLANC JAUNÂTRE. Plante annuelle médiocre, de 50 cm de haut au plus, laineuse-blanchâtre, simple ou à pousses d'abord étalées à la base, puis se redressant rapidement. Feuilles largement lancéolées, obtuses, décurrentes le long de la tige, *laineuses sur les deux faces*. Capitules en tête terminale ovoïde dense, *non dépassés* par leurs feuilles sous-jacentes (au moins à maturité) ; bractées elliptiques, *luisantes, jaune paille*, les externes laineuses à la base, non terminées en pointe ; fleurons jaunâtres, à stigmates rouges. Milieux perturbés. Dans toute la zone.

Gnaphalium uliginosum (Syn. *Filaginella uliginosa*) GNAPHALE DES MARAIS. Plante annuelle basse (souvent naine) de 20 cm au plus, *à tiges densément laineuses-blanchâtres* et ponctuées *tout le long* de rameaux latéraux courts. Capitules groupés par 3-10 en glomérules *dépassés par les feuilles sous-jacentes* ; bractées étalées, planes et ouvertes en étoile après la dispersion des graines. Milieux perturbés ; commune. ES, FR, IT, PT.

1

2

3

4

Helichrysum IMMORTELLE

Sous-arbrisseaux grisâtres, aromatiques, à feuilles alternes et entières. Fleurs groupées en capitules denses à bractées membraneuses. Pappus absent.

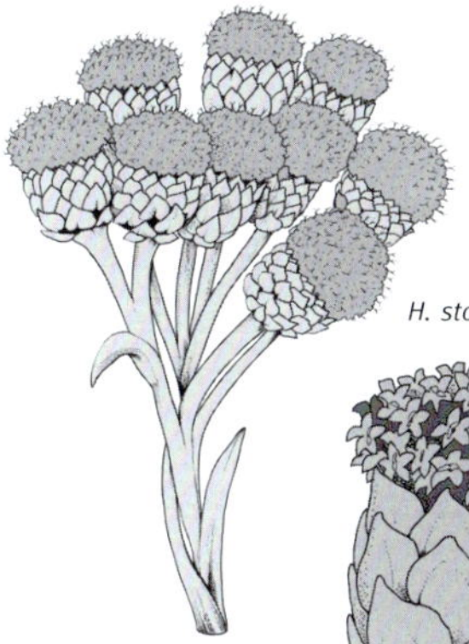

H. stoechas

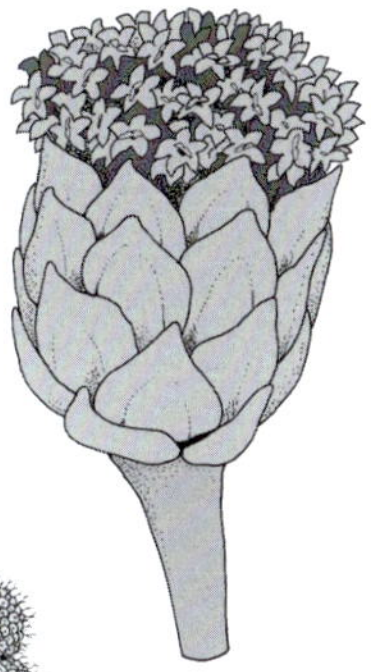

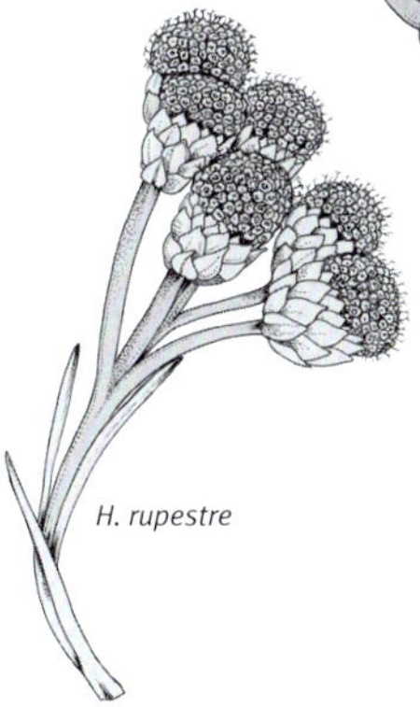

H. rupestre

H. italicum

1. *Helichrysum stoechas*
2. *Helichrysum stoechas*
3. *Helichrysum italicum*
4. *Phagnalon saxatile*

A. Petits capitules (4-9 mm) *grossièrement sphériques*

Helichrysum stoechas. Sous-arbrisseau variable, très rameux-diffus, atteignant 50(70) cm. Feuilles blanches-tomenteuses, étroitement linéaires, non dentées et légèrement aromatiques (odeur de curry) au froissement, de 5-35(40) mm de long et 0,5-2,1 mm de large, à marges recourbées vers le bas. Capitules de 4-7 mm, jaunes, en têtes de 30 mm de large environ ; involucre à rangées de bractées jaune vif brillant, *sphérique* à la floraison ; *bractées externes blanches-membraneuses*, imbriquées, glabres ou velues à la base. Dunes fixées, garrigues, commun. ES, FR, IT, MA, PT. *Helichrysum rupestre* est semblable, mais grandes feuilles plus larges et longues, de 1-6 mm × > *30 mm*. Capitules de 6-8(9) mm. ES, IT. *Helichrysum ambiguum* se distingue par ses feuilles atteignant 7 mm de large. Falaises calcaires. ES (îles Baléares). *Helichrysum melitense* IMMORTELLE DE MALTE possède aussi de grandes feuilles de 45-55 mm de long sur 5-6 mm de large. Rare espèce endémique de l'archipel maltais, localisée à quelques sommets de falaises littorales. MT (Gozo).

B. Petits capitules (4-5 mm) étroitement *en cloche*

Helichrysum italicum. Ressemble à *H. stoechas*. Sous-arbrisseau très rameux-diffus atteignant 40(50) cm. Feuilles blanches-tomenteuses dans leur jeunesse, glabres ensuite, linéaires et entières, fortement aromatiques au froissement (odeur de curry), de 10-30(40) mm de long et 0,3-1,5 mm de large, à marges enroulées vers le bas. Capitules de 4,5-5 mm, jaunes, groupés *par 15-25 en corymbes* jusqu'à 80 mm de large ; involucre à rangs de bractées *jaune moutarde mat, oblong à étroitement en cloche* ; bractées internes au moins 5 fois plus longues que les externes. Commun sur les dunes. Dans toute la zone. Subsp. *picardii* (considérée comme une espèce distincte par certains auteurs) possède des inflorescences *à capitules moins nombreux (8-15)*, de 3-5 mm. ES, MA, PT. *Helichrysum saxatile* est semblable, mais *à feuilles plus longues*, atteignant 70 mm et étroitement spatulées. Endémique insulaire sur falaises calcaires. IT (Sardaigne et Sicile).

C. Gros capitules (15-25 mm)

Helichrysum foetidum. Robuste bisannuelle ou vivace jusqu'à 1 m de haut, fortement odorante, à feuilles oblongues, celles de la base atteignant 12 cm de long, les supérieures 4-9 cm et embrassant la tige, blanches en dessous, à marges légèrement enroulées. Gros capitules de 15-25 mm de large, avec un involucre de bractées membraneuses imbriquées-étalées; fleurons jaune vif. Originaire d'Afrique du Sud, mais naturalisée dans le sud de la péninsule Ibérique. ES, IT.

Phagnalon

Sous-arbrisseaux grisâtres à feuilles alternes et capitules solitaires au sommet des rameaux, à bractées densément imbriquées. Pappus de soies.

P. rupestre

P. saxatile

Phagnalon rupestre. Sous-arbrisseau bas de 40 cm au plus, à tiges dressées à ascendantes, blanches-tomenteuses. Petites feuilles *étroitement ovales et plus ou moins dentées*, de 5-35 × 1,5-4,5 mm, vertes ou blanchâtres dessus, blanches-tomenteuses dessous, à marges enroulées vers le bas. Capitules *solitaires*, longuement pédonculés (20-90 mm), jaunâtres; bractées florales brunâtres, membraneuses, un peu pubescentes, étroitement superposées. Falaises, lieux rocailleux ensoleillés, garrigues côtières basses; assez commun dans toute la zone. ***Phagnalon saxatile***, semblable, est un sous-arbrisseau de 30(50) cm, à feuilles *linéaires* de 14-50 × 1,2-4 mm, parfois plus larges au-delà de leur milieu, *vertes* dessus (normalement non blanches-tomenteuses), blanches-tomenteuses dessous. Capitules *très longuement pédonculés* (2,5-13 cm); bractées à marges un peu ondulées et apex souvent légèrement recourbé. Lieux rocailleux et perturbés; local. ES, FR, IT, MA, PT. ***Phagnalon sordidum*** ressemble à l'espèce précédente, mais feuilles linéaires, longues et étroites, de 7-42 × 0,5-1,5 mm, blanches-laineuses sur les 2 faces et *capitules groupés par 2-4(6)* (non solitaires). Fissures rocheuses. Commun dans le sud de la France. ES, FR, IT.

Dittrichia

Plantes herbacées ou ligneuses, annuelles ou vivaces, à tiges visqueuses. Feuilles simples et alternes. Capitules en inflorescences rameuses. Akènes abruptement contractés sous le pappus.

D. viscosa

Dittrichia viscosa. Plante vivace de 0,4-1,3 m, densément visqueuse-glanduleuse, à tiges ligneuses à la base. Feuilles inférieures vert vif, à dents éparses et peu profondes; les supérieures sessiles et embrassant à demi la tige. Capitules de 10-15(20) mm, de 5-6 mm de large, jaune vif, *à fleurons ligulés de 8-12 mm de long*, dépassant longuement les bractées de l'involucre; ces dernières appliquées. Commune à abondante dans tous les milieux perturbés humides. Dans toute la zone. Des formes du Portugal, à feuilles rigides et linéaires, à petits capitules de 3,5-4,5 mm de large et à port couché, ont été décrites sous le nom de *D. maritima*, et des plantes vivaces dressées sous celui de *D. revoluta*; la vali-

1. *Phagnalon rupestre*
2. *Phagnalon sordidum*
3. *Dittrichia viscosa*
4. *Pulicaria dysenterica*
5. *Pulicaria odora*
6. *Pulicaria odora* (bractées)

dité de ces taxons n'a pas encore été analysée du point de vue génétique. **Dittrichia graveolens** est une plante annuelle plus grêle, de 20-50 cm de haut, *à capitules plus petits, de 3-5 mm de large*, à bractées recourbées vers l'extérieur, et *fleurons ligulés plus courts* (3,5-4 mm) dépassant à peine l'involucre. Terrains vagues. Dans toute la zone.

Pulicaria PULICAIRE

Plantes herbacées ou vivaces, à feuilles simples et alternes. Capitules terminaux jaunes, comme ceux des pâquerettes. Akènes entourés d'une collerette d'écailles autour du pappus.

P. odora
P. arabica subsp. *hispanica*

Pulicaria dysenterica PULICAIRE DYSENTÉRIQUE. Plante herbacée vivace rhizomateuse, velue, à tiges tomenteuses ou laineuses, dressées et ramifiées, atteignant 1 m. Feuilles basales oblongues, flétries à la floraison, les caulinaires alternes, tomenteuses et embrassant la tige. Capitules jaunes, de 15-30 mm de large, en corymbes lâches; fleurons ligulés dépassant ceux du disque; bractées visqueuses et velues, atténuées en longue pointe fine. Lieux herbeux humides; répandue mais locale dans toute la zone. **Pulicaria odora** est semblable, mais sans stolons rampants et à feuilles basales *non flétries* à la floraison. Dans toute la zone. *Pulicaria arabica* subsp. *hispanica* est semblable à l'espèce précédente, mais feuilles étroites, *linéaires* et rigides, capitules plus petits et akènes à poils dressés ou étalés. ES, FR, PT.

1

2

3

4

5

6

Inula INULE

Plantes herbacées vivaces, parfois ligneuses inférieurement. Capitules jaunes, souvent voyants, généralement avec des fleurons ligulés et d'autres tubuleux, peu nombreux en corymbes lâches. Pappus à poils sur un rang.

A. Capitules avec des fleurons tubuleux uniquement, ou ligulés très courts

Inula conyzae INULE CONYZE. Plante vivace dressée, feuillée, peu rameuse, atteignant 1,3 m, à feuilles inférieures velues, ovales et pétiolées, les supérieures étroitement ovales, toutes finement dentées et pubescentes en dessous. Petits capitules jaunes de 7-12 mm de large, *nombreux sur chaque tige* ; *fleurons ligulés absents*. Pappus blanc rougeâtre. ES, FR, IT, PT.

B. Capitules à la fois avec des fleurons tubuleux et d'autres ligulés

Inula verbascifolia. Plante vivace buissonnante, rameuse, *blanche-tomenteuse*, atteignant 50 cm ; feuilles grises, ovales-elliptiques, aiguës, finement dentées et légèrement pliées. Capitules jaune d'or vif avec des fleurons tubuleux et d'autres ligulés. Rochers et falaises. IT (sud).

Inula salicina INULE À FEUILLES DE SAULE. Plante vivace à tiges simples et minces jusqu'à 70 cm de haut ; feuilles raides, rudes sur les bords, glabres et à nervation réticulée sur le dessus, les supérieures elliptiques, cordées à la base et embrassant à demi la tige, étalées horizontalement. Capitules jaunes de 25-45 mm, solitaires ou peu nombreux, à ligules longues et étroites. Lieux frais ; absente de Corse et de Sardaigne. ES, FR, IT.

Limbarda

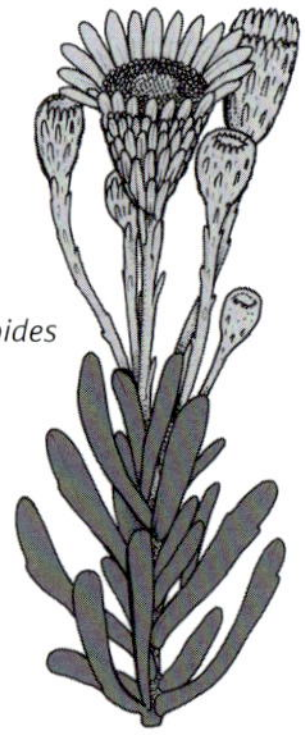
L. crithmoides

Plantes vivaces charnues, halophiles, autrefois incluses dans le genre *Inula*. Pappus à poils sur 1 rang.

Limbarda crithmoides (Syn. *Inula crithmoides*) INULE FAUX-CRITHME. *Sous-arbrisseau maritime succulent*, dressé, atteignant 1 m, ligneux à la base, *à feuilles linéaires, charnues, rapprochées*, non dentées ou avec 3 dents au sommet. Capitules jaunes de 15-25 mm, peu nombreux, à fleurons tubuleux jaunes, en corymbes lâches. Marais salés, falaises et autres milieux littoraux salins. Dans toute la zone.

Rhanterium

Sous-arbrisseaux épineux nains des zones désertiques, à rameaux couverts de poils blanc feutré. *Soies du pappus larges et aplaties.*

Rhanterium suaveolens. Petit sous-arbrisseau épineux très ramifié, souvent en dôme, de 30-50 cm de haut, *entièrement couvert d'un feutrage ras de poils gris-bleu pâle*. Petites feuilles alternes, sessiles, linéaires et dentées. Capitules jaunes, à la fois avec des fleurons tubuleux et ligulés ; *bractées externes nettement récurvées*. Akène surmonté d'un pappus de *soies élargies et aplaties*. Surtout au nord du Sahara, dominant dans certaines zones désertiques, atteignant localement les secteurs les plus arides du domaine méditerranéen. TN.

1. *Limbarda crithmoides*
2. *Pallenis maritima*
3. *Pallenis hierochuntica*
4. *Pallenis spinosa*

Pallenis

Plantes annuelles ou sous-arbrisseaux. Capitules jaunes à bractées sur 2-3 rangs, foliacées, les externes épineuses ou non. Pappus à couronne d'écailles. Genre incluant désormais des espèces autrefois traitées parmi les *Asteriscus*.

P. spinosa

P. maritima

P. hierochuntica

Pallenis spinosa. Plante annuelle grêle atteignant 60 cm, mollement velue, à tiges rigides, ligneuses à la base, à rameaux latéraux dépassant l'axe principal. Feuilles elliptiques, les inférieures pétiolées, les supérieures sessiles et embrassant à demi la tige. Capitules comme ceux des pâquerettes, jaune vif, à large disque atteignant 20 mm de diamètre. *Bractées florales terminées en épine, 2 fois plus longues que les fleurons ligulés*; les internes membraneuses, non épineuses. Akène de 2-2,5 mm. Garrigues littorales, lieux secs au bord des routes, milieux rocailleux ; commune dans toute la zone.

Pallenis maritima (Syn. *Asteriscus maritimus*) ASTÉROLIDE MARITIME. *Petit sous-arbrisseau en coussinets étalés et compacts* de 40 cm au plus, à tiges ligneuses à la base, très ramifiées ; *non odorant*. Feuilles spatulées, courtement pétiolées, non dentées. Nombreux capitules jaune vif, jusqu'à 40 mm de diamètre, entourés de bractées foliacées terminées en épine. Akène de 1-1,5 mm. Rochers et sommets de falaises du littoral ; rare à l'intérieur des terres. Dans toute la zone.

Pallenis hierochuntica (Syn. *Asteriscus pygmaeus*) ASTÉROLIDE PYGMÉE. Petite plante annuelle *presque acaule* (tige principale de 0-7 mm), semblable à *Asteriscus aquaticus* (voir page suivante), mais ne dépassant pas 15 cm de haut, avec de courts rameaux latéraux. Capitules généralement dépassés par les bractées involucrales les plus externes. Akène de 1,2-1,9 mm. Lieux arides et dénudés d'Afrique du Nord. DZ, MA, TN

Achillea

Plantes herbacées vivaces à feuilles alternes et simples, à bords ondulés-crispés ou superficiellement à profondément découpés. Capitules rapprochés en corymbes compacts ; fleurons tubuleux et ligulés blancs, roses ou jaunes. Pappus absent.

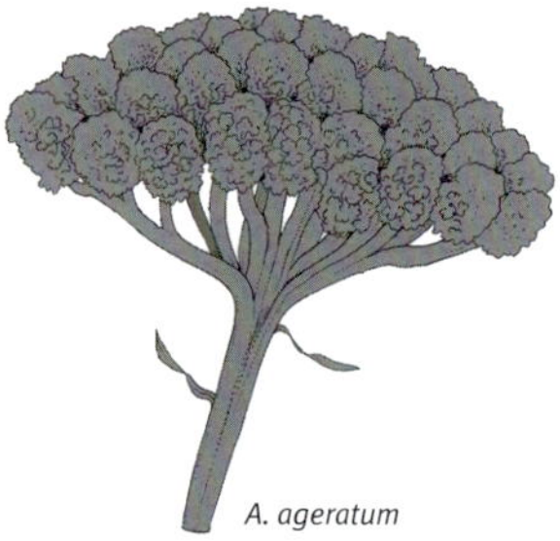

A. ageratum

A. Ligules jaunes

Achillea ageratum. Plante vivace dressée, simple ou rameuse, velue, à tiges ligneuses à la base. Feuilles de 40 mm de long au plus, à contour lancéolé à linéaire, mais divisées-pennées ; pousses végétatives, à feuilles supérieures divisées, *les inférieures linéaires-dentées et entières*. Capitules jaunes. Lieux humides ; localisée, absente de Sicile et d'une grande partie de l'Extrême-Sud. ES, FR, IT, PT.

Achillea tomentosa ACHILLÉE TOMENTEUSE. Plante vivace vert sombre à pilosité laineuse grisâtre, à tiges étalées ; feuilles linéaires 2 fois pennatilobées en segments linéaires aigus. Petits capitules jaune vif, de 3 mm de large au plus, nombreux et en corymbes denses. Lieux herbeux secs, fourrés. ES, FR, IT.

Achillea santolina ACHILLÉE À FEUILLES DE SANTOLINE. Sous-arbrisseau très ramifié atteignant 30 cm, à tiges ligneuses, laineuses-blanchâtres ; *feuilles pennatilobées*. Capitules jaunes, de 3 mm de large au plus, à ligules très courtes (< 1 mm), formant une inflorescence en dôme ; bractées florales à marges papyracées. Originaire de Méditerranée orientale, naturalisé en Italie et peut-être ailleurs. IT.

B. Ligules blanches

Achillea millefolium ACHILLÉE MILLEFEUILLE. Plante vivace rampante à odeur forte, produisant des touffes de tiges dressées et simples, tomenteuses et sillonnées, jusqu'à 80 cm de haut. Feuilles 2-3 fois divisées-pennées, à lobes divergents dans les 3 dimensions (aspect « plumeux »), jusqu'à 15 cm de long, les supérieures sessiles. Nombreux capitules de 4-7 mm de large (> 25-50), agglomérés en corymbes compacts ; ligules blanches ou roses ; fleurons du disque jaunes. Lieux herbeux frais de toute la zone (sauf sur les îles Baléares et la Sicile), mais plante plutôt rare dans le domaine méditerranéen. *Achillea ligustica* est semblable, mais à feuilles plus courtes et larges, plus finement divisées ; capitules plus petits, de 3(5) mm de diamètre. Absente des îles Baléares. ES, FR, IT (dont Sicile).

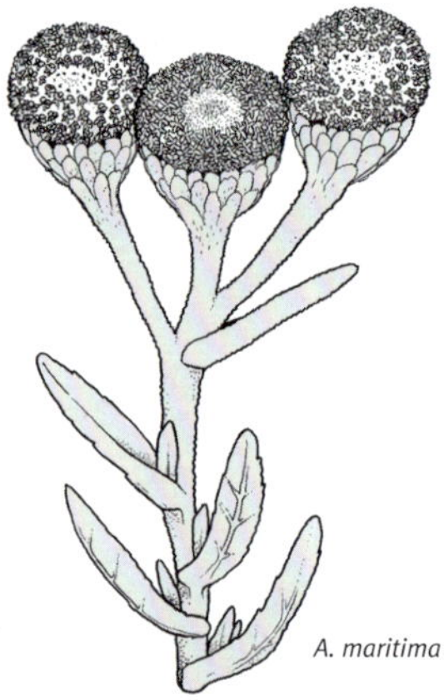

A. maritima

C. Capitules *à fleurons tubuleux uniquement*, prolongés vers le bas par 2 lobes élargis

Achillea maritima (Syn. *Otanthus maritimus*) DIOTIS BLANC. Plante vivace basse et étalée, *densément laineuse-blanchâtre*, atteignant 30 cm, à robustes tiges ascendantes. Feuilles oblongues lancéolées, non dentées ou à dents obtuses, charnues et sessiles. Capitules peu nombreux, de 6-9 mm de large, *jaunes*, *sans ligules* et ressemblant à des boutons, en corymbes lâches ; bractées florales laineuses-blanchâtres. Dunes fixées et sols sableux littoraux ; locale. Dans toute la zone.

1. *Anacyclus clavatus*
2. *Anacyclus valentinus*
3. *Glebionis segetum*
4. *Glebionis coronaria*

Anacyclus

Plantes herbacées annuelles ou vivaces à allure de camomille ; feuilles alternes 1-2 fois divisées-pennées. Akènes externes *à 2 ailes*, les internes non ailés ; pappus absent.

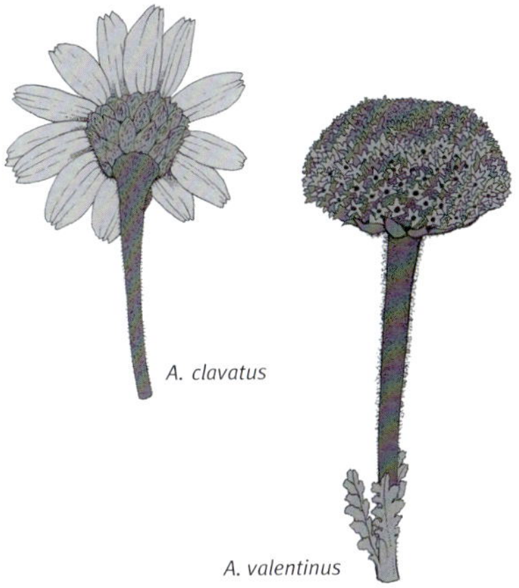

Anacyclus clavatus. Plante annuelle basse, à rameaux largement étalés, pubescente, de 20-50 cm de haut. Feuilles alternes, 2-3 fois pennatilobées en segments linéaires. Capitules comme ceux des pâquerettes, *à ligules blanches récurvées et disque jaune*, solitaires sur des pédoncules distinctement renflés au sommet à maturité ; bractées florales avec une étroite marge blanchâtre ou violacée. Terrains sableux, rochers littoraux. Dans toute la zone. *Anacyclus radiatus* ressemble à *A. clavatus*, mais plante plus élevée, jusqu'à 60 cm, *à capitules entièrement jaunes* avec des ligules violacées en dessous. Lieux sableux. Dans toute la zone. **Anacyclus valentinus** est semblable à *A. clavatus*, mais capitules *à ligules très courtes*, ne dépassant pas l'involucre (*paraissant non ligulés*). Mêmes milieux. DZ, ES, FR, MA, TN.

Glebionis CHRYSANTHÈME

Plantes annuelles à feuilles simples. Capitules à ligules jaunes, crème ou blanches ; réceptacle sans écailles. Akènes sans pappus. Genre désormais considéré comme distinct du chrysanthème ornemental (*C. indicum*).

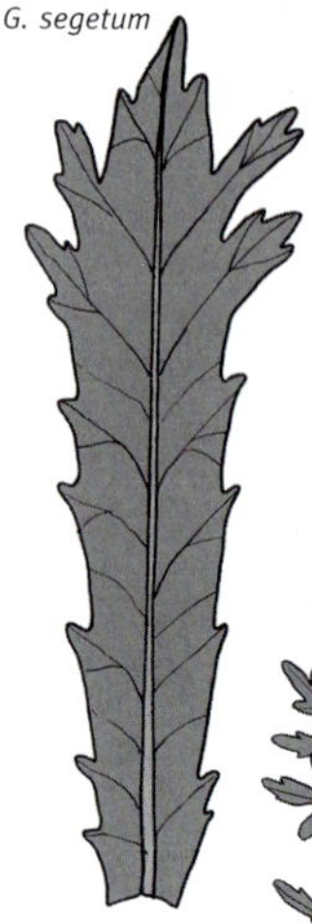

G. segetum

G. coronarium

Glebionis segetum (Syn. *Chrysanthemum segetum*) CHRYSANTHÈME DES MOISSONS. Plante annuelle basse à élevée, verte et glabre, légèrement charnue, atteignant 60 cm, à tiges rameuses ou simples, dressées à ascendantes. Feuilles glauques, alternes, à contour étroitement ovale, légèrement à *profondément dentées*, au moins les inférieures. Capitules comme ceux des pâquerettes, de 30-70 mm de large, jaune vif, à disque plat. Akènes de 2,5-3 mm, à côtes marquées, sans ailes. Lieux cultivés, jachères, bord des routes, friches littorales ; commune dans toute la zone.

Glebionis coronaria (Syn. *Chrysanthemum coronarium*) CHRYSANTHÈME COURONNÉ. Plante annuelle légèrement pubescente jusqu'à 80 cm de haut, à feuilles *2 fois pennatilobées*. Capitules jaunes de 40-80 mm de large, comme ceux des pâquerettes, à ligules blanc crème dans leur moitié supérieure (peuvent être aussi crème ou jaunes). Akènes de 3-3,5 mm, fortement côtelés et ailés. Très commune et abondante dans les lieux perturbés, au bord des routes et dans les friches littorales. Dans toute la zone.

Ismelia

Genre étroitement apparenté et semblable à *Glebionis*, mais bractées de l'involucre carénées et akènes du disque aplatis (non ailés).

Ismelia carinata (Syn. *Chrysanthemum carinatum*) CHRYSANTHÈME TRICOLORE. Plante annuelle semblable à *Glebionis coronaria*, mais plus basse (< 50 cm). Capitules *de couleurs vives, avec des bandes jaunes, marron et blanches* ; disque pourpre. Lieux cultivés et jardins. MA (naturalisée ailleurs).

Coleostephus

Semblable à *Glebionis*, mais feuilles *régulièrement et finement dentées* (non profondément lobées ou divisées).

C. myconis

Coleostephus myconis. Plante annuelle basse à moyenne, peu rameuse, subglabre. Feuilles ovales, *régulièrement et finement dentées* (*non* lobées), les inférieures atténuées progressivement en pétiole ; les supérieures sessiles et embrassant à demi la tige. Capitules jaunes, comme ceux des pâquerettes, de 22 mm de large au maximum, à ligules jaune vif ou pâle et à disque jaune. Lieux cultivés, jachères, lieux humides. Dans toute la zone, sauf sur les îles Baléares. *Coleostephus paludosus* (Syn. *C. clausonis*) est semblable, mais tiges étalées et feuilles *à dents irrégulières*. Mêmes milieux ; absente des îles Baléares. ES, FR (Corse), IT (dont Sardaigne et Sicile), PT, TN.

Lepidophorum

L. repandum

Semblable à *Glebionis*, avec des feuilles *à dents fortes et régulières* (non profondément lobées ou divisées).

Lepidophorum repandum. Plante annuelle glabre, à allure de *Glebionis*, à tiges peu ramifiées atteignant 50 cm. Feuilles spatulées à rectangulaires, *à dents fortes et régulières* (non lobées), les inférieures longuement pétiolées, les supérieures sessiles. Capitules jaunes comme ceux des pâquerettes, de 40 mm de large au maximum. Jachères, pinèdes. ES, PT.

Leucanthemum MARGUERITE

Plantes vivaces rhizomateuses. Capitules comme ceux des pâquerettes, solitaires ou groupés par 2-3 ; ligules blanches. Akènes équipés de canaux sécréteurs.

Leucanthemum vulgare MARGUERITE COMMUNE. Plante vivace à pilosité variable, formant des touffes jusqu'à 75 cm de haut, avec des stolons feuillés et des tiges dressées, côtelées. Feuilles alternes, oblongues, profondément dentées, les inférieures pétiolées, les supérieures sessiles et embrassant la tige. Gros capitules de 25-60(75) mm de large, comme ceux des pâquerettes, à ligules blanches et à disque jaune. Fréquente localement dans les prairies et lieux herbeux non perturbés. Dans toute la zone, sauf sur les îles Baléares.

Mauranthemum

Petit genre séparé récemment de *Leucanthemum*.

Mauranthemum paludosum (Syn. ***Leucanthemum paludosum***). Plante vivace dressée à ascendante atteignant 40 cm, semblable à *L. vulgare*, mais dépourvue de rhizomes et à capitules de 20-30 mm de large seulement, avec des ligules plus courtes. DZ, ES (dont îles Baléares), MA, PT, TN.

1. *Coleostephus myconis*
2. *Leucanthemum vulgare*
3. *Plagius maghrebinus*

PHOTOGRAPHIE SERGE D. MULLER

B. Capitules discrets, avec des ligules blanc crème (à rose terne)

Aster squamatus. Plante herbacée annuelle à bisannuelle, moyenne à élevée, lâche, jusqu'à 1,8 m de haut, à feuilles linéaires à linéaires-lancéolées ; rameaux latéraux courts ; petits capitules en panicule lâche, s'ouvrant à peine et discrets ; bractées de l'involucre *à pointe violacée et larges bords papyracés*, les externes moitié moins longues que les internes ; fleurons blanc crème terne, parfois mauves ou roses. Originaire d'Amérique du Sud, mais naturalisée en Espagne et probablement ailleurs, dans les friches sur sols remués ou salés. ES.

Tripolium

Auparavant classé parmi les *Aster*. Annuelles ou bisannuelles *charnues* et glabres des terrains salés.

Tripolium pannonicum subsp. *tripolium* (Syn. *Aster tripolium*) ASTER MARITIME. Plante annuelle à bisannuelle glabre atteignant 1 m, à tiges rougeâtres, dressées ou ascendantes, rameuses dès la base. Feuilles *charnues*, linéaires à linéaires-lancéolées, de section arrondie, embrassant la tige, les supérieures sessiles. Capitules à ligules mauve bleuté vif et disque jaune, de 20 mm de large au plus, en larges corymbes. Terrains salés ; localisée dans toute la zone.

Galatella

Auparavant classé parmi les *Aster*. Plantes typiquement herbacées vivaces, à feuilles glanduleuses avec 1(3) nervures saillantes, capitules à ligules violettes, bractées sur 3-4 rangs et akènes avec 1-2 côtes sur chaque face.

Galatella linosyris (Syn. *Aster linosyris*) ASTER À FEUILLES D'OSYRIS. Plante vivace moyenne, glabre, à tiges très feuillées, étalées-diffuses ou dressées. Feuilles à 1 nervure, linéaires, sessiles, à marges rudes, ponctuées-glanduleuses, non charnues, dressées. Petits capitules de 12-18 mm de large, *jaune vif, sans ligules*, groupés en corymbes ; bractées inégales, lâchement imbriquées. Lieux secs, absente de la plupart des îles. ES, FR, IT.

Cotula

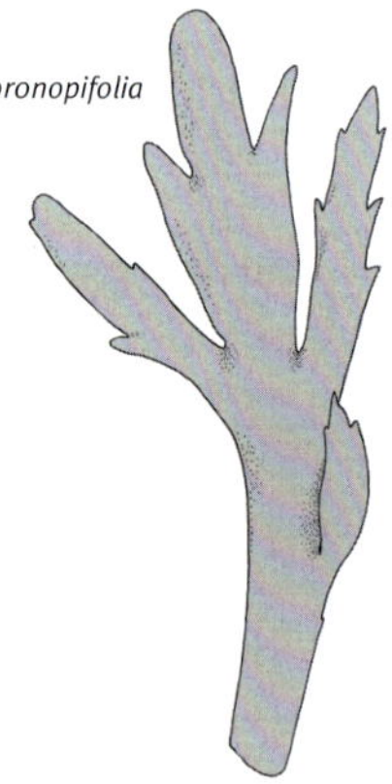

Petites plantes herbacées annuelles ou vivaces à feuilles entières à profondément divisées-pennées, alternes. Capitules axillaires ou terminaux, sans ligules. Akènes sans pappus.

Cotula coronopifolia COTULE PIED-DE-CORBEAU. Petite plante annuelle glabre et charnue, formant souvent des tapis, de 30 cm de haut au maximum. Feuilles assez charnues, linéaires et entières ou à peine dentées, embrassant la tige par leur base. Capitules entièrement jaunes, de 8-12 mm de large, sans ligules, longuement pédonculés et souvent penchés. Akènes fortement comprimés et ailés (akènes externes du disque) ou non (akènes internes). Originaire d'Afrique du Sud, largement naturalisée dans les milieux humides et les lieux temporairement submergés. Dans toute la zone.

Artemisia ARMOISE

Plantes herbacées annuelles ou vivaces, voire végétaux ligneux bas, souvent très odorants. Feuilles alternes, entières ou divisées. Petits capitules souvent penchés, en inflorescence lâche. Akènes dépourvus (ou presque) de pappus.

1. *Aster squamatus* (capitules)
2. *Aster squamatus* (en fruit)
3. *Cotula coronopifolia*
4. *Artemisia campestris* subsp. *maritima*
5. *Artemisia maritima*

Artemisia campestris ARMOISE DES CHAMPS. Sous-arbrisseau *pratiquement inodore*, jusqu'à 75 cm, à robuste souche ligneuse et nombreuses pousses végétatives formant des tapis bas; tiges ascendantes, *à pilosité soyeuse* discrète, mais persistante. Feuilles soyeuses dans leur jeunesse, glabres ensuite, les inférieures 2-3 fois divisées-pennées, les supérieures simples et sessiles; lobes foliaires *étroits, de 0,3-1(1,5) mm de large* au plus. Capitules de 2-4 mm de diamètre, vert pâle, ovoïdes, courtement pédonculés et dressés ou étalés; involucre subglabre; bractées à larges bords papyracés; corolle jaunâtre ou rougeâtre. Dans toute la zone. Subsp. *campestris* possède des segments foliaires très étroitement linéaires. Subsp. *maritima* (Syn. *A. crithmifolia*) a des tiges et des feuilles moins velues, des lobes foliaires *oblongs-linéaires, charnus*, arrondis sur le dessus, et des fleurs en panicule élargie. Sols sableux et rocheux du littoral; commune sur les côtes atlantiques. ES, PT.

Artemisia maritima. Sous-arbrisseau ressemblant à *A. campestris*, ligneux inférieurement, *à odeur forte*, à tiges et rameaux *nettement blancs-laineux*. Feuilles 1-2 fois divisées-pennées en segments linéaires. Capitules plus longs que larges, de 1,5-3,5 mm de diamètre, jaunâtres ou rougeâtres. Surtout sur les sols sableux du littoral et les parties asséchées des marais salés, dans le nord du bassin méditerranéen européen. ES, FR, IT.

Doronicum DORONIC

Plantes herbacées vivaces rhizomateuses. Feuilles simples et alternes, les inférieures flétries à la floraison. *Capitules grands et jaunes*, à réceptacle velu. Pappus à soies courtes, absent sur les fleurons externes.

Doronicum plantagineum DORONIC À FEUILLES DE PLANTAIN. Plante annuelle grêle, simple ou peu rameuse, atteignant 80 cm (1 m), glabre vers la base, mais pubescente au-dessus. Feuilles basales vert pâle, *elliptiques*, jusqu'à 60 mm de long, non ou faiblement dentées, *progressivement rétrécies en long pétiole* ; feuilles supérieures ovales à triangulaires, embrassant la tige. Capitules comme ceux des pâquerettes, à disque jaune orangé et longues ligules jaunes et minces, *solitaires* (ou par 2-3), de 45-80 mm de large, sur des pédoncules velus-glanduleux. Bractées de l'involucre linéaires. Lieux rocailleux secs, forêts. ES, FR, IT, PT. ***Doronicum pardalianches*** DORONIC À FEUILLES CORDÉES, semblable, est une plante annuelle atteignant 80 cm, à feuilles largement ovales ou *cordées et à plusieurs capitules (3-8)* de 30-45 mm de large, espacés sur des tiges rameuses et velues-laineuses. Rare dans la plus grande partie de l'Ouest et du Sud. ES, FR, IT.

Senecio

Grand genre diversifié de plantes herbacées ou ligneuses, annuelles ou vivaces, à feuilles alternes, à nervation pennée. Capitules souvent nombreux, habituellement jaunes, groupés en corymbes. Akènes surmontés d'un pappus de poils blancs ou grisâtres.

1

2

3

4

5

A. Certaines feuilles, ou la totalité d'entre elles, profondément lobées ; *pas de ligules*

Senecio vulgaris SÉNEÇON COMMUN. Petite plante annuelle plus ou moins velue, un peu charnue, de 30 cm de haut au plus (habituellement moins), à tiges faibles, peu et irrégulièrement ramifiées. Feuilles fortement lobées et dentées, à contour ovale, les inférieures courtement pétiolées, embrassant à demi la tige par leur base. *Petits capitules sans ligules (ou celles-ci peu nombreuses)*, jaunes, de 5 mm de large au maximum ; involucre cylindrique, avec des bractées à pointe noire. Akènes de moins de 2,5 mm. Mauvaise herbe très commune dans des milieux perturbés très variés, naturels ou urbains. Dans toute la zone.

B. Certaines feuilles, ou la totalité d'entre elles, profondément lobées ; *ligules peu visibles*

Senecio viscosus SÉNEÇON VISQUEUX. Petite plante annuelle *extrêmement visqueuse* et à odeur déplaisante, à tiges faibles ne dépassant pas 60 cm (en général moins), peu ou fortement rameuses. Feuilles vert grisâtre sombre, densément velues-glanduleuses-visqueuses, à lobes profonds et réguliers, les inférieures à pétiole court, les supérieures sessiles (mais non embrassantes). Capitules de 12 mm au plus, à 13 ligules jaune pâle récurvées, formant un grand corymbe irrégulier. Akènes glabres, ou velus dans les sillons. Lieux rocailleux ou sableux ouverts ; locale, absente des zones chaudes et sèches. ES, FR, IT, PT.

C. Certaines feuilles, ou la totalité d'entre elles, profondément lobées ; *ligules visibles, étalées*

Senecio gallicus. Petite annuelle glabre ou un peu pubescente ne dépassant pas 67 cm, généralement rameuse dès la base. Feuilles charnues, divisées-pennées, à segments lobés, les inférieures pétiolées, les supérieures sessiles et *embrassant la tige*. Capitules de 5-8,5(10) mm, jaune vif, en corymbe lâche. Akènes de 2-2,5 mm. Commune dans toute la zone sur les sols sableux du littoral ; absente de certaines îles. ***Senecio lividus*** ressemble à *S. gallicus*, mais plante moins rameuse, à poils glanduleux épars, avec des capitules *plus petits*, de 4,5-6(7) mm, à bractées à apex noir et ligules *récurvées*. Akènes de 3,2-3,7(4,5) mm. Dunes et jachères. ES, FR, IT, PT. *Senecio leucanthemifolius*, semblable, est une annuelle ascendante et rameuse de 25(30) cm au maximum, charnue, glabre ou avec quelques poils blancs (parfois lavés de violet). Capitules de 7-8 mm, *à bractées florales surmontées d'un apex noir*. Akènes glabres de 2-2,2 mm. Milieux côtiers. Dans toute la zone.

D. Feuilles *non profondément lobées*

Senecio angulatus. Plante vivace rampante légèrement *succulente*, à tiges atteignant 2 m de long ; *feuilles vert brillant à lobes obtus*. Fleurs jaunes, typiques des *Senecio*, odorantes. Originaire d'Afrique du Sud, communément plantée dans toute la zone.

1. *Senecio vulgaris*
2. *Senecio viscosus*
3. *Senecio gallicus*
4. *Senecio lividus*
5. *Kleinia anteuphorbium*

PHOTOGRAPHIE : SERGE D. MULLER

Gazania

Plantes vivaces basses et feuillées. Capitules voyants, de couleurs vives. Pappus d'écailles. Originaires d'Afrique du Sud.

Gazania rigens. Plante vivace buissonnante de 50 cm au maximum, à tiges étalées, ligneuses à la base. Feuilles vert sombre, oblongues et entières, graduellement rétrécies à la base en pétiole aussi long que le limbe; densément velues-blanchâtres en dessous; les inférieures pennatilobées. Grands capitules voyants, atteignant 80 mm de diamètre, à ligules orange vif ou blanches avec une tache noire à la base; disque orange. Cultivée pour l'ornement dans les villes et jardins, probablement dans toute la zone.

1. *Arctotheca calendula*
2. *Arctotheca calendula* (capitules)
3. *Carlina corymbosa*
4. *Carlina racemosa*
5. *Carlina vulgaris*
6. *Carlina gummifera*
7. *Carlina lanata*

Carlina CARLINE

Plantes annuelles ou bisannuelles épineuses ressemblant à des chardons, à feuilles pennatilobées. *Gros capitules, sans ligules mais avec de grandes bractées étalées*. Pappus de poils plumeux.

A. *Gros capitules* de (3,5)6-14 cm de large, normalement *solitaires au centre d'une rosette de feuilles*; jaunâtres, blanchâtres ou pourpre rosé

Carlina acanthifolia. Plante vivace originale, acaule, de 10 cm au maximum; feuilles regroupées en rosette basale jusqu'à 30 cm de large, divisées-pennées sur plus de la moitié de leur largeur jusqu'à la nervure centrale, en segments dentés-épineux, velues-tomenteuses en dessous. *Gros capitules, généralement > 70 mm de diamètre, jaunâtres, solitaires*; ligules absentes. Pâturages rocailleux; absente de la plupart des îles. ES, FR, IT. *Carlina acaulis* est semblable, mais à *capitules blanchâtres*, en raison des poils étalés blanc argenté vif couvrant les bractées ressemblant à des ligules; fleurons du centre du disque violacés. Montagnes du centre austral de la zone. ES, FR.

C. gummifera

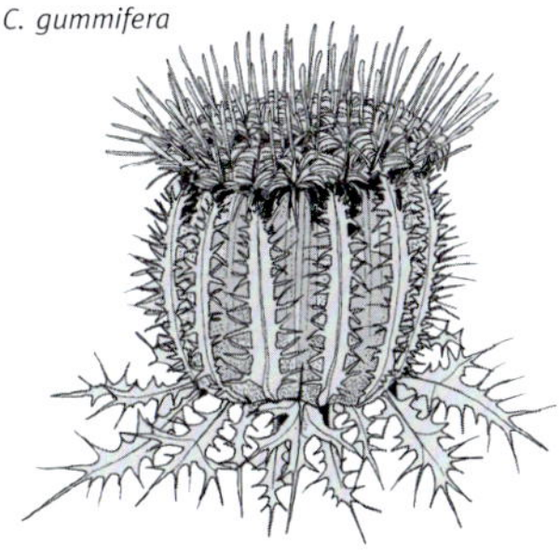

Carlina gummifera (Syn. *Atractylis gummifera*). Plante vivace *acaule* à allure de chardon, basse et robuste, à feuilles de 15-40 cm en rosette lâche. Feuilles subglabres, à contour oblong, mais profondément découpées en segments épineux étroits, à pétiole embrassant à la base, *flétries* à la floraison. Gros capitules de 35-70 mm de large, pourpre rosé, sans ligules, avec un involucre dont les bractées externes sont terminées par 3 épines; bractées internes équipées d'une épine unique brune. Akènes de 10-12 mm. Champs secs, bord des routes, jachères, localisée; absente de la plus grande partie de l'Est et des îles Baléares. ES, FR, IT, MA, PT.

C. corymbosa

B. Capitules de 1,5-5 cm de large, normalement *groupés; jaunâtres ou brunâtres*

Carlina corymbosa CARLINE EN CORYMBE. Plante vivace pâle, blanchâtre ou bleuâtre, basse ou élevée, épineuse; tiges principales en principe solitaires ou peu nombreuses. Feuilles linéaires-lancéolées, dentées et pennatilobées, ondulées, à marges épineuses, embrassant la tige. *Capitules pédonculés*, en corymbes terminaux, de 20(50) mm de large, à fleurons jaunes et *bractées jaune d'or vif simulant de fausses ligules*. Commune et répandue sur les pentes rocailleuses, les falaises maritimes et dans les garrigues. Dans toute la zone. ***Carlina racemosa*** est semblable, mais à tiges rameuses dès la base et capitules plus petits, sessiles, jusqu'à 15 mm de large, *nettement dépassés* par 1-2 rameaux florifères adjacents naissant immédiatement en dessous. Lieux herbeux et rocailleux ouverts, dunes fixées. ES (sud), IT (Sardaigne), PT. ***Carlina vulgaris*** CARLINE COMMUNE ressemble à *C. corymbosa*, mais possède des bractées en fausses ligules jaune argenté pâle. Répandue en Europe méditerranéenne, souvent à l'intérieur des terres. ES, FR, IT.

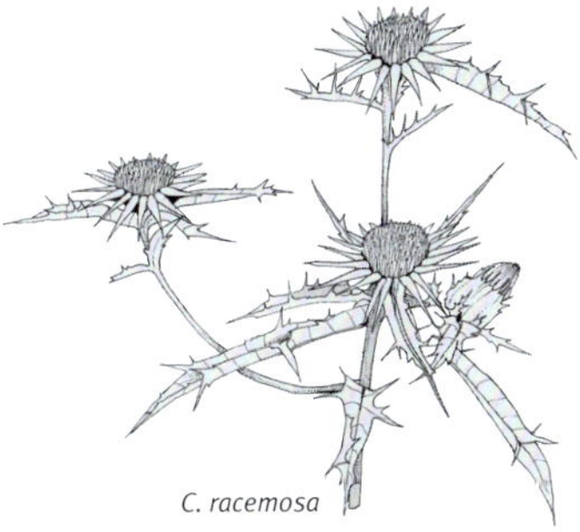

C. racemosa

C. Capitules de 15-50 mm de large, normalement *groupés*; *blanchâtres ou violacés*

Carlina macrocephala. Plante subglabre ou avec quelques poils aranéeux, à tiges dressées, raides, de 40 cm de haut au maximum, simples ou peu rameuses. Feuilles atteignant 11 cm de long, pennatilobées et ondulées, à dents épineuses. Capitules de 30(50) mm de large, à bractées liguliformes blanchâtres dessus et violacées en dessous, de 1,5-2 mm de large. Boisements clairs. FR (Corse), IT (centre, Sardaigne et Sicile). *Carlina sicula* est semblable, mais à bractées liguliformes plus larges, blanc argenté (ou lavées de rose), atteignant 3 mm. IT (sud et Sicile).

Carlina lanata. Plante dressée à tiges florifères rameuses ou simples, atteignant 50 cm. Feuilles laineuses-blanchâtres, à contour lancéolé, découpées en lobes épineux, les supérieures embrassant la tige. Capitules *à bractées liguliformes pourpre rougeâtre, contrastant avec les fleurons jaunes du disque*. Garrigues et pentes rocailleuses. Dans toute la zone.

Atractylis

Comme *Carlina*. Inflorescence à bractées foliacées profondément découpées en dents épineuses, les plus internes à sommet membraneux; de couleur terne. Pappus à poils argentés.

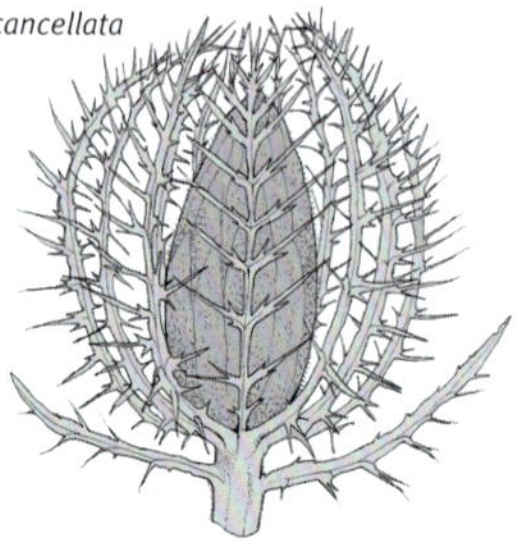

Atractylis cancellata. Plante vivace grêle à allure de chardon; feuilles formant une rosette lâche et tiges de 3-30 cm de haut. Feuilles pubescentes, à contour oblong, dentées et à courtes épines. Gros capitules pourpre rosé, sans ligules, avec un involucre atteignant 20 mm, entourés des feuilles supérieures formant *une structure en forme de cage*; bractées médianes hérissées d'épines semblables. Commune dans les champs secs, au bord des routes et dans les jachères. Dans toute la zone.

Atractylis humilis. Plante vivace grêle, *basse à peu élevée*, simple ou peu rameuse, dressée, velue ou non. Feuilles linéaires-oblongues, à marges épineuses, les inférieures courtement pétiolées, les supérieures pétiolées et nettement pennatilobées. Inflorescence à *bractées externes foliacées* encerclant les capitules, de 25 mm de diamètre au maximum; bractées internes échancrées au sommet, avec une pointe épineuse; fleurons pourpre rosé tubuleux. Floraison souvent tardive; localement commune sur les pentes dénudées et dans les garrigues; absente de la plupart des îles. ES (dont îles Baléares), FR, MA.

Staehelina

Sous-arbrisseaux bas. Capitules étroitement cylindriques; pas de ligules; bractées non épineuses. Pappus long et persistant.

Staehelina dubia. Petit sous-arbrisseau arrondi ne dépassant pas 40 cm, *peu typique de la famille des Astéracées et ressemblant plutôt à une lavande*; tiges blanches-tomenteuses, à feuilles très nombreuses, linéaires à étroitement lancéolées, à bords légèrement dentés et un peu enroulés, blanches-tomenteuses en dessous. *Capitules étroitement cylindriques*, pourpres, jusqu'à 30 mm de long, solitaires ou en petits fascicules. Garrigues et lieux rocailleux. ES, FR, IT, PT.

1. *Atractylis cancellata*
2. *Atractylis humilis*
3. *Staehelina dubia*
4. *Echinops strigosus*
5. *Echinops spinosissimus*

Echinops

Plantes vivaces ressemblant à des chardons, à feuilles profondément pennatilobées. Capitules épineux, sphériques et > 25 mm de diamètre. Pappus de soies écailleuses.

Echinops sphaerocephalus ÉCHINOPS À TÊTE RONDE. Plante vivace dressée-raide, à allure de chardon, atteignant 2,5 m ; feuilles profondément pennatilobées et dentées-épineuses, *vertes et légèrement glanduleuses sur le dessus*, blanches-cotonneuses en dessous, à base ailée et embrassante. Capitules sphériques, terminaux, *gris pâle à bleu blanchâtre*, jusqu'à 60 mm de large ; étamines à filets bleus. Akènes de 6-10 mm. Présente dans la majeure partie de l'Europe méditerranéenne occidentale, mais absente de la plupart des îles. ES, FR, IT. **Echinops strigosus**, semblable, est une plante vivace épineuse, buissonnante et rigide de 50 cm au maximum, avec des feuilles à contour elliptique, profondément divisées en segments linéaires, *densément couvertes de poils raides sur le dessus*, à poils souples et blanchâtres en dessous. Capitules sphériques, bleu terne, jusqu'à 70 mm de large. Locale dans les lieux broussailleux secs de l'Extrême-Sud-Ouest. ES, MA, PT. *Echinops ritro* AZURITE est semblable à l'espèce précédente, mais possède des feuilles vert brillant sur le dessus (cotonneuses-blanchâtres en dessous) et *des capitules bleu vif.* Lieux rocailleux, également cultivée dans les jardins. ES, FR, IT, MA, PT. **Echinops spinosissimus** lui ressemble, mais plante *fortement épineuse* ; densément laineuse et glanduleuse ; feuilles 2 fois divisées-pennées, arquées vers le bas. Capitules bleu-gris pâle *à épines éparses, longuement saillantes* ; bractées florales internes soudées en tube membraneux. Pâturages rocailleux, dans l'est de la zone uniquement. IT (sud et Sicile).

1

2

3

4

5

Carduus CHARDON

Plantes annuelles à bisannuelles à tiges ailées-épineuses (au moins en partie) et feuilles alternes, dentées-épineuses. Capitules arrondis ou cylindriques, souvent en forme de blaireau de rasage ; ligules absentes. *Pappus à nombreux rangs de poils simples.*

A. Capitules oblongs-cylindriques < 14 mm de diamètre (sans les fleurs)

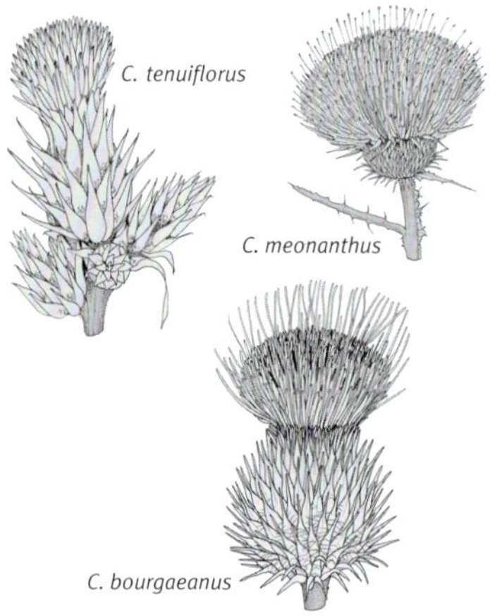

Carduus tenuiflorus CHARDON À PETITS CAPITULES. Plante bisannuelle dressée, étroitement ramifiée, mesurant jusqu'à 60(80) cm de haut, à tiges *largement ailées* jusqu'aux capitules, cotonneuses-blanchâtres ou grisâtres. Capitules grêles de 12-18 mm de long et 5-10 mm de large, par 3-10 en grappes terminales denses ; fleurons rouge rosé pâle ; bractées de 1,5 mm de large au minimum. Assez commune en altitude, dans les bois clairs et les lieux dénudés ou perturbés. ES, FR, IT, PT (peut-être aussi en Afrique du Nord). *Carduus meonanthus* est une bisannuelle des milieux littoraux ressemblant à *C. tenuiflorus*, mais à tiges *subglabres* et bractées plus étroites. ES, PT. *Carduus bourgaeanus* est une annuelle de 40 cm au maximum, se distinguant par ses gros *capitules en cloche* de 10 mm de large au moins. ES.

Carduus pycnocephalus. Plante bisannuelle variable (avec des sous-espèces régionales décrites), dressée, étroitement rameuse, atteignant 1 m de haut, à tiges ailées jusqu'aux capitules. Semblable à *C. tenuiflorus*, mais à feuilles plus densément cotonneuses-blanchâtres et tiges non feuillées sous les capitules, avec des ailes interrompues ; *ces derniers souvent solitaires ou groupés par 1-3*, de 14-20 mm de long et 7-12(14) mm de large. Lieux perturbés. Répandue et commune. DZ, ES, FR, IT, MA, TN. Subsp. *marmoratus* (Syn. *Carduus australis*) possède des *tiges ailées de 7-8 mm de large* et des feuilles à lobes jusqu'à 30 mm de long, munis d'une longue épine apicale. IT. *Carduus cephalanthus* se distingue par ses feuilles presque glabres en dessous, aux nervures fortement saillantes. *Nombreux capitules groupés par 5-20*. Milieux littoraux ; péninsule Ibérique et Italie continentale ; çà et là dans les îles, sauf aux Baléares. ES, IT. *Carduus fasciculiflorus* ressemble beaucoup à *C. cephalanthus*, mais avec *les bractées de l'involucre à bords membraneux étroits*. FR (Corse), IT (sud et Sardaigne).

B. Gros capitules sphériques > 14 mm de diamètre (sans les fleurs)

Carduus nutans CHARDON PENCHÉ. Robuste chardon bisannuel variable (nombreuses sous-espèces décrites), dressé, jusqu'à 1 m de haut, à tiges cotonneuses, ailées-épineuses et rameuses en bas, mais *non ailées et à épines éparses ou absentes sous les capitules*. Feuilles pennatilobées, à segments épineux au sommet, cotonneuses en dessous. *Gros capitules penchés*, généralement solitaires, de 16-30 mm de long et 20-60 mm de large ; fleurons pourpre-rouge vif, entourés par de larges bractées robustes terminées en épine et réfléchies. Broussailles, friches, habituellement en altitude. ES, FR, IT. Subsp. *macrocephalus* (Syn. *C. macrocephalus*) est la forme commune dans l'est de la zone. IT.

Cirsium CIRSE

Plantes bisannuelles et vivaces semblables aux *Carduus*, avec ou sans ailes épineuses. Capitules pourpres (ou jaunes). Pappus à nombreux rangs de *poils rameux et plumeux* (non simples et scabres).

Cirsium vulgare CIRSE COMMUN. Plante bisannuelle dressée atteignant 1,5 m, à tiges cotonneuses ponctuées d'*ailes épineuses interrompues*. Feuilles parsemées d'aiguillons, les basales jusqu'à 30 cm de long, profondément pennatilobées, à segments fourchus et épineux, *avec un lobe terminal unique, allongé en pointe*, les supérieures plus petites. Capitules ovoïdes de 25-40 mm de long et 20-50 mm de large, à bractées cotonneuses, les externes à apex longuement épineux ; fleurons pourpre rougeâtre. Lieux cultivés et perturbés. Dans toute la zone.

Cirsium arvense CIRSE DES CHAMPS. Plante herbacée vivace rampante à tiges feuillées, en principe *non ailées*, atteignant 1,2 m. Feuilles ne formant pas de rosette basale nette, oblongues, profondément divisées en lobes triangulaires, ondulés et épineux, les supérieures semblables, mais embrassantes, prolongées parfois en aile courte le long de la tige. Capitules étroitement cylindriques, de 10-22 mm de long et 8-20 mm de large, *pourpre rosé pâle*, en corymbes lâches ; *bractées de l'involucre pourprées*. Pelouses, en général à l'intérieur des terres. Assez rare, sauf en altitude. Dans toute la zone.

1. *Echinops sphaerocephalus*
2. *Carduus tenuiflorus*
3. *Carduus pycnocephalus*
4. *Carduus nutans*
5. *Cirsium vulgare*
6. *Cirsium arvense*

Notobasis

Comme *Carduus*, mais *capitules entourés par les feuilles supérieures, rigides et épineuses.*

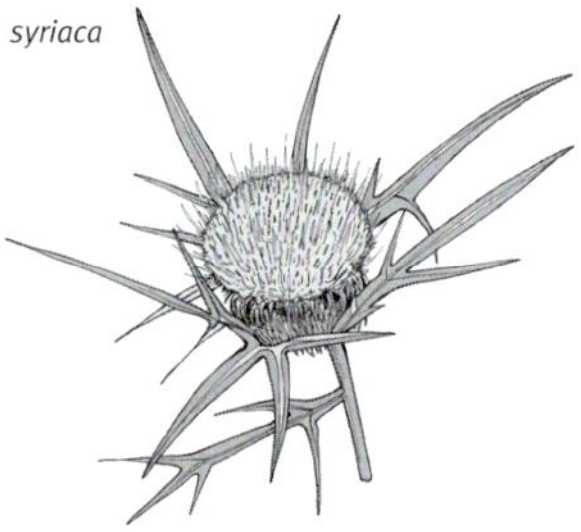
N. syriaca

Notobasis syriaca CHARDON DE SYRIE. Annuelle à allure de chardon, de 20 cm-2 m, à tiges rigides, non ailées-épineuses. Feuilles alternes, vert sombre avec des nervures pâles; étroitement elliptiques, pennatilobées, à lobes étroitement triangulaires terminés en épine, les supérieures réduites et *regroupées* à la base du capitule sessile, ce dernier solitaire et pourpre ; bractées à pointe épineuse ; involucre de 18-23 mm. Akènes de 6-7 mm. Bord des champs et des routes, jachères ; commune et parfois abondante dans toute la zone.

Galactites

Plantes vivaces à allure de chardon, aux feuilles profondément découpées. Capitules sans ligules, mais à fleurons périphériques du disque fortement rayonnants. Pappus long et plumeux.

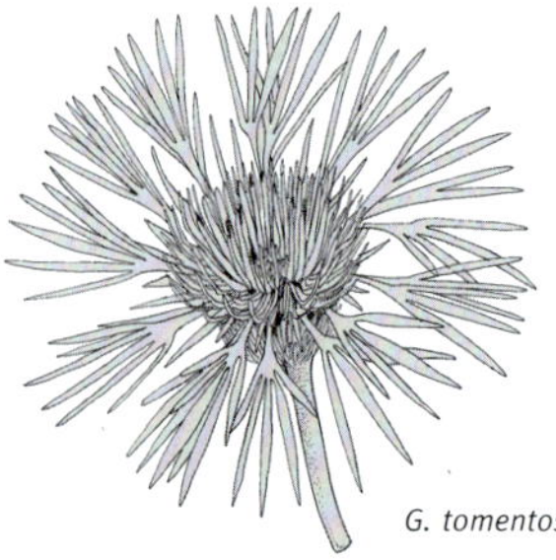
G. tomentosa

Galactites tomentosa GALACTITE COTONNEUX. Vivace dressée-raide, de 30-50 cm de haut, à feuilles vert sombre fortement *veinées et panachées de blanc*; alternes, oblongues, pennatilobées, à lobes épineux, *blanches-tomenteuses en dessous*. Capitules pourpre pâle, solitaires ou groupés ; *fleurons tubuleux périphériques allongés, égaux et rayonnants* ; bractées de l'involucre brusquement rétrécies en longue pointe épineuse; blanches-tomenteuses; de 12-18 mm de long. Akènes de 3,5-5 mm de long. Commune dans une large gamme de milieux secs et perturbés. Dans toute la zone.

Onopordum ONOPORDON

Robustes plantes vivaces à *tiges ailées-épineuses*, souvent à pilosité aranéeuse. Feuilles à marges épineuses, dentées à lobées. Gros capitules pourpres ou blancs ; fleurons tous tubuleux et à 5 lobes profonds. Pappus à nombreux rangs de poils simples.

Onopordum acanthium ONOPORDON FAUX-ACANTHE. Grande plante bisannuelle épineuse atteignant 2,5 m, à tiges largement ailées. Feuilles à contour oblong, pennatilobées, à segments largement triangulaires et dentés-épineux, à poils cotonneux gris blanchâtre. Capitule solitaire de 20-60 mm de large, à fleurons tubuleux pourpre rosé de 20 mm de long ; pas de ligules ; bractées ressemblant à des sépales, terminées en épine jaunâtre, velues-laineuses à la base. Plutôt localisée, mais répandue sur les terrains et coteaux secs dans toute la zone.

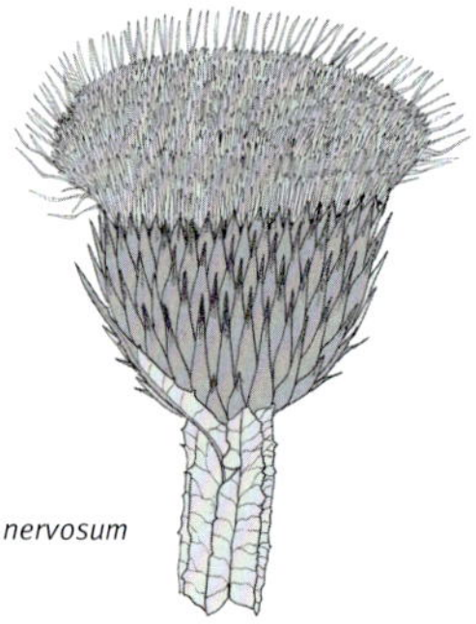
O. nervosum

Onopordum nervosum. Grande vivace jusqu'à 2,7 m, à tiges pubescentes-jaunâtres, bordées de *larges ailes nervées de 20 mm de large* et d'épines de 10 mm de long; rameaux insérés à angle aigu; plante cotonneuse inférieurement, verte au sommet. Feuilles jusqu'à 50 cm de long, oblongues-lancéolées et sessiles, vertes avec des nervures pâles, plus ou moins glabres dessus, à poils épars et fortes nervures dessous, divisées en 6-8 paires de lobes terminé chacun par une épine allongée. Capitules roses, de 30-50 mm, à fleurons de 30 mm de long ; bractées terminées en épine. Centre austral du Portugal, sud et est de l'Espagne. ES, PT.

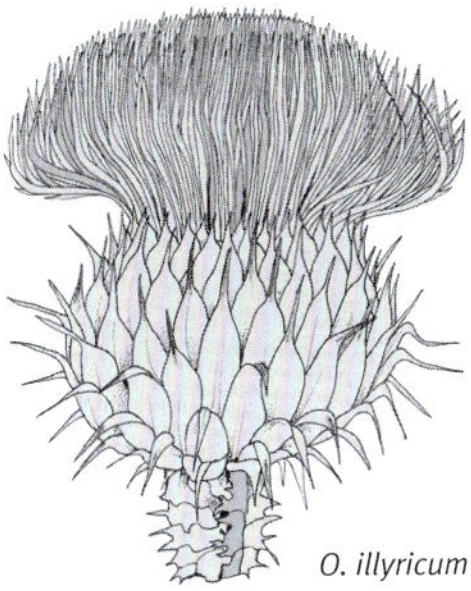

O. illyricum

Onopordum illyricum. Robuste vivace à tiges ailées-épineuses et feuilles grises- ou blanches-tomenteuses à lobes espacés, ressemblant à *O. nervosum*, mais moins élevée, ne dépassant pas 1,3 m, à ailes plus étroites, *non nervées* ; capitules plus gros, pourprés, atteignant 60 mm de diamètre, à fleurons de 35 mm de long au maximum, nettement glanduleux sur la corolle. ES, FR, IT, PT. **Onopordum macracanthum** est semblable, mais entièrement *cotonneuse-blanchâtre* et à tiges à épines *éparses*. Capitules munis à la base d'une rangée saillante de très longues épines arquées-réfléchies vers le bas. Rare et localisée dans le Sud et l'Ouest. DZ, ES, MA, PT.

1. *Notobasis syriaca*
2. *Galactites tomentosa*
3. *Galactites tomentosa*
4. *Onopordum acanthium*
5. *Onopordum illyricum*

1

2

3

4

5

Cynara ARTICHAUT

Vivaces robustes à feuilles groupées en rosette basale ou alternes, profondément divisées en segments épineux. Capitules solitaires ou peu nombreux, violacés, bleus ou blancs. Pappus à nombreux poils plumeux.

C. humilis

A. Capitules portés par des pédoncules, courts ou longs

Cynara humilis. Plante vivace vert grisâtre sombre, buissonnante, jusqu'à 80 cm de haut, à de nombreuses feuilles basales ; tiges velues-blanchâtres, non ailées. Feuilles à contour lancéolé, *profondément 2 fois divisées-pennées en segments linéaires à marges enroulées vers le bas*, glabres et un peu luisantes dessus, velues-blanchâtres dessous ; feuilles inférieures courtement pétiolées, les supérieures sessiles. Gros capitules ; involucre atteignant 60 mm de long, brunâtre à maturité avec des *bractées purpurines terminées en épine saillante* ; fleurons violacés. Jachères sèches sur terrains lourds. ES, PT.

C. cardunculus

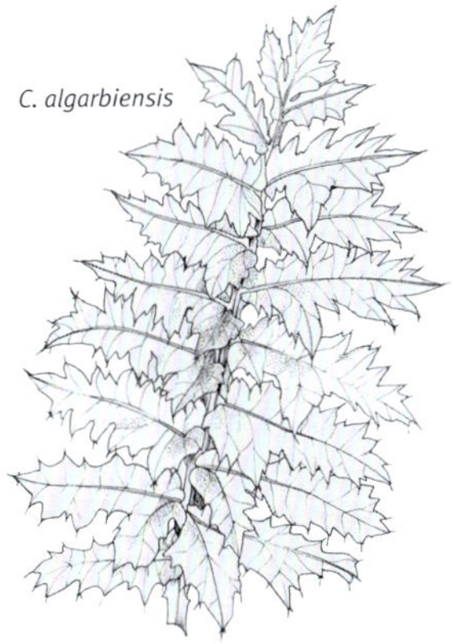
C. algarbiensis

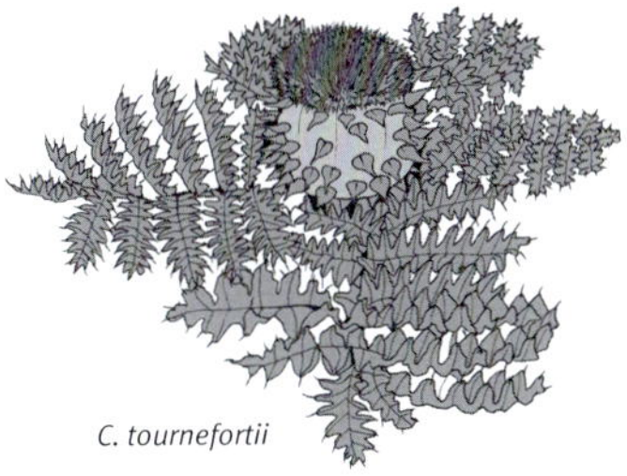
C. tournefortii

Cynara cardunculus CARDON. Grande plante vivace buissonnante, *grisâtre ou blanchâtre*, atteignant 1,8 m ; tiges velues-blanchâtres, non ailées. Nombreuses feuilles basales épaisses, à contour lancéolé, profondément 1-2 fois divisées-pennées en segments *lancéolés* (pas étroits et linéaires) et *plans*, dentées, vertes et à poils courts et épars sur le dessus, velues-blanchâtres en dessous ; feuilles inférieures courtement pétiolées, les supérieures sessiles ; toutes munies *de longues épines atteignant 35 mm, regroupées* à la base de chaque segment. Gros capitules de 35-75 × 35-95 mm (sans les fleurons), à bractées rétrécies en pointe épineuse étalée ; fleurons pourpre-violet. Commune dans les jachères et les friches sèches et rocailleuses sur terrains lourds. Dans toute la zone. ***Cynara algarbiensis*** est semblable à *C. cardunculus*, mais bien plus petite (30-50 cm), avec des feuilles en rosette aplatie, nettement *blanc grisâtre pâle* et velues sur le dessus, velues-blanchâtres et à nervures indistinctes en dessous, *à épines marginales variables mais courtes*, de 6 mm au maximum ; capitules de 20-30 × 40-50 mm, pourpre bleuté. Lieux perturbés, jachères et bord des routes sur sols argileux ; commune dans l'Algarve. ES, PT. ***Cynara scolymus*** ARTICHAUT ressemble à *C. cardunculus*, mais à larges bractées involucrales, ovales et *obtuses* (parfois échancrées mais *non épineuses* au sommet). Origine inconnue, espèce cultivée dans toute la zone.

B. Capitules sessiles

Cynara tournefortii (Syn. *Arcyna tournefortii*). Plante vivace *naine et acaule*, robuste et épineuse. Feuilles atteignant 20 cm, oblongues-lancéolées, subglabres dessus, velues-grisâtres dessous, divisées en lobes dentés à la base (terminés en épine jaune), non dentés vers le sommet. *Gros capitules solitaires au centre de la rosette de feuilles* ; involucre de 80 mm ; fleurons bleus. Friches et jachères sur sols lourds. ES, PT.

Silybum

Plantes annuelles à vivaces, robustes et à tiges non épineuses. Capitules *à filets staminaux soudés en tube à la base*. Pappus à nombreux rangs de poils simples.

Silybum marianum CHARDON-MARIE. Robuste bisannuelle faiblement épineuse atteignant 1 m. Feuilles basales oblongues, pennatilobées, *fortement veinées et panachées de blanc*, subglabres, les inférieures pétiolées, les caulinaires plus petites, à lobes moins nombreux, embrassant la tige. Capitules pourpres, de 25-40 × 50 mm (14 cm), solitaires et terminaux ; bractées terminées en épine robuste jusqu'à 7 mm de long. Commune et répandue dans les friches, les cultures, les jachères et au bord des champs. Dans toute la zone.

---

1. *Cynara algarbiensis*
2. *Cynara scolymus*
3. *Cynara humilis*
4. *Cynara cardunculus*
5. *Silybum marianum*

Centaurea CENTAURÉE

Grand genre de plantes herbacées annuelles à vivaces, à feuilles simples et alternes, entières à pennées. Capitules pourpres, roses, blancs ou jaunes ; bractées munies d'un appendice au sommet (les caractéristiques de ces dernières sont importantes pour l'identification). Pappus absent (ou avec des poils simples, dentés ou des écailles). Genre très riche en espèces et particulièrement complexe (comprenant peut-être plusieurs genres distincts), dont un petit échantillon seulement est présenté ici.

C. solstitialis (bractée)

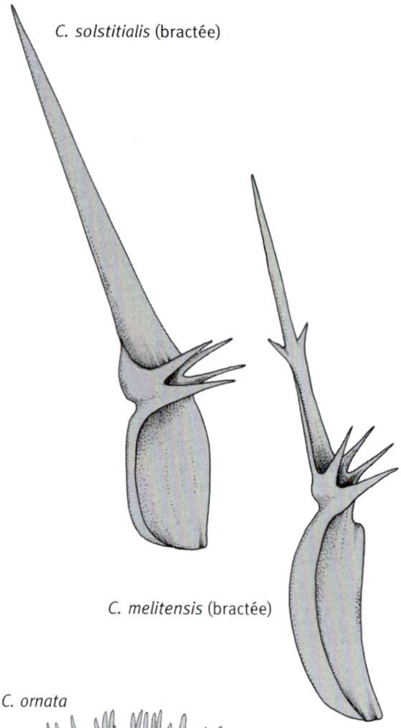

C. melitensis (bractée)

C. ornata

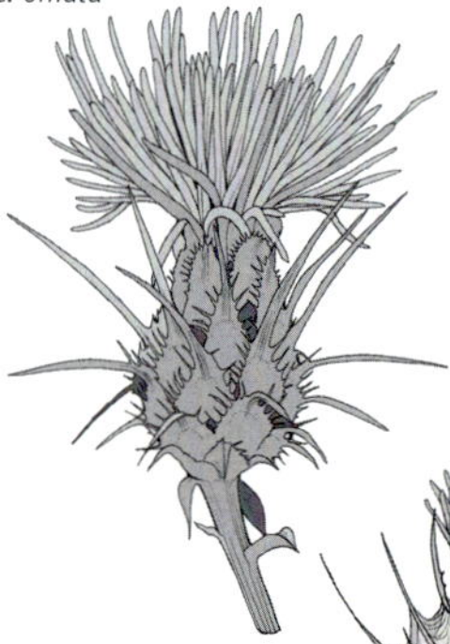

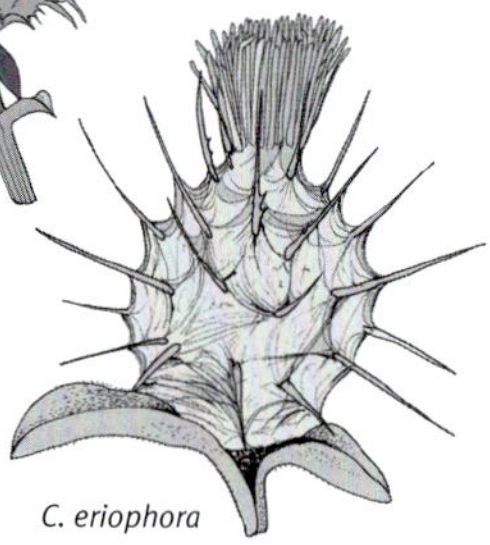

C. eriophora

A. Capitules jaunes (sauf *C. horrida*) ; bractées terminées par *une longue épine* solitaire et munies sur leurs bords d'épines latérales plus petites

Centaurea solstitialis CENTAURÉE DU SOLSTICE. Plante annuelle velue-blanchâtre, très ramifiée, à tiges ailées atteignant 60 cm, *laineuses- ou tomenteuses-grisâtres*. Feuilles inférieures pennatilobées ou dentées, souvent flétries à la floraison, les supérieures linéaires-lancéolées et entières, terminées en épine, à base décurrente en aile le long des tiges. Capitules *jaunes* habituellement solitaires ; involucre sphérique à ovoïde, jusqu'à 12 mm de large ; bractées terminées par *une robuste épine jaune de 10-15 mm de long, hérissées d'épines latérales plus courtes à la base, à disposition palmée*. Friches et jachères ; commune dans toute la zone. ***Centaurea melitensis*** CENTAURÉE DE MALTE, semblable, est une annuelle rude, vert grisâtre (pas densément tomenteuse-grisâtre) à capitules groupés par 3-4, entourés par des feuilles ; *épine apicale < 10 mm, les latérales plus courtes dans la moitié inférieure, à disposition pennée*. Décombres, lieux dénudés. Dans toute la zone. *Centaurea sicula* (Syn. *C. nicaeensis*) ressemble à *C. solstitialis*, mais à tiges *non ailées et capitules plus gros*, à pédoncule souvent renflé inférieurement ; involucre de 13-15 mm ; épine apicale des bractées de 10-20 mm. DZ, ES, IT (dont Sardaigne et Sicile), MA, MT, TN.

Centaurea ornata. Plante vivace élancée et grêle, peu ramifiée, de 20-80 cm (1 m) de haut. Feuilles plus ou moins glabres, entières à 2 fois divisées-pennées en segments étroits de 3 mm de large au maximum. Capitules *jaune terne*, souvent teintés d'orange ou de brun ; involucre sphérique, de 22-30 mm, bractées à *épine apicale allongée et étalée*, de 15-35 mm de long. Lieux broussailleux secs. ES, PT.

Centaurea eriophora. Plante annuelle identifiée aisément par ses capitules arrondis, à bractées *densément couvertes de poils aranéeux blanchâtres*, transpercés par les épines apicales ; fleurons jaunes peu nombreux. DZ, ES, MA, PT.

---

1. *Centaurea solstitialis*
2. *Centaurea solstitialis*
3. *Centaurea melitensis*
4. *Centaurea rupestris*
5. *Centaurea calcitrapa*

Centaurea rupestris. Plante vivace dressée-étalée atteignant 1 m, *à feuilles profondément divisées-pennées en longs segments linéaires, presque filiformes*. Capitules jaunes ; bractées larges, vertes et coriaces, brunes au sommet, chacune munie d'une épine terminale jaunâtre étalée-réfléchie, arborant de courts filaments blancs à sa base. Pentes rocailleuses et garrigues. Distribution essentiellement orientale, atteignant le sud de la France vers l'ouest. IT, FR.

Centaurea horrida. *Sous-arbrisseau ligneux gris bleuté, à rameaux enchevêtrés et épineux formant un dôme* atteignant 50 cm. Feuilles inférieures divisées-pennées, jusqu'à 25 mm de long, les supérieures simples ou superficiellement lobées. Capitules avec des fleurons blancs à sommet pourpré ; bractées laineuses, nettement terminées par une épine brune et bordées d'autres plus courtes. Rare espèce endémique insulaire, restreinte aux falaises maritimes de 4 sites. IT (Sardaigne).

B. Capitules roses ; bractées à épines saillantes, *rares ou nombreuses*

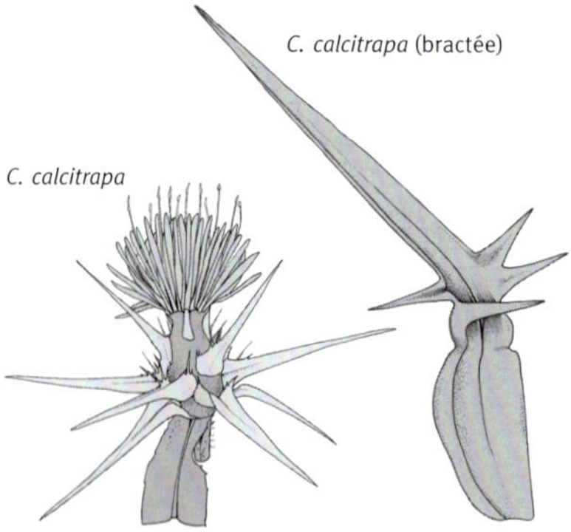
C. calcitrapa (bractée)
C. calcitrapa

Centaurea calcitrapa CENTAURÉE CHAUSSE-TRAPE. Plante vivace moyenne, très ramifiée, subglabre, de 5-50(80) cm de haut, à tiges sillonnées. Jeunes feuilles grises, glanduleuses, à lobes superficiels et épars ou profondément pennatilobées, à lobes terminés en pointe, les inférieures souvent flétries lors de la floraison ; feuilles supérieures plus petites et étroites. Capitules *pourpre rougeâtre*, de 12-17 mm, à fleurons égaux, entourés par de longues *épines saillantes étalées en étoile, de 15-30 mm et au moins 3 fois plus longues que les épines latérales les plus grandes* ; involucre ovoïde-cylindrique. Pappus absent. Terrains vagues, bord des routes, terrains sableux nus et autres lieux perturbés ; commune dans toute la zone.

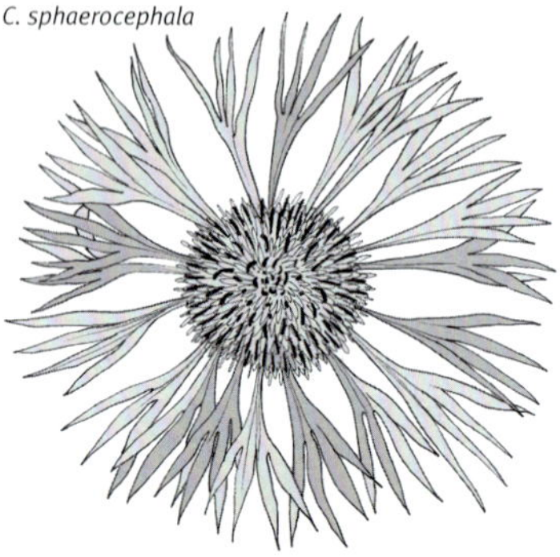
C. sphaerocephala

Centaurea sphaerocephala. Plante annuelle variable, rameuse et buissonnante, de 15-40(50) cm de haut. Feuilles pubescentes-aranéeuses, les inférieures en lyre ou légèrement lobées, pétiolées, les supérieures pennatilobées et embrassant la tige. Capitules mauves, parfois blanchâtres au centre, jusqu'à 35 mm de large, solitaires ; fleurons périphériques *rayonnants* ; bractées florales *à 7-9 épines apicales jaunâtres divergentes, de (3)6-9 mm de long*. Commune sur sables côtiers dans presque toute la zone, sauf dans le sud de la France.

C. Capitules roses ou pourpres ; bractées terminées par un appendice à bordure membraneuse frangée ou en dents de peigne

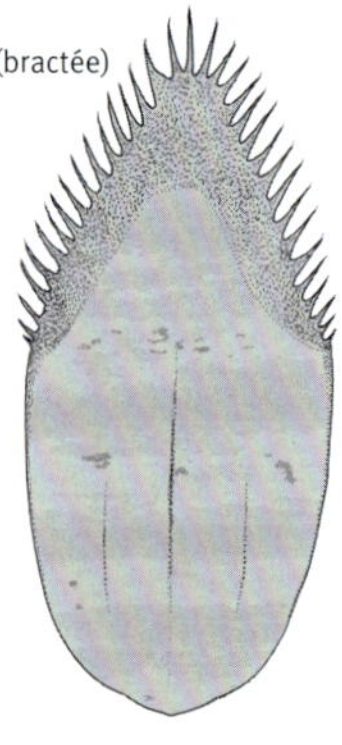
C. scabiosa (bractée)

Centaurea scabiosa CENTAURÉE SCABIEUSE. Plante vivace dressée, tomenteuse, atteignant 1,2 m, à tiges sillonnées, souvent ramifiées au-dessus du milieu. Feuilles basales jusqu'à 25 cm de long, pétiolées et *habituellement profondément divisées-pennées en lobes dentés* ; feuilles caulinaires identiques et sessiles. Gros capitules solitaires mesurant jusqu'à 60 mm de diamètre ; fleurons pourpre-rouge (parfois crème), *les externes beaucoup plus longs et étalés en couronne* ; bractées vertes, à appendices frangés. Surtout dans le Nord. ES, FR, IT.

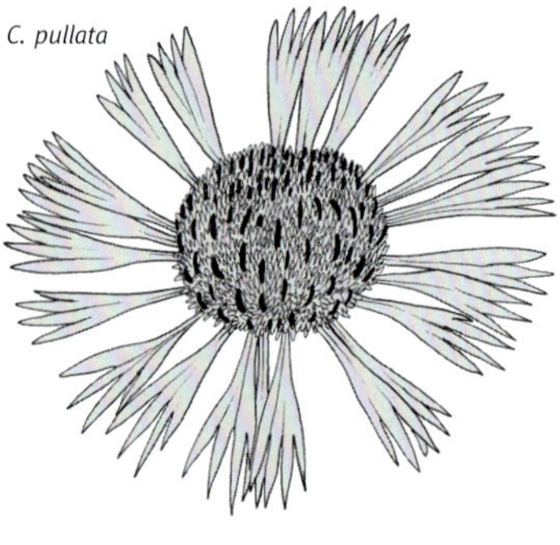
C. pullata

Centaurea pullata. Plante annuelle peu élevée, rameuse ou simple, à rosette basale de feuilles à poils rudes ; feuilles caulinaires inférieures en lyre ou légèrement lobées, les supérieures pennatilobées. *Gros capitules mauves à bleutés, voire blancs*, jusqu'à 50 mm de diamètre, solitaires, souvent entourés par des feuilles ; fleurons externes beaucoup plus longs que les internes, largement étalés ; bractées florales glabres, à large bordure noire et *apex en dents de peigne*. Lieux secs rocheux, rocailleux ou sableux. Surtout dans l'Ouest, naturalisée ailleurs. ES, MA, PT.

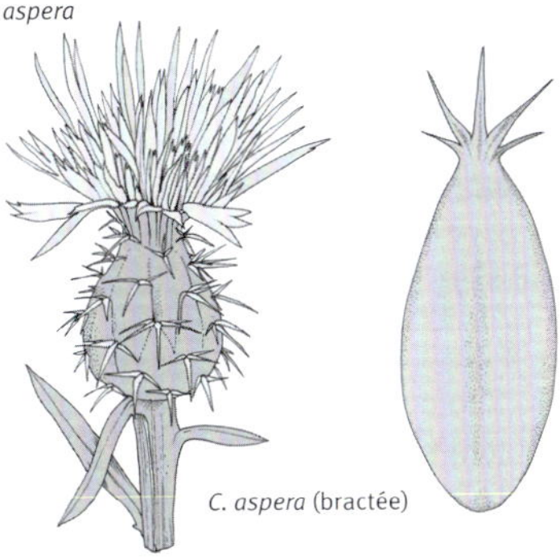

Centaurea aspera CENTAURÉE RUDE. Plante vivace dressée, très variable, jusqu'à 50(80) cm de haut, à feuilles pennatilobées ou dentées. *Capitules pourpre rosé*, à bractées munies d'un *appendice à 3-5 épines inégales, recourbées, à disposition palmée* ; épine apicale de moins de 5 mm, < 1,5 fois plus longue que les plus grandes des latérales ; involucre large à la base, se rétrécissant au sommet. Commune dans toute la zone.

1. *Centaurea sphaerocephala*
2. *Centaurea scabiosa*
3. *Centaurea pullata*
4. *Centaurea aspera*
5. *Centaurea jacea*
6. *Centaurea deusta*

B. Plante annuelle

Mantisalca duriaei. Plante annuelle atteignant 1,5 m, semblable à *M. salmantica*, mais involucre à bractées terminées en épine de 2-2,6 mm, persistante ou caduque. Akènes externes *à court pappus de 1-1,5 mm ou absent*, les internes à pappus de 2-3,2 mm. Dans toute la zone (moins commune que *M. salmantica*). **Mantisalca spinulosa** est une plante annuelle de 60 cm au maximum. Bractées involucrales à épine persistante, de 1,2-2,6 mm de long. *Akènes munis sans exception d'un pappus* de 2-3,5 mm. ES (centre, sud-est). **Mantisalca delestrei** ressemble beaucoup à *M. spinulosa*, mais est plus grande (> 60 cm), surmontée de plus gros capitules, à bractées involucrales terminées en *épine de 2-6 mm*. DZ, MA. **Mantisalca cabezudoi** est *une annuelle ne dépassant pas 40 cm, à base des tiges et feuilles radicales couvertes de longs poils*; bractées involucrales à épines de 0,5-0,7 mm seulement. ES (sud-est).

1. *Carthamus lanatus*
2. *Klasea integrifolia* subsp. *monardii*
3. *Klasea baetica* subsp. *lusitanica*
4. *Carduncellus arborescens*

Klasea

Plantes vivaces rhizomateuses à feuilles non épineuses, entières ou profondément lobées (souvent sur le même pied). Capitules solitaires, à bractées ovales-triangulaires terminées en épine. Pappus à poils simples, persistants.

Klasea baetica. Plante vivace rhizomateuse, en touffes atteignant 90 cm de haut, à feuilles *entières*, diversement dentées (mais non profondément lobées), faiblement pubescentes, jusqu'à 35 cm de long, terminées en courte pointe épineuse. Capitules portés par des pédoncules à feuilles éparses, à involucre de 10-25 × 15-40 mm ; bractées étroitement ovales, *progressivement rétrécies en épine réfléchie brun clair* ; fleurons de 20-35 mm, pourpre rosé. Garrigues et maquis. DZ, ES, MA, PT, TN. Subsp. *baetica* possède des bractées involucrales se terminant en appendice épineux de 2-7(9) mm. ES, MA, PT. Chez subsp. *alcalae*, ce dernier est plus long, de 3-6(9,5) mm. DZ, ES, MA, TN. Subsp. *lusitanica* le voit se transformer *en longue épine de 6-14 mm*. PT. ***Klasea integrifolia***, semblable, est une plante vivace atteignant 50 cm, *à épines involucrales plus courtes, de 0,5-4 mm de long, insérées abruptement sur les bractées*. Capitules à pédoncule souvent court et non feuillé au sommet. Chez subsp. *integrifolia*, le tube de la corolle mesure 20-40 mm de long ; bractées de l'involucre nettement concaves et fendues sur les bords. ES. Subsp. *monardii* arbore des tubes de corolle de 28-33 mm de long ; bractées de l'involucre à peine concaves et entières. ES, PT. *Klasea pinnatifida* possède des feuilles nettement lobées (plutôt que dentées), *à nervures latérales pâles et très saillantes* ; épines involucrales insérées abruptement sur les bractées. DZ, ES, MA, PT, TN. *Klasea flavescens* ressemble aux espèces précédentes, mais *capitules blancs ou jaunes* (parfois rouge-rose comme chez les plantes ci-dessus) ; épines involucrales de 3-8 mm de long, étroites et recourbées vers le bas. Dans toute la zone (plusieurs sous-espèces régionales).

Carthamus

Plantes *annuelles* très épineuses, souvent glanduleuses. Feuilles pennatilobées, à marges épineuses. Capitules solitaires, jaunes à orange, entourés par des bractées foliacées épineuses. Pappus absent *ou à soies denticulées, voire plumeuses, persistantes*.

C. lanatus

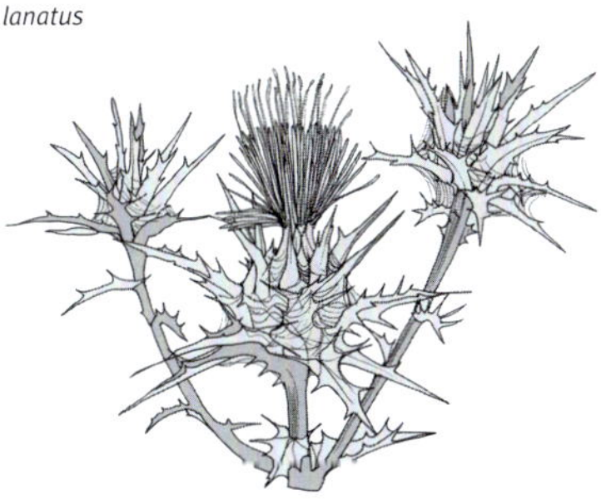

Carthamus lanatus. Plante annuelle très épineuse ressemblant à un chardon, de 15-60 cm (1 m) de haut, à tiges jaune paille, simples en bas mais ramifiées au sommet, couvertes dans leur jeunesse de poils laineux-blanchâtres. Feuilles lancéolées, pennatilobées, à marges épineuses, les inférieures flétries à la floraison, les supérieures embrassant la tige. Capitules jaunes de 30 mm de large ; bractées florales à appendice denté-épineux. Pappus de soies denticulées aussi longues que l'akène. Commune dans les lieux dénudés, secs ou sableux. Dans toute la zone.

Carduncellus

Étroitement apparentée à *Carthamus*, mais plantes *vivaces ligneuses*. Capitules jaunes ou pourpres. *Pappus de soies persistantes ou caduques.*

A. Capitules jaunes

Carduncellus arborescens (Syn. *Carthamus arborescens* ; *Phonus arborescens*). Plante vivace ressemblant un peu à *Carthamus lanatus*, mais *plus robuste*, atteignant 2 m de haut, avec de larges bractées involucrales ; *anthères remarquablement longues* (jusqu'à 10 mm) ; pappus caduc (non persistant). DZ, ES, MA.

B. Capitules pourpre bleuté

Carduncellus caeruleus. Plante vivace moyenne, velue-grisâtre, de 20-80 cm de haut, à tiges en général simples, dressées, sans ailes. Feuilles assez luisantes, vert grisâtre, en lyre, dentées ou non, voire pennatilobées, les supérieures demi-embrassantes ; sommet des lobes à pointe piquante. Capitules solitaires pourpre bleuté, entourés par des bractées foliacées ; involucre de 16-30 × 20-30 mm ; fleurons de 14-22 mm, tubuleux et *à 5 lobes profonds*. Jachères, bord des routes. Dans toute la zone.

Scolymus SCOLYME

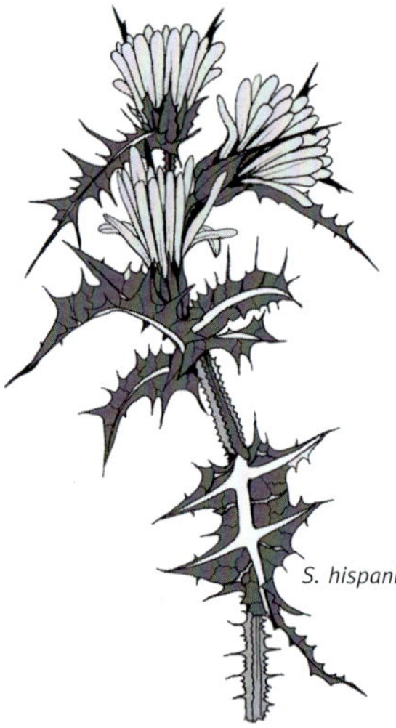

S. hispanicus

Robustes plantes vivaces épineuses ressemblant à des chardons. Capitules à bractées externes foliacées passant progressivement aux véritables feuilles supérieures. Akènes comprimés, sans bec, à pappus absent ou constitué de quelques soies rigides.

Scolymus hispanicus SCOLYME D'ESPAGNE. Plante bisannuelle ou vivace robuste et épineuse atteignant 80 cm, à tiges arborant *des ailes épineuses* interrompues. Feuilles inférieures vert jaunâtre, oblongues, pennatilobées, à épines éparses, les supérieures plus petites et épineuses ; toutes à nervures et marges pâles. Capitules jaune d'or, de 25-40 mm de large, *en longue panicule étroite simulant un faux épi ; fleurons ligulés* (non tubuleux) ; bractées florales légèrement pubescentes ou glabres, à marges membraneuses, rétrécies en pointe aiguë. Jachères, bord des routes, friches sablonneuses ; fréquente dans toute la zone. *Scolymus maculatus* est très semblable, mais *à ailes plus larges, de 2-5 mm au point le plus étroit, et à larges bordures blanches*. Dans toute la zone. *Scolymus grandiflorus* se distingue par ses bractées florales ovales à linéaires, *fortement velues*. FR, IT.

Cichorium CHICORÉE

C. intybus

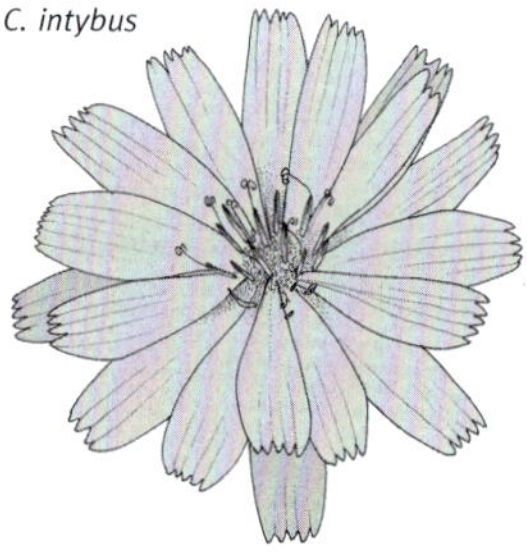

Plantes herbacées annuelles ou vivaces produisant du latex quand on les coupe. Feuilles dentées ou lobées. Nombreux capitules ; fleurons ligulés, à sommet denté. Akènes prismatiques (non aplatis) ; pappus constitué de petites écailles.

Cichorium intybus CHICORÉE SAUVAGE. Plante vivace dressée, ramifiée, glabre ou hérissée de poils raides, atteignant 1 m. Feuilles basales pennatilobées, les inférieures courtement pétiolées, les supérieures lancéolées et embrassant la tige. Capitules *bleu ciel vif*, de 25-40 mm de large, en épis rameux étroits et feuillés. Assez commune dans les jachères et au bord des routes de toute la zone. *Cichorium endivia* est semblable, mais plante annuelle gris bleuté, à feuilles moins profondément lobées et *pédoncules floraux nettement renflés* sous les capitules terminaux. Largement cultivée et naturalisée dans toute la zone. *Cichorium spinosum* CHICORÉE ÉPINEUSE se reconnaît à son port très ramifié et épineux, en dôme. ES (sud et îles Baléares), IT (dont Sicile).

1. *Carduncellus caeruleus*
2. *Scolymus hispanicus*
3. *Cichorium intybus*
4. *Catananche caerulea*

Catananche

Plantes vivaces rhizomateuses. Capitules solitaires au sommet d'un long pédoncule, *à bractées membraneuses luisantes* lâchement imbriquées. Akènes à 5-10 côtes, sans bec ; pappus d'écailles.

Catananche caerulea CATANANCHE BLEUE. Plante vivace à tige grêle atteignant 80 cm, à poils courts et appliqués ; feuilles linéaires ou étroitement lancéolées, à 3 nervures, jusqu'à 30 cm de long, souvent munies de lobes latéraux à la base, les caulinaires espacées. Capitules bleus, de 25-35(40) mm de large, solitaires ; fleurons ligulés et dentés à l'apex ; *bractées ovales, membraneuses et luisantes, lâchement imbriquées*, chacune barrée d'une rayure centrale sombre. Pâturages secs. ES (dont îles Baléares), FR, IT, PT. *Catananche lutea* CATANANCHE JAUNE est semblable, mais à *capitules jaunes* plus petits et étroits. IT (dont Sardaigne et Sicile).

Launaea

Arbrisseaux et plantes herbacées vivaces à rameaux souvent enchevêtrés ; feuilles non épineuses exsudant du latex quand on les coupe. Capitules à fleurons ligulés uniquement. Pappus de soies plumeuses.

Launaea cervicornis. Arbrisseau bas, *en dôme, formant un coussinet très dense de tiges ligneuses et épineuses en zigzag* ; feuilles basales non épineuses, se flétrissant rapidement, la plante paraissant alors dénudée. Capitules jaunes terminaux, à larges ligules planes, étalées et échancrées. Falaises littorales, garrigues rocailleuses à Majorque et Minorque uniquement. ES (îles Baléares). ***Launaea arborescens***, semblable, est un arbrisseau en dôme un peu *ouvert et plus étalé*, à tiges zigzagantes ligneuses et épineuses, insérées à angle droit. Feuilles verdâtres, linéaires et alternes, rapidement caduques et devenant éparses. Capitules jaunes terminaux. Garrigues littorales, marges des déserts, essentiellement en Afrique du Nord. DZ, ES (sud-est), MA.

Launaea fragilis (Syn. *L. resedifolia*). Plante vivace peu élevée à feuilles basales pour la plupart ; longues tiges étalées presque nues (mais munies de bractées), à aspect souvent enchevêtré ; feuilles étroites, à lobes espacés et marges non épineuses. Capitules solitaires jaunes, de 25 mm de large au maximum, à fleurons ligulés. Akènes de 5-7 mm. Sols sableux littoraux. ES, IT (Sicile), MA. ***Launaea nudicaulis*** est semblable, mais marge des feuilles hérissée de petites épines blanches. Akènes de 3-4 mm de long. Milieux salés secs ou habitats à aridité saisonnière ; commune dans certaines régions d'Afrique du Nord. DZ, ES, MA, TN.

Tolpis

Plantes herbacées annuelles à vivaces. Capitules *à très longues bractées étroites, arquées-étalées.* Pappus typiquement orné de longs poils rudes.

T. barbata

Tolpis barbata TRÉPANE BARBUE. Plante annuelle de taille variable, plus ou moins velue, atteignant 90 cm, à tiges grêles, étalées et rameuses. Feuilles linéaires-lancéolées, dentées ou non et lobées. Capitules *jaune citron à cœur brun violacé sombre contrasté*, de 30 mm de large au plus, sur des pédoncules épaissis ; fleurons ligulés ; *bractées filiformes rayonnant en désordre sous l'involucre.* Pappus à poils rigides. Lieux sableux perturbés, surtout sur le littoral ; commune dans toute la zone, sauf sur certaines îles. *Tolpis virgata* a un port plus diffus, avec des tiges ascendantes et *des capitules entièrement jaunes*, dépourvus des rangées de bractées filiformes sous l'involucre. FR, IT.

Hyoseris

Capitules solitaires au sommet d'une tige nue, naissant d'une rosette de feuilles basales. Pappus *à poils jaunâtres inégaux.*

Hyoseris scabra. Plante annuelle basse à allure de pissenlit avec sa rosette de feuilles basales. Feuilles divisées-pennées, à lobes triangulaires *dirigés vers l'arrière*. Capitules portés par *des pédoncules épaissis, ascendants ou couchés (non dressés)*, de 6-80 mm, renflés au milieu ou au-dessus et creux au sommet. Capitules jaunes, comme ceux du pissenlit, de 8-10(30) mm de large, à fleurons ligulés. Akènes de 6-7 mm. Commune dans les jachères herbeuses de toute la zone. *Hyoseris radiata* est semblable, mais plante vivace plus grande et feuillée, à pédoncules ascendants plus longs que les feuilles. ES, FR, IT, MA.

Hedypnois

Petites plantes annuelles à feuilles en rosette. Capitules jaunes, *à bractées charnues sur un seul rang, persistantes et entourant les têtes fructifères à maturité.* Akènes côtelés, non comprimés, sans bec ; pappus écailleux.

H. rhagadioloides

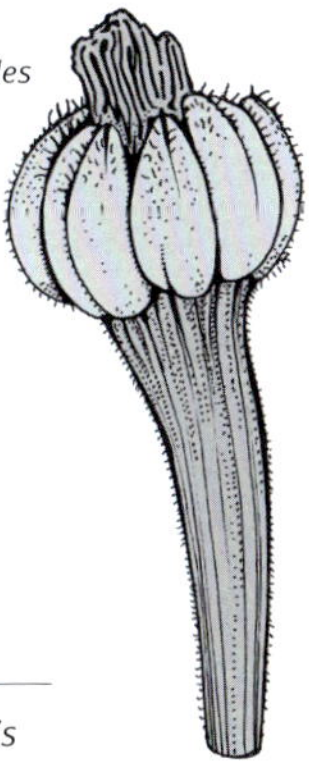

Hedypnois rhagadioloides (Syn. *H. cretica*). Plante annuelle variable, plus ou moins velue, de 45 cm de haut au maximum, à *nombreuses tiges rameuses*. Feuilles basales pour la plupart, étroitement elliptiques, entières à profondément lobées, les inférieures à pétiole ailé, les supérieures sessiles. Capitules jaunes de 5-15 mm de large, semblables à ceux du pissenlit, sur des pédoncules épaissis juste au sommet ; involucre à bractées étroites, linéaires-lancéolées, *fortement arquées à la fructification.* Assez commune dans toute la zone, dans de nombreux milieux secs et perturbés. *Hedypnois arenaria* est semblable, mais pédoncules floraux à peine épaissis et bractées involucrales *non* (ou à peine) arquées à la fructification. Sables littoraux. ES, MA, PT.

---

1. *Launaea cervicornis*
2. *Launaea arborescens*
3. *Launaea nudicaulis*
4. *Tolpis barbata*
5. *Tolpis barbata* (bractées)

Rhagadiolus

Plantes annuelles pubescentes. *Akènes peu nombreux, linéaires, étalés en étoile* ; pappus absent.

R. stellatus

Rhagadiolus stellatus RHAGADIOLE EN ÉTOILE. Mauvaise herbe annuelle à poils épars, à tiges rameuses et étalées atteignant 40 cm. Feuilles de 2,5-14 cm de long, oblongues, à dents éparses ou lobées, subsessiles. Petits capitules jaunes ne dépassant pas 10 mm de large, longuement pédonculés, en panicule lâche. *Tête fructifère en étoile* formée de (5)7-8 akènes linéaires et arqués, de 10-16 mm de long. Jachères ; dans toute la zone. **Rhagadiolus edulis** est très semblable, mais à têtes fructifères à 5(6) akènes plus courts et droits, de 10-13 mm de long. Dans toute la zone.

1. *Hedypnois rhagadioloides*
2. *Hedypnois rhagadioloides*
3. *Rhagadiolus stellatus*
4. *Urospermum picroides*
5. *Urospermum dalechampii*
6. *Hypochaeris radicata*

Urospermum

Capitules à 7-8 bractées disposées *sur un seul rang* et soudées à la base ; seuls les fleurons ligulés sont présents. Akènes arborant un bec ; pappus à 2 rangs de poils plumeux.

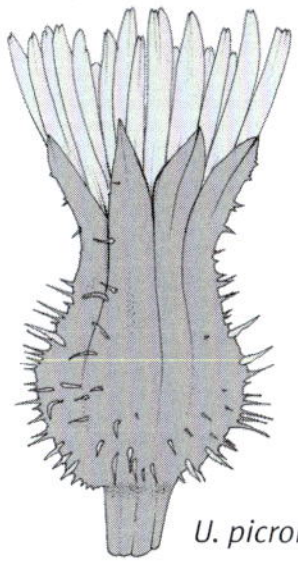

U. picroides

A. Plante annuelle

Urospermum picroides. Plante *annuelle* à tiges et feuilles hispides de 20-60 cm de haut ; ces dernières assez grandes, jusqu'à 20 cm de long, comme celles d'un laiteron, dentées à lobées, les inférieures oblongues, les supérieures linéaires-lancéolées. Capitules jaunes, semblables à ceux du pissenlit, sur des pédoncules épaissis à la base ; involucre cylindrique de 25 × 28 mm. Pappus blanc et duveteux (poils plumeux). Lieux incultes. Dans toute la zone.

B. Plante vivace

Urospermum dalechampii. Plante vivace peu élevée, velue, à rosette basale de feuilles pennatilobées, à lobes dirigés vers l'arrière, le segment terminal plus grand, caulinaires ovales-lancéolées, lobées ou non, les supérieures opposées. Capitules *jaune soufre pâle, souvent à cœur brun sombre* ; involucre cylindrique de 17-20 × 15-23 mm. Broussailles, lieux perturbés. ES, FR, IT, MA.

Hypochaeris PORCELLE

Plantes herbacées annuelles à vivaces à feuilles en rosette et tiges ramifiées, solitaires ou peu nombreuses. Capitules jaunes, à fleurons ligulés uniquement ; bractées disposées sur plusieurs rangs imbriqués ; *réceptacle composé d'écailles entre les fleurons*. Akènes finement côtelés, avec ou sans bec ; pappus à 1-2 rangs de poils brunâtres.

H. radicata (akènes)

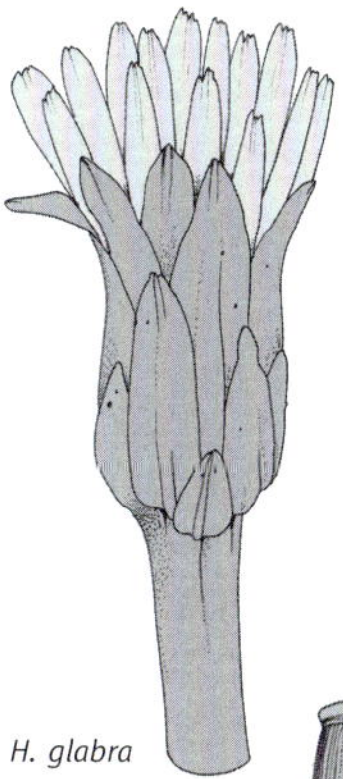

H. glabra

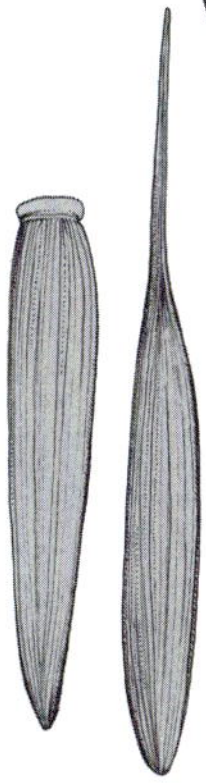

H. glabra (akènes)

Hypochaeris radicata PORCELLE ENRACINÉE. Plante vivace atteignant 60 cm, *à tiges subglabres, rameuses* ; rosette basale de feuilles oblongues, hispides, à bords ondulés-dentés, plus sombres au sommet, jusqu'à 25 cm de long. Pédoncules *épaissis* sous les capitules ; ces derniers jaunes, de 20-40 mm de large, à involucre en cloche ; *bractées glabres*, à apex foncé. Akènes centraux de 8-17 mm, munis d'un bec (généralement, les externes aussi). Lieux herbeux en altitude ; commune dans toute la zone.

Hypochaeris glabra PORCELLE GLABRE est semblable, mais à feuilles subglabres et luisantes ; *capitules plus petits, peu ouverts*, de 10-15 mm de large, dont les ligules dépassent à peine les bractées. Akènes centraux de 6-9(14) mm *(les externes sans bec)*. Dans toute la zone.

Hypochaeris achyrophorus. Plante vivace à poils rudes, de 12-14 cm de haut, à tiges nues, souvent rameuses, épaissies sous les capitules. Feuilles en rosette basale, assez larges, spatulées, lobées ou non. Capitules solitaires jaune vif, de 10-15 mm de large, à *bractées linéaires densément hispides*. Akènes de 5-7 mm. Lieux herbeux. Dans toute la zone.

Leontodon LIONDENT

Plantes vivaces rhizomateuses ressemblant à *Hypochaeris*, à tiges simples, sans bractées, et feuilles lobées. Capitules solitaires, *à réceptacle dépourvu d'écailles entre les fleurons.* Akènes finement côtelés, à bec absent ou peu distinct ; pappus à 2 rangs de poils (ou d'écailles) brun pâle.

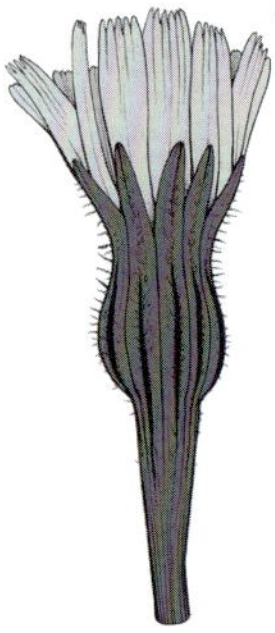
L. taraxacoides

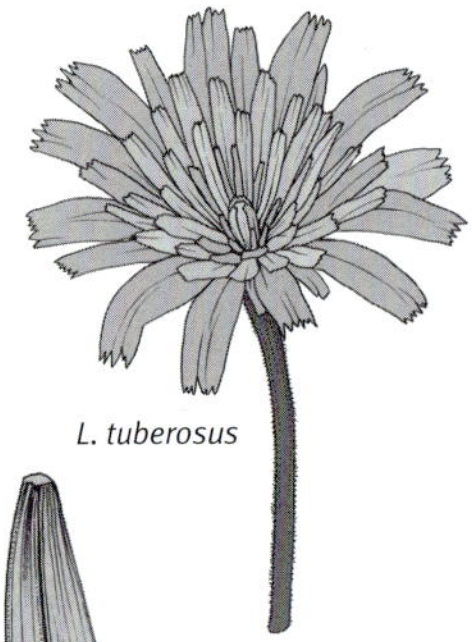
L. tuberosus

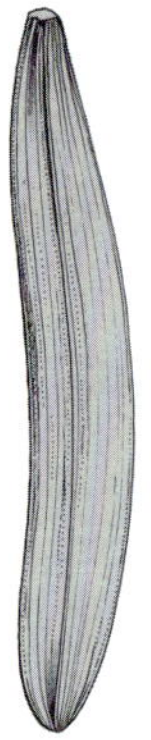
L. hispidus (akène)

Leontodon taraxacoides LIONDENT DES ROCHERS. Plante herbacée vivace hispide, à poils blanchâtres, de 40 cm de haut au maximum, sans racines tubéreuses. Feuilles en rosette basale, à bords ondulés-dentés ou profondément pennatilobées, à poils épars, raides et fourchus. Capitules solitaires sur *des pédoncules simples et nus*, penchés avant la floraison, de 12-25 mm de large, à ligules externes violet grisâtre en dessous ; bractées de 7-11 mm, velues ou glabres, sauf sur la nervure centrale. *Akènes à pappus formant un anneau d'écailles.* Lieux herbeux ; commune dans toute la zone. **Leontodon tuberosus** est semblable, mais racines *tubéreuses* et akènes surmontés d'un *pappus de poils courts*. Mêmes milieux. Dans toute la zone.

Leontodon hispidus LIONDENT HISPIDE. Plante herbacée vivace jusqu'à 60 cm de haut, *couverte de poils rudes blanchâtres.* Feuilles en rosette, oblongues-lancéolées, rétrécies à la base, à bords fortement ondulés-dentés, *très velues. Capitules solitaires* sur des pédoncules atteignant 40 cm de long, à ligules jaunes dépassant les bractées, ces dernières de 11-13(15) mm. Akènes surmontés d'un pappus de poils. Lieux herbeux, souvent en altitude. ES, FR, IT, MA.

Scorzoneroides

Plantes vivaces ressemblant à *Leontodon*, non rhizomateuses, à feuilles simples et tiges (souvent) ramifiées portant des bractées écailleuses. Capitules rarement solitaires, à réceptacle dépourvu d'écailles entre les fleurons (mais pubescent) ; bractées de l'involucre passant progressivement aux écailles de la tige. Akènes finement côtelés, sans bec ; pappus à 1 rang de poils brun clair.

S. autumnalis (akène)

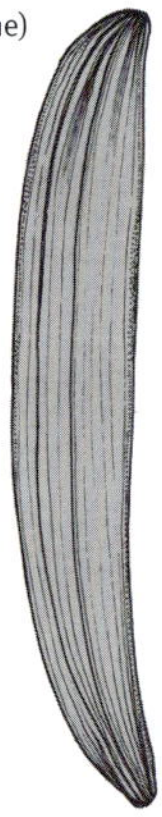

Scorzoneroides salzmannii (Syn. **Leontodon salzmannii**). Petite plante vivace *entièrement glabre*, à feuilles lobées en rosette basale ; capitules jaune vif sur des pédoncules ramifiés au sommet. Lieux perturbés ou sableux ; rare et locale. ES, MA, PT. **Scorzoneroides autumnalis** (Syn. **Leontodon autumnalis**) LIONDENT D'AUTOMNE, semblable, est une plante vivace atteignant 60 cm, *couverte de poils blanchâtres rudes.* Feuilles lancéolées, à bords ondulés-dentés, rétrécies à la base. Tiges florifères couvertes sur toute leur surface de poils fourchus ; capitules solitaires, à fleurons ligulés jaunes beaucoup plus longs que les bractées, ces dernières de 6-15 mm. Lieux herbeux en altitude ; locale. ES, FR, IT.

---

1. *Leontodon hispidus*
2. *Picris hieracioides*
3. *Picris pauciflora*
4. *Helminthotheca echioides*
5. *Helminthotheca comosa* subsp. *lusitanica*

Picris PICRIDE

Plantes bisannuelles ou vivaces à poils rudes et tiges lâchement ramifiées. Capitules jaunes, à fleurons ligulés uniquement, les externes souvent rayés de rougeâtre ; *bractées externes lancéolées, semblables aux internes*. Akènes à côtes faibles, sans bec ou à bec court ; pappus à 2 rangs de poils blanc cassé.

Picris hieracioides PICRIDE FAUSSE-ÉPERVIÈRE. Plante bisannuelle grêle, *hispide*, à tiges rameuses atteignant 1 m. Feuilles lancéolées à étroitement oblongues, superficiellement dentées ou lobées, les supérieures embrassant la tige. Capitules jaunes longuement pédonculés, jusqu'à 35 mm de large, *à bractées involucrales lancéolées, étalées à récurvées, à poils simples, vert mat* (certaines noirâtres). Pappus blanc crème. Divers milieux secs ; absente des îles Baléares. ES, FR, IT.

Picris pauciflora. Plante annuelle ou bisannuelle de taille moyenne à élevée, à feuilles hispides, non dentées ou à dents éparses. Capitules peu nombreux, étalés-dressés, en panicule lâche et rameuse ; *bractées de l'involucre toutes linéaires-lancéolées, plutôt concaves, les plus internes appliquées*, souvent rougeâtres, hispides ; fleurons jaunes. Commune dans le sud de la France, dans divers milieux ; rare ou absente ailleurs. FR.

Helminthotheca

Plantes annuelles à bisannuelles semblables à *Picris* (auparavant incluses dans ce genre). Capitules *à bractées externes ovales, beaucoup plus larges que les internes*. Akènes à long bec ; pappus blanc et plumeux.

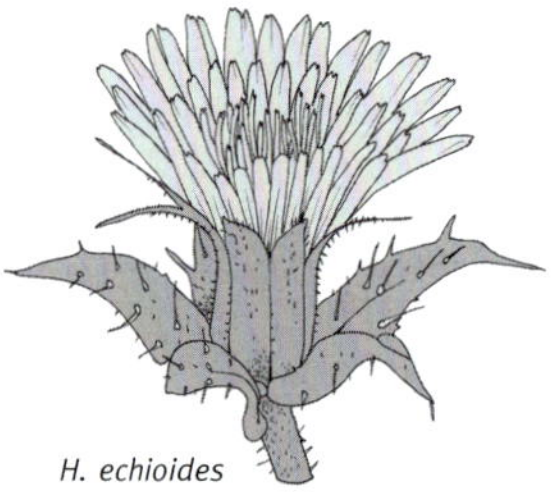

H. echioides

Helminthotheca echioides (Syn. *Picris echioides*) PICRIDE FAUSSE VIPÉRINE. Robuste plante annuelle ou bisannuelle *fortement hispide*, atteignant 80 cm, *à poils naissant d'un tubercule*. Feuilles elliptiques à oblongues, à marges ondulées-crispées et tuberculeuses, les inférieures à pétiole ailé. Nombreux capitules jaunes ; *3-5 grandes bractées extérieures ovales à cordées, simulant un épicalice*, de 15-20 × 7-10 mm. Pappus blanc. Mauvaise herbe commune des lieux incultes dans toute la zone.

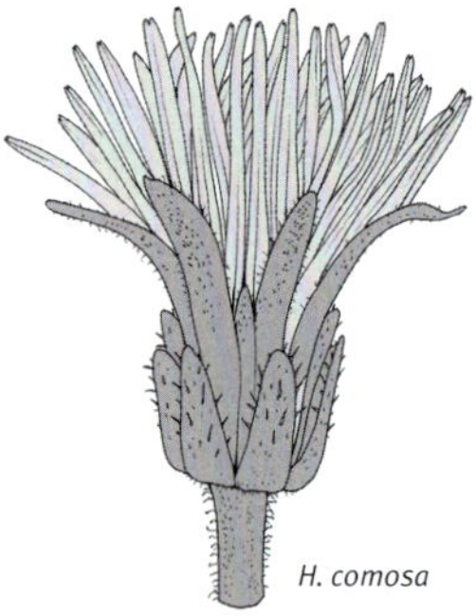

H. comosa

Helminthotheca comosa (Syn. *Picris comosa*). Plante bisannuelle à vivace fortement hispide, à tiges solitaires et rameuses, de 30-90 cm de haut. Feuilles hérissées de quelques soies piquantes à base fortement bulbeuse. Capitules à ligules jaunes ; long involucre atteignant 18 mm ; *bractées les plus extérieures non cordées à la base, de 4,5-7 × 2-2,5 mm*. Akènes à *long* bec, jusqu'à 2 fois plus long qu'eux ; pappus blanc. Maquis, garrigues, terrains nus et pentes rocailleuses. ES, MA, PT. Subsp. *comosa* possède des bractées internes de l'involucre dont les soies mesurent 3-4 mm de long. ES, MA, PT. Chez subsp. *lusitanica* (Syn. *Picris algarbiensis*), ces dernières ne dépassent pas 1-3 mm. ES, PT.

Scorzonera SCORSONÈRE

Plantes herbacées vivaces, à tiges solitaires ou multiples. Feuilles souvent linéaires et entières. Capitules jaunes, roses, pourpres ou blancs ; bractées imbriquées sur plusieurs rangs ; fleurons ligulés, dentés au sommet. Akènes côtelés, avec ou sans base tubuleuse, sans bec ; pappus blanc sale, plumeux. Groupe taxonomiquement difficile, ayant reçu des traitements variés selon les flores régionales.

A. Capitules jaunes

Scorzonera hispanica. Plante vivace variable, *ramifiée* et feuillée, de 0,3-1,2 m de haut. Feuilles polymorphes, linéaires à spatulées, rétrécies à la base. Capitules jaunes, typiquement par 1-5, à fleurons 2 fois plus longs que l'involucre, ce dernier de 20-25 mm ; larges bractées de 6-8 mm. Pâturages, également échappée de cultures. Probablement dans toute la partie européenne de la zone. Les formes non rameuses et à feuilles strictement linéaires sont reconnues par certains auteurs comme *S. glastifolia*, celles à feuilles en rosette basale et les caulinaires réduites comme *S. trachysperma*. IT.

Scorzonera villosa SCORSONÈRE VILLEUSE. Plante vivace velue, en touffes basses à peu élevées, souvent à poils blanchâtres hirsutes ; tiges solitaires ou peu nombreuses ; *feuilles linéaires, non dentées*, à gaine basale blanchâtre. Capitules jaunes, à ligules rougeâtres sur le revers ; bractées de l'involucre souvent laineuses-blanchâtres et recourbées. Lieux herbeux. IT (dont Sardaigne).

---

1. *Scorzonera undulata* PHOTOGRAPHIE : GIANNIANTONIO DOMINA
2. *Tragopogon pratensis*
3. *Tragopogon dubius* (port)
4. *Tragopogon dubius*

B. Capitules rose violacé

Scorzonera undulata. Plante vivace de 10-30 cm de haut, à rosette basale de feuilles glauques, largement linéaires, brièvement pubescentes, fortement ondulées, carénées ; tiges généralement simples et courtes. Grands capitules voyants, de 30-50 mm de large, rose violacé, à cœur plus foncé, s'ouvrant par temps ensoleillé ; larges bractées à apex recourbé. Lieux nus et arides, semi-désertiques, friches. DZ, IT (Sicile), MA, TN.

Podospermum

Genre étroitement apparenté à *Scorzonera* (on l'inclut encore souvent dans ce dernier). Plantes annuelles, bisannuelles ou vivaces, à feuilles souvent pennatilobées. Akènes à base tubuleuse ; pappus de poils.

A. Capitules lilas

Podospermum purpureum (Syn. *Scorzonera purpurea*) SCORSONÈRE POURPRE. Plante vivace glabre, à tiges simples ou peu ramifiées, de 15-45 cm. Feuilles linéaires, carénées. Capitules de 30-50 mm de large, *violacé pâle à lilas, à longues ligules* ; bractées de l'involucre nombreuses, sépaloïdes, imbriquées sur plusieurs rangs. Lieux herbeux frais dans le sud de l'Europe. ES, FR, IT.

B. Capitules jaunes

Podospermum laciniatum (Syn. *Scorzonera laciniata*) SCORSONÈRE À FEUILLES LACINIÉES. Plante annuelle ou bisannuelle variable, basse à moyenne, à rosette de feuilles 1-2 fois divisées-pennées en segments linéaires; feuilles supérieures embrassant la tige. Capitules jaunes de 15-25 mm de large, solitaires, sur des pédoncules simples et épais. Bractées de l'involucre lancéolées à ovales, souvent à apex sombre et recourbé. Têtes fructifères comme celles d'un gros pissenlit. Lieux cultivés, friches; commune dans toute la zone. *Podospermum canum* (Syn. *Scorzonera jacquiniana*), semblable, est *une vivace pubescente, à tiges souvent rameuses*. Capitules jaunes, à ligules souvent vert grisâtre, pourpres ou rouges sur le revers; bractées de l'involucre beaucoup plus courtes que les ligules. Friches saumâtres. IT (dont Sardaigne et Sicile).

Tragopogon SALSIFIS

Plantes herbacées annuelles à vivaces, produisant du latex quand on les coupe. Tiges en général solitaires. Feuilles linéaires, souvent jonciformes. Capitules à fleurons ligulés uniquement. Têtes fructifères comme celles d'un gros pissenlit; akènes côtelés, arborant un bec; pappus à poils simples et plumeux.

A. Capitules jaunes

Tragopogon pratensis SALSIFIS DES PRÉS. Plante annuelle ou vivace à tige dressée atteignant 75 cm, tomenteuse dans sa jeunesse, devenant glabre et grisâtre à maturité. Feuilles inférieures étroitement linéaires-lancéolées, jusqu'à 30 cm de long, distinctement carénées, les caulinaires semblables, atténuées en longue pointe fine. Capitules solitaires, longuement pédonculés, de 50 mm de large au maximum, à fleurons jaunes. *Têtes fructifères comme celles d'un gros pissenlit.* Akènes externes < 30 mm. Lieux herbeux frais ; absente de la plupart des îles. ES, FR, IT. ***Tragopogon dubius*** SALSIFIS DOUTEUX est semblable, mais *pédoncules fortement renflés sous les capitules* et bractées dépassant longuement les fleurons. Mêmes milieux et distribution identique. ES, FR, IT.

B. Capitules roses (espèces similaires, difficiles à distinguer)

T. crocifolius

Tragopogon crocifolius ressemble aux espèces précédentes, mais capitules pourpre sombre ou brunâtres, *à fleurons centraux jaunes* ; ligules moins longuement dépassées par les bractées de l'involucre. Friches herbeuses ou rocailleuses, localisée. ES, FR, MA, PT. ***Tragopogon porrifolius*** SALSIFIS À FEUILLES DE POIREAU est semblable, mais *gros capitules de fleurons violacés sur des pédoncules nettement renflés au sommet.* ES, FR, MA, PT. Subsp. *australis* (Syn. *T. sinuatus*) est *courtement pubescente* et à ligules 2 fois moins longues que les bractées. ES, FR, MA, PT.

Geropogon

Plantes annuelles ressemblant à *Tragopogon* (et parfois encore incluses dans ce genre par de nombreux auteurs). Akènes côtelés, arborant un bec ; pappus de poils rigides (non plumeux).

Geropogon hybridus (Syn. *Tragopogon hybridus*). Plante annuelle glabre et grêle atteignant 50 cm, à tiges ramifiées. Feuilles longuement linéaires, glabres, jonciformes. Capitules rose lilas sur des pédoncules renflés, à fleurons centraux peu nombreux, violacés, et largement dépassés par les externes, eux-mêmes *beaucoup plus courts que les bractées involucrales, étroites et longuement aiguës.* Jachères pierreuses ; répandue dans toute la zone.

Reichardia

Plantes herbacées annuelles à vivaces. Involucre en forme de cruche, à bractées sur plusieurs rangs, chacune marginée de blanc. Akènes à 4-5 angles (au moins les plus externes) ; pappus à nombreux rangs de poils simples et souples.

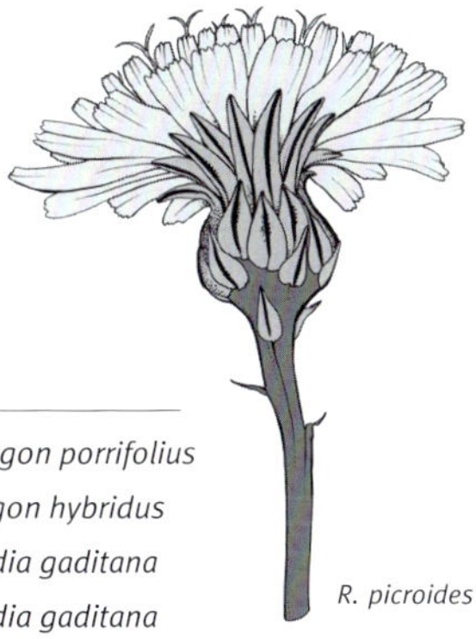
R. picroides

A. Plante vivace, à base ligneuse

Reichardia picroides. Plante vivace ligneuse à la base, à feuilles dentées à pennatilobées. Capitules jaunes, sur des pédoncules plus ou moins nus, à peine renflés au sommet ; *bractées de l'involucre avec une étroite marge membraneuse* (< 0,5 mm de large) ; *fleurons entièrement jaunes (non violacés* à la base), parfois barrés d'une rayure sombre sur la face externe. Akènes périphériques couverts de grosses verrues, *les internes lisses* et paraissant stériles. Lieux cultivés, friches. Dans toute la zone.

1. *Tragopogon porrifolius*
2. *Geropogon hybridus*
3. *Reichardia gaditana*
4. *Reichardia gaditana*

B. Plante typiquement annuelle ou bisannuelle, non ligneuse à la base

Reichardia tingitana. Plante annuelle ou bisannuelle variable, basse à moyenne, glabre, à feuilles oblongues, pennatilobées et dentées, souvent avec des tubercules blancs; feuilles radicales largement ailées à la base, les caulinaires peu nombreuses et linéaires, embrassant à demi la tige par leur base. Capitules jaunes, de 25 mm de large au maximum, *à ligules violacées à la base*, les périphériques barrées d'une rayure rouge sur le revers; bractées de l'involucre de 15 mm de long au plus, à marge membraneuse, glabres. Pappus *long, atteignant 14 mm*. DZ, ES (sud et îles Baléares), MA. ***Reichardia gaditana***, très semblable, possède des feuilles *lisses* (sans tubercules), à bords dentés-épineux, rétrécies à la base en pétiole ailé. Bractées de l'involucre jusqu'à 22 mm de long, à larges bords membraneux et légèrement ondulés, brun clair. Akènes ridés, *à pappus court, de 7-9 mm de long*. Dunes à l'ouest de la péninsule Ibérique. ES, PT. *Reichardia intermedia* ressemble à *R. picroides* par son port et son aspect général, mais plante annuelle, *à bractées de l'involucre à bords membraneux* de 1,25 mm de large au maximum, plus semblables à celles de *R. tingitana*. DZ, ES, IT, MA, PT, TN.

Aetheorhiza

Plantes herbacées vivaces *à stolons souterrains allongés* et tubercules blanchâtres, donnant naissance à des feuilles souvent à moitié enfouies dans le sable. Akènes barrés de 4 sillons, sans bec; pappus à plusieurs rangs de poils blancs et simples.

Aetheorhiza bulbosa. Petite plante vivace verte ou violacée jusqu'à 30(55) cm de haut, stolonifère et rhizomateuse, à tiges grêles peu nombreuses. Feuilles basales, glabres ou velues, *appliquées contre la surface du sol sableux*, elliptiques et entières ou lobées. Capitules jaunes terminaux de 8-15 × 3-12 mm, semblables à ceux du pissenlit; bractées de l'involucre de 14-15(16) mm, à poils noirâtres. Akènes de 3-4,5 mm. Commune sur les sols sableux du littoral, rare ailleurs. Dans toute la zone.

Sonchus LAITERON

Plantes herbacées annuelles ou vivaces, à tiges robustes et creuses, exsudant un latex blanc et poisseux quand on les coupe. Feuilles pennatilobées ou à marges ondulées-épineuses, les caulinaires embrassant la tige par leur base. Capitules jaunes, à fleurons ligulés. Akènes aplatis, côtelés, sans bec; pappus à 2 (ou plusieurs) rangs de poils blancs et simples.

S. asper

Sonchus asper LAITERON ÂPRE. Plante annuelle de hauteur variable, dressée, grisâtre ou rougeâtre, glabre (mais glanduleuse en haut), atteignant 1 m, à tiges simples ou rameuses. Feuilles supérieures embrassant la tige, les inférieures spatulées, parfois pennatilobées, à lobes triangulaires aigus et dentés, *les 2 inférieurs à base arrondie, vert brillant* sur le dessus. Capitules jaune d'or, jusqu'à 25 mm de large. Akènes de 2-3 mm. Très commune dans une large gamme d'habitats, des villes aux dunes côtières dans toute la zone. ***Sonchus tenerrimus*** est semblable, mais feuilles profondément divisées-pennées, à lobes fortement étranglés ou linéaires à la base, le terminal égalant les latéraux (pas nettement plus grand). Pédoncules floraux souvent velus-blanchâtres. Lieux perturbés; localement commune dans toute la zone.

1. *Reichardia tingitana*
2. *Aetheorhiza bulbosa*
3. *Sonchus asper*
4. *Sonchus tenerrimus*
5. *Sonchus tenerrimus* (feuille)
6. *Sonchus oleraceus* (fleurs)
7. *Sonchus oleraceus* (base des feuilles)

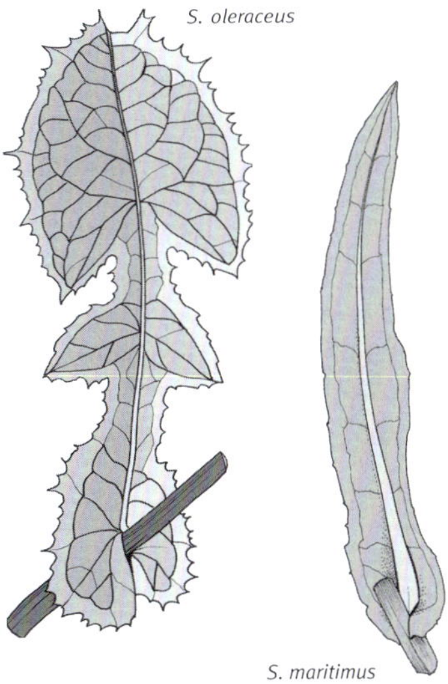

Sonchus oleraceus LAITERON MARAÎCHER. Plante annuelle dressée atteignant 1,5 m, ressemblant à *S. asper* ; grisâtre ou rougeâtre, glabre (mais glanduleuse en haut). Feuilles inférieures spatulées, variablement divisées, souvent profondément *pennatilobées*, à lobes triangulaires et dentés, *le terminal nettement plus grand* que ceux de la paire située juste en dessous, les 2 inférieurs *à base aiguë* (non arrondie), *vert mat* (non luisant) sur le dessus ; feuilles supérieures embrassant la tige. Capitules jaune pâle de 25 mm de large au maximum. Akènes de 2,5-3,8 mm. Très commune dans une large gamme de milieux. Dans toute la zone.

Sonchus maritimus. Ressemble à l'espèce précédente, mais plante *vivace rhizomateuse moins élevée*, de 60 cm de haut au maximum, à tiges simples ou peu rameuses ; feuilles situées en majorité à la base, linéaires, dentées-ondulées, rarement lobées ; lobes basaux arrondis. Pédoncules floraux souvent *tomenteux-blanchâtres*. Sols sableux humides du littoral ; localisée. DZ, ES, FR, IT, PT.

Crepis CRÉPIDE

Plantes herbacées annuelles ou vivaces à feuilles alternes dont les lobes sont dirigés vers l'arrière ; tiges dressées et rameuses. Capitules jaunes à fleurons ligulés ; bractées involucrales sur 2 rangs, les externes souvent plus courtes et étalées. Akènes côtelés et comprimés ; pappus fragiles de poils blancs.

C. *capillaris*

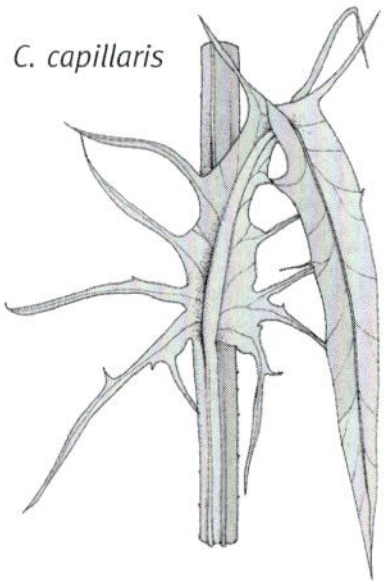

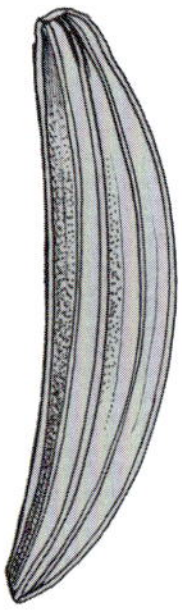

C. *capillaris* (akène)

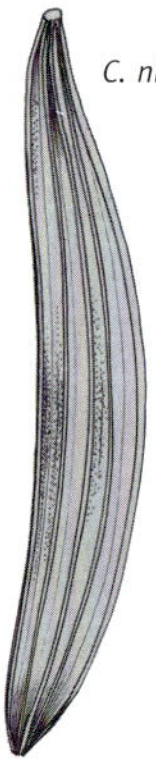

C. *nicaeensis* (akène)

C. *biennis* (akène)

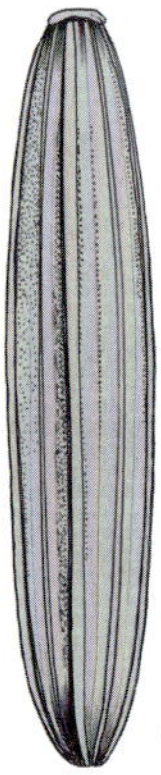

C. *paludosa* (akène)

A. Akènes dépourvus de bec ; pappus blanc-soyeux

Crepis capillaris CRÉPIDE CAPILLAIRE. Plante annuelle dressée, glabre, jusqu'à 75 cm de haut, rameuse dès la base ou seulement en haut. Feuilles à poils épars, luisantes, entières ou irrégulièrement et étroitement pennatilobées, à grand lobe terminal triangulaire et lobes latéraux plus étroits, les supérieures plus petites et sessiles, *embrassant la tige par 2 oreillettes*. Capitules jaunes dressés en bouton, semblables à ceux du pissenlit, de 15 mm de large au maximum, en inflorescence lâche ; bractées de l'involucre tomenteuses, appliquées, souvent avec des poils noirâtres. Akènes sans bec, de 1,4-2,5 mm. Lieux perturbés, répandue. ES, FR, IT, PT. ***Crepis nicaeensis*** est semblable, mais bractées externes un peu étalées et akènes de 2,5-3,8 mm, sans bec, mais rétrécis à la base. Manque dans la plupart des îles. ES, FR, IT.

Crepis biennis CRÉPIDE BISANNUELLE. Plante bisannuelle à pilosité rude et tiges atteignant 1,2 m, souvent violacées à la base. Feuilles basales irrégulièrement pennatilobées, à grand lobe terminal, les caulinaires semblables, mais *embrassant à demi la tige et à base non nettement en fer de flèche*. Capitules jusqu'à 30 mm de large, en groupes lâches (mais d'abord rapprochés). Pappus blanc et souple égalant ou dépassant légèrement l'involucre ; akènes de 4-7,5 mm. ES, FR, IT.

Crepis paludosa CRÉPIDE DES MARAIS. Plante vivace subglabre, *à tiges glabres* atteignant 80 cm, rameuses en haut. Feuilles luisantes, glabres et ondulées-dentées, les basales et caulinaires ovales-lancéolées, rétrécies en pétiole court et ailé, *les supérieures à base en fer de flèche*. Capitules jaunes, en corymbes lâches ; *bractées laineuses, à poils noirâtres denses*. Akènes de 4-5,5 mm ; pappus *à poils jaunâtres, raides et cassants*. Marais et bas-marais. Dans toute la zone.

---

1. *Taraxacum* sect. *Ruderalia*
2. *Andryala integrifolia*

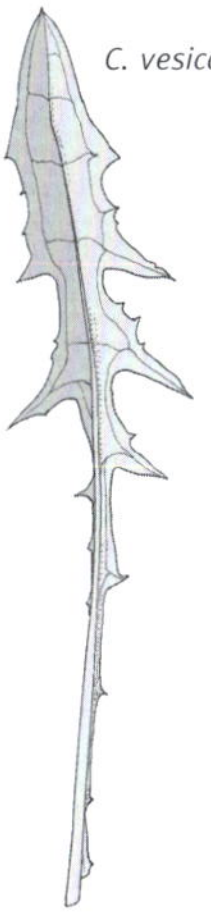

C. vesicaria

C. vesicaria (akène)

C. foetida (akène)

B. Au moins quelques akènes munis d'un bec et côtelés

Crepis vesicaria CRÉPIDE À FEUILLES DE PISSENLIT. Robuste *plante vivace velue*, arborant des feuilles à larges lobes, entièrement duveteuses. Capitules de 15 mm de large au maximum, à fleurons jaune orangé, les externes striés de rougeâtre au revers ; bractées externes de l'involucre étalées ; capitules dressés en bouton. Akènes *à long bec mince*, de 5-9 mm ; pappus dépassant longuement l'involucre à maturité. Prairies, friches. Dans toute la zone. ***Crepis foetida*** CRÉPIDE FÉTIDE est semblable, mais *à odeur forte et capitules penchés en bouton*. Akènes centraux à long bec, de 10-17 mm. Dans toute la zone. ***Crepis rubra*** CRÉPIDE ROSE se distingue aisément par ses capitules solitaires ou peu nombreux, *roses ou rose blanchâtre*. IT.

Andryala

Capitules nombreux, en corymbes ; bractées sur 1 seul rang principal, plus quelques autres additionnelles ; seuls les fleurons ligulés sont présents. Pappus à poils souples.

A. Capitules jaune pâle à moyen, souvent plus sombres au centre ; plantes à poils jaunâtres souples

A. integrifolia

Andryala integrifolia. Plante annuelle à vivace variable, basse à élevée, velue-blanchâtre, à tiges dressées, peu rameuses, feuillées, atteignant 50 cm (1 m). Feuilles ovales-lancéolées, entières ou lobées, les supérieures embrassant à moitié la tige et densément couvertes de poils glanduleux jaunâtres. Nombreux *capitules jaune citron* (souvent plus sombres au centre), de 20 mm de large au maximum, en corymbes fournis ; bractées de l'involucre linéaires-lancéolées, velues ; involucre de 6-10 × 5-9 mm. Akènes de 1 mm. Localement commune dans les lieux herbeux sur sables secs. ES, FR, IT, MA, PT. *Andryala laxiflora* est très semblable, mais capitules plus gros et moins nombreux (en corymbes ou en panicule allongée) ; involucre nettement plus large, atteignant 15 mm (et non 5-10 mm) ; jaune pâle ou moyen, parfois à centre plus sombre. ES, PT.

A. ragusina

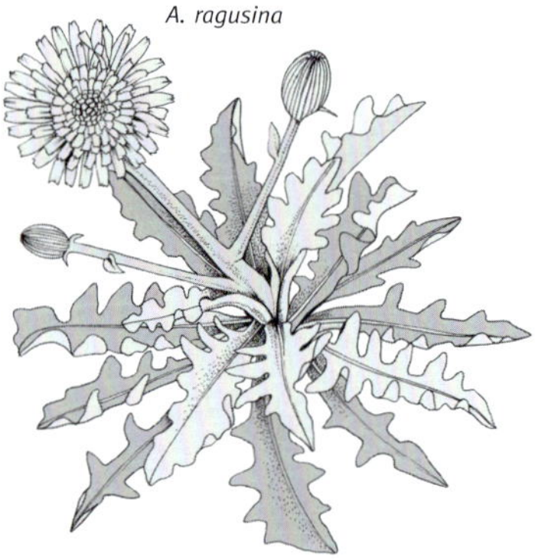

B. Capitules uniformément jaune vif; plantes densément tomenteuses

Andryala ragusina. Plante annuelle à vivace *densément blanche-tomenteuse*, de 30-50 cm de haut, *à feuilles pennatilobées* en touffes basales. Capitules *jaune vif*, à ligules nombreuses et denses ; involucre de 7-13 × 5-18 mm, *sans poils glanduleux*. Akènes de 2,4-2,7 mm. Locale, surtout dans l'Ouest. ES (dont îles Baléares), FR (dont Corse), PT. *Andryala agardhii* est aussi densément *blanche-tomenteuse*, mais *feuilles étroitement spatulées*, pliées, densément regroupées à la base. Capitules *solitaires et longuement pédonculés*, jaunes, avec des bractées à poils noirs. Éboulis rocailleux, gorges. ES (sud).

A. agardhii

Glossaire

Acaule, dépourvu de tige.

Actinomorphe, fleur à symétrie radiaire (régulière), avec un nombre infini d'axes de symétrie (par exemple chez *Lilium*) ; syn. **régulière**.

Adventice, introduit dans une région, d'apparition sporadique et ne persistant pas.

Aiguillon, excroissance épineuse, élargie à sa base.

Akène, fruit sec, indéhiscent (ne s'ouvrant pas), à une seule graine ; une tête fructifère comprend souvent de nombreux akènes, comme chez *Ranunculus*.

Alêne (en), pointu et acéré.

Alterne, inséré isolément par nœud sur un axe ; par exemple : feuilles insérées à des niveaux différents sur une tige (ni opposées ni verticillées).

Angiosperme, plante à fleurs.

Annuelle, qui boucle son cycle biologique en une année ; plante typiquement dépourvue d'organes ligneux (herbacée).

Anthère, partie fertile d'une étamine produisant le pollen ; généralement portée sur un organe aminci (le filet).

Apex, sommet d'un organe.

Aranéeux, à poils fins et emmêlés comme ceux d'une toile d'araignée.

Arbre, plante ligneuse mesurant plus de 5 m, à tronc unique.

Arbrisseau, plante ligneuse ramifiée dès la base (sans axe principal), de moins de 3 m de haut.

Arbuste, plante ligneuse mesurant moins de 5 m, à tronc unique.

Arête, soie longue et raide, présente par exemple chez les graminées (poacées).

Arille, expansion charnue recouvrant tout ou partie d'une graine.

Aristé, terminé par une arête.

Ascendant, d'abord couché, puis redressé.

Axillaire, inséré à l'aisselle d'un organe (d'une feuille ou d'une bractée notamment).

Baie, fruit charnu contenant plusieurs graines dépourvues d'enveloppe ligneuse (pépins).

Bec, projection allongée, généralement d'un fruit.

Bifide, profondément fendu en 2 parties, typiquement à l'apex.

Bisannuelle, plante qui accomplit son cycle biologique en 2 ans (souvent en produisant une rosette foliaire la première année et en fleurissant la seconde).

Bractée, structure ressemblant à une petite feuille, souvent sous-tendant (située sous) une fleur ou une inflorescence.

Bractéole, petite bractée secondaire.

Bulbe, organe souterrain de stockage constitué d'une tige très courte et de feuilles charnues.

Bulbille, petit bulbe fertile naissant à l'aisselle d'une feuille (parfois parmi les fleurs, comme chez *Allium*).

Caduc, non persistant, comme les feuilles à l'automne ou les pétales après la floraison.

Calice, ensemble des sépales d'une fleur (verticille externe d'un périanthe lorsqu'il est distinct de l'interne).

Callosité, petite bosse sur le labelle de certaines Orchidacées.

Canaliculé, barré d'un sillon creux en forme de canal.

Capitule, inflorescence condensée de petites fleurs sessiles (celles situées à la périphérie et sur le disque sont souvent différentes) serrées sur un réceptacle commun ; caractéristique de la famille de la pâquerette (Astéracées) et des Dipsacacées.

Carène, structure en forme de carène de bateau formée par les 2 pétales inférieurs soudés chez

Chou des champs ***332***
Chou sauvage ***339***
Chrysanthème couronné *535*, ***536***
Chrysanthème des moissons *535*, ***536***
Chrysanthème tricolore **536**
Ciboulette *115*, **116**
Ciguë tachetée **494**
Cirse commun *550*, **551**
Cirse des champs *550*, **551**
Cistanche **458**, *460*
Ciste à feuilles de sauge *356*, ***357***
Ciste blanchâtre ***356***
Ciste de Montpellier *356*, ***357***
Ciste ladanifère ***358***
Citronnier ***371***
Claytonie perfoliée **206**
Clématite à vrilles **162**
Clématite brûlante *161*, **162**
Clématite des haies *161*, **162**
Cocotier du Chili **131**
Cognassier *312*, **313**
Colchique d'automne *68*, ***69***
Colchique de Bertoloni **69**
Compagnon blanc ***192***
Concombre d'âne *320*, **321**
Conopode dénudé **489**
Coquelicot *163*, ***164***
Coquelicot argémone ***165***
Coquelicot douteux *164*, ***165***
Corne-de-cerf à deux lobes *336*, ***337***
Cornouiller mâle **375**
Cornouiller sanguin **375**
Coronille à tige de jonc **299**, *300*
Coronille bigarrée *300*, **301**
Coronille engainée **299**, *300*
Coronille glauque **299**, *300*
Coronille scorpion ***299***, *300*
Corrigiole des grèves **187**
Corynéphore *146*, **147**
Cotonnière à feuilles spatulées ***521***
Cotonnière commune ***521***
Cotonnière de France ***523***
Cotonnière dense **523**
Cotonnière jaunâtre ***522***
Cotonnière naine ***523***
Cotule pied-de-corbeau ***540***, *541*
Coulichon *194*, **196**
Cranson du Danemark ***329***
Crassule mousse ***216***
Crépide à feuilles de pissenlit ***581***
Crépide bisannuelle ***580***
Crépide capillaire ***580***
Crépide des marais ***580***
Crépide fétide **581**
Crépide rose **581**
Criste marine ***490***, *491*
Croix de Malte ***319***
Crucianelle maritime ***382***, *383*
Cupressacées **46**
Cuscute des champs ***411***
Cuscute du thym *410*, ***411***
Cyclamen à feuilles de lierre ***374***, *375*
Cyclamen de Perse ***375***
Cymbalaire des murs *480*, **481**
Cynoglosse à feuilles de lin ***399***
Cynoglosse de Crète **400**, *401*
Cynomorium écarlate ***219***, *220*
Cynosure hérissé ***142***
Cyprès **46**, *47*
Cyprès de Monterey **46**
Cyprès du Tassili **46**, *47*
Cytinet ***352***, *353*
Cytise à fleurs blanches **254**
Cytise arborescent **253**

D

Dactyle aggloméré ***142***
Daphné lauréole ***354***
Dauphinelle consoude **160**, *161*
Dauphinelle d'Ajax *160*, *161*
Dauphinelle voyageuse *159*, **160**
Digitale ferrugineuse *480*, **481**
Digitale obscure **482**
Digitale pourpre *480*, **481**
Diotis blanc ***534***
Dompte-venin noir **390**
Dompte-venin officinal **390**, *391*
Doronic à feuilles cordées **542**
Doronic à feuilles de plantain **542**
Drosophylle du Portugal ***168***, *169*
Échinops à tête ronde **549**, *550*
Écuelle d'eau *483*, **485**

E

Emex ***182***
Éphédra à chatons opposés ***49***, *48*
Ephédracées **49**
Épiaire d'Allemagne *440*, ***442***
Épiaire de Crète **442**
Épiaire des champs *440*, ***442***
Épiaire droite *440*, **441**
Épiaire maritime **441**
Épilobe à fleurs roses **227**
Épilobe à petites fleurs *226*, ***227***
Épilobe à quatre angles **227**
Épilobe des marais **227**
Épilobe foncé **227**
Épilobe hirsute *226*, ***227***
Épipactis à petites feuilles ***71***
Épipactis des marais ***71***
Épipactis helleborine ***73***
Épipactis pourpre noirâtre ***71***
Érable de Montpellier **365**
Étoile d'eau **61**

Eufragie à larges feuilles ***457***
Eufragie visqueuse ***457***
Euphorbe arborescente ***233***
Euphorbe candélabre **232**, *233*
Euphorbe de Corse *238*, **239**
Euphorbe de Portland **239**
Euphorbe dentée ***236***
Euphorbe des dunes *238*, **239**
Euphorbe des garrigues ***233***
Euphorbe des jardins ***236***
Euphorbe en faux ***236***
Euphorbe épineuse *234*, **235**
Euphorbe fluette ***236***, *237*
Euphorbe péplis ***240***, *241*
Euphorbe petit-cyprès **236**, *237*
Euphorbe réveille-matin *234*, ***235***
Euphorbe rigide *238*, ***239***
Euphraise rouge ***456***

F

Fausse girouille des sables ***504***
Fausse roquette de France **342**
Faux cotonnier ***390***
Faux poivrier ***367***
Fédia corne d'abondance ***512***, *513*
Fenouil commun ***491***, *492*
Fenugrec **280**
Férule commune ***499***, *500*
Fève ***270***
Ficaire **158**
Ficoïde à cristaux ***210***, *211*
Ficus ginseng ***315***
Figuier ***315***
Figuier des Hottentots **209**, *211*
Flèche-d'eau *60*, **61**
Flûteau nageant **61**
Fragon **129**
Frankénie annuelle *170*, ***171***
Frankénie hirsute **172**
Frankénie lisse ***171***
Fraxinelle **372**
Frêne à feuilles étroites ***417***
Frêne à fleurs **417**
Frêne élevé *415*, **417**
Fritillaire **68**
Fumana à feuilles de thym ***364***
Fumana couché **365**
Fumana d'Arabie **364**
Fumana fausse bruyère *364*, ***365***
Fumeterre blanche ***166***, *167*
Fumeterre officinale ***167***
Fusain d'Europe *320*, **321**

G

Gagée de Bohème **66**
Gaillet à feuilles rondes **384**
Gaillet blanc ***384***
Gaillet croisette **382**, *383*
Gaillet gratteron ***384***
Gaillet jaune *384*, **385**
Galactite cotonneux ***552***, *553*
Galéga officinal *288*, **289**
Galéopsis intermédiaire **434**, *435*
Garance des teinturiers **381**
Garance voyageuse *380*, ***381***
Gastridie ***144***
Genêt à balais **253**, *254*
Genêt d'Espagne **255**
Genêt de Corse **255**
Genêt de l'Etna **256**, *257*
Genêt des teinturiers *254*, **255**
Genêt scorpion **255**, *257*
Genévrier cade **46**, *47*
Genévrier commun **46**
Genévrier de Phénicie **46**, *47*
Gennarie à deux feuilles ***82***, *83*
Géranium à feuilles découpées **221**
Géranium colombin **221**
Géranium fluet **221**
Géranium herbe-à-Robert *220*, ***222***
Géranium luisant *220*, **222**
Géranium mou *220*, ***221***
Géranium pourpre *220*, ***222***
Germandrée arbustive *430*, ***431***
Germandrée d'eau *430*, **432**
Germandrée des Baléares **432**, *433*
Germandrée des chats **432**, *433*
Germandrée épineuse ***433***
Germandrée faux petit-pin *429*, ***430***
Germandrée jaune **432**, *433*
Germandrée petit-chêne **432**, *433*
Germandrée scorodoine **432**, *433*
Germandrée tomenteuse *430*, ***431***
Gesse à feuilles fines **272**
Gesse à larges feuilles **273**
Gesse annuelle *270*, ***272***
Gesse aphylle *270*, **271**
Gesse chiche ***272***
Gesse de Nissole ***272***
Gesse de Tanger ***273***
Gesse des bois **273**
Gesse hérissée **272**
Gesse ocre *270*, **271**
Gesse tubéreuse *272*, **273**
Giroflée des jardins *332*, **333**
Giroflée des murailles **331**
Glaucienne écarlate **165**
Glaucienne jaune *164*, **165**
Globulaire à feuilles en cœur **484**
Globulaire buissonnante *483*, **484**
Globulaire commune **484**
Gnaphale blanc jaunâtre *522*, ***524***
Gnaphale des bois **524**
Gnaphale des marais *522*, **524**
Gombo **350**
Gommier blanc **230**

Aristolochiaceae **50**
Armeria
canescens **173**
ebracteata **173**
gaditana ***173***
macrophylla **173**
pungens *172*, **173**
rouyana **173**
ruscinonensis **173**
soleirolii **173**
velutina **173**
Artemisia
campestris ***541***
subsp. *campestris* **541**
subsp. *maritima* ***541***
crithmifolia ***541***
maritima ***541***
Arthrocnemum 18
fruticosum **203**
glaucum ***203***
macrostachyum ***203***
perenne ***203***
Arum *9*, **55**
alpinum ***56***
apulum 22, ***56***, *57*
cylindraceum ***56***
hygrophilum ***56***
italicum 28, 37, *54*, ***55***
lucanum ***56***
maculatum *54*, ***55***, 56
orientale ***56***
pictum 18, ***56***, *57*
subsp. *pictum* **56**
subsp. *sagittifolium* **56**
Arundo donax ***148***, *149*
Asclepias syriaca **390**, *391*
Asparagaceae **117**
Asparagus
acutifolius ***118***
albus 28, ***117***
aphyllus ***118***
horridus ***118***
officinalis ***117***
pastorianus ***117***
stipularis ***118***
Asperula
aristata ***283***
arvensis **282**
crassifolia **283**
hirsuta ***283***
laevigata **283**
paui ***283***
Asphodeline lutea ***106***
Asphodelus *9*
aestivus ***104***, *105*
albus ***105***
cerasiferus **105**
fistulosus ***106***
macrocarpus **105**, *106*
ramosus **104**, *105*
roseus ***106***
serotinus **104**
tenuifolius ***106***
Aster
linosyris **540**
sedifolius **539**
squamatus **540**, *541*
tripolium **540**
Asteraceae *7*, ***11***, 25, 30, 37, **520**
Asteriscus
aquaticus ***530***
maritimus ***529***
pygmaeus ***529***
Astragalus
algarbiensis **264**
balearicus 18, ***265***
boeticus **262**, *263*
cicer **262**, *263*
echinatus ***264***, *265*
epiglottis *263*, **264**
lusitanicus ***266***
mareoticus **264**, *265*
massiliensis **265**
monspessulanus **262**
odoratus **262**, *263*
sesameus ***264***
sicula ***265***
sirinicus **265**
solandri **264**
stella ***264***
tragacantha **265**
subsp. *vicentinus* **264**, *265*
Astydamia latifolia **490**, *491*
Asyneuma limonifolium **516**, *517*
Atractylis
cancellata ***548***, *549*
gummifera *546*, ***547***
humilis **548**, *549*
Atriplex
glauca *198*, **199**
halimus 35, *198*, ***199***
hastata ***200***
patula **200**
portulacoides **199**, *200*
prostrata ***200***
rosea **200**
Atropa
baetica **401**
belladonna ***401***
Austrocylindropuntia subulata **208**
Avena
barbata ***149***
sterilis **149**

B
Baldellia
alpestris **61**
ranunculoides 16, *60*, ***61***
repens **61**
Ballota hirsuta *440*, **441**
Balsaminaceae **376**
Barlia robertiana **82**, *83*
Bartsia *8*
trixago 3, **458**, *459*
Bauhinia variegata ***248***
Bellardia trixago **458**, *459*
Bellevalia
ciliata **125**
dubia **125**
subsp. hackelii ***125***
hackelii ***125***
romana **125**, 126
trifoliata **125**
webbiana **126**
Bellis
annua *518*, **520**
perennis *518*, **520**
prostrata *27*, *28*, 29, *518*, **520**
sylvestris *518*, **520**
Beta
macrocarpa **202**
maritima **202**
vulgaris **202**, *203*
subsp. maritima **202**

Betulaceae **325**
Biarum
arundanum **58**
bovei **58**
carratracense **58**
dispar **58**
mendax ***59***
tenuifolium **58**
subsp. *arundanum* **58**
subsp. *tenuifolium* **58**
Bidens
aurea ***530***
tripartita ***530***
Bignoniaceae **427**
Biscutella
laevigata ***336***
sempervirens **336**
subsp. *sempervirens* **336**
subsp. *vicentina* 14, ***336***
vicentina ***336***
Bituminaria 9
americana **267**
bituminosa ***266***, 267
Blackstonia
acuminata **388**
grandiflora **388**
perfoliata **388**, *389*
Blitum bonus-henricus **202**
Boraginaceae ***12***, 31, **393**
Borago officinalis **398**, *399*
Bougainvillea
glabra ***212***
spectabilis ***212***
Brachychiton populneus *350*, **351**
Brassica
balearica **338**
barrelieri ***338***
fruticulosa **339**
insularis **339**
macrocarpa 23, ***339***
nigra **338**
oleracea ***339***
rapa ***339***
tournefortii **339**
Brassicaceae ***11***, **328**
Briza
maxima ***149***
minor ***149***
Bromus
diandrus ***148***
hordeaceus ***148***
madritensis ***148***
squarrosus **148**
Brugmansia
arborea ***408***
sanguinea **408**, *409*
versicolor ***408***
Bryonia
cretica subsp. dioica **322**, *323*
dioica **322**, *323*
Buddleja davidii *418*, **419**
Bunias erucago **331**
Bunium
bulbocastanum **489**
pachypodum **488**
Bupleurum
acutifolium **496**
baldense **495**
falcatum **496**
fruticescens ***496***
fruticosum **496**
gerardii **495**
rigidum ***494***, *495*
rotundifolium **494**
spinosum *495*, **496**
tenuissimum **495**
Butomaceae **62**
Butomus umbellatus 38, **62**, *63*
Buxaceae **168**
Buxus
balearica **168**
sempervirens **168**, *169*

C
Cachrys 8
libanotis ***493***, *495*
sicula *492*, ***493***, 494
trifida **494**, *495*
Cactaceae **207**
Cakile maritima 35, *340*, **341**
Calamintha
grandiflora **445**
nepeta *443*, ***444***
Calendula
arvensis *544*, ***545***
maritima 23, *544*, **545**
officinalis ***545***
suffruticosa *544*, ***545***
Calicotome
infesta **253**
spinosa 17, 27, *252*, **253**
villosa *252*, ***253***
Callistemon citrinus ***228***, *229*
Calluna 31, **379**
vulgaris 16, ***379***
Calystegia
sepium ***412***
soldanella 35, *410*, ***412***
sylvatica ***412***
Campanula
dichotoma **515**
erinus **516**
lusitanica ***515***
patula *514*, ***515***
persicifolia **516**
rapunculus ***515***
Campanulaceae **515**
Camphorosma monspeliaca 461
Campsis
grandiflora **428**
radicans **428**, *429*
Cannabaceae **318**
Cannabis sativa **318**, *319*
Capnophyllum peregrinum **498**
Capparaceae **343**
Capparis
ovata ***343***
spinosa ***343***
Caprifoliaceae **508**
Capsella bursa-pastoris **328**, *329*
Caralluma
europaea **392**
munbyana **392**
Cardaria draba *336*, ***337***
Cardiospermum halicacabum **366**
Carduncellus
arborescens **366**, *562*, **563**
caeruleus **563**, *564*
Carduus 37, **550**
australis **551**
bourgaeanus **564**, *565*
cephalanthus **551**
fasciculiflorus **551**
macrocephalus **551**

Corynephorus
canescens 146, **147**
divaricatus **147**
fasciculatus **147**
Cota tinctoria ***532***
Cotinus coggygria **368**, *369*
Cotula coronopifolia 16, ***540***, *541*
Crambe
filiformis **342**
hispanica **342**
Crassula
illaea ***216***, *217*
vaillantii *216*
Crassulaceae **215**
Crataegus
azarolus ***310***, *311*
laevigata **310**
monogyna 16, ***310***, *311*
Crepis
biennis ***580***
capillaris ***580***
foetida ***581***
nicaeensis ***580***
paludosa ***580***
rubra **581**
vesicaria ***581***
Crithmum maritimum 34, **490**, *491*
Crocus
cambessedesii **98**
clusii **98**
corsicus 21, **98**
etruscus 22, **98**
longiflorus 30, **98**
minimus 21, 24, **98**
nevadensis **98**
nudiflorus 16, **98**
sativus **98**
serotinus ***98***
subsp. *clusii* **98**
thomasii **98**
versicolor **98**
Crucianella
angustifolia **382**, *383*
latifolia **382**
maritima ***382***, *383*
patula **382**
Cruciata
glabra **382**
laevipes **382**, *383*
Cucubalus baccifer *194*, **196**
Cucurbitaceae **321**
Cullen americana **267**
Cupressaceae **46**
Cupressus
arizonica **46**
atlantica **46**, *47*
dupreziana var. *atlantica* **46**, *47*
macrocarpa **46**
sempervirens **46**, *47*
Cuscuta
approximata *410*, **411**
australis **411**
campestris *410*, ***411***
epithymum *410*, ***411***
europaea **411**
nivea **411**
planiflora *410*, **411**
suaveolens **411**
Cyclamen 9, **374**
africanum ***374***
balearicum ***375***
hederifolium ***374***, *375*
persicum ***375***
purpurascens ***374***
repandum ***375***
Cydonia oblonga *312*, **313**
Cylindropuntia imbricata ***208***
Cymbalaria
aequitriloba **481**
fragilis **481**
muelleri **481**
muralis *480*, **481**
pallida *480*, **481**
Cymodocea nodosa ***62***
Cymodoceaceae **62**
Cynanchum acutum **391**
Cynara algarbiensis *554*, ***555***
cardunculus *554*, ***555***
humilis ***554***
scolymus *554*, **555**
tournefortii ***555***
Cynodon dactylon 16, *140*, ***141***
Cynoglossum
cheirifolium ***400***
clandestinum **400**, *401*
columnae **400**
creticum **400**, *401*
Cynomoriaceae **219**
Cynomorium coccineum 14, 16, *17*, ***219***, *220*
Cynosurus echinatus ***142***
Cyperaceae 35, 38, **134**
Cyperus
capitatus *134*, ***135***
distachyos ***136***
eragrostis ***135***
esculentus **136**
laevigatus subsp. *distachyos* ***136***
longus ***136***
Cytinaceae **352**
Cytinus hypocistis **352**
subsp. *hypocistis* ***352***, *353*
subsp. *macranthus* ***352***, *353*
Cytinus ruber ***352***, *353*
Cytisus
arboreus **253**
subsp. *baeticus* **253**
subsp. *catalaunicus* **253**
baeticus **253**
decumbens **254**
grandiflorus **253**
multiflorus **254**
scoparius 31, 37, **253**, *254*
villosus **253**

D

Dactylis glomerata ***142***
Dactylorhiza
durandii *7*, ***85***
elata **85**
insularis **85**
markusii **85**
maurusia ***85***
romana **85**
saccifera **85**
sambucina **85**
sulphurea **85**
Damasonium
alisma **61**
bourgaei **61**
polyspermum **61**
Daphne
gnidium ***353***

laureola **354**
oleoides **353**
rodriguezii **353**
sericea **354**
Datura
ferox **407**
inoxia 406, **407**
stramonium 406, **407**
Daucus
carota **504**, 505
subsp. *carota* **504**
subsp. *halophilus* **505**
subsp. *maximus* **504**
halophilus **505**
muricatus **505**
Daveaua anthemoides **538**
Delphinium
bolosii **160**
emarginatum **160**
fissum **160**
gracile 159, **160**
halteratum **160**
montanum **160**
nanum **160**
peregrinum 159, **160**
pictum **159**
requienii **159**
staphisagria **159**
Desmazeria rigida **139**
Dianthus
armeria **196**, 197
lusitanus **197**
sylvestris 196, **197**
Dictamnus albus **372**
Digitalis
ferruginea 480, **481**
minor **481**
obscura **482**
parviflora 480, **482**
purpurea 37, 480, **481**
thapsi **481**
Dioscorea communis 28, 64, **65**
Dioscoreaceae **65**
Dipcadi
fulvum **124**
serotinum 123, **124**
var. *fulvum* **124**
Diplotaxis
erucoides **338**
muralis **338**
siifolia **338**
subsp. *siifolia* **338**
subsp. *vicentina* 14, **338**, 339
vicentina **338**, 339
Dipsacus
comosus **510**
fullonum **510**
Distichoselinum tenuifolium 492, **493**
Dittrichia
graveolens **527**
viscosa 37, **526**, 527
Dombeya × cayeuxii 350, **351**
Doronicum
pardalianches **542**
plantagineum **542**
Dorycnium
fulgurans 296, **297**
hirsutum **296**
pentaphyllum 296, **297**
rectum **297**
Dracunculus vulgaris **59**
Drimia
fugax **121**
maritima 120, **121**
undata **121**
Drosanthemum
candens **210**
floribundum **210**, 211
Drosophyllaceae **168**
Drosophyllum lusitanicum 14, 15, **168**, 169
Dutra inoxia 406, **407**
Dysphania botrys **202**

E

Ecballium elaterium 37, 320, **321**
Echinophora
spinosa **487**
tenuifolia **487**
Echinops
ritro **549**
sphaerocephalus **549**, 550
spinosissimus **549**
strigosus **549**
Echium
arenarium **395**
asperrimum **395**, 396
candicans 396, **397**
creticum **397**
gaditanum **397**
italicum **395**, 396
parviflorum **395**
plantagineum 396, **397**
sabulicola 396, **397**
tuberculatum **397**
vulgare 23, 396, **397**
Elaeagnaceae **318**
Elaeagnus angustifolia **318**, 319
Elaeoselinum
asclepium 500, **501**
foetidum **501**
tenuifolium 492, **493**
Elatinaceae **232**
Elatine
alsinastrum **232**
hexandra **232**
macropoda **232**
Eleocharis
multicaulis **137**
palustris **137**
Elymus farctus **140**
Elytrigia juncea **140**
Emerus major 300, **301**
Emex spinosa **182**
Ephedra
distachya 48, **49**
fragilis 48, **49**
major **49**
nebrodensis **49**
Ephedraceae **49**
Epilobium
hirsutum 226, **227**
obscurum **227**
palustre **227**
parviflorum 226, **227**
roseum **227**
tetragonum **227**
Epipactis 36, 37, 74
atrorubens **71**
bugacensis subsp. *rhodanensis* **72**

fageticola ***72***
helleborine ***73***
subsp. *helleborine* **73**
subsp. *schubertiorum* **73**
subsp. tremolsii ***73***
kleinii ***72***
leptochila subsp. *provincialis* ***72***
lusitanica ***73***
meridionalis **73**
microphylla ***71***
muelleri 20, 21, ***72***
palustris ***71***
placentina ***72***
provincialis ***72***
rhodanensis ***72***
schubertiorum **73**
tremolsii **73**
subsp. *lusitanica* ***73***
Erica 26, 31, 37
arborea 17, *376*, ***377***
australis ***378***, *379*
ciliaris 16, 26, **378**
cinerea *376*, **378**
erigena **378**
lusitanica ***377***
multiflora ***379***
scoparia *376*, **377**
sicula *376*, **378**
terminalis **378**
umbellata ***378***
vagans **378**
Ericaceae **377**
Erigeron
acer ***538***
acris ***538***
annuus *538*, **539**
Eriobotrya japonica *312*, ***313***
Erodium
acaule ***224***
aethiopicum **223**
botrys ***223***
chium ***222***
cicutarium 222, ***223***
subsp. bipinnatum **223**
corsicum **223**
laciniatum ***223***
lebelii **223**
malacoides *222*, ***223***
maritimum **223**
moschatum ***224***
reichardii ***222***
Erophaca *9*, **266**
boetica ***266***
Eruca
sativa **342**, *343*
vesicaria **342**, *343*
Erucastrum gallicum **342**
Eryngium
amethystinum *484*, **486**
aquifolium **486**
atlanticum 25, *26*, *484*, **486**
campestre 17, *484*, ***486***
corniculatum **486**
dilatatum **486**
ilicifolium **486**
maritimum *484*, **485**
tricuspidatum **486**
Erysimum
cheiranthoides **332**
duriaei *331*, **332**
grandiflorum *331*, **332**
metlesicsii *331*, **332**
repandum **332**
× *cheiri* **331**, 332
Eucalyptus 26, 33, 37
camaldulensis 25, ***229***
globulus *229*, ***230***
subsp. *globulus* **230**
subsp. *maidenii* **230**
maidenii **230**
resinifera ***228***
robustus ***228***
tereticornis **229**
torquata **230**
vimnalis **230**
Euonymus europaeus *320*, **321**
Euphorbia
baetica ***237***
broteri **239**
canescens **240**, *241*
characias ***233***
clementei 234, ***235***
cyparissias **236**, *237*
dendroides 27, ***233***
exigua ***236***, *237*
falcata ***236***
helioscopia *234*, ***235***
humistrata **240**
ingens **232**, *233*
maculata ***240***, *241*
monchiquensis *234*, **235**
myrsinites *238*, **239**
nicaeensis ***237***
officinarum **232**, *233*
oxyphylla **239**
paniculata **235**
subsp. *monchiquensis* *234*, **235**
subsp. *paniculata* **235**
subsp. *welwitschii* **235**
paralias 35, *238*, **239**
peplis ***240***, *241*
peplus ***236***
pinea ***237***
portlandica **239**
prostrata ***240***, *241*
pulcherrima **235**
regis-jubae *234*, **235**
rigida *238*, ***239***
segetalis ***237***
serpens **240**
serrata ***236***
spinosa *234*, **235**
squamigera ***234***
terracina ***239***
transtagana **238**
welwitschii **235**
Euphorbiaceae **232**
Evax
asterisciflora **523**
lusitanica *522*, ***523***
pygmaea ***523***

F

Fabaceae ***11***, 25, 31, 33, **248**
Fagaceae 322
Fagonia cretica ***320***
Fallopia
baldschuanica ***182***
convolvulus ***182***
dumetorum **182**
Fedia
cornucopiae ***512***, *513*

graciliflora **512**
Ferula
arrigonii **499**
communis 22, 25, ***499***, *500*
glauca **499**
loscosii **500**
tingitana ***500***
Ferulago
brachyloba **501**
capillaris **501**
nodosa *500*, **501**
ternatifolia **501**
Fibigia clypeata **334**, *335*
Ficaria verna **158**
Ficus 9
carica 33, ***315***
elastica ***315***
microcarpa ***315***
Filaginella uliginosa *523*, **524**
Filago
asterisciflora **523**
congesta **523**
fuscescens **522**
gallica ***523***
lusitanica *522*, ***523***
lutescens ***522***
mareotica **523**
minima ***523***
pygmaea ***523***
pyramidata **521**
vulgaris **521**
Foeniculum vulgare ***491***, *492*
Frankenia
boissieri ***172***
composita **171**
corymbosa **172**
hirsuta **172**
laevis ***171***, *172*
subsp. *composita* **171**
pulverulenta *170*, ***171***
thymifolia **172**
Frankeniaceae **171**
Fraxinus
angustifolia 28, ***417***
excelsior *415*, **417**
ornus **417**
pennsylvanica **417**
Freesia refracta ***98***
Fritillaria lusitanica ***68***
Fumana
arabica **364**
ericifolia **365**
ericoides *364*, ***365***
laevipes ***364***
procumbens **365**
scoparia **365**
thymifolia ***364***
Fumaria
agraria ***166***, *167*
barnolae **166**
bicolor **166**
capreolata ***166***, *167*
gaillardotii **166**
muralis ***167***
officinalis ***167***
parviflora **167**
vaillantii **167**

G
Gagea
algeriensis **66**
arvensis **67**
bohemica **66**
cossoniana **66**
fistulosa **66**
foliosa **66**
lacaitae **66**
liotardii **66**
lojaconoi **67**
longifolia **67**
lutea **66**
mauritanica **66**
pratensis **66**
reverchonii **66**
sicula **67**
trinervia **67**
wilczekii **66**
Galactites tomentosa 23, ***552***, *553*
Galatella linosyris **540**
Galega
africana **289**
officinalis *288*, **289**
Galeopsis
angustifolia **434**, *435*
ladanum **434**
subsp. *angustifolia* **434**, *435*
subsp. *ladanum* **434**
Galium
album ***384***
aparine **384**
crespianum **385**
lucidum **384**
mollugo ***384***
murale ***385***
rotundifolium **384**
scabrum **384**
verticillatum **385**
verum *384*, **385**
Gastridium
phleoides ***144***
ventricosum ***144***
Gaura lindheimeri *226*, **227**
Gazania rigens **546**
Genista
aetnensis **256**, *257*
corsica **255**
ephedroides **256**
hirsuta *254*, **255**
hispanica **255**
linifolia **256**
monspessulana ***256***
pulchella **256**, *257*
scorpius **255**, *257*
spartioides **256**
tinctoria 22, *254*, **255**
tournefortii **255**
triacanthos **255**, *257*
tricuspidata *254*, **255**
tridens **255**
tridentata **256**
umbellata 15, **256**, *257*
Gennaria diphylla **82**, *83*
Gentianaceae **387**
Geraniaceae 221
Geranium
columbinum **221**
dissectum *220*, **221**
lucidum *220*, **222**
molle *220*, ***221***
purpureum *220*, ***222***
pusillum **221**
pyrenaicum ***221***
robertianum 28, *220*, ***222***
rotundifolium ***221***

Geropogon hybridus 574, **575**
Gladiolus 8
communis 28, ***102***
illyricus 101, ***102***
italicus 20, 101, ***102***
Glandora
diffusa 392, ***394***
rosmarinifolia **394**
Glaucium
corniculatum **165**
flavum 164, **165**
Glebionis
coronaria 37, 535, ***536***
segetum 535, ***536***
Globularia
alypum 483, **484**
cambessedesii **484**
cordifolia **484**
majoricensis **484**
vulgaris **484**
Glycyrrhiza
echinata ***266***
glabra ***266***
Gnaphalium
luteo-album 523, **524**
sylvaticum **524**
uliginosum 523, **524**
Gomphocarpus
fruticosus ***390***
physocarpus **390**, 391
Gymnadenia conopsea **84**, 85
Gymnosporia senegalensis 320, **321**
Gynandriris sisyrinchium 96, ***97***

H
Halimione portulacoides **199**, 200
Halimium
atriplicifolium ***359***
calycinum ***360***
halimifolium 16, 358, ***359***
subsp. *halimifolium* **359**
subsp. *multiflorum* **359**
lasianthum ***359***, 360
subsp. *alyssoides* **359**
subsp. formosum **359**
subsp. *lasianthum* **359**
ocymoides 358, **359**
umbellatum ***360***
verticillatum ***360***
Haloxylon salicornicum **199**
Hedera
helix ***506***
hibernica **506**
maderensis **506**
Hedypnois
arenaria **567**
cretica ***567***, 568
rhagadioloides ***567***, 568
Hedysarum
coronarium 302, ***303***
flexuosum **303**
glomeratum 302, ***303***
spinosissimum **303**
subsp. capitatum 302, ***303***
Helianthemum
almeriense **364**
angustatum **362**
apenninum **363**
canariense ***363***
caput-felis **362**
hirtum **363**
lavandulifolium ***363***
ledifolium **362**
marifolium ***363***
subsp. *origanifolium* ***363***
nummularium ***362***
pilosum **364**
salicifolium ***362***
sanguineum **362**
syriacum ***363***
villosum **362**
Helichrysum
ambiguum **525**
foetidum **526**
italicum 16, 524, ***525***
subsp. *picardii* **525**
melitense 30, **525**
picardii **525**
rupestre ***525***
saxatile **525**
stoechas 20, 524, ***525***
Helicodiceros muscivorus 18, ***60***
Heliotropium
curassavicum **393**
dolosum **393**
supinum **393**
europaeum 392, **393**
Helleborus
foetidus **154**, 155
lividus **154**
viridis **154**
Helminthotheca
comosa ***572***
subsp. *comosa* **572**
subsp. *lusitanica* 571, ***572***
echiodes 571, ***572***
Helosciadium
crassipes 496, **497**
inundatum 496, **497**
nodiflorum **496**
Hermodactylis tuberosus **97**
Herniaria maritima ***186***, 187
Hibiscus
esculentus **350**
rosa-sinensis ***350***
syriacus ***350***
trionum ***350***
Himantoglossum
adriaticum **82**
hircinum 19, 20, **82**, 83
robertianum 21, 22, **82**, 83
Hippocrepis
biflora 300, **301**
ciliata ***301***
comosa 300, **301**
emerus 300, **301**
multisiliquosa 300, **301**
salzmannii **301**
unisiliquosa 300, **301**
Hirschfeldia incana 339, **340**
Hordeum murinum ***139***, 140
Hyacinthoides
aristidis **124**
cedretorum **124**
ciliolata ***124***
flahaultiana ***123***
hispanica ***123***
italica ***124***
lingulata ***124***
mauritanica ***123***
reverchonii ***124***
Hydrocotyle
bonariensis **485**
verticillata **485**

vulgaris *483*, **485**
Hylotelephium
maximum *218*, **219**
telephium **219**
Hymenocarpos
cornicina **298**
hamosus **298**
lotoides ***298***
Hyoscyamus
albus ***403***
niger ***403***
Hyoseris
radiata **567**
scabra **567**
Hyparrhenia hirta 25, 30, ***141***
Hypecoum
imberbe ***166***
pendulum **166**
procumbens ***166***
Hypericaceae **243**
Hypericum
aegypticum **244**
androsaemum **243**
australe **243**
balearicum *242*, **244**
hircinum *242*, **243**
perfoliatum **243**
perforatum *242*, **243**
tetrapterum **243**
triquetrifolium *242*, **243**
undulatum **243**
Hypochaeris
achyrophorus **569**
glabra **569**
radicata *568*, **569**
Hyssopus officinalis *444*, **445**

I
Iberis
ciliata ***335***
subsp. *ciliata* **335**
subsp. *contracta* **335**
linifolia **335**
pectinata **334**
pinnata **334**
procumbens **334**, *335*
sampaiana **334**
sempervirens ***335***
umbellata ***334***
Illecebrum verticillatum 16, 26, *27*, 39, ***185***
Impatiens balfourii *375*, **376**
Inula
conyzae **528**
crithmoides ***528***, *529*
salicina **528**
verbascifolia **528**
Lonopsidium
abulense **330**
acaule *13*, 14, ***329***
glastifolium **330**
heterospermum **330**
megalospermum **330**
prolongoi **330**
savianum **330**
Ipomoea
acuminata **415**
batatas **415**
hederacea **415**
imperati **414**
indica **415**
nil **415**
purpurea ***415***
stolonifera **414**
Iridaceae 31, **95**
Iris
albicans *96*, **97**
filifolia **96**
foetidissima **95**, *96*
juncea ***96***
lusitanica ***96***
lutescens **98**
pallida **97**
subsp. *cengialtii* **97**
planifolia **97**
pseudacorus 38, ***95***, *96*
pseudopumila 30, **98**
serotina **97**
spuria **95**
subbiflora **98**
tingitana **96**
tuberosa **97**
unguicularis **95**
× *germanica* **97**
xiphium ***96***
Isatis tinctoria **328**, *329*
Ismelia carinata **536**
Isolepis
cernua ***137***
setacea ***137***

J
Jacaranda mimosifolia *426*, ***427***
Jacobaea
ambigua **544**
maritima ***544***
vulgaris **544**
Jasione
corymbosa ***516***
crispa ***517***
montana ***516***
Jasminum
fruticans *415*, ***416***
mesnyi **416**
officinale **416**
Jonopsidium **329**
Jubaea chilensis **131**
Juglandaceae **325**
Juglans regia *324*, **325**
Juncaceae **132**
Juncaginaceae **63**
Juncus
acutus **133**
articulatus **134**
bufonius **134**
capitatus ***132***
conglomeratus **132**
effusus ***132***
hybridus **134**
inflexus **132**
maritimus ***133***
rigidus **133**
striatus **134**
subnodulosus **134**
Juniperus 31, **46**
communis 16, **46**
navicularis **46**
oxycedrus 16, 17, 21, 25, *31*, **46**, *47*
phoenicea 14, 15, 19, 24, 25, 29, **46**, *47*

subsp. *conradiae* **90**
subsp. *scolopax* **90**
speculum 6, 14, 28, ***86***
subsp. *lusitanica* 6, **86**, *87*
subsp. *speculum* 6, **86**, *87*
sphegifera **90**
sphegodes 30, **90**, *91*
subsp. *atrata* **91**
subsp. *sphegodes* **91**
subsp. *litigiosa* **91**
subsp. *passionis* **91**
tenthredinifera 28, ***88***
Opopanax
chironium 500, **501**
hispidus **501**
Opuntia
ammophila **207**, *208*
dillenii ***207***, *208*
ficus-indica **207**, *208*
imbricata ***208***
maxima 16, *206*, ***207***
monacantha ***207***
pilifera ***208***
stricta ***207***
subulata ***208***
tuna ***207***, *208*
Orbea variegata ***392***
Orchidaceae 2, 6, 7, ***12***, 31, **71**
Orchis 10, **75**
anthropophorum 21, ***76***, *77*
cazorlensis **78**
champagneuxii **81**
collina **81**
conica **79**
coriophora **80**, *83*
fragrans 18
ichnusae **78**
intacta ***80***
italica ***76***, *77*
lactea **79**
laeta **78**
langei **78**
laxiflora **81**
longicornu **81**
mascula **78**
militaris **76**, *77*
morio ***81***, *83*
olbiensis **78**, *79*
ovalis **78**
pallens **78**
palustris 21, **81**
papilionacea **81**
patens **78**
pauciflora **78**
provincalis **78**, *79*
purpurea 21, ***76***, *77*
robusta 18
simia **76**
spitzelii **78**
tridentata **79**
ustulata ***80***
× *ligustica* **78**
Origanum
compactum **448**
majorana **448**
onites **448**
vulgare *447*, **448**
Orlaya
daucoides **504**
grandiflora **504**, *505*
kochii **504**
Ornithogalum
arabicum 30, ***120***
baeticum ***120***
broteri ***119***, *120*
collinum 24, **120**
concinnum **120**
exscapum **120**
narbonense ***119***, *120*
nutans **119**
orthophyllum **120**
pyrenaicum **119**
reverchonii **119**
umbellatum ***120***
Ornithopus
compressus *288*, **289**
perpusillus **289**
pinnatus **289**
sativus *288*, **289**
Orobanchaceae 12, **456**
Orobanche 7, 37
alba *466*, **468**
almeriensis ***468***
amethystea 17, *463*, **464**
artemisiae-campestris ***463***
austrohispanica **467**
ballotae **462**
balsensis ***463***
calendulae *460*, **462**
canescens ***464***
caryophyllacea *463*, **466**
cernua *466*, ***468***
clausonis **462**
crenata *466*, **468**
crinita ***465***
cumana **468**
densiflora ***465***
elatior **467**
foetida *463*, **465**
gracilis *466*, **467**
var. *deludens* **467**
haenseleri **467**
hederae 17, *463*, **464**
iammonensis 19, **462**
icterica **467**
kochii ***467***
latisquama 15, *464*, **468**
litorea ***462***
lutea **467**
minor *460*, **462**
pallidiflora *463*, ***465***
picridis *460*, **462**
pubescens ***464***
rapum-genistae *464*, **466**
reticulata ***465***
santolinae **463**
sanguinea ***465***
tetuanensis **467**
teucrii ***468***
variegata **467**
Oryza
sativa **147**
Oryzopsis
coerulescens ***147***
miliacea ***147***
Osyris
alba ***213***, *214*
lanceolata ***213***, *214*
quadripartita ***213***, *214*
Otanthus maritimus ***534***
Oxalidaceae **247**
Oxalis
articulata **247**
corniculata **247**

debilis 246, **247**
incarnata 246, **247**
latifolia **247**
pes-caprae 38, 246, **247**
Oxybasis glauca **201**

P
Paeonia 37, **215**
arietina **215**
broteri 214, **215**
cambessedesii **215**
coriacea **215**
mascula 24, **215**
subsp. *russoii* **215**
officinalis **215**
Paeoniaceae **215**
Pallenis
hierochuntica 39, **529**
maritima 27, 34, **529**
spinosa **529**
Pancratium
foetidum 28, **112**
illyricum 21, **112**
maritimum 30, 35, **112**
trianthum **112**
Panicum
miliaceum **151**
repens **151**
Papaver
apulum **165**
argemone **165**
dubium **165**
guerlekense **165**
hybridum 164, **165**
pinnatifidum **165**
rhoeas 163, **164**
somniferum 163, **164**
subsp. *setigerum* **164**
stipitatum **165**
Papaveraceae **164**
Parapholis incurva **141**
Pardoglossum cheirifolium **400**
Parentucellia
latifolia **457**
viscosa **457**, 458
Parietaria
judaica 316, **317**
lusitanica **317**
mauritanica **317**
officinalis 316, **317**
Paronychia
argentea **184**, 185
capitata **185**
echinulata **184**
kapela **185**
Passiflora caerulea 246, **247**
Pastinaca
lucida **499**
sativa 498, **499**
Paulownia tomentosa **424**, 425
Paulowniaceae **424**
Peganum harmala **369**
Pennisetum villosum **151**
Periploca
graeca **391**
laevigata **391**
Persea americana **54**
Persicaria
lapathifolia **179**
maculosa **179**
Petrorhagia
dubia **197**
illyrica **197**
nanteuillii **197**
prolifera **197**
saxifraga **197**
Petunia axillaris **409**
Phagnalon
rupestre **526**, 527
saxatile 524, **526**
sordidum 526, 527
Phelipanche
aedoi **461**
arenaria **461**
camphorosmae **461**
cernua **461**
inexpectata **461**
lainzii **461**
lavandulacea **461**
mutelii **459**
nana **459**
olbiensis **461**
portoilicitana **461**
purpurea **460**
ramosa **459**, 460
resedarum **461**
reuteriana **461**
rosmarina **459**
rumseiana **459**
schultzii **461**
Phillyrea
angustifolia 20, **418**
latifolia 27, **418**
Phlomis
crinita **437**
fruticosa 436, **437**
herba-venti **438**
italica **437**
lychnitis 436, **437**
purpurea 436, **437**
Phoenix
canariensis 130, **131**
canariensis × *dactylifera* 130, **131**
dactylifera 130, **131**
Phonus arborescens 562, **563**
Phragmites
australis **150**
communis **150**
Phyla
canescens **427**
filiformis **427**
nodiflora **427**
Physalis
alkekengi **404**
ixocarpa **404**
peruviana **404**
Phytolacca
acinosa 212, **213**
americana 213
heterotepala **213**
Phytolaccaceae **213**
Picris
algarbiensis 571, **572**
comosa 571, **572**
echioides 571, **572**
hieracioides 463, **571**
pauciflora **571**
Pinaceae **42**
Pinus 33, 37, **43**
halepensis 20, 27, 28, 29, 30, 36, 42, **43**
nigra **44**, 45
pinaster 20, 27, 29, **44**, 45
subsp. *hamiltonii* 25, 36, **44**

acetosella **181**
bucephalophorus ***179***
induratus 180, **181**
intermedius 180, ***181***
roseus ***181***
rupestris **180**
scutatus **181**
subsp. *induratus* **181**
thyrsiflorus **181**
tingitanus ***181***
tunetanus 29, ***179***
vesicarius 180, **181**
Ruschia caroli **209**, 210
Ruscus
aculeatus 16, 37, ***129***
hypophyllum **129**
hypoglossum **129**
Ruta
angustifolia ***370***, 371
chalepensis ***370***, 371
graveolens ***370***, 371
montana **370**
Rutaceae **370**

S
Sagina
apetala ***188***, 189
procumbens **188**, 189
Sagittaria
calycina **61**
latifolia **61**
montevidensis **61**
sagittifolia 60, **61**
Salicaceae **230**
Salicornia 18
europaea **202**
ramosissima 35, **202**, 203
Salix pedicellata **230**
Salpichroa origanifolia 409, **410**
Salsola
brevifolia 204, **205**
kali 204, ***205***
oppositifolia **205**
soda **205**
vermiculata ***205***
Salvia
aethiopis **453**
africana-lutea 452, **453**
argentea **453**
fruticosa 452, **453**
lavandulifolia **453**
nemorosa 452
officinalis ***453***
subsp. *lavandulifolia* **453**
pratensis 452, ***454***
sclarea 452, **453**
verbenaca 452, ***454***
verticillata **454**
viridis **454**
Sambucus ebulus 506, **507**
Samolus valerandi ***374***
Sanguisorba minor ***308***
subsp. *minor* **308**
subsp. *verrucosa* **308**
subsp. *balearica* **308**
Santalaceae **213**
Santolina
chamaecyparissus 19, 530, **531**
rosmarinifolia **531**
Sapindaceae **365**
Saponaria
calabrica **190**
officinalis ***191***
sicula ***191***
Sarcocornia
fruticosa **203**
perennis 35, ***203***
Sarcopoterium spinosum 23, ***309***
Satureja
cuneifolia **443**
hortensis **443**
montana ***443***
thymbra **442**
Saxifraga
corsica **214**
granulata ***214***
Saxifragaceae **214**
Scabiosa
atropurpurea **508**, 509
sicula **509**
stellata ***509***
Scandix
australis **489**
pecten-veneris 488, ***489***
Schenkia
elegans **388**
spicata **388**
Schinus
molle 366, ***367***
terebinthifolia **367**
Schoenus nigricans 136, ***137***
Scilla
autumnalis ***122***
hyacinthoides **122**
lilio-hyacinthus **122**
monophyllos ***122***, 123
numidica **122**
obtusifolia ***122***
odorata ***122***
peruviana 39, 120, **121**
ramburei ***122***
verna **122**
subsp. *verna* ***122***
subsp. *ramburei* ***122***
Scolymus
grandiflorus **564**
hispanicus ***564***, 565
maculatus **564**
Scorpiurus
muricatus ***302***
vermiculatus ***302***
Scorzonera
hispanica **572**
jacquiniana **574**
laciniata **574**
purpurea **573**
undulata ***573***
villosa **572**
Scorzoneroides
autumnalis ***570***
salzmannii **570**
Scrophularia
canina 418, ***419***
frutescens ***420***, 421
lucida 418, **419**
nodosa **420**, 421
peregrina **420**
ramosissima **419**
sambucifolia **419**
scopolii **420**
scorodonia **420**
Scrophulariaceae 5, 12
Searsia
pentaphylla **368**

tripartita **368**
Secale cereale **140**
Securigera varia *300*, **301**
Sedum
acre **216**, *217*
album *217*, **218**
amplexicaule **216**
andegavense **218**
brevifolium **218**
caeruleum **218**
caespitosum **218**
cepaea **218**
dasyphyllum *217*, **218**
forsterianum **216**, *217*
litoreum **216**
nicaeense **216**, *217*
ochroleucum **216**, *217*
rubens **218**
sediforme 28, **216**, *217*
stellatum **218**
telephium **219**
tenuifolium **216**
Sempervivum tectorum *218*, **219**
Senecio
angulatus **543**
anteuphorbium *542*, **544**
bicolor ***544***
gallicus *542*, ***543***
jacobaea **544**
leucanthemifolius **543**
lividus *542*, ***543***
viscosus *542*, ***543***
vulgaris *542*, **543**
Senna
corymbosa *248*, **249**
didymobotrya *248*, **249**
Serapias 36
olbia ***92***
apulica **94**
cordigera 23, *93*, ***94***
subsp. *cossyrensis* **94**
cossyrensis **94**
elsae **92**
gregaria **92**
lingua 23, **92**, *93*
subsp. *duriaei* **92**, *93*
neglecta *20*, 21, *93*, ***94***
subsp. *apulica* **94**
nurrica 21, 29, ***92***
olbia ***92***
orientalis var. *siciliensis* **94**
parviflora 18, 23, ***92***
perez-chiscanoi ***94***
stenopetala ***92***
strictiflora **92**, *93*
vomeracea 23, ***94***
Sesamoides
interrupta **328**
purpurascens **328**
pygmaea **328**
spathulifolia ***328***, *329*
Setaria
faberi **145**
viridis *144*, **145**
Sherardia arvensis *384*, ***385***
Sideritis
arborescens **437**
grandiflora **437**
hirsuta *435*, **436**
hyssopifolia ***436***
incana **436**
lacaitae **436**
linearifolia **437**
montana **435**
pungens **437**
romana ***435***
Silene
baccifera *194*, **196**
behen **193**
bellidiflora **193**
cerastoides **195**
colorata ***193***, *194*
cretica ***195***
gallica *194*, ***195***
inaperta ***196***
italica ***192***
laeta *194*
latifolia ***192***
littorea *194*, ***195***
longicilia **192**
nicaeensis *194*, **196**
noctiflora *194*, **193**
nutans ***196***
obtusifolia **196**
patula **192**
pendula *194*, **195**
psammitis **195**
ramosissima ***193***
rothmaleri *14*, **193**, *194*
rubella ***195***
scabriflora **196**
sclerocarpa **195**
sedoides *194*, **196**
uniflora *194*, **193**
vulgaris *192*, ***193***
subsp. *maritima* **193**
Silybum marianum *554*, **555**
Simaroubaceae **318**
Simethis
mattiazzii **104**, *105*
planifolia **104**, *105*
Sinapis
alba ***340***
arvensis **340**
Sisymbrella aspera *340*, **341**
Sisymbrium
altissimum **330**
irio **330**
officinale **330**, *331*
orientale **330**, *331*
Smilacaceae **65**
Smilax aspera 20, *64*, **65**
subsp. *balearica* *64*, **65**
Smyrnium
olusatrum ***487***
perfoliatum ***488***
rotundifolium **488**
Solanaceae **401**
Solandra maxima *409*, **410**
Solanum
americanum ***405***, *406*
carolinense **405**
chenopodioides **405**
dulcamara *404*, **405**
jasminoides *404*, ***406***
laxum *404*, ***406***
linnaeanum *404*, ***405***
lycopersicum ***405***
nigrum ***405***, *406*
tuberosum ***406***
villosum **405**, *406*
Solenopsis
balearica **517**
bicolor 29, ***517***

laurentia **517**
Sonchus 9, 37, **576**
asper **576**, *577*
maritimus **577**
oleraceus **577**
tenerrimus **576**, *577*
Sorghum
bicolor **146**
halepense **146**
Sparganium erectum **152**, *153*
Spartium junceum **254**
Spergularia
australis **190**
bocconei **190**, *191*
diandra **188**
fimbriata **188**
heldreichii **190**
marina **189**
media **188**, *189*
nicaeensis **188**
purpurea **188**, *189*
rubra **190**
rupicola **190**
tangerina **189**
Spiranthes
aestivalis **84**
spiralis **84**
Stachys
arenaria **441**
arvensis *440*, **442**
byzantina *440*
cretica **442**
germanica *441*, **442**
heraclea *441*, **442**
maritima **441**
ocymastrum *440*, **441**
pubescens **441**
recta *440*, **441**
Staehelina dubia **548**, *549*
Stauracanthus
boivinii *258*, **259**
genistoides 16, *258*, **259**
subsp. *genistoides* **259**
subsp. *spectabilis* **259**
spectabilis **259**
Sternbergia
colchiciflora **107**
lutea **107**
Stipa
capensis **145**
gigantea *144*, **145**
parviflora **145**
pennata **145**
tenacissima *144*, **145**
Styrax officinalis **380**
Suaeda
albescens **205**
ifniensis **204**
maritima *204*, **205**
spicata **205**
vera **204**

T

Tamaricaceae **169**
Tamarix
africana 18, 26, *27*, 39, **170**
canariensis **170**
dalmatica **170**
gallica **170**
mascatensis **170**
parviflora **170**
Tamus communis *64*, **65**
Taraxacum
officinale *7*, **579**, *581*
sect. Ruderalia **579**, *581*
Teesdalia
coronopifolia **343**
nudicaulis **343**
Teline
linifolia **256**
monspessulana **256**
Tetraclinis articulata 25, **46**
Tetraena fontanesii **320**
Tetragonia tetragonioides **211**
Tetragonolobus
biflorus **289**
maritimus **289**
purpureus **288**
Teucrium
balearicum 18, **432**, *433*
capitatum **431**
chamaedrys **432**, *433*
subsp. *albarracini* **432**, *433*
subsp. *pinnatifidum* **432**, *433*
cossonii *430*, **431**
dunense *430*, **431**
flavum 30, **432**, *433*
fruticans *430*, **431**
haenseleri **431**
marum **432**, *433*
polium 21, 29, *430*, **431**
subsp. capitatum **431**
subsp. dunense *430*, **431**
subsp. vincentinum *430*, **431**
var. pulverulentum *430*, **431**
pseudochamaepitys *429*, **430**
scordium *430*, **432**
scorodonia **432**, *433*
spinosum **433**
subspinosum **432**, *433*
vincentinum *430*, **431**
Thapsia
garganica **502**, *503*
gymnesica **502**
maxima **502**, *503*
minor **503**
nitida **502**, *503*
transtagana **502**
villosa **502**, *503*
subsp. minor **503**
var. *dissecta* **503**
var. *villosa* **503**
Theligonum cynocrambe **386**
Thunbergia grandiflora **425**, *426*
Thymbra capitata **447**
Thymelaea
hirsuta *354*, **355**
myrtifolia **355**
passerina **355**
sanamunda **355**
tartonraira **355**
tinctoria *354*, **355**
velutina **355**
villosa *354*, **355**
Thymelaeaceae **353**
Thymus 31
baeticus **446**, *447*
camphoratus **446**, *447*
capitatus **447**
capitellatus **446**
cephalotus **446**
lotocephalus **446**

mastichina **445**
pulegioides 445, **446**
vulgaris 445, **446**
willdenowii **446**
zygis **446**
Tolpis
barbata 566, **567**
virgata **567**
Torilis nodosa **504**
Trachelium caeruleum **519**
Trachycarpus fortunei **131**
Traganum moquinii 39, 204, **205**
Tragopogon
crocifolius **575**
dubius 573, **575**
hybridus 574, **575**
porrifolius 574, **575**
subsp. *australis* **575**
pratensis 573, **575**
sinuatus **575**
Tragus racemosus **142**, 143
Tribulus terrestris **319**
Trifolium
angustifolium **290**, 291
arvense **290**, 291
campestre **290**, 291
cherleri **292**
dubium **290**, 291
echinatum **293**
fragiferum **294**
grandiflorum **294**
hirtum **295**
incarnatum **290**
isthmocarpum **293**
lappaceum **292**
leucanthum **294**
nigrescens **293**
ochroleucon **294**, 295
physodes **294**
pratense **294**, 295
purpureum **290**, 291
repens 292, **293**
resupinatum **294**, 295
scabrum 291, **292**
speciosum **294**
spumosum **295**
squamosum **295**
stellatum **293**, 295
suffocatum **291**
tomentosum **292**
uniflorum **296**
Triglochin
barrelieri **63**
bulbosa subsp. barrelieri **63**
bulbosa subsp. laxiflora **63**
laxiflora **63**
palustris **63**
Trigonella
corniculata **280**
foenum-graecum **280**
maritima **280**
monspeliaca **280**
stellata 279, **280**
Tripodion tetraphyllum 288, **289**
Tripolium pannonicum subsp. *tripolium* **540**
Tropaeolaceae **344**
Tropaeolum majus **344**, 345
Tuberaria
bupleurifolia **361**
commutata **361**
echioides **361**
globulariifolia 360, **361**
guttata 360, **361**
lignosa 360, **361**
major 360, **361**
praecox **361**
Tulipa
clusiana **67**
sylvestris **67**
subsp. *australis* **67**
subsp. *sylvestris* **67**
Tunica
nanteuillii **197**
velutina **197**
Typha 38
angustifolia **152**, 153
domingensis **152**
latifolia 18, **152**, 153
Typhaceae **152**

U

Ulex
argenteus **258**
subsp. *argenteus* **258**
subsp. *erinaceus* **258**
subsp. *subsericeus* **258**
erinaceus **258**
europaeus **257**
minor 17, 18, **258**
parviflorus **258**
Ulmaceae **307**
Ulmus canescens **307**
Umbilicus
gaditanus 218, **219**
heylandianus **219**
horizontalis 218, **219**
rupestris **219**
Urginea
fugax **121**
maritima 120, **121**
undulata **121**
Urospermum
dalechampii 568, **569**
picroides 568, **569**
Urtica
atrovirens **317**
bianorii **317**
dioica **316**
dubia 316, **317**
membranacea 316, **317**
pilulifera **317**
urens **317**
Urticaceae **316**
Utricularia 38
australis 21, 26, **455**
minor **455**
vulgaris 38, 454, **455**

V

Valantia
hispida **386**
lainzii **386**
muralis **386**
Valeriana
officinalis **514**
tripteris **514**
tuberosa **514**
Valerianella
dentata **513**
discoidea **514**
echinata **514**
eriocarpa **513**
locusta **513**

vesicaria **514**
Verbascum
barnadesii ***422***
blattaria *421*, ***422***
boerhavii **421**
chaixii **422**
creticum **421**
giganteum **423**
longifolium **423**
lychnitis *422*, **423**
phlomoides *422*, ***423***
phoeniceum **423**
pulverulentum **423**
rotundifolium **422**
sinuatum ***420***, *421*
speciosum **423**
thapsiforme **423**
thapsus *421*, *422*, ***423***
virgatum **421**
Verbena
litoralis **427**
officinalis *426*, ***427***
Verbenaceae **426**
Veronica
acinifolia **482**
anagallis-aquatica ***482***
arvensis **482**
catenata **482**
hederifolia **483**
persica ***483***
polita ***483***
serpyllifolia **482**, *483*
triphyllos **482**
Viburnum tinus *506*, **507**
Vicia
altissima **268**
barbazitae ***270***
benghalensis *268*, ***269***
cracca *268*, **269**
disperma ***267***
ervilia **267**
faba ***270***
grandiflora **269**
hirsuta ***267***, *268*
hybrida **269**
lathyroides **271**
leucantha **267**
lutea *268*, ***269***
melanops **270**
narbonensis **271**
onobrychioides **268**
pannonica **271**
parviflora **267**
peregrina **271**
pubescens **268**
sativa *270*, **271**
sepium ***270***, **271**
tenuissima **267**
tetrasperma ***268***
vicioides **267**
villosa ***269***
Vinca
difformis ***389***
major ***389***
minor ***389***
Vincetoxicum
hirundinaria **390**, *391*
nigrum **390**
Viola
alba **231**
arborescens ***231***
cazorlensis **231**
hirta **231**
hymettia ***231***
kitaibeliana ***231***
odorata **231**
Violaceae **230**
Viscum
album ***214***
cruciatum **214**
Vitaceae **220**
Vitis vinifera ***220***
subsp. *sylvestris* **220**

W
Wahlenbergia lobelioides **519**
subsp. *nutabunda* **519**
Washingtonia
filifera *130*, **131**
robusta ***131***
Watsonia meriana *101*, **102**
Wisteria
floribunda **304**
sinensis ***304***

X
Xanthium
echinatum **531**
spinosum **531**
strumarium *530*, ***531***
Xanthorrhoeaceae **103**
Xiphion
filifolium **96**
serotinum **97**
tingitana **96**
vulgare ***96***
Xolantha
guttata *360*, ***361***
tuberaria *360*, ***361***

Y
Yucca
aloifolia **128**
filamentosa **128**
gloriosa **128**, *129*

Z
Zantedeschia aethiopica ***59***
Zea mays **138**
Zostera
marina ***64***
noltii **64**
Zosteraceae **64**
Zygophyllaceae **319**
Zygophyllum fontanesii ***320***